TURING 图灵数学经典·02

A COURSE OF PURE MATHEMATICS

纯数学教程

第9版

[英] 戈弗雷·哈代——著

张明尧——译

人民邮电出版社
北京

图书在版编目（CIP）数据

纯数学教程：第 9 版 /（英）戈弗雷 · 哈代著；张明尧译. -- 北京：人民邮电出版社，2020.6
（图灵数学经典）
ISBN 978-7-115-53843-7

I. ①纯… II. ①戈… ②张… III. ①高等数学 — 教材 IV. ①O13

中国版本图书馆 CIP 数据核字 (2020) 第 064529 号

内容提要

本书是一部百年经典，在 20 世纪初奠定了数学分析课程的基础. 书中对数学分析这一基础课程的重要内容——微积分学进行了系统的阐述，对很多经典的数学定理给出了严谨的证明，是哈代数学思想智慧的结晶. 另外，书中收集了许多极富思考价值的练习题，值得一提的是，还收集了当年英国剑桥大学荣誉学位考试所采用的试题.

本书适合每位学习数学以及对数学感兴趣的人学习和阅读.

◆ 著　　[英] 戈弗雷 · 哈代
译　　张明尧
责任编辑　傅志红
责任印制　周昇亮

◆ 人民邮电出版社出版发行　　北京市丰台区成寿寺路 11 号
邮编 100164　电子邮件 315@ptpress.com.cn
网址 https://www.ptpress.com.cn
北京九州迅驰传媒文化有限公司印刷

◆ 开本：700 × 1000　1/16
印张：26.5　　2020 年 6 月第 1 版
字数：517 千字　　2025 年 4 月北京第 15 次印刷

定价：109.00 元

读者服务热线：(010)84084456－6009 印装质量热线：(010)81055316
反盗版热线：(010)81055315

再版译者序

英国著名数学家戈弗雷·哈代所著 *A Course of Pure Mathematics* 一书自从初版至今已经超过 110 年了, 共计十版. 自从 2009 年由人民邮电出版社出版中文版以来, 也已经过去了整整十年. 一部基础数学的著作, 能够在长达一百多年的时间里受到数学专业的学生、教师和研究工作者持续不断的热爱, 这是一件非常难得的事. 一百多年来, 数学(包括分析数学在内)的基础理论已经有了突飞猛进的发展, 新的数学专著层出不穷, 令人目不暇接. 而 Hardy 的这部古老的名著依然能够焕发出青春的光彩, 除了书本身的学术价值和独特的阐述方式之外, 作者 Hardy 本人的魅力也是一个重要的因素. Hardy 一生有过许多合作者, 例如另一位英国著名数学家 J. E. Littlewood 就与 Hardy 有过多年的合作, 他们的合作在解析数论这个领域创建了全新的方法和伟大的结果. Hardy 还为培养外国青年数学家做出过重要贡献, 其中他与印度天才数学家 S. Ramanujan 的交往与合作创造出解析数论中著名的解析方法——圆法, 以及他对中国自学成才的青年数学家华罗庚的提携, 都是世界数学史上众人皆知的佳话. Hardy 无论是人格魅力还是学术贡献, 都值得我们后辈景仰和学习.

在 Hardy 的这部《纯数学教程》中文版再版之际, 谨以此表示我的祝贺, 并希望中国未来的青年数学家继续从这本书、Hardy 的其他著作以及伟大人格中汲取有益的经验和教益.

张明尧

2019 年 12 月 18 日

序

第 9 版

根据 H. Davenport 教授的评论, 我修改了前两章的一些段落. 除了更正一些小错误和增加一些引用, 其余章节保持不变.

戈弗雷・哈代

1943 年 11 月

第 7 版

这一版的变化是第 2 版以来最重大的. 全书进行了重新排版, 这使得我有机会放手改写它.

我删去了原来的附录 2 (关于记号 “$O, o, \sim$”), 并将其中的内容合并到正文中的合适地方. 改写了第 6 章和第 7 章中讨论微分系数的基本性质的部分内容. 在此, 我发现 de la Vallée-Poussin 的 *Cours d'analyse* 一书是极好的导引, 我确信本书的这一部分有了很大的改进. 这些重要的改变自然涉及许多细小的校订.

我从过去 20 年里剑桥数学学士荣誉学位考试 (Mathematical Tripos) 的论文中选用了大量新的例子, 这对剑桥的学生来说是有用的. 这些例子由 E. R. Love 先生为我搜集, 他还阅读了所有的证明, 并纠正了许多错误.

本书总的方案并未改变. 在 20 年后再次阅读这本书的时候, 我常常想尝试在内容以及风格两方面对本书做更大的改变. 这本书是分析在剑桥被人们忽视的年代里写就的, 以现在的眼光来看, 本书的重点以及热衷讨论的题材似乎有点可笑了. 如果现在重新写这本书的话, 我就不应当像 “一个与土著谈话的传教士”(用利特尔伍德教授的比喻) 啰啰唆唆, 而应该采用适当简洁和严谨的写作风格. 此外, 如果写得更精练一些, 就能包含更多的内容. 这样一来, 这本书就会更像一部标准的分析教程了.

我没有时间来完成这样的工作, 这或许是一大幸事, 否则其结果很可能是我写了一本好得多但非常缺乏个性的书, 而且这么一本分析学的导引是用处不大的, 像这样的书, 即便在英国, 现在也并不缺乏.

戈弗雷・哈代

1937 年 11 月

第 1 版 (节录)

这本书主要是为有能力达到或者接近常说的“学术标准”的大学一年级学生而撰写的. 我希望它也能对其他水平的读者有用, 但前一类读者的需要是我首先要考虑的. 无论如何它都是一本为数学专业学生所写的书, 我并未做任何努力去迎合工科学生, 或兴趣主要不在数学的那些学生的需要.

我把这本书视为一部真正的初等教程. 书中有大量很有难度的例题 (主要在各章的末尾), 对于这些难题, 只要篇幅允许, 我都补充了一个概略的解题说明. 不过我也尽了最大的努力来避免将涉及真正艰深思想的任何问题包括到本书之中. 例如, 我从来没有提及一致收敛、二重级数、无穷乘积, 而且也没有证明任何关于极限运算的逆的一般定理——我甚至从来没有定义过 $\dfrac{\partial^2 f}{\partial x \partial y}$ 和 $\dfrac{\partial^2 f}{\partial y \partial x}$. 在最后两章中, 我有一两次机会求一个幂级数的积分, 但仅局限于最简单的情形, 并针对每一个例子给出特别的讨论.

戈弗雷・哈代

1908 年 9 月

目　录

第 1 章 实 变 量

1. 有理数

分数 $r=p/q$ (其中 p 和 q 是正整数或者负整数) 称为**有理数** (rational number). 我们可以假设 (i) p 和 q 没有公因子, 因为如果它们有公因子的话, 就可以用公因子来除这两个数中的每一个数, 还可以假设 (ii) q 是正数, 这是因为

$$p/(-q)=(-p)/q, \quad (-p)/(-q)=p/q.$$

取 $p=0$, 我们就可以在这样定义的有理数中加进 "有理数 0".

我们假设读者熟悉关于有理数的一般算术运算. 下面给出的例子不要求超出有理数一般算术运算以外的任何知识.

例 I

(1) 如果 r 和 s 是有理数, 那么 $r+s, r-s, rs$ 和 r/s 都是有理数, 除非在最后一种情形中 $s=0$ (此时 r/s 当然没有意义).

(2) 如果 λ, m 和 n 都是正有理数, 且 $m>n$, 那么 $\lambda\left(m^2-n^2\right), 2\lambda mn$ 以及 $\lambda\left(m^2+n^2\right)$ 都是正有理数. 这就指出了如何来确定任意多个直角三角形, 使得它们所有的边长均为有理数.

(3) 任何有限十进制小数都可以表示成有理数, 其分母不包含异于 2 和 5 的因子. 反之, 任何这样的有理数都可以用唯一一种方式表示成有限十进制小数.

[十进制小数的一般理论将在第 4 章中加以讨论.]

(4) 正有理数可以排列成如下的普通数列的形式:

$$\frac{1}{1}, \frac{2}{1}, \frac{1}{2}, \frac{3}{1}, \frac{2}{2}, \frac{1}{3}, \frac{4}{1}, \frac{3}{2}, \frac{2}{3}, \frac{1}{4}, \cdots.$$

证明 p/q 是这个数列中的第 $\frac{1}{2}(p+q-1)(p+q-2)+q$ 项.

[在此数列中, 每个有理数都无限次重复出现. 例如 1 作为 $\frac{1}{1}, \frac{2}{2}, \frac{3}{3}, \cdots$ 而反复出现. 如果将已经以最简分数的形式出现过的每一个数都删除, 我们当然可以避免这种现象的发生, 然而那样一来, 确定 p/q 的确切位置就将变得更加复杂.]

2. 用直线上的点表示有理数

在数学分析的许多分支中, 大量使用几何描述的方法是非常方便的.

当然, 用这种几何描述的方法, 并不意味着分析对于几何有任何形式的依赖: 它们仅仅是描述, 并不具有更多的含义, 只是为了使得表述清晰. 正因如此, 并不需要对常用的初等几何概念作任何逻辑的分析. 我们可以满足于假设我们知道这些概念的含义, 而不管它离真实有多远.

接下来, 假设我们知道一条**直线** (straight line)、直线的**一段** (segment) 以及线段的**长度** (length) 指的是什么. 让我们取一条直线 Λ, 在两个方向上将它无限延伸, 并取任意长度的一段线段 A_0A_1. 我们把 A_0 称为**原点** (origin), 或称为点 0, 而把 A_1 称为点 1, 并把这两点看成是数 0 和数 1 的表示.

为了得到表示正有理数 $r = p/q$ 的点, 我们选取点 A_r 使得

$$A_0A_r/A_0A_1 = r,$$

其中, A_0A_r 是该直线沿着与 A_0A_1 同样的方向所作的延展, 当该直线如图 1 中那样水平地穿越纸张的时候, 我们就假设 A_0A_1 的方向是从左向右. 为了得到表示负有理数 $r = -s$ 的点, 自然要把长度视为带有符号的量, 如果长度是按照 (与 A_0A_1 相同的) 方向来度量, 就带正号; 而如果沿另一个方向进行度量, 就带负号, 故而有 $AB = -BA$; 又取 A_{-s} 作为表示 r 的点, 使得

$$A_0A_{-s} = -A_{-s}A_0 = -A_0A_s.$$

A_{-s}　A_{-1}　A_0　A_1　A_s

图 1

这样我们就在直线上得到与每个正的或者负的有理值 r 相对应的点 A_r, 使得

$$A_0A_r = r \cdot A_0A_1;$$

如果我们把 A_0A_1 取作单位长度, 并记 $A_0A_1 = 1$, 那么自然就有

$$A_0A_r = r.$$

我们把点 A_r 称为直线上的**有理点** (rational point).

3. 无理数

如果要在直线上标出与分母相继为 $1, 2, 3, \cdots$ 的有理数对应的所有的点, 你会容易使自己相信: 可以用任意接近的有理点覆盖直线. 我们可以把这一思想更加精确地表述如下: 如果在直线 Λ 上取任意一条线段 BC, 我们总可以在 BC 上找到你想要的任意多个有理点.

例如, 假设 BC 落在线段 A_1A_2 的内部. 显然, 如果我们选取一个正整数 k, 使得

$$k \cdot BC > 1, \text{①} \tag{1}$$

并把 A_1A_2 分成 k 个相等的部分, 那么诸分点中至少有一个 (比方说 P) 必定落在 BC 的内部, 且它既不与 B 也不与 C 重合. 这是因为, 如若不然, BC 就会完全包

① 可能成立的此假设等价于著名的阿基米德公理的假设.

含在 A_1A_2 被分成的 k 个部分中的某一个部分之中, 这与假设 (1) 矛盾. 但是显然 P 对应于一个分母是 k 的有理数. 于是至少有一个有理点 P 落在 B 与 C 之间. 那样一来, 我们就可以在 B 与 P 之间找到另外一个这样的点 Q, 在 B 与 Q 之间又可以找到另外一点, 如此无限延续下去; 也就是说, 正如我们在上面所断言的那样, 可以找到想要的任意多个点. 我们可以把这一结果表述成: BC 包含无穷多个有理点.

在 "BC 包含无穷多个有理点" 或者 "BC 上有无穷多个有理点" 或者 "有无穷个正整数" 这类句子中出现的 "无穷多个" 或者 "无穷个" 这样的术语的意义将在第 4 章中更仔细地加以研究. 结论 "有无穷个正整数" 意味着 "给定任何一个不论多么大的正整数 n, 都能找到多于 n 个的正整数". 这个结论无论对于什么样的 n, 例如 $n = 100\,000$ 或者 $n = 100\,000\,000$, 显然都是正确的. 这个结论与 "可以找到我们所想要的任意多个正整数" 的含义是完全相同的.

读者容易相信下述论断的正确性, 这一论断与我们在本节第二段中所证明的结论等价: 给定任意一个有理数 r 和任意一个正整数 n, 都可以在 r 的每一边找到另外一个有理数, 它与 r 的距离小于 $1/n$. 换一种说法就是, 我们可以在 r 的左右两边找到与 r 相差任意小的有理数. 此外, 给定任何两个有理数 r 和 s, 都可以在它们之间插入一列有理数, 其中任何两个相邻的项之间的差都可以任意小, 也就是说小于 $1/n$, 其中 n 是事先指定的任意正整数.

从这些考虑出发, 读者或许会得出这样的结论: 想象直线单单是由直线上的有理点构成的, 就可以对直线的特性得到足够的了解. 如果我们把直线想象成仅由有理数组成, 而将其他所有的点 (如果有这样的点存在) 都统统去掉的话, 情形的确如此, 剩下的图形也会具有直线在通常意义下所具有的大多数性质. 粗略地说, 它的外表和性状都很像一条直线.

然而, 稍作进一步的研究就会明白, 这种观点会使我们陷入严重的困境.

让我们用常识的眼光对此做一会儿观察, 并且来考虑直线的某些性质. 如果直线的概念与我们在初等几何中就形成的那些思想一致, 我们应该有理由期待直线具有这些性质.

直线必定是由点组成的, 任何一条线段的所有的点都介于它的两个端点之间. 对于任何这样的一条线段一定可以赋予一个称之为它的长度的特质, 而长度必定是可以用任何标准长度或者单位长度进行数值度量的一种量, 而且这些长度一定能够用加法或者乘法, 并按照通常的代数法则相互加以组合. 此外, 一定能构造出一条线段, 其长度是任何两个给定的长度之和或者是它们的乘积. 如果沿同一条给定的直线, 取长度 PQ 是 a, 长度 QR 是 b, 则长度 PR 必定是 $a+b$. 此外, 如果沿一条直线取长度 OP 和 OQ 分别是 1 和 a, 而沿另一条直线取长度 OR 为 b, 又如果通过 Euclid 作图法 (Euclid 的《几何原本》第 6 卷第 12 节) 确定长度 OS 作为线段 OP, OQ, OR 的第四比例数, 那么这个长度必定是 ab, 它是 $1, a, b$ 的代数第四比例数. 几乎不需要说明, 这样定义的和与乘积必定遵守通常的代数法则,

即满足

$$a+b=b+a, \quad a+(b+c)=(a+b)+c,$$
$$ab=ba, \quad a(bc)=(ab)c, \quad a(b+c)=ab+ac.$$

线段的长度必定也满足有关不等式以及等式的若干显然的法则. 比方说, 如果 A, B, C 是直线 Λ 上从左到右排列的三个点, 我们就必定有 $AB < AC$ 等. 此外, 也一定有可能在基本直线 Λ 上找到一点 P, 使得 A_0P 与在 Λ 上或者在任何其他直线上选取的任何一条线段相等. 直线的所有这些性质及其更多性质都包含在初等几何的预备知识中.

现在容易看出, 将直线视为由一系列的点组成, 且每个点与一个有理数相对应的这种观点是不可能满足所有这些要求的. 例如, 有各种各样的初等几何作图法都声称可以作出长度 x, 使得 $x^2=2$. 比如可以作出一个等腰直角三角形 ABC, 使得 $AB=AC=1$. 那么, 如果 $BC=x$, 则有 $x^2=2$. 又如图 2 中指出的那样, 根据 Euclid 作图法 (《几何原本》第 6 卷第 13 节) 通过求作 1 和 2 的比例中项来确定长度 x. 这样一来, 就要求存在一个长度, 它是由数 x 以及直线 Λ 上的一点 P 来度量的, 使得

$$A_0P=x, \quad x^2=2.$$

但是容易看出: 不存在这样的有理数, 它的平方等于 2. 事实上我们可以更进一步, 表述成: 不存在平方等于 m/n 的有理数 (其中 m/n 是一个正的既约分数), 除非 m 和 n 两者都是完全平方数.

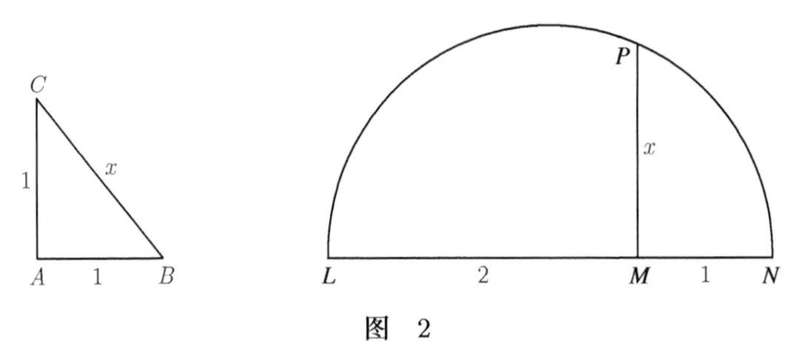

图 2

这是因为, 如果有可能存在这样的有理数, 即可假设

$$p^2/q^2=m/n,$$

其中 p 与 q 没有公因子, m 和 n 也没有公因子. 那么就有 $np^2=mq^2$. q^2 的每个因子必定整除 np^2, 而 p 和 q 没有公因子, 故而 q^2 的每个因子必定整除 n. 从而有 $n=\lambda q^2$, 其中 λ 是一个整数. 但这样就有 $m=\lambda p^2$, 而由于 m 和 n 没有公因子, 故 λ 必定为 1, 从而 $m=p^2$, $n=q^2$, 而这正是所要证明的. 特别地, 取 $n=1$ 我们得到: 一个整数不可能是一个有理数的平方, 除非该有理数本身就是一个整数.

这样看来, 我们要求存在的数 x 和点 P, 并不属于已经构造出来的有理点, 且满足 $A_0P = x$, $x^2 = 2$. (如同读者从初等代数中记得的那样) 我们记 $x = \sqrt{2}$.

下面给出的不存在平方等于 2 的有理数的另一种证明是很有意思的.

如果存在平方等于 2 的有理数, 假设 p/q 是一个正的既约分数, 它满足 $(p/q)^2 = 2$, 也即 $p^2 = 2q^2$. 容易看出有 $(2q-p)^2 = 2(p-q)^2$; 因此 $(2q-p)/(p-q)$ 是另外一个有同样性质的分数. 但显然 $q < p < 2q$, 故而 $p - q < q$. 于是存在另外一个与 p/q 相等且有更小分母的分数, 这与 p/q 是既约分数的假设矛盾.

例 II

(1) 证明不存在立方数等于 2 的有理数.

(2) 一般性地, 证明: 既约有理分数 p/q 不可能是一个有理数的立方, 除非 p 和 q 两者都是完全立方数.

(3) 一个更为一般的命题如下所述, 它由 Gauss 得出且前述诸结论为它的特例: 一个整系数的代数方程

$$x^n + p_1x^{n-1} + p_2x^{n-2} + \cdots + p_n = 0$$

不可能有非整数的有理根.

[因为假设此方程有一个根 a/b, 其中 a 和 b 是没有公因子的整数, 且 b 是正的. 记 a/b 为 x, 两边用 b^{n-1} 来乘, 我们得到

$$-\frac{a^n}{b} = p_1a^{n-1} + p_2a^{n-2}b + \cdots + p_nb^{n-1},$$

这是一个等于整数的既约分数, 这是不可能的. 于是有 $b = 1$, 方程的根就是 a. 显然 a 必须是 p_n 的一个因子. 更一般地, 如果 a/b 是 $p_0x^n + p_1x^{n-1} + p_2x^{n-2} + \cdots + p_n = 0$ 的一个根, 那么 a 就是 p_n 的一个因子, 而 b 则是 p_0 的一个因子.]

(4) 证明: 如果 $p_n = 1$ 且

$$1 + p_1 + p_2 + p_3 + \cdots, \quad 1 - p_1 + p_2 - p_3 + \cdots$$

都不等于零, 那么该方程不可能存在有理根.

(5) 求

$$x^4 - 4x^3 - 8x^2 + 13x + 10 = 0$$

的有理根 (如果有的话).

[这些根只可能是整数, 所以 $\pm1, \pm2, \pm5, \pm10$ 是它仅有可能的有理根. 它们是否是该方程的根可以用尝试法加以确定.]

4. 无理数 (续)

于是, 有理数的几何表示就启发我们可以通过引进一种新型的数来扩大 "数" 的概念.

不用几何语言也可以得到同样的结论. 代数的一个中心问题是寻求像

$$x^2 = 1, \quad x^2 = 2$$

这样的方程的解. 第一个方程有两个有理根 1 和 -1. 但是, 如果将数的概念仅仅局限在有理数范围内的话, 我们就只能说第二个方程没有根. 对于像 $x^3 = 2$, $x^4 = 7$ 这样的方程也有同样的情形. 这些事实显然足以对于所希望得到的数的概念做出某种推广, 即便需要证明这是有可能的.

让我们更进一步地来研究方程 $x^2 = 2$.

我们已经看到, 没有有理数满足这个方程. 任何有理数的平方要么小于 2, 要么大于 2. 于是我们可以把正有理数 (目前我们仅限于研究正有理数) 分成两类, 一类包含平方小于 2 的数, 另一类包含平方大于 2 的数. 我们把这两个类分别称为 L 类 [也称为**下类** (lower class) 或者**左类** (left-hand class)] 以及 R 类 [也称为**上类** (upper class) 或者**右类** (right-hand class)]. 显然, R 类的每个元素都大于 L 类的所有元素. 此外容易相信, 我们可以找到 L 类的一个元素, 它的平方虽然小于 2, 但可以与 2 相差任意地小; 也可以找到 R 类的一个元素, 它的平方虽然大于 2, 但可以与 2 相差任意地小. 事实上, 如果我们用通常的算术程序来计算 2 的平方根, 就会得到一列有理数, 即

$$1, \quad 1.4, \quad 1.41, \quad 1.414, \quad 1.4142, \quad \cdots,$$

它们的平方数为

$$1, \quad 1.96, \quad 1.9881, \quad 1.999396, \quad 1.99996164, \quad \cdots,$$

全都小于 2, 而且越来越接近于 2. 在这一过程中取足够多的数字, 我们就可以得到想要的那种精确程度的近似值. 如果我们将上面给出的每一个近似值的最后一位数字增加 1, 我们得到一列有理数

$$2, \quad 1.5, \quad 1.42, \quad 1.415, \quad 1.4143, \quad \cdots,$$

它们的平方数为

$$4, \quad 2.25, \quad 2.0164, \quad 2.002225, \quad 2.00024449, \quad \cdots,$$

它们全都大于 2, 但也如我们所希望的越来越接近于 2.

上面所做的推理虽然能使读者信服, 却缺少现代数学所要求的严格性. 我们可以提供一个合乎规范的证明如下. 首先, 我们可以找到 L 的一个元素和 R 的一个元素, 它们相差我们所希望的那么小. 因为在第 3 节中我们看到: 给定任何两个有理数 a 和 b, 总可以构造出一列有理数, 使得 a 和 b 是这列数中的第一个数和最后一个数, 而且其中任何两个相邻的数相差如我们所希望的那么小. 这样, 我们取 L 中的一个元素 x 以及 R 中的一个元素 y, 并在它们之间再造出一列数, 使得 x 是其中的第一个数, 而 y 是其中的最后一个数, 且这列数中任何两个数相差都小于 δ, 其中, δ 是我们所希望的任意小的一个正有理数, 例如取 δ 为 0.01、0.0001 或者 0.000001. 在这列数中, 必定有属于 L 的最后一个数以及属于 R 的第一个数, 且这两个数的差小于 δ.

现在我们可以来证明：在 L 中可以找到一个 x，在 R 中可以找到一个 y，使得 $2-x^2$ 和 y^2-2 都能小到我们所希望的程度，比方说都小于 δ. 在上面的讨论中用 $\frac{1}{4}\delta$ 代替 δ，我们看到可以选取 x 和 y 使得 $y-x<\frac{1}{4}\delta$；显然我们还可以假设 x 和 y 两者都小于 2. 这样就有

$$y+x<4,\quad y^2-x^2=(y-x)(y+x)<4(y-x)<\delta;$$

由于 $x^2<2$ 以及 $y^2>2$，由此即推出，$2-x^2$ 和 y^2-2 都小于 δ.

由此还可以推出：L 中没有最大的元素，R 中也没有最小的元素. 因为如果 x 是 L 中一个元素，就有 $x^2<2$. 假设 $x^2=2-\delta$. 那么我们就能找到 L 的一个元素 x_1 使得 x_1^2 与 2 的差小于 δ，所以有 $x_1^2>x^2$，也就是 $x_1>x$. 这样一来 L 中就存在比 x 更大的元素；又因为 x 是 L 中一个任意的元素，由此得知 L 中不存在比其中所有其他元素都大的元素. 于是 L 中没有最大的元素；类似地，R 中也没有最小的元素.

5. 无理数 (续)

这样我们就把正有理数分成了两个类 L 和 R，使得：(i) R 中的每个元素都大于 L 中的每个元素；(ii) 可以找到 L 中一个元素与 R 中一个元素，使它们的差小到我们希望的程度；(iii) L 中没有最大的元素，R 中也没有最小的元素. 我们关于直线属性的普遍概念以及初等几何和初等代数的要求，都同样要求存在一个数 x，它大于 L 中所有的元素，且小于 R 中所有的元素，也要求直线 Λ 上存在一个相对应的点 P，它把与 L 中的元素对应的点以及与 R 中的元素对应的点区分开来，如图 3 所示.

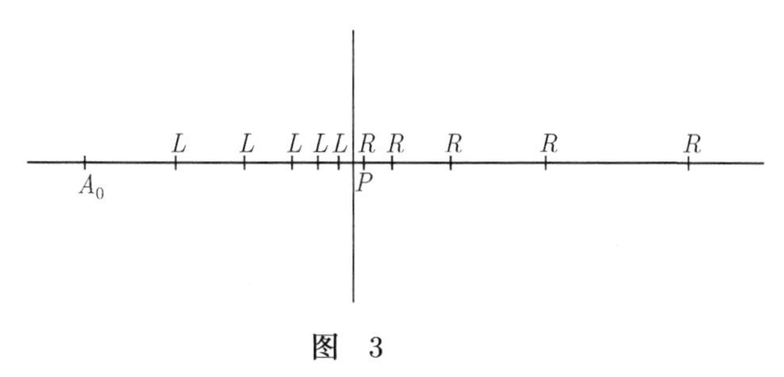

图 3

现在我们暂时假设存在这样一个数 x，且对它可以用代数法则加以运算，例如 x^2 有确定的意义. 那么 x^2 既不能小于 2，也不能大于 2. 因为比方说 x^2 小于 2，那么由前面所述即得，可以找到一个正有理数 ξ，使得 ξ^2 在 x^2 和 2 之间. 这就是说，我们可以找到 L 中一个大于 x 的元素. 这与 x 将 L 中的元素与 R 中的元素区分开来这一假设矛盾. 从而 x 不可能小于 2；类似地，它也不可能大于 2. 这样一来，我们就得到 $x^2=2$，在代数中我们用 $\sqrt{2}$ 来记 x 所表示的数. 这个数 $\sqrt{2}$ 不是有理数，因为没有哪个有理数的平方能等于 2. 这就是所谓的**无理数** (irrational number) 的最简单的例子.

上面的论证方法几乎可以逐字逐句地应用到与 $x^2=2$ 不同的方程上. 例如, 可以运用到方程 $x^2=N$, 其中 N 是任意一个不是完全平方数的整数; 或者运用到诸如

$$x^3=3,\quad x^3=7,\quad x^4=23$$

这样的方程上; 或者像稍后看到的那样, 运用到 $x^3=3x+8$ 这样的方程上. 这样, 我们就会相信在直线 Λ 上存在无理数 x 以及点 P, x 满足与这些方程类似的方程, 即便当这些长度不可能用初等几何的方法构造出来时 (像 $\sqrt{2}$ 这样的长度是能够用初等几何作图法作出来的), 我们依然会相信存在这样的数.

毫无疑问, 读者会回忆起: 初等代数中, 像 $x^q=n$ 这类方程的根是用 $\sqrt[q]{n}$ 或者 $n^{1/q}$ 来表示的, 而像

$$n^{p/q},\quad n^{-p/q}$$

这样的符号的含义是用等式

$$n^{p/q}=(n^{1/q})^p,\quad n^{p/q}n^{-p/q}=1$$

来表示的. 根据这些定义, 读者应该记得, 形如

$$n^r\times n^s=n^{r+s},\quad (n^r)^s=n^{rs}$$

的 "指数法则" 是怎样推广到 r 和 s 是任意有理数的情形中去的.

现在读者可以从两种可供选择的途径中选择其一. 如果愿意的话, 他可以满足于假设形如 $\sqrt{2},\sqrt[3]{3},\cdots$ 的无理数存在, 并服从他所熟悉的代数法则①. 如果这样做, 他将能跳过下面几节中更加抽象的讨论, 从而可以直接转到第 13 节以及其后各节.

另一方面, 如果读者不打算采用如此自然的方式, 我们真诚地建议他仔细研读接下来的几节, 其中对这些方程进行了更加充分的研究.

例 III

(1) 求出 2 与第 4 节中作为 $\sqrt{2}$ 的近似值所给出的诸小数的平方之差.

(2) 求 2 与诸数

$$\frac{1}{1},\ \frac{3}{2},\ \frac{7}{5},\ \frac{17}{12},\ \frac{41}{29},\ \frac{99}{70}$$

的平方之差.

(3) 证明: 如果 m/n 是 $\sqrt{2}$ 的一个好的近似值, 那么 $(m+2n)/(m+n)$ 就是一个更好的近似值, 且在这两种情形下, 误差有相反的符号. 在上一个例子中应用这一结果继续给出近似值数列.

(4) 如果 x 和 y 分别是 $\sqrt{2}$ 的不足近似值以及盈余近似值, 且有 $2-x^2<\delta$, $y^2-2<\delta$, 那么就有 $y-x<\delta$.

---

① 这是本书第 1 版中所采纳的观点.

(5) 方程 $x^2 = 4$ 被 $x = 2$ 所满足. 请检验: 将上一节的论证方法应用到这个方程上 (从头到尾用 4 代替 2) 能走多远. [如果我们使用 L 类和 R 类的前述定义, 那么它们并不包含所有的有理数. 有理数 2 就是一个例外, 这是因为 2^2 既不小于 4, 也不大于 4.]

6. 无理数 (续)

在第 4 节中, 我们讨论了一种将正有理数 x 划分成两个类的特殊方式, 使得对于一个类的元素有 $x^2 < 2$, 而对于另一个类的元素有 $x^2 > 2$. 这样的划分方式称为对所讨论的数的一个**分割** (section). 显然, 可以同样成功地构造一个分割, 它所分成的两类数的特征分别由 $x^3 < 2$ 和 $x^3 > 2$ 来表达, 或者分别由 $x^4 < 7$ 和 $x^4 > 7$ 来刻画. 现在, 让我们尝试用相当一般的表述方式来陈述对正有理数的这种分割的构造原理.

假设 P 和 Q 代表两种相互排斥的性质, 且其中一种性质必定为每一个正有理数所具有. 此外, 假设每个具有性质 P 的数都小于任何一个具有性质 Q 的数. 例如, 性质 P 是 "$x^2 < 2$", 则性质 Q 是 "$x^2 > 2$". 此时我们称具有性质 P 的数是下类或者左类 L, 而称具有性质 Q 的数是上类或者右类 R. 一般来说, 两个类都存在. 但特别地, 可能会出现其中一个类不存在, 每个数都属于另一个类的情形. 例如, 如果性质 P (或者 Q) 为 "是有理数", 或者为 "是正数", 那么就会发生这种情形. 然而, 当前我们仅限于讨论两个类都存在的情形. 此时如同在第 4 节中那样可以推出: 我们能找到 L 的一个元素和 R 的一个元素, 它们的差可以小到我们所希望的程度.

我们在第 4 节考虑过的特殊情形中, L 没有最大的元素, R 没有最小的元素. 但是这些类中或许会有某一个类有一个最大的元素或者一个最小的元素, 重要的是要区分各种不同的可能性. 不可能的是: L 有最大的元素, 而且 R 也有最小的元素. 因为如果 l 是 L 的最大元素, 且 r 是 R 的最小元素, 则有 $l < r$, 这样一来, $\frac{1}{2}(l + r)$ 就是位于 l 和 r 之间的一个正有理数, 从而它既不属于 L, 也不属于 R. 这与我们关于每个这样的数都属于其中一个类的假设条件矛盾. 如果情形果真如此, 那就存在三种可能性, 它们相互排斥. 这三种可能性是: 要么 (i) L 有一个最大的元素 l; 要么 (ii) R 有一个最小的元素 r; 要么 (iii) L 没有最大的元素, R 也没有最小的元素.

第 4 节中的分割给出最后一种可能性的例子. 取 P 为 $x^2 \leqslant 1$, Q 为 $x^2 > 1$, 就得到第一种情形的一个例子, 这里 $l = 1$; 如果 P 是 $x^2 < 1$, 而 Q 是 $x^2 \geqslant 1$, 就得到第二种情形的一个例子, 其中 $r = 1$. 应该注意到, 如果取 P 为 $x^2 < 1$, 而取 Q 为 $x^2 > 1$, 我们根本得不到一个分割; 因为此时特殊的数 1 从我们的分类中漏掉了 (参见例 III 中的第 (5) 题).

7. 无理数 (续)

在前面两种情形中, 我们谈及与一个正有理数 a 相对应的分割, 一种情形下这个正有理数是 l, 而另一种情形下这个正有理数是 r. 反过来显然可见, 任意一个这样的数 a 都对应一个分割, 我们记之为 α[①]. 因为我们可以分别取性质 P 和 Q 为

$$x \leqslant a, \quad x > a,$$

或者 $x < a$ 和 $x \geqslant a$. 在第一种情形中, a 就是 L 中最大的元素, 而在第二种情形中, a 是 R 中最小的元素. 事实上, 对于任何一个正有理数恰有两个分割与之对应. 为了避免混淆, 我们选择其中之一, 即选取该数属于上类的那个分割. 换句话说, 我们约定只考虑下类中没有最大的数的那种分割.

由于正有理数与其所定义的分割之间有这样的对应关系, 故而出于数学目的, 用分割代替数, 并把在公式中出现的符号视为分割而不是数, 应该是完全合理的. 例如, 如果 α 和 α' 是与 a 和 a' 对应的分割, 那么 $\alpha > \alpha'$ 就与 $a > a'$ 有同样的含义.

但是, 当按照这种方法用有理数的分割取代有理数本身时, 我们几乎不得不对数系做进一步推广, 因为存在这样的分割 (如在第 4 节中所给出的), 即它不与任何有理数相对应. 分割组成的集合比正有理数集合更大. 它包含了与所有这样的数相对应的分割, 除此之外还包含更多的分割. 正是这个事实成为了我们关于数的概念推广的基础. 由此我们构造出下面的定义, 不过在下一节中将对这个定义加以修改, 因此它是短暂的、临时性的.

正有理数的两个类都存在且下类中没有最大的元素的分割称为正实数 (positive real number).

不与正有理数对应的正实数称为正的无理数.

8. 实数

到目前为止, 我们仅限于讨论正有理数的某种分割, 且暂时约定这样的分割为“正实数”. 在我们构造出最终的定义之前, 必须对这个观点作一点改变. 我们将不仅仅考虑对正有理数的分割, 也就是将正有理数分成两个类的划分, 也要考虑对所有有理数 (包括 0) 的分割. 这样我们就可以重复在第 6 节和第 7 节中对于正有理数的分割的一切论述, 只需要间或省略“正的”一词即可.

定义 *有理数的两个类都存在且下类没有最大的元素的分割称为实数, 或者简单称之为数.*

不与有理数对应的实数称为无理数.

① 对一个用英文字母表示的有理数, 用与之相对应的希腊字母来标记对应的分割是很方便的.

如果一个实数的确与一个有理数相对应, 我们也将把术语 "有理的" 同样应用到实数的情形.

根据定义, 术语 "有理数" 有些含糊不清, 它可能指的是第 1 节中的有理数, 也可能指的是对应的实数. 如果我们说 $\frac{1}{2} > \frac{1}{3}$, 那么有可能指的是两个不同的命题中的某一个, 其中一个是初等算术的命题, 另一个是关于有理数的分割的命题. 这种类型的含混不清在数学中是很常见的, 也是完全无害的, 因为不论对命题本身作何种解释, 这些不同命题之间的关系都是完全一样的. 例如, 由 $\frac{1}{2} > \frac{1}{3}$ 和 $\frac{1}{3} > \frac{1}{4}$, 我们可以推出 $\frac{1}{2} > \frac{1}{4}$. 这一推理无论如何都不会因为 $\frac{1}{2}, \frac{1}{3}$ 和 $\frac{1}{4}$ 到底是算术分数还是实数的疑虑而受到影响. 当然, 有时 (比方说) "$\frac{1}{2}$" 出现的上下文就足以给出了其含义的确定解释. 当我们说 $\frac{1}{2} < \sqrt{\frac{1}{3}}$ 时 (参见第 9 节), 必定把 "$\frac{1}{2}$" 当作实数 $\frac{1}{2}$ 看待了.

此外, 读者应该注意到, 我们所采用的 "实数" 定义的精确形式并没有特殊的逻辑重要性. 我们定义一个 "实数" 是一个分割, 也就是一对类. 我们也同样可以把它定义成是那个下类或者那个上类. 的确, 容易定义出无穷多个类的实体, 其中每一个都具有实数类所具有的性质. 数学中本质的东西是: 数学的符号应该有某种解释. 一般来说, 它们会有许多种解释, 而就数学而言, 无论我们采用哪一种解释都没有关系. 伯特兰 · 罗素曾经说过: "数学是一门科学, 对于这门科学我们并不知道我们正在谈论的是什么, 我们也不关心关于数学我们所说的是否为真." 这是一段以悖论的形式表述的评论, 然而在现实中却包含若干重要的真理. 要详细分析罗素的这段精辟评论的含义会花去我们太长的时间, 但是无论如何, 这段评论的一个隐含意义是: 数学符号可能有不同的解释, 而且一般说来我们有权自由地选择更愿意采用的解释.

现在有三种情形需要区分. 有可能出现所有负的有理数都属于下类, 而零和所有正有理数都属于上类的情形. 我们把这个分割说成是实数 0. 或者, 有可能发生下类包含某些正数的情形, 这样的分割称为正实数. 最后, 有可能发生某些负数属于上类的情形. 我们把这样的分割称为负实数①.

我们现在对正实数 α 所给出的定义与在第 7 节中给出的定义之间的区别在于, 向下类中添加了 0 和所有的负有理数. 在第 6 节中, 取性质 P 为 $x+1<0$, 性质 Q 为 $x+1 \geqslant 0$ 就给出了一个负实数的例子. 这个分割显然对应于负有理数 -1. 如果我们取 P 为 $x^3 < -2$, Q 为 $x^3 > -2$, 就会得到一个非有理数的负实数.

9. 实数之间的大小关系

现在我们已经对数的概念做了推广, 显然, 我们应该对等式、不等式、加法、乘法等概念做出相应的推广. 我们需要证明这些思想对于新的数也是适用的, 而

① 还有这样的分割: 其中每个数都属于下类或者每个数都属于上类. 读者或许会有兴趣询问: 为什么我们不把这样的分割也看成是有定义的数呢? 我们可把它们称为**实数正无穷** (real numbers positive infinity) 和**实数负无穷** (real numbers negative infinity).

这样的过程不存在逻辑问题, 不过可以证明实际上这并不方便. 加法和乘法的最自然的定义将不能以令人满意的方式起作用. 此外, 对于初学者来说, 分析初步中最主要的困难是学习含有词汇 "无穷" 的术语的精确意义, 而经验似乎表明, 他很有可能会对数中的任何添加一头雾水.

且在对它们做出推广之后, 所有一般的代数法则也依然成立. 这样, 一般性地, 我们就可以用第 1 节中对有理数的方式来对实数进行运算. 系统地完成这些工作, 需要花费相当大的篇幅, 故此我们在这里只能概略地指出应该怎样对此进行更加系统的讨论.

我们用形如 $\alpha, \beta, \gamma, \cdots$ 的希腊字母来记实数, 而用对应的英文字母 $a, A; b, B; c, C; \cdots$ 来记其中的下类和上类中的有理数, 并将这些类本身记为 $(a), (A), \cdots$.

如果 α 和 β 是两个实数, 则有下述三种可能性存在.

(i) 每个 a 都是一个 b, 且每个 A 也都是一个 B. 在这种情形下, (a) 和 (b) 是完全相同的, 且 (A) 和 (B) 也是完全相同的;

(ii) 每个 a 都是一个 b, 但并非所有的 A 都是 B. 在这种情形下, (a) 是 (b) 的一个真子集[①], 且 (B) 也是 (A) 的一个真子集;

(iii) 每个 A 都是一个 B, 但并非所有的 a 都是 b.

这三种情形可以用图 4 中的图形予以描述.

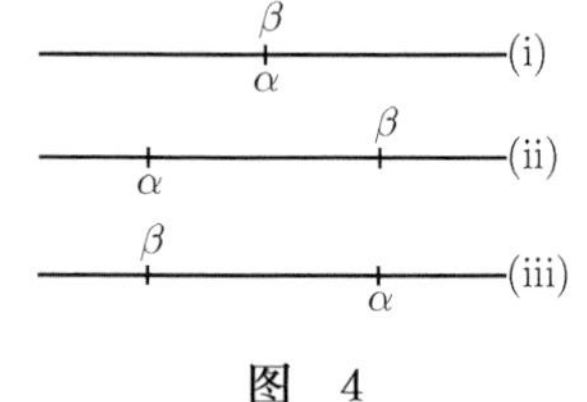

图　4

在情形 (i) 中, 我们记 $\alpha = \beta$; 在情形 (ii) 中, 记 $\alpha < \beta$; 在情形 (iii) 中, 记 $\alpha > \beta$. 显然, 当 α 和 β 两者皆为有理数时, 这些定义与从一开始就视为理所当然成立的有理数之间的等式和不等式的思想相吻合, 而且显然任何正数大于任何负数.

在此时定义一个正数 α 的负数 $-\alpha$ 是非常方便的. 首先我们假设 α 是无理数. 如果 (a) 和 (A) 都是构成 α 的类, 那么我们就可以这样来定义有理数的另外一个分割: 把所有的数 $-A$ 放在下类中, 而把所有的数 $-a$ 放在上类中. 我们用 $-\alpha$ 来记这样定义的实数 (它显然是负数). 当 α 是负数时, 我们可以类似地定义 $-\alpha$, 且如果 α 是负数, 则 $-\alpha$ 是正数. 显然也有 $-(-\alpha) = \alpha$. 在 α 与 $-\alpha$ 这两个数中, 总有一个是正数. 我们用 $|\alpha|$ 来记其中是正数的那个数, 并称之为 α 的模 (modulus).

如果 α 是有理数, 问题会有一点复杂. 在这种情形下, α 属于 (A), 且类 $(-A)$ 和 $(-a)$ 并未定义第 8 节意义下的实数, 这是因为 $-\alpha$ 属于下类而不属于上类. 这样一来, 我们必须修改关于 $-\alpha$ 的定义, 约定当 α 为有理数时, 有理数 $-\alpha$ 包含在上类中.

例 IV

(1) 证明: $0 = -0$.

(2) 证明: 根据 $\alpha = \beta$、$\alpha > \beta$ 或者 $\alpha < \beta$, 分别有 $\beta = \alpha$、$\beta < \alpha$ 或者 $\beta > \alpha$ 成立.

(3) 证明: 如果 $\alpha = \beta$ 且 $\beta = \gamma$, 则有 $\alpha = \gamma$.

(4) 证明: 如果 $\alpha \leqslant \beta$ 且 $\beta < \gamma$, 则有 $\alpha < \gamma$.

---

① 即包含于 (b), 但不等同于 (b).

(5) 证明：如果 $\alpha < \beta$, 则有 $-\beta < -\alpha$.

(6) 证明：如果 α 是正数, 则有 $\alpha > 0$; 又如果 α 是负数, 则有 $\alpha < 0$.

(7) 证明：$\alpha \leqslant |\alpha|$.

(8) 证明：$1 < \sqrt{2} < \sqrt{3} < 2$.

[所有这些结果都是我们的定义的直接推论.]

10. 实数的代数运算

现在我们来着手定义对于实数通用的像加法这样的初等代数运算的意义.

(i) 加法. 为了定义两个数 α 和 β 的和, 我们考虑下面两个类：(1) 由所有的和 $c = a + b$ 形成的类 (c); (2) 由所有的和 $C = A + B$ 形成的类 (C). 显然在所有情形下都有 $c < C$.

进一步地说, 不可能有多于一个既不属于 (c) 也不属于 (C) 的有理数存在. 因为如果假设有两个这样的数 r 和 s 存在, 并设 s 是其中较大者. 那么 r 和 s 两者必定都大于每一个 c, 且都小于每一个 C; 于是 $C - c$ 不可能小于 $s - r$. 但是

$$C - c = (A - a) + (B - b),$$

从而我们可以选择 a, b, A, B, 使得 $A - a$ 和 $B - b$ 的差能小到我们希望的程度. 这显然与我们的假设矛盾.

如果每个有理数或者属于 (c) 或者属于 (C), 则类 (c) 和 (C) 就构成了对有理数的一个分割 (就是说给出一个数 γ). 如果有一个有理数既不属于 (c) 也不属于 (C), 我们就把它加到 (C) 中去. 现在我们就有了一个分割或者说成是一个实数 γ, 它显然必定是有理数, 因为它对应于 (C) 中最小的数. 在所有情形下, 我们都把 γ 称为 α 和 β 的和, 并记

$$\gamma = \alpha + \beta.$$

如果 α 和 β 两者均为有理数, 那么它们是上类 (A) 和上类 (B) 中的最小元素. 在这种情形下, 显然 $\alpha + \beta$ 是 (C) 中的最小元素, 所以我们的定义与先前关于加法的思想一致.

(ii) 减法. 我们用等式

$$\alpha - \beta = \alpha + (-\beta)$$

来定义 $\alpha - \beta$. 于是, 减法的思想不会产生任何新的困难.

例 V

(1) 证明 $\alpha + (-\alpha) = 0$.

(2) 证明 $\alpha + 0 = 0 + \alpha = \alpha$.

(3) 证明 $\alpha + \beta = \beta + \alpha$. [这可以立即由事实 “类 $(a + b)$ 和 $(b + a)$ 是相同的类” 或者 “类 $(A + B)$ 和 $(B + A)$ 是相同的类” 推出. 这是因为, 比方说当 a 和 b 都是有理数时, 有 $a + b = b + a$.]

(4) 证明 $\alpha + (\beta + \gamma) = (\alpha + \beta) + \gamma$.

(5) 证明 $\alpha-\alpha=0$.

(6) 证明 $\alpha-\beta=-(\beta-\alpha)$.

(7) 根据减法的定义以及上面的第 (4) 题、第 (1) 题和第 (2) 题可以推出

$$(\alpha-\beta)+\beta=\{\alpha+(-\beta)\}+\beta=\alpha+\{(-\beta)+\beta\}=\alpha+0=\alpha.$$

这样一来, 我们也可以用等式 $\gamma+\beta=\alpha$ 来定义差 $\alpha-\beta=\gamma$.

(8) 证明 $\alpha-(\beta-\gamma)=\alpha-\beta+\gamma$.

(9) 请给出一个减法的定义, 它不依赖于上面给出的加法定义. [为了定义 $\gamma=\alpha-\beta$, 构造类 (c) 和类 (C), 使其满足 $c=a-B$, $C=A-b$. 容易证明, 这个定义与我们在正文中给出的定义是等价的.]

(10) 证明

$$||\alpha|-|\beta||\leqslant|\alpha\pm\beta|\leqslant|\alpha|+|\beta|.$$

11. 实数的代数运算 (续)

(iii) 乘法. 当我们研究乘法时, 最方便的是从正数开始. 暂时我们回到正有理数的分割, 我们只在第 4 节到第 7 节中研究过这种分割. 这时我们实际上可以按照加法情形中的路线来进行, 将 (c) 取作 (ab), 将 (C) 取作 (AB). 这里的讨论方法除去下述部分之外均与加法情形相同: 在加法情形中, 我们要证明所有的有理数 (至多有一个例外) 必须都属于 (c) 或者 (C). 如同加法一样, 这需要证明: 我们可以选取 a, A, b 和 B, 使得 $C-c$ 能小到我们希望的程度. 这里要用到恒等式

$$C-c=AB-ab=(A-a)B+a(B-b).$$

如果 α 和 β 是正数, 只要约定有

$$(-\alpha)\beta=-\alpha\beta,\quad \alpha(-\beta)=-\alpha\beta,\quad (-\alpha)(-\beta)=\alpha\beta,$$

就可以将负数包含到定义的范围之内.

最后, 约定对所有 α 都有 $0\times\alpha=\alpha\times 0=0$.

(iv) 除法. 为了定义除法, 我们先定义一个 (异于 0 的) 数 α 的倒数 $1/\alpha$. 首先考虑正数和正有理数的分割, 我们用下类 $(1/A)$ 和上类 $(1/a)$ 来定义正数 α 的倒数. 然后再用等式 $1/(-\alpha)=-(1/\alpha)$ 来定义负数 $-\alpha$ 的倒数. 最后, 我们用等式

$$\alpha/\beta=\alpha\times(1/\beta)$$

来定义 α/β.

这样, 我们就能将初等代数的全部概念和方法运用到所有的实数 (有理数和无理数) 上去了. 当然, 我们并不打算详尽地完成这项工作. 更为有益也更有意义的工作是, 将注意力转向某些特殊然而是特别重要的无理数类.

例 VI

证明下面诸公式所表示的定理:

(1) $\alpha \times 1 = 1 \times \alpha = \alpha$; (2) $\alpha \times (1/\alpha) = 1$; (3) $\alpha\beta = \beta\alpha$;

(4) $\alpha(\beta\gamma) = (\alpha\beta)\gamma$; (5) $\alpha(\beta + \gamma) = \alpha\beta + \alpha\gamma$;

(6) $(\alpha + \beta)\gamma = \alpha\gamma + \beta\gamma$; (7) $|\alpha\beta| = |\alpha||\beta|$.

12. 数 $\sqrt{2}$

现在让我们暂时回到第 4 节到第 5 节中讨论过的特殊的无理数. 在那里我们用不等式 $x^2 < 2$, $x^2 > 2$ 构造了一个分割. 这仅仅是一个正有理数的分割. 不过我们可以用一个所有有理数的分割来代替它 (如同第 8 节所述). 我们用符号 $\sqrt{2}$ 来记这样定义的分割或者数.

定义 $\sqrt{2}$ 与其自身乘积的类是: (i) (aa'), 其中 a 和 a' 是平方小于 2 的正有理数; (ii) (AA'), 其中 A 和 A' 是平方大于 2 的正有理数. 这些类穷尽了除一个数之外的所有正有理数, 这个唯一除外的数就是 2. 从而有

$$(\sqrt{2})^2 = \sqrt{2}\sqrt{2} = 2.$$

又有

$$(-\sqrt{2})^2 = (-\sqrt{2})(-\sqrt{2}) = \sqrt{2}\sqrt{2} = (\sqrt{2})^2 = 2.$$

于是方程 $x^2 = 2$ 有两个根 $\sqrt{2}$ 和 $-\sqrt{2}$. 类似地, 我们可以讨论方程 $x^2 = 3, x^3 = 7, \cdots$ 以及与之相对应的无理数 $\sqrt{3}, -\sqrt{3}, \sqrt[3]{7}, \cdots$.

13. 二次根式

形如 $\pm\sqrt{a}$ 的数称为**纯二次根式** (pure quadratic surd), 其中 a 是正有理数, 但不是其他有理数的平方. 形如 $a \pm \sqrt{b}$ 的数有时也称为**混二次根式** (mixed quadratic surd), 其中 a 是有理数, 而 $\sqrt{b}$ 是纯二次根式.

两个数 $a \pm \sqrt{b}$ 都是二次方程

$$x^2 - 2ax + a^2 - b = 0$$

的根. 反过来, 方程 $x^2 + 2px + q = 0$ (其中 p 和 q 都是有理数, 且 $p^2 - q > 0$) 以两个二次根式 $-p \pm \sqrt{p^2 - q}$ 作为它的根.

可以通过第 3 节的几何方法给出其存在性的仅有的一种无理数, 就是这些二次根式 (纯的或者混的) 以及像

$$\sqrt{2} + \sqrt{2 + \sqrt{2}} + \sqrt{2 + \sqrt{2 + \sqrt{2}}}$$

这样可以表示成含有平方根的重复根式的更为复杂的无理数. 正如读者自己容易看出来的那样, 不难用几何方法构造出一条线段, 其长度等于任何一个这种类型

的数. 只有这几种无理数才可以用 Euclid 方法 (即用直尺和圆规的几何作图法) 构造出来, 这是一个关键的结论, 它的证明必须暂时延后①. 二次根式的这个性质使得它们特别有意义.

例 VII

(1) 给出

$$\sqrt{2}, \quad \sqrt{2+\sqrt{2}}, \quad \sqrt{2+\sqrt{2+\sqrt{2}}}$$

的几何作图法.

(2) 如果 $b^2-ac>0$, 则二次方程 $ax^2+2bx+c=0$ 有两个实根.② 假设 a,b,c 是有理数. 将这三个数全都取为整数也无关紧要, 因为我们可以用它们分母的最小公倍数来乘这些方程.

读者应该记得该方程的根是 $\left(-b\pm\sqrt{b^2-ac}\right)/a$. 首先作出 $\sqrt{b^2-ac}$, 则很容易用几何方法构造出这些长度. 一个更为精巧然而不那么简洁明了的作图方法如下所述.

如图 5 所示, 画一个半径为 1 的圆, 其直径为 PQ, 再画出直径两端点处的切线. 取 $PP'=-2a/b$ 以及 $QQ'=-c/2b$, 注意符号.③ 连接 $P'Q'$, 其在点 M 和 N 处与圆相交. 画出 PM 和 PN, 延长后在点 X 和 Y 处与 QQ' 相交. 那么 QX 和 QY 就是方程的带有适当符号的根.④

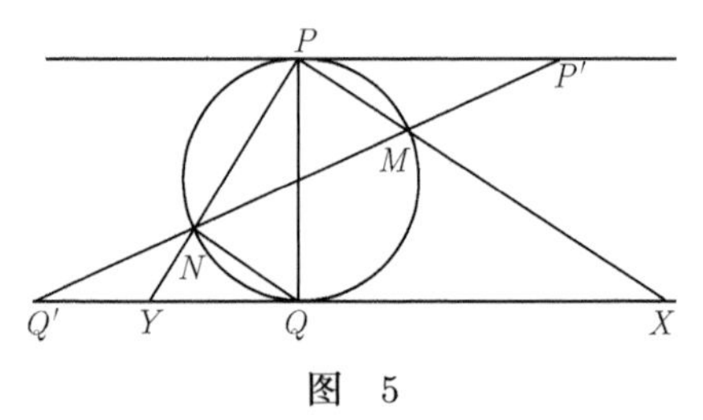

图 5

这个证明很简单, 我们把它留给读者作为练习. 另一个看起来更加简单的作图法如下所述. 取一个单位长的线段 AB. 画出与 AB 垂直的线段 $BC=-2b/a$, 并在与 BA 相同的方向上作出与 BC 垂直的线段 $CD=c/a$. 以 AD 为直径作一个与 BC 交于 X 和 Y 的圆. 那么 BX 和 BY 就是该方程的根.

(3) 如果 ac 是正的, 那么 PP' 和 QQ' 就会画在同一个方向上. 验证: 如果 $b^2<ac$, 则 $P'Q'$ 不与圆相交, 而当 $b^2=ac$ 时, 它恰好是圆的切线. 同样验证: 如果 $b^2=ac$, 则第二个作图法中的那个圆将与 BC 相切.

(4) 证明

$$\sqrt{pq}=\sqrt{p}\times\sqrt{q}, \quad \sqrt{p^2q}=p\sqrt{q}.$$

① 见第 2 章杂例第 22 题.

② 也就是有两个 x 的值使得 $ax^2+2bx+c=0$ 成立. 如果 $b^2-ac<0$, 则不存在这样的 x 的值. 读者应该记得在初等代数书中此方程被说成有 “复的” 根. 这个命题的含义将在第 3 章中加以解释. 当 $b^2=ac$ 时, 该方程仅有一个根. 为了统一起见, 这种情形一般被说成是有 “两个相等的” 根, 不过这仅仅是一种约定俗成的说法.

③ 所画的图符合 b 和 c 有相同符号而 b 和 a 有相反符号的情形. 读者可以画出其他情形的图.

④ 我们是从 Klein 的 *Vorträge über ausgewählte Fragen der Elementargeometrie* (Leipzig, 1895) 一书中取来这个作图法的.

14. 关于二次根式的某些定理

如果两个纯二次根式能表示成同一个根式的有理倍数, 则称它们是**相似的** (similar); 反之, 称它们是**不相似的** (dissimilar). 例如, 由于

$$\sqrt{8}=2\sqrt{2},\quad \sqrt{\frac{25}{2}}=\frac{5}{2}\sqrt{2},$$

故而 $\sqrt{8},\sqrt{\frac{25}{2}}$ 是相似的根式. 另一方面, 如果 M 和 N 是没有公因子的整数, 且二者皆不为完全平方数, 那么 $\sqrt{M}$ 和 $\sqrt{N}$ 是不相似的根式.

这是因为, 如果它们可能相似的话, 可以假设

$$\sqrt{M}=\frac{p}{q}\sqrt{\frac{t}{u}},\quad \sqrt{N}=\frac{r}{s}\sqrt{\frac{t}{u}},$$

其中所有的字母都表示整数. 那么, $\sqrt{MN}$ 显然是有理数, 于是 (根据例 II 第 3 题) 它也必定是整数. 从而有 $MN=P^2$, 其中 P 是一个整数. 设 $a,b,c,\cdots$ 是 P 的素因子, 所以

$$MN=a^{2\alpha}b^{2\beta}c^{2\gamma}\cdots,$$

其中 $\alpha,\beta,\gamma,\cdots$ 是正整数. 这样 MN 就能被 $a^{2\alpha}$ 整除, 于是要么 (1) M 能被 $a^{2\alpha}$ 整除, 要么 (2) N 能被 $a^{2\alpha}$ 整除, 要么 (3) M 和 N 两者都能被 a 整除. 最后这种情形可以排除在外, 因为 M 和 N 没有公因子. 这个论证方法可以用到诸因子 $a^{2\alpha},b^{2\beta},c^{2\gamma},\cdots$ 中的每一个上, 从而 M 必定可以被这些因子中的某一些整除, 而 N 则可以被其余的因子整除. 于是

$$M=P_1^2,\quad N=P_2^2,$$

其中 P_1^2 表示诸因子 $a^{2\alpha},b^{2\beta},c^{2\gamma},\cdots$ 中某些数的乘积, 而 P_2^2 则表示其余因子的乘积. 于是 M 和 N 两者都是完全平方数, 这与我们的假设矛盾.

定理 *如果 A,B,C,D 是有理数, 且*

$$A+\sqrt{B}=C+\sqrt{D},$$

那么, 要么 (i) $A=C$, $B=D$; 要么 (ii) B 和 D 两者都是有理数的平方.

因为 $B-D$ 是有理数, 且

$$\sqrt{B}-\sqrt{D}=C-A$$

也是有理数. 如果 B 不等于 D (在此情形下显然 A 也不等于 C), 则由此推出

$$\sqrt{B}+\sqrt{D}=(B-D)/(\sqrt{B}-\sqrt{D})$$

也是有理数. 从而 $\sqrt{B}$ 和 $\sqrt{D}$ 都是有理数.

推论 如果 $A+\sqrt{B}=C+\sqrt{D}$, 那么 $A-\sqrt{B}=C-\sqrt{D}$ (除非 $\sqrt{B}$ 和 $\sqrt{D}$ 两者皆为有理数).

例 VIII

(1) 重新证明 $\sqrt{2}$ 和 $\sqrt{3}$ 是不相似的根式.

(2) 证明 $\sqrt{a}$ 和 $\sqrt{1/a}$ 是相似的根式 (除非两者皆为有理数), 其中 a 是有理数.

(3) 如果 a 和 b 是有理数, 那么 $\sqrt{a}+\sqrt{b}$ 不可能是有理数, 除非 $\sqrt{a}$ 和 $\sqrt{b}$ 是有理数. 同样的结论对 $\sqrt{a}-\sqrt{b}$ 也成立, 除非 $a=b$.

(4) 如果

$$\sqrt{A}+\sqrt{B}=\sqrt{C}+\sqrt{D},$$

那么, 要么 (a) $A=C$ 且 $B=D$, 要么 (b) $A=D$ 且 $B=C$, 要么 (c) $\sqrt{A}, \sqrt{B}, \sqrt{C}, \sqrt{D}$ 全都是有理数, 或者全都是相似的根式. [将给定的等式平方并应用上面的定理.]

(5) 无论 $(a+\sqrt{b})^3$ 还是 $(a-\sqrt{b})^3$ 都不可能是有理数, 除非 $\sqrt{b}$ 是有理数.

(6) 证明: 如果 $x=p+\sqrt{q}$ (其中 p 和 q 都是有理数), 那么 x^m (其中 m 是任意一个整数) 可以表示成 $P+Q\sqrt{q}$ 的形式, 其中 P 和 Q 是有理数. 例如

$$(p+\sqrt{q})^2=p^2+q+2p\sqrt{q}, \quad (p+\sqrt{q})^3=p^3+3pq+(3p^2+q)\sqrt{q}.$$

推证: 任何关于 x 的有理系数多项式 (即任何形如

$$a_0x^n+a_1x^{n-1}+\cdots+a_n$$

的表达式, 其中 $a_0,\cdots,a_n$ 均为有理数) 都可以表示成 $P+Q\sqrt{q}$ 的形式.

(7) 如果 $a+\sqrt{b}$ 是一个有理系数的代数方程的根, 其中 b 不是完全平方数, 那么 $a-\sqrt{b}$ 是同一个方程的另一个根.

(8) 将 $1/(p+\sqrt{q})$ 表示成第 (6) 题中指定的形式. [分子分母用 $p-\sqrt{q}$ 来乘.]

(9) 从第 (6) 题和第 (8) 题推证: 如果 $x=p+\sqrt{q}$ (其中 p 和 q 都是有理数), 那么任何形如 $G(x)/H(x)$ 的表达式 (其中 $G(x)$ 和 $H(x)$ 都是关于 x 的有理系数多项式) 都可以表示成 $P+Q\sqrt{q}$ 的形式, 其中 P 和 Q 是有理数.

(10) 如果 p,q 和 p^2-q 是正数, 那么我们可以把 $\sqrt{p+\sqrt{q}}$ 表示成 $\sqrt{x}+\sqrt{y}$ 的形式, 其中

$$x=\tfrac{1}{2}\left(p+\sqrt{p^2-q}\right), \quad y=\tfrac{1}{2}\left(p-\sqrt{p^2-q}\right).$$

(11) 确定可以将 $\sqrt{p+\sqrt{q}}$ (其中 p 和 q 是有理数) 表示成形如 $\sqrt{x}+\sqrt{y}$ 的条件, 其中 x 和 y 是有理数.

(12) 如果 a^2-b 是正数, 那么

$$\sqrt{a+\sqrt{b}}+\sqrt{a-\sqrt{b}}$$

是有理数的一个充要条件是: a^2-b 和 $\frac{1}{2}\left(a+\sqrt{a^2-b}\right)$ 都是有理数的平方.

15. 连续统

所有实数 (有理数和无理数) 的集合称为**算术连续统** (arithmetical continuum).

为方便起见, 假设第 2 节中的直线 Λ 是由与算术连续统中所有的数所对应的点组成的, 此外不再含有其他的点.[①] 这样一来, 直线上的点 [它们组成的集合可以说成是构成了**线性连续统** (linear continuum)] 就为我们提供了算术连续统的一个方便实用的映像.

我们已经简要地讨论了几类实数 (例如有理数和二次根式) 的主要性质. 此外, 我们还要增加几个例子, 以此来指出这些种类的实数是如何特殊的. 粗略地说, 是要指出它们仅仅是构成连续统的无穷多种实数中非常小的一部分.

(i) 我们来研究像

$$z = \sqrt[3]{4+\sqrt{15}} + \sqrt[3]{4-\sqrt{15}}$$

这样的一个更为复杂的根式表达式. 关于 z 的这个表达式有意义这一假设的论证如下所述. 如同在第 12 节中那样, 我们首先来证明存在一个使 $y^2 = 15$ 成立的数 $y = \sqrt{15}$, 然后就能像在第 10 节中那样来定义数 $4+\sqrt{15}$ 和 $4-\sqrt{15}$. 现在考虑关于 z_1 的方程

$$z_1^3 = 4+\sqrt{15}.$$

这个方程的右边不是有理数, 但它引导我们假设存在满足 $x^3 = 2$ (或者任何其他的有理数) 的实数 x 的相同推理, 也同样引导我们得出结论: 存在一个数 z_1, 使得 $z_1^3 = 4+\sqrt{15}$. 从而我们就定义了 $z_1 = \sqrt[3]{4+\sqrt{15}}$; 类似地, 可以定义 $z_2 = \sqrt[3]{4-\sqrt{15}}$. 然后, 如同在第 10 节中那样, 我们就定义了 $z = z_1 + z_2$.

容易验证

$$z^3 = 3z + 8,$$

并且不难对下述结论给出直接的证明: 存在唯一一个数满足这个方程.

首先, z (如果它存在的话) 必定是正数. 因为 $z = -\zeta$ 给出 $\zeta^3 - 3\zeta + 8 = 0$, 这也就是 $3 - \zeta^2 = 8/\zeta$. 但如果 ζ 是正数, 这是不可能的, 因为那样就会有 $\zeta^2 < 3$, 易知 $\zeta < 2$ 以及 $8/\zeta > 4$, 然而 $3-\zeta^2 < 3$, 故矛盾.

其次, 不可能有两个不同的数 z_1 和 z_2 都满足这个方程. 如果这是可能的, 假设有

$$z_1^3 = 3z_1 + 8, \quad z_2^3 = 3z_2 + 8.$$

那么 z_1 和 z_2 都是正数, 且有 $z_1^3 > 8$, $z_2^3 > 8$, 也即 $z_1 > 2$, $z_2 > 2$, 而这是不可能的, 因为将这两式相减并除以 $z_1 - z_2$, 就得到

$$z_1^2 + z_1 z_2 + z_2^2 = 3.$$

---

① 这个假设仅仅是一个被采纳的前提条件: (i) 因为它对于我们的几何的目的来说已经足够了; (ii) 还因为它为我们提供了解析过程的一个方便实用的几何说明. 由于我们仅仅为了绘图为例才使用几何语言, 因而研究几何基础不是我们任务的一部分.

因此, 至多有一个 z 使 $z^3 = 3z + 8$ 成立, 而且它不可能是有理数. 该方程的任何有理根必定是整数, 且一定是 8 的因子 [例 II 第 (3) 题], 然而 1, 2, 4, 8 中没有一个数是它的根.

现在我们可以将正有理数 x 按照是 $x^3 < 3x + 8$ 还是 $x^3 > 3x + 8$ 分成两个类 L 和 R. 如果 x 属于 R, 且 $y > x$, 则 y 也属于 R, 因为 $y > x > 2$ 且

$$y^3 - 3y - (x^3 - 3x) = (y - x)(y^2 + xy + x^2 - 3) > 0.$$

类似地, 我们可以证明: 如果 x 属于 L 且 $y < x$, 那么 y 也属于 L.

最后, 显而易见, L 和 R 这两个类都存在, 且它们定义了满足该方程的正有理数或者正实数 z 的一个分割.

知道如何用 Cardan 的方法来求解三次方程的读者可以直接从该方程得出 z 的显式表达式.

(ii) 上面用于方程 $x^3 = 3x + 8$ 的直接论证的方法可以应用 (尽管这一应用可能会有一些困难) 到方程

$$x^5 = x + 16$$

上, 这将会引导我们得出这样的结论: 存在唯一一个满足此方程的正实数. 然而在这种情形下, 不可能用根式的任何组合对 x 得到一个简单的显式表达式. 确实我们已经知道 (尽管其证明很困难): 一般说来不可能对于高于 4 次的方程的根求得这样的表达式. 于是, 除了可以用纯的或者混合的二次根式, 或者用其他的根式以及这些根式的组合来表示的无理数以外, 还存在另外一些无理数, 它们是代数方程的根, 但不能用这样的方式加以表示. 仅仅在非常特殊的情形下, 才可能对这种无理数找到这样的表达式.

(iii) 但是, 即便已经把 (像 $x^5 = x + 16$ 这样的) 方程的无理根 (这种根不可能有明显的根式表达式) 添加到我们的数的名单之中, 我们也并没有将连续统中所含有的各种不同种类的无理数都一一列数殆尽. 让我们来画一个圆, 其直径等于 A_0A_1, 也即等于 1. 自然会假设①: 这个圆的圆周有可以用数来度量的长度. 这个长度通常用 π 来表示. 已经证明了②(尽管这一证明再次是困难的): 数 π 不是任何形如

$$\pi^2 = n, \quad \pi^3 = n, \quad \pi^5 = \pi + n$$

的整系数代数方程的根, 其中 n 是一个整数. 按照这种方式, 有可能定义一个不是有理数、也不属于到目前为止我们所研究过的任何一类无理数的数. 这个数 π 并不是一个孤立的或者例外的情形. 只有特殊类型的无理数才是这样的代数方程的根; 而且也只有更加特殊的一类数才能用根式表示.

---

① 见 Hobson 的 *Plane trigonometry* 一书第 5 版第 7 页及其后诸页.

② 见 Hobson 上述著作第 305 页及其后诸页, 或参见同一作者的 *Squaring the circle* (Cambridge, 1913) 一书.

16. 连续的实变量

可以从两个观点来看 "实数". 我们可以把它们看成一个总体, 此即在上一节中定义的 "算术连续统", 或者把实数看成一个个的个体. 当我们把它们当作单个的个体看待时, 既可以考虑一个特别指定的数 (如 $1, -\frac{1}{2}, \sqrt{2}$ 或者 π 那样的数), 也可以考虑任意一个数, 一个未曾指定的数, 也即数 x. 当做出像 "x 是一个数" "x 是一个长度的度量" "x 可以是有理数或者无理数" 这样的论断时, 我们采用的就是上面最后那种观点. 在这样的一些命题中出现的 x 称为**连续的实变量** (continuous real variable), 而每个单个的数则称作是该变量的**值** (value).

然而, 一个 "变量" 不必一定是连续的. 我们也可以不考虑所有实数构成的集合, 而代之以考虑包含在上面这个集合中的某个部分集合, 例如有理数的集合, 或者正整数的集合. 我们来考虑后面这种情形. 在与任何一个正整数或者一个未曾指定的正整数有关的命题中, 例如 "n 或者是奇数, 或者是偶数", n 称为变量, 一个**正整数变量** (positive integral variable), 而每个单个的正整数则是它的值.

当然, "x" 和 "n" 仅仅是变量的例子, 它们的 "变化范围" 分别由所有实数和正整数所构成. 这些是最重要的例子, 不过我们常常还需要考虑其他的情形. 比方说在十进制小数的理论中, 我们可以用 x 来表示一个数的十进制小数表示法中的任何一位数字. 此时 x 是一个变量, 但它仅仅有 10 个不同的值, 也即取 0, 1, 2, 3, 4, 5, 6, 7, 8, 9 这十个数. 我们可以简略地说成: 我们所要关心的变量是整数类的以及实数类的变量, 而变量的值则是这些数类中的元素.

17. 实数的分割

在第 4 节到第 7 节中我们研究了有理数的 "分割", 也就是将有理数 (或者只将正有理数) 分成两个类 L 和 R 的一种模式, 这两个类有以下特征:

(i) 所考虑的类型中的每一个数都属于且仅属于这两个类中的一个类;

(ii) 这两个类都存在;

(iii) 类 L 中的每个元素都小于类 R 中的任何一个元素.

显然有可能将同样的思想应用到所有实数组成的集合中去, 如同读者在以后诸章节中会看到的那样, 这个方法有特别的重要性.

接下来, 我们假设[①] P 和 Q 是两个相互排斥的性质, 每个实数都应具有其中的一个性质. 此外, 我们还假设任何一个具有性质 P 的数都小于任何一个具有性质 Q 的数. 我们把具有性质 P 的数构成下类或者左类 L, 而把具有性质 Q 的那些数构成上类或者右类 R.

---

① 接下来的讨论在许多方面与第 6 节中的相似. 我们不打算回避一定程度的重复. "分割" 的思想首先在 Dedekind 著名的小册子 *Stetigkeit und irrationale Zahlen* 中出现, 这是本书的每一位读者, 即便是倾向于略去第 6 节到第 12 节中所包含的有关无理数的记号的讨论的读者都必须掌握的思想.

例如 P 可以是 $x \leqslant \sqrt{2}$, 而 Q 可以是 $x > \sqrt{2}$. 重要的是: 足以定义有理数的一个分割的一对性质不一定能定义实数的一个分割. 例如, "$x < \sqrt{2}$" 和 "$x > \sqrt{2}$" 或者 (如果我们仅限于讨论正数的话) "$x^2 < 2$" 和 "$x^2 > 2$" 就是这样一对性质的例子. 每个有理数都具有这两对性质中的某个性质, 但并非每个实数也都这样, 例如在每种情形 $\sqrt{2}$ 都不属于任何一个分类.

现在有两种可能性:[①] 要么 L 有一个最大的元素 l, 要么 R 有一个最小的元素 r. 这两种情形不可能同时出现. 因为如果 L 有一个最大的元素 l, 且 R 有一个最小的元素 r, 那么数 $\frac{1}{2}(l+r)$ 就会大于 L 中的所有元素, 且小于 R 中的所有元素, 因而它不属于任何一个类. 但是另一方面, 这两种情形中必有一种情形出现.[②]

这是因为, 假设 L_1 和 R_1 表示从 L 和 R 中仅仅取出有理数所构成的类, 那么类 L_1 和 R_1 就构成了有理数的一个分割. 现在需要区分两种情形.

有可能出现 L_1 有最大元 α 的情形. 在这种情形下, α 必定也是 L 的最大元. 如若不然, 我们就能找到一个更大的数, 比方说就是 β. 在 α 与 β 之间存在有理数, 且那些小于 β 的数都属于 L, 于是也都属于 L_1, 这显然是个矛盾. 所以 α 是 L 的最大元.

另一方面, 有可能 L_1 没有最大元. 在此情形下, 由 L_1 和 R_1 所构成的有理数的分割就是一个实数 α. 这个数 α 必定属于 L, 或者属于 R. 如果它属于 L, 我们就能与以前完全一样证明它就是 L 的最大元; 类似地, 如果它属于 R, 它也就是 R 的最小元.

于是在任何情形下, 要么 L 有最大元, 要么 R 有最小元. 从而实数的任何分割都在如下的意义下与一个实数相 "对应": 有理数的分割有时 (但并不总是) 与一个有理数相对应. 这个结论是非常重要的, 因为它表明了: 考虑所有实数的分割并不能对于我们有关数的想法产生出任何进一步的推广. 从有理数出发, 我们曾经发现有理数的分割将我们引导到数的一个新的概念——比有理数的概念更加一般的实数的概念. 人们或许会期待实数分割的思想会将我们引导到数的更加一般性的概念. 上面的讨论表明事实并非如此. 实际上实数的集合, 或者说连续统有一种有理数集合所缺乏的完全性, 这种完全性可以用数学的语言表达成: 连续统是封闭的.

我们刚刚证明的结果可以表述如下.

Dedekind 定理 如果实数按照下述方式分成两个类 L 和 R:

(i) 每一个数都属于这两个类中的某一个类;

(ii) 每个类都至少含有一个数;

(iii) 类 L 中的每个元素都小于类 R 中的任何一个元素,

① 在第 6 节中有三种可能性.

② 这与第 6 节中的情形不同.

那么就有一个数 α 存在, 它具有如下性质: 所有小于它的数都属于 L, 而所有大于它的数都属于 R. 数 α 本身则可以属于其中任何一个类.

在应用中, 我们经常要考虑的并非是对所有的数做成的分割, 而是对包含在某个**区间** (interval)(β,γ) 中的所有数做成的分割, 也就是对满足 $\beta \leqslant x \leqslant \gamma$ 的所有的数 x 做成的分割. 一个由这样的数做成的 "分割" 当然把这些数分成了具有性质 (i), (ii) 和 (iii) 的两个类. 这样的分割可以通过将所有小于 β 的数添加到 L 中以及将所有大于 γ 的数添加到 R 中来做成对所有的数的一个分割. 显然, 如果我们用 "区间 (β,γ) 中的实数" 来代替 "实数" 的话, Dedekind 定理中所陈述的结论仍然成立, 且在此情形下数 α 满足不等式 $\beta \leqslant \alpha \leqslant \gamma$.

18. 极限点

一组实数, 或者说直线上与这组实数相对应的一组点, 无论是以何种方式来定义的, 都称为一个**集合** (aggregate), 或者称为**数集** (set) 或点集. 例如, 所有正整数的集合或者所有有理点的集合.

这里最方便的是使用几何的语言[①]. 接下来假设给定一组点, 我们记之为 S. 任取一个点 ξ, 它可以属于 S, 也可以不属于 S. 这样就有两种可能性: 要么 (i) 有可能选取到一个正数 δ, 使得区间 $(\xi-\delta,\xi+\delta)$ 中不包含 S 中任何异于 ξ 的点[②]; 要么 (ii) 这是不可能的.

例如, 假设 S 由与正整数对应的所有点组成. 如果 ξ 本身也是一个正整数, 我们就可以取 δ 是任何一个小于 1 的数, 此时 (i) 为真; 或者如果 ξ 是两个正整数之间的中间数, 我们就可以取 δ 是任何一个小于 $\frac{1}{2}$ 的数. 另一方面, 如果 S 由所有的有理点组成, 那么无论 ξ 取什么样的值, 对于任何一个只要是包含无穷多个有理点的区间, 都有 (ii) 成立.

让我们假设 (ii) 为真. 那么任何区间 $(\xi-\delta,\xi+\delta)$, 无论它的长度如何小, 它都包含属于 S 且异于 ξ 的至少一个点 ξ_1; 且无论 ξ 是否是 S 的元素, 此结论皆成立. 在这种情形下, 我们就称 ξ 是 S 的一个**极限点** (point of accumulation). 容易看出, 区间 $(\xi-\delta,\xi+\delta)$ 不仅仅含有 S 的一个点, 而是必定包含 S 的无穷多个点. 这是因为, 当确定了 ξ_1 的时候, 我们可以选取一个环绕 ξ 且不包含 ξ_1 的区间 $(\xi-\delta_1,\xi+\delta_1)$. 但是这个区间也必定包含属于 S 且异于 ξ 的一个点, 比方说就是 ξ_2. 显然我们可以用 ξ_2 来替代 ξ_1, 并重复这一方法, 如此以至无穷. 用这样的方法我们就可以得到我们想要的任意多个点

$$\xi_1,\xi_2,\xi_3,\cdots,$$

它们全都属于 S, 且所有的点都在区间 $(\xi-\delta,\xi+\delta)$ 内部.

---

① 几乎不需要提醒读者的是: 这种方法仅仅是为了语言方便这一目的而采用的.

② 当然, 如果 ξ 本身并不属于 S, 那么 "异于" 就是不必要的了.

S 的一个极限点本身可以是 S 的一个点, 也可以不是 S 的点. 下面的例子描述了各种可能的情形.

例 IX

(1) 如果 S 由与正整数所对应的点组成, 或者由与所有整数所对应的点组成, 则它没有极限点.

(2) 如果 S 由所有的有理点组成, 那么直线上的每个点都是它的极限点.

(3) 如果 S 由点 $1, \frac{1}{2}, \frac{1}{3}, \cdots$ 组成, 那么它只有一个极限点, 也就是原点.

(4) 如果 S 由所有的正有理点组成, 那么它的极限点就是原点以及直线上所有正的点.

19. Weierstrass 定理

点集的一般理论在分析的较为高深的分支中具有特殊的意义和重要性, 但是它的大部分内容对于本书来说过于艰深. 然而通过 Dedekind 定理容易推出一个定理, 我们以后将会用到此定理.

定理 *如果集合 S 包含无穷多个点, 且它完全包含在某个区间 (α, β) 的内部, 那么区间中至少存在一个点是 S 的极限点.*

我们把直线 Λ 上的点按照下述方法分成两类. 如果在某个点 P 的右边有 S 中的无穷多个点, 则点 P 属于 L; 而在相反情形下 P 属于 R. 于是显然可见, Dedekind 定理中的条件 (i) 和条件 (iii) 是满足的; 又因为 α 属于 L, 且 β 属于 R, 从而条件 (ii) 也满足.

因此存在这样一个点 ξ, 不论 δ 多么小, $\xi-\delta$ 都属于 L, 且 $\xi+\delta$ 属于 R, 从而区间 $(\xi-\delta, \xi+\delta)$ 中包含 S 中无穷多个点. 于是 ξ 就是 S 的一个极限点.

这个点当然有可能与 α 或 β 重合, 例如当 $\alpha=0$, $\beta=1$, 且 S 由 $1, \frac{1}{2}, \frac{1}{3}, \cdots$ 组成时. 在此情形下, 0 是仅有的极限点. 在第 71 节中给出了另外一个证明.

第 1 章杂例

1. 针对 (1) 所有的 x, y, z 的值; (2) 满足 $\alpha x+\beta y+\gamma z=0$ 的所有的 x, y, z 的值; (3) 满足 $\alpha x+\beta y+\gamma z=0$ 和 $Ax+By+Cz=0$ 这两者的 x, y, z 的所有的值. $ax+by+cz=0$ 成立的条件是什么?

2. 任何正有理数都可以用唯一一种方式表示成

$$a_1+\frac{a_2}{1\cdot 2}+\frac{a_3}{1\cdot 2\cdot 3}+\cdots+\frac{a_k}{1\cdot 2\cdot 3\cdots k},$$

其中 $a_1, a_2, \cdots, a_k$ 是整数, 且

$$0 \leqslant a_1, \quad 0 \leqslant a_2<2, \quad 0 \leqslant a_3<3, \quad \cdots, \quad 0<a_k<k.$$

3. 任何正有理数都可以用唯一一种方式表示成简单连分数

$$a_1+\frac{1}{a_2+}\frac{1}{a_3+\cdots}\frac{1}{+a_n},$$

其中 $a_1, a_2, \cdots, a_k$ 是整数, 且

$$a_1 \geqslant 0, \quad a_2 > 0, \quad \cdots, \quad a_{n-1} > 0, \quad a_n > 1.$$

[有关连分数的理论可以在代数教科书或者 Hardy 与 Wright 合著的 *An introduction to the theory of numbers* 一书第 10 章中找到.]

4. 求 $9x^3 - 6x^2 + 15x - 10 = 0$ 的有理根 (如果存在的话).

5. 一条线段 AB 在点 C 作黄金分割 (《几何原本》第 II 卷第 11 节), 也即有 $AB \cdot AC = BC^2$. 证明比值 AC/AB 是无理数.

[一个直接的几何证明可以在 Bromwich 的 *Infinite series* 一书第 2 版第 136 节第 400 页中找到.]

6. A 是无理数. 在何种条件下 $\dfrac{aA+b}{cA+d}$ 是有理数, 其中 a, b, c, d 是有理数?

7. **某些初等不等式**. 接下来我们用 $a_1, a_2, \cdots$ 表示正数 (包括零), 用 $p, q, \cdots$ 表示正整数. 由于 $a_1^p - a_2^p$ 和 $a_1^q - a_2^q$ 符号相同, 故而 $(a_1^p - a_2^p)(a_1^q - a_2^q) \geqslant 0$, 也即有

$$a_1^{p+q} + a_2^{p+q} \geqslant a_1^p a_2^q + a_1^q a_2^p, \tag{1}$$

这个不等式可以表述成

$$\frac{a_1^{p+q} + a_2^{p+q}}{2} \geqslant \left(\frac{a_1^p + a_2^p}{2}\right)\left(\frac{a_1^q + a_2^q}{2}\right). \tag{2}$$

重复应用这个公式, 我们得到

$$\frac{a_1^{p+q+r+\cdots} + a_2^{p+q+r+\cdots}}{2} \geqslant \left(\frac{a_1^p + a_2^p}{2}\right)\left(\frac{a_1^q + a_2^q}{2}\right)\left(\frac{a_1^r + a_2^r}{2}\right)\cdots, \tag{3}$$

特别地, 有

$$\frac{a_1^p + a_2^p}{2} \geqslant \left(\frac{a_1 + a_2}{2}\right)^p. \tag{4}$$

在 (1) 中当 $p = q = 1$ 时, 或者在 (4) 中当 $p = 2$ 时, 所得到的不等式只不过是不等式 $a_1^2 + a_2^2 \geqslant 2a_1a_2$ 的不同形式, 这个不等式表明: 两个正数的算术平均不小于它们的几何平均.

8. **对 n 个数的推广**. 如果我们对于 n 个数 $a_1, a_2, \cdots, a_n$ 写出 $\frac{1}{2}n(n-1)$ 个形如 (1) 的不等式, 并将所得结果相加, 我们就得到不等式

$$n \sum a^{p+q} \geqslant \sum a^p \sum a^q, \tag{5}$$

也就是

$$\frac{1}{n}\sum a^{p+q} \geqslant \left(\frac{1}{n}\sum a^p\right)\left(\frac{1}{n}\sum a^q\right). \tag{6}$$

于是, 我们可以从中导出 (3) 的一个显然的推广, 读者自己可以对此予以总结, 特别地可以得到不等式

$$\frac{1}{n}\sum a^p \geqslant \left(\frac{1}{n}\sum a\right)^p. \tag{7}$$

9. **关于算术平均和几何平均定理的一般形式**. 一个稍有不同的不等式断言: $a_1, a_2, \cdots, a_n$ 的算术平均不小于它们的几何平均. 假设 a_r 和 a_s 是诸数 a_i 中最大和最小的数 (如果其中有

若干个最大的或者有若干个最小的数，我们可以随意任取其中之一)，设 G 是它们的几何平均. 我们可以假设 $G>0$，这是因为当 $G=0$ 时结论的正确性是显然的. 现在如果我们用

$$a_r'=G,\quad a_s'=a_ra_s/G$$

来代替 a_r 和 a_s，则几何平均的数值不发生改变；然而由于

$$a_r'+a_s'-a_r-a_s=(a_r-G)(a_s-G)/G\leqslant 0,$$

从而我们可以肯定诸数的算术平均没有增加.

显然，我们可以重复这个推理方法，直到用 G 代替了 $a_1,a_2,\cdots,a_n$ 中的每一个数为止，这至多只需重复 n 次. 由于算术平均的最终值是 G，所以算术平均的起始值不可能比 G 小.

10. **Cauchy 不等式**. 假设 $a_1,a_2,\cdots,a_n$ 和 $b_1,b_2,\cdots,b_n$ 是两组正数或者负数. 容易验证恒等式

$$\left(\sum a_rb_r\right)^2=\sum a_r^2\sum b_s^2-\sum(a_rb_s-a_sb_r)^2,$$

其中 r 和 s 取值 $1,2,\cdots,n$. 由此推出

$$\left(\sum a_rb_r\right)^2\leqslant\sum a_r^2\sum b_r^2.$$

11. 如果 $a_1,a_2,\cdots,a_n$ 都是正数，则有

$$\sum a_r\sum\frac{1}{a_r}\geqslant n^2.$$

12. 如果 a,b,c 是正数，且 $a+b+c=1$，那么

$$\left(\frac{1}{a}-1\right)\left(\frac{1}{b}-1\right)\left(\frac{1}{c}-1\right)\geqslant 8. \qquad (\textit{Math. Trip.}\ 1932)$$

13. 如果 a 和 b 是正数，且 $a+b=1$，那么

$$\left(a+\frac{1}{a}\right)^2+\left(b+\frac{1}{b}\right)^2\geqslant\frac{25}{2}. \qquad (\textit{Math. Trip.}\ 1926)$$

14. 如果 $a_1,a_2,\cdots,a_n$ 都是正数，且 $s_n=a_1+a_2+\cdots+a_n$，那么

$$(1+a_1)(1+a_2)\cdots(1+a_n)\leqslant 1+s_n+\frac{s_n^2}{2!}+\cdots+\frac{s_n^n}{n!}. \qquad (\textit{Math. Trip.}\ 1909)$$

15. 如果 $a_1,a_2,\cdots,a_n$ 和 $b_1,b_2,\cdots,b_n$ 是两组正数，按照从大到小的次序排列，那么

$$(a_1+a_2+\cdots+a_n)(b_1+b_2+\cdots+b_n)\leqslant n(a_1b_1+a_2b_2+\cdots+a_nb_n).$$

16. 如果 $a,b,c,\cdots,k$ 和 $A,B,C,\cdots,K$ 是两组数，且第一组全是正数，那么

$$\frac{aA+bB+\cdots+kK}{a+b+\cdots+k}$$

位于 $A,B,\cdots,K$ 的代数最小值和代数最大值之间.

[第 7~16 题多数是在 Hardy、Littlewood 和 Pólya 合著的 *Inequalities* (Cambridge, 1934)[①]一书中系统讨论过的熟知的一般性定理的很特殊情形. 也见本书第 4 章第 74 节以及附录 1.]

① 本书第 2 版中文版即将由人民邮电出版社再出版. ——编者注

17. 如果 $\sqrt{p}$ 和 $\sqrt{q}$ 是不相似的根式, 且 $a+b\sqrt{p}+c\sqrt{q}+d\sqrt{pq}=0$, 其中 a,b,c,d 是有理数, 那么 $a=0$, $b=0$, $c=0$, $d=0$.

[将 $\sqrt{p}$ 表示成 $M+N\sqrt{q}$ 的形式, 其中 M 和 N 是有理数, 再应用第 14 节中的定理.]

18. 证明, 如果 $a\sqrt{2}+b\sqrt{3}+c\sqrt{5}=0$, 其中 a, b, c 是有理数, 那么 $a=0, b=0$, $c=0$.

19. 任何关于$\sqrt{p}$ 和$\sqrt{q}$ 的有理系数的多项式 (即有限多个形如 $A(\sqrt{p})^m(\sqrt{q})^n$ 的项的和, 其中 m 和 n 是整数, A 是有理数.) 都能表示成

$$a+b\sqrt{p}+c\sqrt{q}+d\sqrt{pq}$$

的形式, 其中 a,b,c,d 是有理数.

20. 将 $\dfrac{a+b\sqrt{p}+c\sqrt{q}}{d+e\sqrt{p}+f\sqrt{q}}$ (其中 a,b 等均为有理数) 表示成

$$A+B\sqrt{p}+C\sqrt{q}+D\sqrt{pq}$$

的形式, 其中 A,B,C,D 均为有理数.

[显然

$$\frac{a+b\sqrt{p}+c\sqrt{q}}{d+e\sqrt{p}+f\sqrt{q}}=\frac{\left(a+b\sqrt{p}+c\sqrt{q}\right)\left(d+e\sqrt{p}-f\sqrt{q}\right)}{\left(d+e\sqrt{p}\right)^2-f^2q}=\frac{\alpha+\beta\sqrt{p}+\gamma\sqrt{q}+\delta\sqrt{pq}}{\varepsilon+\zeta\sqrt{p}},$$

其中 α,β 等均为有理数, 它们很容易求出来. 现在通过对分子和分母同时乘以 $\varepsilon-\zeta\sqrt{p}$ 就能很容易地完成这个化简. 例如, 证明

$$\frac{1}{1+\sqrt{2}+\sqrt{3}}=\frac{1}{2}+\frac{1}{4}\sqrt{2}-\frac{1}{4}\sqrt{6}.]$$

21. 如果 a,b,x,y 是满足

$$(ay-bx)^2+4(a-x)(b-y)=0$$

的有理数, 那么, 要么 (i) $x=a$, $y=b$, 要么 (ii) $1-ab$ 和 $1-xy$ 都是有理数的平方.

(*Math. Trip.* 1903)

22. 如果由

$$ax^2+2hxy+by^2=1,\quad a'x^2+2h'xy+b'y^2=1$$

给出的 x 和 y 的所有的值 (a,h,b,a',h',b' 是有理数) 都是有理数, 那么

$$(h-h')^2-(a-a')(b-b'),\quad (ab'-a'b)^2+4(ah'-a'h)(bh'-b'h)$$

都是有理数的平方. (*Math. Trip.* 1899)

23. 证明 $\sqrt{2}$ 和 $\sqrt{3}$ 都是 $\sqrt{2}+\sqrt{3}$ 的带有有理系数的三次函数, 且 $\sqrt{2}-\sqrt{6}+3$ 是 $\sqrt{2}+\sqrt{3}$ 的两个线性函数的比值. (*Math. Trip.* 1905)

24. 证明：当 $2m^2>a>m^2$ 时

$$\sqrt{a+2m\sqrt{a-m^2}}+\sqrt{a-2m\sqrt{a-m^2}}$$

等于 $2m$, 而当 $a>2m^2$ 时它等于 $2\sqrt{a-m^2}$.

25. 证明: 任何关于 $\sqrt[3]{2}$ 的有理系数多项式都可以表示成

$$a + b\sqrt[3]{2} + c\sqrt[3]{4}$$

的形式, 其中 a, b, c 是有理数.

更一般地, 如果 p 是一个有理数, 则任何关于 $\sqrt[m]{p}$ 的有理系数多项式都可以表示成

$$a_0 + a_1\alpha + a_2\alpha^2 + \cdots + a_{m-1}\alpha^{m-1}$$

的形式, 其中 $a_0, a_1, \cdots$ 是有理数, 且 $\alpha = \sqrt[m]{p}$. 因为任何这样的多项式都有

$$b_0 + b_1\alpha + b_2\alpha^2 + \cdots + b_k\alpha^k$$

的形式, 其中诸 b_i 均为有理数. 如果 $k \leqslant m-1$, 这就已经是所要求的形状了. 如果 $k > m-1$, 设 α^τ 是 α 的任何一个高于 $m-1$ 次的幂. 那么就有 $r = \lambda m + s$, 其中 λ 是一个整数, 而 $0 \leqslant s \leqslant m-1$, 从而 $\alpha^r = \alpha^{\lambda m+s} = p^\lambda \alpha^s$. 因而, 我们可以消除掉 α 的所有高于 $m-1$ 次的幂.

26. 将 $(\sqrt[3]{2}-1)^5$ 和 $(\sqrt[3]{2}-1)/(\sqrt[3]{2}+1)$ 表示成

$$a + b\sqrt[3]{2} + c\sqrt[3]{4}$$

的形式, 其中 a, b, c 是有理数. [在第二个表达式中, 用 $\sqrt[3]{4} - \sqrt[3]{2} + 1$ 乘以分子和分母.]

27. 如果

$$a + b\sqrt[3]{2} + c\sqrt[3]{4} = 0,$$

其中 a, b, c 是有理数, 那么 $a = 0, b = 0, c = 0$.

[令 $y = \sqrt[3]{2}$, 则 $y^3 = 2$, 且有

$$cy^2 + by + a = 0.$$

于是 $2cy^2 + 2by + ay^3 = 0$, 这也就是

$$ay^2 + 2cy + 2b = 0.$$

用 a 和 c 乘这两个二次方程并相减, 我们得到 $(ab-2c^2)y + a^2 - 2bc = 0$, 也即 $y = -(a^2 - 2bc)/(ab-2c^2)$, 这是一个有理数, 但这是不可能的. 仅有的选择只能是 $ab-2c^2 = 0, a^2-2bc = 0$.

因此有 $ab = 2c^2$, $a^4 = 4b^2c^2$. 如果 a 和 b 都不是零, 我们可以用第一式来除第二式, 得出 $a^3 = 2b^3$, 但这是不可能的, 因为 $\sqrt[3]{2}$ 不可能与有理数 a/b 相等. 从而有 $ab = 0$, $c = 0$, 由此从原来的方程推出 a, b 和 c 都是零.

作为一个推论, 如果 $a + b\sqrt[3]{2} + c\sqrt[3]{4} = d + e\sqrt[3]{2} + f\sqrt[3]{4}$, 那么就有 $a = d$, $b = e$, $c = f$.

更一般地可以证明, 如果

$$a_0 + a_1p^{1/m} + \cdots + a_{m-1}p^{(m-1)/m} = 0,$$

这里 p 不是一个完全 m 次幂, 那么就有 $a_0 = a_1 = \cdots = a_{m-1} = 0$, 但它的证明并不简单.]

28. 如果 $A + \sqrt[3]{B} = C + \sqrt[3]{D}$, 那么, 要么有 $A = C$, $B = D$, 要么 B 和 D 都是有理数的立方.

29. 如果 $\sqrt[3]{A}+\sqrt[3]{B}+\sqrt[3]{C}=0$, 那么, 要么 A,B,C 中有一个数为零, 其余两数大小相等且有相反的符号, 要么 $\sqrt[3]{A}, \sqrt[3]{B}, \sqrt[3]{C}$ 都是同一个根式 $\sqrt[3]{X}$ 的有理倍数.

30. 求有理数 α,β, 使有

$$\sqrt[3]{7+5\sqrt{2}}=\alpha+\beta\sqrt{2}.$$

31. 如果 $(a-b^3)b>0$, 那么

$$\sqrt[3]{a+\frac{9b^3+a}{3b}\sqrt{\frac{a-b^3}{3b}}}+\sqrt[3]{a-\frac{9b^3+a}{3b}\sqrt{\frac{a-b^3}{3b}}}$$

是有理数. [三次根式中的每一个数都有

$$\left(\alpha+\beta\sqrt{\frac{a-b^3}{3b}}\right)^3$$

的形式, 其中 α 和 β 是有理数.]

32. 证明

$$\sqrt{\sqrt[3]{5}-\sqrt[3]{4}}=\frac{1}{3}\left(\sqrt[3]{2}+\sqrt[3]{20}-\sqrt[3]{25}\right),$$

$$\sqrt[3]{\sqrt[3]{2}-1}=\sqrt[3]{\frac{1}{9}}-\sqrt[3]{\frac{2}{9}}+\sqrt[3]{\frac{4}{9}},$$

$$\sqrt[4]{\frac{3+2\sqrt[4]{5}}{3-2\sqrt[4]{5}}}=\frac{\sqrt[4]{5}+1}{\sqrt[4]{5}-1}.$$

33. 如果 $\alpha=\sqrt[n]{p}$, 那么关于 α 的任何多项式都是一个具有有理系数的 n 次方程的根.

[我们可以将该多项式 (比方说是 x) 表示成

$$x=l_1+m_1\alpha+\cdots+r_1\alpha^{(n-1)}$$

的形式, 如在第 25 题中那样, 其中的 $l_1,m_1,\cdots$ 是有理数.

类似地, 有

$$x^2=l_2+m_2\alpha+\cdots+r_2\alpha^{(n-1)},$$

$$\vdots$$

$$x^n=l_n+m_n\alpha+\cdots+r_n\alpha^{(n-1)}.$$

从而

$$L_1x+L_2x^2+\cdots+L_nx^n=\Delta,$$

其中 Δ 是行列式

$$\begin{vmatrix} l_1 & m_1 & \cdots & r_1 \\ l_2 & m_2 & \cdots & r_2 \\ \vdots & \vdots & \cdots & \vdots \\ l_n & m_n & \cdots & r_n \end{vmatrix},$$

且 $L_1,L_2,\cdots$ 是 $l_1,l_2,\cdots$ 的代数余子式.]

34. 将这个程序用到 $x=p+\sqrt{q}$ 上, 并导出第 14 节中的定理.

35. 证明 $y=a+bp^{1/3}+cp^{2/3}$ 满足方程

$$y^3-3ay^2+3y(a^2-bcp)-a^3-b^3p-c^3p^2+3abcp=0.$$

36. **代数数**. 我们已经看到, 某些无理数 (例如 $\sqrt{2}$) 是形如

$$a_0x^n+a_1x^{n-1}+\cdots+a_n=0$$

的方程的根, 其中 $a_0,a_1,\cdots,a_n$ 是整数. 这样的无理数称为**代数数** (algebraic number), 所有其他的无理数 (例如第 15 节中的 π) 称为**超越数** (transcendental number).

37. 如果 x 和 y 是代数数, 那么 $x+y,x-y$ 和 xy 以及 $x/y(y\neq 0)$ 都是代数数.

[这里需要一点代数知识. 我们必须用到下面的定理：方程

$$x^m-p_1x^{m-1}+p_2x^{m-2}-\cdots\pm p_m=0 \tag{1}$$

的根的初等对称函数 $\sum x_r,\sum x_rx_s,\cdots$ 是 $p_1,p_2,\cdots$, 且关于 $x_1,x_2,\cdots$ 的任何整系数对称多项式 (见第 23 节和第 31 节), 也是关于 $p_1,p_2,\cdots$ 的整系数多项式.

我们可以把 x 和 y 所满足的方程记为 (1) 以及

$$y^n-q_1y^{n-1}+q_2y^{n-2}-\cdots\pm q_n=0, \tag{2}$$

其中 $p_1,p_2,\cdots$ 和 $q_1,q_2,\cdots$ 是有理数. 我们假设 (1) 和 (2) 的根是 $x_1,x_2,\cdots$ 和 $y_1,y_2,\cdots$, 而 x 和 y 则是 x_1 和 y_1, 并构造乘积

$$P(z)=\prod_{h=1}^{m}\prod_{k=1}^{n}(z-x_h-y_k),$$

此乘积经过 h 和 k 的 mn 对数值. 这样 $P(z)$ 就是关于 z 的 mn 次多项式, 而它的系数则是关于诸 x_h 以及诸 y_k 的整系数对称多项式. 由此推出, $P(z)$ 的系数是关于 $p_1,p_2,\cdots,q_1,q_2,\cdots$ 的整系数多项式. 而 $P(z)=0$ 是一个有有理系数的 mn 次方程, 它的一个根就是 $x+y$.

$x-y$ 和 xy 的证明与此类似. 如果 $y\neq 0$ 且此时我们可以假设 $q_n\neq 0$, 则 $z=1/y$ 满足

$$z^n-r_1z^{n-1}+r_2z^{n-2}-\cdots\pm r_n=0,$$

其中 $r_1=q_{n-1}/q_n, r_2=q_{n-2}/q_n,\cdots$. 从而 z 是代数数, 于是 $x/y=xz$ 是代数数.

特别地, 如果 k 是有理数, 则 $x+k$ 和 kx 都是代数数.]

38. 如果

$$x^m+\alpha_1x^{m-1}+\alpha_2x^{m-2}+\cdots+\alpha_m=0,$$

其中 $\alpha_1,\alpha_2,\cdots,\alpha_m$ 是代数数, 那么 x 也是代数数.

[这个结论可以类似地加以证明. 每个 α_r 满足一个有理系数的方程

$$\alpha_r^{n_r}-p_{r,1}\alpha_r^{n_r-1}+\cdots\pm p_{r,n_r}=0.$$

我们假设这个方程的根是 $\alpha_{r,1},\alpha_{r,2},\cdots,\alpha_{r,n_r}(\alpha_r$ 就是 $\alpha_{r,1})$, 并构造乘积

$$P(x)=\prod\left(x^m+\alpha_{1,s_1}x^{m-1}+\alpha_{2,s_2}x^{m-2}+\cdots+\alpha_{m,s_m}\right),$$

其中乘积经过下标 $s_1,s_2,\cdots,s_m$ 的 $N=n_1n_2\cdots n_m$ 个组合, 这样就得到一个关于 x 的 mN 次有理系数多项式.

特别地, 如果 x 是代数数, m 和 n 是整数, 则 $x^{m/n}$ 是代数数.]

39. 如果

$$x^2 - 2x\sqrt{2} + \sqrt{3} = 0,$$

那么

$$x^8 - 16x^6 + 58x^4 - 48x^2 + 9 = 0.$$

40. 求

$$1+\sqrt{2}+\sqrt{3}, \quad \frac{\sqrt{3}+\sqrt{2}}{\sqrt{3}-\sqrt{2}}, \quad \sqrt{\sqrt{3}+\sqrt{2}}+\sqrt{\sqrt{3}-\sqrt{2}}, \quad \sqrt[3]{2}+\sqrt[3]{3}$$

所满足的有理系数方程.

41. 如果 $x^3 = x + 1$, 那么 $x^{3n} = a_n x + b_n + c_n x^{-1}$, 其中

$$a_{n+1} = a_n + b_n, \quad b_{n+1} = a_n + b_n + c_n, \quad c_{n+1} = a_n + c_n.$$

42. 如果 $x^6 + x^5 - 2x^4 - x^3 + x^2 + 1 = 0$ 且 $y = x^4 - x^2 + x - 1$, 则 y 满足一个有理系数的二次方程.　(*Math. Trip.* 1903)

[可以求得 $y^2 + y + 1 = 0$.]

第 2 章　实 变 函 数

20.　函数的概念

假设 x 和 y 是两个连续的实变量, 在几何上我们假设它们可以用从固定点 A_0 和 B_0 出发沿着直线 Λ 和 M 所度量的距离 $A_0P = x$ 和 $B_0Q = y$ 来表示. 让我们假设点 P 和 Q 的位置不是相互独立的, 而是通过我们可以想象到的 x 和 y 之间的某种关系联系在一起的. 于是, 当 P 和 x 已知时, Q 和 y 也就已知了. 例如, 我们可以假设 $y = x$, $y = 2x$, $y = \frac{1}{2}x$, 或 $y = x^2 + 1$. 在所有这些情形, x 的值就决定了 y 的值. 或者我们也可以假设 x 和 y 之间的关系已经给定, 但这种关系不是用 x 的显式公式来表示 y 的, 而是用一种几何构造给出的, 这种几何构造使我们能够在 P 已知时确定 Q.

在这些情形下, y 说成是 x 的**函数**. 在整个高等数学的范畴内, 一个变量对另一个变量的函数依赖性似乎是最重要的一个概念. 为了使读者能够更清楚地理解这个概念, 我们将在本章用大量的例子来加以说明.

但在此之前, 我们必须指出: 上面提及的函数的简单例子具有三个特征, 这三个特征必定是包含在函数的一般性思想之中的:

(1) 对 x 的一切可能的值, y 都是确定的;

(2) 对 x 的每个值, 有且只有唯一一个 y 的值与之对应;

(3) x 和 y 之间的关系是用一个解析表达式给出的, 根据这个解析公式, 对给定的 x 值, 可以通过直接代入 x 的值计算出对应的 y 值.

的确, 这些重要的特征为许多极其重要的函数所具有. 但是思考了下面的例子, 就会明白这些特征绝不是函数的本质. 函数最本质的东西是: 在 x 和 y 之间存在的某种关系, 使得对于 x 的某个值总会有 y 的值与之对应.

例 X

(1) 设 $y = x$, $y = 2x$, $y = \frac{1}{2}x$, 或 $y = x^2 + 1$. 关于这样的情形, 目前不需要进一步说明.

(2) 无论 x 的值是什么, 令 $y = 0$. 则 y 是 x 的函数, 因为给 x 以任何值, y 对应的值 (即为 0) 都是已知的. 在此情形下, 函数关系使得 y 的同一值对应于 x 的所有值. 用 1 或者 $-\frac{1}{2}$ 或者 $\sqrt{2}$ 取代 0 作为 y 的值, 情形相同. 这样的 x 的函数称为**常数**.

(3) 设 $y^2 = x$. 那么当 x 为正数时, 这个方程对于 x 的每个值定义了 y 的两个值, 也即 $\pm\sqrt{x}$. 如果 $x = 0$, 则有 $y = 0$. 于是, 对 x 的特殊值 0, 对应有 y 的一个且仅有一个值. 但是如果 x 是负数, 就没有 y 的值能满足该方程. 这就是说, 函数 y 对于 x 的负的值没有定义. 于是, 这个函数具有特征 (3), 但既不具有特征 (1), 也不具有特征 (2).

(4) 考虑常温下被滑动活塞封闭在圆柱体气缸内的具有一定体积的气体.[①]

设 A 是活塞截面的面积, W 是它的重量. 被活塞处于压缩状态下的气体对于活塞每单位面积释放出一定的压力 p_0, 这个压力与重力 W 相平衡, 所以

$$W = Ap_0.$$

设 v_0 是当系统处于平衡状态时气体的体积. 如果有附加的重力作用在活塞上, 则活塞就会受力向下运动. 气体的体积 (v) 就会减少; 作用在活塞单位面积上的压力 (p) 就会增大. Boyle 的实验定律断言: p 和 v 的乘积非常接近于一个常数, 确切地说, 这个对应关系可以用一个形如

$$pv = a \tag{i}$$

的方程来表示, 其中 a 是一个可以用实验近似地加以确定的数.

然而, Boyle 定律仅仅是在气体不被过度压缩的情况下给出了一个合理的近似. 当 v 的减小和 p 的增大超过某个界限后, 它们之间的关系再用方程 (i) 来表示就会超出我们所能接受的近似程度了. 已经知道, 它们之间真实关系的一个好得多的近似可以由熟知的 van der Waals 定律给出, 这个定律可以表述成方程

$$\left(p + \frac{\alpha}{v^2}\right)(v - \beta) = \gamma, \tag{ii}$$

其中 α, β, γ 都是可以通过实验来近似地加以确定的数.

当然, 这两个方程即便放在一起, 也没有对 p 和 v 之间的关系给出近似完整的说明. 毫无疑问, 这个关系实际上要复杂得多. 当 v 变化时, 这个关系的形式也在变化, 它从近似等同于 (i) 的形式变化到近似等同于 (ii) 的形式. 不过, 从数学的观点来看, 没有任何东西可以阻挡我们处理一种理想的状态. 在这种理想状态下, 对于 v 的不小于某一定值 V 的所有值, (i) 将是精确成立的, 而 (ii) 则是对于 v 的所有小于 V 的值精确成立的. 这样我们就可以把这两个方程合在一起, 将 p 定义为 v 的一个函数. 这就是一个对 v 的某些值用一个公式来定义, 而对 v 的另一些值用另一个公式来定义的函数的例子.

此函数具有特征 (2): 对于 v 的任何值仅有 p 的一个值与之对应, 但它不具有特征 (1). 因为对于 v 的负的值, p 作为 v 的函数没有给出定义. "负的体积" 没有意义, 因而 v 的负的值是不可取的.

(5) 假设一个具有理想弹性的球从 $\frac{1}{2}\mathrm{g}\tau^2$ 的高度 (不带旋转地) 落到一个固定的水平面上, 并连续反弹.

初等动力学中常用的公式 (读者可能熟悉这些公式) 指出: 如果 $0 \leqslant t \leqslant \tau$, 则有 $h = \frac{1}{2}\mathrm{g}t^2$; 如果 $\tau \leqslant t \leqslant 3\tau$, 则有 $h = \frac{1}{2}\mathrm{g}(2\tau - t)^2$. 一般来说, 如果 $(2n-1)\tau \leqslant t \leqslant (2n+1)\tau$, 则有

$$h = \tfrac{1}{2}\mathrm{g}(2n\tau - t)^2,$$

其中, h 是于时刻 t 在起始位置下方的球离开其起始位置的高度. 这里 h 也是 t 的函数, 它只对正的 t 值有定义.

(6) 假设 y 定义为 x 的**最大素因子** (largest prime factor). 这是一个仅仅对 x 的一类特殊值 (即整数值) 有定义的函数的例子. "$\frac{11}{3}$ 或者 $\sqrt{2}$ 或者 π 的最大素因子" 毫无意义, 所以我们所定义的关系对于这样的 x 的值未能像对整数值那样给出定义. 故而这个函数不具有特征 (1). 它具有特征 (2), 但不具有特征 (3), 因为没有简单的公式可以用 x 来表示 y.

① 我从 H. S. Carslaw 教授的 *Introduction to the calculus* 一书中借用了这个富有教益的例子.

(7) 设 y 定义为当 x 表示成既约分数时 x 的分母. 这是一个当且仅当 x 是有理数时有定义的函数的例子. 例如当 $x=-11/7$ 时有 $y=7$; 但对 $x=\sqrt{2}$, y 没有定义.

21. 函数的图形表示

假设变量 y 是变量 x 的一个函数. 鉴于在 x 和 y 之间存在函数关系, 所以一般就也会把 x 看成是 y 的一个函数, 但这是一个未解决的问题. 不过目前我们只用第一种观点来看待这个关系. 我们将把 x 称为**独立变量** (independent variable), 而把 y 称为**因变量** (dependent variable), 且当没有指定特殊形式的函数关系时, 我们总是用

$$y=f(x)$$

(或者根据情况用 $F(x),\phi(x),\psi(x),\cdots$) 来表示它.

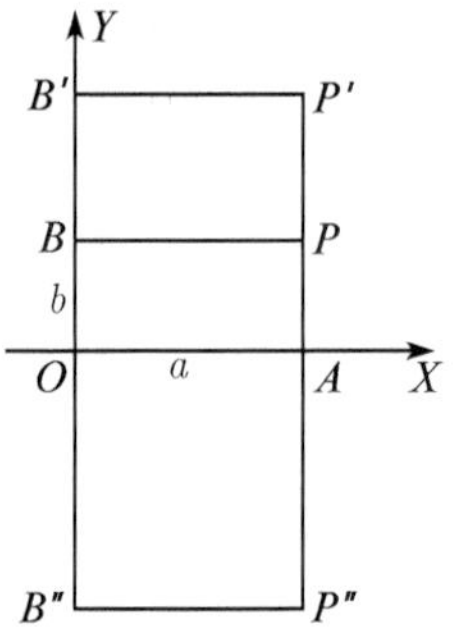

在相当多的情形中, 特定的函数的特征可以用图 6 加以描述, 从而使它易于理解. 画出两条相交成直角的直线 OX,OY, 并让它们分别在两个方向无限延伸. 我们可以分别用 O 与 x,y 沿直线 OX,OY 的距离来表示 x 和 y 的值. 当然要注意符号, 距离度量的正方向由图 6 中的箭头标出.

图 6

设 a 是 x 的任何一个使得 y 有定义的值, 且 (假设) 当 $x=a$ 时 y 有单独一个值 b. 取 $OA=a,OB=b$, 并作出矩形 $OAPB$. 设想点 P 标注在图中, 其刻度可以视为指出了当 $x=a$ 时 y 的值是 b.

如果对于 x 的值 a 有 y 的若干个值 (比方说 b,b',b'') 与之对应, 我们就用若干个点 $P,P',P'',\cdots$ 来代替单个的点 P.

我们称 P 是**点** (a,b); 称 a 和 b 是 P 关于轴 OX,OY 的坐标; 称 a 是 P 的**横坐标** (abscissa), 称 b 是 P 的**纵坐标** (ordinate); 称 OX,OY 是 x 轴和 y 轴, 或者合起来称其为**坐标轴** (axes of coordinates); 称 O 是**坐标原点** (origin of coordinates), 或者简称为**原点**.

现在, 我们假设对使得 y 有定义的所有 x 的值 a, y 的值 b (或者值 b,b', $b'',\cdots$) 以及对应的点 P (或者点 $P,P',P'',\cdots$) 都已经被确定了. 我们把所有这些点的集合称为函数 y 的图.

举一个非常简单的例子, 假设 y 是由方程

$$Ax+By+C=0 \tag{1}$$

所定义的 x 的函数, 其中 A,B,C 是任意固定的数.① 那么 y 就是第 20 节中具有

① 如果 $B=0$, y 并不在方程中出现. 此时我们必须把 y 看成是仅仅对 x 的一个值 (也即 $x=-C/A$) 有定义的函数, 而此时 y 则可以取所有的值.

所有特征 (1), (2), (3) 的一个函数. 容易证明: y 的图是一条直线. 读者极有可能熟悉在解析几何教材中关于此命题所给出的各种证明中的某个证明. 我们也说: 点 (x,y) 的轨迹是一条直线, (1) 是轨迹的方程, 或者说此方程表示这个轨迹.

方程 $Ax+By+C=0$ 是关于 x 和 y 这两个变量的最一般的一次方程. 从而一般的一次方程代表一条直线. 证明相反的命题"任何直线的方程都是一次方程"同样是很容易的.

我们可以再提及几个由方程所定义的有趣的几何轨迹的例子. 一个形如

$$(x-\alpha)^2+(y-\beta)^2=\rho^2$$

或者

$$x^2+y^2+2Gx+2Fy+C=0$$

的方程表示一个圆, 其中 $G^2+F^2-C>0$. 方程

$$Ax^2+2Hxy+By^2+2Gx+2Fy+C=0$$

(一般的二次方程) 代表一条圆锥曲线 (假设其系数满足某些不等式), 也即椭圆、抛物线或者双曲线. 关于这些轨迹的更多讨论请读者参看有关解析几何的书籍.

22. 极坐标

接下来我们用点 P 的坐标长度 $OM=x$, $MP=y$ 确定 P 的位置. 如果 $OP=r$, 且 $MOP=\theta$, 其中 θ 是介于 0 和 2π 之间的一个角度 (沿正的方向度量), 见图 7, 则显然有

$$x=r\cos\theta,\quad y=r\sin\theta,$$

$$r=\sqrt{x^2+y^2},\quad \cos\theta:\sin\theta:1::x:y:r,$$

而点 P 的位置同样可以通过已知 r 和 θ 来加以确定. 我们把 r 和 θ 称为 P 的**极坐标** (polar coordinates). 应当注意的是, r 实质上是正的.[①]

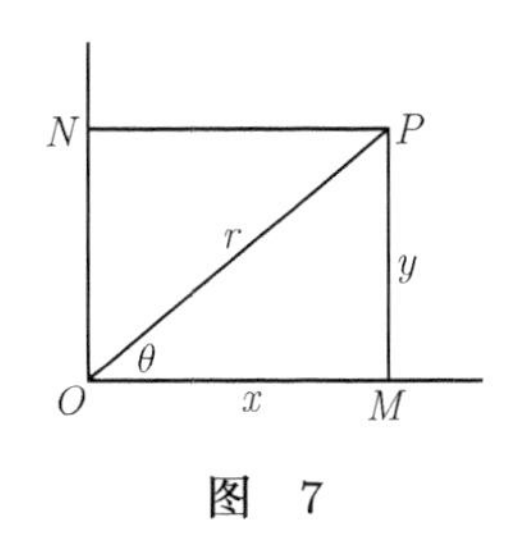

图 7

如果 P 在轨迹上移动, 则在 r 和 θ 之间就存在某种关系, 比方说是 $r=f(\theta)$ 或者 $\theta=F(r)$. 我们称它是轨迹的**极坐标方程**. 极坐标方程也可以通过上面的公式从它的 (x,y) 方程推导出来 (反之亦然).

---

① 有时极坐标也常定义为使得 r 可以取正值也可以取负值. 在这种情形下, 两对坐标, 例如 $(1,0)$ 和 $(-1,\pi)$, 对应同一个点. 这两种坐标系之间的区别可以用方程 $l/r=1-\mathrm{e}\cos\theta$ 来描述, 其中 $l>0,\mathrm{e}>1$. 根据我们的定义, r 必须是正的, 于是有 $\cos\theta<1/\mathrm{e}$: 这个方程仅仅表示了双曲线的一支, 另一支满足方程 $-l/r=1-\mathrm{e}\cos\theta$. 利用允许 r 取负值的坐标系, 该方程就表示出了整个的双曲线.

故而, 直线的极坐标方程为

$$r\cos(\theta-\alpha)=p,$$

其中 p 和 α 是常数. 方程 $r=2a\cos\theta$ 表示经过原点的一个圆; 而圆的一般方程为

$$r^2+c^2-2rc\cos(\theta-\alpha)=A^2,$$

其中 A,c 和 α 是常数.

23. 更多函数及其图形表示

接下来的例子将会使读者对于无穷多种可能类型的函数有更好的了解.

A. 多项式. 一个关于 x 的多项式是一个形如

$$a_0x^m+a_1x^{m-1}+\cdots+a_m$$

的函数, 其中 $a_0,a_1,\cdots,a_m$ 是常数. 最简单的多项式是幂函数 $y=x,x^2,x^3,\cdots,x^m,\cdots$. 根据 m 是偶数还是奇数, 函数 x^m 的图有两种不同的类型.

首先设 $m=2$. 则 $(0,0)$, $(1,1)$, $(-1,1)$ 三点在这个图上. 该图中任何其他的点都可以通过指定 x 的特定值来得到. 例如由

$$x=\tfrac{1}{2},\quad 2,\quad 3,\quad -\tfrac{1}{2},\quad -2,\quad -3,$$

就给出

$$y=\tfrac{1}{4},\quad 4,\quad 9,\quad \tfrac{1}{4},\quad 4,\quad 9.$$

如果读者画出图中相当数量的点, 就会产生这样的猜想：这个函数的图的形状有些像图 8 中所绘出的图形. 如果读者通过已经证明是在此图形上的一些特殊点画一条曲线, 然后通过给出新的 x 值并计算出对应的 y 值来检验它的精确性, 就会发现这些点正如合理期望的那样处在很接近曲线的位置上, 这里考虑了绘制图形时不可避免的误差. 此曲线自然是一条抛物线.

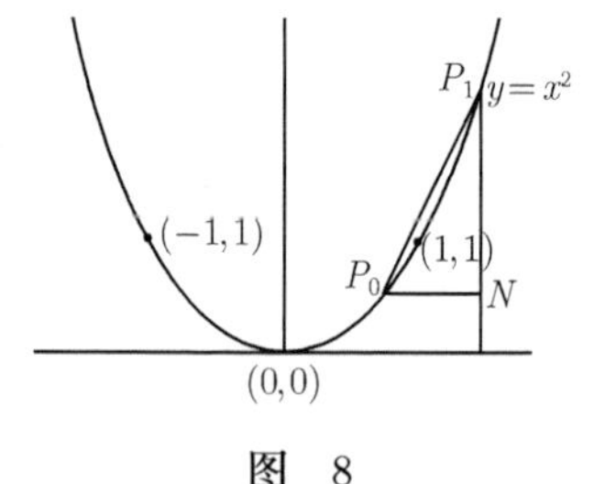

图　8

然而, 有一个基本的问题我们现在还不能给以恰当的回答. 读者无疑对于一条没有间断以及跳跃的**连续的** (continuous) 曲线所表达的概念有某些了解; 事实上, 图 8 中大致表示的就是这样一条曲线. 问题是函数 $y=x^2$ 的图形是否真是这样的一条曲线. 这不可能通过仅仅在此曲线上作出任何数量的孤立的点来加以证明, 尽管我们构造的点越多, 看起来就越是有这种可能.

这个问题一直要到第 5 章才能加以讨论. 在那一章里我们要详细研究在通常意义下连续性所蕴含的思想, 还要研究如何来证明我们现在所考虑的这个函数以

及在本章后面要研究的其他函数的图形是真正连续的曲线. 眼下读者可以只满足于按照常规的方式画出曲线来.

容易看出: 曲线 $y=x^2$ 关于 x 轴处处是凸的. 设 P_0, P_1(图 8) 分别为点 $\left(x_0, x_0^2\right), \left(x_1, x_1^2\right)$. 那么弦 P_0P_1 上点的坐标是 $x=\lambda x_0+\mu x_1, y=\lambda x_0^2+\mu x_1^2$, 其中 λ 和 μ 是和为 1 的正数. 且

$$y-x^2=(\lambda+\mu)\left(\lambda x_0^2+\mu x_1^2\right)-\left(\lambda x_0+\mu x_1\right)^2=\lambda\mu\left(x_1-x_0\right)^2 \geqslant 0,$$

所以这条弦完全在曲线上方.

曲线 $y=x^4$ 总的来说与 $y=x^2$ 类似, 但在接近 O 处更平缓一些, 而在超出点 A, A' 之外则更加陡峭一些 (图 9), $y=x^m$ (其中 m 是偶数且大于 4) 更是如此. 当 m 越来越大时, 图形中的平缓与陡峭之处均变得愈加显著, 直到曲线与图 9 中的粗线无法区分为止.

接下来读者应该研究当 m 为奇数时 $y=x^m$ 所给出的曲线. 这两种情形的基本区别在于: 当 m 为偶数时有 $(-x)^m=x^m$, 所以曲线关于 OY 为对称; 而当 m 为奇数时有 $(-x)^m=-x^m$, 所以当 x 取负的值时 $y=x^m$ 也是负的. 图 10 画出了曲线 $y=x, y=x^3$ 以及对于 m 的更大奇数值 $y=x^m$ 的近似图形.

现在容易看出怎样 (无论如何在理论上说) 来作出任何一个多项式的图形. 首先, 根据 $y=x^m$ 的图形, 用 C 乘以这条曲线上每个点的坐标, 则可立即得出 Cx^m 的图形, 这里 C 是一个常数. 如果我们已经知道了 $f(x)$ 和 $F(x)$ 的图形, 那么就可以取原来这两条曲线上对应点的坐标之和作为每个点的坐标, 从而得到 $f(x)+F(x)$ 的曲线.

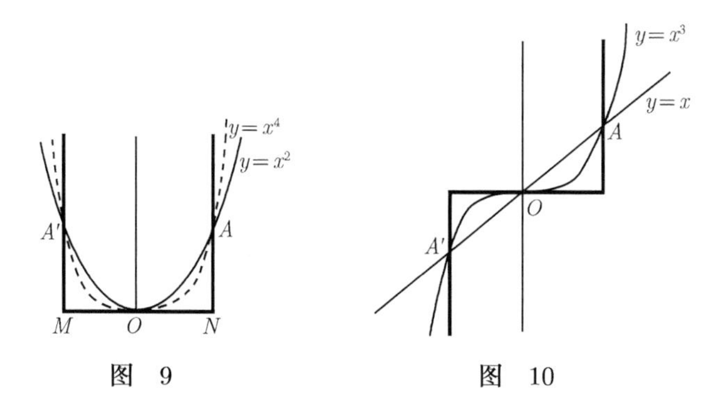

图 9　　图 10

不过多项式的作图可以用后面要说明的更先进的方法来改进, 此处我们不再讨论了.

例 XI

(1) 画出曲线 $y=7x^4, y=3x^5, y=x^{10}$ 的图形.

[读者要仔细画出这些曲线的图形, 所有这三条曲线应当画在一张图上.① 这样就会意识到,

① 为了防止图形的大小变得不合适, 沿着 y 轴取一个比沿着 x 轴更加小的度量单位要更加方便.

当 x 变得越来越大时, x 的高次幂将会怎样快地增大. 同时也能看到, 当 x 相当大时, 在像

$$x^{10}+3x^5+7x^4$$

(或者 $x^{10}+30x^5+700x^4$) 这样的多项式中, 起决定性作用的是它的第一项. 例如, 在 $x=4$ 时甚至就有 $x^{10}>1\,000\,000$, 然而 $30x^5<35\,000$, 且 $700x^4<180\,000$; 而当 $x=10$ 时, 第一项的优势就更加明显了.]

(2) 当 $x=1,10,100$ 等时, 比较

$$x^{12},\quad 1\,000\,000\,x^6,\quad 1\,000\,000\,000\,000\,x$$

的相对大小.

[读者应该多看几个这种类型的例子. x 的不同函数之间的**相对增长率** (relative rate of growth) 是我们在以下诸章中常常要考虑的.]

(3) 画出 $ax^2+2bx+c$ 的图形.

[这里

$$y-\frac{ac-b^2}{a}=a\left(x+\frac{b}{a}\right)^2.$$

如果我们取与旧坐标轴平行且经过点 $x=-b/a, y=\left(ac-b^2\right)/a$ 的新坐标轴, 则它的新方程是 $y'=ax'^2$. 该曲线是抛物线.]

(4) 画出曲线 $y=x^3-3x+1, y=x^2\left(x-1\right), y=x\left(x-1\right)^2$ 的图形.

24. B. 有理函数

在简单性和重要性仅次于多项式的函数类是有理函数类. 有理函数是一个多项式被另一个多项式除所得的商. 例如, 设 $P(x), Q(x)$ 是多项式, 则我们可以用

$$R(x)=\frac{P(x)}{Q(x)}$$

来表示一般的有理函数.

在 $Q(x)$ 是常数这一特殊情形, $R(x)$ 变成了一个多项式. 从而有理函数类包含多项式函数类作为其子类. 关于此定义有下面几点值得注意.

(1) 通常我们假设 $P(x)$ 和 $Q(x)$ 没有公因子 $x+a$ 或者 $x^p+ax^{p-1}+bx^{p-2}+\cdots+k$, 所有这样的因子都已经用除法约去了.

(2) 然而应该注意到: 约掉公因子通常的确改变了函数. 例如, 考虑函数 x/x, 它是一个有理函数. 而约掉公因子 x 之后, 我们得到 $1/1=1$. 但是原来的函数并不永远等于 1: 它仅当 $x\neq 0$ 时等于 1. 如果 $x=0$, 它取形式 $0/0$, 而这是没有意义的. 从而函数 x/x 当 $x\neq 0$ 时等于 1, 当 $x=0$ 时没有定义. 于是它有别于函数 1, 函数 1 永远取值为 1.

(3) 像

$$\left(\frac{1}{x+1}+\frac{1}{x-1}\right)\Big/\left(\frac{1}{x}+\frac{1}{x-2}\right)$$

这样的函数可以用一般代数法则化简成

$$\frac{x^2(x-2)}{(x-1)^2(x+1)},$$

这是一个标准形式的有理函数. 但是这里必须再次注意: 化简并不永远是合理的. 为了对给定的 x 值计算函数的值, 我们必须将 x 的值按照函数的给定形式代入其中. 在此情形下, 公式对于 $x=-1,1,0,2$ 没有意义, 所以函数对于这些值也就没有定义. 当我们考虑值 -1 和 1 时, 同样的结论对于它的化简分式也为真; 但是当 $x=0$ 以及 $x=2$ 时, 它的化简分式取值 0. 从而这两个函数①是不同的函数.

(4) 如同在 (3) 中考虑过的特殊例子, 即便当所给的函数已经被化简成标准形式的有理函数了, 一般来说也会有某些 x 的值使得函数没有定义. 使得分母取值为零的 x 的值 (如果存在的话) 就使得函数没有定义.

(5) 在处理 (2) 和 (3) 中那样的表达式时, 一般来说我们同意忽视 x 的那些例外的值 (对于这样的 x 值, 我们所用到的化简过程是不合理的), 并将函数化简成标准形式的有理函数. 读者容易验证 (根据这种理解), 两个有理函数的和、积或者商都可以化简成标准形式的有理函数. 一般来说, *一个有理函数的有理函数还是一个有理函数*. 也就是说, 如果在 $z=P(y)/Q(y)$ 中 (其中 P 和 Q 都是多项式) 用 $y=P_1(x)/Q_1(x)$ 代入, 经化简我们就得到一个形如 $z=P_2(x)/Q_2(x)$ 的等式.

(6) 在有理函数的定义中不需要事先假设作为系数出现的常数是有理数. "有理" 这个词仅仅针对函数中的变量 x. 从而

$$\frac{x^2+x+\sqrt{3}}{x\sqrt[3]{2}-\pi}$$

是一个有理函数.

"有理" 这个词的使用如下. 从 x 出发, 通过对 x 做有限多次运算, 且这些运算只包含用 x 或者一个常数乘以其自身, 将这样得到的项相加. 用这样的乘法和加法得到的一个函数被用相同方式得到的另一个函数相除就生成了有理函数 $P(x)/Q(x)$. 就变量 x 而言, 构造有理函数的这个过程与从数 1 出发构造有理数非常相似. 等式

$$\frac{5}{3}=\frac{1+1+1+1+1}{1+1+1}$$

给出了说明这一过程的例子.

此外, 可以从 x 出发用上面提到的初等运算得出的任何函数 (在此过程的每个阶段都使用从 x 出发用同样方法得到的函数) 都可以化简成标准类型的有理函数. 例如

$$\left(\frac{x}{x^2+1}+\frac{2x+7}{x^2+\dfrac{11x-3\sqrt{2}}{9x+1}}\right)\Bigg/\left(17+\frac{2}{x^3}\right)$$

可以化简成标准形式的有理函数.

① 指上面所给的同一个有理函数的原始形式以及后面经过化简后得到的形式. ——译者注

25. 有理函数 (续)

对有理函数图形的研究比对多项式图形的研究更加依赖于微分学的方法. 因此, 我们眼下只给出很少的几个例子.

例 XII

(1) 画出 $y=1/x, y=1/x^2, y=1/x^3, \cdots$ 的图形.

[图 11 和图 12 给出了前两个函数的图形. 应当注意的是, 这两个函数对于 $x=0$ 都没有定义.]

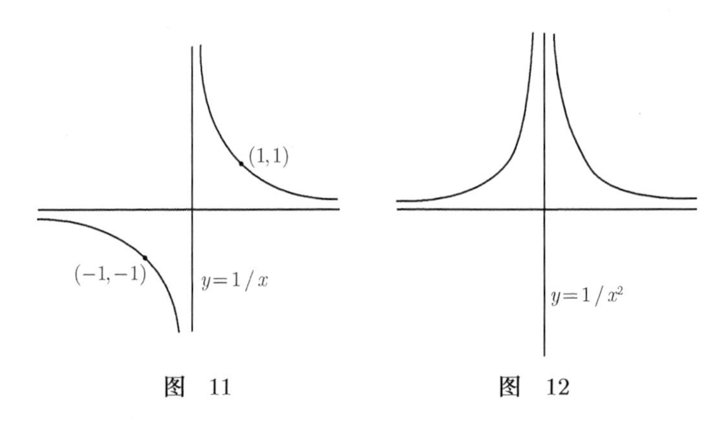

图 11 图 12

(2) 画出

$$y=x+\frac{1}{x},\quad x-\frac{1}{x},\quad x^2+\frac{1}{x^2},\quad x^2-\frac{1}{x^2},\quad ax+\frac{b}{x}$$

函数的图形 (对 a 和 b 取各种正的和负的值).

(3) 画出以下函数的图形:

$$y=\frac{x+1}{x-1},\quad \left(\frac{x+1}{x-1}\right)^2,\quad \frac{1}{(x-1)^2},\quad \frac{x^2+1}{x^2-1}.$$

(4) 画出 $y=1/(x-a)(x-b), 1/(x-a)(x-b)(x-c)$ 的图形, 其中 $a<b<c$.

(5) 当 m 变得越来越大时, 概略描绘出曲线 $y=1/x^m$ 的一般形式 (分别考虑 m 是奇数和偶数的情形).

26. C. 显式代数函数

下一个重要的函数类是**显式代数函数** (explicit algebraical function) 类. 显式代数函数是这样的函数: 它们可以从 x 出发, 通过有限次地使用构造有理函数时所用到的那些运算, 再加上有限多个根式运算而得到. 例如

$$\frac{\sqrt{1+x}-\sqrt[3]{1-x}}{\sqrt{1+x}+\sqrt[3]{1-x}},\quad \sqrt{x}+\sqrt{x+\sqrt{x}},\quad \left(\frac{x^2+x+\sqrt{3}}{x\sqrt[3]{2}-\pi}\right)^{\frac{2}{3}}$$

就是显式代数函数, $x^{m/n}$ (即 $\sqrt[n]{x^m}$) 亦然, 其中 m 和 n 是任何整数.

应该注意的是, 在像 $y=\sqrt{x}$ 这样的方程中含有一个概念上的不明晰之处. 例如, 到目前为止我们都是把 $\sqrt{2}$ 看成 2 的正的平方根, 因而自然也用 $\sqrt{x}$ (其中 x 是任何正数) 来表示 x 的正的平方根, 在此情形下 $y=\sqrt{x}$ 是 x 的单值函数. 然而更为方便的是把 $\sqrt{x}$ 看成双值函数, 它的两个值是 x 的正的和负的平方根.

读者将会注意到, 采用这本教程, 函数 $\sqrt{x}$ 基本上在两个方面与有理函数不同. 首先, 有理函数总是对 x 的除了某些孤立值之外的所有值有定义. 但是 $\sqrt{x}$ 确实是对某个整个范围内的 x 值 (也即对所有负的值) 没有定义的. 其次, 这种函数在当 x 取使在它有定义的值时, 通常有符号相反的两个值.

另一方面, 函数 $\sqrt[3]{x}$ 是单值的, 且对 x 的所有的值都有定义.

例 XIII

(1) $\sqrt{(x-a)(b-x)}$ (其中 $a<b$) 仅对 $a\leqslant x\leqslant b$ 有定义. 如果 $a<x<b$, 它有两个值; 如果 $x=a$ 或者 $x=b$, 它仅取一个值, 也即取值为 0.

(2) 类似地考虑

$$\sqrt{(x-a)(x-b)(x-c)}\quad(a<b<c),$$

$$\sqrt{x\left(x^2-a^2\right)},\quad \sqrt[3]{(x-a)^2(b-x)}\quad(a<b),$$

$$\frac{\sqrt{1+x}-\sqrt{1-x}}{\sqrt{1+x}+\sqrt{1-x}},\quad \sqrt{x+\sqrt{x}}.$$

(3) 画出曲线 $y^2=x, y^3=x, y^2=x^3$ 的图.

(4) 画出函数 $y=\sqrt{a^2-x^2}$, $y=b\sqrt{1-\dfrac{x^2}{a^2}}$ 的图.

27. D. 隐式代数函数

容易验证, 如果

$$y=\frac{\sqrt{1+x}-\sqrt[3]{1-x}}{\sqrt{1+x}+\sqrt[3]{1-x}},$$

则有

$$\left(\frac{1+y}{1-y}\right)^6=\frac{(1+x)^3}{(1-x)^2},$$

又如果

$$y=\sqrt{x}+\sqrt{x+\sqrt{x}},$$

则有

$$y^4-\left(4y^2+4y+1\right)x=0.$$

这些方程中的每一个都可以表示成

$$y^m+R_1y^{m-1}+\cdots+R_m=0, \tag{1}$$

其中, $R_1, R_2, \cdots, R_m$ 是 x 的有理函数. 读者容易验证: 如果 y 是上面最后这组例子中的函数之一, 那么 y 就满足一个这种类型的方程. 这自然提示我们: 同样的结论对于任何显式代数函数也为真. 事实上这也是正确的, 且的确不难证明, 而且我们能够毫不拖延地在此给出一个正规的证明. 下面的例子将会使读者明白这一证明所采取的路线. 设

$$y=\frac{x+\sqrt{x}+\sqrt{x+\sqrt{x}}+\sqrt[3]{1+x}}{x-\sqrt{x}+\sqrt{x+\sqrt{x}}-\sqrt[3]{1+x}}.$$

则有

$$y=\frac{x+u+v+w}{x-u+v-w},$$

$$u^2=x,\quad v^2=x+u,\quad w^3=1+x;$$

为了得到一个所需要的形式的方程, 我们只需在这些方程之间消去 u,v,w 即可.

这样一来, 就引出了下面的定义: *如果 x 是一个关于 y 的 m 次方程的根, 且此方程的系数是 x 的有理函数, 则 y 是 x 的一个 m 次的代数函数.* 与在方程 (1) 中一样, 不失一般性, 可以假设其首项系数为 1.

这类函数包括第 26 节中提到的所有的显式代数函数, 但也包括其他的不能表示成显式代数函数的函数. 因为已知: 尽管当 $m=1,2,3,4$, 以及取大于 4 的特殊值时, 从像 (1) 这样的方程中有可能解出 y 用 x 表示的显式表达式, 然而一般来说, 当 m 大于 4 时, 从 (1) 这样的方程中不可能解出 y 用 x 表示的显式表达式.

应当将代数函数的定义与第 1 章给出的代数数的定义加以比较 (第 1 章杂例第 36 题).

例 XIV

(1) 如果 $m=1$, 则 y 是一个有理函数.

(2) 如果 $m=2$, 则方程是 $y^2+R_1y+R_2=0$, 所以

$$y=\frac{1}{2}\left(-R_1\pm\sqrt{R_1^2-4R_2}\right).$$

这个函数对于满足 $R_1^2\geqslant 4R_2$ 的所有 x 的值都有定义. 如果 $R_1^2>4R_2$, 则它有两个值; 而当 $R_1^2=4R_2$ 时, 它有一个值.

如果 $m=3$ 或 4, 则我们可以利用代数专著中说明的求解三次以及四次方程的方法. 但是通常这一求解过程很复杂, 且其结果在形式上不便于使用. 我们可以利用原始方程更好地研究该函数的性质.

(3) 考虑由方程

$$y^2-2y-x^2=0,\quad y^2-2y+x^2=0,\quad y^4-2y^2+x^2=0$$

所定义的函数. 在每一种情形下, 将 y 表示成 x 的显式函数, 并说明它对什么样的 x 值有定义.

(4) 求关于 x 的系数为有理数的代数方程, 它分别满足函数

$$\sqrt{x}+\sqrt{1/x},\quad \sqrt[3]{x}+\sqrt[3]{1/x},\quad \sqrt{x+\sqrt{x}},\quad \sqrt{x+\sqrt{x+\sqrt{x}}}.$$

(5) 研究方程

$$y^4=x^2.$$

[这里有 $y^2=\pm x$. 如果 x 是正数, 则 $y=\sqrt{x}$; 如果 x 是负数, 则 $y=\sqrt{-x}$. 从而这个函数对于除了 $x=0$ 之外的所有 x 的值都有两个值.]

(6) x 的代数函数的代数函数就是 x 的一个代数函数.

[这可以按照第 1 章杂例中第 37, 38 题的一般性思路加以证明. 从方程

$$y^m+R_1(z)y^{m-1}+\cdots+R_m(z)=0,\quad z^n+S_1(x)z^{n-1}+\cdots+S_n(x)=0$$

开始, 做乘积

$$\prod\{y^m+R_1(z_h)y^{m-1}+\cdots+R_m(z_h)\},$$

该乘积取遍第二个方程的 n 个根 z_h.]

(7) 似乎应该给出一个不能表示成显式代数形式的代数函数的例子. 由方程

$$y^5-y-x=0$$

定义的函数 y 就是这样一个例子. 但是证明不能用 x 的显式公式来表示 y 是很困难的, 因而不可能在这里试图给出证明.

28. 超越函数

x 的所有非代数函数的函数称为**超越** (transcendental) 函数. 此定义是否定式的. 我们不打算给出超越函数的系统分类, 但可以挑出一两个有特殊重要性的子类来加以讨论.

E. 正反三角函数或者圆函数. 这些函数是初等三角中的正弦函数和余弦函数、它们的反函数, 以及从它们导出的函数. 我们暂且假设读者熟悉它们的最重要的性质.①

例 XV

(1) 画出

$$\cos x,\quad \sin x,\quad a\cos x+b\sin x$$

的图形.

[由于 $a\cos x+b\sin x=\beta\cos(x-\alpha)$, 其中 $\beta=\sqrt{a^2+b^2}$, 而 α 是一个角, 它的余弦和正弦分别是 $a/\sqrt{a^2+b^2}$ 以及 $b/\sqrt{a^2+b^2}$, 故这三个函数的图形有类似的特征.]

(2) 画出 $\cos^2 x, \sin^2 x, a\cos^2 x+b\sin^2 x$ 的图形.

(3) 假设 $f(x)$ 和 $F(x)$ 的图形已经画出. 则

$$f(x)\cos^2 x+F(x)\sin^2 x$$

的曲线是一条在 $y=f(x)$ 与 $y=F(x)$ 之间振动的波形曲线. 当 $f(x)=x$ 且 $F(x)=x^2$ 时画出它的图形.

(4) 证明: $\cos px+\cos qx$ 的图形介于 $2\cos\frac{1}{2}(p-q)x$ 和 $-2\cos\frac{1}{2}(p+q)x$ 的图形之间, 并依次与每个图形相切. 当 $(p-q)/(p+q)$ 很小时粗略绘出这个函数的图形.

(*Math. Trip.* 1908)

(5) 画出 $x+\sin x$, $(1/x)+\sin x$, $x\sin x$, $(\sin x)/x$ 的图形.

---

① 初等三角中给出的圆函数的定义预先假设: 圆的任何扇形都带有一个确定的数, 称为它的面积 (area). 如何说明这一假设的合理性将在第 7 章和第 9 章中给出.

(6) 画出 $\sin(1/x)$ 的图形.

[如果 $y=\sin(1/x)$, 那么当 $x=1/m\pi$ 时有 $y=0$, 其中 m 是一个整数. 类似地, 当 $x=1/\left(2m+\frac{1}{2}\right)\pi$ 时有 $y=1$, 而当 $x=1/\left(2m-\frac{1}{2}\right)\pi$ 时有 $y=-1$. 该曲线完全包含在 $y=-1$ 与 $y=1$ 之间 (图 13). 它上下振荡, 当 x 接近 0 时, 振荡得越来越快. 对 $x=0$, 函数没有定义. 当 x 很大时, y 很小.①该曲线的负一半与正一半有相似的特征.]

(7) 画出 $x\sin(1/x)$ 的图形.

[恰如第 (6) 题中的曲线包含在 $y=-1$ 和 $y=1$ 之间一样, 这条曲线包含在 $y=-x$ 和 $y=x$ 之间 (图 14).]

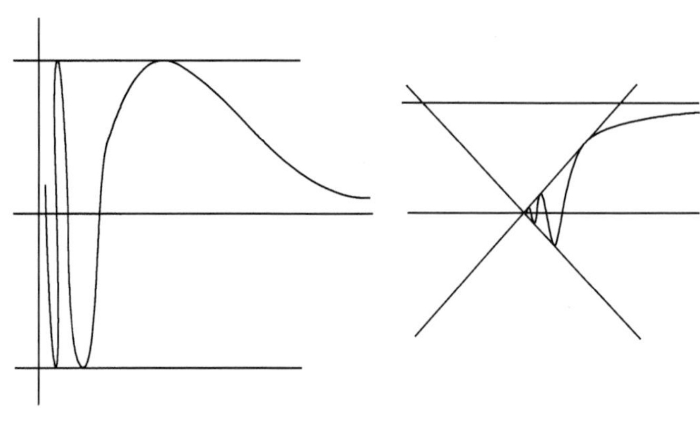

图　13　　　　图　14

(8) 画出

$$x^2\sin\frac{1}{x},\quad \frac{1}{x}\sin\frac{1}{x},\quad \left(x\sin\frac{1}{x}\right)^2,\quad \sin x+\sin\frac{1}{x},\quad \sin x\sin\frac{1}{x}$$

的图形.

(9) 画出 $\cos x^2$, $\sin x^2$, $a\cos x^2+b\sin x^2$ 的图形.

(10) 画出 $\arccos x$ 和 $\arcsin x$ 的图形 (反余弦和反正弦, 有时也记为 $\cos^{-1}x$ 和 $\sin^{-1}x$).

[如果 $y=\arccos x$, 则 $x=\cos y$. 这使我们能画出 x 的图 (将它视为 y 的函数), 同样的曲线表明 y 是 x 的函数. 显然 y 仅对 $-1\leqslant x\leqslant 1$ 有定义, 且对这样的 x 的值, 有无穷多个 y 的值. 读者无疑能记得, 当 $-1<x<1$ 时, y 有一个值在 0 和 π 之间, 比方说就是 α, 则 y 的其他的值可由公式 $2n\pi\pm\alpha$ 给出, 其中 n 是任何整数.]

(11) 画出

$$\tan x,\quad \cot x,\quad \sec x,\quad \csc x,\quad \tan^2 x,\quad \cot^2 x,\quad \sec^2 x,\quad \csc^2 x$$

的图形.

(12) 画出 $\operatorname{arctan} x$, $\operatorname{arccot} x$, $\operatorname{arcsec} x$, $\operatorname{arccsc} x$ 的图形. 给出公式 (如在第 (10) 题中那样), 且这些公式可以用任何特殊的值表示出这些函数中每个函数的所有的值.

(13) 画出 $\tan(1/x), \cot(1/x), \sec(1/x), \csc(1/x)$ 的图形.

(14) 证明 $\cos x$ 和 $\sin x$ 不是 x 的有理函数.

[如果对使得函数 $f(x)$ 有定义的 x 的所有值都有 $f(x)=f(x+a)$, 那么就说 $f(x)$ 是**周期函数** (periodic function) (以 a 为周期). 从而 $\cos x$ 和 $\sin x$ 都有周期 2π. 容易看出, 没有任何周期函数能够是有理函数, 除非它是常数. 因为若假设有

$$f(x)=P(x)/Q(x),$$

① 有关这一段的更精确的说明请见第 4 章和第 5 章.

其中 P 和 Q 是多项式, 且有 $f(x)=f(x+a)$, 则这些方程中的每一个都对 x 的所有的值成立. 令 $f(0)=k$, 则方程 $P(x)-kQ(x)=0$ 被无穷多个 x 的值, 也即 $x=0,a,2a,\cdots$ 所满足, 这样一来, 它就对所有 x 的值成立. 从而对 x 的所有的值就有 $f(x)=k$, 也即 $f(x)$ 是一个常数.]

(15) 更一般地, 证明任何周期函数都不可能是 x 的代数函数.

[设定义该代数函数的方程是

$$y^m+R_1y^{m-1}+\cdots+R_m=0, \tag{1}$$

其中 $R_1,\cdots,R_m$ 是 x 的有理函数. 它可以被写成

$$P_0y^m+P_1y^{m-1}+\cdots+P_m=0,$$

其中 $P_0,P_1,\cdots,P_m$ 是 x 的多项式. 如上加以讨论, 我们看出, 对 x 的所有的值都有

$$P_0k^m+P_1k^{m-1}+\cdots+P_m=0.$$

因此, 对 x 的所有的值, $y=k$ 都满足方程 (1), 于是我们的代数函数的一组值就转化为了一个常数.

现在, 用 $y-k$ 来除 (1), 并且重复这种方法. 我们最后的结论是: 对 x 的任意的值, 我们的代数函数都取同样的一组值 $k,k',\cdots$; 也即它由一定数量的常数组成.]

(16) 反正弦和反余弦既不是有理函数, 也不是代数函数. [这可以由如下事实推出: 对 x 的介于 -1 和 1 之间的任意的值, $\arcsin x$ 和 $\arccos x$ 都有无穷多个值.]

29. F. 其他超越函数类

在重要性方面仅次于三角函数的下一个函数类是指数函数和对数函数, 它们将在第 9 章和第 10 章中加以讨论, 现在超出了我们的讨论范围. 而大多数性质已被研究过的其他超越函数类 (如椭圆函数、Bessel 函数、Legendre 函数、Γ 函数, 等等) 也都超出了本书的范围. 不过有一些初等类型的函数, 尽管它们在理论上的重要性远不如有理函数、代数函数或者三角函数, 但是它们作为函数关系的可能种类的例证却有特别的指导意义.

例 XVI

(1) 设 $y=[x]$, 这里 $[x]$ 表示不超过 x 的最大整数. 它的图画在图 15a 中. 粗线的左端点都属于该函数的图, 而右端点均不属于图.

(2) $y=x-[x]$ (图 15b).　　(3) $y=\sqrt{x-[x]}$ (图 15c).

(4) $y=[x]+\sqrt{x-[x]}$ (图 15d).　　(5) $y=(x-[x])^2,[x]+(x-[x])^2$.

(6) $y=[\sqrt{x}],[x^2],\sqrt{x}-[\sqrt{x}\,],x^2-[x^2],[1-x^2]$.

(7) 设 y 定义为 x 的**最大素因子** (largest prime factor) (参见例 X 第 (6) 题). 则 y 仅对 x 的整数值有定义. 如果

$$x=1,2,3,4,5,6,7,8,9,10,11,12,13,\cdots,$$

那么

$$y=1,2,3,2,5,3,7,2,3,5,11,3,13,\cdots.$$

它的图形由若干孤立点组成.

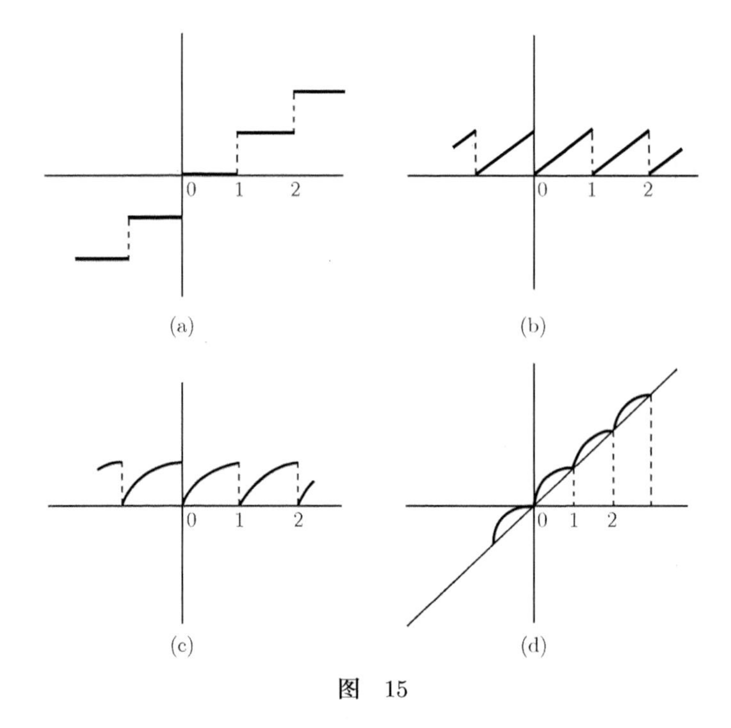

(a) (b) (c) (d)

图 15

(8) 设 y 是 x 的**分母** (donominator) (例 X 第 (7) 题). 在此情形下, y 仅对 x 的有理值有定义. 我们可以在图上随意标注出所需要的任意多个点, 但是其结果并不是在任何通常意义下的曲线, 且不存在与 x 的任何无理数值相对应的点.

画出连接点 $(N-1,N),(N,N)$ 的直线段, 其中 N 是一个正整数. 证明: 曲线轨迹位于该线段上的点数等于小于 N 且与 N 互素的正整数的个数.

(9) 设当 x 为整数时 $y=0$, 而当 x 不是整数时 $y=x$. 它的图可以这样来得出: 从直线 $y=x$ 的图中去掉点

$$\cdots,\quad (-1,-1),\quad (0,0),\quad (1,1),\quad (2,2),\quad \cdots$$

并将 x 轴上的点

$$\cdots,\quad (-1,0),\quad (0,0),\quad (1,0),\quad (2,0),\quad \cdots$$

添加进其中.

(10) 当 x 是有理数时令 $y=1$, 当 x 是无理数时令 $y=0$. 它的图由两列点组成, 它们位于 $y=1$ 和 $y=0$ 这两条线上. 我们单从视觉上是无法将它的图和两条连续的直线区分开来的, 但事实上它的图比每条直线少了无穷多个点.

(11) 当 x 是无理数时令 $y=x$, 而当 x 是有理分数 p/q 时令

$$y=\sqrt{(1+p^2)\,/\,(1+q^2)}.$$

x 的无理数值实际上对于函数的图给出一条不连续的曲线, 但是表面上与直线 $y=x$ 区别不出来.

现在考虑 x 的有理值. 首先设 x 为正数. 那么, 除非 $p=q$, 也即 $x=1$, 否则 $\sqrt{(1+p^2)\,/\,(1+q^2)}$ 不可能等于 p/q. 故而与 x 的有理值对应的所有的点 (除去点 $(1,1)$ 之外) 都在该直线之外. 再次, 如果 $p<q$, 则有 $\sqrt{(1+p^2)\,/\,(1+q^2)}>p/q$; 如果 $p>q$, 则有

$\sqrt{(1+p^2)/(1+q^2)} < p/q$. 从而, 当 $0 < x < 1$ 时它的点位于直线 $y = x$ 的上方, 而当 $x > 1$ 时则位于此直线下方. 如果 p 和 q 很大, 则 $\sqrt{(1+p^2)/(1+q^2)}$ 接近于 p/q. 在 x 的任何值附近, 我们都能找到任意多个有很大分子和分母的有理分数. 所以它的图中包含有大量的点聚集在直线 $y = x$ 周围. 它的一般形状 (对于正的 x 值) 是被一群孤立点包围着的一条直线, 这些孤立点越接近直线将变得越来越稠密.

图形上与负的 x 值对应的部分由这条不连续直线的剩下部分以及所有这些孤立点关于 y 轴的对称点合起来组成. 从而在 y 轴左边的那一群点不是围绕 $y = x$, 而是围绕 $y = -x$, 而 $y = -x$ 本身并不属于这个图形.

30. 一元方程的图形解

许多方程可以表示成

$$f(x) = \phi(x), \tag{1}$$

其中 $f(x)$ 和 $\phi(x)$ 是容易画出其图形的函数. 又如果曲线

$$y = f(x), \quad y = \phi(x)$$

在横坐标为 ξ 的点 P 处相交, 那么 ξ 就是方程 (1) 的一个根.

例 XVII

(1) 二次方程 $ax^2 + 2bx + c = 0$. 这个方程可以通过多种方法用图形来求解. 例如, 我们可以画出

$$y = ax + 2b, \quad y = -c/x$$

的图, 它们的交点 (如果有的话) 就给出方程的根. 或者也可以取

$$y = x^2, \quad y = -(2bx + c)/a.$$

也见例 VII 第 (2) 题.

(2) 用这些方法中的任一方法求解方程

$$x^2 + 2x - 3 = 0, \quad x^2 - 7x + 4 = 0, \quad 3x^2 + 2x - 2 = 0.$$

(3) 方程 $x^m + ax + b = 0$. 它可以通过构造曲线 $y = x^m, y = -ax - b$ 来求解. 关于

$$x^m + ax + b = 0$$

的根的个数, 验证下面的表

$$\text{(a) } m \text{ 是偶数} \begin{cases} b \text{ 为正数时}, & \text{有 2 个根或者没有根}, \\ b \text{ 为负数时}, & \text{有 2 个根}. \end{cases}$$

$$\text{(b) } m \text{ 是奇数} \begin{cases} a \text{ 为正数时}, & \text{有 1 个根}, \\ a \text{ 为负数时}, & \text{有 3 个根或者 1 个根}. \end{cases}$$

请构造出具体的数值例子以说明所有可能的情形.

(4) 证明方程 $\tan x = ax + b$ 恒有无穷多个根.

(5) 确定方程

$$\sin x = x,\quad \sin x = \tfrac{1}{3}x,\quad \sin x = \tfrac{1}{8}x,\quad \sin x = \tfrac{1}{120}x$$

的根的个数.

(6) 证明: 如果 a 是一个小的正数 (例如 $a = 0.01$), 则方程

$$x - a = \tfrac{1}{2}\pi \sin^2 x$$

有三个根. 同样考虑 a 是一个小负数的情形. 说明其根的个数是如何随着 a 的变化而变化的.

31. 二元函数及其图形表示

在第 20 节中, 我们考虑了由一个关系联系的两个变量. 可以类似地考虑由一个关系联系的三个变量 (x, y 和 z), 使得当 x, y 的值给出时, z 的值就已被确定了. 在此情形下, 我们称 z 是两个变量 x 和 y 的函数; 称 x 和 y 是独立变量, 而称 z 是因变量; 且我们把 z 对 x 和 y 的这一依赖关系记为

$$z = f(x, y).$$

对这一更加复杂的情形, 第 20 节的所有注解只需做适当修改就可对它依然有效.

用图来表示这样的两个变量的函数的方法, 原则上与对于单变量的函数采用的方法相同. 我们在三维空间中取三个轴 OX, OY, OZ, 且每个轴都与其他两个轴相互垂直. 点 (a, b, c) 与平面 YOZ, ZOX, XOY 的距离 (按照与 OX, OY, OZ 平行的方向来度量此距离) 为 a, b, c. 当然必须注意符号, 沿着与 OX, OY, OZ 相同的方向度量的长度视为正的. 坐标、轴和原点的定义如前所述.

现在令

$$z = f(x, y).$$

当 x 和 y 变化时, 点 (x, y, z) 将在空间中移动. 它所取的所有位置构成的集合称为点 (x, y, z) 的**轨迹** (locus) 或称为函数 $z = f(x, y)$ 的**图**. 当用来定义 z 的 x, y 和 z 之间的关系能用一个解析公式表示时, 这个公式就称为它的轨迹的**方程**. 例如, 容易证明: 方程

$$Ax + By + Cz + D = 0$$

(一般的一次方程) 代表一个**平面** (plane), 且任何平面的方程都有这种形式. 方程

$$(x - \alpha)^2 + (y - \beta)^2 + (z - \gamma)^2 = \rho^2,$$

或者

$$x^2 + y^2 + z^2 + 2Fx + 2Gy + 2Hz + C = 0$$

表示一个**球面** (sphere), 其中 $F^2 + G^2 + H^2 - C > 0$, 诸如此类. 有关这些命题的证明, 我们必须再次建议读者参看相关的解析几何的教科书.

32. 平面曲线

迄今为止, 我们都是用记号

$$y = f(x) \tag{1}$$

来表示 y 对 x 的函数依赖性. 显然, 当 y 是由 x 的显式公式来表示时, 这个记号是最为合适的.

然而, 我们经常要处理不可能或者不方便用这种形式来表示的函数关系. 例如, 如果 $y^5 - y - x = 0$ 或者 $x^5 + y^5 - ay = 0$, 易知不可能用 x 的显式代数函数表示出 y. 如果

$$x^2 + y^2 + 2Gx + 2Fy + C = 0,$$

那么就有

$$y = -F + \sqrt{F^2 - x^2 - 2Gx - C},$$

但是 y 对于 x 的函数依赖性用原来的方程表示更为简单.

在所有这些情形中, 函数关系都是通过将两个变量 x 和 y 的一个函数与 0 等同起来表示的, 也就是用方程

$$f(x, y) = 0 \tag{2}$$

来予以表示的. 我们将采用这个方程作为表示函数关系的标准方法. 它将方程 (1) 作为一个特例, 因为 $y - f(x)$ 是 x 和 y 的函数的一种特殊形式. 此时, 我们就可以谈论满足 $f(x, y) = 0$ 的点 (x, y) 的轨迹、由 $f(x, y) = 0$ 所定义的函数 y 的图、曲线或者轨迹 $f(x, y) = 0$, 以及这条曲线或者轨迹的方程了.

还有另外一个经常使用的表示曲线的方法. 假设 x 和 y 都是第三个变量 t 的函数, 这两个函数可能有也可能没有某种特殊的几何意义. 我们可以记为

$$x = f(t), \quad y = F(t). \tag{3}$$

如果对 t 指定了一个特殊的值, 那么 x 和 y 的对应值就已知了. 每一对这样的值就定义了一个点 (x, y). 按照这种方法作出与不同 t 值对应的所有的点, 我们就得到了由方程 (3) 所定义的轨迹的图. 例如, 假设

$$x = a\cos t, \quad y = a\sin t.$$

设 t 从 0 变到 2π. 那么容易看出, 点 (x, y) 描绘出一个圆, 其圆心在原点, 且半径为 a. 如果 t 的变化超出了这个范围, 则 (x, y) 就一再重复地描绘出这个圆.

消去 t 得到 $x^2 + y^2 = a^2$, 这是通常的圆的方程.

例 XVIII

(1) 如果作为 x 和 y 的一对联立方程 $f(x, y) = 0$, $\phi(x, y) = 0$ (其中 f 和 ϕ 是多项式) 可解, 则可以确定它们所表示的两条曲线的交点, 其解一般说来由有限多对 x 和 y 的值组成. 于是, 这两个方程一般来说表示有限多个孤立点.

(2) 画出曲线

$$(x+y)^2=1,\quad xy=1,\quad x^2-y^2=1$$

的图.

(3) $f(x,y)+\lambda\phi(x,y)=0$ 表示一条经过 $f=0$ 和 $\phi=0$ 的交点的曲线.

(4) 当 t 取遍所有实数值时,

$$(\alpha)\quad x=at+b,\quad y=ct+d;\quad (\beta)\quad \frac{x}{a}=\frac{2t}{1+t^2},\quad \frac{y}{b}=\frac{1-t^2}{1+t^2}$$

表示何种轨迹?

33. 空间中的轨迹

在三维空间中, 有两种本质不同的轨迹, 其中最简单的例子是平面和直线.

一个沿着一条直线运动的粒子只有**一个自由度** (one degree of freedom). 它的运动方向是固定的, 位置可以通过一个度量 (例如通过度量它与直线上一个固定点的距离) 而完全确定. 如果我们取该直线作为第 1 章中的基本直线 Λ, 那么它的任何一个点的位置只要用单独一个坐标 x 就可以确定. 另一方面, 一个在平面上移动的粒子有两个自由度, 为了固定它的位置需要确定两个坐标.

由单个方程

$$z=f(x,y)$$

表示的轨迹显然属于这两类轨迹中的第二类, 称之为**曲面** (surface). 它可能满足也可能不满足我们通常意义上的曲面的概念.

第 31 节的研究显然可以加以推广, 从而给出三个变量 (或者任意多个变量) 的函数 $f(x,y,z)$ 的定义. 与在第 32 节中相同, 我们同意采用 $f(x,y)=0$ 作为平面曲线的标准形式, 现在也赞同采用

$$f(x,y,z)=0$$

来作为曲面方程的标准形式.

由形如 $z=f(x,y)$ 或者 $f(x,y,z)=0$ 的两个方程所表示的轨迹属于第一类轨迹, 称之为**曲线** (curve). 例如, **直线**可以用两个形如 $Ax+By+Cz+D=0$ 的方程来表示. 空间中的一个圆可以表示成为一个球面和一个平面的交线. 于是它可以用两个形如

$$(x-\alpha)^2+(y-\beta)^2+(z-\gamma)^2=\rho^2,\quad Ax+By+Cz+D=0$$

的方程来表示.

例 XIX

(1) 三个形如 $f(x,y,z)=0$ 的方程表示什么?

(2) 三个线性方程一般来说表示一个单独的点. 在例外情形表示什么呢?

(3) 平面 XOY 上的一条平面曲线 $f(x,y)=0$, 当它被看成空间中的轨迹时, 其方程是什么? [$f(x,y)=0,\ z=0$]

(4) **圆柱面**. 单个的方程 $f(x,y)=0$ 视为三维空间中的轨迹时, 其意义是什么呢?

[满足 $f(x,y)=0$ 的曲面上的所有点与 z 取什么样的值无关. 曲线 $f(x,y)=0,\ z=0$ 由该轨迹与平面 XOY 相交所得. 该轨迹是通过此曲线的所有点画出平行于 OZ 的直线所得到的曲面. 这样的曲面称为**圆柱面** (cylinder).]

(5) **在平面上用图表示曲面**. 或许不可能通过将曲面适当地画在平面上来表示曲面, 但是常常可以如下来得到曲面特征的一个很清晰的概念. 设曲面方程为 $z=f(x,y)$.

如果我们给 z 一个特定的值 a, 就得到一个方程 $f(x,y)=a$, 可以将此方程视为确定了平面上的一条曲线. 画出这条曲线, 并将它记为 (a). 实际上, 曲线 (a) 就是该曲面与平面 $z=a$ 的交线在平面 XOY 上的投影. 对 a 的所有的值 (当然, 实际上是对 a 的有选择的值) 作出这样的投影曲线, 就得到如图 16 所示的图形. 它立即就使我们联想到了等高地形测绘图: 事实上, 它就是这种图的构造原理. 等高线 1000 是地表曲面被海平面之上 1000 英尺处与海平面平行的平面所截得的截线在海平面上的投影.①

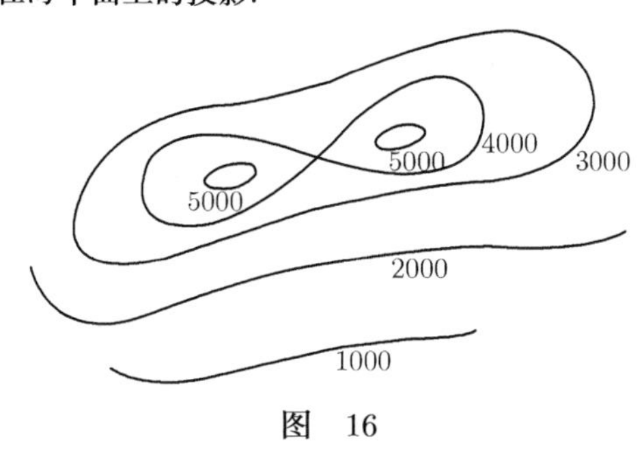

图 16

(6) 画出描绘曲面 $2z=3xy$ 的形状的一列等高线.

(7) **正圆锥面**. 将坐标原点作为锥的顶点, 锥的轴作为 z 轴, 并令 α 为锥的半顶角. 则锥的方程 (它必须看成是从顶点向两个方向延伸的) 是

$$x^2+y^2-z^2\tan^2\alpha=0.$$

(8) **一般的旋转曲面**. 第 (7) 题中的锥与 ZOX 交于两条线, 这两条直线的方程可以包容在方程 $x^2=z^2\tan^2\alpha$ 之中. 也就是说, 由曲线 $y=0, x^2=z^2\tan^2\alpha$ 绕 z 轴旋转所产生的曲面的方程可以将第二个方程的 x^2 改成 x^2+y^2 而得到. 一般地证明: 由曲线 $y=0, x=f(z)$ 绕 z 轴旋转所产生的曲面的方程是

$$\sqrt{x^2+y^2}=f(z).$$

(9) **一般的锥面**. 由经过一个固定点的直线所形成的曲面称为**锥** (cone), 该固定点称为**锥的顶点** (vertex). 第 (7) 题中的正圆锥是它的一个特例. 证明: 顶点在原点 O 的锥的方程形如 $f(z/x, z/y)=0$, 且任何这种形式的方程又都表示锥. [如果 (x,y,z) 在锥上, 则对任意的 λ 的值, $(\lambda x, \lambda y, \lambda z)$ 必定也在锥上.]

(10) **直纹曲面**. 圆柱面和锥面是由直线组成的曲面的特殊情况. 这样的曲面称为**直纹曲面** (ruled surface).

① 我们假设地球曲率的影响可以忽略不计.

两个方程

$$x = az + b, \quad y = cz + d \tag{1}$$

表示两个平面的交, 也即是一条直线. 现在假设 a, b, c, d 不是常数, 而是一个辅助变量 t 的函数. 对 t 的任何特殊的值, 方程 (1) 定义了一条直线. 当 t 变化时, 这条直线移动并生成一个曲面, 此曲面的方程可以通过在 (1) 的两个方程之间消去 t 得到. 例如在第 (7) 题中, 生成该锥面的直线方程是

$$x = z \tan \alpha \cos t, \quad y = z \tan \alpha \sin t,$$

其中 t 是平面 XOZ 与经过该直线以及 z 轴的平面之间的交角.

直纹曲面的另一个简单例子可以构造如下. 取一个正圆柱面的两个与轴垂直且相距 l 的截面 (图 17a), 我们可以想象圆柱的曲面是由一组像 PQ 那样长度为 l、纤细而有刚性的杆所做成的, 杆的端点固定在半径为 a 的两个圆形杆上.

现在让我们再取第三个有同样半径的圆形杆, 并将它绕着圆柱面放置在离前两个圆形杆中的一根杆距离为 h 的位置上 (见图 17a, 其中 $Pq = h$). 松开杆 PQ 的端点 Q, 并让 PQ 绕 P 点旋转, 直到 Q 可以固定在第三个圆形杆上的位置 Q' 时为止. 图中的角 $qOQ' = \alpha$ 由

$$l^2 - h^2 = qQ'^2 = \left(2a \sin \tfrac{1}{2}\alpha\right)^2$$

给出. 对构成该圆柱面的所有其他的杆用同样的方法加以处理. 我们得到一个直纹曲面, 它的形状见图 17b. 它全部由直线所构成, 但是该曲面是处处弯曲的, 且一般来说, 它的形状与某种形式的餐巾环相像 (图 17c).

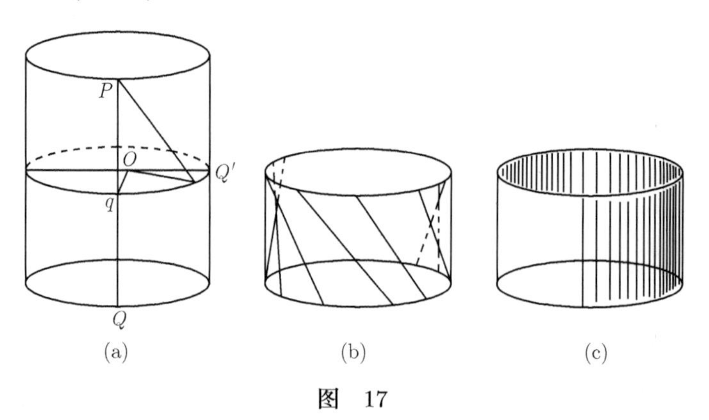

图 17

第 2 章杂例

1. 证明: 如果 $y = f(x) = (ax + b) / (cx - a)$, 则有 $x = f(y)$.

2. 如果对所有 x 的值都有 $f(x) = f(-x)$, 则称 $f(x)$ 是**偶函数** (even function). 如果 $f(x) = -f(-x)$, 则称它为**奇函数** (odd function). 证明: 对所有 x 的值定义的任何函数都是一个偶函数和一个奇函数之和.

[利用恒等式 $f(x) = \frac{1}{2}\{f(x) + f(-x)\} + \frac{1}{2}\{f(x) - f(-x)\}$.]

3. 画出函数

$$3 \sin x + 4 \cos x, \quad \sin\left(\frac{\pi}{\sqrt{2}} \sin x\right)$$

的图. (*Math. Trip.* 1896)

4. 画出函数

$$\sin x\left(a\cos^2 x+b\sin^2 x\right),\quad \frac{\sin x}{x}\left(a\cos^2 x+b\sin^2 x\right),\quad \left(\frac{\sin x}{x}\right)^2$$

的图.

5. 画出函数 $x\,[1/x]\,,[x]\,/x$ 的图.

6. 画出函数

(i) $\arccos\left(2x^2-1\right)-2\arccos x$;

(ii) $\arctan\dfrac{a+x}{1-ax}-\arctan a-\arctan x$

的图, 对任何 α 的值, 其中的符号 $\arccos\alpha,\arctan\alpha$ 表示其余弦值或者正切值恰好等于 α 的最小的正 (或 0) 角.

7. 验证下面的利用直线 $y=x$ 以及 $f(x)$ 和 $\phi(x)$ 的图来作 $f\{\phi(x)\}$ 的图的方法：沿 OX 轴取 $OA=x$, 与 OY 平行画出 AB, 且与 $y=\phi(x)$ 相交于 B; 与 OX 平行画出 BC, 且与 $y=x$ 相交于 C; 与 OY 平行画出 CD, 且与 $y=f(x)$ 相交于 D; 与 OX 平行画出 DP, 且与 AB 相交于 P, 那么点 P 就是所求的图上的一个点.

8. 证明：$x^3+px+q=0$ 的根是抛物线 $y=x^2$ 和圆

$$x^2+y^2+(p-1)\,y+qx=0$$

的交点 (异于原点) 的横坐标.

9. $x^4+nx^3+px^2+qx+r=0$ 的根是抛物线 $x^2=y-\frac{1}{2}nx$ 与圆

$$x^2+y^2+\left(\tfrac{1}{8}n^2-\tfrac{1}{2}pn+\tfrac{1}{2}n+q\right)x+\left(p-1-\tfrac{1}{4}n^2\right)y+r=0$$

的交点的横坐标.

10. 讨论用曲线 $y=x^m,y=-ax^2-bx-c$ 来图解方程

$$x^m+ax^2+bx+c=0.$$

画一张表给出各种可能的根的个数.

11. 解方程 $\sec\theta+\csc\theta=2\sqrt{2}$, 并证明：如果 $c^2<8$, 则方程 $\sec\theta+\csc\theta=c$ 在 0 和 2π 之间有 2 个根; 而当 $c^2>8$ 时, 它有 4 个根.

12. 证明：方程

$$2x=(2n+1)\,\pi\,(1-\cos x)$$

有 $2n+3$ 个根, 且没有再多的根了, 并粗略指出根的位置, 其中 n 是一个正整数.

13. 证明：方程 $\frac{2}{3}x\sin x=1$ 在 $-\pi$ 与 π 之间有 4 个根.

14. 讨论方程

(1) $\cot x+x-\frac{3}{2}\pi=0$;　(2) $x^2+\sin^2 x=1$;　(3) $\left(1+x^2\right)\tan x=2x$;

(4) $\sin x-x+\frac{1}{6}x^3=0$;　(5) $(1-\cos x)\tan\alpha-x+\sin x=0$

的根的个数及其数值.

15. 当 $x=a,b,c$ 时取值为 α,β,γ 的二次多项式是

$$\alpha\frac{(x-b)\,(x-c)}{(a-b)\,(a-c)}+\beta\frac{(x-c)\,(x-a)}{(b-c)\,(b-a)}+\gamma\frac{(x-a)\,(x-b)}{(c-a)\,(c-b)}.$$

对当 $x=a_1,a_2,\cdots,a_n$ 时取值为 $\alpha_1,\alpha_2,\cdots,\alpha_n$ 的 $n-1$ 次多项式给出一个类似的公式.

16. 求一个关于 x 的二次多项式, 它对 x 的值 0, 1, 2 取值为 $1/c$, $1/(c+1)$, $1/(c+2)$; 并证明它当 $x=c+2$ 时取值为 $1/(c+1)$. (*Math. Trip.* 1911)

17. 证明: 如果 x 是 y 的一个有理函数, 且 y 是 x 的一个有理函数, 那么就有

$$Axy+Bx+Cy+D=0.$$

18. 如果 y 是 x 的一个代数函数, 那么 x 是 y 的一个代数函数.

19. 验证: 对于 0 和 1 之间的所有 x 的值, 等式

$$\cos\tfrac{1}{2}\pi x=1-\frac{x^2}{x+(1-x)\sqrt{\frac{2-x}{3}}}$$

近似地成立.

[取 $x=0,\frac{1}{6},\frac{1}{3},\frac{1}{2},\frac{2}{3},\frac{5}{6},1$, 并利用表. 对其中哪些 x 的值, 公式是精确成立的呢?]

20. 函数

$$z=[x]+[y],\quad z=x+y-[x]-[y]$$

有何种形式的图?

21. 函数

$$z=\sin x+\sin y,\quad z=\sin x\sin y,\quad z=\sin xy,\quad z=\sin\left(x^2+y^2\right)$$

有何种形式的图?

22. **无理数的几何构造**. 在第 1 章中, 从给定的单位长度出发, 我们对于等于 $\sqrt{2}$ 的长度给出了一两个简单的几何构造法. 我们还指出了怎样来构造任何二次方程 $ax^2+2bx+c=0$ 的根, 这里假设我们可以构造长度等于系数 a,b,c 的任何比值的线段, 例如当 a,b,c 是有理数时的情形正是这样. 所有这些作图法都可以称之为 Euclid 作图法, 即这种作图法只用到直尺和圆规.

很清楚, 不论它如何复杂, 我们都可以用这种方法来构造用平方根的任意组合所定义的无理数所度量的长度. 例如

$$\sqrt[4]{\sqrt{\frac{17+3\sqrt{11}}{17-3\sqrt{11}}}-\sqrt{\frac{17-3\sqrt{11}}{17+3\sqrt{11}}}}$$

就是适用于此的一例. 这个表达式包含一个四次根, 不过它自然是二次根的二次根. 例如, 作为 1 和 11 的几何平均, 我们首先作出 $\sqrt{11}$, 然后作出 $17+3\sqrt{11}$ 和 $17-3\sqrt{11}$, 等等. 或者这两个混合型的根式也可以作为 $x^2-34x+190=0$ 的根而直接构造出来.

反之, 只有这种类型的无理数才可以用 Euclid 作图法构造出来. 从单位长度出发, 可以作出任何有理的长度. 从而只要 A,B,C 的比值是有理数, 就可以作出直线 $Ax+By+C=0$. 我们还可以作出圆周

$$(x-\alpha)^2+(y-\beta)^2=\rho^2$$

(或者 $x^2+y^2+2gx+2fy+c=0$), 只要 α,β,ρ 是有理数, 且这个条件蕴含 g,f,c 是有理数.

现在在任何 Euclid 作图法中, 向图中添加的每一个新的点都是由两条直线或者两个圆或者一条直线和一个圆的交点而确定的. 但是, 如果系数是有理数, 像

$$Ax+By+C=0,\quad x^2+y^2+2gx+2fy+c=0$$

这样的一对方程在求解时可给出 x 和 y 的形如 $m+n\sqrt{p}$ 的值, 其中 m,n,p 是有理数: 这是因为, 如果在第二个方程中用 y 的表达式来替代 x 的话, 我们就得到关于 y 的一个有有理系数的

二次方程. 故由具有有理系数的直线和圆而得到的所有的点的坐标可以用有理数以及二次根式加以表示. 这个结论对于用这样的方法得到的任意两点之间的距离 $\sqrt{(x_1+x_2)^2+(y_1+y_2)^2}$ 也同样成立.

有了这样作出来的无理的距离, 我们就可以着手来构造若干条直线和圆, 它们的系数现在可以包含二次根式. 然而, 显然, 我们用这样的直线和圆所能构造出来的所有的长度仍然只能用平方根来加以表示, 尽管我们现在得到的根式表达式可以有更为复杂的形式. 不论怎样反复地重复我们的作图方法, 这一结果依然成立. 从而 Euclid 作图法只能作出包含平方根的任何二次根式, 仅此而已.

古代一个著名的问题是**立方倍积问题** (**即倍立方问题**, duplication of the cube), 也就是说用 Euclid 作图法作一个 $\sqrt[3]{2}$ 的长度. 可以证明: $\sqrt[3]{2}$ 不可能用有理数与平方根的任何有限组合来表示, 所以立方倍积问题不可能有解. 见 Hobson 的 *Squaring the circle* 一书第 47 页以及其后内容. 证明的第一步就是证明 $\sqrt[3]{2}$ 不可能是具有有理系数的二次方程 $ax^2+2bx+c=0$ 的根, 此证明已在第 1 章中给出 (第 1 章杂例第 27 题).

23. 证明: 从给定的单位长度出发, 仅能用直尺所构造出来的长度是有理的长度.

24. **圆的近似求积**. 设 O 是一个半径为 R 的圆的圆心. 在 A 点的切线上取 $AP=\frac{11}{5}R$, 并沿同样的方向取 $AQ=\frac{13}{5}R$. 在 AO 上取 $AN=OP$, 并与 OQ 平行地作出 NM, 交 AP 于 M. 证明

$$AM/R=\tfrac{13}{25}\sqrt{146}.$$

并证明: 取 AM 作为这个圆的周长就会得到 π 的精确到小数点后五位的值. 如果 R 是地球的半径, 则假设 AM 为其周长所产生的误差小于 11 码[1].

[在第 15 节中我们说过, π 是一个超越数, 但是本书甚至不可能证明它是无理数. 这个结论首先是由 Lambert 在 1761 年用连分数予以证明的.

对 π 的最熟知的近似值是 $\frac{22}{7}$ 和 $\frac{355}{113}$,[2]后者准确到 6 位小数. 印度人用过近似值 $\sqrt{10}$ (小数第二位不正确). 大量奇妙的近似值可以在 Ramanujan 的 *Collected papers* 第 23~39 页中找到. 其中最简单的几个近似值是

$$\frac{19}{16}\sqrt{7},\quad \frac{7}{3}\left(1+\frac{\sqrt{3}}{5}\right),\quad \left(9^2+\frac{19^2}{22}\right)^{\frac{1}{4}},\quad \frac{63}{25}\left(\frac{17+15\sqrt{5}}{7+15\sqrt{5}}\right);$$

这些值分别正确到小数点后第 3, 3, 8 位和第 9 位.]

25. **$\sqrt[3]{2}$ 的构造**. O 是抛物线 $y^2=4x$ 的顶点, 而 S 是它的焦点, P 是它与抛物线 $x^2=2y$ 的一个交点. 证明: OP 与第一条抛物线的**正焦弦** (latus rectum) 交于一点 Q, 其中 $SQ=\sqrt[3]{2}$.

26. 取一个直径为单位长的圆, 取其一条直径 OA 以及过点 A 的切线. 作一条弦 OBC 与圆交于 B, 与切线交于 C. 在这条直线上取 $OM=BC$. 取 O 作为原点, 并取 OA 作为 x 轴, 证明: M 的轨迹是曲线

$$\left(x^2+y^2\right)x-y^2=0$$

[**尖点蔓叶线** (Cissoid of Diocles)]. 概略描绘出该曲线. 沿 y 轴取一个长度 $OD=2$. 设 AD 与该曲线交于 P, 而 OP 与圆在点 A 的切线交于 Q. 证明 $AQ=\sqrt[3]{2}$.

---

① 码是英美制的长度单位, 1 码 = 3 英尺, 约等于 0.9144 米. ——译者注

② 中国古代数学家把 $\frac{22}{7}$ 称为疏率, 而把 $\frac{355}{113}$ 称为密率. 包括中国在内的许多国家的古代数学家都用过 $\frac{22}{7}$ 作为 π 的一个有理近似值. 而首创用密率 $\frac{355}{113}$ 来作为 π 的一个非常实用且又便于记忆的有理近似值的, 是生活在公元 500 年左右的中国数学家祖冲之, 直到差不多一千年之后, 外国数学家才达到并超过祖冲之的这一成就. 这个问题与数论中的连分数理论以及用有理数逼近实数等问题有重要的联系. ——译者注

第 3 章 复　数

34. 沿直线和在平面上的位移

我们在前面两章中所关注的 "实数" x 可以从多个不同的观点加以研究. 它可以视为一个纯粹的数, 毫无几何意义, 也可以用至少三种不同的方式赋予它以几何意义; 它可以视为一个长度的度量, 也即第 1 章中沿着直线 Λ 所取的长度 A_0P; 它可以被看成是一个点的标记, 也即离开 A_0 的距离是 x 的点 P; 它还可以被看成在直线 Λ 上位置的移动或者改变的度量. 最后这种观点正是我们现在要关注的焦点.

想象在直线 Λ 上的 P 点放置一个小的质点, 然后将它移动到点 Q. 我们就把将质点从 P 迁移到 Q 所需要的位置的移动或者改变称为**位移** (displacement) $\overline{PQ}$. 要完全确定一个位移需要三样东西：**大小** (magnitude)、**指向** (sense) (即沿直线向前还是向后), 以及所谓的**作用点** (point of application), 也即该粒子的原始位置 P. 但是, 当我们仅仅考虑由于位移所产生的位置的改变时, 自然可以忽视作用点, 而把长度和方向相同的所有位移视为等价的. 这样一来, 位移就由长度 $PQ = x$ 以及由 x 的符号所确定的唯一的方向所指定. 于是, 我们可以毫不含糊地说成位移 $[x]$①, 可记 $\overline{PQ} = [x]$.

我们用方括号将位移与长度或者数 x②区别开来. 如果 P 的坐标是 a, 则 Q 的坐标就是 $a + x$; 这样一来, 位移 $[x]$ 就将一个质点从点 a 移动到点 $a + x$.

我们现在转向研究平面上的位移. 我们可以如前一样定义位移 $\overline{PQ}$. 但是为了完全确定它, 需要更多的信息. 我们需要知道：(i) 位移的大小, 也即直线段 PQ 的长度; (ii) 位移的方向, 它是由 PQ 与平面上某条固定的直线做成的角度所确定的; (iii) 位移的指向; 以及 (iv) 它的作用点. 在所有这些要求中, 我们可以忽略第 (iv) 个要求, 也即如果两个位移有相同的大小、方向和指向, 我们就把它们视为等价的. 换言之, 如果 PQ 和 RS 是相等且平行的, 且从 P 到 Q 的运动指向与从 R 到 S 的运动指向也相同, 我们就把位移 $\overline{PQ}$ 与 $\overline{RS}$ 视为等价的, 并记

$$\overline{PQ} = \overline{RS}.$$

---

① 几乎不需要提醒读者注意：不要把这里使用的符号 $[x]$ 与在第 2 章中 (例 XVI 以及杂例第 20 题) 使用的符号混淆.

② 严格地说, 根据记号之间某些类似的区别, 我们应该把实际的长度 x 和度量这个长度的数 x 区别开来. 读者可能倾向于认为这样的区分是迂腐的. 但是日益增长的数学经验将会向他揭示：清楚地区分那些尽管有紧密联系然而却是不同的事物有极大的重要性.

现在取平面上任意一对坐标轴 (如图 18 中的 OX, OY 那样). 画一条与 PQ 相等且平行的直线段 OA, 从 O 到 A 的运动指向与从 P 到 Q 的运动指向相同. 那么位移 $\overline{PQ}$ 与 $\overline{OA}$ 是等价的位移. 设 x 和 y 是 A 的坐标. 那么显然, 当 x 和 y 给定时, $\overline{OA}$ 即已完全被指定. 我们称 $\overline{OA}$ 是**位移** $[x,y]$, 并记

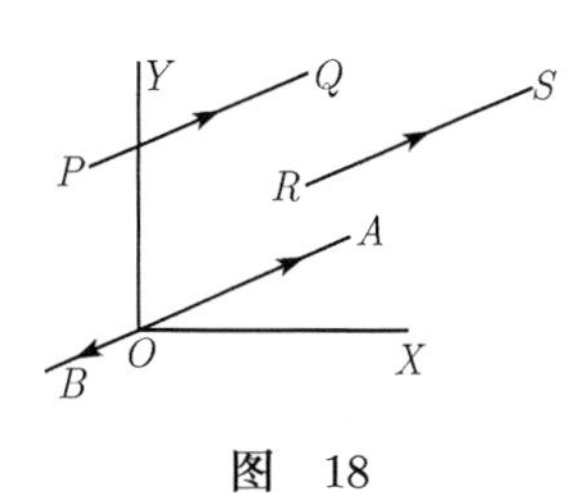

图 18

$$\overline{OA}=\overline{PQ}=\overline{RS}=[x,y]\,.$$

35. 位移的等价与位移的数乘

如果 ξ 和 η 是 P 的坐标, 而 ξ' 和 η' 是 Q 的坐标, 显然有

$$x=\xi'-\xi,\quad y=\eta'-\eta.$$

于是从 (ξ,η) 到 (ξ',η') 的位移就是

$$[\xi'-\xi,\eta'-\eta]\,.$$

显然, 两个位移 $[x,y]\,,[x',y']$ 是等价的, 当且仅当 $x=x',y=y'$. 从而 $[x,y]=[x',y']$ 当且仅当

$$x=x',\quad y=y'. \tag{1}$$

逆位移 $\overline{QP}$ 就是 $[\xi-\xi',\eta-\eta']$, 自然我们认同有

$$[\xi-\xi',\eta-\eta']=-\,[\xi'-\xi,\eta'-\eta]\,,$$

$$\overline{QP}=-\overline{PQ},$$

这些等式实际上就是符号 $-\,[\xi'-\xi,\eta'-\eta]\,,-\overline{PQ}$ 的意义的定义. 从而我们约定有

$$-\,[x,y]=[-x,-y]\,,$$

进一步约定有

$$\alpha\,[x,y]=[\alpha x,\alpha y]\,, \tag{2}$$

其中 α 是任何正的或者负的实数. 于是 (图 18), 如果 $OB=-\frac{1}{2}OA$, 那么

$$\overline{OB}=-\tfrac{1}{2}\overline{OA}=-\tfrac{1}{2}\,[x,y]=\left[-\tfrac{1}{2}x,-\tfrac{1}{2}y\right].$$

等式 (1) 和等式 (2) 定义了前两个与位移有关联的重要的概念, 也就是**位移的等价** (equivalence) 以及**位移的数乘** (multiplication of displacement by numbers).

36. 位移的加法

我们还没有给出任何定义, 使我们能对于表达式

$$\overline{PQ}+\overline{P'Q'},\quad [x,y]+[x',y']$$

赋予某种意义. 常识立即提示我们: 应该把两个位移的和定义成一个位移, 这个位移是连续作这两个给定的位移所得到的. 换句话说, 这告诉我们: 如果画出与 $P'Q'$ 相等且平行的 QQ_1, 使得对于位于 P 的粒子连续作位移 $\overline{PQ},\overline{P'Q'}$ 的结果就是先将它移动到 Q, 然后再移动到 Q_1, 那么我们应该将 $\overline{PQ}$ 和 $\overline{P'Q'}$ 的和定义为 $\overline{PQ_1}$. 如果此时我们画出等于且平行于 PQ 的 OA, 再画出等于且平行于 $P'Q'$ 的 OB, 并作出平行四边形 $OACB$ (见图 19), 则有

$$\overline{PQ}+\overline{P'Q'}=\overline{PQ_1}=\overline{OA}+\overline{OB}=\overline{OC}.$$

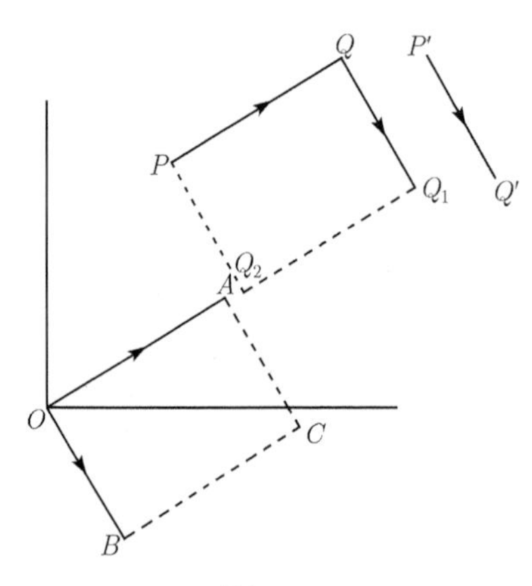

图 19

让我们来研究采用这一定义所得到的推论. 如果 B 的坐标是 (x',y'), 则 AB 的中点的坐标是 $\left(\frac{1}{2}(x+x'),\frac{1}{2}(y+y')\right)$, 且 C 的坐标是 $(x+x',y+y')$. 故而

$$[x,y]+[x',y']=[x+x',y+y'],\tag{3}$$

它可以视为位移加法的符号定义. 注意到

$$\begin{aligned}[x',y']+[x,y]&=[x'+x,y'+y]\\&=[x+x',y+y']=[x,y]+[x',y'].\end{aligned}$$

换句话说, 位移的加法服从交换律, 在通常的代数中交换律是用方程 $a+b=b+a$ 来表示的. 这个定律表示了显然的几何事实: 如果我们从 P 点首先移动一个与 $P'Q'$ 相等且平行的距离 PQ_2, 然后再移动一个与 PQ 相等且平行的距离, 我们将与前面相同会到达同一个点 Q_1.

特别地, 有

$$[x,y]=[x,0]+[0,y]\,. \tag{4}$$

这里 $[x,0]$ 表示沿着平行于 OX 的方向所作的距离为 x 的位移. 事实上, 这正是我们在前面用 $[x]$ 所表示的东西, 在那里我们只考虑沿直线的位移. 我们把 $[x,0]$ 和 $[0,y]$ 称为 $[x,y]$ 的**分量** (component), 而称 $[x,y]$ 是它们的**合成** (resultant).

一旦定义了两个位移的加法, 在定义任意多个位移的加法时, 就不会有更多的困难. 例如, 根据加法, 有

$$\begin{aligned}&[x,y]+[x',y']+[x'',y'']=([x,y]+[x',y'])+[x'',y'']\\ =&[x+x',y+y']+[x'',y'']=[x+x'+x'',y+y'+y''].\end{aligned}$$

我们用等式

$$[x,y]-[x',y']=[x,y]+(-[x',y']) \tag{5}$$

来定义位移的减法, 这与 $[x,y]+[-x',-y']$ 或者 $[x-x',y-y']$ 有同样的意义. 特别地,

$$[x,y]-[x,y]=[0,0]\,.$$

位移 $[0,0]$ 保留粒子在原地不动, 它就是**零位移** (zero displacement), 我们约定记成 $[0,0]=0$.

例 XX

(1) 证明

(i) $\alpha\,[\beta x,\beta y]=\beta\,[\alpha x,\alpha y]=[\alpha\beta x,\alpha\beta y]$;

(ii) $([x,y]+[x',y'])+[x'',y'']=[x,y]+([x',y']+[x'',y''])$;

(iii) $[x,y]+[x',y']=[x',y']+[x,y]$;

(iv) $(\alpha+\beta)\,[x,y]=\alpha\,[x,y]+\beta\,[x,y]$;

(v) $\alpha\,\{[x,y]+[x',y']\}=\alpha\,[x,y]+\alpha\,[x',y']$.

[我们已经证明了 (iii). 剩余的等式可以很容易地从定义得出. 对每一种情形, 读者都应该考虑该等式的几何意义, 如同我们在证明 (iii) 中所做过的那样.]

(2) 如果 M 是 PQ 的中点, 那么 $\overline{OM}=\frac{1}{2}\left(\overline{OP}+\overline{OQ}\right)$. 更一般地, 如果 M 把 PQ 分成比例为 $\mu:\lambda$ 的两部分, 则有

$$\overline{OM}=\frac{\lambda}{\lambda+\mu}\overline{OP}+\frac{\mu}{\lambda+\mu}\overline{OQ}.$$

(3) 如果 G 是位于 $P_1,P_2,\cdots,P_n$ 处的一大批相同粒子的中心, 那么

$$\overline{OG}=\frac{1}{n}\left(\overline{OP_1}+\overline{OP_2}+\cdots+\overline{OP_n}\right).$$

(4) 如果 P,Q,R 是平面上共线的点, 那么就能找到不全为零的实数 α,β,γ, 使得

$$\alpha\cdot\overline{OP}+\beta\cdot\overline{OQ}+\gamma\cdot\overline{OR}=0,$$

且反之亦然. [实际上这仅仅是第 (2) 题的另一种表达方式.]

(5) 如果 $\overline{AB}$ 和 $\overline{AC}$ 是不在同一直线上的两个位移, 且

$$\alpha \cdot \overline{AB} + \beta \cdot \overline{AC} = \gamma \cdot \overline{AB} + \delta \cdot \overline{AC},$$

那么就有 $\alpha = \gamma$ 且 $\beta = \delta$.

[取 $\overline{AB_1} = \alpha \cdot \overline{AB}$, $\overline{AC_1} = \beta \cdot \overline{AC}$. 作平行四边形 $AB_1P_1C_1$. 则有 $\overline{AP_1} = \alpha \cdot \overline{AB} + \beta \cdot \overline{AC}$. 显然, $\overline{AP_1}$ 仅能以唯一一种方式表示成这种形式, 从而得出定理.]

(6) $ABCD$ 是一个平行四边形. 经过平行四边形内的一点 Q 画出与边平行的 RQS 和 TQU (见图 20). 证明: RU, TS 在 AC 上相交.

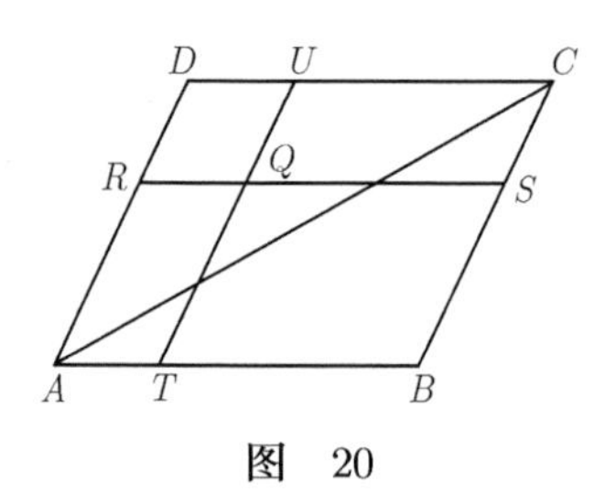

图 20

[设比值 $AT : AB, AR : AD$ 记为 α, β, 那么

$$\overline{AT} = \alpha \cdot \overline{AB}, \qquad \overline{AR} = \beta \cdot \overline{AD},$$
$$\overline{AU} = \alpha \cdot \overline{AB} + \overline{AD}, \quad \overline{AS} = \overline{AB} + \beta \cdot \overline{AD}.$$

设 RU 与 AC 相交于 P. 那么, 由于 R, U, P 共线, 所以有

$$\overline{AP} = \frac{\lambda}{\lambda + \mu}\overline{AR} + \frac{\mu}{\lambda + \mu}\overline{AU},$$

其中 μ/λ 是 P 将 RU 分成的比例. 也就是说

$$\overline{AP} = \frac{\alpha\mu}{\lambda + \mu}\overline{AB} + \frac{\beta\lambda + \mu}{\lambda + \mu}\overline{AD}.$$

但是由于 P 在 AC 上, 故而 $\overline{AP}$ 是 $\overline{AC}$ 的一个倍数; 也即

$$\overline{AP} = k \cdot \overline{AC} = k \cdot \overline{AB} + k \cdot \overline{AD}.$$

从而 (第 (5) 题) $\alpha\mu = \beta\lambda + \mu = (\lambda + \mu)k$, 由此推出

$$k = \frac{\alpha\beta}{\alpha + \beta - 1}.$$

这个结果的对称性表明, 类似的讨论也可以得出

$$\overline{AP'} = \frac{\alpha\beta}{\alpha + \beta - 1}\overline{AC},$$

这里 P' 是 TS 与 AC 的交点. 于是 P 和 P' 是同一个点.]

(7) $ABCD$ 是一个平行四边形, M 是 AB 的中点. 证明: DM 三等分 AC, 且也被 AC 三等分.①

37. 位移的乘法

到目前为止, 我们还没有打算对于两个位移的乘积这一概念给以任何意义. 这方面唯一考虑过的一类乘法是用一个数来乘一个位移. 迄今为止, 表达式

$$[x, y]\,[x', y']$$

还毫无意义, 现在我们可以毫无拘束地按照我们的意愿来给出它的定义.

① 后面两个例子取自 Willard Gibbs 所著 *Vector analysis* 一书.

我们对于定义的选择基于如下的原则. 显然 (1) 两个位移的乘积应该还是一个位移. 其次, 我们已经定义了 $\alpha\,[x,y]$ 等于 $[\alpha x,\alpha y]$, 其中 α 是一个实数; 而 α 也可以被看成是一个位移, 即视为 $[\alpha,0]$. 因此, 改变记号, 我们就看到 (2) 定义应该使得

$$[x,0]\,[x',y']=[xx',xy'] .$$

最后 (3) 定义应该服从一般的乘法交换律、分配律以及结合律, 所以有

$$[x,y]\,[x',y']=[x',y']\,[x,y] ,$$

$$([x,y]+[x',y'])\,[x'',y'']=[x,y]\,[x'',y'']+[x',y']\,[x'',y''] ,$$

$$[x,y]\,([x',y']+[x'',y''])=[x,y]\,[x',y']+[x,y]\,[x'',y'']$$

以及

$$[x,y]\,([x',y']\,[x'',y''])=([x,y]\,[x',y'])\,[x'',y''] .$$

从而

$$[x,y]\,[x',y']=[xx',yy']$$

并不是一个合适的定义, 这是因为它会给出

$$[x,0]\,[x',y']=[xx',0] ,$$

这与 (2) 相矛盾.

38. 位移的乘法 (续)

对于位移的乘法要采用的正确的定义有如下建议.

我们知道, 如果 OAB 和 OCD 是两个相似三角形, 对应的角按照它们书写的次序标出, 则有

$$OB/OA=OD/OC,$$

也即 $OB\cdot OC=OA\cdot OD$. 这提示我们应该尝试以这样一种方式来定义位移的乘法和除法, 即使得

$$\overline{OB}/\overline{OA}=\overline{OD}/\overline{OC},\quad \overline{OB}\cdot\overline{OC}=\overline{OA}\cdot\overline{OD}.$$

现在设

$$\overline{OB}=[x,y] ,\quad \overline{OC}=[x',y'] ,\quad \overline{OD}=[X,Y] ,$$

并假设 A 是点 $(1,0)$, 所以 $\overline{OA}=[1,0]$. 此时

$$\overline{OA}\cdot\overline{OD}=[1,0]\,[X,Y]=[X,Y] ,$$

故而

$$[x, y]\,[x', y'] = [X, Y]\,.$$

这样一来, 乘积 $\overline{OB}\cdot\overline{OC}$ 就被定义成了 $\overline{OD}$, D 是通过在 OC 上构造一个与 OAB 相似的三角形而得到的. 为了使得这一定义没有歧义, 应该注意到在 OC 上可以作出两个这样的三角形 OCD 和 OCD'. 我们选取其中使得角 COD 与角 AOB 不但在大小上而且在符号上都相等的那个三角形, 如图 21 所示. 我们说这两个三角形是**在同样的指向下相似的** (similar in the same sense).

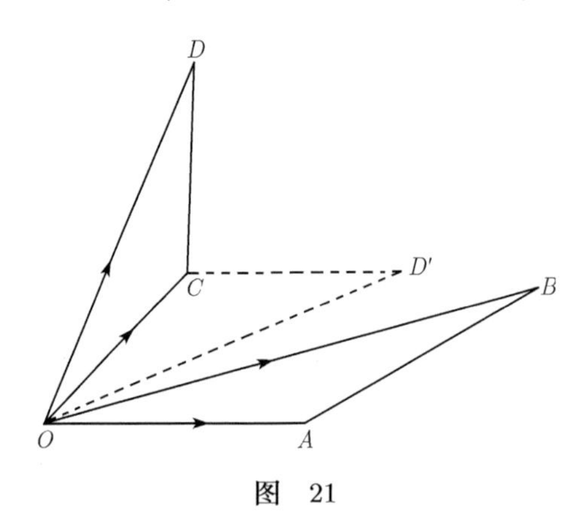

图 21

如果 B 和 C 的极坐标是 (ρ, θ) 和 (σ, ϕ), 则

$$x = \rho\cos\theta, \quad y = \rho\sin\theta, \quad x' = \sigma\cos\phi, \quad y' = \sigma\sin\phi,$$

此时 D 的极坐标是 $(\rho\sigma, \theta+\phi)$. 从而

$$X = \rho\sigma\cos(\theta+\phi) = xx' - yy',$$

$$Y = \rho\sigma\sin(\theta+\phi) = xy' + yx'.$$

于是所要求的定义就是

$$[x, y]\,[x', y'] = [xx' - yy', xy' + yx']\,. \tag{6}$$

我们注意到 (1) 如果 $y = 0$, 则有 $X = xx', Y = xy'$, 这正是我们所希望的; (2) 如果交换 x 和 x', 并交换 y 和 y', 则该等式的右边并不改变, 所以有

$$[x, y]\,[x', y'] = [x', y']\,[x, y]\,;$$

以及 (3)

$$\begin{aligned}
&\{[x, y] + [x', y']\}\,[x'', y''] = [x + x', y + y']\,[x'', y''] \\
&= [(x + x')\,x'' - (y + y')\,y'', (x + x')\,y'' + (y + y')\,x''] \\
&= [xx'' - yy'', xy'' + yx''] + [x'x'' - y'y'', x'y'' + y'x''] \\
&= [x, y]\,[x'', y''] + [x', y']\,[x'', y'']\,.
\end{aligned}$$

类似地可以验证：第 37 节末尾的所有等式都是满足的. 从而定义 (6) 满足我们在第 37 节中给出的所有要求.

例 利用上面给出的几何定义直接证明：位移的乘法满足交换律和分配律. [以交换律为例. 乘积 $\overline{OB}\cdot\overline{OC}$ 就是 $\overline{OD}$ (图 21), 且 COD 与 AOB 相似. 为构造出乘积 $\overline{OC}\cdot\overline{OB}$, 我们应该在 OB 上作出一个与 AOC 相似的三角形 BOD_1. 所以我们要证明的就是：D 和 D_1 重合, 或者就是证明 BOD 与 AOC 相似. 而这是初等几何的牛刀小试.]

39. 复数

恰如一个沿着 OX 的位移 $[x]$ 与一个点 (x) 以及一个实数 x 相对应一样, 平面上的一个位移 $[x, y]$ 与一个点 (x, y) 以及**一对实数** x, y 相对应.

我们将会发现, 用符号

$$x+y\mathrm{i}$$

来记这对实数 x, y 是很方便的. 采用这一记号的理由稍后将会给出. 目前读者必须把 $x+y\mathrm{i}$ 看成仅仅是$[x, y]$ 的另一种书写方式. 符号 $x+y\mathrm{i}$ 称为**复数** (complex number).

下面我们着手来定义复数的等价、加法以及乘法. 对每个复数都有一个位移与之对应. 如果两个复数对应的位移是等价的, 则它们是等价的. 两个复数的和或者乘积是一个复数, 它与这两个复数对应的位移之和或者乘积相对应. 从而

$$x+y\mathrm{i}=x'+y'\mathrm{i} \tag{1}$$

当且仅当 $x=x', y=y'$;

$$(x+y\mathrm{i})+(x'+y'\mathrm{i})=(x+x')+(y+y')\,\mathrm{i}; \tag{2}$$

$$(x+y\mathrm{i})\,(x'+y'\mathrm{i})=xx'-yy'+(xy'+yx')\,\mathrm{i}. \tag{3}$$

特别地, 作为 (2) 和 (3) 的特例, 我们有

$$x+y\mathrm{i}=(x+0\mathrm{i})+(0+y\mathrm{i}),$$

$$(x+0\mathrm{i})\,(x'+y'\mathrm{i})=xx'+xy'\mathrm{i};$$

这些方程提示我们, 如果在处理复数时把 $x+0\mathrm{i}$ 写成 x, 而把 $0+y\mathrm{i}$ 写成 $y\mathrm{i}$ (正如我们从现在起这样做的), 则不会有产生混淆的危险.

读者很容易自己验证：复数的加法和乘法服从由等式

$$(x+y\mathrm{i})+(x'+y'\mathrm{i})=(x'+y'\mathrm{i})+(x+y\mathrm{i}),$$

$$\{(x+y\mathrm{i})+(x'+y'\mathrm{i})\}+(x''+y''\mathrm{i})=(x+y\mathrm{i})+\{(x'+y'\mathrm{i})+(x''+y''\mathrm{i})\},$$

$$(x+y\mathrm{i})(x'+y'\mathrm{i})=(x'+y'\mathrm{i})(x+y\mathrm{i}),$$

$$(x+y\mathrm{i})\{(x'+y'\mathrm{i})+(x''+y''\mathrm{i})\}=(x+y\mathrm{i})(x'+y'\mathrm{i})+(x+y\mathrm{i})(x''+y''\mathrm{i}),$$

$$\{(x+y\mathrm{i})+(x'+y'\mathrm{i})\}(x''+y''\mathrm{i})=(x+y\mathrm{i})(x''+y''\mathrm{i})+(x'+y'\mathrm{i})(x''+y''\mathrm{i}),$$

$$(x+y\mathrm{i})\{(x'+y'\mathrm{i})(x''+y''\mathrm{i})\}=\{(x+y\mathrm{i})(x'+y'\mathrm{i})\}(x''+y''\mathrm{i})$$

所表示的代数定律, 这些等式的证明实际上与对应的位移的相应等式的证明是相同的.

复数的减法和除法如同在通常的代数中那样定义. 于是我们可以将 $(x+y\mathrm{i})-(x'+y'\mathrm{i})$ 定义为

$$(x+y\mathrm{i})+\{-(x'+y'\mathrm{i})\}=x+y\mathrm{i}+(-x'-y'\mathrm{i})=(x-x')+(y-y')\,\mathrm{i};$$

或者同样地, 将 $(x+y\mathrm{i})-(x'+y'\mathrm{i})$ 定义为 $\xi+\eta\mathrm{i}$, 它满足

$$(x'+y'\mathrm{i})+(\xi+\eta\mathrm{i})=x+y\mathrm{i}.$$

而 $(x+y\mathrm{i})/(x'+y'\mathrm{i})$ 则定义为复数 $\xi+\eta\mathrm{i}$, 它满足

$$(x'+y'\mathrm{i})(\xi+\eta\mathrm{i})=x+y\mathrm{i},$$

也就是

$$x'\xi-y'\eta+(x'\eta+y'\xi)\,\mathrm{i}=x+y\mathrm{i},$$

此即

$$x'\xi-y'\eta=x,\quad x'\eta+y'\xi=y. \tag{4}$$

关于 ξ 和 η 解这些方程, 我们得到

$$\xi=\frac{xx'+yy'}{x'^2+y'^2},\quad \eta=\frac{yx'-xy'}{x'^2+y'^2}.$$

如果 x' 和 y' 两者均为 0, 也即 $x'+y'\mathrm{i}=0$, 则这个解失效. 故而减法总是行得通的; 除法也总是行得通的, 除非除数是 0.

我们现在可以如在通常的代数中那样, 来定义 $x+y\mathrm{i}$ 的正整数次幂、关于 $x+y\mathrm{i}$ 的多项式以及关于 $x+y\mathrm{i}$ 的有理函数.

例 (1) 从几何观点来看, 位移 $\overline{OD}$ 被 $\overline{OC}$ 除的问题, 就是寻求 B, 使得三角形 COD 与 AOB 相似的问题, 这显然是可能的 (且其解也是唯一的), 除非 C 与 O 重合, 也即 $\overline{OC}=0$.

(2) 数 $x+y\mathrm{i}$ 与 $x-y\mathrm{i}$ 称为是**共轭的** (conjugate). 验证

$$(x+y\mathrm{i})(x-y\mathrm{i})=x^2+y^2,$$

所以两个共轭复数的乘积是实数, 且

$$\frac{x+y\mathrm{i}}{x'+y'\mathrm{i}}=\frac{(x+y\mathrm{i})(x'-y'\mathrm{i})}{(x'+y'\mathrm{i})(x'-y'\mathrm{i})}=\frac{xx'+yy'+(x'y-xy')\,\mathrm{i}}{x'^2+y'^2}.$$

40. 复数 (续)

实数的一个最重要的性质通常称为**因子定理** (the factor theorem), 它断言: 两个数的乘积不可能为零, 除非这两个数中有一个是零.

为证明这个结论对于复数仍然成立, 我们在上一节的方程 (4) 中取 $x=0, y=0$. 这样就有

$$x'\xi - y'\eta = 0, \quad x'\eta + y'\xi = 0.$$

这些方程给出 $\xi=0, \eta=0$, 也即

$$\xi + \eta\mathrm{i} = 0,$$

除非 $x'=0, y'=0$, 也即 $x'+y'\mathrm{i}=0$. 故而 $x+y\mathrm{i}$ 不可能等于零, 除非 $x'+y'\mathrm{i}$, 或 $\xi+\eta\mathrm{i}$ 等于零.

41. 等式 $\mathrm{i}^2=-1$

我们同意用 x 代替 $x+0\mathrm{i}$、用 $y\mathrm{i}$ 代替 $0+y\mathrm{i}$, 以此来简化我们的记号. 对于特殊的复数 $1\mathrm{i}$, 我们直接用 i 来表示. 它是与沿 OY 作单位位移所对应的数. 我们还有

$$\mathrm{i}^2 = \mathrm{i}\mathrm{i} = (0+1\mathrm{i})(0+1\mathrm{i}) = (0\cdot 0 - 1\cdot 1) + (0\cdot 1 + 1\cdot 0)\mathrm{i} = -1.$$

类似地有 $(-\mathrm{i})^2=-1$. 从而复数 i 与 $-\mathrm{i}$ 满足方程 $x^2=-1$.

现在对于复数的加法和乘法的法则, 读者应该很明白有这样的结果: *我们用对实数的方式对复数进行运算, 把符号 i 当作一个数来处理, 不过每当它出现之时, 就用 -1 来代替乘积 $\mathrm{i}\,\mathrm{i}=\mathrm{i}^2$*. 例如, 这样就有

$$\begin{aligned}(x+y\mathrm{i})(x'+y'\mathrm{i}) &= xx' + xy'\mathrm{i} + yx'\mathrm{i} + yy'\mathrm{i}^2 \\ &= (xx'-yy') + (xy'+yx')\mathrm{i}.\end{aligned}$$

42. 用 i 作乘法的几何解释

由于

$$(x+y\mathrm{i})\mathrm{i} = -y + x\mathrm{i},$$

故而推出: 如果 $x+y\mathrm{i}$ 对应于 $\overline{OP}$, 画出与 OP 等长的 OQ, 使得 POQ 是一个正的直角, 那么 $(x+y\mathrm{i})\mathrm{i}$ 与 $\overline{OQ}$ 对应. 换句话说, *用 i 乘一个复数等同于将对应的位移转动一个直角*.

从这个观点出发, 我们或许能将复数的整个理论建立起来. 将 x 视为沿 OX 的一个位移, 将 i 视为等同于将 x 旋转一个直角的运算. 从这样的思想出发, 我们就会将 $y\mathrm{i}$ 视为沿 OY 所作的、大小为 y 的位移. 这样, 我们就很自然地将 $x+y\mathrm{i}$

定义为在第 36 节和第 39 节中那样, 而 $(x+y\mathrm{i})\,\mathrm{i}$ 则表示将 $x+y\mathrm{i}$ 旋转一个直角所得到的位移, 也即 $-y+x\mathrm{i}$. 最后, 我们自然应该将 $(x+y\mathrm{i})\,x'$ 定义成 $xx'+yx'\mathrm{i}$, 将 $(x+y\mathrm{i})\,y'\mathrm{i}$ 定义成 $-yy'+xy'\mathrm{i}$, 再将 $(x+y\mathrm{i})\,(x'+y'\mathrm{i})$ 定义成这些位移的和, 也即表示成

$$xx'-yy'+(xy'+yx')\,\mathrm{i}.$$

43.　方程 $z^2+1=0$, $az^2+2bz+c=0$

不存在实数 z 使得 $z^2+1=0$, 也即该方程没有实根. 但是, 如同我们已经看到的那样, 两个复数 i 和 $-\mathrm{i}$ 满足这个方程. 我们把这说成：该方程有两个复根 i 和 $-\mathrm{i}$. 由于 i 满足 $z^2=-1$, 有时也把它写成 $\sqrt{-1}$ 的形式.

复数有时称为**虚数** (imaginary number).① 这种表示方法令人有些不快, 但是它已经深入人心, 我们只能接受它. 不过, 按照任何通常意义的语汇来说, “虚数”与“实数”或者任何其他的数学对象一样, 都不是“凭空想象的”.

实数与有理数并不是有同样意义的数, 复数与实数也不是有同样意义的数. 根据上面的讨论应该明了：为了技术上方便的目的, 我们用符号将**数偶** (a pair of numbers) (x,y) 连接成形式 $x+y\mathrm{i}$. 从而

$$\mathrm{i}=0+1\mathrm{i}$$

代替了数偶 $(0,1)$, 而它在几何上可以用一个点或者用位移 $[0,1]$ 来表示. 当说 i 是方程 $z^2+1=0$ 的一个根时, 我们所指的就是定义了一个方法, 此方法把我们称之为“乘法”的数偶 (或者位移) 组合起来, 而且当我们用此方法把 $(0,1)$ 与它自己组合起来时, 就给出结果 $(-1,0)$.

现在让我们来研究更一般的方程

$$az^2+2bz+c=0,$$

其中 a,b,c 是实数. 如果 $b^2>ac$, 通常的解法给出两个实根 $\left(-b\pm\sqrt{b^2-ac}\right)/a$. 如果 $b^2<ac$, 则该方程没有实根. 该方程可以写成形式

$$\left(z+\frac{b}{a}\right)^2=-\frac{ac-b^2}{a^2},$$

如果 $z+(b/a)$ 是复数 $\pm\mathrm{i}\sqrt{ac-b^2}/a$② 中的某一个, 则此等式为真. 我们将此表述成该方程有两个复根

$$-\frac{b}{a}\pm\frac{\mathrm{i}\sqrt{ac-b^2}}{a}.$$

---

① 通用的术语“实数”是作为与“虚数”相对立的词语引进的.

② 为了印刷方便起见, 有时我们用 $x+\mathrm{i}y$ 来代替 $x+y\mathrm{i}$.

如果我们依照惯例, 约定在 $b^2=ac$ 时 (在此情形下, 该方程仅被 x 的一个值, 也即 $-b/a$ 所满足) 该方程有两个相等的根, 那么, 一个实系数的二次方程在所有情形下都有两个根, 要么是两个不同的实根, 要么是两个相等的实根, 要么是两个不同的复根.

此问题自然使我们联想到, 一旦复根得到承认, 一个二次方程是否可能会有多于两个根. 容易看出, 这是不可能的. 事实上, 它的不可能性可以用与在初等代数中证明一个 n 次方程不可能有多于 n 个根完全相同的一串推理来加以证明. 我们用单个字母 z 来记复数 $x+yi$, 即 $z=x+yi$, 这是复数的约定俗成的表示法. 设 $f(z)$ 表示任何一个关于 z 的实系数或者复系数的多项式. 接下来我们要依次证明:

(1) $f(z)$ 被 $z-a$ 除所得的余式是 $f(a)$, 这里 a 是一个实数或者复数;

(2) 如果 a 是方程 $f(z)=0$ 的一个根, 那么 $f(z)$ 能被 $z-a$ 整除;

(3) 如果 $f(z)$ 是一个 n 次多项式, 且 $f(z)=0$ 有 n 个根 $a_1, a_2, \cdots, a_n$, 则

$$f(z)=A(z-a_1)(z-a_2)\cdots(z-a_n),$$

其中 A 是一个实的或者复的常数, 实际上也就是 $f(z)$ 中 z^n 的系数. 由最后这个结果以及第 40 节中的定理可以推出: $f(z)$ 不可能有多于 n 个的根.

我们的结论是, 实系数的二次方程恰好有两个根. 以后我们将会看到, 对于任意一个实系数或者复系数的方程都有一个类似的定理成立: n 次方程恰好有 n 个根. 证明中唯一有困难的是其中的第一个结论, 也即任何方程必定有至少一个根. 目前我们必须推迟给出它的证明.[①]然而, 我们可以马上将注意力转向此定理的一个很有趣的结果. 在数论中, 我们的出发点是正整数、加法和乘法的思想, 以及它们的逆运算减法和除法. 我们发现, 这些运算并不总是可行的, 除非我们接受新型的数类. 仅当我们接受**负数** (negative number) 时, 我们才能赋予 $3-7$ 以意义; 如果我们接受**有理分数** (rational fraction), 我们才可以赋予 $\frac{3}{7}$ 以意义. 当我们将算术运算表扩充到包含根式以及解方程时, 我们发现其中有一些, 比如一个 (像 2 那样的) 非完全平方数的平方根的计算是不可能的, 除非我们扩大数的概念并接受第 1 章中无理数.

其他的, 例如 -1 的平方根的计算也是不可能的, 除非我们走得再远一些, 接受本章里的复数. 这样的猜想很自然: 当我们着手研究更高次数的方程时, 即使借助于复数, 仍会有一些方程被证明是不可解的, 这样一来, 或许我们就会被引导到考虑更多类型的数. 而事实并非如此: 无论什么样的代数方程的根都是通常的复数.

---

① 见附录 2.

初等代数中所有的仅仅用加法以及乘法的法则所证明的定理, 不论其中出现的数是实数还是复数, 都是成立的, 因为这些法则既适用于复数, 也适用于实数. 例如, 我们知道: 如果 α 和 β 是

$$az^2+2bz+c=0$$

的根, 那么就有

$$\alpha+\beta=-(2b/a), \quad \alpha\beta=(c/a).$$

类似地, 如果 α,β,γ 是

$$az^3+3bz^2+3cz+d=0$$

的根, 则有

$$\alpha+\beta+\gamma=-(3b/a), \quad \beta\gamma+\gamma\alpha+\alpha\beta=(3c/a), \quad \alpha\beta\gamma=-(d/a).$$

所有像这些结论一样的定理, 不论 $a,b,\cdots,\alpha,\beta,\cdots$ 是实数还是复数都是成立的.

44. Argand 图

设 P (图 22) 是点 (x,y), r 是长度 OP, 而 θ 是角 XOP, 则

$$x=r\cos\theta, \quad y=r\sin\theta, \quad r=\sqrt{x^2+y^2},$$

$$\cos\theta:\sin\theta:1::x:y:r.$$

如同在第 43 节中那样, 我们用 z 来记复数 $x+y\mathrm{i}$, 并称 z 是**复变量** (complex variable). 我们称 P 是点 z, 或者称为与 z 对应的点; 而称 z 是 P 的**宗量** (argument), x 是**实部** (real part), y 是**虚部** (imaginary part), r 是**模** (modulus), θ 是 z 的**辐角** (amplitude); 且我们记

$$x=\mathbf{R}(z), \quad y=\mathbf{I}(z),$$
$$r=|z|, \quad \theta=\mathrm{am}z.$$

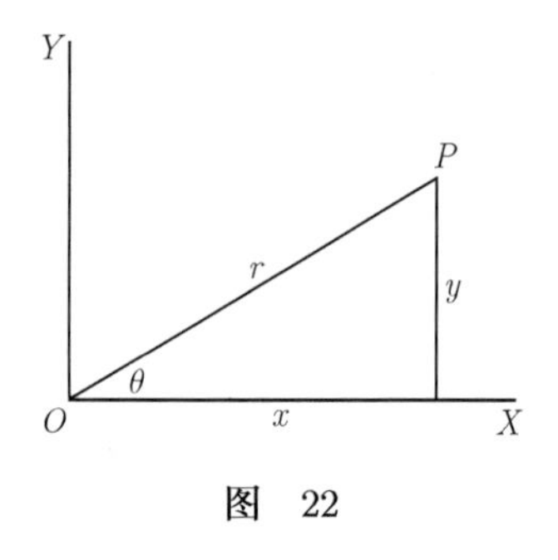

图 22

当 $y=0$ 时, 我们就说 z 是**实的** (real); 当 $x=0$ 时, 我们就说 z 是**纯虚的** (purely imaginary). 我们把两个仅仅虚部符号不同的两个数 $x+y\mathrm{i}$ 和 $x-y\mathrm{i}$ 称为是**共轭的**. 应该注意到, 两个共轭的数的和 $2x$ 以及这两个共轭的数的乘积 x^2+y^2 都是实的, 共轭的数有相同的模 $\sqrt{x^2+y^2}$, 且它们的乘积等于其中每个数的模的平方. 例如, 当一个实系数二次方程的根不是实数时, 就是共轭的复数.

必须注意, θ (也即 $\mathrm{am}z$) 是 x 和 y 的多值函数, 它有无穷多个值, 这些值是相差 2π 的倍数的角度.[①]一条原来沿着 OX 放置的线段, 如果转动这些角度中的任

① 显然, $|z|$ 与 P 的极坐标 r 相等, 且另一个极坐标 θ 是 $\mathrm{am}z$ 的一个值. 这个值不一定是正文后面所定义的主值, 因为对第 22 节中的极坐标而言, θ 的取值介于 0 与 2π 之间, 而主值则介于 $-\pi$ 与 π 之间.

意一个角度, 就会变成沿着 OP 放置. 我们将介于 $-\pi$ 与 π 之间的这些角度中的一个说成是 z 的辐角的**主值** (principal value). 这一定义除了当该辐角的这些值中有一个值是 π 之外 (此时 $-\pi$ 也是它的一个值), 不会产生混淆. 对其辐角中有一个值是 π 的情形, 我们必须作出某种特殊的规定以确定其中的哪一个值作为该辐角的主值. 当我们说到 z 的辐角时, 除非指的是相反的情形, 一般来说总是指它的主值.

图 22 通常称为 Argand 图.

45. De Moivre 定理

由加法和乘法的定义立即推出以下的性质:

(1) 两个复数的和的实 (虚) 部等于它们的实 (虚) 部的和;

(2) 两个复数的乘积的模等于它们的模的乘积;

(3) 两个复数的乘积的辐角或者等于它们的辐角的和, 或者与之相差 2π.

应该注意, $\operatorname{am}(zz')$ 的主值等于 $\operatorname{am} z$ 和 $\operatorname{am} z'$ 的主值之和这一结论并不总是正确的. 例如, 如果 $z = z' = -1 + \mathrm{i}$, 则 z 和 z' 中每一个数的辐角的主值均为 $\frac{3}{4}\pi$. 但是 $zz' = -2\mathrm{i}$, 故而 $\operatorname{am}(zz')$ 的主值等于 $-\frac{1}{2}\pi$, 而不是 $\frac{3}{2}\pi$.

后面两个定理可以表示成等式

$$\begin{aligned} & r(\cos\theta + \mathrm{i}\sin\theta) \times \rho(\cos\phi + \mathrm{i}\sin\phi) \\ = & r\rho\{\cos(\theta+\phi) + \mathrm{i}\sin(\theta+\phi)\}, \end{aligned}$$

它可以通过乘法并利用 $\cos(\theta+\phi)$ 以及 $\sin(\theta+\phi)$ 的通常的三角公式予以证明. 更一般地有

$$\begin{aligned} & r_1(\cos\theta_1 + \mathrm{i}\sin\theta_1) \times r_2(\cos\theta_2 + \mathrm{i}\sin\theta_2) \times \cdots \times r_n(\cos\theta_n + \mathrm{i}\sin\theta_n) \\ = & r_1 r_2 \cdots r_n \{\cos(\theta_1 + \theta_2 + \cdots + \theta_n) + \mathrm{i}\sin(\theta_1 + \theta_2 + \cdots + \theta_n)\}. \end{aligned}$$

一个特别有趣的情形是, 其中

$$r_1 = r_2 = \cdots = r_n = 1, \quad \theta_1 = \theta_2 = \cdots = \theta_n = \theta.$$

这样我们就得到等式

$$(\cos\theta + \mathrm{i}\sin\theta)^n = \cos n\theta + \mathrm{i}\sin n\theta,$$

其中 n 是任意一个正整数. 这个结果称为 de Moivre 定理.①

又, 如果

$$z = r(\cos\theta + \mathrm{i}\sin\theta),$$

① 为了简略起见, 有时用 $\mathrm{Cis}\theta$ 来表示 $\cos\theta + \mathrm{i}\sin\theta$ 是很方便的: 根据 Harkness 和 Morley 教授推荐使用的这个记号, de Moivre 定理可以用等式 $(\mathrm{Cis}\theta)^n = \mathrm{Cis}n\theta$ 来表示.

则有

$$1/z=(\cos\theta-\mathrm{i}\sin\theta)/r.$$

从而 z 的倒数之模就是 z 的模之倒数, 而 z 的倒数之辐角是 z 的辐角之相反数. 我们现在可以陈述与 (2) 和 (3) 所对应的商的定理了.

(4) 两个复数的商的模等于它们的模的商;

(5) 两个复数的商的辐角或者等于它们的辐角之差, 或者与之相差 2π.

又有

$$\begin{aligned}(\cos\theta+\mathrm{i}\sin\theta)^{-n}&=(\cos\theta-\mathrm{i}\sin\theta)^{n}\\&=\{\cos(-\theta)+\mathrm{i}\sin(-\theta)\}^{n}\\&=\cos(-n\theta)+\mathrm{i}\sin(-n\theta).\end{aligned}$$

于是 de Moivre 定理对 n 的所有的正的或者负的整数值都成立.

我们可以向定理 (1)~(5) 中添加下面的定理, 这个定理也是极其重要的.

(6) 任意多个复数的和之模不大于它们的模之和.

设 $\overline{OP},\overline{OP'},\cdots$ 是与诸个复数所对应的位移. 画出与 OP' 相等且平行的 PQ, 画出与 OP'' 相等且平行的 QR, 如此等等. 最后我们得到点 U, 使得有

$$\overline{OU}=\overline{OP}+\overline{OP'}+\overline{OP''}+\cdots.$$

长度 OU 就是诸复数的和之模, 而它们的模之和则是折线 $OPQR\cdots U$ 的总长度, 显然, 它不小于 OU (见图 23).

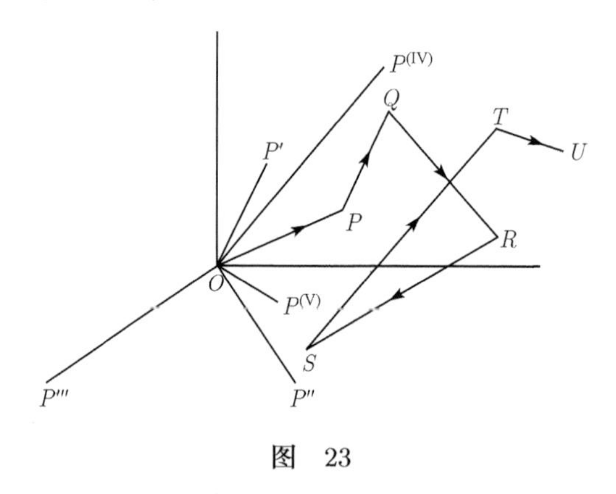

图 23

这个定理的一个纯粹的算术证明概述于例 XXI 的第 (1) 题中.

46. 几个关于复数的有理函数的定理

复变量 z 的有理函数与一个实变量的有理函数定义相同, 也即定义为两个关于 z 的多项式之商.

定理 1　任何有理函数 $R(z)$ 都可以化成形式 $X+Y\mathrm{i}$, 其中 X 和 Y 是关于 x 和 y 的实系数的有理函数.

首先, 显然的是, 根据加法和乘法的定义, 任何多项式 $P(x+y\mathrm{i})$ 都可以化成形式 $A+B\mathrm{i}$, 其中 A 和 B 是关于 x 和 y 的实系数的多项式. 类似地, $Q(x+y\mathrm{i})$ 也可以化成形式 $C+D\mathrm{i}$. 从而

$$R(x+y\mathrm{i})=P(x+y\mathrm{i})/Q(x+y\mathrm{i})$$

可以表示成形式

$$\begin{aligned}(A+B\mathrm{i})/(C+D\mathrm{i})&=(A+B\mathrm{i})(C-D\mathrm{i})/(C+D\mathrm{i})(C-D\mathrm{i})\\&=\frac{AC+BD}{C^2+D^2}+\frac{BC-AD}{C^2+D^2}\mathrm{i},\end{aligned}$$

定理得证.

定理 2　如果 $R(x+y\mathrm{i})=X+Y\mathrm{i}$, R 如前为一个有理函数, 但是有实系数, 那么就有 $R(x-y\mathrm{i})=X-Y\mathrm{i}$.

首先通过实际作展开, 容易验证结论对幂 $(x+y\mathrm{i})^n$ 成立. 根据加法推知, 结论对任意的实系数多项式为真. 于是, 按照上面所用的记号就有

$$R(x-y\mathrm{i})=\frac{A-B\mathrm{i}}{C-D\mathrm{i}}=\frac{AC+BD}{C^2+D^2}-\frac{BC-AD}{C^2+D^2}\mathrm{i},$$

这里除了 i 的符号自始至终有改变之外, 化简的过程与以前完全相同. 显然, 对于任意多个复变量的函数, 与定理 1 以及定理 2 类似的结果依然成立.

定理 3　如果实系数方程

$$a_0z^n+a_1z^{n-1}+\cdots+a_n=0$$

的根不是实数的话, 则可以归结为具有两两成对共轭的形式.

根据定理 2 可以推出: 如果 $x+y\mathrm{i}$ 是其一个根, 那么 $x-y\mathrm{i}$ 亦然. 这个定理的一个特例是 (第 43 节): 一个实系数二次方程的根要么是实数, 要么是共轭复数.

此定理有时陈述为: *实系数方程的复根成共轭对出现.* 应该将此结论与例 VIII 的第 (7) 题加以比较: 在一个有理系数的方程中, 无理根成共轭对出现.[①]

例 XXI

(1) 不借助几何思想, 直接从定义证明第 45 节定理 (6).

[首先, 为证明 $|z+z'|\leqslant|z|+|z'|$, 即须证明

$$\sqrt{(x+x')^2+(y+y')^2}\leqslant\sqrt{x^2+y^2}+\sqrt{x'^2+y'^2}.$$

① 数 $a+\sqrt{b}$ 和 $a-\sqrt{b}$ 有时也称为是 “共轭的”, 其中 a,b 是有理数且 b 不是完全平方数.

这样一来, 该定理就很容易推广到一般的情形. 此定理是 "Minkowski 不等式" 的一个特例, 见 Hardy、Littlewood 和 Pólya 所著 *Inequalities* 一书第 30~39 页.]

(2) 使得

$$|z|+|z'|+\cdots=|z+z'+\cdots|$$

成立的仅有情形是诸数 $z, z', \cdots$ 有相同的幅角. 用几何方法与解析方法来证明它.

(3) 证明

$$|z-z'|\geqslant \left||z|-|z'|\right|.$$

(4) 如果两个复数的和与乘积均为实数, 那么这两个数要么都是实数, 要么是一对共轭复数.

(5) 如果

$$a+b\sqrt{2}+\left(c+d\sqrt{2}\right)\mathrm{i}=A+B\sqrt{2}+\left(C+D\sqrt{2}\right)\mathrm{i},$$

其中 a, b, c, d, A, B, C, D 是实的有理数, 那么

$$a=A,\quad b=B,\quad c=C,\quad d=D.$$

(6) 将下面诸数表示成 $A+B\mathrm{i}$ 的形式, A, B 均是实数:

$$(1+\mathrm{i})^2,\quad \left(\frac{1+\mathrm{i}}{1-\mathrm{i}}\right)^2,\quad \left(\frac{1-\mathrm{i}}{1+\mathrm{i}}\right)^2,\quad \frac{\lambda+\mu\mathrm{i}}{\lambda-\mu\mathrm{i}},\quad \left(\frac{\lambda+\mu\mathrm{i}}{\lambda-\mu\mathrm{i}}\right)^2-\left(\frac{\lambda-\mu\mathrm{i}}{\lambda+\mu\mathrm{i}}\right)^2,$$

其中 λ 和 μ 是实数.

(7) 将下面的关于 $z=x+y\mathrm{i}$ 的函数表示成 $X+Y\mathrm{i}$ 的形式, X 和 Y 是 x 和 y 的实函数: z^2, z^3, z^n, $1/z$, $z+(1/z)$, $(\alpha+\beta z)/(\gamma+\delta z)$, 其中 $\alpha, \beta, \gamma, \delta$ 是实数.

(8) 求上面两个例子中的数以及函数的模.

(9) 如果

$$\operatorname{am}\left(\frac{a-b}{c-d}\right)=\pm\frac{1}{2}\pi,$$

也就是说, 如果 $(a-b)/(c-d)$ 是纯虚数, 则由点 $z=a, z=b$ 以及 $z=c, z=d$ 决定的两条直线将是垂直的. 这两条直线平行的条件是什么?

(10) 一个三角形的三个顶点由 $z=\alpha, z=\beta, z=\gamma$ 给出, 其中 α, β, γ 是复数. 证明下述命题:

(i) **重心** (centre of gravity) 由 $z=\frac{1}{3}(\alpha+\beta+\gamma)$ 给出;

(ii) **外心** (circum-centre) 由 $|z-\alpha|=|z-\beta|=|z-\gamma|$ 给出;

(iii) 由三个顶点向三条对边所作的三条垂线的交点由

$$\mathbf{R}\left(\frac{z-\alpha}{\beta-\gamma}\right)=\mathbf{R}\left(\frac{z-\beta}{\gamma-\alpha}\right)=\mathbf{R}\left(\frac{z-\gamma}{\alpha-\beta}\right)=0$$

给出;

(iv) 三角形内部有一个点 P 使得

$$CBP=ACP=BAP=\omega$$

以及

$$\cot\omega=\cot A+\cot B+\cot C.$$

[为证明 (iii) 我们注意到：如果 A, B, C 是顶点，且 P 是任意一点 z，则 AP 与 BC 垂直的条件是 (第 (9) 题)$(z-\alpha)/(\beta-\gamma)$ 应为纯虚数，也就是

$$\mathbf{R}(z-\alpha)\mathbf{R}(\beta-\gamma)+\mathbf{I}(z-\alpha)\mathbf{I}(\beta-\gamma)=0.$$

这个方程以及将 α, β, γ 作循环置换排列所得到的另外两个类似的方程被 z 的同样的值满足，这可以从下述事实看出：这三个方程的左边之和为零.

为证明 (iv)，取 BC 与 x 轴的正方向平行. 那么就有①

$$\gamma-\beta=a,\quad \alpha-\gamma=-b\mathrm{Cis}(-C),\quad \beta-\alpha=-c\mathrm{Cis}B.$$

我们要从方程

$$\frac{(z-\alpha)(\beta_0-\alpha_0)}{(z_0-\alpha_0)(\beta-\alpha)}=\frac{(z-\beta)(\gamma_0-\beta_0)}{(z_0-\beta_0)(\gamma-\beta)}=\frac{(z-\gamma)(\alpha_0-\gamma_0)}{(z_0-\gamma_0)(\alpha-\gamma)}=\mathrm{Cis}2\omega,$$

中确定出 z 和 ω，其中 $z_0, \alpha_0, \beta_0, \gamma_0$ 表示 z, α, β, γ 的共轭复数.

将这三个相等的分式的三个分子和分母相加，并利用等式

$$\mathrm{i}\cot\omega=(1+\mathrm{Cis}2\omega)/(1-\mathrm{Cis}2\omega),$$

我们求得

$$\mathrm{i}\cot\omega=\frac{(\beta-\gamma)(\beta_0-\gamma_0)+(\gamma-\alpha)(\gamma_0-\alpha_0)+(\alpha-\beta)(\alpha_0-\beta_0)}{\beta\gamma_0-\beta_0\gamma+\gamma\alpha_0-\gamma_0\alpha+\alpha\beta_0-\alpha_0\beta}.$$

由此容易推出 $\cot\omega$ 的值是 $\left(a^2+b^2+c^2\right)/4\Delta$，其中 Δ 是该三角形的面积，而这与所给的结果是等价的.

为了确定 z，我们把这些相等的分数的分子和分母乘以 $(\gamma_0-\beta_0)/(\beta-\alpha)$, $(\alpha_0-\gamma_0)/(\gamma-\beta)$, $(\beta_0-\alpha_0)/(\alpha-\gamma)$，并将它们相加给出一个新的分数. 这就得到

$$z=\frac{a\alpha\mathrm{Cis}A+b\beta\mathrm{Cis}B+c\gamma\mathrm{Cis}C}{a\mathrm{Cis}A+b\mathrm{Cis}B+c\mathrm{Cis}C}.\ ]$$

(11) 如果

$$\begin{vmatrix}1&1&1\\a&b&c\\x&y&z\end{vmatrix}=0,$$

则顶点分别是点 a, b, c 与 x, y, z 的两个三角形相似.

[所要求的条件是 $\overline{AB}/\overline{AC}=\overline{XY}/\overline{XZ}$ (大写字母表示与宗量为小写字母所对应的点)，也就是 $(b-a)/(c-a)=(y-x)/(z-x)$，这与所给的条件是相同的.]

(12) 从上一个例子推导出：如果诸点 x, y, z 共线，那么我们可以求得实数 α, β, γ，使得 $\alpha+\beta+\gamma=0$ 以及 $\alpha x+\beta y+\gamma z=0$，且反之亦然 (参见例 XX 的第 (4) 题). [利用如下事实：在此情形下，由 x, y, z 所构成的三角形与在 OX 轴上的某个直线三角形相似，并利用上一例子中的结果.]

(13) **一般的复系数线性方程.** 方程 $\alpha z+\beta=0$ 有一个解 $z=-\beta/\alpha$，除非 $\alpha=0$. 如果令

$$\alpha=a+A\mathrm{i},\quad \beta=b+B\mathrm{i},\quad z=x+y\mathrm{i},$$

并使实部与虚部分别相等，我们就得到确定实数 x 和 y 的两个方程. 如果 $y=0$，该方程有一个实根，这给出 $ax+b=0, Ax+B=0$，而这两个方程相容的条件是 $aB-bA=0$.

① 假设，当我们按照 ABC 这一方向沿该三角形绕行时，该三角形在我们的左边.

(14) **一般的复系数二次方程**.

此方程是

$$(a+A\mathrm{i})\,z^2+2\,(b+B\mathrm{i})\,z+(c+C\mathrm{i})=0.$$

只要 a 和 A 不同时为零, 我们就可以在两边用 $a+\mathrm{i}A$ 来除. 这样我们可以把

$$z^2+2\,(b+B\mathrm{i})\,z+(c+C\mathrm{i})=0 \tag{1}$$

作为方程的标准形式来加以考虑. 置 $z=x+y\mathrm{i}$, 并令实部和虚部分别相等, 我们就得到一对关于 x 和 y 的联立方程, 也即

$$x^2-y^2+2\,(bx-By)+c=0,\quad 2xy+2\,(by+Bx)+C=0.$$

如果我们令

$$x+b=\xi,\quad y+B=\eta,\quad b^2-B^2-c=h,\quad 2bB-C=k,$$

这些方程就变成

$$\xi^2-\eta^2=h,\quad 2\xi\eta=k.$$

平方并相加, 得到

$$\xi^2+\eta^2=\sqrt{h^2+k^2},\quad \xi=\pm\sqrt{\frac{1}{2}\left(\sqrt{h^2+k^2}+h\right)},$$

$$\eta=\pm\sqrt{\frac{1}{2}\left(\sqrt{h^2+k^2}-h\right)}.$$

我们必须选取符号以使 $\xi\eta$ 与 k 有相同的符号: 也就是说, 如果 k 是正的, 我们必须取相同的符号, 如果 k 是负的, 则应取相反的符号.

有等根的条件. 仅当上面两个平方根都为零, 也即 $h=0, k=0$, 也即 $c=b^2-B^2, C=2bB$ 时两个根才相等. 这些条件等价于单个的条件 $c+C\mathrm{i}=(b+B\mathrm{i})^2$, 它表达了这样的事实: (1) 的左边是一个完全平方.

有实根的条件. 如果 $x^2+2\,(b+B\mathrm{i})\,x+(c+C\mathrm{i})=0$, 其中 x 是实数, 那么

$$x^2+2bx+c=0,\quad 2Bx+C=0.$$

消去 x, 我们得到所需要的条件是

$$C^2-4bBC+4cB^2=0.$$

有纯虚根的条件. 容易求得此条件是

$$C^2-4bBC-4b^2c=0.$$

有一对共轭复根的条件. 由于两个共轭复数的和与乘积都是实数, 所以 $b+B\mathrm{i}$ 和 $c+C\mathrm{i}$ 必定两者皆为实数, 也即有 $B=0, C=0$. 从而方程 (1) 能有一对共轭复根, 仅当它的系数都是实数. 读者可以通过根的显式表达式来验证这个结论. 此外, 如果 $b^2\geqslant c$, 那么在此情形方程的根将都是实数. 于是, 为使方程有一对共轭复根, 我们必须有 $B=0, C=0, b^2<c$.

(15) **三次方程**. 考虑三次方程

$$z^3+3Hz+G=0,$$

其中 G 和 H 是复数, 设给定: 该方程有 (a) 一个实根, (b) 一个纯虚根, (c) 一对共轭复根. 如果 $H=\lambda+\mu\mathrm{i}, G=\rho+\sigma\mathrm{i}$, 则我们得到下面诸结论.

(a) 有一个实根的条件. 如果 μ 不是零, 则实根为 $-\sigma/3\mu$, 且 $\sigma^3+27\lambda\mu^2\sigma-27\mu^3\rho=0$. 另一方面, 如果 $\mu=0$, 则必定有 $\sigma=0$, 所以方程的系数是实数. 在此情形有可能有三个实根.

(b) 有一个纯虚根的条件. 如果 μ 不是零, 则纯虚根是 $\rho\mathrm{i}/3\mu$, 且有 $\rho^3-27\lambda\mu^2\rho-27\mu^3\sigma=0$. 如果 $\mu=0$, 则也有 $\rho=0$, 且其根为 $y\mathrm{i}$, 其中 y 由方程 $y^3-3\lambda y-\sigma=0$ 给出, 此方程的系数是实数. 在此情形下, 可能有三个纯虚根.

(c) 有一对共轭复根的条件. 设共轭复根为 $x+y\mathrm{i}$ 以及 $x-y\mathrm{i}$. 那么, 由于三个根的和是 0, 故第三个根必定是 $-2x$. 由方程的系数与根之间的关系我们推出

$$y^2-3x^2=3H,\quad 2x\left(x^2+y^2\right)=G,$$

从而 G 和 H 两者必须都是实数.

在每一种情形, 我们都能要么求得一个根 (在此情形用一个已知的因子相除, 就可以将该方程化为一个二次方程), 要么可以将方程的求解转化成求解一个实系数的三次方程.

(16) 三次方程 $x^3+a_1x^2+a_2x+a_3=0$(其中 $a_1=A_1+A_1'\mathrm{i},\cdots$) 有一对共轭复根. 证明剩下那个根是 $-A_1'a_3/A_3'$, 除非 $A_3'=0$. 研究 $A_3'=0$ 的情形.

(17) 证明: 如果 $z^3+3Hz+G=0$ 有两个共轭复根, 则方程

$$8\alpha^3+6\alpha H-G=0$$

有一个实根, 此实根是原方程的复根的实部 α; 且 α 与 G 有同样的符号.

(18) 一个任意阶的复系数方程一般来说可能没有实根, 也没有成对的共轭复根. 为了使得方程有 (a) 一个实根; (b) 一对共轭复根, 它的系数需要满足什么条件呢?

(19) **共轴的圆**. 在图 24 中, 设 a,b,z 是 A,B,P 的宗量. 那么

$$\operatorname{am}\frac{z-b}{z-a}=APB,$$

如果选取辐角主值的话. 若图中所画的两个圆是相等的, z',z_1,z_1' 是 P',P_1,P_1' 的宗量, 且 $APB=\theta$, 则容易看出

$$\operatorname{am}\frac{z'-b}{z'-a}=\pi-\theta,\quad \operatorname{am}\frac{z_1-b}{z_1-a}=-\theta,$$

以及

$$\operatorname{am}\frac{z_1'-b}{z_1'-a}=-\pi+\theta.$$

由方程

$$\operatorname{am}\frac{z-b}{z-a}=\theta$$

所定义的轨迹是弧 APB, 这里 θ 是一个常数 (其值等于弧 APB 的弧度值). 分别用 $\pi-\theta,-\theta,-\pi+\theta$ 取代 θ, 我们得到另外三条画出的弧.

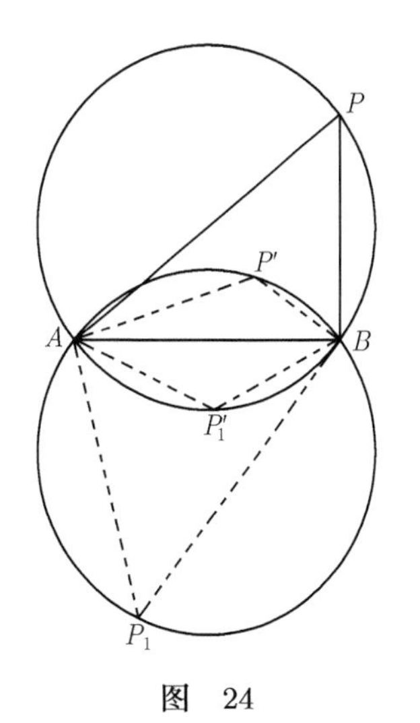

图 24

假设 θ 是参数 (θ 取值从 $-\pi$ 到 π), 所得到的方程组代表一组经过点A,B 的圆. 不过应该注意到, 每个圆都被分成了两部分, 它们对应 θ 的不同的值.

(20) 现在让我们来考虑方程

$$\left|\frac{z-b}{z-a}\right|=\lambda, \tag{1}$$

其中 λ 是一个不等于 1 的常数.

设 K 是一个点, 在该点圆 ABP 的切线与 AB 相交于点 P. 则三角形 KPA 与 KBP 相似, 所以

$$AP/PB = PK/BK = KA/KP = 1/\lambda.$$

故 $KA/KB = 1/\lambda^2$, 于是, 对于 P 的所有满足方程 (1) 的位置来说, K 是一个不动点. 我们还有 $KP^2 = KA \cdot KB$, 这是一个常数. 所以 P 的轨迹是一个以 K 为中心的圆.

λ 变化时所得到的方程组表示一组圆, 其中的每个圆与第 (19) 题中的那组圆中的每个圆交成直角. 当 $\lambda = 1$ 时这个圆变成一条直线.

第 (19) 题中的那组圆称为**有公共点的共轴圆系**. 第 (20) 题中的这组圆称为**有极限点的共轴圆系**, A 和 B 是该圆系的**极限点** (limiting point). 如果 λ 很大或者很小, 则该圆是一个包含 A 或者 B 在其内部的很小的圆.

(21) **双线性变换**. 考虑方程

$$z = Z + a, \tag{1}$$

其中 $z = x + y\mathrm{i}$ 和 $Z = X + Y\mathrm{i}$ 是两个复变量, 假设在两个平面 xoy 和 XOY 上表示这两个复变量. 对 z 的每一个值对应有 Z 的一个值, 反之亦然. 如果 $a = \alpha + \beta\mathrm{i}$, 那么

$$x = X + \alpha, \quad y = Y + \beta,$$

点 (X, Y) 与点 (x, y) 相对应. 如果 (x, y) 在它的平面上描绘出一条任意类型的曲线, (X, Y) 就在它的平面上画出一条曲线. 从而一个平面上的任意一个图形就会对应有另一平面上的一个图形. 通过像 (1) 这样一个 z 与 Z 之间的关系做成的从 xoy 平面上一个图形到 XOY 平面上一个图形的对应渠道称为一个**变换** (transformation). 在这一特殊情形中, 对应的图形之间的这种关系是很容易确定的. (X, Y) 平面上的图形在大小、形状以及定向上与 (x, y) 平面上的图形是一样的, 不过向左移动了一个距离 α, 且向下移动了一个距离 β. 这样的一个变换称为一个**平移** (translation).

现在考虑方程

$$z = \rho Z, \tag{2}$$

其中 ρ 是正实数. 这给出 $x = \rho X, y = \rho Y$. 这两个图形是相似的, 且类似地环绕各自平面上的原点展布开来, 不过 (x, y) 平面上图形的尺度是 (X, Y) 平面上图形的尺度的 ρ 倍. 这样的一个变换称为一个**缩放** (magnification).

接下来考虑方程

$$z = (\cos\phi + \mathrm{i}\sin\phi)\, Z. \tag{3}$$

显然 $|z| = |Z|$, $\mathrm{am} z$ 的一个值是 $\mathrm{am} Z + \phi$, 且两个图的差异仅仅在于: (x, y) 平面上的图形是 (X, Y) 平面上的图形沿正方向绕原点转动一个角度. 此变换称为一个**旋转** (rotation).

一般的线性变换

$$z = aZ + b \tag{4}$$

是三种变换 (1)(2)(3) 的一个组合. 因为, 如果 $|a| = \rho$ 且 $\mathrm{am} a = \phi$, 我们就可以用三个方程

$$z = z' + b, \quad z' = \rho Z', \quad Z' = (\cos\phi + \mathrm{i}\sin\phi)Z$$

来代替 (4). 从而一般的线性变换等价于一个平移、一个缩放以及一个旋转的组合.

接下来考虑变换

$$z = 1/Z. \tag{5}$$

如果 $|Z| = R$ 且 $\mathrm{am} Z = \Theta$, 则 $|z| = 1/R$ 且 $\mathrm{am} z = -\Theta$, 为了从 (x, y) 平面上的图过渡到 (X, Y) 平面上的图, 我们将前一图形关于以 o 为中心的单位圆作反演, 然后作新的图关于 ox 轴的映像 (即作 ox 轴另一边的对称图形).

最后考虑变换

$$z = \frac{aZ + b}{cZ + d}. \tag{6}$$

这等价于下列诸变换

$$z = (a/c) + (bc - ad)\left(z'/c\right), \quad z' = 1/Z', \quad Z' = cZ + d$$

的组合, 即等价于我们已经考虑过的各种类型的变换的某种组合.

变换 (6) 称为**一般双线性变换** (general bilinear transformation). 关于 Z 求解, 我们得到

$$Z = -\frac{dz - b}{cz - a}.$$

一般双线性变换是有下列性质的最一般类型的变换: 对于 Z 的每一个值, 有一个且仅有一个 z 的值与之对应, 反之亦然.

(22) **一般双线性变换把圆变成圆**. 这可以用多种方法予以证明. 我们可以假设熟知的纯几何定理成立: 反演变换把圆变成圆 (当然, 在特殊情形下它是直线). 或者我们也可以利用第 (19) 题和第 (20) 题的结果. 例如, 如果 (x, y) 平面上的圆是

$$|(z - \sigma) / (z - \rho)| = \lambda,$$

并用 Z 来代替 z, 我们得到

$$\left|\left(Z - \sigma'\right) / \left(Z - \rho'\right)\right| = \lambda',$$

其中

$$\sigma' = -\frac{b - \sigma d}{a - \sigma c}, \quad \rho' = -\frac{b - \rho d}{a - \rho c}, \quad \lambda' = \left|\frac{a - \rho c}{a - \sigma c}\right| \lambda.$$

(23) 考虑变换 $z = 1/Z, z = (1 + Z) / (1 - Z)$, 并画出 (X, Y) 上与下述各曲线对应的曲线: (i) 中心在原点的圆; (ii) 经过原点的直线.

(24) 变换 $z = (aZ + b) / (cZ + d)$ 使圆周 $x^2 + y^2 = 1$ 与 (X, Y) 平面上的直线对应的条件是 $|a| = |c|$.

(25) **交比**. 交比 (z_1, z_2, z_3, z_4) 定义为

$$\frac{(z_1 - z_3)(z_2 - z_4)}{(z_1 - z_4)(z_2 - z_3)}.$$

如果 4 个点 z_1, z_2, z_3, z_4 在同一条直线上, 则这个定义与在初等几何中所采用的定义相吻合. 这 4 个点对应有 24 个**交比** (cross ratio), 从 z_1, z_2, z_3, z_4 出发, 通过排列下标可以得到它们. 这些交比有 6 组, 每一组中有 4 个相等的交比. 如果一个比值是 λ, 那么这 6 个不同的交比就是 λ, $1 - \lambda$, $1/\lambda$, $1/(1 - \lambda)$, $(\lambda - 1)/\lambda$, $\lambda/(\lambda - 1)$. 如果其中任何一个数是 -1, 这 4 个点称为是**调和的** (harmonic) 或者**调和相关的** (harmonically related). 在此情形 6 个比值是 -1, 2, -1, $1/2$, 2, $1/2$.

如果任何一个交比是实数, 则所有 6 个交比都是实数, 且这 4 个点在同一个圆周上. 因为在此情形

$$\operatorname{am} \frac{(z_1 - z_3)(z_2 - z_4)}{(z_1 - z_4)(z_2 - z_3)}$$

必定取 $-\pi$, 0, π 这三个值中的一个, 所以 $\operatorname{am}\{(z_1 - z_3)/(z_1 - z_4)\}$ 和 $\operatorname{am}\{(z_2 - z_3)/(z_2 - z_4)\}$ 必定要么相等, 要么相差 π (参见第 (19) 题).

如果 $(z_1, z_2, z_3, z_4) = -1$, 我们就得到两个方程

$$\operatorname{am}\frac{z_1 - z_3}{z_1 - z_4} = \pm\pi + \operatorname{am}\frac{z_2 - z_3}{z_2 - z_4}, \quad \left|\frac{z_1 - z_3}{z_1 - z_4}\right| = \left|\frac{z_2 - z_3}{z_2 - z_4}\right|.$$

4 个点 A_1, A_2, A_3, A_4 位于一个圆周上, A_1 和 A_2 被 A_3 和 A_4 分隔开来. 并且 $A_1A_3/A_1A_4 = A_2A_3/A_2A_4$. 设 O 是 A_3A_4 的中点. 方程

$$\frac{(z_1 - z_3)(z_2 - z_4)}{(z_1 - z_4)(z_2 - z_3)} = -1$$

可以表为下述形式

$$(z_1 + z_2)(z_3 + z_4) = 2(z_1z_2 + z_3z_4),$$

或者同样地, 也可以表为形式

$$\left\{z_1 - \tfrac{1}{2}(z_3 + z_4)\right\}\left\{z_2 - \tfrac{1}{2}(z_3 + z_4)\right\} = \left\{\tfrac{1}{2}(z_3 - z_4)\right\}^2.$$

这等价于 $\overline{OA_1} \cdot \overline{OA_2} = \overline{OA_3}^2 = \overline{OA_4}^2$. 故 OA_1 和 OA_2 与 A_3A_4 做成相等的角, 且 $OA_1 \cdot OA_2 = OA_3^2 = OA_4^2$. 应该注意到, 点对 A_1, A_2 与 A_3, A_4 之间的关系是对称的. 因此, 如果 O' 是 A_1A_2 的中点, 则 $O'A_3$ 和 $O'A_4$ 与 A_1A_2 交角相等, 且 $O'A_3 \cdot O'A_4 = O'A_1^2 = O'A_2^2$.

(26) 如果点 A_1, A_2 由 $az^2 + 2bz + c = 0$ 给出, 点 A_3, A_4 由 $a'z^2 + 2b'z + c' = 0$ 给出, O 是 A_3A_4 的中点, 且 $ac' + a'c - 2bb' = 0$, 那么 OA_1 和 OA_2 与 A_3A_4 做成相等的角, 且有

$$OA_1 \cdot OA_2 = OA_3^2 = OA_4^2.$$

(*Math. Trip.* 1901)

(27) AB, CD 是 Argand 图中的两条交线, P, Q 是它们的中点. 证明: 如果 AB 等分角 CPD, 且 $PA^2 = PB^2 = PC \cdot PD$, 那么 CD 等分角 AQB, 且有

$$QC^2 = QD^2 = QA \cdot QB.$$

(*Math. Trip.* 1909)

(28) **四点共圆的条件**. 一个充分条件是: 交比中有一个是实数 (从而所有交比亦然, 见第 (25) 题); 这个条件也是必要的. 这个条件的另一种形式是: 可以选取实数 α, β, γ 使得

$$\begin{vmatrix} 1 & 1 & 1 \\ \alpha & \beta & \gamma \\ z_1z_4 + z_2z_3 & z_2z_4 + z_3z_1 & z_3z_4 + z_1z_2 \end{vmatrix} = 0.$$

[为证明此点, 我们注意到: 变换 $Z = 1/(z - z_4)$ 等价于关于点 z_4 的一个反演, 再配上某种反射 (第 (21) 题). 如果 z_1, z_2, z_3 位于经过 z_4 的圆周上, 则对应的点 $Z_1 = 1/(z_1 - z_4)$, $Z_2 = 1/(z_2 - z_4)$, $Z_3 = 1/(z_3 - z_4)$ 在一条直线上. 根据第 (12) 题, 我们可以求得实数 α', β', γ', 使之满足 $\alpha' + \beta' + \gamma' = 0$ 以及 $\alpha'/(z_1 - z_4) + \beta'/(z_2 - z_4) + \gamma'/(z_3 - z_4) = 0$, 容易证明这与所给出的条件等价.]

(29) 证明与关于实数的 de Moivre 定理类似的结论: 如果 $\phi_1, \phi_2, \phi_3, \cdots$ 是一列正的锐角, 使得

$$\tan\phi_{m+1} = \tan\phi_m \sec\phi_1 + \sec\phi_m \tan\phi_1,$$

那么就有

$$\tan\phi_{m+n} = \tan\phi_m \sec\phi_n + \sec\phi_m \tan\phi_n,$$

$$\sec\phi_{m+n} = \sec\phi_m \sec\phi_n + \tan\phi_m \tan\phi_n,$$

$$\tan\phi_m + \sec\phi_m = (\tan\phi_1 + \sec\phi_1)^m.$$

[利用数学归纳法.]

(30) **变换 $z = \boldsymbol{Z^m}$.** 在此情形有 $r = R^m$, 而 θ 与 $m\Theta$ 相差 2π 的一个倍数. 如果 Z 描绘出绕原点的一个圆, 那么 z 就描绘出绕原点的一个圆 m 次.

整个 (x, y) 平面与 (X, Y) 平面上的 m 个扇形中的任何一个扇形相对应, 每个扇形的圆心角为 $2\pi/m$. (x, y) 平面上的每一个点都与 (X, Y) 平面上的 m 个点相对应.

(31) **一个实变量的复函数.** 如果 $f(t), \phi(t)$ 是两个对于位于某个范围内的 t 值有定义的、一个实变量 t 的实函数, 我们称

$$z = f(t) + \mathrm{i}\phi(t) \tag{1}$$

是 t 的复函数. 我们可以画出曲线

$$x = f(t), \quad y = \phi(t),$$

从而用图表示出这个复函数. 如果 z 是 t 的一个复系数多项式, 或者是 t 的一个复系数有理函数, 我们就可以将它表示成 (1) 的形式并如此来确定由此函数所表示的曲线.

(i) 令

$$z = a + (b - a)t,$$

其中 a 和 b 是复数, 如果 $a = \alpha + \alpha'\mathrm{i}, b = \beta + \beta'\mathrm{i}$, 那么

$$x = \alpha + (\beta - \alpha)t, \quad y = \alpha' + (\beta' - \alpha')t.$$

此曲线是连接点 $z = a$ 和 $z = b$ 的直线. 这两点之间的线段就与 t 在 0 到 1 之间的取值范围相对应. 求与该直线上的两条所产生的线段相对应的 t 的值.

(ii) 如果

$$z = c + \rho\left(\frac{1 + t\mathrm{i}}{1 - t\mathrm{i}}\right),$$

其中 ρ 是正数, 那么该曲线是中心为 c、半径为 ρ 的一个圆. 当 t 取遍所有实数值时, z 描绘出该圆一次.

(iii) 一般来说, 方程 $z = (a + bt)/(c + dt)$ 代表一个圆. 这可以通过计算 x 和 y 以及消元法来加以证明, 不过这个过程相当烦琐. 利用第 (22) 题的结果可以得到一个更简单的证明. 设 $z = (a + bZ)/(c + dZ)$, $Z = t$. 当 t 变动时, Z 描绘出一条直线, 也就是 X 轴. 从而 z 描绘出一个圆.

(iv) 方程

$$z = a + 2bt + ct^2$$

一般来说表示一条抛物线, 如果 b/c 是实数, 则它表示一条直线.

(v) 方程

$$z = \left(a + 2bt + ct^2\right)/\left(\alpha + 2\beta t + \gamma t^2\right)$$

表示一条圆锥曲线, 其中 α, β, γ 是实数.

[从

$$x = \left(A + 2Bt + Ct^2\right)/\left(\alpha + 2\beta t + \gamma t^2\right), \quad y = \left(A' + 2B't + C't^2\right)/\left(\alpha + 2\beta t + \gamma t^2\right)$$

中消去 t, 其中 $A + A'\mathrm{i} = a$, $B + B'\mathrm{i} = b$, $C + C'\mathrm{i} = c$.]

47. 复数的根

到目前为止，我们还没有对像 $\sqrt[n]{a}, a^{m/n}$ 这样的符号赋予任何意义，其中 a 是复数，而 m 和 n 都是整数. 然而，采用在初等代数中对于取实值的 a 时的定义是很自然的. 例如，我们把 $\sqrt[n]{a}$, 也即 $a^{1/n}$(其中 n 是正整数) 定义为满足方程 $z^n = a$ 的一个数 z; 而把 $a^{m/n}$(其中 m 是整数) 定义为 $\left(a^{1/n}\right)^m$. 这些定义对于该方程是否有根这一问题并未事先给出判断.

48. 方程 $z^n = a$ 的解

设

$$a = \rho\left(\cos\phi + \mathrm{i}\sin\phi\right),$$

其中 ρ 是正数，ϕ 是满足 $-\pi < \phi \leqslant \pi$ 的一个角度. 如果令 $z = r\left(\cos\theta + \mathrm{i}\sin\theta\right)$, 则该方程有形式

$$r^n\left(\cos n\theta + \mathrm{i}\sin n\theta\right) = \rho\left(\cos\phi + \mathrm{i}\sin\phi\right);$$

所以

$$r^n = \rho, \quad \cos n\theta = \cos\phi, \quad \sin n\theta = \sin\phi. \tag{1}$$

r 的仅有的可能的值是 $\sqrt[n]{\rho}$, 它是 ρ 的通常的 n 次算术根; 为使后面两个方程得到满足，其充分必要条件是 $n\theta = \phi + 2k\pi$, 其中 k 是整数，也就是

$$\theta = \left(\phi + 2k\pi\right)/n.$$

如果 $k = pn + q$, 其中 p 和 q 是整数，且 $0 \leqslant q < n$, 那么 θ 的值就是 $2p\pi + \left(\phi + 2q\pi\right)/n$, 而在此我们对 p 选取什么样的值是无关紧要的. 于是方程

$$z^n = a = \rho\left(\cos\phi + \mathrm{i}\sin\phi\right)$$

恰好有n 个根，这些根由$z = r\left(\cos\theta + \mathrm{i}\sin\theta\right)$ 给出，其中

$$r = \sqrt[n]{\rho}, \quad \theta = \left(\phi + 2q\pi\right)/n, \quad \left(q = 0, 1, 2, \cdots, n-1\right).$$

在 Argand 图中画出这些根就容易看出，这 n 个根是互不相同的. 特殊的根

$$\sqrt[n]{\rho}\left\{\cos\left(\phi/n\right) + \mathrm{i}\sin\left(\phi/n\right)\right\}$$

称为 $\sqrt[n]{a}$ 的主值.

$a = 1, \rho = 1, \phi = 0$ 的情形有特殊意义. 方程 $x^n = 1$ 的 n 个根是

$$\cos\left(2q\pi/n\right) + \mathrm{i}\sin\left(2q\pi/n\right), \quad \left(q = 0, 1, \cdots, n-1\right).$$

这些数称为 n 次单位根 (root of unity); 主值就是数 1 本身. 如果将数 $\cos(2\pi/n) + \mathrm{i}\sin\left(2\pi/n\right)$ 记为 ω_n, 我们看到 n 次单位根就是

$$1, \omega_n, \omega_n^2, \cdots, \omega_n^{n-1}.$$

例 XXII

(1) 1 的两个平方根是 1 和 -1; 三个立方根是 $1, \frac{1}{2}\left(-1+\mathrm{i}\sqrt{3}\right), \frac{1}{2}\left(-1-\mathrm{i}\sqrt{3}\right)$; 4 个四次根是 $1, \mathrm{i}, -1, -\mathrm{i}$; 5 个五次根是

$$1,\quad \frac{1}{4}\left(\sqrt{5}-1+\mathrm{i}\sqrt{10+2\sqrt{5}}\right),\quad \frac{1}{4}\left(-\sqrt{5}-1+\mathrm{i}\sqrt{10-2\sqrt{5}}\right),$$

$$\frac{1}{4}\left(-\sqrt{5}-1-\mathrm{i}\sqrt{10-2\sqrt{5}}\right),\quad \frac{1}{4}\left(\sqrt{5}-1-\mathrm{i}\sqrt{10+2\sqrt{5}}\right).$$

(2) 证明 $1+\omega_n+\omega_n^2+\cdots+\omega_n^{n-1}=0$.

(3) 证明

$$\left(x+y\omega_3+z\omega_3^2\right)\left(x+y\omega_3^2+z\omega_3\right)=x^2+y^2+z^2-yz-zx-xy.$$

(4) a 的 n 次根是 n 次单位根与 $\sqrt[n]{a}$ 的主值之乘积.

(5) 由例 XXI 第 (14) 题推出:

$$z^2=\alpha+\beta\mathrm{i}$$

的根是

$$\pm\sqrt{\frac{1}{2}\left(\sqrt{\alpha^2+\beta^2}+\alpha\right)}\pm\mathrm{i}\sqrt{\frac{1}{2}\left(\sqrt{\alpha^2+\beta^2}-\alpha\right)},$$

其中的符号是选取相同的符号还是选取相反的符号, 视 β 是正数还是负数而定. 证明: 这个结果与第 48 节的结果相吻合.

(6) 证明 $\left(x^{2m}-a^{2m}\right)/\left(x^2-a^2\right)$ 等于

$$\left(x^2-2ax\cos\frac{\pi}{m}+a^2\right)\left(x^2-2ax\cos\frac{2\pi}{m}+a^2\right)\cdots\left(x^2-2ax\cos\frac{(m-1)\pi}{m}+a^2\right).$$

[$x^{2m}-a^{2m}$ 的因子是

$$(x-a),\quad (x-a\omega_{2m}),\quad \left(x-a\omega_{2m}^2\right),\quad \cdots,\quad \left(x-a\omega_{2m}^{2m-1}\right).$$

因子 $x-a\omega_{2m}^m$ 就是 $x+a$. 因子 $\left(x-a\omega_{2m}^s\right), \left(x-a\omega_{2m}^{2m-s}\right)$ 合在一起给出一个因子 $x^2-2ax\cos(s\pi/m)+a^2$.]

(7) 用类似的方法将 $x^{2m+1}-a^{2m+1}$, $x^{2m}+a^{2m}$ 以及 $x^{2m+1}+a^{2m+1}$ 分解因式.

(8) 证明 $x^{2n}-2x^na^n\cos\theta+a^{2n}$ 等于

$$\left(x^2-2xa\cos\frac{\theta}{n}+a^2\right)\left(x^2-2xa\cos\frac{\theta+2\pi}{n}+a^2\right)\cdots$$

$$\cdots\left(x^2-2xa\cos\frac{\theta+2(n-1)\pi}{n}+a^2\right).$$

[利用公式

$$x^{2n}-2x^na^n\cos\theta+a^{2n}=\{x^n-a^n(\cos\theta+\mathrm{i}\sin\theta)\}\{x^n-a^n(\cos\theta-\mathrm{i}\sin\theta)\},$$

再将最后两个表达式中的每一个分解成 n 个因子.]

(9) 求方程 $x^6-2x^3+2=0$ 的根. (*Math. Trip.* 1910)

(10) 用仅仅包含平方根的形式求 ω_n 的值的问题 (如同在公式

$$\omega_3=\frac{1}{2}\left(-1+\mathrm{i}\sqrt{3}\right)$$

中那样) 是与用 Euclid 方法 (也就是用直尺和圆规) 在单位圆内画一个内接正 n 边形这个几何问题等价的代数问题. 因为这种作图是可以实现的, 当且仅当我们能作出由 $\cos(2\pi/n)$ 以及

$\sin(2\pi/n)$ 所度量的长度; 而且这是可以实现的 (第 2 章杂例中的第 22 题), 当且仅当这些数可以表示成仅含有平方根的形式.

Euclid 对 $n=3,4,5,6,8,10,12$ 以及 15 给出了相应的作图法. 显然, 对于可以由这些数乘以 2 的任意幂所得到的任意的 n 的值, 这样的作图都是可以做到的. 还有其他一些 n 的值, 对这种 n 的值, 相应的作图也是可行的, 最有趣的一个是 $n=17$.

Gauss 证明了: 当 n 是形如

$$2^{2^k}+1$$

的素数时, 这样的作图总是可行的. 与 $k=0,1,2,3,4$ 对应的诸数 3, 5, 17, 257 和 65 537 都是素数, 从而相应的作图都是可行的. 而 $k=5,6,7$ 和 8 给出的 n 的值都是合数, 现在还不知道是否有更多这样的素数值存在.

17 边形的最简单的作图法 (它属于 Richmond) 可以在 H. P. Hudson 的 *Ruler and compasses* 一书第 34 页、在 F. and F. V. Morley 的 *Inversive geometry* 的第 167 页以及在本书第 13 节最后一个脚注中推荐的 Klein 的书中找到.

49. De Moivre 定理的一般形式

由上一节的结果推出, 如果 q 是正整数, 那么 $(\cos\theta+\mathrm{i}\sin\theta)^{1/q}$ 有一个值是

$$\cos(\theta/q)+\mathrm{i}\sin(\theta/q).$$

对这些表达式中的每一个取 p 次幂 (其中 p 是任意一个正整数或负整数), 我们就得到定理: $(\cos\theta+\mathrm{i}\sin\theta)^{p/q}$ 有一个值是 $\cos(p\theta/q)+\mathrm{i}\sin(p\theta/q)$, 或者说成: 如果 α 是任意一个有理数, 那么 $(\cos\theta+\mathrm{i}\sin\theta)^{\alpha}$ 有一个值是

$$\cos(\alpha\theta)+\mathrm{i}\sin(\alpha\theta).$$

这是 De Moivre 定理 (第 45 节) 的推广形式.

第 3 章杂例

1. 一个三角形 (xyz) 是等边三角形的条件是

$$x^2+y^2+z^2-yz-zx-xy=0.$$

[设 XYZ 为它的角. 位移 $\overline{ZX}$ 是由 $\overline{YZ}$ 沿正方向或者负方向转动 $\frac{2}{3}\pi$ 而得到的. 由于 $\mathrm{Cis}\frac{2}{3}\pi=\omega_3$, $\mathrm{Cis}\left(-\frac{2}{3}\pi\right)=1/\omega_3=\omega_3^2$. 所以我们有 $x-z=(z-y)\,\omega_3$, 或者 $x-z=(z-y)\,\omega_3^2$. 从而 $x+y\omega_3+z\omega_3^2=0$, 或者 $x+y\omega_3^2+z\omega_3=0$. 此结果可由例 XXII 的第 (3) 题推出.]

2. 如果 $XYZ, X'Y'Z'$ 是两个三角形, 且

$$\overline{YZ}\cdot\overline{Y'Z'}=\overline{ZX}\cdot\overline{Z'X'}=\overline{XY}\cdot\overline{X'Y'},$$

那么两个三角形都是等边三角形. [根据方程

$$(y-z)\left(y'-z'\right)=(z-x)\left(z'-x'\right)=(x-y)\left(x'-y'\right)=\kappa^2$$

(最后一步是我们的定义) 可以推出 $\sum 1/(y'-z')=0$, 这也就是 $\sum x'^2-\sum y'z'=0$. 现在可以应用上一个例子中的结果.]

3. 在一个三角形 ABC 的边上作出相似三角形 BCX, CAY, ABZ. 证明 ABC 与 XYZ 的重心重合.

[我们有 $(x-c)/(b-c)=(y-a)/(c-a)=(z-b)/(a-b)=\lambda$, 最后一步是我们的定义. 将 $\frac{1}{3}(x+y+z)$ 用 a,b,c 来表出.]

4. 如果 X,Y,Z 是三角形 ABC 边上的点, 使得

$$BX/XC=CY/YA=AZ/ZB=r,$$

且 ABC 与 XYZ 相似, 那么要么 $r=1$, 要么这两个三角形都是等边三角形.

5. 如果 A,B,C,D 是平面上四个点, 那么

$$AD\cdot BC\leqslant BD\cdot CA+CD\cdot AB.$$

[设 z_1,z_2,z_3,z_4 是与 A,B,C,D 对应的复数, 那么我们有恒等式

$$(z_1-z_4)(z_2-z_3)+(z_2-z_4)(z_3-z_1)+(z_3-z_4)(z_1-z_2)=0.$$

从而有

$$\begin{aligned}|(z_1-z_4)(z_2-z_3)|&=|(z_2-z_4)(z_3-z_1)+(z_3-z_4)(z_1-z_2)|\\&\leqslant|(z_2-z_4)(z_3-z_1)|+|(z_3-z_4)(z_1-z_2)|.\ ]\end{aligned}$$

6. 从以下事实推导出关于圆内接四边形的 Ptolemy 定理：共圆的四点之交比为实数. [利用上一个例子中的恒等式.]

7. 如果 $z^2+z'^2=1$, 则点 z,z' 是焦点在 $1,-1$ 的椭圆的共轭直径的端点. [如果 CP, CD 是椭圆的共轭半直径, 而 S,H 是它的焦点, 那么 CD 就平行于角 SPH 的外角平分线, 且有 $SP\cdot HP=CD^2$.]

8. 证明 $|a+b|^2+|a-b|^2=2\{|a|^2+|b|^2\}$. [这是下述几何定理的一个解析等价命题：如果 M 是 PQ 的中点, 那么 $OP^2+OQ^2=2OM^2+2MP^2$.]

9. 从第 8 题推出

$$\left|a+\sqrt{a^2-b^2}\right|+\left|a-\sqrt{a^2-b^2}\right|=|a+b|+|a-b|.$$

[如果 $a+\sqrt{a^2-b^2}=z_1$, $a-\sqrt{a^2-b^2}=z_2$, 我们就有

$$|z_1|^2+|z_2|^2=\frac{1}{2}|z_1+z_2|^2+\frac{1}{2}|z_1-z_2|^2=2|a|^2+2\left|a^2-b^2\right|,$$

所以

$$(|z_1|+|z_2|)^2=2\{|a|^2+\left|a^2-b^2\right|+|b|^2\}=|a+b|^2+|a-b|^2+2\left|a^2-b^2\right|.$$

该结果的另一个表述方法是：如果 z_1 和 z_2 是

$$\alpha z^2+2\beta z+\gamma=0$$

的根, 则有

$$|\alpha|(|z_1|+|z_2|)=|\beta+\sqrt{\alpha\gamma}|+|\beta-\sqrt{\alpha\gamma}|.\ ]$$

10. 证明：方程

$$z^2 + az + b = 0$$

的两个根都是单位模的充分必要条件是

$$|a| \leqslant 2, \quad |b| = 1, \quad \mathrm{am}b = 2\mathrm{am}a.$$

[这里的辐角不一定是它们的主值.]

11. 如果 $x^4 + 4a_1x^3 + 6a_2x^2 + 4a_3x + a_4 = 0$ 是实系数方程, 且有两个实根和两个复根, 这四点在 Argand 图上是共圆的, 那么

$$a_3^2 + a_1^2a_4 + a_2^3 - a_2a_4 - 2a_1a_2a_3 = 0.$$

12. 如果

$$a_0a_3^2 + a_1^2a_4 + a_2^3 - a_0a_2a_4 - 2a_1a_2a_3 = 0,$$

那么

$$a_0x^4 + 4a_1x^3 + 6a_2x^2 + 4a_3x + a_4 = 0$$

的四个根就是调和相关的.[①]

[将 $Z_{23,14}Z_{31,24}Z_{12,34}$ 用方程的系数来加以表示, 其中

$$Z_{23,14} = (z_1 - z_2)(z_3 - z_4) + (z_1 - z_3)(z_2 - z_4),$$

而 z_1, z_2, z_3, z_4 是该方程的根.]

13. **虚点和直线**. 设 $ax + by + c = 0$ 是复系数方程. 如果对于 x 给以任意一个特殊的实数或者复数值, 我们都能求得一个对应的 y 的值. 满足该方程的 x 和 y 的实的或者复的数对组成的集合称为一条**虚直线** (imaginary straight line), x 和 y 的成对的值称为**虚点** (imaginary point), 并被说成位于该直线上. x 和 y 的值称为点 (x, y) 的**坐标** (coordinates). 当 x 和 y 是实数时, 点称为**实点**; 当 a, b, c 全都是实数时 (或者所有系数可以通过除一个因子能变成实数时), 该直线称为一条**实直线**. 点 $x = \alpha + \beta\mathrm{i}$, $y = \gamma + \delta\mathrm{i}$ 与点 $x = \alpha - \beta\mathrm{i}$, $y = \gamma - \delta\mathrm{i}$ 称为是**共轭的**; 直线

$$\left(A + A'\mathrm{i}\right)x + \left(B + B'\mathrm{i}\right)y + C + C'\mathrm{i} = 0,$$
$$\left(A - A'\mathrm{i}\right)x + \left(B - B'\mathrm{i}\right)y + C - C'\mathrm{i} = 0$$

亦称为是共轭的.

验证下面的结论：每条实直线都包含无穷多对共轭的虚点; 一条虚直线一般来说仅仅含有唯一一个实点; 一条虚直线不可能包含一对共轭的虚点. 求条件 (a) 使得连接两个给定的虚点的直线是实直线; (b) 使得两条虚直线的交点是实点.

14. 证明恒等式

$$(x + y + z)\left(x + y\omega_3 + z\omega_3^2\right)\left(x + y\omega_3^2 + z\omega_3\right) = x^3 + y^3 + z^3 - 3xyz,$$

$$(x + y + z)\left(x + y\omega_5 + z\omega_5^4\right)\left(x + y\omega_5^2 + z\omega_5^3\right)\left(x + y\omega_5^3 + z\omega_5^2\right)\left(x + y\omega_5^4 + z\omega_5\right)$$
$$= x^5 + y^5 + z^5 - 5x^3yz + 5xy^2z^2.$$

① 有关调和相关的定义请见本书第 3 章第 46 节例 XXI 第 (25) 题. ——译者注

15. 解方程

$$x^3-3ax+\left(a^3+1\right)=0,\quad x^5-5ax^3+5a^2x+\left(a^5+1\right)=0.$$

16. 如果 $f(x)=a_0+a_1x+\cdots+a_kx^k$, 那么

$$\frac{1}{n}\left\{f(x)+f(\omega x)+\cdots+f\left(\omega^{n-1}x\right)\right\}=a_0+a_nx^n+a_{2n}x^{2n}+\cdots+a_{\lambda n}x^{\lambda n},$$

其中 ω 是 $x^n=1$ 的 (除去 $x=1$ 以外的) 任意一个根, λn 是 n 的包含在 k 中的最大倍数. 对于 $a_\mu+a_{\mu+n}x^n+a_{\mu+2n}x^{2n}+\cdots$ 寻求一个类似的公式, 其中 $0<\mu<n$.

17. 如果 $(1+x)^n=p_0+p_1x+p_2x^2+\cdots$, 这里 n 是正整数, 那么就有

$$p_0-p_2+p_4-\cdots=2^{\frac{1}{2}n}\cos\tfrac{1}{4}n\pi,\quad p_1-p_3+p_5-\cdots=2^{\frac{1}{2}n}\sin\tfrac{1}{4}n\pi.$$

18. 对级数

$$\frac{x}{2!n-2!}+\frac{x^2}{5!n-5!}+\frac{x^3}{8!n-8!}+\cdots+\frac{x^{\frac{1}{3}n}}{n-1!}$$

求和, 其中 n 是 3 的倍数. (*Math. Trip.* 1899)

19. 如果 t 是满足 $|t|=1$ 的复数, 则当 t 变化时, 点 $x=(at+b)/(t-c)$ 描绘出一个圆, 除非 $|c|=1$, 而当 $|c|=1$ 时, 它描绘出一条直线.

20. 如果 t 如同在上一个例子中那样变化, 则点 $x=\frac{1}{2}\{at+(b/t)\}$ 一般来说描绘出一个椭圆, 其焦点由 $x^2=ab$ 给出, 其轴为 $|a|+|b|$ 以及 $|a|-|b|$. 但是如果 $|a|=|b|$, 则 x 描绘出连接 $-\sqrt{ab}$ 和 $\sqrt{ab}$ 的一条有限直线段.

21. 证明: 如果 t 是实数, 且 $z=t^2-1+\sqrt{t^4-t^2}$, 那么, 当 $t^2<1$ 时, z 可以用圆周 $x^2+y^2+x=0$ 上的点来表示. 假设当 $t^2>1$ 时, $\sqrt{t^4-t^2}$ 表示 t^4-t^2 的正平方根. 当 t 的值由很大的正值减小成很大的负值时, 讨论表示 z 的点的运动. (*Math. Trip.* 1912)

22. 变换 $z=(aZ+b)/(cZ+d)$ 的系数满足条件 $ad-bc=1$. 证明: 如果 $c\neq 0$, 则存在两个**不动点** (fixed point) α,β (也就是在该变换下不变的点), 除非有 $(a+d)^2=4$, 而当 $(a+d)^2=4$ 时, 仅有一个不动点 α. 在这两种情形下, 该变换可表示成形式

$$\frac{z-\alpha}{z-\beta}=K\frac{Z-\alpha}{Z-\beta},\quad \frac{1}{z-\alpha}=\frac{1}{Z-\alpha}+K.$$

进一步证明: 如果 $c=0$, 则存在一个不动点 α, 除非 $a=d$, 且在这两种情形, 该变换都可以表示成形式

$$z-\alpha=K(Z-\alpha),\quad z=Z+K.$$

最后, 如果进一步限制 a,b,c,d 仅取正整数值 (包含零), 证明: 有少于两个不动点的仅有的变换有形式

$$\frac{1}{z}=\frac{1}{Z}+K,\quad z=Z+K.$$

(*Math. Trip.* 1911)

23. 证明: 关系 $z=(1+Z\mathrm{i})/(Z+\mathrm{i})$ 把 x 轴上介于点 $z=1$ 和点 $z=-1$ 之间的部分变换成经过点 $Z=1$ 和 $Z=-1$ 的一个半圆. 求从原先选取的 x 轴的这一部分经过相继使用这一变换所能得到的所有图形. (*Math. Trip.* 1912)

24. 证明: 变换

$$z=(\cos\theta+\mathrm{i}\sin\theta)\frac{Z-a}{1-\overline{a}Z}$$

把 z 平面上的单位圆的内部变换成 Z 平面上单位圆的内部或者外部 (其中 a 是模不等于 1 的任意复数, $\overline{a}$ 是 a 的共轭, 而 θ 是实数), 并区分这两种情形. (*Math. Trip.* 1933)

25. 如果 $z=2Z+Z^2$, 那么圆 $|Z|=1$ 与 z 平面中一条**心脏线** (cardioid) 相对应.

26. 讨论变换 $z=\frac{1}{2}\{Z+(1/Z)\}$, 特别地, 证明: 圆 $X^2+Y^2=\alpha^2$ 与**共焦椭圆** (confocal ellipse)

$$\frac{x^2}{\left\{\frac{1}{2}\left(\alpha+\frac{1}{\alpha}\right)\right\}^2}+\frac{y^2}{\left\{\frac{1}{2}\left(\alpha-\frac{1}{\alpha}\right)\right\}^2}=1$$

相对应.

27. 如果 $(z+1)^2=4/Z$, 那么 z 平面上的单位圆对应于 Z 平面上的抛物线 $R\cos^2\frac{1}{2}\Theta=1$, 该圆的内部对应于该抛物线的外部.

28. 证明: 变换 $z=(Z+a)^2/(Z-a)^2$ 将上半 z 平面变换为 Z 平面上某个半圆的内部, 其中 a 是实数. (*Math. Trip.* 1919)

29. 如果 $z=Z^2-1$, 那么当 z 描绘出圆 $|z|=\kappa$ 时, Z 的两个对应位置中的每一个都描绘出 **Cassini 卵形线** (Cassinian oval) $\rho_1\rho_2=\kappa$, 其中 ρ_1,ρ_2 是 Z 与点 -1 以及 1 的距离. 对于 κ 的不同的值画出该卵形线.

30. 考虑关系 $az^2+2hzZ+bZ^2+2gz+2fZ+c=0$. 证明: 存在 Z 的两个值, 它们对应于 z 的同一个值, 反之亦然. 我们把它们分别称为 Z 平面以及 z 平面中的**分支点** (branch point). 证明: 如果 z 描绘出以分支点为焦点的一个椭圆, 那么 Z 亦然.

[不失一般性, 我们可以将给定的关系取为形式

$$z^2+2zZ\cos\omega+Z^2=1$$

读者应该对此感到满意. 这样一来, 在无论哪个平面中的分支点就都是 $\csc\omega$ 和 $-\csc\omega$. 有这种指定形状的椭圆由

$$|z+\csc\omega|+|z-\csc\omega|=C$$

给出, 其中 C 是常数. 这等价于 (第 9 题)

$$\left|z+\sqrt{z^2-\csc^2\omega}\right|+\left|z-\sqrt{z^2-\csc^2\omega}\right|=C.$$

将它用 Z 表示出来.]

31. 如果 $z=aZ^m+bZ^n$, 其中 m,n 是正整数, a,b 是实数, 那么当 Z 描绘出单位圆时, z 就描绘出一条**内摆线** (hypocycloid) 或者一条**外摆线** (epicycloid).

32. 证明: 变换

$$z=\frac{(a+d\mathrm{i})\,\overline{Z}+b}{c\overline{Z}-(a-d\mathrm{i})}$$

等价于关于圆

$$c\left(x^2+y^2\right)-2ax-2dy-b=0$$

的反演, 其中 a,b,c,d 是实数, $a^2+d^2+bc>0$, 且 $\overline{Z}$ 是 Z 的共轭. 当

$$a^2+d^2+bc<0$$

时, 该变换的几何解释是什么?

33. 变换

$$\frac{1-z}{1+z}=\left(\frac{1-Z}{1+Z}\right)^c$$

将圆 $|z|=1$ 变换成一个张角为 π/c 的**圆的弓形** (circular lune) 之边界, 其中 c 是有理数, 且 $0<c<1$.

34. 证明：变换

$$\frac{z(z-\alpha)}{\alpha z-1}=Z$$

将 z 平面上的单位圆的内部变换成 Z 平面上单位圆的内部 (取两次)，其中 α 是实数，且 $0<\alpha<1$.

(*Math. Trip.* 1933)

第 4 章　正整变量函数的极限

50. 一个正整变量的函数

在第 2 章里我们讨论了一个实变量 x 的函数的概念, 并且用大量这种函数的例子加以说明. 读者应该记得, 有一个重要的特点是: 第 2 章用作说明的函数差异相当大. 其中有一些对所有的 x 值都有定义, 有些仅对有理的数值有定义, 还有一些仅仅对整数的值有定义, 如此等等.

例如, 考虑下面的函数: (i) x, (ii) $\sqrt{x}$, (iii) x 的分母, (iv) x 的分子和分母的乘积之平方根, (v) x 的最大素因子, (vi) $\sqrt{x}$ 和 x 的最大素因子之乘积, (vii) 第 x 个素数, (viii) Dartmoor 监狱中罪犯 x 的用英寸测量的身高.

于是, 使得这些函数有定义的 x 的集合, 或者如我们所称的函数的定义域就是: (i) x 的所有值, (ii) x 的所有非负值, (iii) x 的所有有理值, (iv) x 的所有非负有理值, (v) x 的所有整数值, (vi) 与 (vii) x 的所有正整数值, (viii) x 的某些正整数值, 也即 $1, 2, \cdots, N$, 其中 N 是在一个给定时刻 Dartmoor 监狱中罪犯的总数.①

现在我们来考虑像上面的 (vii) 这样一个函数, 它对 x 的所有正整数值都有定义, 而对 x 的其他值没有定义. 可以从两个稍微不同的观点来看待这个函数. 我们可以如迄今习惯做的那样, 把它视为仅仅对 x 的某些值, 也即对正整数值有定义的实变量 x 的函数, 并说成对所有其他的 x 值该定义无效. 或者也可以把 x 的除正整数值之外的其他的值不予考虑, 而把函数视为正整数值变量 n 的函数, 这个变量的值是正整数

$$1, 2, 3, 4, \cdots .$$

在此情形我们可以记

$$y = \phi(n),$$

现在把 y 视为 n 的函数, 它对 n 的所有值都有定义.

显然, 对于 x 的所有值有定义的任何一个函数都会给出对于 n 的所有值有定义的一个函数. 于是从函数 $y = x^2$ 出发, 不考虑 x 的除去正整数以外的其他所有值以及对应的 y 值, 就得到函数 $y = n^2$. 另一方面, 从任何一个 n 的函数出发, 我们可以得到任意多个 x 的函数, 这只要按照我们的意愿, 对 x 的除去正整数以外的其他值任意指定 y 的值就能办到.

---

① 在最后这个例子中, N 与时间有关, 而罪犯 x (其中 x 有确定的值) 在不同的时刻是不同的个体. 从而, 如果取不同的时刻加以考虑, 我们就得到一个有两个变量的函数的简单的例子 $y = F(x, t)$, 它对某个范围内的 t 的值有定义, 也即从 Dartmoor 监狱建立的时刻开始, 到它被弃用的那一刻为止有定义, 而且对 x 的一定数量的正整数值有定义, 这个数量是随 t 的变化而变化的.

51. 插值

如何确定 x 的一个函数, 使得它对于 x 的所有正整数值与一个给定的 n 的函数对应的值相等, 这个问题在高等数学中有重要的意义. 它称为**函数插值问题** (problem of functional interpolation).

如果问题仅仅是寻求某个满足所述条件的 x 的函数, 当然不会有任何困难. 我们可以如上面说明的那样, 直接随意填补上所有缺失的值: 的确可以直接将 n 的函数的给定值看作 x 的函数的所有值, 并说成后一个函数对 x 的所有其他值没有定义. 但是这个解决方案显然不是我们通常希望得到的. 通常希望得到的解答是某个涉及 x 的 (尽可能简单的) 公式, 它对 $x=1,2,\cdots$ 取给定值.

在某些情形, 尤其是当 n 的函数本身是由一个公式定义的时候, 有一个显然的解. 例如, 如果 $y=\phi(n)$, 这里 $\phi(n)$ 是 n 的一个函数, 如同 n^2 或者 $\cos n\pi$ 那样, 即便当 n 不是正整数时也有意义, 我们自然就把 x 的函数取作 $y=\phi(x)$. 然而, 即使在这个非常简单的情形, 也不难写出对于该问题的其他几乎同等显然的解答. 例如

$$y=\phi(x)+\sin x\pi$$

对 $x=n$ 取值为 $\phi(n)$, 这是因为 $\sin n\pi=0$.

在其他情形, $\phi(n)$ 可以由像 $(-1)^n$ 这样的一个公式来定义, 这种公式对某些 x 的值不再有定义 (在这一例子中, x 取分数值且分母为偶数, 或者 x 取无理数, $\phi(x)$ 就没有定义). 但是有可能用这样一种方式来变换公式, 使得它对 x 的所有值都有定义. 例如, 在这一情形, 如果 n 是整数, 就有

$$(-1)^n=\cos n\pi,$$

所以我们可以用函数 $\cos x\pi$ 来解决这一插值问题.

在其他的情形, $\phi(x)$ 有可能对 x 的异于正整数的某些值有定义, 但并不对所有的 x 值有定义. 例如, 从 $y=n^n$ 就得到 $y=x^x$. 这个表达式仅对 x 的剩下的值中的某些值有意义. 为简单起见, 仅限于考虑正的 x 值, 此时, 鉴于初等代数中关于分数次幂的定义, x^x 对于 x 的所有分数值都有定义. 但是当 x 为**无理数**时, x^x (就我们目前所能说的而言) 根本没有意义. 我们就被引导去考虑这样的问题: 将我们的定义以这样一种方式加以延拓, 使得即使当 x 是无理数时 x^x 也有意义. 以后我们将会看到这样一种希望的延拓可以怎样得以实现.

我们再来考虑

$$y=1\cdot 2\cdots n=n!$$

这一情形. 在此情形, 没有明显的公式可以在 $x=n$ 时转化成 $n!$, 这是因为 $x!$ 对于异于正整数的 x 值没有意义. 这是一个试图求解插值法的问题引导出数学的重大进展的例子. 因为数学家已经成功发现一个函数 (Γ 函数), 它具有所希望的性质, 此外, 它还有许多其他有趣而重要的性质.

52. 有限类和无限类

在进一步讨论之前, 需要对在纯粹数学中经常出现的某种抽象性的特征作几点说明.

首先, 读者可能已经熟悉类的概念. 在这里没有必要讨论类的概念中所涉及的任何逻辑上的问题：粗略地讲, 我们可以说一个类就是具有某种简单或者复杂性质的实体或者对象的总体或者集合. 例如, 我们有英国国民组成的类、国会议员组成的类、正整数组成的类以及实数组成的类.

此外, 读者可能对于**有限类**以及**无限类**的含义已经有了想法. 例如英国国民的类就是一个有限类：所有 (过去的、现在的以及将来的) 英国国民的总体有一个有限的个数 n, 当然, 尽管眼下我们不可能告诉你 n 的实际值; 另一方面, *现在的*英国国民的类有一个个数 n, 这个数可以通过计数来确定, 人口普查就是相当有效的计数方法.

正整数的类不是有限的, 而是无限的. 这可以如下更精确地予以表述. 如果 n 是像 1000 以及 1 000 000 这样或者我们想象到的任意一个正整数, 那么就有多于 n 的正整数. 所以, 如果我们认为该数是 1 000 000, 显然就至少有 1 000 001 个正整数. 类似地, 有理数的类以及实数的类都是无限的. 把这说成是有*无穷多个*正整数 (或者有理数或者实数) 是很方便的. 但是读者必须永远仔细牢记：我们这样说的真正含义是指, 问题中涉及的类的成员个数不是有限多个 (例如 1000 个或 1 000 000 个).

53. 当 n 很大时 n 的函数所具有的性质

现在我们可以回到在第 50~51 节中讨论过的 "n 的函数". 它们与我们在第 2 章中讨论过的函数有许多不同之处. 然而这两类函数也有一个共同的特征：*它们赖以定义的变量的值都构成一个无限的类*. 正是这一事实构成了我们接下来要谈的以及第 5 章里所有研究的基础, 在作了必要的修改之后, 它对于 x 的函数也依然适用.

假设 $\phi(n)$ 是 n 的任意一个函数, P 是 $\phi(n)$ 可能具有也可能不具有的任意一个性质, 例如像其值为正整数或者其值大于 1 这样的性质. 对每一个值 $n = 1, 2, 3, \cdots$, 研究 $\phi(n)$ 是否具有性质 P. 那么就有三种可能性:

(a) 对所有的 n 值 $\phi(n)$ 都具有性质 P, 或者对其中除了有限多的 N 个这样的值之外的所有其他值都具有性质 P;

(b) 对所有的 n 值 $\phi(n)$ 都不具有性质 P, 或者仅仅对其中有限多的 N 个值具有性质 P;

(c) (a) 与 (b) 皆不成立.

如果 (b) 为真, 则使得 $\phi(n)$ 具有该性质的 n 值构成一个有限的类. 如果 (a) 为真, 则使得 $\phi(n)$ 不具有该性质的 n 值构成一个有限的类. 在第三种情形, 两个类都不是有限的. 让我们来研究某些特殊的例子.

(1) 设 $\phi(n)=n$, 并令 P 是性质 "……是正整数". 那么 $\phi(n)$ 就对 n 的所有值都具有性质 P.

另一方面, 如果 P 表示性质 "……是大于等于 1000 的正整数", 那么 $\phi(n)$ 就对 n 的除了有限多个值 (即除了 1, 2, 3,$\cdots$, 999) 以外的所有值都具有性质 P. 无论是这两种情形中的哪一种, 都有 (a) 为真.

(2) 如果 $\phi(n)=n$, 且 P 是性质 "……小于 1000", 则有 (b) 为真.

(3) 如果 $\phi(n)=n$, 且 P 是性质 "……是奇数", 则有 (c) 为真. 因为, 如果 n 是奇数, 则 $\phi(n)$ 也是奇数, 而如果 n 是偶数, 则 $\phi(n)$ 也是偶数, 而 n 的奇数值与 n 的偶数值这两者都构成无限的类.

例 在下面的每一种情形, 考虑 (a), (b) 以及 (c) 是否为真:

(i) $\phi(n)=n$, P 是性质 "……是完全平方数".

(ii) $\phi(n)=p_n$, 其中 p_n 表示第 n 个素数, P 是性质 "……是奇数".

(iii) $\phi(n)=p_n$, P 是性质 "……是偶数".

(iv) $\phi(n)=p_n$, P 是性质 "$\phi(n)>n$".

(v) $\phi(n)=1-(-1)^n(1/n)$, P 是性质 "$\phi(n)<1$".

(vi) $\phi(n)=1-(-1)^n(1/n)$, P 是性质 "$\phi(n)<2$".

(vii) $\phi(n)=1000\{1+(-1)^n\}/n$, P 是性质 "$\phi(n)<1$".

(viii) $\phi(n)=1/n$, P 是性质 "$\phi(n)<0.001$".

(ix) $\phi(n)=(-1)^n/n$, P 是性质 "$|\phi(n)|<0.001$".

(x) $\phi(n)=10\,000/n$ 或 $(-1)^n\,10\,000/n$, P 是性质 "$\phi(n)<0.001$" 或 "$|\phi(n)|<0.001$".

(xi) $\phi(n)=(n-1)/(n+1)$, P 是性质 "$1-\phi(n)<0.0001$".

54. 当 n 很大时 n 的函数所具有的性质 (续)

现在假设, 对于问题中的 $\phi(n)$ 和 P, 有 (a) 成立, 也就是说, 即便不是对所有的 n 值, 至少也是对 n 的除去有限多的 N 个值之外的所有其他值, $\phi(n)$ 都具有性质 P.

我们可以将这些例外值记为

$$n_1, n_2, \cdots, n_N.$$

当然, 没有任何理由说这些例外值一定都是它的前面 N 个值 $1,2,\cdots,N$, 尽管如同上面的例子中指出的那样, 实际上常常遇到的就是这种情形. 但不论是否如此, 我们都知道, 如果 $n>n_N$, 那么 $\phi(n)$ 就具有性质 P. 例如, 如果 $n>1$, 那么第 n 个素数就是奇数, $n=1$ 则是该命题仅有的例外; 如果 $n>1000$, 就有 $1/n<0.001$, n 的前面 1000 个值都是例外值; 当 $n>2000$ 时有

$$1000\{1+(-1)^n\}/n<1,$$

其中的例外值是 $2, 4, 6, \cdots, 2000$. 这就是说, 在每一种情形该性质都被从某个确定的值开始往后的所有的 n 值所具有.

我们还将通过说 "对于大的 (或者很大的, 或者所有充分大的)n 值, $\phi(n)$ 具有该性质" 来表达这一点. 于是, 当说 "对于 n 的大的值, $\phi(n)$ 具有性质 P" 时 (它常常是一项由某个不等式的关系所表示的性质), 我们指的是可以找到某个确定的数, 比方说 n_0, 使得对所有大于等于 n_0 的 n 值, $\phi(n)$ 都具有该性质. 在上面考虑的例子中, 数 n_0 可以取为大于 n_N 的任何一个数, 这里的 n_N 是例外的数中之最大者: 最自然的是取 n_0 为 $n_N + 1$.

这样我们就可以说: "所有大的素数都是奇数", 或者说: "对大的 n 值, $1/n$ 小于 0.001". 读者必须熟悉在这种命题中使用 "大的 (large)" 这一词汇. 实际上, "大的" 是这样一个词汇, 在数学中与在通常生活中的语言相比, 它并没有更绝对化的意义. 不言而喻, 在通常的生活中, 一个在某一方面大的数, 在另一方面可能是小的数. 例如, 在足球比赛中, 6 个进球是个大的得分, 但是在板球比赛中, 6 分并不是一个大的得分; (在板球比赛中) 400 分是一个很大的得分, 但是 400 英镑并不是一笔大的收入. 当然, 数学中的 "大" 一般而言是指足够大, 而对某个目的来说是足够大的数对于另一个目的来说或许并不够大.

现在我们知道结论 "对大的 n 值 $\phi(n)$ 有性质 P" 的含义是什么. 在整个这一章中我们都将关注这种类型的结论.

55. 习用语 "n 趋向无穷大"

有某种稍微不同的方式来看待那些自然采纳的事物. 假设 n 接连取值 1, 2, 3, $\cdots$. 单词 "接连" 自然是指在时间上的接连发生, 如果愿意的话, 我们也可以假设在相继的时刻 (例如在相继的每一秒的开始时刻) 取这些值. 这样一来, 当时间流逝时, n 就变得越来越大, 它的增大是没有限制的. 然而, 不论我们能想到怎样大的一个数, n 变得比这个数还要大的那个时刻总会到来.

有一个简短的用语来表示 n 的这种无尽的增长是方便的, 我们将此说成 "n 趋向无穷大", 或者表为 $n \to \infty$, 最后这个符号是 "无穷大" 的缩写. 习语 "趋向" 与单词 "相继地" 一样, 提示我们时间上的变动思想. 有时, 按照上面所描述的方式, 把 n 的变化作为时间上的变动来考虑是很方便的. 不过这仅仅是为了方便, n 的变化通常与时间并无任何关系.

读者可能会接受这样的说法: 当说到 "n 趋向 ∞" 时, 我们指的就是假设 n 取一列无限增长的值. 不存在 "无穷大" 这个数, 像

$$n = \infty$$

这样一个等式是没有意义的. 一个数不可能等于 ∞, 因为 "等于 ∞" 这句话没有

意义. 事实上到目前为止, 符号 ∞ 除了在习语 "趋向 ∞" 中含有我们在上面所揭示的含义之外, 根本没有什么意义. 以后我们将要学习如何对涉及符号 ∞ 的另外一个习语赋予某种含义, 不过读者应该永远记住以下诸点:

(1) 尽管包含 ∞ 的习语有时有某种含义, 但是 ∞ 本身没有任何意义;

(2) 每当包含符号 ∞ 的一条习语有某种含义时, 都是因为我们事先用一种特殊的定义对这条特殊的习语赋予了某种意义.

现在显然的是, 如果对于很大的 n 的值, $\phi(n)$ 具有性质 P, 且如果在我们刚才所阐明的意义上有 "n 趋向 ∞", 那么 n 最终将会取到足够大的值, 以确保 $\phi(n)$ 具有性质 P. 所以, 提出问题 "对于充分大的 n 值, $\phi(n)$ 具有什么性质?" 的另一个方法就是 "当 n 趋向 ∞ 时, $\phi(n)$ 的性状如何?".

56. 当 n 趋向无穷大时, n 的函数 $\phi(n)$ 的性状

鉴于上一节所作的说明, 我们现在着手考虑在高等数学中不断出现的某种命题的意义. 例如, 考虑下面两个命题: (a) 对大的 n 值, $1/n$ 很小; (b) 对大的 n 值, $1-(1/n)$ 接近等于 1. 显然, 正如我们所看到的那样, 它们中有许多需要读者关注的东西. 首先讨论 (a), 它要稍微简单一些.

我们已经考虑过命题 "对大的 n 值, $1/n$ 小于 0.001". 我们看到, 这个命题意味着对于大于某个确定值 (实际上大于 1000 即可) 的所有 n 值, 不等式 $1/n < 0.001$ 皆为真. 类似地, "对大的 n 值, $1/n$ 小于 0.0001" 亦为真: 事实上对于 $n > 10\,000$ 就有 $1/n < 0.0001$. 代替 0.001 或者 0.0001, 我们可以取 0.000 01 或者 0.000 001, 甚至取我们希望取的任何正数.

显然, 如果有某种方式来表示如下的事实, 那将会是很方便的: 当我们用像 0.0001 和 0.000 01 这样更小的数或者我们想要选取的任何其他的数来代替 0.001 时, 任何一个像 "对大的 n 值, $1/n$ 小于 0.001" 这样的命题均为真. 显然我们可以将这说成 "无论 δ 多么小 (当然它必须是正的), 那么对充分大的 n 值, 都有 $1/n < \delta$". 这一结论的正确性是显然的. 因为如果 $n > 1/\delta$, 就有 $1/n < \delta$, 所以, 我们所说的 "充分大的" n 值只需要大于 $1/\delta$ 即可. 然而, 这个结论是一个复杂的结论, 其原因在于: 它实际上是代表了整整一批结论, 这批结论是通过对 δ 给出像 0.001 这样的特殊值而得到的. 自然, δ 越小, $1/\delta$ 就越大, 从而 "充分大的" n 值中之最小者也就必须更大, 当 δ 取一个值时, n 的那些足够大的值在 δ 取一个更小的值时会变得不再适用.

上面一段中用楷体字表述的命题正是命题 (a) 所表达的含义: 对大的 n 值, $1/n$ 很小. 类似地, (b) 实际上含义是 "如果 $\phi(n) = 1-(1/n)$, 那么, 无论对 δ 赋予什么样的正的值 (例如 0.001 或者 0.0001), 命题 '对充分大的 n 值, 都有 $1-\phi(n) < \delta$ 成立.' 为真."

还有另外一个方法常用来表达由结论 (a) 和 (b) 所表述的事实. 这可以立即由第 55 节给出. 不说 "对大的 n 值, $1/n$ 很小", 而是改为说 "当 n 趋向 ∞ 时, $1/n$ 趋向 0". 这些命题被视为是与 (a) 和 (b) 严格等价的. 于是命题

"当 n 很大时, $1/n$ 很小"

"当 n 趋向 ∞ 时, $1/n$ 趋向 0"

是相互等价的, 它们也与更为形式化的命题

> "如果 δ 是任意一个无论多小的正数, 那么对于充分大的 n 值,
> 都有 $1/n < \delta$"

等价, 或者与甚至更加形式化的命题

> "如果 δ 是任意一个无论多小的正数, 那么可以求得一个数 n_0,
> 使得对于所有大于等于 n_0 的 n 值, 都有 $1/n < \delta$"

等价.

当然, 在上一个命题中出现的数 n_0 是 δ 的函数. 我们有时将 n_0 写成 $n_0(\delta)$ 以强调这一点.

读者应该想象自己遇到了一个对手, 这位对手在质疑该命题的正确性. 他会列举出一列变得越来越小的数. 他可以从 0.001 开始. 读者会回答: 只要 $n > 1000$, 就有 $1/n < 0.001$. 对手必定会承认这一结论, 不过他会尝试某个像 0.000 000 1 这样的更小的数. 读者会回答: 只要 $n > 10\,000\,000$, 就有 $1/n < 0.000\,000\,1$, 如此等等. 在这个简单的情形下, 显然读者总会有更好的论证方法.

现在我们还要引进另外一个方法来表示函数 $1/n$ 的这个性质. 我们将说成 "当 n 趋向 ∞ 时, $1/n$ 的**极限**是 0", 我们可以用符号将这个命题表成形式

$$\lim_{n\to\infty}\frac{1}{n}=0,$$

或者简单写成 $\lim(1/n)=0$. 有时我们也写成

"当 $n\to\infty$ 时, $1/n\to 0$",

它可以被读成 "当 n 趋向 ∞ 时, $1/n$ 趋向 0"; 或者简单表示成 "$1/n\to 0$". 用同样的方式, 我们记

$$\lim_{n\to\infty}\left(1-\frac{1}{n}\right)=1,\quad \lim\left(1-\frac{1}{n}\right)=1,$$

或者写成 $1-(1/n)\to 1$.

57. 当 n 趋向无穷大时, n 的函数 $\phi(n)$ 的性状 (续)

现在考虑一个不同的例子: 设 $\phi(n)=n^2$. 那么 "当 n 很大时, n^2 也很大". 这个命题等价于更为形式化的命题

"如果 Δ 是一个无论多大的正数, 那么对充分大的 n 值有 $n^2>\Delta$",
"我们可以求得一个数 $n_0(\Delta)$, 使得对于所有大于等于 $n_0(\Delta)$ 的 n 值, 都有 $n^2>\Delta$".

在此情形很自然地会说 "当 n 趋向 ∞ 时, n^2 趋向 ∞", 或者 "n^2 与 n 一起趋向 ∞", 并记为

$$n^2\to\infty.$$

最后, 考虑函数 $\phi(n)=-n^2$. 在此情形, 当 n 很大时, $\phi(n)$ 的绝对值也很大, 但它本身是负的, 我们自然就说成 "当 n 趋向 ∞ 时, $-n^2$ 趋向 $-\infty$", 并记为

$$-n^2\to-\infty.$$

符号 $-\infty$ 在这种意义下的使用提示我们: 为了保证记号有更大的一致性, 用 $n^2\to+\infty$ 代替 $n^2\to\infty$, 并在一般情形用 $+\infty$ 代替 ∞, 有时会是很方便的.

但是我们还要再一次重复: 在所有这些命题中, 符号 $\infty,+\infty,-\infty$ 本身并没有任何意义, 仅仅当它们出现在与我们刚刚给出的解释有关的特殊地方, 它才具有某种意义.

58. 极限的定义

在上面所作的讨论之后, 读者应该能来了解**极限**的一般概念了. 我们可以粗略地说: *如果当 n 很大时 $\phi(n)$ 接近等于 l, 则当 n 趋向 ∞ 时 $\phi(n)$ 趋向极限 l*. 但是, 尽管通过上面所作的说明, 这个命题的意义应该足够清楚, 但是它现在的形式还不是足够精确, 还不适用于作为严格的数学定义. 事实上, 它等价于整整一类像 "*对充分大的 n 值, $\phi(n)$ 与 l 的差小于 δ*" 这种类型的命题. 这个命题对于 $\delta=0.01,\ 0.0001$ 或者任何正数都必须为真; 而对 δ 的任何这样的值, 该结论必须对于从某个确定的值 $n_0(\delta)$ 开始的所有 n 值皆为真, 尽管通常来说, δ 的值越小, 这个值 $n_0(\delta)$ 就会越大.

由此我们构造出下面正规的定义:

定义 I *如果不论 δ 是如何小的正数, 对于充分大的 n 值, $\phi(n)$ 与 l 的差都小于 δ, 我们就说当 n 趋向 ∞ 时函数 $\phi(n)$ 趋向极限 l. 这个条件也可表述为, 如果不论 δ 是如何小的正数, 我们都能确定一个与 δ 相对应的数 $n_0(\delta)$, 使得对于所有大于等于 $n_0(\delta)$ 的 n 值, $\phi(n)$ 与 l 的差都小于 δ.*

通常将 $\phi(n)$ 与 l 的差 (取正值) 记为 $|\phi(n)-l|$. 它等于 $\phi(n)-l$ 和 $l-\phi(n)$ 两者中取正值的那一个, 如同在第 3 章中给出的那样, 它与 $\phi(n)-l$ 的模的定义相吻合, 尽管目前我们还仅仅只考虑实的值 (正的和负的).

利用这一符号, 可将定义更简洁地叙述如下: *如果给定任意的无论多小的正数 δ, 我们都能求得 $n_0(\delta)$, 使得当 $n \geqslant n_0(\delta)$ 时有 $|\phi(n)-l|<\delta$ 成立, 那么我们就说: 当 n 趋向 ∞ 时 $\phi(n)$ 趋向极限 l, 并记为*

$$\lim_{n\to\infty} \phi(n)=l.$$

有时我们会略去 "$n\to\infty$", 而有时为了简单起见, 将它写成 $\phi(n)\to l$ 也是很方便的.

读者会发现, 在几种简单的情形中求出作为 δ 的函数的 n_0 的显式表达式, 是很有教益的. 例如, 如果 $\phi(n)=1/n$, 则有 $l=0$, 该条件转化为: 对 $n\geqslant n_0$ 有 $1/n<\delta$, 如果取 $n_0=1+[1/\delta]$①, 则此不等式满足. 其中有且仅仅只有一种情形, 在此情形下同一个 n_0 对所有 δ 的值都适用. 如果从 n 的某个确定的值 N 往后, $\phi(n)$ 都是一个常数, 比如其值为 C, 那么显然对于 $n\geqslant N$ 有 $\phi(n)-C=0$, 所以, 对于 $n\geqslant N$ 以及对于 δ 的所有正值, 不等式 $|\phi(n)-C|<\delta$ 都满足. 又如果对 $n\geqslant N$ 以及对于 δ 的所有正值, 都有 $|\phi(n)-l|<\delta$, 则显然当 $n\geqslant N$ 时有 $\phi(n)=l$, 从而对于所有这样的 n 值, $\phi(n)$ 是常数.

59. 极限的定义 (续)

极限的定义可以用如下几何的方式来加以描述. $\phi(n)$ 的图由若干个与值 $n=1,2,3,\cdots$ 对应的点组成.

画出直线 $y=l$ 以及与它的距离为 δ 的平行线 $y=l-\delta$, $y=l+\delta$. 那么,

$$\lim_{n\to\infty} \phi(n)=l$$

成立的条件是: 如果, 一旦这些直线画好, 不论它们相互之间靠得如何接近, 我们总能如图 25 中那样, 以如此方式画出一条直线 $x=n_0$, 使得该图形的位于这条直线上的以及位于它右边的所有的点, 都夹在平行直线 $y=l-\delta$ 与 $y=l+\delta$ 之间. 我

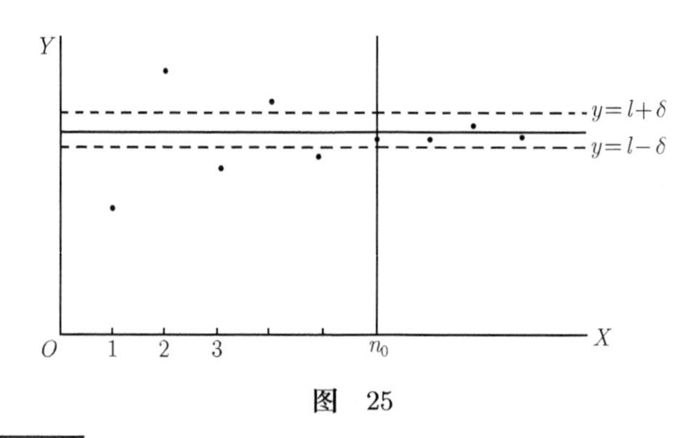

图 25

① 这里以及以后我们都在第 2 章的意义下使用符号 $[x]$, 也即用此来表示不大于 x 的最大整数.

们将会发现, 当处理对一个实变量的所有值而不仅仅是正整数值有定义的函数时, 这种研究定义的几何方法特别有用.

60. 极限的定义 (续)

对于当 n 趋向 ∞ 时趋向一个极限的 n 的函数, 我们已经讨论了很多. 现在我们必须对于像 n^2 和 $-n^2$ 这样的趋向正无穷或者趋向负无穷的函数来构造相应的极限定义. 到目前为止读者应该很容易理解下述定义.

定义 II 如果给定任意一个无论多么大的数 Δ, 我们都能确定 $n_0(\Delta)$, 使得当 $n \geqslant n_0(\Delta)$ 时就有 $\phi(n) > \Delta$ 成立, 我们就说函数 $\phi(n)$ 与 n 一起趋向 $+\infty$ (正无穷大). 这个条件也可表述为, 不论 Δ 多么大, 对于充分大的 n 值都有 $\phi(n) > \Delta$.

这个命题的另一个不那么精确的表述是"如果随着 n 足够地增大, 我们能使 $\phi(n)$ 达到我们所希望的那么大". 它在一个基本要点上有些含混不清, 也即, $\phi(n)$ 必须对于满足 $n \geqslant n_0(\Delta)$ 的所有 n 值, 而不仅仅是对某一些这样的值都大于 Δ. 不过, 如果我们明白了它的含义, 则应用这样的表达方式并无任何混淆.

当 $\phi(n)$ 趋向 $+\infty$ 时, 我们记

$$\phi(n) \to +\infty.$$

我们把构造趋向负无穷的函数的对应定义留给读者自己完成.

61. 关于定义的几个要点

读者应当仔细注意下述几点.

(1) 一方面, 我们可以对于 n 的任意有限多个值, 任意改变 $\phi(n)$ 对应的取值而决不会改变当 n 趋向 ∞ 时 $\phi(n)$ 的性状. 例如, 当 n 趋向 ∞ 时 $1/n$ 趋向 0. 我们可以从 $1/n$ 出发, 通过改变它的有限多个值来得到任意多个新函数. 例如, 我们可以考虑在 $n = 1, 2, 7, 11, 101, 107, 109, 237$ 时取值等于 3, 而对 n 的所有其他值取值为 $1/n$ 的函数 $\phi(n)$. 对这个函数, 恰如对原来的函数 $1/n$ 一样, 有 $\lim \phi(n) = 0$. 类似地, 如果函数 $\phi(n)$ 在 $n = 1, 2, 7, 11, 101, 107, 109, 237$ 时取值等于 3, 而在其他情形函数取值为 n^2, 那么 $\phi(n) \to +\infty$ 为真.

(2) 另一方面, 通常我们不能改变 $\phi(n)$ 的无穷多个值而不在根本上改变当 n 趋向 ∞ 时 $\phi(n)$ 的性状. 例如, 当 n 为 100 的倍数时将函数 $1/n$ 的值改变成 1, 那么 $\lim \phi(n) = 0$ 就不再成立. 如果仅有有限多个值受到影响, 我们就总能选取到定义中的数 n_0, 这个 n_0 的值要比使得 $\phi(n)$ 的值有改变的 n 的诸值中之最大值还要大. 例如, 在上面的例子中, 我们总可以取 $n_0 > 237$. 的确, 只要第 56 节中我们想象中的对手给定 δ 一个小到像 3 这样的一个值 (在第一个例子中), 或者给

定 Δ 一个大到像 3 这样的一个值 (在第二个例子中), 我们就必须要这样做. 但是现在, 无论 n_0 取多大的值, 都会有更大的 n 值存在, 对这个更大的 n 值, $\phi(n)$ 的值已经改变.

(3) 在用定义作检测时, 其关键在于: 不等式 $|\phi(n)-l| < \delta$ 不仅应该对 $n=n_0$ 成立, 还应该对 $n \geqslant n_0$ 也都成立, 也即对 n_0 以及所有更大的 n 值该不等式都成立. 例如, 显然, 如果 $\phi(n)$ 是上面最后一个所考虑的函数, 那么给定 δ, 我们就能选取 n_0 使得当 $n=n_0$ 时有 $|\phi(n)|<\delta$: 我们仅仅需要选取一个充分大的且不是 100 的倍数的 n 值即可. 但是在 n_0 这样选定之后, 当 $n \geqslant n_0$ 时 $|\phi(n)|<\delta$ 并不为真: 当 $\delta \leqslant 1$ 时, 所有大于 n_0 且是 100 的倍数的数 n 都是该命题的例外值.

(4) 如果 $\phi(n)$ 总是大于 l, 我们就可以用 $\phi(n)-l$ 来代替 $|\phi(n)-l|$. 这样一来, 考察当 n 趋向 ∞ 时 $1/n$ 是否趋向极限 0, 就只要看当 $n \geqslant n_0$ 时是否有 $1/n<\delta$ 即可. 然而, 如果 $\phi(n)=(-1)^n/n$, 此时仍有 l 为 0, 但是 $\phi(n)-l$ 有时为正有时为负. 在此情形, 我们必须将条件表述成 $|\phi(n)-l|<\delta$ 的形式, 例如, 在这一特殊的情形, 条件需表述成形式 $|\phi(n)|<\delta$.

(5) 极限 l 本身有可能是 $\phi(n)$ 实际所取的一个值. 例如, 如果对所有的 n 值都有 $\phi(n)=0$, 则显然有 $\lim\phi(n)=0$. 又如果在上面的 (2) 和 (3) 中改变了函数的值, 当 n 是 100 的倍数时, 将函数值改为 0 以取代原来的值 1, 我们就得到一个函数 $\phi(n)$: 当 n 是 100 的倍数时 $\phi(n)$ 取值为 0, 而在其他情形取值为 $1/n$. 当 n 趋向 ∞ 时这个函数的极限依然是 0. 此极限本身就是这个函数对于 n 的无穷多个值 (也就是当 n 是 100 的倍数时) 所取的函数值.

特别地, 极限本身不一定是 (一般来说它也不是) 该函数对于任何一个 n 值所对应的函数值. 在 $\phi(n)=1/n$ 这一情形, 这一点是十分明显的. 该函数之极限为 0; 但是对任何 n 值, 它的函数值从来都不等于 0.

读者应该能够接受这些事实. 极限不是函数的一个值: 极限与函数值很不相同, 虽然极限是由它与函数值的关系所确定的, 而且有可能与某个函数值相等. 对于函数

$$\phi(n)=0 \quad \text{或} \quad \phi(n)=1,$$

其极限与 $\phi(n)$ 的所有的函数值都相等; 对于

$$\phi(n)=1/n,\quad (-1)^n/n,\quad 1+(1/n),\quad 1+\{(-1)^n/n\}\ ,$$

它们的极限不与任何一个函数值相等; 对于

$$\phi(n)=\left(\sin\tfrac{1}{2}n\pi\right)/n,\quad 1+\left\{\left(\sin\tfrac{1}{2}n\pi\right)/n\right\}$$

(当 n 趋向 ∞ 时容易看出其极限分别为 0 和 1, 因为 $\sin\frac{1}{2}n\pi$ 从数值上来说从来

都不大于 1), 其极限等于对 n 的所有偶数值 $\phi(n)$ 所取的值, 但是当 n 为奇数值时所取的函数值全都与极限值不同, 且此时函数值也相互不同.

(6) 当 n 很大时, 一个函数可能数值上始终很大, 但却并不趋向 $+\infty$ 或者 $-\infty$. $\phi(n)=(-1)^n n$ 对此给出一个很好的例证. 如果一个函数从 n 的某个值起始终保持固定的符号, 那么这个函数可能只趋向 $+\infty$ 或者趋向 $-\infty$.

例 XXIII

研究下列 n 的函数当 n 趋向 ∞ 时的性状.

(1) $\phi(n)=n^k$, 其中 k 是一个正的或者负的整数, 或者是有理分数. 如果 k 是正的, 那么 n^k 与 n 一起趋向 $+\infty$. 如果 k 是负的, 那么 $\lim n^k=0$. 如果 $k=0$, 则对所有的 n 值都有 $n^k=1$. 故 $\lim n^k=1$.

读者会发现, 哪怕是如此简单的一种情形, 为我们定义中的条件是满足的这一点写出一个正规的证明, 将会是很有意义的. 例如, 取 $k>0$ 的情形. 设 Δ 是任意指定的正数. 我们希望选取 n_0, 使得当 $n \geqslant n_0$ 时有 $n^k>\Delta$. 实际上我们仅需要取任何一个大于 $\sqrt[k]{\Delta}$ 的数来作为 n_0 即可. 例如, 如果 $k=4$, 那么当 $n \geqslant 11$ 时有 $n^4>10\,000$, 当 $n \geqslant 101$ 时有 $n^4>100\,000\,000$, 如此等等.

(2) $\phi(n)=p_n$, 其中 p_n 是第 n 个素数. 如果只有有限多个素数, 那么 $\phi(n)$ 就只对有限多个 n 的值有定义. 然而, 正如 Euclid 首先指出的那样, 有无限多个素数存在. Euclid 的证明如下: 设 $2,3,5,\cdots,p_N$ 是不超过 p 的所有素数, 令 $P=(2\cdot 3\cdot 5\cdots p_N)+1$. 则 P 不能被 $2,3,5,\cdots,p_N$ 中任何一个数整除. 从而要么 P 是一个素数, 要么 P 可以被一个介于 p_N 和 P 之间的素数 p 整除. 无论是哪种情形, 都有一个大于 p_N 的素数存在, 所以素数个数无穷.

由于 $\phi(n)>n$, 所以 $\phi(n)\to\infty$.

(3) 设 $\phi(n)$ 是小于 n 的素数的个数, 这里再次有 $\phi(n)\to+\infty$.

(4) $\phi(n)=[\alpha n]$, 其中 α 是任意一个正数. 这里

$$\phi(n)=0\quad(0\leqslant n<1/\alpha),\qquad \phi(n)=1\quad(1/\alpha\leqslant n<2/\alpha),$$

如此等等; 且有 $\phi(n)\to+\infty$.

(5) 如果 $\phi(n)=1\,000\,000/n$, 则有 $\lim\phi(n)=0$; 如果 $\psi(n)=n/1\,000\,000$, 则有 $\psi(n)\to+\infty$. 这些结论完全不受下述事实的影响: 开始时 $\phi(n)$ 要比 $\psi(n)$ 大得多, 事实上一直到 $n=1\,000\,000$, $\phi(n)$ 都要比 $\psi(n)$ 大.

(6) $\phi(n)=1/\{n-(-1)^n\}$, $n-(-1)^n$, $n\{1-(-1)^n\}$. 第一个函数趋向 0, 第二个函数趋向 $+\infty$, 第三个函数既不趋向一个极限, 也不趋向 $+\infty$.

(7) $\phi(n)=(\sin n\theta\pi)/n$, 其中 θ 是任意一个实数. 这里有 $|\phi(n)|\leqslant 1/n$, 这是因为 $|\sin n\theta\pi|\leqslant 1$, 从而有 $\lim\phi(n)=0$.

(8) $\phi(n)=(\sin n\theta\pi)/\sqrt{n}$, $\left(a\cos^2 n\theta+b\sin^2 n\theta\right)/n$, 其中 a 和 b 是任意实数.

(9) $\phi(n)=\sin n\theta\pi$, 如果 θ 是整数, 那么对所有的 n 值都有 $\phi(n)=0$, 于是 $\lim\phi(n)=0$.

其次设 θ 是有理数, 例如 $\theta=p/q$, 其中 p 和 q 是正整数. 设 $n=aq+b$, 其中 a 是 n 被 q 除所得的商, b 是余数. 这样就有 $\sin(np\pi/q)=(-1)^{ap}\sin(bp\pi/q)$. 例如, 假设 p 为偶数, 则当 n 从 0 增加到 $q-1$ 时, $\phi(n)$ 取值为

$$0,\quad \sin\frac{p\pi}{q},\quad \sin\frac{2p\pi}{q},\quad \cdots,\quad \sin\frac{(q-1)\,p\pi}{q}\quad .$$

当 n 从 q 增加到 $2q-1$ 时, 这些值重复出现; 当 n 从 $2q$ 增加到 $3q-1$, 从 $3q$ 增加到 $4q-1$, 如此下去, 情形亦与此相同. 于是 $\phi(n)$ 的值形成有限多个不同的值的循环重复. 显然, 在这种情形, 当 n 趋向无穷时, $\phi(n)$ 既不可能趋向一个极限, 也不可能趋向 $+\infty$, 或者趋向 $-\infty$.

θ 是无理数的情形会稍微有一些困难. 我们将在下一组例子中对此加以讨论.

62. 振荡函数

定义　当 n 趋向 ∞ 时, $\phi(n)$ 既不趋向一个极限, 也不趋向 $+\infty$, 也不趋向 $-\infty$, 我们就说当 n 趋向 ∞ 时 $\phi(n)$ 是振荡 (oscillate) 的.

一个函数 $\phi(n)$, 如果它的值如同在上面最后一个例子中所考虑的那样, 是一组不同的值的不断的循环重复, 那么该函数一定是振荡的; 不过当然, 函数也有可能是振荡的, 但却不具有这种特性. 振荡是以否定的形式加以定义的: 当函数不具有某些另外的性质时, 它就是振荡的.

振荡函数的最简单的例子由

$$\phi(n)=(-1)^n$$

给出, 当 n 为偶数时它等于 $+1$, 当 n 为奇数时它等于 -1. 在此情形, 函数值是循环出现的. 但是考虑

$$\phi(n)=(-1)^n+n^{-1},$$

其函数值为

$$-1+1,\quad 1+\tfrac{1}{2},\quad -1+\tfrac{1}{3},\quad 1+\tfrac{1}{4},\quad -1+\tfrac{1}{5},\quad \cdots.$$

当 n 很大时, 每个函数值都几乎是 $+1$ 或者 -1, 而且显然, $\phi(n)$ 不趋向一个极限, 也不趋向 $+\infty$ 或者 $-\infty$, 从而它是振荡的, 不过它的函数值并不循环. 应该注意的是, 在这种情形, $\phi(n)$ 的每个值的绝对值都小于等于 $\frac{3}{2}$. 类似地,

$$\phi(n)=(-1)^n\,100+1000n^{-1}$$

是振荡函数. 当 n 很大时, 每个函数值都接近等于 100 或者 -100. 数值上最大的值是 900 (对 $n=1$). 现在考虑 $\phi(n)=(-1)^n n$, 它的值是 $-1,2,-3,4,-5,\cdots$. 这个函数是振荡的, 因为它既不趋向一个极限, 也不趋向 $+\infty$ 或 $-\infty$; 但在此情形, 我们不可能指定一个界限, 使得该函数的各项的值不超出这个界限. 这两个例子之间的区别提示我们给出进一步的定义.

定义　如果当 n 趋向 ∞ 时 $\phi(n)$ 是振荡的, 那么 $\phi(n)$ 将被称为是有限振荡 (oscillate finitely) 的或者是无限振荡 (oscillate infinitely) 的, 根据是否能指定一个数 K, 使得 $\phi(n)$ 的所有值的绝对值都小于 K, 也即对所有 n 的值都有 $|\phi(n)|<K$.

与第 58 节和第 60 节一样, 在下面的例子中给出这些定义的进一步说明.

例 XXIV

当 n 趋向 ∞ 时, 研究下列函数的性状.

(1) $(-1)^n$, $5+3(-1)^n$, $1\,000\,000n^{-1}+(-1)^n$, $1\,000\,000(-1)^n+n^{-1}$.

(2) $(-1)^n n$, $1\,000\,000+(-1)^n n$.

(3) $1\,000\,000-n$, $(-1)^n(1\,000\,000-n)$.

(4) $n\{1+(-1)^n\}$, 在此情形 $\phi(n)$ 的值是

$$0,\quad 4,\quad 0,\quad 8,\quad 0,\quad 12,\quad 0,\quad 16,\quad \cdots.$$

奇数项全都是零, 而偶数项趋向 $+\infty$, $\phi(n)$ 无限振荡.

(5) $n^2+(-1)^n 2n$. 第二项无限振荡, 但是第一项当 n 很大时要比第二项大得多. 实际上有 $\phi(n)\geqslant n^2-2n$, 且只要 $n>1+\sqrt{\Delta+1}$, $n^2-2n=(n-1)^2-1$ 就大于任意指定的值 Δ. 从而有 $\phi(n)\to+\infty$. 应该注意的是, 在此情形 $\phi(2k+1)$ 总是小于 $\phi(2k)$, 所以该函数通过连续不断的前进和后退而趋向无穷. 然而, 根据我们所用的定义, 它并不 "振荡".

(6) $n^2\{1+(-1)^n\}$, $(-1)^n n^2+n$, $n^3+(-1)^n n^2$.

(7) $\sin n\theta\pi$. 我们已经看到 (例 XXIII 第 9 题): 当 θ 是有理数时, $\phi(n)$ 是有限振荡的, 除非 θ 是一个整数, 此时有 $\phi(n)=0$, 从而 $\phi(n)\to 0$.

θ 是无理数的情形稍有困难, 不过我们仍然可以证明 $\phi(n)$ 是有限振荡的. 不失一般性, 我们可以假设 $0<\theta<1$.

首先, 由于 $|\phi(n)|<1$, 所以 $\phi(n)$ 或者有限振荡, 或者趋向一个极限.

如果 $\sin n\theta\pi\to l$, 那么

$$2\cos\left(n+\tfrac{1}{2}\right)\theta\pi\sin\tfrac{1}{2}\theta\pi=\sin(n+1)\theta\pi-\sin n\theta\pi\to 0,$$

于是 $\cos\left(n+\frac{1}{2}\right)\theta\pi\to 0$, 从而

$$\left(n+\tfrac{1}{2}\right)\theta=k_n+\tfrac{1}{2}+\varepsilon_n,$$

其中 k_n 是整数, $\varepsilon_n\to 0$, 所以

$$\theta=k_n-k_{n-1}+\varepsilon_n-\varepsilon_{n-1}=l_n+\eta_n,$$

这里 l_n 是整数, $\eta_n\to 0$. 这显然是不可能的, 这是因为 θ 是一个常数, 且它夹在 0 和 1 之间.

类似地, 可以证明: $\cos n\theta\pi$ 是有限振荡的, 除非 θ 是偶数.

(8) 除非 θ 是整数, 否则 $\sin n\theta\pi$ 或者 $\cos n\theta\pi$ 不可能对于所有很大的 n 值接近等于两个值 a, b 中的某一个值.

[这可以用与第 (7) 题类似的方法加以证明, 只不过要比那里更复杂一些.]

(9) $\sin n\theta\pi+n, \sin n\theta\pi+n^{-1}, (-1)^n\sin n\theta\pi$.

(10) $a\cos n\theta\pi+b\sin n\theta\pi, \sin^2 n\theta\pi, a\cos^2 n\theta\pi+b\sin^2 n\theta\pi$.

(11) $n\sin n\theta\pi$. 如果 n 是整数, 则有 $\phi(n)=0$, 所以 $\phi(n)\to 0$. 如果 θ 是有理数 (但不是整数), 或者是无理数, 那么 $\phi(n)$ 无限振荡.

(12) $n\left(a\cos^2 n\theta\pi+b\sin^2 n\theta\pi\right)$. 在此情形, 如果 a 和 b 两者皆为正数, 则 $\phi(n)$ 趋向 $+\infty$, 如果两者均为负数, 则 $\phi(n)$ 趋向 $-\infty$. 考虑 $a=0, b>0$ 或者 $a>0, b=0$ 的特殊情形. 如果 a 和 b 有相反的符号, 则 $\phi(n)$ 一般来说无限振荡. 研究任何例外情形.

(13) $\sin n!\theta\pi$. 如果 θ 取有理数值 p/q, 那么对所有大于等于 q 的 n 值, $n!\theta$ 肯定都是整数. 从而 $\phi(n) \to 0$. θ 取无理数的情形, 如果不借助于对于一个困难得多的特性的考虑, 这种情形是无法加以处理的.

(14) $an-[bn],(-1)^n(an-[bn])$.

(15) $\boldsymbol{n}$ **的最小素因子**. 当 n 为素数时, $\phi(n)=n$; 当 n 为偶数时, $\phi(n)=2$. 从而 $\phi(n)$ 无限振荡.

(16) $\boldsymbol{n}$ **的最大素因子**.

(17) **公元** $\boldsymbol{n}$ **年的天数**.

例 XXV

(1) 如果对所有的 n 值都有 $\phi(n) \to +\infty$ 以及 $\psi(n) \geqslant \phi(n)$, 那么 $\psi(n) \to +\infty$.

(2) 如果对所有的 n 值都有 $\phi(n) \to 0$ 以及 $|\psi(n)| \leqslant |\phi(n)|$, 那么 $\psi(n) \to 0$.

(3) 如果 $\lim|\phi(n)|=0$, 那么 $\lim\phi(n)=0$.

(4) 如果 $\phi(n)$ 趋向一个极限或者有限振荡, 且当 $n \geqslant n_0$ 时有 $|\psi(n)| \leqslant |\phi(n)|$, 那么 $\psi(n)$ 趋向一个极限或者有限振荡.

(5) 如果 $\phi(n)$ 趋向 $+\infty$, 或者趋向 $-\infty$, 或者无限振荡, 且当 $n \geqslant n_0$ 时有 $|\psi(n)| \geqslant |\phi(n)|$, 那么 $\psi(n)$ 趋向 $+\infty$, 或者趋向 $-\infty$, 或者无限振荡.

(6) "如果 $\phi(n)$ 振荡, 且无论 n_0 有多大, 我们都能求得大于 n_0 的 n 值, 使得 $\psi(n)>\phi(n)$, 也能求得大于 n_0 的 n 值, 使得 $\psi(n)<\phi(n)$, 那么 $\psi(n)$ 振荡." 此说法是否为真? 如果不真, 请给出一个反例.

(7) 如果当 $n \to \infty$ 时有 $\phi(n) \to l$, 则也有 $\phi(n+p) \to l$, p 是任何一个固定的整数.

[这可以立即由定义推出. 类似地我们看出: 如果 $\phi(n)$ 趋向 $+\infty$, 或者趋向 $-\infty$, 或者振荡, 那么 $\phi(n+p)$ 亦然.]

(8) 如果 p 随 n 的变化而变化, 且其绝对值总是小于一个固定的正整数 N; 或者, 如果 p 随 n 的变化而以任意方式变化, 只要它永远是正的, 则同样的结论成立 (除了振荡的情形以外).

(9) 确定使下列各式成立的最小 n_0 值:

(i) $n^2+2n>999\,999\ (n \geqslant n_0)$;　　(ii) $n^2+2n>1\,000\,000\ (n \geqslant n_0)$.

(10) 确定使下列各式成立的最小 n_0 值:

(i) $n+(-1)^n>1000\ (n \geqslant n_0)$;　　(ii) $n+(-1)^n>1\,000\,000\ (n \geqslant n_0)$.

(11) 确定使下列各式成立的最小 n_0 值:

(i) $n+2n>\Delta\ (n \geqslant n_0)$;　　(ii) $n+(-1)^n>\Delta\ (n \geqslant n_0)$,

这里 Δ 是任意一个正数.

[(i) $n_0=\left[\sqrt{\Delta+1}\right]$; (ii) $n_0=1+[\Delta]$ 或者 $n_0=2+[\Delta]$, 这要根据 $[\Delta]$ 是奇数还是偶数而定, 也就是 $n_0=1+[\Delta]+\frac{1}{2}\left\{1+(-1)^{[\Delta]}\right\}$.]

(12) 确定当 $n \geqslant n_0$ 时使下列各式成立的最小 n_0 值:

(i) $\dfrac{n}{n^2+1}<0.0001$;　　(ii) $\dfrac{1}{n}+\dfrac{(-1)^n}{n^2}<0.000\,001$.

[让我们考虑后一情形. 首先有

$$\frac{1}{n}+\frac{(-1)^n}{n^2} \leqslant \frac{n+1}{n^2},$$

容易看出, 当 $n \geqslant n_0$ 时使 $(n+1)/n^2 < 0.000\,001$ 成立的最小 n_0 值是 1 000 002. 但是所给出的不等式被 $n = 1\,000\,001$ 所满足, 而这就是所要求的 n_0 值.]

63. 某些关于极限的一般性定理

A. 两个性状已知的函数之和的性状

定理 I 如果 $\phi(n)$ 和 $\psi(n)$ 趋向极限 a, b, 那么 $\phi(n)+\psi(n)$ 趋向极限 $a+b$.

这个结论几乎是显然的①. 读者可以马上想出的论证方法大致如下: “当 n 很大时, $\phi(n)$ 接近等于 a, $\psi(n)$ 接近等于 b, 于是它们的和接近等于 $a+b$”. 不过我们需要相当正式地将这个证明加以叙述.

设 δ 是任意一个指定的正数 (例如 $0.001, 0.000\,000\,1, \cdots$). 我们需要证明: 可以找到一个数 n_0, 使得当 $n \geqslant n_0$ 时有

$$|\phi(n)+\psi(n)-a-b| < \delta. \tag{1}$$

现在根据在第 3 章中证明的一个命题 (它确实比我们这里所需要用的结论要更加一般): 两个数的和的模小于等于它们的模之和. 从而

$$|\phi(n)+\psi(n)-a-b| \leqslant |\phi(n)-a| + |\psi(n)-b|.$$

由此推出, 如果我们可以选取 n_0, 使得当 $n \geqslant n_0$ 时有

$$|\phi(n)-a| + |\psi(n)-b| < \delta, \tag{2}$$

则所希望的条件一定会得到满足.

给定任意的正数 δ', 我们可以求得 n_1, 使当 $n \geqslant n_1$ 时有 $|\phi(n)-a| < \delta'$. 我们取 $\delta' = \frac{1}{2}\delta$, 则当 $n \geqslant n_1$ 时就有 $|\phi(n)-a| < \frac{1}{2}\delta$. 类似地, 我们可以求得 n_2, 使得当 $n \geqslant n_2$ 时有 $|\psi(n)-b| < \frac{1}{2}\delta$. 现在取 n_0 是 n_1 和 n_2 这两个数中较大的一个. 那么, 当 $n \geqslant n_0$ 时就有 $|\phi(n)-a| < \frac{1}{2}\delta$ 以及 $|\psi(n)-b| < \frac{1}{2}\delta$, 于是 (2) 得以满足, 从而定理得到证明.

---

① 在这个说法中有某种含混不清之处, 读者需对此加以注意. 当我们说 “某某定理几乎是显然的” 的时候, 可能指的是两种含义中的某一种. 一种含义是 “很难怀疑该定理的正确性”, “该定理在直觉上被当作常识所接受”. 例如, 我们接受命题 “2+2=4” 或者 “等腰三角形的两底角相等” 的正确性. 在此意义下, 某个定理是 “显然的” 并没有证明它是正确的, 这是因为最令人信任的普通感官的直观判断也常被发现是有错误的; 如果可以找到一个证明的话, 即便该定理为真, 它是 “显然的” 这一事实是没有理由不加以证明的. 数学的目的就是证明某些前提蕴含某个结论; 而结论可能与前提同样是 “显然的” 这一事实从来没有损害证明的必要性, 甚至从未经常性地破坏证明的重要性.

但有时候 (如这里的例子那样) 我们赋予 “这几乎是显然的” 与此完全不同的含义. 我们的含义是 “一瞬间的印象不仅应当使读者相信所述内容的正确性, 而且还能向他提供严格证明的一般性思路”. 当一个命题在这个意义下是 “显然的” 时候, 我们就大可以略去它的证明, 这并不是因为证明是不必要的, 而是因为详细叙述读者自己就能为自己提供的东西实在是浪费时间.

这些注释的主要内容是多年以前 Littlewood 教授向我建议的.

此论证可以这样来简洁地予以表述：由于 $\lim\phi(n) = a$ 以及 $\lim\psi(n) = b$，故我们可以选取 n_1, n_2，使得

$$|\phi(n) - a| < \tfrac{1}{2}\delta \quad (n \geqslant n_1); \quad |\psi(n) - a| < \tfrac{1}{2}\delta \quad (n \geqslant n_2).$$

这样一来，如果 n 既不小于 n_1，也不小于 n_2，我们就有

$$|\phi(n) + \psi(n) - a - b| \leqslant |\phi(n) - a| + |\psi(n) - b| < \delta;$$

于是

$$\lim\{\phi(n) + \psi(n)\} = a + b.$$

64. 定理 I 的附属结果

读者应该没有困难来验证下面的附属结果.

1. 如果 $\phi(n)$ 趋向一个极限，但 $\psi(n)$ 趋向 $+\infty$，或趋向 $-\infty$，或有限振荡，或无限振荡，那么 $\phi(n) + \psi(n)$ 与 $\psi(n)$ 有相同的性状.

2. 如果 $\phi(n) \to +\infty$，而 $\psi(n) \to +\infty$ 或有限振荡，那么 $\phi(n) + \psi(n) \to +\infty$.

在这个命题中，显然我们可以将所有的 $+\infty$ 统统改为 $-\infty$.

3. 如果 $\phi(n) \to +\infty$，而 $\psi(n) \to -\infty$，那么 $\phi(n) + \psi(n)$ 可能趋向一个极限，或者趋向 $+\infty$，或者趋向 $-\infty$，或者有限振荡，或者无限振荡.

这 5 种可能性依次通过例子 (i) $\phi(n) = n, \psi(n) = -n$; (ii) $\phi(n) = n^2, \psi(n) = -n$; (iii) $\phi(n) = n, \psi(n) = -n^2$; (iv) $\phi(n) = n + (-1)^n, \psi(n) = -n$; (v) $\phi(n) = n^2 + (-1)^n n, \psi(n) = -n^2$ 予以说明.

4. 如果 $\phi(n) \to +\infty$，而 $\psi(n)$ 无限振荡，那么 $\phi(n) + \psi(n)$ 可能趋向 $+\infty$，或者无限振荡，但它不可能趋向一个极限，或者趋向 $-\infty$，或者有限振荡.

因为 $\psi(n) = \{\phi(n) + \psi(n)\} - \phi(n)$，如果 $\phi(n) + \psi(n)$ 表现为上面最后三种方式中的任意一种方式，则由上面的结果就会推出 $\psi(n) \to -\infty$，而这是不可能的. 作为两种可能的情形的例子，考虑 (i) $\phi(n) = n^2$, $\psi(n) = (-1)^n n$; (ii) $\phi(n) = n$, $\psi(n) = (-1)^n n^2$. 在这里，符号 $+\infty$ 和 $-\infty$ 再次可以全部交换.

5. 如果 $\phi(n)$ 和 $\psi(n)$ 两者都有限振荡，那么 $\phi(n) + \psi(n)$ 必定趋向一个极限或者有限振荡.

作为例子，我们取 (i) $\phi(n) = (-1)^n, \psi(n) = (-1)^{n+1}$;　(ii) $\phi(n) = \psi(n) = (-1)^n$.

6. 如果 $\phi(n)$ 有限振荡，且 $\psi(n)$ 无限振荡，那么 $\phi(n) + \psi(n)$ 无限振荡.

因为 $\phi(n)$ 的绝对值永远小于某个常数，比方说 K. 另一方面，由于 $\psi(n)$ 无限振荡，故 $\psi(n)$ 在数值上必定取到大于任何指定的数值 (例如 $10K, 100K, \cdots$). 从而 $\phi(n) + \psi(n)$ 必定取到大于任何指定的数值 (例如 $9K, 99K, \cdots$). 所以 $\phi(n) + \psi(n)$ 要么趋向 $+\infty$ 或者 $-\infty$，要么无限振荡. 但如果它趋向 $+\infty$，那么，根据上面的结果，

$$\psi(n) = \{\phi(n) + \psi(n)\} - \phi(n)$$

也就会趋向 $+\infty$. 从而 $\phi(n)+\psi(n)$ 不可能趋向 $+\infty$. 类似地, 它也不可能趋向 $-\infty$. 因而它无限振荡.

7. 如果 $\phi(n)$ 和 $\psi(n)$ 两者都无限振荡, 那么 $\phi(n)+\psi(n)$ 可以趋向一个极限, 或者趋向 $+\infty$, 或者趋向 $-\infty$, 或者有限振荡, 或者无限振荡.

例如, 假设 $\phi(n)=(-1)^n n$, 而 $\psi(n)$ 依次取下列函数中之一: $(-1)^{n+1} n$, $\left\{1+(-1)^{n+1}\right\} n$, $-\{1+(-1)^n\}n$, $(-1)^{n+1}(n+1)$, $(-1)^n n$, 这样我们就得到了所有 5 种可能的例子.

结论 1~7 覆盖了所有实际上不同的情形. 在转而研究两个函数的乘积之前, 我们可以指出: 定理 I 的结果可以马上推广到三个或者更多个数的函数之和去, 其中每个函数当 $n\to\infty$ 时趋向某个极限.

65. B. 两个性状已知的函数的乘积之性状

我们现在来对两个函数的乘积证明一组类似的定理. 主要结果如下.

定理 II 如果 $\lim\phi(n)=a$ 且 $\lim\psi(n)=b$, 那么

$$\lim\phi(n)\psi(n)=ab.$$

令

$$\phi(n)=a+\phi_1(n),\quad \psi(n)=b+\psi_1(n)\ ,$$

所以有 $\lim\phi_1(n)=0$ 以及 $\lim\psi_1(n)=0$. 这样就有

$$\phi(n)\psi(n)=ab+a\psi_1(n)+b\phi_1(n)+\phi_1(n)\psi_1(n).$$

于是差 $\phi(n)\psi(n)-ab$ 的值一定不大于 $a\psi_1(n), b\phi_1(n), \phi_1(n)\psi_1(n)$ 的绝对值之和. 由此推出

$$\lim\{\phi(n)\psi(n)-ab\}=0,$$

这就证明了定理.

下面是一个严格的正式的证明. 我们有

$$|\phi(n)\psi(n)-ab|\leqslant|a\psi_1(n)|+|b\phi_1(n)|+|\phi_1(n)\psi_1(n)|.$$

假设 a 和 b 均不为零, 我们可以假设 $\delta<3|a||b|$, 并选取 n_0, 使得当 $n\geqslant n_0$ 时有

$$|\phi_1(n)|<\tfrac{1}{3}\delta/|b|,\quad |\psi_1(n)|<\tfrac{1}{3}\delta/|a|.$$

这样就有

$$|\phi(n)\psi(n)-ab|<\tfrac{1}{3}\delta+\tfrac{1}{3}\delta+\left\{\tfrac{1}{9}\delta^2/(|a||b|)\right\}<\delta.$$

从而我们可以选取 n_0, 使得当 $n\geqslant n_0$ 时有 $|\phi(n)\psi(n)-ab|<\delta$, 定理得证. 读者应该对 a 和 b 中至少有一个为零的情形提供一个证明.

我们几乎不需要指出, 与定理 I 相同, 此定理可以立即推广到任意多个 n 的函数的乘积. 类似于第 64 节中关于和所陈述的那些结果, 有一系列关于乘积的辅助定理. 我们必须对当 n 趋向 ∞ 时 $\phi(n)$ 可能有的 6 种不同的表现方式加以区

分. 它可能 (1) 趋向一个异于 0 的极限; (2) 趋向 0; (3a) 趋向 $+\infty$; (3b) 趋向 $-\infty$; (4) 有限振荡; (5) 无限振荡. 通常不必将 (3a) 和 (3b) 分开来考虑, 这是因为, 通过改变符号, 可以从关于一种情形的结果推导出关于另一种情形的结果.

详尽叙述这些辅助性的结果会占用过多的篇幅, 故我们选取下面两个结果作为例子, 而把它们的验证留给读者完成. 读者将会发现: 由他们自己来对剩下的某个定理加以总结, 会是一个富有启发性的练习.

(i) *如果 $\phi(n) \to +\infty$ 且 $\psi(n)$ 有限振荡, 那么 $\phi(n)\psi(n)$ 必定趋向 $+\infty$, 或者趋向 $-\infty$, 或者无限振荡.*

这三种可能性的例子可以由取 $\phi(n)$ 为 n, 而取 $\psi(n)$ 为三个函数 $2+(-1)^n$, $-2-(-1)^n$, $(-1)^n$ 之一得到.

(ii) *如果 $\phi(n)$ 和 $\psi(n)$ 有限振荡, 那么 $\phi(n)\psi(n)$ 必定趋向一个极限 (该极限可以是 0), 或者有限振荡.*

例如, 取

$$\text{(a) } \phi(n) = \psi(n) = (-1)^n;$$

$$\text{(b) } \phi(n) = 1+(-1)^n, \quad \psi(n) = 1-(-1)^n;$$

$$\text{(c) } \phi(n) = \cos\tfrac{1}{3}n\pi, \quad \psi(n) = \sin\tfrac{1}{3}n\pi.$$

定理 II 的一个重要的特例是其中 $\psi(n)$ 为常数的情形. 此时该定理直接断言: 如果 $\lim\phi(n) = a$, 则有 $\lim k\phi(n) = ka$. 对此我们可以补充辅助定理: 如果 $\phi(n) \to +\infty$, 则有 $k\phi(n) \to +\infty$ 或者 $k\phi(n) \to -\infty$, 根据 k 是正数还是负数而定, 除非 $k = 0$, 因为在 $k = 0$ 时当然对 n 所有的值都有 $k\phi(n) = 0$, 所以 $\lim k\phi(n) = 0$. 而如果 $\phi(n)$ 有限振荡或者无限振荡, 那么 $k\phi(n)$ 亦然, 除非 $k = 0$.

66. C. 两个性状已知的函数的差以及商的性状

自然, 对于两个给定的函数的差也有一组类似的定理, 它们是前面结果的显然的推论. 为了处理商

$$\frac{\phi(n)}{\psi(n)},$$

我们首先给出下面的定理.

定理 III　*如果 $\lim\phi(n) = a$, 且 a 不等于零, 那么*

$$\lim\frac{1}{\phi(n)} = \frac{1}{a}.$$

令

$$\phi(n) = a + \phi_1(n),$$

所以 $\lim\phi_1(n) = 0$. 这样就有

$$\left|\frac{1}{\phi(n)} - \frac{1}{a}\right| = \frac{|\phi_1(n)|}{|a|\,|a+\phi_1(n)|},$$

显然, 由于 $\lim \phi_1(n) = 0$, 我们可以选择 n_0, 使得当 $n \geqslant n_0$ 时上式比任意一个指定的数 δ 都小.

由定理 II 和定理 III 我们可以立即推导出关于商的主要定理:

定理 IV　如果 $\lim \phi(n) = a$, $\lim \psi(n) = b$, 且 b 不等于零, 那么

$$\lim \frac{\phi(n)}{\psi(n)} = \frac{a}{b}.$$

读者会再次发现, 对与定理 III 以及定理 IV 对应的"辅助定理"进行总结、加以证明, 并且用例子予以说明, 是一件很有教益的事.

67. 定理 V

假定 $R\{\phi(n), \psi(n), \chi(n), \cdots\}$ 是 $\phi(n), \psi(n), \chi(n), \cdots$ 的任意一个有理函数, 也即任何一个形如

$$P\{\phi(n), \psi(n), \chi(n), \cdots\} / Q\{\phi(n), \psi(n), \chi(n), \cdots\}$$

的函数, 其中 P 和 Q 都是关于 $\phi(n), \psi(n), \chi(n), \cdots$ 的多项式. 如果

$$\lim \phi(n) = a, \quad \lim \psi(n) = b, \quad \lim \chi(n) = c, \quad \cdots,$$

且

$$Q(a, b, c, \cdots) \neq 0,$$

那么就有

$$\lim R\{\phi(n), \psi(n), \chi(n), \cdots\} = R(a, b, c, \cdots).$$

因为 P 是有限多个形如

$$A\{\phi(n)\}^p \{\psi(n)\}^q \cdots$$

的项之和, 其中 A 是常数, $p, q, \cdots$ 是正整数. 根据定理 II (或者毋宁说是根据关于任意多个函数的乘积的推广), 这一项趋向 $Aa^p b^q \cdots$, 所以根据定理 I 的一个类似的推广可知, P 趋向 $P(a, b, c, \cdots)$. 类似地, Q 趋向 $Q(a, b, c, \cdots)$, 于是由定理 IV 就得出我们的结果.

68. 定理 V(续)

前面那个一般性的定理可以应用到如下非常重要的特殊问题中去: 当 n 趋向 ∞ 时, n 的最一般的有理函数, 也即

$$S(n) = \frac{a_0 n^p + a_1 n^{p-1} + \cdots + a_p}{b_0 n^q + b_1 n^{q-1} + \cdots + b_q}$$

的性状如何[①]?

① 我们自然假设 a_0 和 b_0 都不等于零.

为了应用该定理, 我们变换 $S(n)$, 将它写成以下形式

$$n^{p-q}\left\{\left(a_0+\frac{a_1}{n}+\cdots+\frac{a_p}{n^p}\right)\Big/\left(b_0+\frac{b_1}{n}+\cdots+\frac{b_q}{n^q}\right)\right\}.$$

大括号中的函数有 $R\{\phi(n)\}$ 的形状, 其中 $\phi(n)=1/n$, 于是, 当 n 趋向 ∞ 时, $R\{\phi(n)\}$ 趋向极限 $R(0)=a_0/b_0$. 现在, 如果 $p<q$, 则有 $n^{p-q}\to 0$; 如果 $p=q$, 则有 $n^{p-q}\to 1$; 而当 $p>q$ 时有 $n^{p-q}\to +\infty$. 因此, 根据定理 II 有

$$\lim S(n)=0 \quad (p<q),$$

$$\lim S(n)=a_0/b_0 \quad (p=q),$$

$$S(n)\to +\infty \quad (p>q, a_0/b_0 \text{ 是正数}),$$

$$S(n)\to -\infty \quad (p>q, a_0/b_0 \text{ 是负数}).$$

例 XXVI

(1) 当 $n\to\infty$ 时, 诸函数

$$\left(\frac{n-1}{n+1}\right)^2,\quad (-1)^n\left(\frac{n-1}{n+1}\right)^2,\quad \frac{n^2+1}{n},\quad (-1)^n\frac{n^2+1}{n}$$

之性状如何?

(2) 当 $n\to\infty$ 时, 诸函数

$$1\big/\left(\cos^2\tfrac{1}{2}n\pi+n\sin^2\tfrac{1}{2}n\pi\right),\quad 1\big/\left\{n\left(\cos^2\tfrac{1}{2}n\pi+n\sin^2\tfrac{1}{2}n\pi\right)\right\},$$

$$\left(n\cos^2\tfrac{1}{2}n\pi+\sin^2\tfrac{1}{2}n\pi\right)\big/\left\{n\left(\cos^2\tfrac{1}{2}n\pi+n\sin^2\tfrac{1}{2}n\pi\right)\right\}$$

中哪一个 (如果有的话) 趋向一个极限?

(3) 用 $S(n)$ 表示上面所考虑过的 n 的一般的有理函数, 证明: 在所有情形都有

$$\lim\frac{S(n+1)}{S(n)}=1,\quad \lim\frac{S\{n+(1/n)\}}{S(n)}=1.$$

69. 以 n 为变量且与 n 一起递增的函数

一个特殊的然而也是特别重要的一类 n 的函数, 是由当 n 趋向 ∞ 时其变差始终沿同一方向的函数所形成的, 也就是当 n 增加时函数值始终增加 (或者始终减少) 的那些函数. 由于当 $\phi(n)$ 始终减少时, $-\phi(n)$ 始终是增加的, 所以不需要分开来考虑这两种函数; 对于其中一种函数所证明的定理可以立即推广到另一种函数上去.

定义 如果对所有 n 的值都有 $\phi(n+1)\geqslant\phi(n)$, 则函数 $\phi(n)$ 称为是与 n 一起递增的, 或者称为是 n 的增函数.

需要注意的是, 我们并没有排除对若干个 n 值 $\phi(n)$ 有相同值的情形, 我们排除的只是可能的减少. 从而函数

$$\phi(n)=2n+(-1)^n$$

(它对 $n=0,1,2,3,4,\cdots$ 的值为 $1,1,5,5,9,9,\cdots$) 说成是与 n 一起递增的. 我们的定义甚至包含了从 n 的某个值往后保持取常数值的函数, 从而 $\phi(n)=1$ 是递增的.

如果对所有 n 有 $\phi(n+1)>\phi(n)$, 我们就说 $\phi(n)$ 是 n 的**严格增加** (strictly increasing) 函数.

关于此类函数有一个十分重要的定理.

定理 如果 $\phi(n)$ 与 n 一起递增, 那么, 要么 (i) 当 n 趋向 ∞ 时, $\phi(n)$ 趋向一个极限, 要么 (ii) $\phi(n)\to+\infty$.

这就是说, 关于函数的性状一般来说有 5 种可能的选择, 而对这种特殊的函数来说仅有两种可能性.

此定理是 Dedekind 定理 (第 17 节) 的一个简单推论. 我们把实数 ξ 分成两个类 L 和 R, 根据对某个 n 值 (当然也就对所有更大的 n 值) 有 $\phi(n)\geqslant\xi$ 还是对所有 n 都有 $\phi(n)<\xi$ 来将 ξ 归入 L 或者 R.

类 L 肯定存在, 而类 R 有可能存在, 也有可能不存在. 如果它不存在, 那么给定一个无论多么大的任意的数 Δ, 对所有充分大的 n 都有 $\phi(n)>\Delta$, 所以

$$\phi(n)\to+\infty.$$

另一方面, 如果类 R 存在, 类 L 和 R 就做成实数的一个在第 17 节意义下的分割, 设 a 是这个分割对应的数, 令 δ 是任意一个正数. 那么对所有的 n 值都有 $\phi(n)<a+\delta$, 由于 δ 是任意的, 故有 $\phi(n)\leqslant a$. 另一方面, 对某个 n 值有 $\phi(n)>a-\delta$, 故对所有充分大的 n 值亦然. 从而对所有充分大的 n 值均有

$$a-\delta<\phi(n)\leqslant a;$$

也即有

$$\phi(n)\to a.$$

应该注意到, 一般来说对所有的 n 值有 $\phi(n)<a$. 因为如果对任意一个 n 值有 $\phi(n)$ 等于 a, 就必须对所有更大的 n 值也有 $\phi(n)$ 等于 a. 从而除了最终 $\phi(n)$ 的值全都相同这一情形之外, $\phi(n)$ 绝不可能等于 a. 如果情况确实如此, a 就是 L 中最大的数; 反之 L 中没有最大的数.

推论 1 如果 $\phi(n)$ 随 n 一起递增, 那么它将趋向一个极限, 或者趋向 $+\infty$, 这要根据是否能找到一个数 K, 使得对 n 所有的值均有 $\phi(n)<K$ 而决定.

以后我们将会发现此推论非常有用.

推论 2 如果 $\phi(n)$ 随 n 一起递增, 对 n 所有的值均有 $\phi(n)<K$, 那么 $\phi(n)$ 趋向一个极限, 且此极限小于等于 K.

要注意的是极限可以等于 K. 例如, 如果 $\phi(n)=3-(1/n)$, 那么 $\phi(n)$ 的每一个值都小于 3, 但是它的极限等于 3.

推论 3 如果 $\phi(n)$ 随 n 一起递增, 且趋向一个极限, 那么对所有的 n 值均有

$$\phi(n) \leqslant \lim \phi(n).$$

读者应当自己写出在 $\phi(n)$ 随 n 增加而递减的情形下对应的定理以及推论.

70. 对定理的说明

这些定理的极端重要性在于如下事实: 在许许多多的情形, 它们都给了我们 (到目前为止我们没有) 一种方法来决定当 $n \to \infty$ 时一个给定的函数是否趋向一个极限, 而不需要我们猜出它的极限或者用别的方法事先推算出它的极限. 如果我们知道极限的值 (如果它存在的话) 一定是什么, 我们就可以利用

$$|\phi(n) - l| < \delta \quad (n \geqslant n_0)$$

来加以检测. 作为例子, 在 $\phi(n) = 1/n$ 这一情形, 其极限只可能是零. 但是假设我们需要确定

$$\phi(n) = \left(1 + \frac{1}{n}\right)^n$$

是否趋向一个极限. 在此情形极限如果存在的话, 它会是什么就不是显然的了. 很明显, 上面那种含有 l 的判别方法无论如何都不可能直接用来判断 l 是否存在.

当然, 该检测法有时可以用归谬法间接地证明 l 不可能存在. 例如, 如果 $\phi(n) = (-1)^n$, 显然 l 必须既等于 1 又等于 -1, 这明显是不可能的.

71. 第 19 节中 Weierstrass 定理的另一证明

第 69 节中的结果使我们可以对第 19 节中已经证明的重要定理给出一个另外的证明.

如果将 PQ 分成相等的两部分, 则至少其中有一个部分必定包含 S 中无穷多个点. 我们选择其中一个含有 S 中无穷多个点的部分, 如果两部分都含有 S 中无穷多个点, 则选取左半部分, 并将所选取的那一半记为 P_1Q_1 (图 26). 如果 P_1Q_1 是左半部分, 则 P_1 与 P 是同一点.

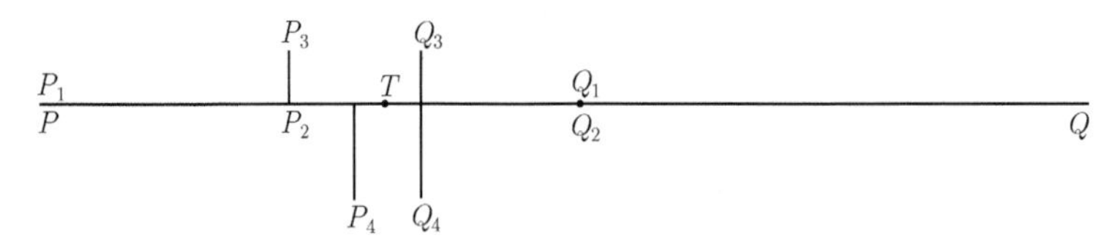

图 26

类似地, 如果将 P_1Q_1 分成两半, 则它们中至少有一半必定包含 S 中无穷多个点. 我们选取其中含有 S 中无穷多个点的那一半 P_2Q_2, 如果两者都含有 S 中无穷多个点, 则选取左边那一半. 按照这种方式继续下去, 我们就能确定一列区间

$$PQ, P_1Q_1, P_2Q_2, P_3Q_3, \cdots,$$

其中每个区间都是它前一个区间的一半, 且每一个区间都包含 S 中无穷多个点.

诸点 $P, P_1, P_2, \cdots$ 从左向右移动, 所以 P_n 趋向一个极限位置 T. 类似地, Q_n 趋向一个极限位置 T'. 然而, 无论 n 取什么值, TT' 显然都小于 P_nQ_n, 而 P_nQ_n(它等于 $PQ/2^n$) 趋向零. 故而 T' 与 T 重合, 且 P_n 与 Q_n 两者都趋向 T.

这样一来, T 就是 S 的一个极限点. 因为, 假设 ξ 是它的坐标, 并考虑任意一个形如 $(\xi-\delta, \xi+\delta)$ 的区间. 如果 n 充分大, P_nQ_n 就完全落在这个区间的内部①. 从而 $(\xi-\delta, \xi+\delta)$ 包含 S 中无穷多个点.

72. 当 n 趋向 ∞ 时 x^n 的极限

让我们将第 69 节的结果应用到 $\phi(n)=x^n$ 这一特别重要的情形. 如果 $x=1$, 则有 $\phi(n)=1$, 从而 $\lim\phi(n)=1$, 如果 $x=0$, 则有 $\phi(n)=0$, 从而 $\lim\phi(n)=0$, 所以这些特殊情形不会对我们造成困难.

首先, 假设 x 是正的, 那么, 由于 $\phi(n+1)=x\phi(n)$, 所以, 当 $x>1$ 时 $\phi(n)$ 与 n 一起增加, 当 $x<1$ 时 $\phi(n)$ 在 n 增加时减少.

如果 $x>1$, 那么 x^n 必定或者趋向一个极限 (它显然必须大于 1) 或者趋向 $+\infty$. 假设它趋向一个极限 l. 根据例 XXV 的第 (7) 题有 $\lim\phi(n+1)=\lim\phi(n)=l$, 但是

$$\lim\phi(n+1)=\lim x\phi(n)=x\lim\phi(n)=xl,$$

于是 $l=xl$. 而这是不可能的, 因为 x 和 l 两者都大于 1. 所以

$$x^n\to+\infty \quad (x>1).$$

例 通过二项式定理证明: 如果 δ 是正数且 $x=1+\delta$, 则有 $x^n>1+n\delta$, 所以有

$$x^n\to+\infty,$$

由此读者可以给出一个另外的证明.

另一方面, 如果 $x<1$, 则 x^n 是递减函数, 于是必定趋向一个极限或者趋向 $-\infty$. 由于 x^n 是正的, 可以不考虑第二种可能性. 于是, 比方说有 $\lim x^n=l$, 同上就有 $l=xl$, 从而 l 必定为零. 于是

$$\lim x^n=0 \quad (0<x<1).$$

例 如同在上一个例子中那样, 证明: 如果 $0<x<1$, 则有 $(1/x)^n$ 趋向 $+\infty$, 并推出 x^n 趋向 0.

最后, 我们应该来考虑 x 取负值的情形. 如果 $-1<x<0$, 且 $x=-y$, 则 $0<y<1$, 由上面所述即得 $\lim y^n=0$, 从而有 $\lim x^n=0$. 如果 $x=-1$, 显然 x^n 振荡, 交替取值 $-1, 1$. 最后, 如果 $x<-1$, 且 $x=-y$, 则有 $y>1$, 这样 y^n 就趋

① 只要 $PQ/2^n<\delta$, 就一定是这种情形.

向 $+\infty$, 这样一来, x^n 既取正值, 又取负值, 而且能取到绝对值比任何指定的数都要大的值. 从而 x^n 无限振荡. 总结起来有以下结论:

$$
\begin{aligned}
\phi(n) = x^n \to +\infty &\qquad (x > 1),\\
\lim \phi(n) = 1 &\qquad (x = 1),\\
\lim \phi(n) = 0 &\qquad (-1 < x < 1),\\
\phi(n)\ \text{有限振荡} &\qquad (x = -1),\\
\phi(n)\ \text{无限振荡} &\qquad (x < -1).
\end{aligned}
$$

例 XXVII①

(1) 如果 $\phi(n)$ 是正的, 对所有的 n 值都有 $\phi(n+1) \geqslant K\phi(n)$, 其中 $K > 1$, 那么 $\phi(n) \to +\infty$.

[因为

$$\phi(n) \geqslant K\phi(n-1) \geqslant K^2\phi(n-2) \geqslant \cdots \geqslant K^{n-1}\phi(1),$$

而 $K^n \to \infty$, 由此立即推得结论.]

(2) 如果条件仅当 $n \geqslant n_0$ 时满足, 那么同样的结论仍成立.

(3) 如果 $\phi(n)$ 是正的, $\phi(n+1) \leqslant K\phi(n)$, 其中 $0 < K < 1$, 那么 $\lim \phi(n) = 0$. 如果此条件仅当 $n \geqslant n_0$ 时满足, 那么这个结论依然成立.

(4) 如果当 $n \geqslant n_0$ 时有 $|\phi(n+1)| \leqslant K|\phi(n)|$, 其中 $0 < K < 1$, 那么 $\lim \phi(n) = 0$.

(5) 如果 $\phi(n)$ 是正的, $\lim \dfrac{\phi(n+1)}{\phi(n)} = l > 1$, 那么 $\phi(n) \to +\infty$.

[因为我们可以这样来确定 n_0, 使得当 $n \geqslant n_0$ 时有 $\{\phi(n+1)\}/\{\phi(n)\} > K > 1$. 例如, 我们可以取 K 是 1 与 l 的中值. 现在再应用第 (1) 题的结论.]

(6) 如果

$$\lim \frac{\phi(n+1)}{\phi(n)} = l, \quad -1 < l < 1,$$

那么 $\lim \phi(n) = 0$. [如同从第 (1) 题得出第 (5) 题一样, 它可以从第 (4) 题推出.]

(7) 确定当 $n \to \infty$ 时 $\phi(n) = n^r x^n$ 的性状, 其中 r 是任意正整数.

[如果 $x = 0$, 则对所有的 n 值都有 $\phi(n) = 0$, 因此 $\phi(n) \to 0$. 在所有其他情形有

$$\frac{\phi(n+1)}{\phi(n)} = \left(\frac{n+1}{n}\right)^r x \to x.$$

首先假设 x 是正数. 那么, 如果 $x > 1$, 则有 $\phi(n) \to +\infty$(第 (5) 题); 如果 $x < 1$, 则有 $\phi(n) \to 0$(第 (6) 题); 如果 $x = 1$, 则有 $\phi(n) = n^r \to +\infty$. 其次, 假设 x 是负数. 那么, 如果 $|x| \geqslant 1$, 则有 $|\phi(n)| = n^r|x|^n$, 它趋向 $+\infty$; 如果 $|x| < 1$, 则它趋向零. 因此, 如果 $x \leqslant -1$, 则 $\phi(n)$ 无限振荡, 如果 $-1 < x < 0$, 则有 $\phi(n) \to 0$.]

(8) 用同样的方法讨论 $n^{-r}x^n$. [除了当 $x = 1$ 以及 $x = -1$ 时有 $\phi(n) \to 0$ 以外, 结果是相同的.]

① 这些例子特别重要, 且其中有一些将在本书后面要用到. 因此应对它们仔细加以研究.

(9) 作出表格来说明：对 x 的所有实数值以及对 k 的所有正整数值和负整数值，当 $n\to\infty$ 时，$n^k x^n$ 性状如何？

[读者会注意到，除了在 $x=1$ 以及 $x=-1$ 的特殊情形外，k 的值是不太重要的．由于 $\lim\{(n+1)/n\}^k=1$，不论 k 是正数还是负数，比值 $\phi(n+1)/\phi(n)$ 只与 x 有关，一般来讲 $\phi(n)$ 的性状由因子 x^n 所决定．仅当 x 绝对值等于 1 时因子 n^k 才起作用．]

(10) 证明：如果 x 是正数，那么当 $n\to\infty$ 时有 $\sqrt[n]{x}\to 1$．[例如，假设 $x>1$．那么 $x,\sqrt{x},\sqrt[3]{x},\cdots$ 是递减序列，且对所有的 n 都有 $\sqrt[n]{x}>1$．于是 $\sqrt[n]{x}\to l$，这里 $l\geqslant 1$．但是如果 $l>1$，我们就能求得 n 的任意大的值，使得对它有 $\sqrt[n]{x}>l$，也即 $x>l^n$；但由于当 $n\to\infty$ 时有 $l^n\to+\infty$，因此这是不可能的．]

(11) $\sqrt[n]{n}\to 1$．[因为，如果 $(n+1)^n<n^{n+1}$，也即 $\left(1+n^{-1}\right)^n<n$ (此式对 $n\geqslant 3$ 肯定是满足的 [证明见第 73 节])，则有 $\sqrt[n+1]{n+1}<\sqrt[n]{n}$．从而随着 n 从 3 开始增加，$\sqrt[n]{n}$ 递减，又因为它总是大于 1，因此它趋向一个大于等于 1 的极限．但是，如果 $\sqrt[n]{n}\to l$，其中 $l>1$，那么就有 $n>l^n$，但由于当 $n\to\infty$ 时有 $l^n/n\to+\infty$(第 (7)(8) 题)，这对充分大的 n 值肯定不成立．]

(12) 对 x 的所有实数值，有 $x^n/n!\to 0$．[令 $u_n=x^n/n!$，则有 $u_{n+1}/u_n=x/(n+1)$，当 $n\to\infty$ 时它趋向零，所以 u_n 趋向零 (第 (6) 题)．]

(13) $\sqrt[n]{n!}\to\infty$．[因为，无论 x 有多大，对于充分大的 n 都有 $n!>x^n$ (第 (12) 题)．]

(14) 证明：如果 $-1<x<1$，那么，当 $n\to\infty$ 时

$$u_n=\frac{m(m-1)\cdots(m-n+1)}{n!}x^n=\binom{m}{n}x^n$$

趋向零．

[如果 m 是正整数，则对 $n>m$ 有 $u_n=0$．反之则有

$$\frac{u_{n+1}}{u_n}=\frac{m-n}{n+1}x\to -x,$$

除非 $x=0$．]

73. $\left(1+\dfrac{1}{n}\right)^n$ 的极限

当 $\phi(n)=\left(1+n^{-1}\right)^n$ 时，给出一个更加困难的问题，此问题可以借助第 69 节的方法加以解决．

由二项式定理推出

$$\begin{aligned}\left(1+\frac{1}{n}\right)^n&=1+n\cdot\frac{1}{n}+\frac{n(n-1)}{1\cdot 2}\cdot\frac{1}{n^2}+\cdots+\frac{n(n-1)\cdots(n-n+1)}{1\cdot 2\cdots n}\cdot\frac{1}{n^n}\\&=1+1+\frac{1}{1\cdot 2}\left(1-\frac{1}{n}\right)+\frac{1}{1\cdot 2\cdot 3}\left(1-\frac{1}{n}\right)\left(1-\frac{2}{n}\right)+\cdots\\&\quad+\frac{1}{1\cdot 2\cdots n}\left(1-\frac{1}{n}\right)\left(1-\frac{2}{n}\right)\cdots\left(1-\frac{n-1}{n}\right).\end{aligned}$$

此表达式中的第 $p+1$ 项，也即

$$\frac{1}{1\cdot 2\cdots p}\left(1-\frac{1}{n}\right)\left(1-\frac{2}{n}\right)\cdots\left(1-\frac{p-1}{n}\right)$$

是正的, 它是 n 的增函数, 该展开式的项数也随 n 增加而增加. 因此 $\left(1+\frac{1}{n}\right)^n$ 随 n 增加而增加, 所以当 $n\to\infty$ 时它趋向一个极限, 或者趋向 $+\infty$.

但是

$$\begin{aligned}\left(1+\frac{1}{n}\right)^n &< 1+1+\frac{1}{1\cdot 2}+\frac{1}{1\cdot 2\cdot 3}+\cdots+\frac{1}{1\cdot 2\cdot 3\cdots n}\\ &< 1+1+\frac{1}{2}+\frac{1}{2^2}+\cdots+\frac{1}{2^{n-1}}<3.\end{aligned}$$

从而 $\left(1+\frac{1}{n}\right)^n$ 不可能趋向 $+\infty$, 所以

$$\lim_{n\to\infty}\left(1+\frac{1}{n}\right)^n=\mathrm{e},$$

其中 e 是一个满足 $2<\mathrm{e}\leqslant 3$ 的数.

例 求 $n^{-n-1}(n+1)^n$ 的极限. (*Math. Trip.* 1934)

74. 某些代数引理

在这个时候来证明若干个以后对我们有用的初等不等式会是很方便的.

(i) 显然, 如果 $\alpha>1$, r 是正整数, 那么

$$r\alpha^r>\alpha^{r-1}+\alpha^{r-2}+\cdots+1.$$

将这个不等式的两边用 $\alpha-1$ 来乘, 我们得到

$$r\alpha^r(\alpha-1)>\alpha^r-1,$$

两边加上 $r(\alpha^r-1)$, 再用 $r(r+1)$ 来除, 我们得到

$$\frac{\alpha^{r+1}-1}{r+1}>\frac{\alpha^r-1}{r}\quad(\alpha>1).\tag{1}$$

类似地可以证明

$$\frac{1-\beta^{r+1}}{r+1}<\frac{1-\beta^r}{r}\quad(0<\beta<1).\tag{2}$$

由此推出, 如果 r 和 s 是正整数, 且 $r>s$, 那么

$$\frac{\alpha^r-1}{r}>\frac{\alpha^s-1}{s},\quad\frac{1-\beta^r}{r}<\frac{1-\beta^s}{s}.\tag{3}$$

这里 $0<\beta<1<\alpha$. 特别地, 当 $s=1$ 时有

$$\alpha^r-1>r(\alpha-1),\quad 1-\beta^r<r(1-\beta).\tag{4}$$

(ii) 在 r 和 s 是正整数的条件下, 不等式 (3) 和 (4) 已经得到证明. 但是容易看出, 这两个不等式对更一般的条件 "r 和 s 是任何正有理数" 依然成立. 例如, 考虑不等式 (3) 中的第一个式子. 设 $r=a/b$, $s=c/d$, 其中 a,b,c,d 是正整数, 所以 $ad>bc$. 如果令 $\alpha=\gamma^{bd}$, 则该不等式有如下形式

$$\left(\gamma^{ad}-1\right)/ad>\left(\gamma^{bc}-1\right)/bc,$$

而这是我们已经证明的结果. 同样的方法也适用于剩下的不等式. 显然, 类似的方法可以证明: 如果 s 是小于 1 的正有理数, 则有

$$\alpha^s - 1 < s(\alpha - 1), \quad 1 - \beta^s > s(1 - \beta). \tag{5}$$

(iii) 下面约定: 所有的字母都表示正数, r 和 s 是有理数, α 和 r 大于 1, β 和 s 小于 1. 在 (4) 中用 $1/\beta$ 代替 α, 用 $1/\alpha$ 代替 β, 我们得到

$$\alpha^r - 1 < r\alpha^{r-1}(\alpha - 1), \quad 1 - \beta^r > r\beta^{r-1}(1 - \beta). \tag{6}$$

类似地, 由 (5) 推出

$$\alpha^s - 1 > s\alpha^{s-1}(\alpha - 1), \quad 1 - \beta^s < s\beta^{s-1}(1 - \beta). \tag{7}$$

将 (4) 和 (6) 组合起来, 我们看出有

$$r\alpha^{r-1}(\alpha - 1) > \alpha^r - 1 > r(\alpha - 1). \tag{8}$$

用 x/y 代替 α, 得到: 如果 $x > y > 0$, 则有

$$rx^{r-1}(x - y) > x^r - y^r > ry^{r-1}(x - y). \tag{9}$$

对 (5) 和 (7) 运用同样的方法得到

$$sx^{s-1}(x - y) < x^s - y^s < sy^{s-1}(x - y). \tag{10}$$

例 XXVIII

(1) 对 $r = 2, 3$ 验证 (9), 对 $s = \frac{1}{2}, \frac{1}{3}$ 验证 (10).

(2) 证明 (9) 和 (10) 对于 $y > x > 0$ 也成立.

(3) 证明 (9) 对 $r < 0$ 也成立.

[不等式 (9) 和 (10) 的完整的讨论可以在 *Inequalities* 一书第 2 章找到, 也见附录 1.]

(4) 如果当 $n \to \infty$ 时有 $\phi(n) \to l$, 其中 $l > 0$, 而 k 是有理数, 那么 $\phi^k \to l^k$.

[根据第 66 节的定理 III, 我们可以假设 $k > 0$; 且可以假设 $\frac{1}{2}l < \phi < 2l$, 这是由于从 n 的某个值开始往后此式肯定能够成立. 如果 $k > 1$, 则根据 $\phi > l$ 或者 $\phi < l$, 我们有

$$k\phi^{k-1}(\phi - l) > \phi^k - l^k > kl^{k-1}(\phi - l),$$

或者

$$kl^{k-1}(l - \phi) > l^k - \phi^k > k\phi^{k-1}(l - \phi).$$

由此推出, $\left|\phi^k - l^k\right|$ 和 $|\phi - l|$ 的比值介于 $k\left(\frac{1}{2}l\right)^{k-1}$ 和 $k(2l)^{k-1}$ 之间. 当 $0 < k < 1$ 时证明类似. 如果 $k > 0$, 则当 $l = 0$ 时此结果依然成立.]

(5) 将例 XXVII 第 (7)(8)(9) 题的结果推广到 r 和 k 是任意有理数的情形.

75. $n\left(\sqrt[n]{x}-1\right)$ 的极限

如果在第 74 节不等式 (3) 的第一个式子中取 $r=1/(n-1)$, $s=1/n$, 我们看到, 当 $\alpha>1$ 时就有

$$(n-1)\left(\sqrt[n-1]{\alpha}-1\right)>n\left(\sqrt[n]{\alpha}-1\right).$$

于是, 如果 $\phi(n)=n(\sqrt[n]{\alpha}-1)$, 那么 $\phi(n)$ 就随 n 的增加而递减. 又 $\phi(n)$ 永远是正的. 从而当 $n\to\infty$ 时, $\phi(n)$ 趋向一个极限 l, 且有 $l\geqslant 0$.

又如果在第 74 节不等式 (7) 的第一个式子中, 置 $s=1/n$, 我们就得到

$$n\left(\sqrt[n]{\alpha}-1\right)>\sqrt[n]{\alpha}\left(1-\frac{1}{\alpha}\right)>1-\frac{1}{\alpha}.$$

从而 $l\geqslant 1-(1/\alpha)>0$. 于是, 如果 $\alpha>1$, 我们就有

$$\lim_{n\to\infty}n\left(\sqrt[n]{\alpha}-1\right)=f(\alpha),$$

其中 $f(\alpha)>0$.

其次假设 $\beta<1$, 并设 $\beta=1/\alpha$, 则 $n\left(\sqrt[n]{\beta}-1\right)=-n(\sqrt[n]{\alpha}-1)/\sqrt[n]{\alpha}$. 现在有 $n(\sqrt[n]{\alpha}-1)\to f(\alpha)$, 又有 (例 XXVII 第 (10) 题)

$$\sqrt[n]{\alpha}\to 1.$$

这样一来, 如果 $\beta=1/\alpha<1$, 我们就有

$$n\left(\sqrt[n]{\beta}-1\right)\to -f(\alpha).$$

最后, 如果 $x=1$, 那么对所有的 n 值都有 $n(\sqrt[n]{x}-1)=0$.

这样我们就得到结论: 极限

$$\lim n\left(\sqrt[n]{x}-1\right)$$

对 x 的所有正的值定义了x 的一个函数. 这个函数$f(x)$ 具有性质

$$f(1/x)=-f(x),\quad f(1)=0,$$

且它取正值或者负值要根据 $x>1$ 或者 $x<1$ 来决定. 以后我们将会把此函数与 x 的自然对数 (Napierian logarithm) 等同起来.

例　证明 $f(xy)=f(x)+f(y)$. [利用等式

$$f(xy)=\lim n(\sqrt[n]{xy}-1)=\lim\left\{n\left(\sqrt[n]{x}-1\right)\sqrt[n]{y}+n(\sqrt[n]{y}-1)\right\}.]$$

76. 无穷级数

假设 $u(n)$ 是对所有 n 值都有定义的 n 的任意一个函数. 如果我们将 $u(\nu)$ 对于 $\nu=1,2,\cdots,n$ 的值加起来, 就得到 n 的另外一个函数, 也即

$$s(n)=u(1)+u(2)+\cdots+u(n),$$

它对所有的 n 值都有定义. 一般来说, 最方便的是将记号稍加改变, 将此等式写成

$$s_n=u_1+u_2+\cdots+u_n,$$

或者, 更简洁地写成

$$s_n=\sum_{\nu=1}^{n}u_\nu.$$

如果现在我们假设, 当 n 趋向 ∞ 时 s_n 趋向一个极限 s, 我们就有

$$\lim_{n\to\infty}\sum_{\nu=1}^{n}u_\nu = s.$$

此等式通常写成下列形式之一:

$$\sum_{\nu=1}^{\infty}u_\nu = s, \quad u_1+u_2+u_3+\cdots = s,$$

式中的省略号表示级数中 u_i 的无穷性.

粗略地说, 上面这个等式的意义是: 将越来越多的 u_i 加在一起, 我们得到的值就与极限 s 越来越接近. 更精确地说, 如果 δ 是取定的任意小的正数, 我们都能选取 $n_0(\delta)$ 的值, 使得该级数的前 $n_0(\delta)$ 项之和, 或者任意更多项数之和都介于 $s-\delta$ 与 $s+\delta$ 之间; 用符号来表示就是: 如果 $n \geqslant n_0(\delta)$, 则有

$$s-\delta < s_n < s+\delta.$$

此时我们称级数

$$u_1+u_2+\cdots$$

是**收敛的无穷级数** (convergent infinite series), 称 s 是该级数的**和**, 或者称为该级数的**所有项之和**.

于是, 说级数 $u_1+u_2+\cdots$ 收敛且有和 s, 或者说该级数收敛于和 s, 这仅仅是表述 "当 $n\to\infty$ 时, 前 n 项之和 $s_n=u_1+u_2+\cdots+u_n$ 趋向极限 s" 的另外一种方式, 对这种无穷级数的考虑并没有引进超出本章前面部分读者所熟悉内容的任何新思想. 事实上, 正如我们所考虑过的函数那样, 和式 s_n 仅仅是用一种特殊的形式来表示的一个函数 $\phi(n)$. 通过记

$$\phi(n)=\phi(1)+\{\phi(2)-\phi(1)\}+\cdots+\{\phi(n)-\phi(n-1)\},$$

任何一个函数 $\phi(n)$ 都可以表示成这种形式; 比方说, 当 $n\to\infty$ 时, 有时说成 "$\phi(n)$ *收敛* (代替 '趋向') 于极限 l" 是更为方便的.

如果 $s_n\to+\infty$ 或者 $s_n\to-\infty$, 我们就说: 级数 $u_1+u_2+\cdots$ *是发散的* (divergent), 或者根据情况说成*发散于* $+\infty$ 或者 $-\infty$. 这些术语也可以用于任何函数 $\phi(n)$. 例如, 如果 $\phi(n)\to+\infty$, 我们可以说 $\phi(n)$ *发散于* $+\infty$. 如果 s_n 不趋向一个极限, 也不趋向 $+\infty$ 或者 $-\infty$, 那么它有限振荡或者无限振荡: 在这一情形, 我们可以说级数 $u_1+u_2+\cdots$ 有限或者无限振荡.①

① 应该告诫读者的是, 不同的作者对于词汇 "发散" 和 "振荡" 的用法不尽相同. 这里该词汇的用法与 Bromwich 所著 *Infinite series* 一书中的用法相同. 在 Hobson 的 *Theory of functions of a real variable* 一书中, 一个级数被说成是振荡的, 仅当它是有限振荡的时候, 而无限振荡的级数则被划归 "发散的" 一类. 许多作者把 "发散的" 仅当作 "不收敛的" 来使用.

77. 关于无穷级数的一般性定理

当处理无穷级数时, 常常会有机会使用下述某个一般性的定理.

(1) 如果 $u_1+u_2+\cdots$ 收敛, 且有和 s, 那么 $a+u_1+u_2+\cdots$ 收敛, 且有和 $a+s$. 类似地, $a+b+c+\cdots+k+u_1+u_2+\cdots$ 收敛, 且有和 $a+b+c+\cdots+k+s$.

(2) 如果 $u_1+u_2+\cdots$ 收敛, 且有和 s, 那么 $u_{m+1}+u_{m+2}+\cdots$ 收敛, 且有和

$$s-u_1-u_2-\cdots-u_m.$$

(3) 如果 (1) 与 (2) 中所考虑的任何一个级数发散或者振荡, 那么第二个级数也有同样性质.

(4) 如果 $u_1+u_2+\cdots$ 收敛, 且有和 s, 那么 $ku_1+ku_2+\cdots$ 收敛, 且有和 ks.

(5) 如果 (4) 中考虑的第一个级数发散或者振荡, 那么第二个级数也有同样性质, 除非 $k=0$.

(6) 如果 $u_1+u_2+\cdots$ 与 $v_1+v_2+\cdots$ 两者都收敛, 那么级数 $(u_1+v_1)+(u_2+v_2)+\cdots$ 也收敛, 且其和等于前两个级数之和.

所有这些定理几乎都是显然的, 可以用定义或者将第 63~66 节的结果运用到和式 $s_n=u_1+u_2+\cdots+u_n$ 来加以证明. 接下来的这些结果具有稍微不同的特征.

(7) 如果 $u_1+u_2+\cdots$ 收敛, 那么 $\lim u_n=0$.

因为 $u_n=s_n-s_{n-1}$, 且 s_n 与 s_{n-1} 有相同的极限 s. 故而 $\lim u_n=s-s=0$.

读者可能倾向于认为该定理的逆命题为真, 认为如果 $\lim u_n=0$, 那么 $\sum u_n$ 必定收敛. 从一个例子容易看出并非如此. 设级数是

$$1+\tfrac{1}{2}+\tfrac{1}{3}+\tfrac{1}{4}+\cdots,$$

所以 $u_n=1/n$. 前四项的和是

$$1+\tfrac{1}{2}+\tfrac{1}{3}+\tfrac{1}{4}>1+\tfrac{1}{2}+\tfrac{2}{4}=1+\tfrac{1}{2}+\tfrac{1}{2}.$$

下面四项的和是 $\frac{1}{5}+\frac{1}{6}+\frac{1}{7}+\frac{1}{8}>\frac{4}{8}=\frac{1}{2}$; 接下来八项的和大于 $\frac{8}{16}=\frac{1}{2}$, 如此等等. 前面

$$4+4+8+16+\cdots+2^n=2^{n+1}$$

项的和大于

$$2+\tfrac{1}{2}+\tfrac{1}{2}+\tfrac{1}{2}+\cdots+\tfrac{1}{2}=\tfrac{1}{2}(n+3),$$

它将随着 n 一起增加而超出任何界限: 所以该级数发散于 $+\infty$.

(8) 如果 $u_1+u_2+u_3+\cdots$ 收敛, 那么用任意方式将它的项加括号算作一个新的项所得到的新的级数亦收敛, 且两个级数的和相同.

读者应有能力给出这个定理的证明. 这里定理的逆再次不真. 例如 $1-1+1-1+\cdots$ 振荡, 然而

$$(1-1)+(1-1)+\cdots$$

也即 $0+0+0+0+\cdots$ 却收敛于 0.

(9) 如果每一项 u_n 都是正数 (或者是零), 那么级数 $\sum u_n$ 或者收敛, 或者发散于 $+\infty$. 如果收敛, 它的和必定是正的 (除非所有的项都是零, 此时当然它的和为零).

因为, 根据第 69 节的定义, s_n 是 n 的增函数, 所以我们可以将该节的结果应用于 s_n.

(10) 如果每一项 u_n 都是正数 (或者是零), 那么级数 $\sum u_n$ 收敛的充分必要条件是: 可以找到一个数 K, 使得该级数中任意多项之和都小于 K; 如果 K 可以找到, 那么该级数的和不大于 K.

这也可以立即从第 69 节的结果推出. 似乎不需要指出: 如果条件 "每个 u_n 都是正数" 不满足, 则该定理不再成立. 例如,

$$1-1+1-1+\cdots$$

显然是振荡的, 虽然 s_n 交替地取值 1 和 0.

(11) 如果 $u_1+u_2+\cdots$ 和 $v_1+v_2+\cdots$ 是由正的 (或为零的) 项组成的两个级数, 第二个级数是收敛的, 且如果对所有的 n 值都有 $u_n \leqslant Kv_n$, 其中 K 是常数, 那么第一个级数也收敛, 且它的和不超过第二个级数的和的 K 倍.

因为如果 $v_1+v_2+\cdots=t$, 那么对所有 n 的值都有 $v_1+v_2+\cdots+v_n \leqslant t$, 所以 $u_1+u_2+\cdots+u_n \leqslant Kt$, 这就证明了定理.

反之, 如果 $\sum u_n$ 发散, 且 $v_n \geqslant Ku_n$, 其中 $K>0$, 则 $\sum v_n$ 发散.

78. 无穷几何级数

我们现在来研究 "几何的" 级数, 它的通项是 $u_n=r^{n-1}$. 在此情形有 (除了 $r=1$ 这一特殊情形之外)

$$s_n=1+r+r^2+\cdots+r^{n-1}=\left(1-r^n\right)/\left(1-r\right),$$

而当 $r=1$ 时,

$$s_n=1+1+\cdots+1=n.$$

在最后这一情形有 $s_n \to +\infty$. 在一般情形, s_n 趋向一个极限, 当且仅当 r^n 趋向一个极限. 参考第 72 节的结果, 我们看出: 级数 $1+r+r^2+\cdots$ 是收敛的且有和 $1/\left(1-r\right)$, 当且仅当 $-1<r<1$.

如果 $r \geqslant 1$, 那么 $s_n \geqslant n$, 所以 $s_n \to +\infty$, 也就是说, 该级数发散于 $+\infty$. 如果 $r=-1$, 那么 $s_n=1$ 或者 $s_n=0$, 根据 n 是奇数还是偶数而定, 也即 s_n 是有限振荡的. 如果 $r<-1$, 那么 s_n 无限振荡. 于是, 总结起来就得到: 如果 $r \geqslant 1$, 那么级数 $1+r+r^2+\cdots$ 发散于 $+\infty$, 如果 $-1<r<1$, 则该级数收敛于 $1/(1-r)$, 如果 $r=-1$, 那么 s_n 是有限振荡的, 而当 $r<-1$ 时, s_n 无限振荡.

例 XXIX

(1) 循环小数. 无穷级数最常见的一个例子由一个通常的循环小数给出. 例如, 考虑小数 $0.217\dot{1}\dot{3}$. 根据通常的算术法则, 这个数就是

$$\frac{2}{10}+\frac{1}{10^2}+\frac{7}{10^3}+\frac{1}{10^4}+\frac{3}{10^5}+\frac{1}{10^6}+\frac{3}{10^7}+\cdots=\frac{217}{1000}+\frac{13}{10^5}\Big/\left(1-\frac{1}{10^2}\right)=\frac{2687}{12\,375}.$$

读者应该考虑: 在这个化简过程中, 究竟在何处以及如何利用了第 77 节的一般性的定理.

(2) 证明: 一般来说有

$$0.a_1a_2\cdots a_m\dot{\alpha}_1\alpha_2\cdots\dot{\alpha}_n=\frac{a_1a_2\cdots a_m\alpha_1\alpha_2\cdots\alpha_n-a_1a_2\cdots a_m}{99\cdots900\cdots0},$$

分母中含有 n 个 9 和 m 个零.

(3) 证明: 一个纯循环小数总是与一个分母不含 2 和 5 作为因子的真分数相等.

(4) 一个有 m 位不循环数字以及 n 位循环数字的小数等于这样一个真分数: 它的分母能被 2^m 或者 5^m 整除, 但不能被这两个数中任何一个数的更高幂整除.

(5) 第 (3)(4) 题的逆命题仍然成立. 设 $r=p/q$, 并首先假设 q 与 10 互素. 如果我们将 10 的所有幂被 q 来除, 我们就能得到至多 q 个不同的余数. 于是有可能求得两个数 n_1 和 n_2, 这里 $n_1>n_2$, 使得 10^{n_1} 与 10^{n_2} 有相同的余数. 于是 $10^{n_1}-10^{n_2}=10^{n_2}\left(10^{n_1-n_2}-1\right)$ 能被 q 整除, 所以 10^n-1 能被 q 整除, 其中 $n=n_1-n_2$. 从而 r 可以表示成形式 $P/\left(10^n-1\right)$, 也就是表示成形式

$$\frac{P}{10^n}+\frac{P}{10^{2n}}+\cdots,$$

也就是表示为有 n 位数字的一个纯循环小数. 另一方面, 如果 $q=2^\alpha5^\beta Q$, 其中 Q 与 10 互素, 而 m 是 α 与 β 中较大者, 那么 $10^m r$ 有一个与 10 互素的分母, 从而可以表示成一个整数与一个纯循环小数之和. 但是对于任何小于 m 的 μ 的值, 此结论对于 $10^\mu r$ 并不成立; 从而与 r 对应的小数恰有 m 位不循环的数字.

(6) 我们必须将例 I 第 (3) 题的结果添加到这里第 (2)~(5) 题的结果中去. 最后, 如果注意到

$$0.\dot{9}=\frac{9}{10}+\frac{9}{10^2}+\frac{9}{10^3}+\cdots=1,$$

我们就看出: 每个有限小数也都可以表示成一个循环部分全部由 9 组成的混循环小数. 例如, $0.217=0.216\dot{9}$. 因此每一个真分数都可以表示成一个循环小数, 反之亦然.

(7) 一般的小数. *无理数表为不循环小数*. 任何小数, 无论循环与否, 都与 0 和 1 之间的一个确定的数对应. 因为小数 $0.a_1a_2a_3a_4\cdots$ 代表了级数

$$\frac{a_1}{10}+\frac{a_2}{10^2}+\frac{a_3}{10^3}+\cdots.$$

由于所有的数字皆为正数, 因此这个级数的前 n 项之和 s_n 随 n 一起增加, 且它肯定不大于 $0.\dot{9}$, 也就是不大于 1. 从而 s_n 趋向 0 和 1 之间的某个极限.

此外, 任何两个不同的小数都不会对应同一个数 (除非在第 (6) 题说明的特殊情形). 因为, 假设 $0.a_1a_2a_3\cdots$ 和 $0.b_1b_2b_3\cdots$ 是两个不同的小数, 它们直到 a_{r-1},b_{r-1} 为止的数字都对应相等, 但有 $a_r>b_r$. 这样就有 $a_r\geqslant b_r+1>b_r\cdot b_{r+1}b_{r+2}\cdots$ (除非 $b_{r+1},b_{r+2},\cdots$ 全都是 9), 所以

$$0.a_1a_2\cdots a_ra_{r+1}\cdots>0.b_1b_2\cdots b_rb_{r+1}\cdots.$$

由此推出, 一个有理分数表示成循环小数的表达式 (第 (2)~(6) 题) 是唯一的. 还可以推出: 每个非有限不循环的小数表示介于 0 与 1 之间的某个**无理数**. 反过来, 任何一个这样的数都能表示成这样一个小数. 因为它必定位于下列诸区间

$$0, \frac{1}{10}; \frac{1}{10}, \frac{2}{10}; \cdots; \frac{9}{10}, 1$$

中的某一个之中. 如果它位于 $\frac{1}{10}r$ 和 $\frac{1}{10}(r+1)$ 之间, 那么它的第一位数字就是 r. 将这个区间再细分为 10 个部分, 我们就能确定它的第二位数字, 如此等等. 但是 (第 (3)(4) 题), 该小数不可能是循环的. 例如, 对于根式 $\sqrt{2}$ 用通常方式得到的小数 $1.414\cdots$ 不可能是循环的.

(8) 小数 $0.101\,001\,000\,100\,001\,0\cdots$ 和 $0.202\,002\,000\,200\,002\,0\cdots$ 表示无理数, 在这两个数中夹在 1 或者 2 之间的 0 的个数每次增加 1.

(9) 小数 $0.011\,010\,100\,010\,10\cdots$ 表示无理数, 其中如果 n 是素数, 则它的第 n 位数字是 1, 反之则为零. [由于素数无穷, 故而该小数不会中止. 它也不可能是循环的: 因为, 如果它是循环的, 我们就能确定 m 和 p, 使得 $m, m+p, m+2p, m+3p, \cdots$ 全都是素数; 而这是荒谬的, 因为这列数中包含 $m+mp$①.]

例 XXX

(1) 如果 $-1<r<1$, 则级数 $r^m+r^{m+1}+\cdots$ 收敛, 其和为

$$1/(1-r)-1-r-\cdots-r^{m-1}$$

(第 77 节的 (2)).

(2) 如果 $-1<r<1$, 则级数 $r^m+r^{m+1}+\cdots$ 收敛, 且其和为 $r^m/(1-r)$(第 77 节的 (4)). 验证: 第 (1) 题和第 (2) 题的结论相一致.

(3) 证明级数 $1+2r+2r^2+\cdots$ 收敛, 和为 $(1+r)/(1-r)$, (α) 将该级数写成 $-1+2\left(1+r+r^2+\cdots\right)$; ($\beta$) 将该级数写成 $1+2\left(r+r^2+\cdots\right)$; ($\gamma$) 将两个级数 $1+r+r^2+\cdots$ 与 $r+r^2+\cdots$ 相加. 在每一种情形写出第 77 节中有哪些定理用在你的证明中了.

(4) 证明: "算术" 级数

$$a+(a+b)+(a+2b)+\cdots$$

永远是发散的, 除非 a 与 b 两者皆为零. 证明: 如果 b 不是零, 那么级数发散于 $+\infty$ 或者 $-\infty$ 要根据 b 的符号来决定; 如果 $b=0$, 那么它发散于 $+\infty$ 或者 $-\infty$ 要根据 a 的符号来决定.

(5) 当级数

$$(1-r)+\left(r-r^2\right)+\left(r^2-r^3\right)+\cdots$$

收敛时, 它的和是什么? [该级数仅当 $-1<r\leqslant 1$ 时收敛. 当 $r=1$ 时其和为 0, 除此之外其和均为 1.]

(6) 对级数

$$r^2+\frac{r^2}{1+r^2}+\frac{r^2}{\left(1+r^2\right)^2}+\cdots$$

求和. [该级数永远收敛. 当 $r=0$ 时其和为 0, 除此之外其和均为 $1+r^2$.]

(7) 如果假设 $1+r+r^2+\cdots$ 是收敛的, 那么我们就能用第 77 节的 (1) 和 (4) 来证明其和为 $1/(1-r)$. 因为如果 $1+r+r^2+\cdots=s$, 那么

$$s=1+r\left(1+r+r^2+\cdots\right)=1+rs.$$ ②

① 例 XXIX 中的所有结果都可以在经适当修改之后推广到任意进位制下的小数上去. 更全面的讨论见 Bromwich 所著 *Infinite series* 一书附录 I.

② 原书此处误写为 $s=1+r\left(1+r^2+\cdots\right)=1+rs$. ——译者注

(8) 当级数

$$r+\frac{r}{1+r}+\frac{r}{(1+r)^2}+\cdots$$

收敛时, 求它的和. [如果 $-1<1/(1+r)<1$, 也即 $r<-2$ 或者 $r>0$, 则该级数收敛, 其和为 $1+r$. 当 $r=0$ 时, 它也是收敛的, 此时其和为 0.]

(9) 对级数

$$r-\frac{r}{1+r}+\frac{r}{(1+r)^2}-\cdots,\quad r+\frac{r}{1-r}+\frac{r}{(1-r)^2}+\cdots,$$

$$1-\frac{r}{1+r}+\left(\frac{r}{1+r}\right)^2-\cdots,\quad 1+\frac{r}{1-r}+\left(\frac{r}{1-r}\right)^2+\cdots$$

回答同样的问题.

(10) 考虑级数

$$(1+r)+\left(r^2+r^3\right)+\cdots,\quad \left(1+r+r^2\right)+\left(r^3+r^4+r^5\right)+\cdots,$$

$$1-2r+r^2+r^3-2r^4+r^5+\cdots,\quad \left(1-2r+r^2\right)+\left(r^3-2r^4+r^5\right)+\cdots$$

的收敛性, 并在收敛时求出它们的和.

(11) 如果 $0\leqslant a_n\leqslant 1$, 那么当 $0\leqslant r<1$ 时级数 $a_0+a_1r+a_2r^2+\cdots$ 收敛, 且它的和不大于 $1/(1-r)$.

(12) 如果 $0\leqslant a_n\leqslant 1$ 且级数 $a_0+a_1+a_2+\cdots$ 收敛, 那么对 $0\leqslant r\leqslant 1$, 级数 $a_0+a_1r+a_2r^2+\cdots$ 收敛, 且它的和不大于 $a_0+a_1+a_2+\cdots$ 与 $1/(1-r)$ 两者中较小者.

(13) 级数

$$1+\frac{1}{1}+\frac{1}{1\cdot 2}+\frac{1}{1\cdot 2\cdot 3}+\cdots$$

收敛. [因为 $1/(1\cdot 2\cdots n)\leqslant 1/2^{n-1}$.]

(14) 级数

$$1+\frac{1}{1\cdot 2}+\frac{1}{1\cdot 2\cdot 3\cdot 4}+\cdots,\quad \frac{1}{1}+\frac{1}{1\cdot 2\cdot 3}+\frac{1}{1\cdot 2\cdot 3\cdot 4\cdot 5}+\cdots$$

收敛.

(15) 一般的调和级数

$$\frac{1}{a}+\frac{1}{a+b}+\frac{1}{a+2b}+\cdots$$

发散于 $+\infty$, 其中 a 和 b 是正数. [因为 $u_n=1/(a+nb)>1/\{n(a+b)\}$, 现在将它与 $1+\frac{1}{2}+\frac{1}{3}+\cdots$ 作比较.]

(16) 证明：级数

$$(u_0-u_1)+(u_1-u_2)+(u_2-u_3)+\cdots$$

收敛, 当且仅当 $n\to\infty$ 时 u_n 趋向一个极限.

(17) 如果 $u_1+u_2+u_3+\cdots$ 发散, 那么将它的项无论用什么方式加括号算作一个新项而得到的任意一个级数也是发散的.①

(18) 从一个收敛的正项级数中选取一部分项所得到的级数也是收敛的.

---

① 一般说来, 此结论是不正确的. 例如级数 $1-1+1-1+\cdots$ 是发散的, 然而每两项加括号所得的新级数 $(1-1)+(1-1)+\cdots$ 却是收敛的. 当然, 如果这是一个正项级数, 也即对一切 $n\geqslant 1$ 都有 $u_n\geqslant 0$, 那么此题的结论显然是正确的. ——译者注

79. 用极限来表示一元连续实变函数

在上面几节里, 我们多次论及形如

$$\lim_{n\to\infty}\phi_n(x)$$

的极限以及形如

$$u_1(x)+u_2(x)+\cdots=\lim_{n\to\infty}\{u_1(x)+u_2(x)+\cdots+u_n(x)\}$$

的级数, 其中我们要寻求其极限的 n 的函数除了 n 之外, 还涉及另一个变量 x. 在这些情形, 其极限当然也是 x 的函数. 例如, 我们在第 75 节就遇到了函数

$$f(x)=\lim_{n\to\infty}n\left(\sqrt[n]{x}-1\right),$$

而几何级数 $1+x+x^2+\cdots$ 的和是 x 的函数, 也即是这样一个函数: 当 $-1<x<1$ 时它等于 $1/(1-x)$, 而对所有其他的 x 值它没有定义.

正如下面的例子所显现的那样, 在第 2 章考虑过的许多表面看来 "任意的" 或者 "不自然的" 函数能有这种样子的简单表达式.

例 XXXI

(1) $\phi_n(x)=x$. 这里 n 在 $\phi_n(x)$ 的表达式中根本就没有出现, 且对所有 x 的值都有 $\phi(x)=\lim\phi_n(x)=x$.

(2) $\phi_n(x)=x/n$. 这里对所有 x 的值都有 $\phi(x)=\lim\phi_n(x)=0$.

(3) $\phi_n(x)=nx$. 如果 $x>0$, 则 $\phi_n(x)\to+\infty$; 如果 $x<0$, 则 $\phi_n(x)\to-\infty$: 仅当 $x=0$ 时 $\phi_n(x)$ 当 $n\to\infty$ 时有极限 (也即 0). 从而当 $x=0$ 时 $\phi(x)=0$, 而对任何其他的 x 值它没有定义.

(4) $\phi_n(x)=1/nx,\ nx/(nx+1)$.

(5) $\phi_n(x)=x^n$. 当 $-1<x<1$ 时 $\phi(x)=0$; 当 $x=1$ 时 $\phi(x)=1$; 对任何其他的 x 值它没有定义.

(6) $\phi_n(x)=x^n(1-x)$. 这里的 $\phi(x)$ 与第 (5) 题中的 $\phi(x)$ 之间的区别在于: 当 $x=1$ 时它取值为 0.

(7) $\phi_n(x)=x^n/n$. 这里的 $\phi(x)$ 与第 (6) 题中的 $\phi(x)$ 之间的区别在于: 当 $x=-1$ 以及 $x=1$ 时它取值为 0.

(8) $\phi_n(x)=x^n/(x^n+1)$. [当 $-1<x<1$ 时 $\phi(x)=0$; 当 $x=1$ 时 $\phi(x)=\frac{1}{2}$; 当 $x<-1$ 或 $x>1$ 时 $\phi(x)=1$; 当 $x=-1$ 时它没有定义.]

(9) $\phi_n(x)=\dfrac{x^n}{x^n-1},\ \dfrac{1}{x^n+1},\ \dfrac{1}{x^n-1},\ \dfrac{1}{x^n+x^{-n}},\ \dfrac{1}{x^n-x^{-n}}$.

(10) 证明: 如果 $x>0$, 那么函数 $(x^n-1)/(x^n+1)$ 当 $n\to\infty$ 时趋向一个极限, 且在 $x<1, x=1, x>1$ 这三种不同的情形, 该极限有三个不同的值. (*Math. Trip.* 1935)

再讨论函数

$$\frac{nx^n-1}{nx^n+1},\quad\frac{x^n-n}{x^n+n}.$$

(11) 构造一个例子, 满足: 当 $|x|>1$ 时 $\phi(x)=1$; 当 $|x|<1$ 时 $\phi(x)=-1$; 当 $x=1$ 或 $x=-1$ 时 $\phi(x)=0$.

(12) $\phi_n(x)=x\left(\dfrac{x^{2n}-1}{x^{2n}+1}\right)^2,\quad \dfrac{n}{x^n+x^{-n}+n}$.

(13) $\phi_n(x)=\dfrac{x^n f(x)+g(x)}{x^n+1}$.

[当 $|x|>1$ 时 $\phi(x)=f(x)$; 当 $|x|<1$ 时 $\phi(x)=g(x)$; 当 $x=1$ 时 $\phi(x)=\frac{1}{2}\{f(x)+g(x)\}$; 当 $x=-1$ 时 $\phi(x)$ 没有定义.]

(14) $\phi_n(x)=(2/\pi)\arctan(nx)$. [当 $x>0$ 时 $\phi(x)=1$; 当 $x=0$ 时 $\phi(x)=0$; 当 $x<0$ 时 $\phi(x)=-1$. 此函数在数论中很重要, 通常用符号 $\operatorname{sgn}x$ 来表示.]

(15) $\phi_n(x)=\sin nx\pi$. [当 x 为整数时 $\phi(x)=0$; 在其他情形 $\phi(x)$ 没有定义 (例 XXIV 第 (7) 题).]

(16) 如果 $\phi_n(x)=\sin n!x\pi$, 那么对 x 的所有有理数值 $\phi(x)=0$ (例 XXIV 第 (13) 题). [考虑无理数的值会更困难.]

(17) $\phi_n(x)=\left(\cos^2 x\pi\right)^n$. [当 x 为整数时 $\phi(x)=1$; 在其他情形 $\phi(x)=0$.]

(18) 如果 $N\geqslant 1752$, 那么公元 N 年中的天数是

$$\lim\left\{365+\left(\cos^2\tfrac{1}{4}N\pi\right)^n-\left(\cos^2\tfrac{1}{100}N\pi\right)^n+\left(\cos^2\tfrac{1}{400}N\pi\right)^n\right\}.$$

80. 有界集合的界

设 S 是由实数 s 组成的任何一个系统或者集合. 如果存在一个数 K, 使得对 S 中每个 s 都有 $s\leqslant K$, 我们就称 S 是*有上界的*; 如果存在一个数 k, 使得对 S 中每个 s 都有 $s\geqslant k$, 我们就称 S 是*有下界的*; 如果 S 既是有上界的, 又是有下界的, 我们就简单地称 S 是*有界的*.

首先假设 S 是有上界的 (但不一定是有下界的). 则存在无穷多个数具有数 K 所具有的性质, 例如, 任何大于 K 的数都有此性质. 我们将要证明: *在所有这些数中有一个最小的数*[①], 将这个数记为 M. 这个数 M 不小于 S 中的任何数, 然而任何小于 M 的数都会小于 S 中至少一个数.

我们把实数 ξ 分成两个类 L 和 R, 将 ξ 放在类 L 还是放在类 R 中, 根据 ξ 是否小于 S 中的数来决定. 这样, 每个 ξ 属于且只属于 L 和 R 中的一个类. 每一个类都存在, 因为任何一个小于 S 中任何一个成员的数都属于 L, 而 K 则属于 R. 最后, L 的任何元素都小于 S 的某个元素, 于是也就小于 R 的任何一个元素. 从而 Dedekind 定理 (第 17 节) 的三个条件都满足, 于是存在一个划分这些类的数 M.

数 M 是我们必须证明其存在性的那个数. 首先, M 不可能小于 S 中任何一个成员. 因为如果 S 中有这样一个成员 s 存在, 那么我们就可以记 $s=M+\eta$, 其中 η 是正数. 于是, 因为数 $M+\frac{1}{2}\eta$ 小于 s, 它就属于 L, 又因为它大于 M, 它又属于 R, 然而这是不可能的. 另一方面, 任何小于 M 的数都属于 L, 从而它至少小于 S 中的一个元素. 例如 M 就具有所要求的所有这些性质.

① 一个由数组成的无穷集合不一定有最小的数. 例如, 由 $1,\frac{1}{2},\frac{1}{3},\cdots,\frac{1}{n},\cdots$ 组成的集合就没有最小的元素.

我们将这个数 M 称为 S 的**上界** (upper bound), 我们可以宣布如下定理：任何有上界的集合都有一个上界 M. S 中没有任何一个成员大于 M, 但是任何一个小于 M 的数都小于 S 中至少一个数.

按照完全一样的方法, 我们可以对有下界 (不一定有上界) 的集合证明对应的定理：任何一个有下界的集合 S 都有一个下界 m. S 中没有任何元素小于 m, 但是 S 中至少存在一个元素, 它比任意一个大于 m 的数都要小.

应该注意到, 当 S 有上界时, 有 $M \leqslant K$, 当 S 有下界时, 有 $m \geqslant k$. 当 S 有界时, 有 $k \leqslant m \leqslant M \leqslant K$.

81. 有界函数的界

假设 $\phi(n)$ 是正整变量 n 的函数. $\phi(n)$ 的所有的值的总体就定义了一个集合 S, 对此集合我们可以利用第 80 节中所有的论证方法. 如果 S 有上界, 或者有下界, 或者有界, 我们就说 $\phi(n)$ 是有上界的, 或者有下界的, 或者有界的. 如果 $\phi(n)$ 是有上界的, 也就是说, 如果存在一个数 K, 使得对所有的 n 值都有 $\phi(n) \leqslant K$, 那么就有一个数 M 使得

(i) 对所有的 n 值都有 $\phi(n) \leqslant M$;

(ii) 如果 δ 是任意正数, 那么对至少一个 n 值有 $\phi(n) > M - \delta$.

我们称这个数 M 为 $\phi(n)$ 的**上界**. 类似地, 如果 $\phi(n)$ 是有下界的, 也就是说, 如果存在一个数 k, 使得对所有的 n 值都有 $\phi(n) \geqslant k$, 那么就有一个数 m 使得

(i) 对所有 n 的值都有 $\phi(n) \geqslant m$;

(ii) 如果 δ 是任意正数, 那么对至少一个 n 值有 $\phi(n) < m + \delta$.

我们称这个数 m 为 $\phi(n)$ 的**下界**.

如果 K 存在, 则有 $M \leqslant K$; 如果 k 存在, 则有 $m \geqslant k$; 如果 k 和 K 都存在, 则有

$$k \leqslant m \leqslant M \leqslant K.$$

82. 有界函数的不定元的极限

假设 $\phi(n)$ 是有界函数, M 和 m 是它的上界和下界. 让我们取任意一个实数 ξ, 现在来考虑在 ξ 与对很大的 n 值 $\phi(n)$ 所取的值之间有可能成立的不等式关系. 有三种相互排斥的可能性存在:

(1) 对所有充分大的 n 值都有 $\xi \geqslant \phi(n)$;

(2) 对所有充分大的 n 值都有 $\xi \leqslant \phi(n)$;

(3) 对无穷多个 n 值有 $\xi < \phi(n)$, 又对无穷多个 n 值有 $\xi > \phi(n)$.

在情形 (1), 我们说 ξ 是一个**优数** (superior number); 在情形 (2) 说它是一个**劣数** (inferior number); 在情形 (3) 我们称它是一个**中数** (intermediate number). 显然, 没有任何优数会小于 m, 也没有任何劣数能大于 M.

我们来考虑所有优数组成的集合. 因为它的成员中没有任何一个是小于 m 的, 所以它有一个下界, 我们用 Λ 来记这个下界. 类似地, 劣数的集合有一个上界, 我们记之为 λ.

我们将 Λ 和 λ 分别称为当 n 趋向无穷大时 $\phi(n)$ 的**不定元的上极限** (upper limit of indetermination) 和**不定元的下极限** (lower limit of indetermination); 并记为

$$\Lambda = \overline{\lim}\,\phi(n), \quad \lambda = \underline{\lim}\,\phi(n).$$

这些数有如下的性质:

(1) $m \leqslant \lambda \leqslant \Lambda \leqslant M$;

(2) 如果有任何一个中数存在的话, 那么 Λ 和 λ 就是中数组成的集合的上界和下界;

(3) 如果 δ 是任何一个正数, 那么对所有充分大的 n 值都有 $\phi(n) < \Lambda + \delta$, 对无穷多个 n 值有 $\phi(n) > \Lambda - \delta$;

(4) 类似地, 对所有充分大的 n 值都有 $\phi(n) > \lambda - \delta$, 对无穷多个 n 值有 $\phi(n) < \lambda + \delta$;

(5) $\phi(n)$ 趋向一个极限的充分必要条件是 $\Lambda = \lambda$, 在此情形极限就是 λ 和 Λ 共同的值 l.

在这些性质中, (1) 是定义的直接推论, 我们可以如下来证明 (2). 如果 $\Lambda = \lambda = l$, 那么就至多存在一个中数, 也就是 l, 也就没有什么需要证明的了. 然后假设 $\Lambda > \lambda$. 任何一个中数 ξ 都要小于任何一个优数, 且大于任何一个劣数, 所以 $\lambda \leqslant \xi \leqslant \Lambda$. 但是, 如果 $\lambda < \xi < \Lambda$, 那么 ξ 必定是一个中数, 因为它显然既不是一个优数, 也不是一个劣数. 于是存在与 λ 以及与 Λ 任意接近的中数.

为了证明 (3), 我们注意到: $\Lambda + \delta$ 是优数, 而 $\Lambda - \delta$ 则是中数或者劣数. 于是这个结论就是定义的直接推论, 而 (4) 的证明本质上与之相同.

最后, (5) 可以证明如下. 如果 $\Lambda = \lambda = l$, 那么对每一个正的 δ 值以及充分大的 n 值都有

$$l - \delta < \phi(n) < l + \delta,$$

所以 $\phi(n) \to l$. 反之, 如果 $\phi(n) \to l$, 则上面所写的不等式对于所有充分大的 n 值成立. 从而 $l - \delta$ 就是劣数, 而 $l + \delta$ 就是优数, 所以

$$\lambda \geqslant l - \delta, \quad \Lambda \leqslant l + \delta,$$

这样就有 $\Lambda - \lambda \leqslant 2\delta$. 由于 $\Lambda - \lambda \geqslant 0$, 从而这只能在 $\Lambda = \lambda$ 时成立.

例 XXXII

(1) 无论是 Λ 还是 λ 都不会因为 $\phi(n)$ 的任意有限多个值的改变而受到影响.

(2) 如果对所有的 n 值都有 $\phi(n) = a$, 那么就有 $m = \lambda = \Lambda = M = a$.

(3) 如果 $\phi(n) = n^{-1}$, 那么 $m = \lambda = \Lambda = 0$ 以及 $M = 1$.

(4) 如果 $\phi(n) = (-1)^n$, 那么 $m = \lambda = -1$ 以及 $\Lambda = M = 1$.

(5) 如果 $\phi(n) = (-1)^n n^{-1}$, 那么 $m = -1, \lambda = \Lambda = 0, M = \frac{1}{2}$.

(6) 如果 $\phi(n) = (-1)^n \left(1 + n^{-1}\right)$, 那么 $m = -2, \lambda = -1, \Lambda = 1, M = \frac{3}{2}$.

(7) 设 $\phi(n) = \sin n\theta\pi$, 其中 $\theta > 0$. 如果 θ 是整数, 那么

$$m = \lambda = \Lambda = M = 0.$$

如果 θ 是有理数, 但不是整数, 会出现各种情形. 例如, 假设 $\theta = p/q$, p 和 q 是互素的正奇数, 且 $q > 1$, 那么 $\phi(n)$ 循环地取下列数值:

$$\sin \frac{p\pi}{q}, \quad \sin \frac{2p\pi}{q}, \quad \cdots, \quad \sin \frac{(2q-1)p\pi}{q}, \quad \sin \frac{2qp\pi}{q}, \quad \cdots.$$

容易验证: $\phi(n)$ 的数值最大和最小的值是 $\cos(\pi/2q)$ 和 $-\cos(\pi/2q)$, 所以

$$m = \lambda = -\cos\left(\frac{\pi}{2q}\right), \quad \Lambda = M = \cos\left(\frac{\pi}{2q}\right).$$

读者可以类似地讨论 p 和 q 两者不都是奇数的情形.

θ 是无理数的情形更加困难：可以证明，在此情形有 $m=\lambda=-1$ 以及 $\Lambda=M=1$. 还可以证明，$\phi(n)$ 的值以这样一种方式散布在区间 $(-1,1)$ 中：如果 ξ 是该区间中任意一个数，那么就存在一个数列 $n_1, n_2, \cdots$，使得当 $k\to\infty$ 时有 $\phi(n_k)\to\xi$①.

当 $\phi(n)$ 是 $n\theta$ 的小数部分时，结果十分类似.

83. 有界函数的一般收敛原理

前面几节的结果使我们能够总结出有界函数收敛于一个极限的一个十分重要的充分必要条件. 通常称此条件为收敛于极限的**一般收敛原理** (general principle of convergence).

定理 1 有界函数 $\phi(n)$ 收敛于一个极限的充分必要条件是：给定任意正数 δ，可以求得一个数 $n_0(\delta)$，使得对所有满足 $n_2>n_1\geqslant n_0(\delta)$ 的值 n_1 和 n_2 都有

$$|\phi(n_2)-\phi(n_1)|<\delta.$$

首先，该条件是**必要的**. 因为，如果 $\phi(n)\to l$，那么我们就能找到 n_0，使得当 $n\geqslant n_0$ 时有

$$l-\tfrac{1}{2}\delta<\phi(n)<l+\tfrac{1}{2}\delta,$$

所以当 $n_1\geqslant n_0$ 且 $n_2\geqslant n_0$ 时有

$$|\phi(n_2)-\phi(n_1)|<\delta. \tag{1}$$

其次，该条件是**充分的**. 为了证明这一点，我们只需要证明它包含了 $\lambda=\Lambda$. 但是如果有 $\lambda<\Lambda$，那么，无论 δ 多么小，都有无穷多个 n 值使得 $\phi(n)<\lambda+\delta$，又有无穷多个 n 值使得 $\phi(n)>\Lambda-\delta$；这样一来，我们就能求得 n_1 和 n_2 的值，它们每一个都大于任意指定的数 n_0，且使得

$$\phi(n_2)-\phi(n_1)>\Lambda-\lambda-2\delta,$$

如果 δ 足够小的话，此数大于 $\frac{1}{2}(\Lambda-\lambda)$. 这显然与不等式 (1) 矛盾. 从而 $\lambda=\Lambda$，因此 $\phi(n)$ 趋向一个极限.

84. 无界函数

到目前为止，我们局限于讨论有界函数. 但是"一般收敛原理"对无界函数与对有界函数是同样有效的，我们可以从定理 1 中删去"**有界函数**"一词.

首先，如果 $\phi(n)$ 趋向一个极限 l，那么它一定是有界的；因为它除了有限多个值之外的所有值都小于 $l+\delta$，且大于 $l-\delta$.

其次，如果定理 1 的条件满足，则只要 $n_1\geqslant n_0$ 且 $n_2\geqslant n_0$，就有

$$|\phi(n_2)-\phi(n_1)|<\delta.$$

让我们选取某个大于 n_0 的特殊值 n_1. 则当 $n_2\geqslant n_0$ 时有

$$\phi(n_1)-\delta<\phi(n_2)<\phi(n_1)+\delta.$$

从而 $\phi(n)$ 是有界的；因此上一节中证明的第二部分仍然适用.

---

① 此结论的若干个简单的证明在 Hardy 和 Littlewood 的论文 Some problems of Diophantine approximation, *Acta mathematica*, vol. XXXVII 中给出.

“一般收敛原理”的理论重要性很难再被夸大了. 与第 69 节中的定理相同, 它对于我们确定一个函数是否趋向极限给出一个方法, 而不需要事先就能说出该极限必定是什么 (如果极限存在的话); 这个定理没有像第 69 节中的定理那样具有特殊性使之成为不可避免的限制. 但是, 在初等研究中, 一般来说即便没有这个定理也有可能从这些特殊的定理中得到我们想要的所有结果. 尽管这个原理有其重要性, 但我们将会发现, 在接下来的几章中实际上并没有用到它①. 我们仅仅指出, 如果假设

$$\phi(n) = s_n = u_1 + u_2 + \cdots + u_n,$$

我们就立即对无穷级数的收敛性得到一个充分必要条件, 也即如下定理.

定理 2 级数 $u_1 + u_2 + \cdots$ 收敛的一个充分必要条件是, 给定任意正数 δ, 都能找到 n_0, 使得对于满足 $n_2 > n_1 \geqslant n_0$ 的所有 n_1 和 n_2 的值, 都有

$$|u_{n_1+1} + u_{n_1+2} + \cdots + u_{n_2}| < \delta.$$

85. 复函数以及复项级数的极限

到目前为止, 本章关心的仅限于 n 的实函数以及所有项均为实数的级数. 不过, 将我们的思想以及定义推广到复函数以及复项级数中去已经不存在困难.

假设 $\phi(n)$ 是复的, 且等于

$$\rho(n) + \mathrm{i}\sigma(n),$$

其中 $\rho(n), \sigma(n)$ 是 n 的实函数. 那么, 如果当 $n \to \infty$ 时 $\rho(n)$ 和 $\sigma(n)$ 分别收敛于极限 r 和 s, 我们就说 $\phi(n)$ 收敛于 $l = r + \mathrm{i}s$, 并记

$$\lim \phi(n) = l.$$

类似地, 当 u_n 是复数, 且等于 $v_n + \mathrm{i}w_n$ 时, 如果级数

$$v_1 + v_2 + v_3 + \cdots, \quad w_1 + w_2 + w_3 + \cdots$$

收敛, 分别有和 r, s, 那么我们就说级数

$$u_1 + u_2 + u_3 + \cdots$$

收敛于和 $l = r + \mathrm{i}s$.

当然, 说 $u_1 + u_2 + u_3 + \cdots$ 收敛于和 l, 与说当 $n \to \infty$ 时和式

$$s_n = u_1 + u_2 + \cdots + u_n = (v_1 + v_2 + \cdots + v_n) + \mathrm{i}(w_1 + w_2 + \cdots + w_n)$$

收敛于极限 l 是完全一样的.

在实函数和实项级数的情形, 我们也给出了**发散**以及**有限振荡**和**无限振荡**的定义. 但是在复函数和复项级数的情形 (在其中我们必须考虑 $\rho(n)$ 和 $\sigma(n)$ 这两者的性状), 有如此多的可能性存在, 以至于几乎不值得在此加以讨论. 当需要对此做出进一步的区分时, 我们将用分别讨论其实部以及虚部的性状这样一种方式加以处理.

① 第 8 章里给出的几个证明可以利用这个原理加以简化.

86. 定理的推广

读者会发现在证明像下面这样的一些定理时没有什么困难, 这些定理显然都是对于实函数以及实项级数所证明的定理的推广.

(1) 如果 $\lim \phi(n)=l$, 那么对于任何固定的数值 p 有 $\lim \phi(n+p)=l$.

(2) 如果 $u_1+u_2+\cdots$ 收敛于和 l, 那么 $a+b+c+\cdots+k+u_1+u_2+\cdots$ 收敛于和 $a+b+c+\cdots+k+l$, 而且 $u_{p+1}+u_{p+2}+\cdots$ 收敛于和 $l-u_1-u_2-\cdots-u_p$.

(3) 如果 $\lim \phi(n)=l$ 且 $\lim \psi(n)=m$, 那么 $\lim \{\phi(n)+\psi(n)\}=l+m$.

(4) 如果 $\lim \phi(n)=l$, 那么 $\lim k\phi(n)=kl$.

(5) 如果 $\lim \phi(n)=l$ 且 $\lim \psi(n)=m$, 那么 $\lim \phi(n)\psi(n)=lm$.

(6) 如果 $u_1+u_2+\cdots$ 收敛于和 l, 且 $v_1+v_2+\cdots$ 收敛于和 m, 那么 $(u_1+v_1)+(u_2+v_2)+\cdots$ 收敛于和 $l+m$.

(7) 如果 $u_1+u_2+\cdots$ 收敛于和 l, 那么 $ku_1+ku_2+\cdots$ 收敛于和 kl.

(8) 如果 $u_1+u_2+\cdots$ 收敛, 那么 $\lim u_n=0$.

(9) 如果 $u_1+u_2+\cdots$ 收敛, 那么, 将其中的项加括号所得到的任意级数也收敛, 且两个级数的和是相同的.

作为例子, 我们来证明定理 (5). 设

$$\phi(n)=\rho(n)+\mathrm{i}\sigma(n),\quad \psi(n)=\rho'(n)+\mathrm{i}\sigma'(n),\quad l=r+\mathrm{i}s,\quad m=r'+\mathrm{i}s'.$$

那么

$$\rho(n)\to r,\quad \sigma(n)\to s,\quad \rho'(n)\to r',\quad \sigma'(n)\to s'.$$

但是

$$\phi(n)\psi(n)=\rho\rho'-\sigma\sigma'+\mathrm{i}\left(\rho\sigma'+\rho'\sigma\right),$$

且有

$$\rho\rho'-\sigma\sigma'\to rr'-ss',\quad \rho\sigma'+\rho'\sigma\to rs'+r's;$$

所以

$$\phi(n)\psi(n)\to rr'-ss'+\mathrm{i}\left(rs'+r's\right),$$

这也就是

$$\phi(n)\psi(n)\to(r+\mathrm{i}s)\left(r'+\mathrm{i}s'\right)=lm.$$

下面的定理有相当不同的特点.

(10) 为使得 $\phi(n)=\rho(n)+\mathrm{i}\sigma(n)$ 当 $n\to\infty$ 时趋向零, 必须且只需

$$|\phi(n)|=\sqrt{\{\rho(n)\}^2+\{\sigma(n)\}^2}$$

收敛于零.

如果 $\rho(n)$ 和 $\sigma(n)$ 两者都收敛于零, 那么显然 $\sqrt{\rho^2+\sigma^2}$ 亦然. 其逆由以下事实推出: ρ 和 σ 的绝对值不可能大于 $\sqrt{\rho^2+\sigma^2}$.

(11) 更一般地, 为使得 $\phi(n)$ 收敛于一个极限 l, 必须而且只需

$$|\phi(n)-l|$$

收敛于零.

因为 $\phi(n)-l$ 收敛于零, 故我们可以应用 (10).

(12) 当 $\phi(n)$ 和 u_n 为复数值时, 第 83~84 节的定理 1 和定理 2 仍然成立.

我们需要证明, $\phi(n)$ 趋向 l 的充分必要条件是: 当 $n_2 > n_1 \geqslant n_0$ 时有

$$|\phi(n_2) - \phi(n_1)| < \delta. \tag{1}$$

如果 $\phi(n) \to l$, 那么 $\rho(n) \to r$ 且 $\sigma(n) \to s$, 因此我们可以求得与 δ 有关的数 n_0' 以及 n_0'', 使得

$$|\rho(n_2) - \rho(n_1)| < \tfrac{1}{2}\delta, \quad |\sigma(n_2) - \sigma(n_1)| < \tfrac{1}{2}\delta,$$

其中第一个不等式当 $n_2 > n_1 \geqslant n_0'$ 时成立, 而第二个不等式当 $n_2 > n_1 \geqslant n_0''$ 时成立. 因此, 当 $n_2 > n_1 \geqslant n_0$ 时有

$$|\phi(n_2) - \phi(n_1)| \leqslant |\rho(n_2) - \rho(n_1)| + |\sigma(n_2) - \sigma(n_1)| < \delta,$$

其中 n_0 是 n_0' 和 n_0'' 中的较大者. 从而条件 (1) 是*必要的*. 为证明它是*充分的*, 我们只需注意, 当 $n_2 > n_1 \geqslant n_0$ 时有

$$|\rho(n_2) - \rho(n_1)| \leqslant |\phi(n_2) - \phi(n_1)| < \delta.$$

因此 $\rho(n)$ 趋向一个极限 r, 用同样的方法可以证明 $\sigma(n)$ 趋向一个极限 s.

87. 当 $n \to \infty$ 时 z^n 的极限, z 是任意的复数

让我们来考虑 $\phi(n) = z^n$ 这一重要情形. 第 72 节已经讨论过 z 取实数值的情形.

如果 $z^n \to l$, 那么根据第 86 节的 (1) 就有 $z^{n+1} \to l$. 但是根据第 86 节的 (4) 又有

$$z^{n+1} = zz^n \to zl,$$

于是 $l = zl$, 这仅当 (a) $l = 0$ 或者 (b) $z = 1$ 时才有可能. 如果 $z = 1$, 则有 $\lim z^n = 1$. 除了此特殊情形之外, 它的极限如果存在, 只能为零.

令 $z = r(\cos\theta + \mathrm{i}\sin\theta)$, 其中 r 是正数, 那么

$$z^n = r^n(\cos n\theta + \mathrm{i}\sin n\theta),$$

所以 $|z^n| = r^n$. 从而, $|z^n|$ 趋向零当且仅当 $r < 1$; 于是由第 86 节的 (10) 推出: 当且仅当 $r < 1$ 时有

$$\lim z^n = 0.$$

在其他任何情形, z^n 都不收敛于极限, 除非 $z = 1$, 此时有 $z^n \to 1$.

88. 当 z 为复数时的几何级数 $1 + z + z^2 + \cdots$

由于

$$s_n = 1 + z + z^2 + \cdots + z^{n-1} = \frac{1 - z^n}{1 - z},$$

除非 $z = 1$, 而当 $z = 1$ 时 s_n 的值为 n, 由此推出, 级数 $1 + z + z^2 + \cdots$ 当且仅当 $r = |z| < 1$ 时收敛. 且当它收敛时, 其和为 $1/(1 - z)$.

于是, 如果 $z = r(\cos\theta + \mathrm{i}\sin\theta) = r\mathrm{Cis}\theta$, 且 $r < 1$, 我们就有

$$1 + z + z^2 + \cdots = \frac{1}{1 - r\mathrm{Cis}\theta},$$

或者说

$$1 + r\mathrm{Cis}\theta + r^2\mathrm{Cis}2\theta + \cdots = \frac{1}{1 - r\mathrm{Cis}\theta} = \frac{1 - r\cos\theta + \mathrm{i}\,r\sin\theta}{1 - 2r\cos\theta + r^2}.$$

将实部与虚部分开, 我们得到：只要 $r < 1$, 就有

$$1 + r\cos\theta + r^2\cos 2\theta + \cdots = \frac{1 - r\cos\theta}{1 - 2r\cos\theta + r^2},$$

$$r\sin\theta + r^2\sin 2\theta + \cdots = \frac{r\sin\theta}{1 - 2r\cos\theta + r^2}.$$

如果将 θ 改变为 $\theta + \pi$, 我们就看到, 这些结果对于绝对值小于 1 的负的 r 值也成立. 从而它们对 $-1 < r < 1$ 成立.

例 XXXIII

(1) 直接证明：当 $r < 1$ 时, $\phi(n) = r^n \cos n\theta$ 收敛于零, 而当 $r = 1$ 且 θ 是 2π 的倍数时收敛于 1. 进一步证明：如果 $r = 1$ 且 θ 不是 2π 的倍数, 那么 $\phi(n)$ 有限振荡; 如果 $r > 1$ 且 θ 是 2π 的倍数, 那么 $\phi(n) \to +\infty$; 又如果 $r > 1$ 且 θ 不是 2π 的倍数, 那么 $\phi(n)$ 无限振荡.

(2) 对于 $\phi(n) = r^n \sin n\theta$ 建立一组类似的结果.

(3) 证明：当且仅当 $|z| < 1$ 时, 有

$$z^m + z^{m+1} + \cdots = \frac{z^m}{1 - z},$$

$$z^m + 2z^{m+1} + 2z^{m+2} + \cdots = z^m \frac{1 + z}{1 - z}.$$

你用到了第 86 节中的哪个定理?

(4) 证明：如果 $-1 < r < 1$, 那么

$$1 + 2r\cos\theta + 2r^2\cos 2\theta + \cdots = \frac{1 - r^2}{1 - 2r\cos\theta + r^2}.$$

(5) 如果 $\left|\dfrac{z}{1+z}\right| < 1$, 那么级数

$$1 + \frac{z}{1+z} + \left(\frac{z}{1+z}\right)^2 + \cdots$$

收敛于和 $1 \Big/ \left(1 - \dfrac{z}{1+z}\right) = 1 + z$. 证明, $\left|\dfrac{z}{1+z}\right| < 1$ 这个条件等价于如下条件：z 的实部大于 $-\frac{1}{2}$.

89. 符号 $O, o, \sim$

我们将用几个定义来结束这一章. 后面的章节才会用到这几个定义, 不过把它们的定义放在这里也是合乎逻辑的.

假设无论如何 $f(n)$ 与 $\phi(n)$ 都是对充分大的 n 值 (比方说对于 $n \geqslant n_0$) 有定义的两个 n 的函数, 且 $\phi(n)$ 是正的, 它随 n 的增加而递增或者随 n 的增加而递减, 所以, 当 $n \to \infty$ 时, $\phi(n)$ 趋向零, 或者趋向一个正的极限, 或者趋向无穷. 实际上 $\phi(n)$ 是像 $1/n$, 1 或者 n 这样的简单函数. 由此我们给出下面的定义.

(i) 如果存在一个常数 K, 使得对 $n \geqslant n_0$ 有

$$|f| \leqslant K\phi,$$

我们就记为 $f = O(\phi)$.

(ii) 如果当 $n \to \infty$ 时有

$$f/\phi \to 0,$$

我们就记为 $f = o(\phi)$.

(iii) 如果

$$f/\phi \to l,$$

其中 $l \neq 0$, 我们就记为 $f \sim l\phi$.

特别地,

$$f = O(1)$$

表示 f 是有界的 (所以它要么趋向一个极限, 要么有限振荡), 而

$$f = o(1)$$

则表示 $f \to 0$.

于是我们有

$$n = O(n^2), \quad 100n^2 + 1000n = O(n^2), \quad \sin n\theta\pi = O(1),$$

$$n = o(n^2), \quad 100n^2 + 1000n = o(n^3), \quad \sin n\theta\pi = o(n),$$

$$n + 1 \sim n, \quad 100n^2 + 1000n \sim 100n^2, \quad n + \sin n\theta\pi \sim n,$$

以及

$$\frac{a_0 n^p + a_1 n^{p-1} + \cdots + a_p}{b_0 n^q + b_1 n^{q-1} + \cdots + b_q} \sim \frac{a_0}{b_0} n^{p-q},$$

如果 $a_0 \neq 0$ 且 $b_0 \neq 0$ 的话.

这里要作一补充说明, 以防止可能出现的误解. 我们说 “$f = O(\phi)$” 是表明通常所说的 “f 的大小的阶并不比 ϕ 的阶高”, 而不排除 f 的阶比 ϕ 的阶低 (如同上面第一个关系式那样).

到目前为止, 我们已经定义了 (比方说)“$f(n) = O(1)$”, 或者 “$f(n) = o(n)$”, 但还没有单独地定义过 “$O(1)$” 或者 “$o(1)$”. 我们可以使得定义更加灵活, 约定 $O(\phi)$ 或者 $o(\phi)$ 表示一个满足 $f = O(\phi)$ 或者 $f = o(\phi)$ 的未予指定的函数, 例如, 这样我们就可以记

$$O(1) + O(1) = O(1) = o(n),$$

它的含义是“如果 $f=O(1)$ 且 $g=O(1)$, 那么 $f+g=O(1)$, 于是更有 $f+g=o(n)$”. 或者我们又可以记

$$\sum_{r=1}^{n} O(1)=O(n),$$

其含义为 n 个绝对值都小于一个常数的项之和必小于 n 的一个常数倍.

应该注意到, 包含 O 以及 o 的公式通常并不是可逆的. 例如, “$o(1)=O(1)$”, 也就是“如果 $f=o(1)$, 那么就有 $f=O(1)$”是正确的, 然而“$O(1)=o(1)$”却是错误的.

容易对我们的符号总结出像下面这样的若干个一般性质:

(1) $O(\phi)+O(\psi)=O(\phi+\psi)$;

(2) $O(\phi)O(\psi)=O(\phi\psi)$;

(3) $O(\phi)o(\psi)=o(\phi\psi)$;

(4) 如果 $f\sim\phi$, 那么 $f+o(\phi)\sim\phi$.

这样的定理均为定义之直接推论.

这些定义的效用, 以及与一个连续变量的函数所对应的定义的效用, 都将在后面的章节中变得愈加明显.

第 4 章杂例

1. 当 $n=0,1,2,\cdots$ 时, 函数 $\phi(n)$ 取值为 $1,0,0,0,1,0,0,0,1,\cdots$. 请用一个不包含三角函数的公式将 $\phi(n)$ 表示成 n 的函数. [$\phi(n)=\frac{1}{4}\{1+(-1)^n+\mathrm{i}^n+(-\mathrm{i})^n\}$.]

2. 如果当 n 趋向 ∞ 时 $\phi(n)$ 递增, 而 $\psi(n)$ 递减, 对所有 n 的值都有 $\psi(n)>\phi(n)$, 那么 $\phi(n)$ 和 $\psi(n)$ 两者都趋向极限, 且 $\lim\phi(n)\leqslant\lim\psi(n)$. [这是第 69 节结果的直接推论.]

3. 证明: 如果

$$\phi(n)=\left(1+\frac{1}{n}\right)^{n},\quad \psi(n)=\left(1-\frac{1}{n}\right)^{-n},$$

那么 $\phi(n+1)>\phi(n)$ 且 $\psi(n+1)<\psi(n)$. [第一个结果已经在第 73 节中证明过了.]

4. 再证明: 对于所有 n 的值都有 $\psi(n)>\phi(n)$, 且 (用上面诸例子中的方法) 推导出, 当 n 趋向 ∞ 时, $\phi(n)$ 和 $\psi(n)$ 两者都趋向极限①.

5. 和为 n 的所有不同的正整数对的乘积的算术平均记为 S_n. 证明: $\lim\left(S_n/n^2\right)=1/6$.
(*Math. Trip.* 1903)

6. 如果 $x_1,x_2,\cdots,x_n$ 是正数, $\sum x_r=n$, 诸 x_r 不全等于 1, m 是大于 1 的有理数, 那么就有 $\sum x_r^m>n$.
(*Math. Trip.* 1934)

[利用不等式 $x^m-1>m(x-1)$, 该不等式对除去 1 以外的所有正的 x 都成立 (第 74 节).]

7. 如果对所有的 n 值 $\phi(n)$ 都是正整数, 且与 n 一起趋向 ∞, 那么, 如果 $0<x<1$, 则 $x^{\phi(n)}$ 趋向零, 如果 $x>1$, 则 $x^{\phi(n)}$ 趋向 $+\infty$. 对 x 的其他的值, 讨论当 $n\to\infty$ 时 $x^{\phi(n)}$ 的性状.

① 我们将在第 9 章中证明 $\lim\{\psi(n)-\phi(n)\}=0$, 这样一来, 每个函数都趋向极限 e.

8.[①] 如果当 n 增加时 a_n 递增或者递减, 那么 $(a_1+a_2+\cdots+a_n)/n$ 也有同样的性质.

9. 对所有的 x 的值, 函数 $f(x)$ 递增且连续 (见第 5 章), 序列 $x_1, x_2, x_3, \cdots$ 由 $x_{n+1}=f(x_n)$ 所定义. 以一般的图形作为基础讨论下述问题: x_n 是否趋向方程 $x=f(x)$ 的一个根? 特别地, 考虑该方程仅有一个根的情形, 将曲线 $y=f(x)$ 与直线 $y=x$ 从上面向下面相交的情形和从下面向上面相交的情形分开来讨论.

10. 如果 $x_{n+1}=k/(1+x_n)$, 而 k 和 x_1 是正数, 那么序列 $x_1, x_3, x_5, \cdots$ 和 $x_2, x_4, x_6, \cdots$ 中有一个是递增的, 另一个是递减的, 且每个数列都趋向极限 α, 它是方程 $x^2+x=k$ 的正根.

11. 如果 $x_{n+1}=\sqrt{k+x_n}$, 而 k 和 x_1 是正数, 那么序列 $x_1, x_2, x_3, \cdots$ 是递增的还是递减的, 要根据 x_1 是小于 α 还是大于 α 而决定. α 是方程 $x^2=x+k$ 的正根; 且无论哪一种情形, 当 $n \rightarrow \infty$ 时都有 $x_n \rightarrow \alpha$.

12. 一个数列 x_n 由

$$x_1=h, \quad x_{n+1}=x_n^2+k$$

来定义, 其中 $0<k<\frac{1}{4}$, 而 h 则介于方程

$$x^2-x+k=0$$

的根 a 和 b 之间. 证明

$$a<x_{n+1}<x_n<b,$$

并确定 x_n 的极限. (*Math. Trip.* 1931)

13. 证明: 如果 $x_1=\frac{1}{2}\{x+(A/x)\}$, $x_2=\frac{1}{2}\{x_1+(A/x_1)\}$, 如此等等, x 和 A 是正数, 那么 $\lim x_n=\sqrt{A}$.

[可以证明 $\dfrac{x_n-\sqrt{A}}{x_n+\sqrt{A}}=\left(\dfrac{x-\sqrt{A}}{x+\sqrt{A}}\right)^{2^n}$.]

14. 数列 u_n 由关系式

$$u_1=\alpha+\beta, \quad u_n=\alpha+\beta-\frac{\alpha\beta}{u_{n-1}} \quad (n>1)$$

来定义, 其中 $\alpha>\beta>0$. 证明

$$u_n=\frac{\alpha^{n+1}-\beta^{n+1}}{\alpha^n-\beta^n},$$

并确定当 $n \rightarrow \infty$ 时 u_n 的极限.

讨论 $\alpha=\beta>0$ 的情形. (*Math. Trip.* 1933)

15. 如果 x_1, x_2 是正数, $x_{n+1}=\frac{1}{2}(x_n+x_{n-1})$, 那么, 数列 $x_1, x_3, x_5, \cdots$ 与 $x_2, x_4, x_6, \cdots$ 中一个是递减的数列, 另一个是递增的数列, 且它们有共同的极限 $\frac{1}{3}(x_1+2x_2)$.

16. 如果 $\lim\limits_{n \rightarrow \infty} s_n=l$, 那么

$$\lim_{n \rightarrow \infty} \frac{s_1+s_2+\cdots+s_n}{n}=l.$$

[设 $s_n=l+t_n$. 则我们必须证明: 如果 t_n 趋向零, 那么 $(t_1+t_2+\cdots+t_n)/n$ 亦趋向零.

① 第 8~11 题以及第 15 题取自 Bromwich 所著 *Infinite series* 一书.

我们把诸数 $t_1, t_2, \cdots, t_n$ 分成 $t_1, t_2, \cdots, t_p$ 和 $t_{p+1}, t_{p+2}, \cdots, t_n$ 两个集合. 这里假设 p 是 n 的函数, 当 $n \to \infty$ 时它趋向 ∞, 但是其速度要比 n 来得更慢, 所以有 $p \to \infty$ 以及 $p/n \to 0$. 例如, 我们可以假设 p 是 $\sqrt{n}$ 的整数部分.

设 δ 是任意一个正数. 无论 δ 多小, 我们都能选取 n_0, 使得当 $n \geqslant n_0$ 时, $t_{p+1}, t_{p+2}, \cdots, t_n$ 的绝对值全都小于 $\frac{1}{2}\delta$, 所以

$$|(t_{p+1} + t_{p+2} + \cdots + t_n)/n| < \tfrac{1}{2}\delta(n-p)/n < \tfrac{1}{2}\delta.$$

但是, 如果 A 是所有的数 $t_1, t_2, \cdots$ 中模的最大值, 我们就有

$$|(t_1 + t_2 + \cdots + t_p)/n| < pA/n,$$

如果 n_0 足够大的话, 当 $n \geqslant n_0$ 时这个数也是小于 $\frac{1}{2}\delta$ 的, 这是因为当 $n \to \infty$ 时有 $p/n \to 0$. 从而当 $n \geqslant n_0$ 时

$$|(t_1 + t_2 + \cdots + t_n)/n| \leqslant |(t_1 + t_2 + \cdots + t_p)/n| + |(t_{p+1} + t_{p+2} + \cdots + t_n)/n| < \delta.$$

定理得证.

如果读者想成为处理极限问题的专家的话, 那么他就应该极其仔细地研究上面的论证方法. 在证明某个给定的表达式趋向零时, 常常需要将它分成两部分, 对这两部分用稍微不同的方法来证明它们有极限零. 在这样的情形, 证明从来都不是很容易的.

证明的关键在于: 当下标很大时, 对应的诸个 t 是很小的. 我们需要证明当 n 很大时 $(t_1 + t_2 + \cdots + t_n)/n$ 很小. 我们把括号中的项分成两组. 第一组中的项并非都很小, 但它们的个数与 n 相比很少. 第二组中的数的个数与 n 相比并不是很少, 但该组中的项全都很小, 而它们的个数无论如何都小于 n, 所以它们的和与 n 相比是很小的. 因此 $(t_1 + t_2 + \cdots + t_n)/n$ 所分成的每一部分当 n 很大时都很小.]

17. 如果当 $n \to \infty$ 时有 $\phi(n) - \phi(n-1) \to l$, 那么 $\phi(n)/n \to l$.

[如果 $\phi(n) = s_1 + s_2 + \cdots + s_n$, 那么 $\phi(n) - \phi(n-1) = s_n$, 于是定理就转化成在上一个例子中已经证明的结论了.]

18. 如果 $s_n = \frac{1}{2}\{1 - (-1)^n\}$, 也就是说根据 n 是奇数还是偶数 s_n 取值 1 或者 0, 那么当 $n \to \infty$ 时有 $(s_1 + s_2 + \cdots + s_n)/n \to \frac{1}{2}$.

[这个例子证明了第 16 题的逆不真: 因为当 $n \to \infty$ 时 s_n 是振荡的.]

19. 如果用 c_n, s_n 来记级数

$$\tfrac{1}{2} + \cos\theta + \cos 2\theta + \cdots, \quad \sin\theta + \sin 2\theta + \cdots$$

的前 n 项之和, 且 θ 不是 2π 的倍数, 那么

$$\lim(c_1 + c_2 + \cdots + c_n)/n = 0, \quad \lim(s_1 + s_2 + \cdots + s_n)/n = \tfrac{1}{2}\cot\tfrac{1}{2}\theta \ .$$

20. 数列 y_n 由数列 x_n 通过关系式

$$y_0 = x_0, \quad y_n = x_n - \alpha x_{n-1} \quad (n > 0)$$

来定义, 其中 $|\alpha| < 1$. 将 x_n 用 y_n 来表示, 并证明: 如果 $y_n \to l$, 那么 $x_n \to l/(1-\alpha)$.

(*Math. Trip.* 1932)

21. 画出由方程

$$y=\lim_{n\to\infty}\frac{x^{2n}\sin\frac{1}{2}\pi x+x^2}{x^{2n}+1}$$

所定义的函数 y 的图形. (*Math. Trip.* 1901)

22. 函数

$$y=\lim_{n\to\infty}\frac{1}{1+n\sin^2\pi x}$$

当 x 为整数时其值为 1, 除此之外其值均为 0. 函数

$$y=\lim_{n\to\infty}\frac{\psi(x)+n\phi(x)\sin^2\pi x}{1+n\sin^2\pi x}$$

当 x 为整数时其值为 $\psi(x)$, 除此之外其值均为 $\phi(x)$.

23. 证明：函数

$$y=\lim_{n\to\infty}\frac{x^n\phi(x)+x^{-n}\psi(x)}{x^n+x^{-n}}$$

的图形是由 $\phi(x)$ 和 $\psi(x)$ 的部分图形以及 (通常还有) 两个孤立点一起组成的. 当 (a) $x=1$; (b) $x=-1$; (c) $x=0$ 时 y 有定义吗?

24. 证明：当 x 是有理数时取值为 0, 当 x 是无理数时取值为 1 的函数 y 可以表示为如下形式

$$y=\lim_{m\to\infty}\operatorname{sgn}\left\{\sin^2(m!\pi x)\right\},$$

其中

$$\operatorname{sgn}x=\lim_{n\to\infty}\tfrac{2}{\pi}\arctan(nx)$$

(与例 XXXI 第 (14) 题一样). [如果 x 是有理数, 那么 $\sin^2(m!\pi x)$, 从而 $\operatorname{sgn}\{\sin^2(m!\pi x)\}$ 从 m 的某个值往后都等于零; 如果 x 是无理数, 那么 $\sin^2(m!\pi x)$ 总是正数, 因此 $\operatorname{sgn}\{\sin^2(m!\pi x)\}$ 总是等于 1.]

证明：y 还可以表示成形式

$$1-\lim_{m\to\infty}\left[\lim_{n\to\infty}\{\cos(m!\pi x)\}^{2n}\right].$$

25. 对级数

$$\sum_1^\infty\frac{1}{\nu(\nu+1)},\quad\sum_1^\infty\frac{1}{\nu(\nu+1)\cdots(\nu+k)}$$

求和.

[由于

$$\frac{1}{\nu(\nu+1)\cdots(\nu+k)}=\frac{1}{k}\left\{\frac{1}{\nu(\nu+1)\cdots(\nu+k-1)}-\frac{1}{(\nu+1)(\nu+2)\cdots(\nu+k)}\right\},$$

我们有

$$\sum_1^n\frac{1}{\nu(\nu+1)\cdots(\nu+k)}=\frac{1}{k}\left\{\frac{1}{1\cdot2\cdots k}-\frac{1}{(n+1)(n+2)\cdots(n+k)}\right\}$$

所以

$$\sum_1^\infty\frac{1}{\nu(\nu+1)\cdots(\nu+k)}=\frac{1}{k(k!)}.\ ]$$

26. 如果 $|z| < |\alpha|$, 那么

$$\frac{L}{z-\alpha} = -\frac{L}{\alpha}\left(1+\frac{z}{\alpha}+\frac{z^2}{\alpha^2}+\cdots\right);$$

如果 $|z| > |\alpha|$, 则有

$$\frac{L}{z-\alpha} = \frac{L}{z}\left(1+\frac{\alpha}{z}+\frac{\alpha^2}{z^2}+\cdots\right).$$

27. 将$(Az+B)/\left(az^2+2bz+c\right)$ 按照 z 的幂展开. 设 α,β 是 $az^2+2bz+c=0$ 的根, 所以 $az^2+2bz+c=a(z-\alpha)(z-\beta)$. 我们可以假设 A,B,a,b,c 全都是实数, 且 α,β 不相等. 这样就不难验证

$$\frac{Az+B}{az^2+2bz+c} = \frac{1}{a(\alpha-\beta)}\left(\frac{A\alpha+B}{z-\alpha}-\frac{A\beta+B}{z-\beta}\right).$$

根据 $b^2>ac$ 还是 $b^2<ac$, 这里有两种情形.

(1) 如果 $b^2>ac$, 那么根 α,β 都是实数且不相同. 如果 $|z|$ 小于 $|\alpha|$ 和 $|\beta|$ 中的每一个, 我们就能将 $1/(z-\alpha)$ 和 $1/(z-\beta)$ 都展开成 z 的升幂形式 (第 26 题). 如果 $|z|$ 大于 $|\alpha|$ 和 $|\beta|$ 中的每一个, 我们就必须将它们都展开成 z 的降幂形式; 如果 $|z|$ 夹在 $|\alpha|$ 和 $|\beta|$ 之间, 那么一个分式就要展开成 z 的升幂形式, 另一个分式则必须展开成 z 的降幂形式. 读者可以自己写出实际的结果. 如果 $|z|$ 等于 $|\alpha|$ 或者等于 $|\beta|$, 那么这样的展开式就是不可能的.

(2) 如果 $b^2<ac$, 那么它的根是一对共轭复数 (第 3 章第 43 节), 我们可以记

$$\alpha=\rho\mathrm{Cis}\phi,\quad \beta=\rho\mathrm{Cis}(-\phi),$$

其中 $\rho^2=\alpha\beta=c/a$, $\rho\cos\phi=\frac{1}{2}(\alpha+\beta)=-b/a$, 所以 $\cos\phi=-\sqrt{b^2/ac}$, $\sin\phi=\sqrt{1-(b^2/ac)}$.

如果 $|z|<\rho$, 那么每一个分式都可以展开成 z 的升幂形式. 可以求得 z^n 的系数是

$$\frac{A\rho\sin n\phi+B\sin\{(n+1)\phi\}}{a\rho^{n+1}\sin\phi}.$$

如果 $|z|>\rho$, 我们类似地得到一个按照降幂排列的展开式. 如果 $|z|=\rho$, 则这样的展开式是不可能的.

28. 证明: 如果 $|z|<1$, 那么

$$1+2z+3z^2+\cdots+(n+1)z^n+\cdots=1/(1-z)^2.$$

[它的前 n 项和为 $\dfrac{1-z^n}{(1-z)^2}-\dfrac{nz^n}{1-z}$.]

29. 将 $L/(z-\alpha)^2$ 按照 z 的幂展开, 并根据 $|z|<|\alpha|$ 还是 $|z|>|\alpha|$ 按照升幂或者降幂展开.

30. 证明: 如果 $b^2=ac$ 且 $|az|<|b|$, 那么

$$\frac{Az+B}{az^2+2bz+c}=\sum_0^\infty p_n z^n,$$

其中 $p_n=(-a)^n b^{-n-2}\{(n+1)aB-nbA\}$; 如果 $|az|>|b|$, 求出相应的按照 z 的降幂排列的展开式.

31. 如果 $a/\left(a+bz+cz^2\right)=1+p_1z+p_2z^2+\cdots$, 那么

$$1+p_1^2z+p_2^2z^2+\cdots=\frac{a+cz}{a-cz}\frac{a^2}{a^2-\left(b^2-2ac\right)z+c^2z^2}.$$

(*Math. Trip.* 1900)

32. 如果当 $n\to\infty$ 时 $\sin 2^n\theta\pi\to l$, 那么 $l=0$, 且 θ 是一个分母是 2 的幂的有理数.

[显然

$$2^n\theta=p_n+c+\eta_n,$$

其中 p_n 是整数, c 是常数, $\eta_n\to 0$; 所以

$$p_{n+1}-2p_n-c+\eta_{n+1}-2\eta_n=0.$$

由于 $p_{n+1}-2p_n$ 是整数, 因此这仅当 (i) $c=0$ (所以 $l=0$) 以及 (ii) 从 n 的某个值开始, 比方说对 $n\geqslant n_0$ 有 $p_{n+1}=2p_n$ 且 $\eta_{n+1}=2\eta_n$ 时才有可能. 但是那样就会有：当 $\nu\to\infty$ 时

$$2^\nu\eta_{n_0}=\eta_{n_0+\nu}\to 0;$$

而这仅当 $\eta_{n_0}=0$ 时才有可能, 所以 $2^{n_0}\theta=p_{n_0}$.

考虑 $\sin a^n\theta\pi$ 是富有教益的, 其中 a 是大于 2 的整数. 此时有可能 $l\neq 0$; 例如当 $\theta=\frac{1}{2}$ 时有 $\sin 9^n\theta\pi\to 1$.]

33. 如果 $P(n)$ 是关于 n 的 m 次整系数多项式, 且 $\sin\{P(n)\theta\pi\}\to 0$, 那么 θ 是有理数.

[最好是证明得更多一些①, 也即证明：如果

$$P(n)\theta=k_n+a_n+\varepsilon_n, \tag{1}$$

其中 k_n 是整数, a_n 取某任意有限多个值中的某个值, 而 $\varepsilon_n\to 0$, 那么 θ 是有理数.

首先, 如果我们在 (1) 中用 $n+1$ 来代替 n, 再相减, 并注意到 (i) $P(n+1)-P(n)$ 是 $m-1$ 次多项式以及 (ii) $a_{n+1}-a_n$ 仅有有限多个可能的值, 我们就得到从 $m-1$ 到 m 的归纳法. 于是问题就转化成讨论 $m=1$ 的情形, 此时 $P(n)=An+B$. 在此情形 (1) 给出

$$A\theta=\left(k_{n+1}-k_n\right)+\left(a_{n+1}-a_n\right)+\left(\varepsilon_{n+1}-\varepsilon_n\right).$$

这仅当对 $n\geqslant n_0$ 有 $\varepsilon_{n+1}-\varepsilon_n=0$ 成立时才有可能; 此时有

$$a_n=a_{n_0}+l_n+\left(n-n_0\right)A\theta,$$

其中当 $n\geqslant n_0$ 时 l_n 是整数. 由于 a_n 仅有有限多个值, 所以 $l_n+nA\theta$ 也仅有有限多个值, 从而 θ 是有理数.]

① 这个方法来源于 Ingham 先生.

第 5 章　一个连续变量的函数之极限，连续函数和不连续函数

90.　x 趋向 ∞ 时的极限

现在转而研究一个连续实变量的函数. 我们将完全局限于讨论**单值** (one-valued) 函数[①], 并将把这样的函数记为 $\phi(x)$. 假设 x 取与位于基本直线 Λ 上从某个确定的点开始一直向右延伸的点所对应的所有连续不断的值. 在这些情形, 我们就说 x 趋向无穷, 或者 ∞, 并写成 $x \to \infty$. 在第 4 章里讨论过的 "n 趋向 ∞" 与这里说的 "x 趋向 ∞" 二者之间仅有的区别在于: 当 x 趋向 ∞ 时, 它取所有的值. 也就是说, 与 x 对应的点 P 依次与 Λ 上从起始点向右的每一点重合, 而 n 趋向 ∞ 则是通过一系列的跳跃趋向 ∞. 我们可以说成 "x 连续地趋向 ∞" 来表达这种区别.

如同在第 4 章开头所说明的那样, 在 x 的函数与 n 的函数之间有一个十分紧密的对应关系. 每个 n 的函数都可以看成是从一个 x 的函数的值中选取出来的. 第 4 章讨论了可以用来刻画当 n 趋向 ∞ 时函数 $\phi(n)$ 的性状的那些特性. 现在我们要关心的是关于函数 $\phi(x)$ 的同样问题; 要导出的定义和定理实际上是第 4 章中定义和定理的重复. 例如, 与第 58 节的定义 I 相对应, 我们有以下定义.

定义 1　函数 $\phi(x)$ 称为当 x 趋向 ∞ 时趋向一个极限 l, 如果给定无论多么小的一个正数 δ, 都能选取到一个数 $x_0(\delta)$, 使得对于所有大于等于 $x_0(\delta)$ 的 x 值, $\phi(x)$ 与 l 的差都小于 δ, 也就是当 $x \geqslant x_0(\delta)$ 时有

$$|\phi(x) - l| < \delta.$$

当定义中的情形发生时, 我们可以记为

$$\lim_{x\to\infty} \phi(x) = l,$$

或者当不可能出现混淆时, 就简单记为 $\lim \phi(x) = l$, 或者写成 $\phi(x) \to l$. 类似地我们有定义 2.

定义 2　函数 $\phi(x)$ 称为与 x 一起趋向 ∞, 如果给定无论多么大的一个数 Δ, 我们都能选取到一个数 $x_0(\Delta)$, 使得当 $x \geqslant x_0(\Delta)$ 时有

$$\phi(x) > \Delta.$$

① 例如在本章中 $\sqrt{x}$ 就表示单值函数 $+\sqrt{x}$, 而不是 (像在第 26 节中那样) 指取值为 $+\sqrt{x}$ 以及 $-\sqrt{x}$ 的那个双值函数.

此时我们记

$$\phi(x) \to \infty.$$

我们可以类似地定义 $\phi(x) \to -\infty$[①]. 最后我们有如下定义.

定义 3 如果上面两个定义中的条件都不满足, 就称 $\phi(x)$ 当 x 趋向 ∞ 时是振荡的. 如果 $|\phi(x)|$ 当 $x \geqslant x_0(\Delta)$ 时小于某个常数 K[②], 那么就称 $\phi(x)$ 是有限振荡的, 反之则称它是无限振荡的.

读者应该记住: 在第 4 章里我们已经相当仔细地考虑过用各种不太正式的方法来表达公式 $\phi(n) \to l$ 和 $\phi(n) \to \infty$ 所表示的事实. 类似的表示模式当然也可以用于现在的情形. 比如, 利用词汇“很小”“接近于”“很大”与在第 4 章中所用到的类似的含义, 我们可以说 $\phi(x)$ 很小、$\phi(x)$ 接近于 l、$\phi(x)$ 很大.

例 XXXIV

(1) 考虑下列函数当 $x \to \infty$ 时的性状:

$$1/x, \quad 1+(1/x), \quad x^2, \quad x^k, \quad [x], \quad x-[x], \quad [x]+\sqrt{x-[x]}.$$

前四个函数恰好与第 4 章中充分讨论过的 n 的函数对应. 后三个函数的图画在第 2 章中 (例 XVI 第 (1)(2)(4) 题), 读者可以立即看出: $[x] \to \infty$, $x-[x]$ 有限振荡, $[x]+\sqrt{x-[x]} \to \infty$.

在此可以插入一个简单的说明. 函数 $\phi(x) = x - [x]$ 在 0 与 1 之间振荡, 这由它的图形可以明显看出来. 当 x 为整数时它等于零, 所以由它导出的函数 $\phi(n)$ 永远取值为零, 当然也趋向零. 如果

$$\phi(x) = \sin x\pi, \quad \phi(n) = \sin n\pi = 0,$$

则同样的结论为真. 显然, $\phi(x) \to l$, 或者 $\phi(x) \to \infty$, 或者 $\phi(x) \to -\infty$ 都包含了 $\phi(n)$ 的对应性质, 但是其逆通常不真.

(2) 用同样的方法考虑函数

$$\frac{\sin x\pi}{x}, \quad x\sin x\pi, \quad (x\sin x\pi)^2, \quad \tan x\pi, \quad \frac{\tan x\pi}{x}, \quad a\cos^2 x\pi + b\sin^2 x\pi,$$

用函数的图形来描述你的见解.

(3) 对定义 1 给出一个与第 4 章第 59 节所给出的类似的几何解释.

(4) 如果 $\phi(x) \to l$, 且 l 不是零, 那么 $\phi(x)\cos x\pi$ 和 $\phi(x)\sin x\pi$ 都是有限振荡的. 如果 $\phi(x) \to \infty$ 或者 $\phi(x) \to -\infty$, 那么它们是无限振荡的. 每个函数的图形都是夹在曲线 $y = \phi(x)$ 和 $y = -\phi(x)$ 之间振荡的一条波浪形曲线.

(5) 讨论函数

$$y = f(x)\cos^2 x\pi + F(x)\sin^2 x\pi$$

当 $x \to \infty$ 时的性状, 其中 $f(x)$ 和 $F(x)$ 是一对简单的函数 (例如 x 和 x^2). [y 的图形是一条在曲线 $y = f(x)$ 与 $y = F(x)$ 之间振荡的曲线.]

---

① 有时我们会发现, 用 $+\infty, x \to +\infty, \phi(x) \to +\infty$ 来代替 $\infty, x \to \infty, \phi(x) \to \infty$ 是很方便的.

② 在第 62 节对应的定义里, 我们假设了对于 n 所有的值, 而不仅仅是对 $n \geqslant n_0$ 有 $|\phi(n)| < K$ 成立. 不过在那里这两个假设条件是等价的; 因为如果当 $n \geqslant n_0$ 时有 $|\phi(n)| < K$, 那么对 n 所有的值也都有 $|\phi(n)| \leqslant K'$, 其中 K' 是 $|\phi(1)|, |\phi(2)|, \cdots, |\phi(n_0-1)|$ 以及 K 中之最大者. 然而这里的问题不是那么简单, 因为小于 x_0 的 x 值有无穷多个.

91. 当 x 趋向 $-\infty$ 时的极限

读者对于定义论断 "x 趋向 $-\infty$" 或者 "$x \to -\infty$" 以及

$$\lim_{x\to-\infty} \phi(x) = l, \quad \phi(x) \to \infty, \quad \phi(x) \to -\infty$$

的意义将不会有任何困难. 事实上, 如果 $x = -y$ 且 $\phi(x) = \phi(-y) = \psi(y)$, 那么当 $x \to -\infty$ 时有 y 趋向 ∞, 于是研究当 x 趋向 $-\infty$ 时 $\phi(x)$ 的性状就与研究当 y 趋向 ∞ 时 $\psi(y)$ 的性状是同样的问题.

92. 与第 4 章第 63~69 节的结论对应的定理

在第 4 章里关于函数的和、积以及商所证明的定理对于连续变量 x 的函数来说全都成立 (在表述上显然要有改动, 读者将能毫无困难地予以补足). 不仅定理的表述, 而且它们的证明在本质上仍然是相同的.

与第 69 节的定义对应的定义叙述如下: *如果只要 $x_2 > x_1$ 就有 $\phi(x_2) \geqslant \phi(x_1)$, 那么函数 $\phi(x)$ 称为是随 x 递增的*. 当然, 在许多情形中, 此条件仅仅是对从某个确定的 x 值开始往后才满足的, 也就是说, 此条件是当 $x_2 > x_1 \geqslant x_0$ 时才满足的. 第 69 节接下来的定理不需要改动, 不过要将 n 改成 x: 除了在表述上有明显的改变之外, 证明也是一样的.

如果只要 $x_2 > x_1$, 就有 $\phi(x_2) > \phi(x_1)$, 即排除掉相等的可能性, 那么 $\phi(x)$ 称为是**稳定和严格递增的** (steadily and strictly increasing), 或者简单说成是**严格递增的** (strictly increasing). 我们将会发现这一区分常常是很重要的 (见第 109, 110 节).

读者应该考虑下面的函数是否随 x 一起递增 (或者至少是从 x 的某个值开始是递增的): $x^2 - x$, $x + \sin x$, $x + 2\sin x$, $x^2 + 2\sin x$, $[x]$, $[x] + \sin x$, $[x] + \sqrt{x - [x]}$. 当 $x \to \infty$ 时所有这些函数都趋向 ∞.

93. 当 x 趋向 0 时的极限

设 $\phi(x)$ 是 x 的函数, $\lim\limits_{x\to\infty} \phi(x) = l$, 令 $y = 1/x$. 那么就有

$$\phi(x) = \phi(1/y) = \psi(y).$$

当 x 趋向 ∞ 时, y 趋向极限 0, $\psi(y)$ 趋向极限 l.

现在我们不考虑 x, 而把 $\psi(y)$ 直接看成 y 的函数来加以考虑. 暂时我们只关心 y 的那些与很大的正数值 x 对应的值, 也就是说, 只考虑 y 很小的正数值. $\psi(y)$ 有如下性质: 取 y 足够小, 可以使 $\psi(y)$ 与 l 的差小到我们所希望的任何程度. 更精确地说, 由 $\lim \phi(x) = l$ 所表示的命题的意义在于: 无论指定一个多么小的正数 δ, 我们都能选取 x_0, 使得对所有大于等于 x_0 的 x 值都有 $|\phi(x) - l| < \delta$. 这与说 "可以选取 $y_0 = 1/x_0$, 使得对所有小于等于 y_0 的 y 值都有 $|\psi(y) - l| < \delta$" 是一回事.

于是我们有如下定义.

A. 如果对于给定的无论多小的正数 δ, 我们都能选取 $y_0(\delta)$, 使得当 $0 < y \leqslant y_0(\delta)$ 时都有

$$|\phi(y) - l| < \delta,$$

那么我们就称当 y 取正值且趋向 0 时 $\phi(y)$ 趋向极限 l, 记为

$$\lim_{y \to +0} \phi(y) = l.$$

B. 如果对于给定的无论多大的数 Δ, 我们都能选取 $y_0(\Delta)$, 使得当 $0 < y \leqslant y_0(\Delta)$ 时都有

$$\phi(y) > \Delta,$$

那么我们就称当 y 取正值且趋向 0 时 $\phi(y)$ 趋向 ∞, 记为

$$\phi(y) \to \infty.$$

可以用类似的方法来定义"当 y 取负值且趋向 0 时 $\phi(y)$ 趋向极限 l"也就是"当 $y \to -0$ 时有 $\lim \phi(y) = l$". 事实上我们只需在定义 A 中将 $0 < y \leqslant y_0(\delta)$ 改成 $-y_0(\delta) \leqslant y < 0$ 即可. 当然还有一个与定义 B 对应的类似结果, 类似地可以定义当 $y \to +0$ 或者 $y \to -0$ 时有

$$\phi(y) \to -\infty.$$

如果 $\lim_{y \to +0} \phi(y) = l$ 且 $\lim_{y \to -0} \phi(y) = l$, 我们就简记为

$$\lim_{y \to 0} \phi(y) = l.$$

这种情形是如此重要, 值得对它给出一个正式定义.

如果对于给定的无论多小的正数 δ, 我们都能选取 $y_0(\delta)$, 使得对于所有异于零且绝对值小于等于 $y_0(\delta)$ 的 y 的值, $\phi(y)$ 与 l 相差都小于 δ, 那么我们就称当 y 趋向 0 时 $\phi(y)$ 趋向极限 l, 记为

$$\lim_{y \to 0} \phi(y) = l.$$

同样地, 如果当 $y \to +0$ 时有 $\phi(y) \to \infty$, 当 $y \to -0$ 时也有 $\phi(y) \to \infty$, 那么我们就称当 $y \to 0$ 时有 $\phi(y) \to \infty$. 类似地我们可以定义"当 $y \to 0$ 时有 $\phi(y) \to -\infty$".

最后, 如果当 $y \to +0$ 时 $\phi(y)$ 既不趋向极限, 也不趋向 ∞ 或者 $-\infty$, 我们就称当 $y \to +0$ 时 $\phi(y)$ 是振荡的, 它是有限振荡还是无限振荡则要根据具体情形来判断; 我们还可以类似地定义当 $y \to -0$ 时函数是振荡的.

前面这些定义都是用记成 y 的这个变量来表述的. 当然, 用哪个字母来表述是无关紧要的, 因此我们可以始终假设用 x 来代替 y.

94. 当 x 趋向 a 时的极限

接下来假设当 $y \to 0$ 时有 $\phi(y) \to l$, 并记

$$y = x - a, \quad \phi(y) = \phi(x - a) = \psi(x).$$

如果 $y \to 0$, 那么 $x \to a$ 且 $\psi(x) \to l$, 于是我们自然就写成

$$\lim_{x \to a} \psi(x) = l,$$

或者简单记为 $\lim \psi(x) = l$, 或者写成 $\psi(x) \to l$. 并说成当 x 趋向 a 时 $\psi(x)$ 趋向极限 l. 此等式的含义可以正式地直接定义如下：*如果对于给定的 δ, 我们总可以确定数 $\varepsilon(\delta)$, 使得当 $0 < |x - a| \leqslant \varepsilon(\delta)$ 时有*

$$|\phi(x) - l| < \delta,$$

那么

$$\lim_{x \to a} \phi(x) = l.$$

限制 x 仅取大于 a 的值, 也就是用 $a < x \leqslant a + \varepsilon(\delta)$ 代替 $0 < |x - a| \leqslant \varepsilon(\delta)$, 我们就定义了"当 x 从右边趋向 a 时 $\phi(x)$ 趋向 l", 可以把它写成

$$\lim_{x \to a+0} \phi(x) = l.$$

用同样的方法我们可以定义

$$\lim_{x \to a-0} \phi(x) = l.$$

于是 $\lim\limits_{x \to a} \phi(x) = l$ 等价于两个结论

$$\lim_{x \to a+0} \phi(x) = l, \quad \lim_{x \to a-0} \phi(x) = l.$$

我们还可以给出与下列诸情形有关的定义：当 x 取大于 a 的值趋向 a 或者取小于 a 的值趋向 a 时 $\phi(x) \to \infty$ 或者 $\phi(x) \to -\infty$; 但是大概不需要进一步将这些定义仔细加以陈述, 因为它们与上面陈述过的当 $a = 0$ 时的特殊情形下的那些定义非常类似, 通过令 $x - a = y$ 并假设 $y \to 0$, 我们总可以讨论 $\phi(x)$ 当 $x \to a$ 时的性状.

95. 递增以及递减的函数

如果有一个数 ε, 使得只要 $a - \varepsilon < x' < x'' < a + \varepsilon$, 就有 $\phi(x') \leqslant \phi(x'')$, 那么我们就称 $\phi(x)$ 在 $x = a$ 的邻域内是递增的.

首先假设 $x < a$ 并置 $y = 1/(a - x)$. 那么当 $x \to a - 0$ 时有 $y \to \infty$, 且 $\phi(x) = \psi(y)$ 是 y 的递增函数, 它从不大于 $\phi(a)$. 由第 92 节推出, $\phi(x)$ 趋向一个不大于 $\phi(a)$ 的极限. 记为

$$\lim_{x \to a-0} \phi(x) = \phi(a - 0)^{①}.$$

---

① 当然这应该理解成：$\phi(a - 0)$ 除了作为左极限的约定缩写符号之外, 没有其他含义.

只要符号 $\phi(a + 0)$ 和 $\phi(a - 0)$ 所定义的极限存在, 我们就可以用这样的符号; 不过它们通常并不满足与本教程中相似的那些不等式.

我们可以用类似的方法定义 $\phi(a+0)$; 明显有

$$\phi(a-0) \leqslant \phi(a) \leqslant \phi(a+0).$$

显然, 类似的考虑还可以应用到递减的函数中去.

如果只要 $a-\varepsilon < x' < x'' < a+\varepsilon$, 就有 $\phi(x') < \phi(x'')$, 即排除了等号出现的可能性, 那么就称 $\phi(x)$ 是在严格意义下的递增函数.

96. 不定元的极限以及收敛原理

第 80~84 节中所有的论证都可以应用到一个趋向极限 a 的连续变量 x 的函数上去. 特别地, 如果 $\phi(x)$ 是在某个包含 a 的区间内有界的函数（也就是说, 如果我们可以找到 ε, H 和 K, 使得只要 $a-\varepsilon \leqslant x \leqslant a+\varepsilon$, 就有 $H < \phi(x) < K$)①, 这样我们就能定义 λ 和 Λ, 即当 $x \to a$ 时 $\phi(x)$ 的不定元的下极限和上极限, 并证明 $\lambda = \Lambda = l$ 是 $\phi(x)$ 趋向 l 的充分必要条件. 我们还可以建立与收敛原理类似的结论, 也就是证明: *$\phi(x)$ 趋向极限的充分必要条件是, 给定 $\delta > 0$, 我们可以选取 $\varepsilon(\delta)$, 使得当 $0 < |x_2 - a| < |x_1 - a| \leqslant \varepsilon(\delta)$ 时就有 $|\phi(x_2) - \phi(x_1)| < \delta$.* 类似地, 当 $x \to \infty$ 时 $\phi(x)$ 趋向极限的充分必要条件是, 当 $x_2 > x_1 \geqslant X(\delta)$ 时就有 $|\phi(x_2) - \phi(x_1)| < \delta$.

例 XXXV

(1) 如果当 $x \to a$ 时 $\phi(x) \to l$, $\psi(x) \to l'$, 那么

$$\phi(x) + \psi(x) \to l + l', \quad \phi(x)\psi(x) \to ll', \quad \phi(x)/\psi(x) \to l/l',$$

在最后一种情形中除去 $l' = 0$.

[在第 92 节中我们看到: 第 4 章第 63 节及以后的几节中的定理当 $x \to \infty$ 或者 $x \to -\infty$ 时, 对于 x 的函数依然成立. 置 $x = 1/y$, 我们可以将这些定理推广到 y 的函数当 $y \to 0$ 的情形, 又令 $y = z - a$ 则可以推广到 z 的函数当 $z \to a$ 的情形.

读者也可以用上面给出的规范定义来直接证明它们. 例如, 为了得到第一个结论的一个直接证明, 只需取第 63 节定理 I 的证明, 并自始至终用 x 代替 n, 用 a 代替 ∞, 用 $0 < |x-a| \leqslant \varepsilon$ 代替 $n \geqslant n_0$ 即可.]

(2) 如果 m 是正整数, 那么当 $x \to 0$ 时有 $x^m \to 0$.

(3) 如果 m 是负整数, 那么当 $x \to +0$ 时有 $x^m \to +\infty$, 当 $x \to -0$ 时有 $x^m \to -\infty$ 或者 $x^m \to +\infty$, 具体要根据 m 是奇数还是偶数而确定. 如果 $m = 0$, 那么 $x^m = 1$, 从而 $x^m \to 1$.

(4) $\lim\limits_{x \to 0}(a + bx + cx^2 + \cdots + kx^m) = a$.

(5) $\lim\limits_{x \to 0} = \dfrac{a + bx + \cdots + kx^m}{\alpha + \beta x + \cdots + \kappa x^\mu} = \dfrac{a}{\alpha}$, 除非有 $\alpha = 0$. 如果 $\alpha = 0$ 而 $a \neq 0, \beta \neq 0$, 那么当 $x \to +0$ 时该函数趋向 $+\infty$ 还是 $-\infty$, 要根据 a 和 β 是有相同还是相反的符号而定; 如果 $x \to -0$, 则情形正好相反. a 和 α 两者都为零的情形在例 XXXVI 第 (5) 题中已经考虑过了. 请讨论当 $a \neq 0$ 且分母的前面几个系数中有多于一个为零时的情形.

(6) 如果 m 是任意正整数或负整数, 则有 $\lim\limits_{x \to a} x^m = a^m$, 除非 $a = 0$ 且 m 是负的. [如果 $m > 0$, 置 $x = y + a$, 并应用第 (4) 题. 当 $m < 0$ 时, 结论从上面的第 (1) 题得出. 由此立即推出: 如果 $P(x)$ 是任何一个多项式, 那么 $\lim P(x) = P(a)$.]

① 见第 103 节.

(7) 如果 R 表示任何一个有理函数, 且 a 不是它的分母的根, 那么 $\lim\limits_{x\to a} R(x)=R(a)$.

(8) 证明: 对 m 所有的有理数值, 有 $\lim\limits_{x\to a} x^m=a^m$, 除非 $a=0$ 且 m 是负的. [当 a 是正数时, 这可以立即由第 74 节的不等式 (9) 或者 (10) 得出. 因为 $|x^m-a^m|<H|x-a|$, 其中 H 是 mx^{m-1} 和 ma^{m-1} 中绝对值的较大者 (参见例 XXVIII 第 (4) 题). 如果 a 是负的, 我们记 $x=-y$ 以及 $a=-b$. 那么

$$\lim x^m=\lim(-1)^m y^m=(-1)^m b^m=a^m.]$$

97. 不定元的极限以及收敛原理 (续)

一开始读者有可能未能看出: 对像上面的第 (4)(5)(6)(7)(8) 题那样的结果中的任意一个结论给出证明是必要的.

他可能会问: "为什么不直接令 $x=0$ 或者 $x=a$ 呢? 当然, 那样我们就得到 $a, a/\alpha, a^m, P(a), R(a)$ 了". 非常重要的是, 他应该看到这恰恰就是他犯错误的地方. 于是, 在过渡到讨论任何进一步的例子之前, 我们应该仔细考虑这一点.

命题

$$\lim_{x\to 0}\phi(x)=l$$

是当 x 取任何异于零且与零相差很小的值时有关 $\phi(x)$ 的值的命题[①]. 而不是当 $x=0$ 时关于 $\phi(x)$ 的值的命题. 当给出该命题时, 我们断言 "当 x 几乎等于 0 时, $\phi(x)$ 几乎等于 l". 我们并没有对当 x 实际上等于 0 时会发生什么结果做出任何论断. 到目前为止, 就我们所知而言, $\phi(x)$ 可能对 $x=0$ 根本就没有定义; 或者也可能在该点取某个异于 l 的值. 例如, 考虑对所有的 x 值都有定义的由等式 $\phi(x)=0$ 给出的函数. 显然

$$\lim\phi(x)=0. \tag{1}$$

现在考虑函数 $\psi(x)$, 它与 $\phi(x)$ 的区别仅在于当 $x=0$ 时有 $\psi(x)=1$. 那么

$$\lim\psi(x)=0. \tag{2}$$

因为, 当 x 几乎等于零时, $\psi(x)$ 不仅几乎, 而且恰好就等于零. 但是 $\psi(0)=1$. 此函数的图形由 x 轴挖掉点 $x=0$, 并添加一个孤立点, 也就是添加点 $(0,1)$ 所组成. 等式 (2) 表示这样一个事实: 如果我们沿着该图形无论从哪一边向 y 轴移动, 该曲线的纵坐标 (它总是等于零) 都趋向极限零. 这个事实无论如何都不会受到孤立点 $(0,1)$ 的影响.

读者或许会因为这个例子过于人为制造而不接受它. 我们也容易写出简单的公式, 它们表示的函数在接近 $x=0$ 处性状恰与此相象. 其中一个函数就是

$$\psi(x)=[1-x^2],$$

其中 $[1-x^2]$ 表示通常的不超过 $1-x^2$ 的最大整数. 如果 $x=0$, 那么 $\psi(x)=[1]=1$; 如果 $0<x<1$, 或者 $-1<x<0$, 那么 $0<1-x^2<1$, 所以 $\psi(x)=[1-x^2]=0$.

---

① 例如在第 93 节的定义 A 中, 我们对满足 $0<y\leqslant y_0$ 的 y 值给出一个命题, 第一个不等式很明确地是为了排除取到 $y=0$ 这个值.

考虑在第 2 章第 24 节 (2) 中讨论过的函数

$$y = x/x.$$

对除了 $x = 0$ 以外的所有 x 值, 这个函数取值都为 1. 当 $x = 0$ 时它不等于 1, 事实上它对于 $x = 0$ 根本没有定义. 因为当说到 $\phi(x)$ 对 $x = 0$ 有定义时, 我们是指 (如同在第 2 章的前述引文处所说明的那样): 能在定义 $\phi(x)$ 的公式中置 $x = 0$ 算出函数在 $x = 0$ 处的值. 而在上述情形中我们不能做到这一点. 当在 $\phi(x)$ 中置 $x = 0$ 时, 我们得到 0/0, 它是没有意义的. 读者或许会以 "分子和分母同除以 x" 作为反对的理由, 但这在 $x = 0$ 时是不可能的. 所以 $y = x/x$ 是一个仅仅在 $x = 0$ 没有定义这点上与 $y = 1$ 有不同之处的函数. 尽管如此, 仍有

$$\lim(x/x) = 1,$$

因为不论 x 与零的差距有多小, 只要 x 异于零, x/x 就等于 1.

类似地, 只要 x 不等于零, 就有 $\phi(x) = \{(x+1)^2 - 1\}/x = x + 2$, 而当 $x = 0$ 时它没有定义. 尽管如此, 仍有 $\lim \phi(x) = 2$.

另一方面, 自然没有任何东西能阻止当 x 趋向零时, $\phi(x)$ 的极限等于 $\phi(x)$ 在 $x = 0$ 时的值 $\phi(0)$ 这种情况的发生. 例如, 如果 $\phi(x) = x$, 那么 $\phi(0) = 0$, 且有 $\lim \phi(x) = 0$.

例 XXXVI

(1) $\lim\limits_{x \to a} \dfrac{x^2 - a^2}{x - a} = 2a$.

(2) 如果 m 是任何一个整数 (包含零在内), 那么 $\lim\limits_{x \to a} \dfrac{x^m - a^m}{x - a} = ma^{m-1}$.

(3) 证明: 只要 a 是正数, 则对 m 所有的有理数值, 第 (2) 题的结果依然为真. [这可以立即从第 74 节的不等式 (9) 和 (10) 得出.]

(4) $\lim\limits_{x \to 1} \dfrac{x^7 - 2x^5 + 1}{x^3 - 3x^2 + 2} = 1$. [注意 $x - 1$ 是分子和分母两者的因子.]

(5) 讨论

$$\phi(x) = \frac{a_0 x^m + a_1 x^{m+1} + \cdots + a_k x^{m+k}}{b_0 x^n + b_1 x^{n+1} + \cdots + b_l x^{n+l}}$$

当 x 取正的值或者负的值趋向零时的性状, 其中 $a_0 \neq 0$, $b_0 \neq 0$.

[如果 $m > n$, 则有 $\lim \phi(x) = 0$. 如果 $m = n$, 则有 $\lim \phi(x) = a_0/b_0$. 如果 $m < n$ 且 $n - m$ 是偶数, 那么 $\phi(x) \to +\infty$ 还是 $\phi(x) \to -\infty$, 要根据 $a_0/b_0 > 0$ 还是 $a_0/b_0 < 0$ 而定. 如果 $m < n$ 且 $n - m$ 是奇数, 那么当 $x \to +0$ 时 $\phi(x) \to +\infty$, 而当 $x \to -0$ 时 $\phi(x) \to -\infty$, 或者当 $x \to +0$ 时 $\phi(x) \to -\infty$, 而当 $x \to -0$ 时 $\phi(x) \to +\infty$, 这要根据 $a_0/b_0 > 0$ 还是 $a_0/b_0 < 0$ 而定.]

(6) 如果 a 和 b 是正数, 那么

$$\lim_{x \to +0} \frac{x}{a}\left[\frac{b}{x}\right] = \frac{b}{a}, \quad \lim_{x \to +0} \frac{b}{x}\left[\frac{x}{a}\right] = 0.$$

当 x 取负值趋向零时, 这些函数的性状如何?

(7)[①] $\lim\sqrt{1+x}=\lim\sqrt{1-x}=1$. [令 $1+x=y$, 或者 $1-x=y$, 并利用例 XXXV 第 (8) 题.]

(8) $\lim\{\sqrt{1+x}-\sqrt{1-x}\}/x=1$. [用 $\sqrt{1+x}+\sqrt{1-x}$ 来乘分子和分母.]

(9) 如果 m 和 n 是正整数, 考虑当 $x\to 0$ 时 $\{\sqrt{1+x^m}-\sqrt{1-x^m}\}/x^n$ 的性状.

(10) $\lim\dfrac{1}{x}\{\sqrt{1+x+x^2}-1\}=\dfrac{1}{2}$.

(11) $\lim\dfrac{\sqrt{1+x}-\sqrt{1+x^2}}{\sqrt{1-x^2}-\sqrt{1-x}}=1$.

(12) 画出函数

$$y=\left\{\frac{1}{x-1}+\frac{1}{x-\frac{1}{2}}+\frac{1}{x-\frac{1}{3}}+\frac{1}{x-\frac{1}{4}}\right\}\Big/\left\{\frac{1}{x-1}+\frac{1}{x-\frac{1}{2}}+\frac{1}{x-\frac{1}{3}}+\frac{1}{x-\frac{1}{4}}\right\}$$

的图. 当 $x\to 0$ 时它有极限吗? [除了 $x=1,\frac{1}{2},\frac{1}{3},\frac{1}{4}$ 之外均有 $y=1$, 在 $x=1,\frac{1}{2},\frac{1}{3},\frac{1}{4}$ 时 y 没有定义, 当 $x\to 0$ 时有 $y\to 1$.]

(13) $\lim\dfrac{\sin x}{x}=1$.

[可以从三角比的定义推出[②]: 如果 x 是正数且小于 $\frac{1}{2}\pi$, 那么就有

$$\sin x<x<\tan x,$$

即

$$\cos x<\frac{\sin x}{x}<1,$$

这也就是

$$0<1-\frac{\sin x}{x}<1-\cos x=2\sin^2\frac{1}{2}x.$$

但是 $2\sin^2\frac{1}{2}x<2\left(\frac{1}{2}x\right)^2=\frac{1}{2}x^2$[③]. 从而

$$\lim_{x\to+0}\left(1-\frac{\sin x}{x}\right)=0,\quad \lim_{x\to+0}\frac{\sin x}{x}=1.$$

由于 $\dfrac{\sin x}{x}$ 是偶函数, 结论得证.]

(14) $\lim\dfrac{1-\cos x}{x^2}=\dfrac{1}{2}$.

(15) $\lim\dfrac{\sin\alpha x}{x}=\alpha$. 此结论对 $\alpha=0$ 成立吗?

(16) $\lim\dfrac{\arcsin x}{x}=1$.

(17) $\lim\dfrac{\tan\alpha x}{x}=\alpha$, $\lim\dfrac{\arctan\alpha x}{x}=\alpha$.

(18) $\lim\dfrac{\csc x-\cot x}{x}=\dfrac{1}{2}$.

(19) $\lim\limits_{x\to 1}\dfrac{1+\cos\pi x}{\tan^2\pi x}=\dfrac{1}{2}$.

(20) 当 $x\to 0$ 时函数 $\sin(1/x),(1/x)\sin(1/x),x\sin(1/x)$ 性状如何? [第一个函数有限振荡, 第二个函数无限振荡, 第三个函数趋向极限零. 当 $x=0$ 时没有一个函数有定义. 见例 XV 第 (6)(7)(8) 题.]

(21) 当 x 趋向 0 时, 函数

$$y=\left(\sin\tfrac{1}{x}\right)\Big/\left(\sin\tfrac{1}{x}\right)$$

是否趋向一个极限? [否. 除了 $\sin\frac{1}{x}=0$ 之外, 该函数的值都等于 1; 也就是除了 $x=1/\pi$, $1/2\pi,\cdots,-1/\pi,-1/2\pi,\cdots$ 之外其值均为 1. 对于 x 的这些值, y 的定义公式取没有意义的形式 0/0, 所以对于无穷多个接近 $x=0$ 的 x 值 y 没有定义.]

---

① 在接下来的一些例子中都假设取 $x\to 0$ 时的极限, 除非 (如同在第 (19)(22) 题中那样) 明显指出相反的情形.

② 这里用到的诸不等式的证明依赖于扇形 “面积” 的某种性质, 它们通常可视为几何直观. 例如, 扇形的面积大于该扇形的内接三角形的面积. 验证这些前提条件的合法性要推迟到第 7 章中才能给出.

③ 原书此处误写为 $2\sin^2\frac{1}{2}x<2\left(\frac{1}{2}x\right)^2<\frac{1}{2}x^2$. ——译者注

(22) 证明: 如果 m 是任意一个整数, 那么当 $x \to m+0$ 时, 有 $[x] \to m$ 以及 $x-[x] \to 0$, 当 $x \to m-0$ 时, 有 $[x] \to m-1$ 以及 $x-[x] \to 1$.

98. 符号 $O, o, \sim$: 小量和大量的阶

在做了显然的修改之后, 第 89 节中的定义可以推广到趋向无穷或者趋向一个极限的连续变量的函数上去. 例如, 当 $x \to \infty$ 时 $f = O(\phi)$ 的含义是对 $x \geqslant x_0$ 有 $|f| < K\phi$; $f = o(\phi)$ 的含义是 $f/\phi \to 0$; $f \sim l\phi$ (其中 $l \neq 0$) 的含义是 $f/\phi \to l$. 类似地, 当 $x \to a$ 时 $f = O(\phi)$ 的含义是: 对所有异于 a 但充分接近 a 的 x 值有 $|f| < K\phi$.

于是, 当 $x \to \infty$ 时有

$$x + x^2 = O(x^2), \quad x = o(x^2), \quad x + x^2 \sim x^2, \quad \sin x = O(1), \quad x^{-\frac{1}{2}} = o(1),$$

而当 $x \to 0$ 时有

$$x + x^2 = O(x), \quad x^2 = o(x), \quad x + x^2 \sim x, \quad \sin(1/x) = O(1), \quad x^{\frac{1}{2}} = o(1).$$

为确定起见, 假设 $x \to 0$. 则诸函数

$$x, x^2, x^3, \cdots$$

构成一个尺度, 其中每一个成员都比它前面那个成员更快地趋向零, 这是因为对每个正整数 m 都有

$$x^m = o(x^{m-1}), \quad x^{m+1} = o(x^m);$$

所以自然可以用它们来对任何一个与 x 一起趋向零的函数的 "小量的阶" 进行度量. 如果当 $x \to 0$ 时有

$$\phi(x) \sim l x^m,$$

其中 $l \neq 0$, 那么我们就称: 当 x 很小时, $\phi(x)$ 是一个 m 阶的小量①.

当然, 这一尺度无论如何都是不完全的. 例如, $\phi(x) = x^{\frac{7}{5}}$ 比 x 趋向零更快, 但是比 x^2 趋向零更慢. 我们可能会试图通过添加分数阶的无穷小来使之变得更加完全. 例如, 可以说 $x^{\frac{7}{5}}$ 是 $\frac{7}{5}$ 阶的小量. 不过在第 9 章中将会看到, 即使那样做, 我们用于度量小量的阶的尺度依然是不完全的.

类似地我们可以定义大量的阶. 例如, 如果当 $x \to 0$ 时 $\phi(x)/x^{-m} = x^m\phi(x)$ 趋向一个不等于零的极限 l, 我们就说 $\phi(x)$ 是一个 m 阶的大量.

---

① 更加一般地, 如果存在正常数 A, B 使得

$$A|x|^m \leqslant |\phi(x)| \leqslant B|x|^m,$$

我们就说 $\phi(x)$ 是一个 m 阶的小量. 对于我们的用途来说, 正文中给出的定义是相当一般的.

这些定义涉及的是 $x \to 0$ 的情形. 自然, 当 $x \to \infty$ 或者 $x \to a$ 时也有对应的定义. 例如, 如果当 $x \to \infty$ 时, $x^m\phi(x)$ 趋向一个不等于零的极限, 我们就说: 对于很大的 x, $\phi(x)$ 是一个 m 阶的小量; 如果当 $x \to a$ 时,$(x-a)^m\phi(x)$ 趋向一个不等于零的极限, 我们就说: 对于很接近 a 的 x, $\phi(x)$ 是一个 m 阶的大量.

最后这组例子中有许多可以用本节的语言重新表述. 例如

$$\sin \alpha x \sim \alpha x, \quad 1-\cos x \sim \tfrac{1}{2}x^2, \quad \csc x - \cot x \sim \tfrac{1}{2}x,$$

其中第二个函数是一个 2 阶小量, 其余的均为 1 阶小量.

99. 一个实变量的连续函数

读者对于一条**连续曲线** (continuous curve) 所蕴含的思想是不会有怀疑的. 例如, 他会把图 27 中的曲线 C 称为连续的, 而把曲线 C' 称为总体上连续、但在 $x=\xi'$ 以及 $x=\xi''$ 是不连续的.

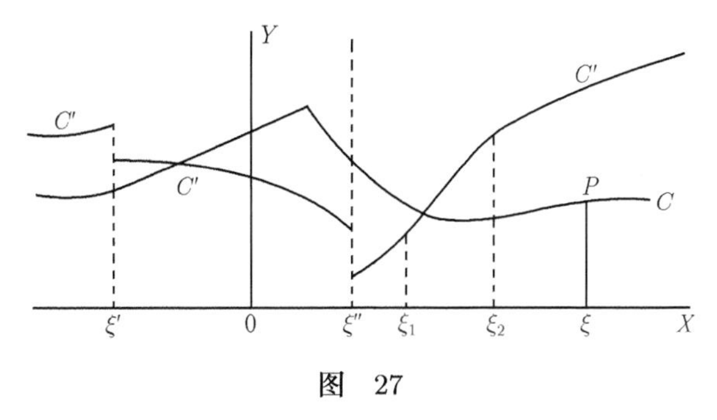

图 27

这些曲线中的每一条都可以看成是一个函数 $\phi(x)$ 的图形. 如果一个函数的图形是一条连续的曲线, 自然就把此函数称为连续函数, 反之则称它是不连续的. 我们可以把它当作一个临时性的定义并力图将其中涉及的某些性质更精确地加以区分.

首先显然的是, 以 C 作为其图形的函数 $y=\phi(x)$ 的性质可以分解成该曲线在它的每一点具有的某种性质. 为了能对所有的 x 值定义连续性, 我们首先必须对任何一个特殊的 x 值定义连续性. 让我们固定某一个特殊的 x 值, 比方说 $x=\xi$, 它与图形上的点 P 对应. 与这个 x 值对应的 $\phi(x)$ 有什么样的特性呢?

第一, $\phi(x)$ *对 $x=\xi$ 有定义*. 这显然是有基本重要性的. 如果 $\phi(\xi)$ 在该点没有定义, 那么此曲线就会少掉一个点.

第二, $\phi(x)$ *对所有接近 $x=\xi$ 的 x 值都有定义*; 也就是说, 我们可以找到一个包含 $x=\xi$ 在其内部的区间, 对该区间内所有的点 $\phi(x)$ 都有定义.

第三, *无论 x 从哪一边接近 ξ, $\phi(x)$ 都会接近极限 $\phi(\xi)$*.

这样定义的性质还远不能将常人的眼睛所观察到的曲线图形的那些性质都网罗殆尽, 这些曲线是从直线以及圆这样特殊的曲线推而广之得到的. 但是它们有最简单也是最基本的性质：任何具有这些性质的函数的图形都会满足我们对于一条连续曲线所应该具有的几何直感, 正如到目前为止实际上可能画出的那样. 因此我们选取它们来作为连续性这一数学概念的载体. 这样就导出下面的定义.

定义　*如果当 x 从每一边趋向 ξ, $\phi(x)$ 都趋向一个极限, 且这些极限都等于 $\phi(\xi)$, 我们就称函数 $\phi(x)$ 在 $x=\xi$ 是连续的.*

于是, 如果 $\phi(\xi), \phi(\xi-0)$ 以及 $\phi(\xi+0)$ 都存在且相等, 那么 $\phi(x)$ 在 $x=\xi$ 处连续.

现在我们可以来定义在整个区间上的连续性. 如果函数 $\phi(x)$ 在某个取值区间中的所有 x 值都是连续的, 那么就说这个函数在该区间上是连续的. 如果一个函数对 x 的每个值都连续, 那么就说这个函数是处处连续的. 于是 $[x]$ 在区间 $(\varepsilon, 1-\varepsilon)$ 内是连续的, 其中 ε 是一个小于 $\frac{1}{2}$ 的正数, 但是它在 $x=0$ 和 $x=1$ 并不连续, 在包含这两点中任意一点在内的任何一个区间上也都不连续, 而 1 和 x 则是处处连续的.

如果重新回到极限的定义, 可以看出我们的定义等价于 "*如果给定 δ, 我们就可以选取 $\varepsilon(\delta)$, 使得当 $0 \leqslant |x-\xi| \leqslant \varepsilon(\delta)$ 时就有 $|\phi(x)-\phi(\xi)|<\delta$, 那么 $\phi(x)$ 在 $x=\xi$ 处连续.*"

我们还常需要考虑仅在一个区间 (a, b) 有定义的函数. 在这种情形, 将函数连续性的定义在特殊点 a 和 b 处稍作自然的改变是很方便的. 如果 $\phi(a+0)$ 存在且等于 $\phi(a)$, 我们称 $\phi(x)$ 在 $x=a$ 是连续的. 如果 $\phi(b-0)$ 存在且等于 $\phi(b)$, 则称 $\phi(x)$ 在 $x=b$ 是连续的.[①]

100. 一个实变量的连续函数 (续)

上一节给出的连续性定义可以用几何方法描述如下. 画出两条水平线 $y=\phi(\xi)-\delta$ 和 $y=\phi(\xi)+\delta$, 如图 28 所示. 那么 $|\phi(x)-\phi(\xi)|<\delta$ 表示这样的事实：曲线上与 x 对应的点落在这两条直线之间. 类似地, $|x-\xi| \leqslant \varepsilon$ 表示这样的事实：x 落

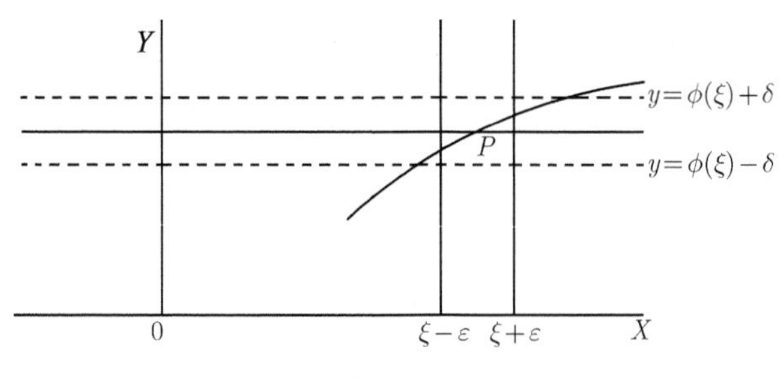

图　28

① 用现在通用的数学语言来说, 我们称满足上述条件的函数 $\phi(x)$ 在 $x=a$ 是右连续的, 而在 $x=b$ 是左连续的. ——译者注

在区间 $(\xi-\varepsilon,\xi+\varepsilon)$ 之中. 于是由定义断言: 如果画出两条这样的水平直线, 无论它们多么靠近, 我们都能通过画出两条竖直的直线在平面上切出一个竖的带状区域, 使得该函数包含在这个条状区域之内的图形完全夹在这两条水平直线之间. 无论 ξ 取什么样的值, 这对于图 27 中的曲线 C 显然为真.

现在我们来讨论某些特殊类型的函数的连续性. 这里得出的某些结论在第 2 章中被视为理所当然地成立 (如我们那时指出的).

例 XXXVII

(1) 在一点连续的两个函数的和以及乘积在该点连续. 其商也连续, 除非分母在该点取值为零. [立即由例 XXXV 第 (1) 题得出.]

(2) 任何多项式对所有的 x 值都是连续的. 任何有理函数在除了使得分母取值为零的 x 值之外都是连续的. [由例 XXXV 第 (6) 和第 (7) 题得出.]

(3) $\sqrt{x}$ 对所有正的 x 值都是连续的 (例 XXXV 第 (8) 题). 它对 $x<0$ 没有定义, 但是根据第 99 节末尾所作的说明, 它在 $x=0$ 是连续的①. 对于 $x^{m/n}$ 也有同样的结论成立, 这里 m 和 n 是任何正整数, 且 n 是偶数.

(4) 如果 n 为奇数, 那么 $x^{m/n}$ 对于所有的 x 值都是连续的.

(5) $1/x$ 在 $x=0$ 不连续. 它在 $x=0$ 没有函数值, 且当 $x\to 0$ 时也没有极限. 事实上 $1/x\to+\infty$ 或者 $1/x\to-\infty$, 要根据 x 是取正值趋向零还是取负值趋向零而定.

(6) 讨论 $x^{-m/n}$ 在 $x=0$ 的连续性, 其中 m 和 n 是正整数.

(7) 标准的有理函数 $R(x)=P(x)/Q(x)$ 在 $x=a$ 不连续, 这里 a 是 $Q(x)=0$ 的任意一个根. 于是 $(x^2+1)/(x^2-3x+2)$ 在 $x=1$ 不连续. 应该注意到, 在有理函数的情形, 不连续性总是与以下事实有关: (a) 对 x 的某个特殊值没有定义, 以及 (b) 当 x 从某一边趋向这个值时, 函数趋向 $+\infty$ 或者 $-\infty$. 这样的一种特殊种类的不连续点通常说成是函数的一个**无穷大点** (infinity). "无穷大点" 是在日常研究工作中最经常出现的一类不连续点.

(8) 讨论

$$\sqrt{(x-a)(b-x)},\quad \sqrt[3]{(x-a)(b-x)},\quad \sqrt{\frac{x-a}{b-x}},\quad \sqrt[3]{\frac{x-a}{b-x}}$$

的连续性.

(9) $\sin x$ 和 $\cos x$ 对所有的 x 值都连续.

[我们有

$$\sin(x+h)-\sin x=2\sin\tfrac{1}{2}h\cos\left(x+\tfrac{1}{2}h\right),$$

它在绝对值上小于 h 的数值.]

(10) 对何种 x 值, $\tan x$, $\cot x$, $\sec x$ 以及 $\csc x$ 是连续的和不连续的?

(11) 如果 $f(y)$ 在 $y=\eta$ 连续, 而 $\phi(x)$ 是 x 的连续函数, 它在 $x=\xi$ 时取值为 η, 那么 $f\{\phi(x)\}$ 在 $x=\xi$ 连续.

(12) 如果 $\phi(x)$ 在 x 的任意一个特殊值处是连续的, 那么任何关于 $\phi(x)$ 的多项式 (例如像 $a\{\phi(x)\}^m+\cdots$) 也是连续的.

(13) 讨论

$$(a\cos^2 x+b\sin^2 x)^{-1},\quad \sqrt{2+\cos x},\quad \sqrt{1+\sin x},\quad (1+\sin x)^{-\frac{1}{2}}$$

的连续性.

① 用现在的数学语言, 这应该表述成 "$\sqrt{x}$ 在 $x=0$ 是右连续的" 才更加准确, 以下同此, 不再赘述. ——译者注

(14) $\sin(1/x), x\sin(1/x)$ 和 $x^2\sin(1/x)$ 除 $x=0$ 之外均连续.

(15) 当 $x \neq 0$ 时等于 $x\sin(1/x)$, 当 $x=0$ 时等于零的函数对所有的 x 值均连续.

(16) $[x]$ 和 $x-[x]$ 对 x 的所有整数值均不连续.

(17) 对什么样的 x 值 (如果这样的值存在的话), 下列函数是不连续的:

$$[x^2], \quad [\sqrt{x}], \quad \sqrt{x-[x]}, \quad [x]+\sqrt{x-[x]}, \quad [2x], \quad [x]+[-x]$$

(18) **不连续的分类**. 前面的某些例子启发我们对不同的间断类型加以分类.

(i) 假设当 x 无论从小于还是大于 a 的值趋向 a 时, $\phi(x)$ 都趋向一个极限. 如同在第 95 节中那样, 分别将这些极限记为 $\phi(a-0)$ 和 $\phi(a+0)$. 那么, $\phi(x)$ 在 $x=a$ 连续的充分必要条件是: $\phi(x)$ 在 $x=a$ 有定义, 且

$$\phi(a-0)=\phi(a)=\phi(a+0).$$

间断可能以任何一种方式发生.

(α) $\phi(a-0)$ 等于 $\phi(a+0)$, 但 $\phi(a)$ 没有定义, 或者 $\phi(a)$ 与 $\phi(a-0)$ 以及 $\phi(a+0)$ 不相等. 例如, $\phi(x)=x\sin(1/x)$ 和 $a=0$ 就是这种情形. $\phi(0-0)=\phi(0+0)=0$, 然而 $\phi(x)$ 在 $x=0$ 没有定义. 或者取 $\phi(x)=[1-x^2]$ 以及 $a=0$, 则有 $\phi(0-0)=\phi(0+0)=0$, 然而 $\phi(0)=1$.

(β) $\phi(a-0)$ 与 $\phi(a+0)$ 不相等. 在此情形 $\phi(a)$ 有可能等于其中的一个, 或者与哪一个都不相等, 或者它没有定义. 第一种情形由 $\phi(x)=[x]$ 给出例证, 对此函数有 $\phi(0-0)=-1, \phi(0+0)=\phi(0)=0$; 第二种情形由 $\phi(x)=[x]-[-x]$ 给出例证, 对此函数有 $\phi(0-0)=-1, \phi(0+0)=1, \phi(0)=0$; 第三种情形由 $\phi(x)=[x]+x\sin(1/x)$ 给出例证, 对此函数有 $\phi(0-0)=-1, \phi(0+0)=0$, $\phi(0)$ 没有定义.

在这些情形的任意一种情形, 我们都称 $\phi(x)$ 在 $x=a$ 有**简单间断点**. 可以将下述情形添加到这些情形中去: $\phi(x)$ 仅在 $x=a$ 的一边有定义, $\phi(a-0)$ 或者 $\phi(a+0)$ 存在 (根据 $\phi(x)$ 在哪一边有定义), 但是 $\phi(x)$ 要么在 $x=a$ 没有定义, 要么在此点处的函数值与 $\phi(a-0)$ 或者 $\phi(a+0)$ 不等.

由第 95 节显然可见, 一个在 $x=a$ 的邻域内递增或者递减的函数在 $x=a$ 处至多有一个简单间断点.

(ii) 有可能发生这样的情况: 当 x 从每一边趋向 a 时, $\phi(x)$ 都趋向一个极限, 或者趋向 $+\infty$, 或者趋向 $-\infty$, 而且至少当 x 从某一边趋向 a 时, $\phi(x)$ 趋向 $+\infty$, 或者趋向 $-\infty$. 比方说, 如果 $\phi(x)$ 是 $1/x$, 或者是 $1/x^2$ 时, 或者, 如果对于正的 x 值 $\phi(x)$ 是 $1/x$, 而对负的 x 值 $\phi(x)$ 取值为零. 在这样的情形我们就说, $x=a$ 是 $\phi(x)$ 的**无穷间断点**. 我们也把下面这些情形归入到无穷间断点中: 在 a 的一边 $\phi(x)$ 趋向 $+\infty$, 或者趋向 $-\infty$, 而在另一边它没有定义.

(iii) 任何一个不是简单间断点、也不是无穷间断点的间断点称为**振荡间断点**. 例如 $x=0$ 是 $\sin(1/x)$ 的振荡间断点.

(19) 诸函数

$$\frac{\sin x}{x}, \quad [x]+[-x], \quad \csc x, \quad \sqrt{\frac{1}{x}}, \quad \sqrt[3]{\frac{1}{x}}, \quad \csc\frac{1}{x}, \quad \frac{\sin(1/x)}{\sin(1/x)}$$

在 $x=0$ 间断的特征是什么?

(20) 当 x 是有理数时取值为 1, 而当 x 是无理数时取值为 0 的函数 (第 2 章例 XVI 第 (10) 题) 对所有的 x 值均间断. 任何仅对 x 的有理数值有定义或者仅对 x 的无理数值有定义的函数亦有此性质.

(21) 当 x 是无理数时取值为 x, 而当 x 是有理分数 p/q 时取值为 $\sqrt{(1+p^2)/(1+q^2)}$ 的函数 (第 2 章例 XVI 第 (11) 题) 对所有负的 x 值以及所有正有理数的 x 值均间断, 但对正无理数的 x 值均连续.

(22) 第 4 章例 XXXI 中考虑的函数在什么样的点处是间断的? 它们间断的性质又是什么? [例如, 考虑函数 $y=\lim x^n$(第 (5) 题). 这里 y 仅对 $-1<x\leqslant 1$ 有定义: 当 $-1<x<1$ 时它等于零, 而当 $x=1$ 时它等于 1. 点 $x=1$ 以及 $x=-1$ 是简单间断点.]

101. 连续函数的基本性质

通常意义下的 "连续曲线" 有另外一些特征性质. 设 A 和 B 是 $\phi(x)$ 的图形上两个点, 其坐标为 $x_0, \phi(x_0)$ 以及 $x_1, \phi(x_1)$, 令 λ 是穿过 A 和 B 中间的一条直线. 那么, 如果该图形看起来是连续的, 则它必定与 λ 相交.

显然, 如果我们把此性质视为连续曲线的一个内在几何性质, 那么假设 λ 与 x 轴平行并不会真正失去其一般性. 在此情形 A 和 B 的纵坐标不可能相等, 为了确定起见, 假设 $\phi(x_1)>\phi(x_0)$. 又设 λ 是直线 $y=\eta$, 其中 $\phi(x_0)<\eta<\phi(x_1)$. 那么, 说 "$\phi(x)$ 的图形必定与 λ 相交" 与说 "存在一个介于 x_0 与 x_1 之间的 x 值, 使得 $\phi(x)=\eta$" 完全是同一回事.

然后我们可以断言, 连续函数 $\phi(x)$ 应该具有下面的性质: *如果*

$$\phi(x_0)=y_0, \quad \phi(x_1)=y_1,$$

且 $y_0<\eta<y_1$, 那么就存在介于 x_0 与 x_1 之间的一个 x 值, 使得 $\phi(x)=\eta$. 换言之, *当 x 从 x_0 变到 x_1 时, y 必定取遍 y_0 与 y_1 之间的每个值至少一次.*

我们现在要来证明: 如果 $\phi(x)$ 是在第 99 节定义的意义下的连续函数, 那么它实际上的确具有这一性质. 在 x_0 的右边有 x 的一个取值范围, 在此范围内有 $\phi(x)<\eta$ 成立. 因为 $\phi(x_0)<\eta$, 因此, 如果 $\phi(x)-\phi(x_0)$ 的绝对值小于 $\eta-\phi(x_0)$, 那么 $\phi(x)$ 也一定小于 η. 但是由于 $\phi(x)$ 在 $x=x_0$ 是连续的, 所以如果 x 充分接近于 x_0, 那么这个条件一定是满足的. 类似地, 在 x_1 的左边有 x 的一个取值范围, 在此范围内有 $\phi(x)>\eta$.

让我们把介于 x_0 和 x_1 之间的 x 值如下分成两类 L, R:

(1) 在类 L 中放入所有这样的 x 值 ξ: 对 $x=\xi$ 以及所有介于 x_0 和 ξ 之间的所有 x 值, 都有 $\phi(x)<\eta$ 成立;

(2) 将所有其他的 x 值放入类 R 中, 也即将 "使得 $\phi(\xi)\geqslant\eta$ 成立, 或者存在一个介于 x_0 和 ξ 之间的 x 值使得 $\phi(x)\geqslant\eta$ 成立" 的所有 ξ 归入类 R 中.

那么显然, 这两个类满足第 17 节中加在类 L, R 上的所有条件, 从而它们构成了实数的一个分割. 设 ξ_0 是与这个分割对应的数.

首先, 假设 $\phi(\xi_0) > \eta$, 所以 ξ_0 属于上类, 比方说, 可设 $\phi(\xi_0) = \eta + k$, 其中 $k > 0$. 那么, 对所有小于 ξ_0 的 ξ' 值, 就有 $\phi(\xi') < \eta$, 从而

$$\phi(\xi_0) - \phi(\xi') > k,$$

而这与在 $x = \xi_0$ 连续的条件矛盾.

其次, 假设 $\phi(\xi_0) = \eta - k < \eta$. 那么, 如果 ξ' 是任何一个大于 ξ_0 的数, 则要么有 $\phi(\xi') \geqslant \eta$, 要么可以找到一个介于 ξ_0 和 ξ' 之间的数 ξ'' 使得 $\phi(\xi'') \geqslant \eta$. 在每一种情形, 我们都能找到一个任意接近于 ξ_0 的数, 使得它们对应的 $\phi(x)$ 的值相差大于 k. 这再次与 $\phi(x)$ 在 $x = \xi_0$ 连续的假设矛盾.

于是有 $\phi(\xi_0) = \eta$, 定理就得到了证明. 应该注意到, 我们所证明的要比定理中明确给出的结论更多. 实际上我们是证明了: ξ_0 是使得 $\phi(x) = \eta$ 成立的最小的 x 值. 并非显然但是一般来说的确成立的结论是: 在所有使得该函数取到一个给定值的 x 值中, 有一个最小的值存在, 尽管这对于连续函数来说为真.

容易看出, 刚才证明的定理的逆不成立. 例如像图 29 表示的函数显然取到介于 $\phi(x_0)$ 和 $\phi(x_1)$ 之间的每个值至少一次: 然而 $\phi(x)$ 却是不连续的. 的确, 甚至下面的结论也不真: 当 $\phi(x)$ 取每个值一次且恰好一次时, 它必定是连续的. 例如, 设 $\phi(x)$ 从 $x = 0$ 到 $x = 1$ 定义如下: 如果 $x = 0$, 令 $\phi(x) = 0$; 如果 $0 < x < 1$, 令 $\phi(x) = 1 - x$; 如果 $x = 1$, 令 $\phi(x) = 1$. 这个函数的图形画在图 30 中; 它包含点 O, C, 但不包含点 A, B. 显然, 当 x 从 0 变到 1 时, $\phi(x)$ 取 $\phi(0) = 0$ 与 $\phi(1) = 1$ 之间的每个值一次且恰好一次; 但是 $\phi(x)$ 在 $x = 0$ 以及 $x = 1$ 是间断的.

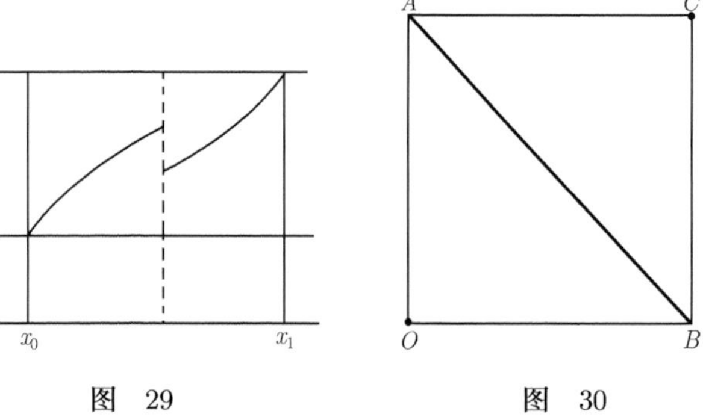

图　29　　　图　30

初等数学中出现的曲线通常都是由有限多个曲线段组成的, 且 y 总是顺着这样的曲线段沿同一方向变化. 容易证明: 如果 $y = \phi(x)$ 总是沿同一方向变化, 也即当 x 从 x_0 变到 x_1 时它递增或者递减, 那么关于连续性的两个概念实际是等价的, 也就是说, 如果 $\phi(x)$ 取介于 $\phi(x_0)$ 和 $\phi(x_1)$ 之间的每个值, 那么它必定是在第 99 节意义下的连续函数. 假设 ξ 是介于 x_0 和 x_1 之间的任意一个 x 值. 当 x 取小于 ξ 的值趋向 ξ 时, $\phi(x)$ 趋向极限 $\phi(\xi - 0)$(第 95 节). 类似地, 当 x 取大于 ξ 的值趋向 ξ 时, $\phi(x)$ 趋向极限 $\phi(\xi + 0)$. 因此当且仅当

$$\phi(\xi - 0) = \phi(\xi) = \phi(\xi + 0)$$

成立时, 该函数在 $x = \xi$ 才是连续的. 但是, 如果这些等式中的某一个不成立, 比方说第一个等式不成立, 那么显然, $\phi(x)$ 不会取到介于 $\phi(\xi - 0)$ 和 $\phi(\xi)$ 之间的任何值, 而这与我们的假设矛盾. 从而 $\phi(x)$ 必定是连续的.

102. 连续函数的进一步的性质

在本节以及以下诸节中, 我们要证明一系列重要的一般性定理.

定理 1　*假设 $\phi(x)$ 在 $x=\xi$ 连续, 且 $\phi(\xi)$ 是正数. 那么我们可以确定一个正数 ε, 使得 $\phi(x)$ 在整个区间 $(\xi-\varepsilon,\xi+\varepsilon)$ 中都是正的.*

因为, 在第 99 节的基本不等式中取 $\delta=\frac{1}{2}\phi(\xi)$, 我们就可以选取 ε, 使得在整个区间 $(\xi-\varepsilon,\xi+\varepsilon)$ 中有

$$|\phi(x)-\phi(\xi)|<\tfrac{1}{2}\phi(\xi),$$

这样就有

$$\phi(x)\geqslant\phi(\xi)-|\phi(x)-\phi(\xi)|>\tfrac{1}{2}\phi(\xi)>0,$$

所以 $\phi(x)$ 是正的. 对于 $\phi(x)$ 的负值显然有一个对应的定理.

定理 2　*如果 $\phi(x)$ 在 $x=\xi$ 连续, 且对任意接近 ξ 的 x 值 $\phi(x)$ 取值为零, 或者对任意接近 ξ 的 x 值 $\phi(x)$ 既取到正的值也取到负的值, 那么 $\phi(\xi)=0$.*

这是定理 1 的一个显然的推论. 如果 $\phi(\xi)$ 不为零, 那么它必定是正的或者是负的; 例如, 如果它是正的, $\phi(x)$ 就会对充分接近 ξ 的所有 x 值取正值, 这与定理的假设矛盾.

103. 连续函数的取值范围

让我们来考虑这样一个函数 $\phi(x)$, 目前仅仅假设它对区间 (a,b) 中的每个 x 值都有定义.

对于在区间 (a,b) 中的 x 值, $\phi(x)$ 所取的值构成一个集合 S, 我们可以对此集合应用第 80 节中的方法, 如同我们在第 81 节中将这些方法应用于变量 n 的函数所取值的集合所做的那样. 如果存在一个数 K, 使得对问题中所有的 x 值都有 $\phi(x)\leqslant K$, 我们就称 $\phi(x)$ 是有上界的. 在此情形, $\phi(x)$ 有一个上界 M: $\phi(x)$ 的值都不会超过 M, 但是任何小于 M 的数都会小于 $\phi(x)$ 的至少一个值. 类似地, 作为对于一个连续变量 x 的函数的应用, 我们可以定义"有下界的""下界""有界"等概念.

定理 1　*如果 $\phi(x)$ 在整个区间 (a,b) 是连续的, 那么它在 (a,b) 中有界*[①].

① 这里的条件"$\phi(x)$ 在整个区间 (a,b) 是连续的"与我们现代所用的表面上同样的说法的含义实际上完全不同. 现代分析中说"$\phi(x)$ 在整个区间 (a,b) 是连续的"指的仅仅是 $\phi(x)$ 在开区间 (a,b) 内部的每一点都连续, 而在两端点处是否有某种连续性则未给出任何说明; 而在本书中说的"$\phi(x)$ 在整个区间 (a,b) 是连续的"不仅仅指 $\phi(x)$ 在开区间 (a,b) 内部的每一点都连续, 而且 $\phi(x)$ 还在区间左端点 $x=a$ 处右连续, 在右端点 $x=b$ 处左连续. 换言之, 本书中这句话的真实含义与现代数学语言所表述的"$\phi(x)$ 在整个闭区间 $[a,b]$ 是连续的"等价. 请注意, 如果按照现代分析的符号和说法的含义来理解定理 1 的条件, 那么一般来说该定理的结论是不成立的. 例如, 取在现代符号的开区间 $(0,1)$ 上有定义的函数 $y=1/x$, 它显然在开区间 $(0,1)$ 内每一点都连续, 但它在此区间上不可能有界. 所以我们再次提醒读者: 正确理解这本著作中符号和概念原来的含义, 不要产生不应有的误解, 是十分重要的. ——译者注

我们一定可以确定一个区间 (a,ξ), 它从 a 向右延伸, 在该区间中 $\phi(x)$ 有界. 这是因为, 由于 $\phi(x)$ 在 $x=a$ 连续, 给定任意正数 δ, 我们都能确定一个区间 (a,ξ), 在整个这一区间中 $\phi(x)$ 的值都介于 $\phi(a)-\delta$ 和 $\phi(a)+\delta$ 之间; 显然 $\phi(x)$ 在这个区间中是有界的.

现在将区间 (a,b) 中的点 ξ 分成两类 L,R, 如果 $\phi(x)$ 在 (a,ξ) 中有界, 就将 ξ 归入类 L 之中, 如若不然就将它归入类 R 之中. 由上所述可以推出: 类 L 一定存在, 我们打算要证明的是 R 不存在. 假设 R 的确存在, 设 β 是与下类以及上类分别为 L 和 R 的分割所对应的数. 由于 $\phi(x)$ 在 $x=\beta$ 连续, 对于无论多么小的 δ, 我们总能确定一个区间 $(\beta-\eta,\beta+\eta)$[①], 使得在整个这一区间中都有

$$\phi(\beta)-\delta<\phi(x)<\phi(\beta)+\delta.$$

从而 $\phi(x)$ 在 $(\beta-\eta,\beta+\eta)$ 中有界. 现在 $\beta-\eta$ 属于 L. 于是 $\phi(x)$ 在 $(a,\beta-\eta)$ 中有界; 这样一来它就在整个区间 $(a,\beta+\eta)$ 中有界. 但是 $\beta+\eta$ 属于 R, 所以 $\phi(x)$ 在 $(a,\beta+\eta)$ 中不是有界的. 这个矛盾表明 R 并不存在, 所以 $\phi(x)$ 在整个区间 (a,b) 中是有界的.

定理 2　如果 $\phi(x)$ 在整个区间 (a,b) 中是连续的, 且 M 和 m 是它的上界和下界, 那么 $\phi(x)$ 在该区间中取 M 和 m 中的每一个值至少一次.

因为, 给定任何正数 δ, 我们都能找到 x 的一个值, 使得 $M-\phi(x)<\delta$, 从而有 $1/\{M-\phi(x)\}>1/\delta$. 因此 $1/\{M-\phi(x)\}$ 不是有界的, 这样一来, 根据定理 1, 它也不是连续的. 但是 $M-\phi(x)$ 是连续函数, 因此 $1/\{M-\phi(x)\}$ 在分母不为零的任意一点也都是连续的 (例 XXXVII 第 (1) 题). 于是必定有一点使其分母为零, 在这一点有 $\phi(x)=M$. 类似地可以证明, 存在一点使得 $\phi(x)=m$.

刚才给出的证明是间接的, 鉴于此定理的极端重要性, 值得在此指出另一条证明的路线. 不过目前还是把这些内容往后推迟一下更为方便[②].

例 XXXVIII

(1) 如果除了当 $x=0$ 之外, 都有 $\phi(x)=1/x$, 而当 $x=0$ 时 $\phi(x)=0$, 那么 $\phi(x)$ 在像区间 $(-1,+1)$ 这样的包含 $x=0$ 在其内部的任意一个区间中既没有上界也没有下界.

(2) 如果除了当 $x=0$ 的情形之外, 都有 $\phi(x)=1/x^2$, 而当 $x=0$ 时 $\phi(x)=0$, 那么 $\phi(x)$ 在区间 $(-1,+1)$ 中有下界 0, 但是没有上界.

(3) 如果除了当 $x=0$ 的情形之外, 都有 $\phi(x)=\sin(1/x)$, 而当 $x=0$ 时 $\phi(x)=0$, 那么 $\phi(x)$ 在 $x=0$ 不连续. 在任何区间 $(-\delta,+\delta)$ 中下界都是 -1, 上界都是 $+1$, $\phi(x)$ 取这两个值中的每一个值无穷多次.

(4) 设 $\phi(x)=x-[x]$. 这个函数对 x 的所有的整数值都是不连续的. 在区间 $(0,1)$ 中它的下界是 0, 上界是 1. 当 $x=0$ 或者 $x=1$ 时它等于 0, 但它从来不等于 1. 因此 $\phi(x)$ 从来不取与其上界相等的值.

---

① 如果 $\beta=b$, 我们必须在接下来的整个讨论中用 $(\beta-\eta,\beta)$ 代替这个区间, 用 β 代替 $\beta+\eta$.

② 见第 105 节.

(5) 设当 x 为无理数时 $\phi(x)=0$, 当 x 为有理分数 p/q 时 $\phi(x)=q$. 那么 $\phi(x)$ 在任何区间 (a,b) 中有下界 0, 而却没有上界. 但是如果当 $x=p/q$ 时 $\phi(x)=(-1)^p q$, 那么 $\phi(x)$ 在任何区间中既没有上界, 也没有下界.

104. 函数在区间中的振幅

设 $\phi(x)$ 是在整个区间 (a,b) 中有界的函数, 且 M 和 m 是它的上界和下界. 为了表明 M 和 m 对于 a 和 b 的依赖关系, 现在我们用记号 $M(a,b), m(a,b)$ 代替 M, m, 并记

$$O(a,b)=M(a,b)-m(a,b).$$

我们把这个数 $O(a,b)$, 即 $\phi(x)$ 在 (a,b) 中的上界与下界之差, 称为 $\phi(x)$ 在 (a,b) 中的**振幅** (oscillation). 函数 $M(a,b), m(a,b), O(a,b)$ 最简单的性质如下所示.

(1) 如果 $a \leqslant c \leqslant b$, 那么 $M(a,b)$ 等于 $M(a,c)$ 与 $M(c,b)$ 中较大者, $m(a,b)$ 等于 $m(a,c)$ 与 $m(c,b)$ 中较小者.

(2) $M(a,b)$ 是 b 的增函数, $m(a,b)$ 是 b 的减函数, $O(a,b)$ 是 b 的增函数.

(3) $O(a,b) \leqslant O(a,c)+O(c,b)$.

前两个性质几乎是定义的直接推论. 设 μ 是 $M(a,c)$ 与 $M(c,b)$ 中较大者, 令 δ 是任意正数. 那么, 在整个区间 (a,c) 以及 (c,b) 上都有 $\phi(x) \leqslant \mu$, 从而在整个区间 (a,b) 上也有此不等式成立; 而在 (a,c) 或者 (c,b) 中的某处有 $\phi(x)>\mu-\delta$, 于是在 (a,b) 的某点处亦然. 从而 $M(a,b)=\mu$. 关于 m 的命题可以类似地加以证明. 这样就证明了 (1), 而 (2) 是一个显然的推论.

现在假设 M_1 是 $M(a,c)$ 与 $M(c,b)$ 中较大者, M_2 是其中较小者, 又设 m_1 是 $m(a,c)$ 与 $m(c,b)$ 中较小者, m_2 是其中较大者. 那么, 由于 c 属于这两个区间, 所以 $\phi(c)$ 既不大于 M_2, 也不小于 m_2. 从而 $M_2 \geqslant m_2$, 而不论这两个数是否对应 (a,c) 和 (c,b) 这两个区间中的同一个区间, 这样就有

$$O(a,b)=M_1-m_1 \leqslant M_1+M_2-m_1-m_2.$$

但是

$$O(a,c)+O(c,b)=M_1+M_2-m_1-m_2,$$

这就得出 (3).

105. 第 103 节定理 2 的另外的证明

第 103 节定理 2 最直接的证明如下. 设 ξ 是区间 (a,b) 中任意一个数. 函数 $M(a,\xi)$ 与 ξ 一起递增, 且永远不会超过 M. 于是我们可以构造数 ξ 的一个分割: 根据 $M(a,\xi)<M$ 还是 $M(a,\xi)=M$ 来将 ξ 放入类 L 或者 R 中. 设 β 是与这个分割对应的数. 如果 $a<\beta<b$, 那么对于所有正的 η 值我们就有

$$M(a,\beta-\eta)<M, \quad M(a,\beta+\eta)=M,$$

所以, 根据第 104 节的 (1) 就有

$$M(\beta-\eta,\beta+\eta)=M.$$

于是, 对于任意接近 β 的 x 值, $\phi(x)$ 取任意接近 M 的值, 又因为 $\phi(x)$ 连续, 所以 $\phi(\beta)$ 必定等于 M.

如果 $\beta=a$, 那么 $M(a,a+\eta)=M$. 如果 $\beta=b$, 那么 $M(a,b-\eta)<M$, 所以 $M(b-\eta,b)=M$. 不论哪种情形, 论证都可以如前一样完成.

此定理也可以用第 71 节中用到的反复等分的方法加以证明. 如果 M 是 $\phi(x)$ 在一个区间 PQ 中的上界, 而 PQ 被分成两个相等的部分, 那么就可能找到其中的一半 P_1Q_1, 使得函数在其中的上界仍旧是 M. 如在第 71 节中那样做下去, 我们就构造出一个区间序列 $PQ, P_1Q_1, P_2Q_2, \cdots$, 在每一个区间中 $\phi(x)$ 的上界都是 M. 如同在第 71 节中一样, 这些区间收敛于一点 T, 容易证明 $\phi(x)$ 在该点的值就是 M.

106. 直线上的区间集合, Heine-Borel 定理

现在我们着手来证明关于振荡函数的若干个定理, 如同以后将要看到的那样, 它们在积分理论中有特别重要的意义. 这些定理依赖于有关直线上区间的一个一般性定理.

假设给定直线上的一组区间, 即给定一个集合, 其中每个成员都是一个区间 (α,β). 对这些区间的特征我们不加任何限制; 在数量上它们可以是有限的, 也可以是无限的; 它们可以相互重叠, 也可以不互相重叠①; 而且任意多个区间都可以包含在其他的区间中.

在此值得花点时间给出几个区间集合的例子, 我们以后还会有机会再次研究这些例子.

(i) 如果区间 $(0,1)$ 被分成 n 个相等的部分, 那么这样得到的 n 个区间就定义了不互相重叠的有限区间集合, 它们刚好盖住整个线段.

(ii) 取区间 $(0,1)$ 中的每个点 ξ (0 和 1 除外), 与 ξ 相伴给出一个区间 $(\xi-\varepsilon,\xi+\varepsilon)$, 其中 ε 是小于 1 的正数, 对于例外的点 0 赋予区间 $(0,\varepsilon)$, 对点 1 赋予区间 $(1-\varepsilon,1)$, 一般来说, 去掉任何一个区间的超出区间 $(0,1)$ 以外的任何部分. 这样我们就定义了一个无限的区间集合, 显然, 它们中有许多是相互重叠的.

(iii) 取区间 $(0,1)$ 中的有理点 p/q, 对点 p/q 赋予区间

$$\left(\frac{p}{q}-\frac{\varepsilon}{q^3},\quad \frac{p}{q}+\frac{\varepsilon}{q^3}\right),$$

其中 ε 是小于 1 的正数. 我们把 0 看成是 0/1, 把 1 看成是 1/1: 在这两种情形, 丢弃该区间位于 $(0,1)$ 外面的那部分. 这样我们就得到一个无穷的区间集合, 它们显然是相互重叠的, 这是因为在赋予 p/q 的区间中除了 p/q 之外还有无穷多个有理点.

---

① "重叠 (overlap)" 一词按照它显然的意义使用: 两个区间重叠, 如果它们有非端点的公共点. 例如 $(0,\frac{2}{3})$ 和 $(\frac{1}{3},1)$ 是重叠的. 而一对像 $(0,\frac{1}{2})$ 和 $(\frac{1}{2},1)$ 这样的区间可以说成是 "邻接的 (abut)".

Heine-Borel 定理　给定区间 (a,b) 以及一个区间集合 I, I 中每一个成员都包含在 (a,b) 之中. 假设 I 具有如下性质:

(i) (a,b) 中除了 a 和 b 之外的每一点都在 I 中至少一个区间的内部[①];

(ii) a 是 I 中至少一个区间的左端点, b 是 I 中至少一个区间的右端点.

那么就能从集合 I 中选取有限多个区间, 它们构成一个具有性质 (i) 和 (ii) 的区间集合.

我们知道 a 是 I 中至少一个区间——比如说 (a,a_1)——的左端点. 我们也知道 a_1 在 I 中至少一个区间——比如说 (a_1',a_2)——的内部. 类似地, a_2 在 I 中的区间 (a_2',a_3) 的内部. 参看图 31. 显然, 除非在有限的步骤后 a_n 与 b 重合, 否则这个论证可以无限地重复下去.

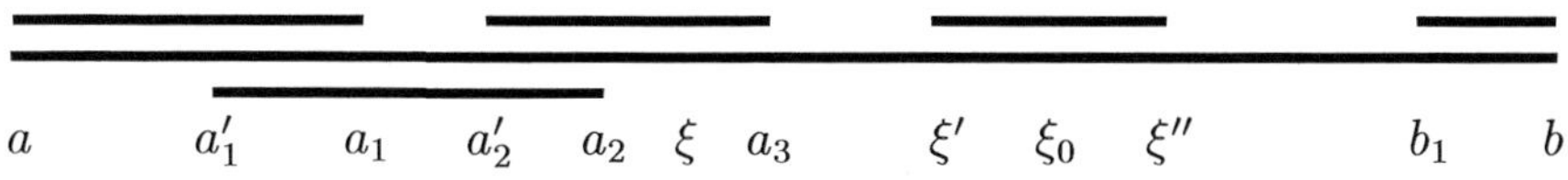

a　a_1'　a_1　a_2'　a_2　ξ　a_3　ξ'　ξ_0　ξ''　b_1　b

图　31

如果 a_n 在有限的步骤后与 b 重合, 那么就没有什么可进一步证明的了, 因为我们已经得到了一组从 I 中选取的具有所需特性的有限多个区间. 如果 a_n 从不与 b 重合, 则点 $a_1,a_2,a_3,\cdots$ 必定（因为每一点都在前一点的右边）趋向于一个极限位置, 但是这个极限位置, 就我们所知, 可以位于 (a,b) 中的任何位置.

现在我们从 a 开始, 以所有可能的方式执行刚才指出的过程, 这样就得到了 $a_1,a_2,a_3,\cdots$ 的所有可能的序列. 然后我们能够证明至少有一个这样的序列在有限的步骤后到达 b.

对于 a 和 b 之间的任何点 ξ, 有两种可能: 要么 (i) ξ 位于某个序列的某个点 a_n 的左侧, 要么 (ii) 不是这样. 根据 (i) 或 (ii) 是否为真, 我们将点 ξ 分为两类 L 和 R. 类 L 当然存在, 因为区间 (a,a_1) 的所有点都属于 L. 我们现在来证明 R 不存在, 所以每个点 ξ 都属于 L.

如果 R 存在, 那么 L 完全位于 R 的左侧, 并且类 L,R 构成 a 和 b 之间的实数的一个分割, 与之对应的分割点是数 ξ_0. 点 ξ_0 位于 I 中的一个区间——比如说 (ξ',ξ'')——内, 且 ξ' 属于 L, 因此 ξ' 位于某个序列的某个点 a_n 的左侧. 但我们可以取 (ξ',ξ'') 为序列 $a_1,a_2,a_3,\cdots$ 中与 a_n 相关的区间 (a_n',a_{n+1}), 且 ξ' 左边的所有点都在 a_{n+1} 的左边. 因此, ξ_0 的右边有 L 中的点, 这与 R 的定义矛盾. 因此, R 不可能存在.

因此每个点 ξ 都属于 L. 现在 b 是 I 中的一个区间——比如说 (b_1,b)——的右端点, 且 b_1 属于 L. 因此序列 $a_1,a_2,a_3,\cdots$ 中有一个成员 a_n 满足 $a_n>b_1$. 但

① 这里是说 "在其内部而不是在其一端".

我们可以取 a_n 对应的区间 (a_n', a_{n+1}) 为 (b_1, b), 从而得到第 n 项之后与 b 重合的序列, 于是得到具有所需性质的有限个区间的集合. 因此我们证明了这个定理.

借助于此定理来考虑本节开头的几个例子是很有教益的.

(i) 这里定理的条件不满足. 诸点 $1/n, 2/n, 3/n, \cdots$ 不在 I 中的任何区间的内部.

(ii) 这里定理的条件满足. 与诸点 $\varepsilon, 2\varepsilon, 3\varepsilon, \cdots, 1-\varepsilon$ 相对应给出的区间集合

$$(0, 2\varepsilon), (\varepsilon, 3\varepsilon), (2\varepsilon, 4\varepsilon), \cdots, (1-2\varepsilon, 1)$$

具有所要求的性质.

(iii) 在此情形, 利用该定理我们可以证明: 如果 ε 足够小, 则区间 $(0,1)$ 中有不在 I 中的任何区间内的点存在.

如果 $(0,1)$ 的每个点都在 I 的一个区间的内部 (显然要限制端点除外), 那么我们就能找到 I 中具有同样性质的有限个区间, 且它们的总长度大于 1. 现在有两个总长度为 2ε 的区间, 对它们有 $q=1$, 以及有 $q-1$ 个总长度为 $2\varepsilon(q-1)/q^3$ 的区间存在, 它与 q 的另外一个值相关联. 这样一来, I 中的任意有限多个区间的和不可能大于级数

$$1 + \frac{1}{2^3} + \frac{2}{3^3} + \frac{3}{4^3} + \cdots$$

之和的 2ε 倍, 在第 8 章里将会证明这个级数是收敛的. 由此得出, 如果 ε 足够小, 那么 $(0,1)$ 中的每个点都在 I 的一个区间的内部这一假设将会导致矛盾.

读者可能会倾向于认为此证明过于缜密, 他们会认为不在 I 的任何区间中的点的存在性可以由所有这些区间的和小于 1 这一事实立即得出. 但是我们需要借助的这一定理 (当区间集合为无限时) 远非是显然的结论, 它只能如同在正文中所做的那样, 用 Heine-Borel 定理来严格地加以证明.

107. 连续函数的振幅

我们现在要用 Heine-Borel 定理来证明两个关于连续函数振幅的重要定理.

定理 I　*如果 $\phi(x)$ 在整个区间 (a,b) 连续, 那么我们就能将 (a,b) 分成有限多个子区间 $(a,x_1),(x_1,x_2),\cdots,(x_n,b)$, $\phi(x)$ 在每一个区间中的振幅都小于一个预先指定的正数 δ.*

设 ξ 是介于 a 与 b 之间的任意一个数. 由于 $\phi(x)$ 在 $x=\xi$ 连续, 我们可以确定一个区间 $(\xi-\varepsilon, \xi+\varepsilon)$, 使得 $\phi(x)$ 在这个区间中的振幅小于 δ. 确实显然可见, 对每个 ξ 和每个 δ 有无穷多个这样的区间存在, 因为如果该条件对任何一个特殊的 ε 满足, 那么它也理所当然地被任何更小的值所满足. 什么样的 ε 值是允许的, 这自然与 ξ 有关; 目前我们没有理由假设对于 ξ 的一个值可以允许的 ε 值对另一个 ξ 值也是可以允许的 ε 值. 我们将把这样一个与 ξ 相关联的区间称为 ξ 的一个 δ 区间.

如果 $\xi=a$, 那么我们可以确定一个区间 $(a, a+\varepsilon)$, 如此下去可以确定无穷多个这样的区间, 它们都有同样的性质. 我们把这些区间称为 a 的 δ 区间, 类似地可以定义 b 的 δ 区间.

现在考虑 (a,b) 中所有点的 δ 区间构成的区间集合 I. 显然, 这个集合满足 Heine-Borel 定理的条件; 区间中的每一个内点也都是 I 中至少一个区间的内点, 且 a 和 b 是至少一个这样的区间的端点. 这样我们就可以确定一个集合 I', 它由 I 中有限多个区间组成, 且与 I 本身具有同样的性质.

组成 I' 的诸区间一般来说是重叠的, 如图 32 所示. 但是它们的端点显然将 (a,b) 分成为有限个区间的集合 I'', 其中每一个区间都包含在 I' 的一个区间之中, 且在每一个区间中 $\phi(x)$ 的振幅都小于 δ. 这就证明了定理 I.

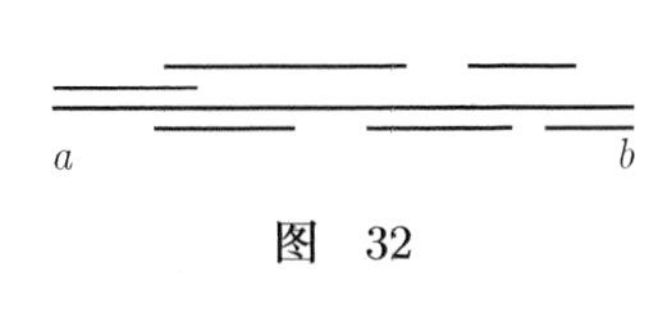

图 32

定理 II 给定任意正数 δ, 我们都能找到一个数 η, 使得如果按照任何方式将区间 (a,b) 分成长度小于 η 的子区间, 那么 $\phi(x)$ 在每个小区间上的振幅都将小于 δ.

取 $\delta_1 < \frac{1}{2}\delta$, 并像在定理 I 中那样构造一个由子区间 j 组成的有限集合, 在每一个子区间中 $\phi(x)$ 的振幅都小于 δ_1. 设 η 是这些子区间 j 中最小的长度. 如果我们现在将 (a,b) 分成长度均小于 η 的若干个部分, 那么任何这样一个部分都必定整个地处于至多两个相连接的子区间 j 中. 从而, 鉴于第 104 节的 (3) 可知, $\phi(x)$ 在长度小于 η 的诸部分中之一的振幅不可能超过 $\phi(x)$ 在一个子区间 j 中最大振幅的两倍, 于是它小于 $2\delta_1$, 所以小于 δ.

这个定理在定积分的理论中具有基本性的重要意义 (第 7 章). 如果不用此定理或者类似的定理, 就不可能证明在这个区间上连续的函数在该区间必有定积分存在.

108. 多元连续函数

连续和间断的概念可以延拓到多元函数中去 (第 2 章第 31 节以及其后诸节). 不过, 它们对于这种函数的应用会提出比我们在本章里考虑过的更为复杂和更加困难的问题. 对我们来说, 在这里对这些问题详尽地加以讨论是不可能的; 但是随后需要了解二元连续函数的含义是什么, 所以我们给出如下的定义. 它是第 99 节中最后一种形式的定义的一个直接推广.

两个变量 x 和 y 的函数 $\phi(x,y)$ 说成在 $x=\xi, y=\eta$ 是连续的, 如果给定一个任意的无论多么小的正数 δ, 都能选取 $\varepsilon(\delta)$, 使得当 $0 \leqslant |x-\xi| \leqslant \varepsilon(\delta)$ 以及 $0 \leqslant |y-\eta| \leqslant \varepsilon(\delta)$ 时有

$$|\phi(x,y)-\phi(\xi,\eta)| < \delta.$$

这也就是说, 如果我们画一个各边与坐标轴平行、边长为 $2\varepsilon(\delta)$ 且中心在点 (ξ,η) 的正方形, 那么 $\phi(x,y)$ 在其内部或者边界上任意一点处的值与 $\phi(\xi,\eta)$ 的差都小于 δ[①].

---

① 读者应该画一个图来描述这个定义.

当然, 此定义预先假定 $\phi(x,y)$ 在所讨论的正方形的所有点都有定义, 特别地, 在点 (ξ,η) 有定义. 表述这个定义的另一个方法是: *如果当以任意的方式 $x\to\xi$, $y\to\eta$ 时, 都有 $\phi(x,y)\to\phi(\xi,\eta)$, 我们就说 $\phi(x,y)$ 在 $x=\xi, y=\eta$ 连续*. 这种表述显然更加简单; 但是它包含了一些其确切含义未予以解释的术语, 而这些术语只能借助使用与我们在原来的表述中所使用的类似的不等式才能给予解释.

容易证明: 二元连续函数的和、乘积以及 (一般来说) 商也都是连续的. 对于变量的所有值, 两个变量的多项式是连续的, 在通常的分析中出现的 x 和 y 的常用函数一般来说都是连续的, 也就是说, 除了由特殊的关系式所连接的 x 和 y 的数值对之外, 这样的函数一般都是连续的.

读者应该仔细注意: 论及 $\phi(x,y)$ 关于两个变量 x 和 y 的连续性与分别考虑它关于每一个变量的连续性, 其内涵要多得多. 显然, 如果 $\phi(x,y)$ 关于 x 和 y 连续, 那么当对另一个变量 y (或者 x) 指定任何一个固定的值时, $\phi(x,y)$ 关于 x (或者 y) 是连续的. 但是其逆不成立. 例如, 假设当 x 和 y 均不为零时, 有

$$\phi(x,y)=\frac{2xy}{x^2+y^2},$$

而当 x 或者 y 为零时, $\phi(x,y)=0$. 那么, 如果 y 取任意一个固定的值 (0 或者非零的值), $\phi(x,y)$ 都是 x 的连续函数, 特别地, 它在 $x=0$ 是连续的; 因为当 $x=0$ 时其值为零, 当 $x\to 0$ 时其极限为零. 同样的方法可以证明: $\phi(x,y)$ 是 y 的连续函数. 但是在 $x=0, y=0$ 处, $\phi(x,y)$ 不是 x 和 y 的连续函数. 当 $x=0, y=0$ 时, $\phi(x,y)$ 的值为零; 但是如果 x 和 y 沿直线 $y=\alpha x$ 趋向零, 那么就有

$$\phi(x,y)=\frac{2\alpha}{1+\alpha^2},\quad \lim\phi(x,y)=\frac{2\alpha}{1+\alpha^2},$$

它可以取到 -1 和 1 之间的任何一个值.

109. 隐函数

在第 2 章里, 我们已经接触到了**隐函数** (implicit function) 的思想. 例如, 如果 x 和 y 由关系式

$$y^5-xy-y-x=0 \tag{1}$$

联系在一起, 那么 y 就是 x 的一个 "隐函数".

但是, 像这样的一个方程的确能定义 y 是 x 的一个函数远不是那么明显. 在第 2 章里我们满足于将它视为理所当然的结论. 现在我们有能力来研究那时所做的这个假设是否合理.

我们将会发现下面的术语是有用的. 假设像在第 108 节中那样, 有可能用一个正方形包围一点 (a,b), 使得在整个正方形上满足某种条件. 我们就把这样一个正方形称为 (a,b) 的一个*邻域*, 并说成所讨论的条件在 (a,b) 的邻域, 或者说邻近 (a,b) 时是满足的, 这样说的含义简单说就是: 可能找到某个正方形, 在整个正方形上该条件满足. 显然, 当我们在处理单个变量的时候, 可以使用类似的语言, 不过此时需用直线上的一个区间来取代这里的正方形.

定理　*如果* (i) $f(x,y)$ *在* (a,b) *的邻域内是* x *和* y *的连续函数*;

(ii) $f(a,b)=0$;

(iii) *对* a *的邻域内所有的* x *值*, $f(x,y)$ *是* y *的递增函数* (*在第* 95 *节的严格意义下*);

那么 (1) 存在唯一的函数 $y=\phi(x)$, 当将它代入方程 $f(x,y)=0$ 时, $f(x,\phi(x))=0$ 对于 a 的邻域内所有的 x 值都同样满足.

(2) 对于 a 的邻域内所有的 x 值 $\phi(x)$ 是连续的.

在图 33 中, 该正方形表示 (a,b) 的一个 "邻域", 在整个正方形中条件 (i) 和 (iii) 都是满足的, P 是点 (a,b). 如果我们如在图 33 中那样取 Q 和 R, 则由 (iii) 推出: $f(x,y)$ 在 Q 是正的, 在 R 是负的. 若是如此, 由于 $f(x,y)$ 在 Q 以及在 R 是连续的, 我们可以画出与 OX 平行的直线 QQ' 和 RR', 使得 $R'Q'$ 与 OY 平行, 而 $f(x,y)$ 在 QQ' 上的所有点都是正的, 在 RR' 上的所有点都是负的. 特别地, $f(x,y)$ 在 Q' 是正的, 在 R' 是负的, 这样一来, 鉴于 (iii) 以及第 101 节, $f(x,y)$ 就在 $R'Q'$ 上的一点 P' 一次而且仅仅一次取值为零. 同样的构造在 RQ 与 $R'Q'$ 之间的每一个纵坐标上都给出唯一的一点, 在该点有 $f(x,y)=0$. 此外显然, 同样的构造可以转移到 RQ 的左边. 像 P' 这样的点的集合就给出所要求的函数 $y=\phi(x)$ 的图形.

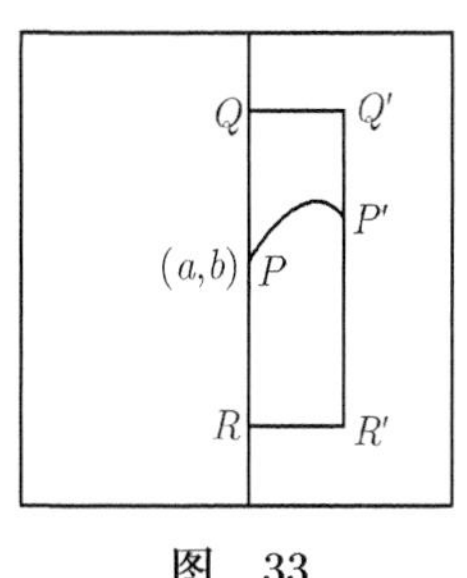

图　33

接下来要证明 $\phi(x)$ 是连续的. 利用当 $x\to\alpha$ 时 $\phi(x)$ 的 "不定元的极限" 的思想 (第 96 节), 此证明可以最直接地加以实现. 假设 $x\to a$, 并设 λ 和 Λ 是当 $x\to a$ 时 $\phi(x)$ 的不定元的极限. 显然, 点 (a,λ) 和 (a,Λ) 在 QR 上. 此外, 我们可以找到一列 x 的值, 当 x 取这列值趋向 a 时有 $\phi(x)\to\lambda$; 由于 $f\{x,\phi(x)\}=0$, 且 $f(x,y)$ 是 x 和 y 的连续函数, 所以我们有

$$f(a,\lambda)=0.$$

从而 $\lambda=b$; 类似地有 $\Lambda=b$. 于是当 $x\to a$ 时 $\phi(x)$ 趋向极限 b, 所以 $\phi(x)$ 在 $x=a$ 连续. 显然, 我们可以用完全一样的方法证明, 在 a 的邻域内的任何一个 x 值 $\phi(x)$ 都是连续的.

显然, 如果在条件 (iii) 中将 "增加" 改成 "减少", 则定理的正确性不受影响.

作为一个例子, 我们来考虑方程 (1), 取 $a=0,b=0$. 显然条件 (i) 和 (ii) 是满足的. 此外, 当 x,y 以及 y' 充分小时,

$$f(x,y)-f(x,y')=(y-y')(y^4+y^3y'+y^2y'^2+yy'^3+y'^4-x-1)$$

有与 $y-y'$ 相反的符号. 于是条件 (iii) (用 "减少" 代替 "增加") 是满足的. 由此推出: 有且仅有一个连续函数 y, 它总是满足方程 (1) 且与 x 同时取值零.

如果方程是

$$y^2-xy-y-x=0,$$

也可以得出同样的结论. 在这一情形, 所讨论的函数是

$$y=\frac{1}{2}\left(1+x-\sqrt{1+6x+x^2}\right),$$

其中的平方根是正的. 平方根的符号改变所得到的第二个根不满足与 x 一起取值零这一条件.

证明中有一点读者应该仔细注意. 我们假设了: 定理的前提 "在 (a,b) 的邻域中" 是满足的, 这就是说在某个正方形 $\xi-\varepsilon\leqslant x\leqslant\xi+\varepsilon,\eta-\varepsilon\leqslant y\leqslant\eta+\varepsilon$ 中是满足的. 结论 "在 $x=a$ 的邻域中" 成立, 就是说结论在某个区间 $\xi-\varepsilon_1\leqslant x\leqslant\xi+\varepsilon_1$ 中成立. 至于结论中的 ε_1 是否就是假设中的 ε, 这没有什么要证明的, 的确, 一般来说此结论并不成立.

110. 反函数

特别地, 假设 $f(x,y)$ 形如 $F(y)-x$. 这样我们就得到下面的定理.

如果 $F(y)$ 是 y 的函数, 它在 $y=b$ 的邻域中连续且在第 95 节的严格意义下是递增 (或者递减) 的, 且 $F(b)=a$, 那么存在唯一一个连续函数 $y=\phi(x)$, 当 $x=a$ 时它的值等于 b, 在 $x=a$ 的邻域内总是满足方程 $F(y)=x$.

这样定义的函数称为 $F(y)$ 的**反函数** (inverse function).

例如, 假设 $y^3=x$, $a=0$, $b=0$. 则定理所有的条件都满足. 其反函数是 $x=\sqrt[3]{y}$.

如果我们假设 $y^2=x$, 那么定理的条件并没有被满足, 因为 y^2 在包含 $y=0$ 的任何区间都不是 y 的递增函数: 当 y 是负数时它减少, 而当 y 是正数时它增加. 在这种情形, 定理的结论并不成立, 因为 $y^2=x$ 定义了 x 的两个函数, 也就是 $y=\sqrt{x}$ 和 $y=-\sqrt{x}$, 它们两者当 $x=0$ 时都变为零, 且每一个函数都仅对正的 x 的值有定义, 所以该方程有时有两个解, 有时又没有解. 读者可以用同样的方法考虑更一般的方程

$$y^{2n}=x,\quad y^{2n+1}=x.$$

另一个有意思的例子由方程

$$y^5-y-x=0$$

给出, 此方程已经在例 XIV 第 (7) 题中考虑过了.

类似地, 方程

$$\sin y=x$$

恰有一个解与 x 一起取值为 0, 也即 $\arcsin x$ 的值与 x 一起取值 0. 当然此方程有无穷多个解, 这些解由 $\arcsin x$ 的其他的值给出 (参见例 XV 第 (10) 题), 这些解并不满足这个条件.

到目前为止, 我们只考虑了在 x 的一个特殊值的邻域内发生了什么. 现在我们假设 $F(y)$ 在整个区间 (a,b) 中是正的且递增 (或者递减). 给定 (a,b) 中任意一个点 ξ, 我们都能确定包含 ξ 的一个区间 i 和在整个区间 i 上有定义的唯一的连续反函数 $\phi_i(x)$.

根据 Heine-Borel 定理, 从区间 i 的集合 I 出发, 我们可以取出一个覆盖住整个区间 (a,b) 的有限子集, 显然, 与这样选取的区间 i 做成的子集对应的函数 $\phi_i(x)$ 组成的有限集合合起来就定义了在整个 (a,b) 上连续的唯一反函数 $\phi(x)$.

这样我们就得到了定理: *如果 $x=F(y)$, 其中 $F(y)$ 是连续和递增的, 且当 y 从 a 增加到 b 时, 该函数严格地从 A 增加到 B, 那么有唯一的反函数 $y=\phi(x)$ 存在, 它是连续和递增的, 当 x 从 A 增加到 B 时, 该函数严格地从 a 增加到 b.*

现在值得花点时间来指出: 不借用第 109 节中更为困难的定理, 可以怎样直接得到这个定理. 假设 $A<\xi<B$, 并考虑满足下述诸条件的 y 值组成的类: (i) $a<y<b$ 以及 (ii) $F(y)\leqslant\xi$, 此类有一个上界 η, 且显然 $F(\eta)\leqslant\xi$. 如果 $F(\eta)$ 小于 ξ, 我们就能求得 y 的一个值, 使得 $y>\eta$ 以及 $F(y)<\xi$, 所以 η 就不是我们所考虑的这个类的上界. 从而 $F(\eta)=\xi$. 这样一来, 方程 $F(y)=\xi$ 就有唯一的解 $y=\eta=\phi(\xi)$, 最后一步是我们的定义. 显然 η 随着 ξ 一起连续地递增, 这就证明了定理.

第 5 章杂例

1. 证明: 一般地有

$$\frac{ax^n+bx^{n-1}+\cdots+k}{Ax^n+Bx^{n-1}+\cdots+K}=\alpha+\frac{\beta}{x}(1+\eta),$$

其中 $\alpha=a/A$, $\beta=(bA-aB)/A^2$, η 是当 x 很大时的一阶小量. 指出任何例外的情形.

2. 确定 α, β 和 γ, 使得

$$\frac{ax^2+bx+c}{Ax^2+Bx+C}=\alpha+\frac{\beta}{x}+\frac{\gamma}{x^2}(1+\eta),$$

其中 η 是当 x 很大时的一阶小量. 指出任何例外的情形.

3. 证明: 如果 $P(x)$ 是多项式 $ax^n+bx^{n-1}+\cdots+k$, 它的第一个系数 a 是正的, 那么 $P(x+h)-P(x)$ 和 $P(x+2h)-2P(x+h)+P(x)$ 从 x 的某个值开始往后都是递增的.

4. 证明: 当 $x\to\infty$ 时

$P(x+h)-P(x)\sim nhax^{n-1},\quad P(x+2h)-2P(x+h)+P(x)\sim n(n-1)h^2ax^{n-2}.$

5. 证明

$$\lim_{x\to\infty}\sqrt{x}\left(\sqrt{x+a}-\sqrt{x}\right)=\tfrac{1}{2}a.$$

[利用公式 $\sqrt{x+a}-\sqrt{x}=a/\left(\sqrt{x+a}+\sqrt{x}\right)$.]

6. 证明 $\sqrt{x+a}=\sqrt{x}+\frac{1}{2}ax^{-\frac{1}{2}}(1+\eta)$, 其中 η 是当 x 很大时的一阶小量.

7. 求 α 和 β 的值, 使得当 $x\to\infty$ 时 $\sqrt{ax^2+2bx+c}-\alpha x-\beta$ 有极限 0; 并证明

$$\lim x\left(\sqrt{ax^2+2bx+c}-\alpha x-\beta\right)=\left(ac-b^2\right)/2a\sqrt{a}.$$

8. 计算 $\lim\limits_{x\to\infty}x^3\left(\sqrt{x^2+\sqrt{x^4+1}}-x\sqrt{2}\right)$.

9. 证明: 当 $x\to\frac{1}{2}\pi$ 时有 $\sec x-\tan x\to 0$.

10. 证明: 当 x 很小时, $\phi(x)=1-\cos(1-\cos x)$ 是四阶小量; 并求当 $x\to 0$ 时 $\phi(x)/x^4$ 的极限.

11. 证明: 当 x 很小时, $\phi(x)=x\sin(\sin x)-\sin^2 x$ 是六阶小量; 并求当 $x\to 0$ 时 $\phi(x)/x^6$ 的极限.

12. 从一个圆的一条半径 OA 上位于该圆外部的一点 P 作圆的切线 PT, 与圆相切于 T, 作 TN 与 OA 垂直. 证明: 当 P 点趋向 A 时, 有 $NA/AP\to 1$.

13. 在圆弧的中点以及端点作圆的切线; Δ 是该圆弧的弦与经过弧的两端点的切线构成的三角形的面积, Δ' 是由这三条切线构成的三角形的面积. 证明: 当弧的长度趋向零时, 有 $\Delta/\Delta'\to 4$.

14. 对什么样的 a 值, 当 $x\to 0$ 时 $\{a+\sin(1/x)\}/x$ 趋向 (1)∞, (2)$-\infty$? [如果 $a>1$, 则趋向 ∞, 如果 $a<-1$, 则趋向 $-\infty$: 其他情形该函数振荡.]

15. 如果当 $x=p/q$ 时有 $\phi(x)=1/q$, 当 x 为无理数时有 $\phi(x)=0$, 那么 $\phi(x)$ 对 x 的所有无理数值是连续的, 对 x 的所有有理数值是间断的.

16. 证明: 图形画在图 30 中的函数可以用下面公式中的任意一个表示

$$1-x+[x]-[1-x],\quad 1-x-\lim_{n\to\infty}(\cos^{2n+1}\pi x).$$

17. 证明: 当 $x=0$ 时取值为 0, 当 $0<x<\frac{1}{2}$ 时取值为 $\frac{1}{2}-x$, 当 $x=\frac{1}{2}$ 时取值为 $\frac{1}{2}$, 当 $\frac{1}{2}<x<1$ 时取值为 $\frac{3}{2}-x$, 当 $x=1$ 时取值为 1 的函数 $\phi(x)$, 当 x 从 0 增加到 1 时取 0 与 1 之间的每一个值一次且仅仅一次, 但是在 $x=0, x=\frac{1}{2}$ 以及 $x=1$ 是间断的. 再证明该函数可以用以下公式表示.

$$\tfrac{1}{2}-x+\tfrac{1}{2}[2x]-\tfrac{1}{2}[1-2x].$$

18. 设当 x 是有理数时有 $\phi(x)=x$, 当 x 是无理数时有 $\phi(x)=1-x$. 证明: 当 x 从 0 增加到 1 时, $\phi(x)$ 取 0 与 1 之间的每个值一次且仅仅一次, 但是它除了 $x=\frac{1}{2}$ 之外, 对其他每个 x 值都是间断的.

19. 证明: 在 (a,b) 中每个点都增加的函数在 (a,b) 中是增函数.

证明: 在 (a,b) 中每个点的 "右边增加" 的函数不一定是在 (a,b) 中的增函数, 但是如果它还是连续的, 则此结论正确. (*Math. Trip.* 1926)

[当 (i) 对于 x 右边的某个区间中所有点 x' 都有 $\phi(x') \geqslant \phi(x)$ 且 (ii) 对于 x 左边的某个区间中所有点 x' 都有 $\phi(x') \leqslant \phi(x)$ 成立时, 我们就说 "$\phi(x)$ 在 x 是增加的". 当只有 (i) 给出时, 我们就称 $\phi(x)$ 是 "在右边增加的".

需要证明: 如果 $a \leqslant x_1 < x_2 \leqslant b$, 则有 $\phi(x_2) \geqslant \phi(x_1)$. 我们将 (x_1, b) 中的点 ξ 分成两个类 L 和 R, 如果对 (x_1, ξ) 中所有点 x' 都有 $\phi(x') \geqslant \phi(x_1)$, 那么 ξ 就属于 L, 而在相反的情形, ξ 就属于 R, 并用 β 记与这个分割对应的数. 如果 $\beta = b$ (也就是如果 R 不存在), 那就得出了结论.

如果 $\beta < b$ 且 $\phi(\beta) \geqslant \phi(x_1)$, 那么根据 (i), 我们可以找到 β 右边的一个区间, 在该区间中有 $\phi(x) \geqslant \phi(\beta) \geqslant \phi(x_1)$, 而这与 β 的定义矛盾. 于是, 如果 $\beta < b$, 就有 $\phi(\beta) < \phi(x_1)$. 到目前为止我们仅仅用到了 (i).

如果 (ii) 也为真, 则在 β 的左边存在点使得 $\phi(x) \leqslant \phi(\beta) < \phi(x_1)$ 成立, 这再次与 β 的定义矛盾. 故正如所要求的那样有 $\beta = b$. 如果仅给出条件 (i), 但 $\phi(x)$ 是连续的, 则可以得出同样的结论; 因为那时对 β 左边充分接近 β 的 x 值有 $\phi(x) < \phi(x_1)$.

例子 $a = 0, b = 2$, 对 $0 \leqslant x < 1$ 有 $f(x) = x$, 对 $1 \leqslant x \leqslant 2$ 有 $f(x) = x - 1$ 表明, 结论不能单独由 (i) 得出.]

20. 当 x 由 $-\frac{1}{2}\pi$ 增加到 $\frac{1}{2}\pi$ 时, $y = \sin x$ 是连续的, 且在严格意义下从 -1 递增到 1. 证明存在一个函数 $x = \arcsin y$, 当 y 由 -1 增加到 1 时, 它是 y 的连续函数, 并且是增函数.

21. 证明: $\arctan y$ 的值①对 y 所有的值都是连续的, 且当 y 取遍所有实数值时, 它由 $-\frac{1}{2}\pi$ 递增到 $\frac{1}{2}\pi$.

22. 检验方程

$$x + y + P(x, y) = 0$$

是否定义唯一一个在 $x = 0$ 取值为 0 且在 $x = 0$ 的邻域内连续的函数, 其中 $P(x, y)$ 是一个不包含次数小于 2 的项的多项式. (*Math. Trip.* 1936)

23. 按照第 109~110 节的思路讨论诸方程

$$y^2 - y - x = 0, \quad y^4 - y^2 - x^2 = 0, \quad y^4 - y^2 + x^2 = 0$$

在 $x = 0, y = 0$ 的邻域内的解.

24. 如果 $ax^2 + 2bxy + cy^2 + 2dx + 2ey = 0$ 且 $\varDelta = 2bde - ae^2 - cd^2$, 那么 y 的一个值由 $y = \alpha x + \beta x^2 + \gamma x^3 + O(x^4)$ 给出, 其中

$$\alpha = -d/e, \quad \beta = \varDelta/2e^3, \quad \gamma = (cd - be)\varDelta/2e^5.$$

[如果 $y - \alpha x = \eta$, 那么, 就有

$$-2e\eta = ax^2 + 2bx(\eta + \alpha x) + c(\eta + \alpha x)^2 = Ax^2 + 2Bx\eta + C\eta^2,$$

这里最后一步是我们的定义. 显然, η 是二阶小量, $x\eta$ 是三阶小量, η^2 是四阶小量; 且 $-2e\eta = Ax^2 - (AB/e)x^3$, 误差项是四阶小量.]

① 这个定义指的是现代中国数学教科书中所定义的反正切的主值这个单值函数. 注意: 国外数学教材中反正切的主值的定义范围与中国数学教材中的定义范围有时可能不同, 但在著名数学网站 mathworld.wolfram.com 中反正切的主值范围与中国教材一致, 都取为 $(-\frac{1}{2}\pi, \frac{1}{2}\pi)$. ——译者注

25. 如果 $x = ay + by^2 + cy^3$, 那么 y 的一个值由

$$y = \alpha x + \beta x^2 + \gamma x^3 + O(x^4)$$

给出, 其中 $\alpha = 1/a, \beta = -b/a^3, \gamma = (2b^2 - ac)/a^5$.

26. 如果 $x = ay + by^n$, 这里 n 是大于 1 的整数, 那么 y 的一个值由

$$y = \alpha x + \beta x^n + \gamma x^{2n-1} + O(x^{3n-2})$$

给出, 其中 $\alpha = 1/a, \beta = -b/a^{n+1}, \gamma = nb^2/a^{2n+1}$.

27. 证明：方程 $xy = \sin x$ 的最小正根是 y 在整个区间 $(0,1)$ 上的连续函数, 且当 y 从 0 增加到 1 时, 该函数从 π 递减到 0. [该函数是 $(\sin x)/x$ 的反函数, 利用第 110 节.]

28. $xy = \tan x$ 的最小正根是 y 在整个区间 $(1,\infty)$ 上的连续函数, 且当 y 从 1 增加到 ∞ 时, 该函数从 0 递增到 $\frac{1}{2}\pi$.

29. 一个函数 $\phi(x)$ 说成是在 x 为**上半连续的** (upper semi-continuous), 如果对每个正数 δ 以及包围 x 的一个区间 (它依赖于 x 和 δ) 中所有的 x' 都有

$$\phi(x') < \phi(x) + \delta.$$

证明：一个在 (a,b) 上所有点都是上半连续的函数有上界, 此上界可以在 (a,b) 中取到.

(*Math. Trip.* 1924)

[为证明上界 M 的存在性, 在第 103 节的定理 1 的证明中用 "有上界的" 来代替 "有界的". 为了证明 $\phi(x)$ 能取到值 M, 在第 105 节的论证中作相应的改变. 我们发现, 在接近 β 处, $\phi(x)$ 取到任意接近 M 的值, 然而, 如果 $\phi(\beta) < M$ 且 δ 充分小, 这将与不等式 $\phi(x) < \phi(\beta) + \delta$ 产生矛盾.

类似地, 我们可以用不等式

$$\phi(x') > \phi(x) - \delta$$

来定义**下半连续性** (lower semi-continuity). 下半连续函数有一个可以取到的下界. 既是上半连续、又是下半连续的函数是连续函数.]

第 6 章　导数和积分

111.　导数或者微分系数

我们转向研究与曲线的概念自然相关的性质. 如同在第 5 章里看到的, 第一个也是最明显的性质是赋予曲线连通的外表的性质以及关于连续函数的定义中所蕴含的那些性质.

像直线、圆以及圆锥曲线这样在初等几何中出现的通常的曲线要比单独由连续性所蕴含的性质有远远多得多的 "规律性". 特别地, 它们在每一点有一个确定的方向; 在曲线的每一点有一条**切线** (tangent). 在初等几何中, 曲线在点 P 的切线定义为 "当 Q 移动趋向与 P 重合时, 弦 PQ 的极限位置". 让我们来考虑在这样一个极限位置的存在性的假设中蕴含着什么.

在图 34 中, P 是曲线 $y = \phi(x)$ 上一个固定的点, 而 Q 是一个变动的点; PM, QN 与 OY 平行, PR 与 OX 平行. 我们用 x, y 来记 P 的坐标, 用 $x+h, y+k$ 来记 Q 的坐标: h 是正的还是负的, 要根据 N 在 M 的右边还是左边而定.

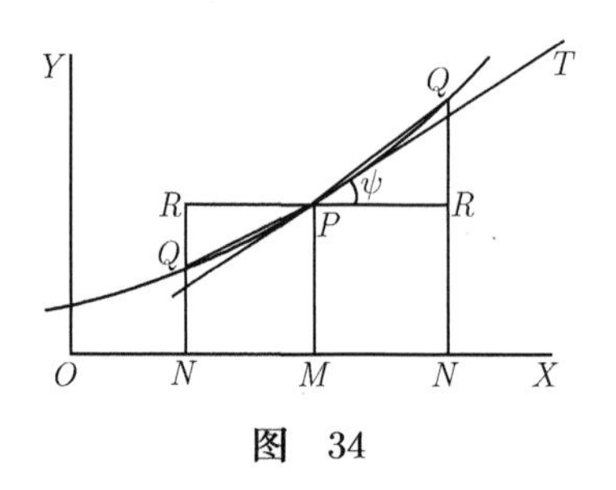

图　34

我们已经假设曲线在 P 点有一条切线, 或者说弦 PQ 有一个确定的 "极限位置". 假设在 P 点的切线 PT 与 OX 的交角为 ψ. 那么, 说 "PT 是 PQ 的极限位置" 等价于说 "当 Q 沿着曲线无论从哪一边趋向 P 时, 角 QPR 的极限都是 ψ". 我们现在要来区分两种情形: 一种一般情形和一种例外情形.

一般情形就是在其中 ψ 不等于 $\frac{1}{2}\pi$, 所以 PT 不与 OY 平行. 在这种情形, RPQ 趋向极限 ψ, 且

$$RQ/PR = \tan RPQ$$

趋向极限 $\tan\psi$. 现在有

$$\frac{RQ}{PR} = \frac{NQ - MP}{MN} = \frac{\phi(x+h) - \phi(x)}{h};$$

所以

$$\lim_{h\to 0}\frac{\phi(x+h)-\phi(x)}{h}=\tan\psi. \tag{1}$$

读者应该仔细地注意：在所有这些方程中，所有的长度都被看成受到本身符号的影响，比方说，当 Q 在 P 的左边时，RQ 是负的；而收敛于极限不受 h 符号的影响.

于是，假设"$\phi(x)$ 的图形所对应的曲线在 P 有不与 x 轴垂直的切线"就蕴含"当 h 趋向零时，$\{\phi(x+h)-\phi(x)\}/h$ 趋向一个极限".

当然，这蕴含了：当 h 仅取正值趋向零时，

$$\{\phi(x+h)-\phi(x)\}/h,\quad \{\phi(x-h)-\phi(x)\}/(-h)$$

两者都趋向极限，且这两个极限相等. 如果这些极限存在但不相等，那么该曲线在所考虑的特殊的点处有一个角度，如图 35 所示.

现在让我们假设曲线（像圆和椭圆那样）在它的每一点处都有切线，或者，至少在曲线上与 x 的某个变化范围相对应的长度的每个部分皆是如此. 进一步假设这一切线永远不与 x 轴垂直；当曲线是一个圆时，这就将我们限制在一个小于半圆周的弧上. 此时，(1) 对于落在这个范围内的所有 x 值都为真. 对每个这样的 x 值都有一个 $\tan\psi$ 的值与之对应；$\tan\psi$ 是 x 的函数，在所考虑的取值范围内它对所有的 x 值都有定义. 我们将把此函数称为 $\phi(x)$ 的**导数** (derivative)，记为

$$\phi'(x).$$

$\phi(x)$ 的导数的另一个名字是 $\phi(x)$ 的**微分系数** (differential coefficient)；从 $\phi(x)$ 计算 $\phi'(x)$ 的运算通常称为**微分法** (differentiation). 这个术语是由于历史的原因而确立起来的，见第 116 节.

在进一步考虑上面提到的 $\psi=\frac{1}{2}\pi$ 这一特殊情形之前，我们要用某些一般性的注解以及特殊的例子来对定义加以说明.

112. 某些一般性的注解

(1) 在区间 $a\leqslant x\leqslant b$ 上导函数 $\phi'(x)$ 对所有的 x 值的存在性蕴含 $\phi(x)$ 在这个区间的每个点都连续. 因为显然，除非 $\lim\phi(x+h)=\phi(x)$，否则 $\{\phi(x+h)-\phi(x)\}/h$ 不可能趋向一个极限，而这正是连续性所表述的性质.

(2) 自然要问：其逆是否成立？也即：是否每条连续的曲线在每一点都有确定的切线？是否每一个函数在使得它为连续的每一个 x 值都有微分系数[①]？回答

① 我们不考虑曲线有与 OX 垂直的切线这一例外的情形（对此情形我们仍需要作检查），除了这种可能性之外，问题的两种形式是等价的.

显然是否定的：只需要考虑由相交形成一个角度的两条直线就够了 (图 35). 读者立即可以看出, 在这种情形当 h 取正的值趋向零时 $\{\phi(x+h)-\phi(x)\}/h$ 有极限 $\tan\beta$, 而当 h 取负的值趋向零时 $\{\phi(x+h)-\phi(x)\}/h$ 有极限 $\tan\alpha$.

当然, 这种情形可以合理地说成曲线在一个点有两个方向. 但是下面的例子 (尽管它更困难一些) 表明, 有这样的情形存在：一条连续曲线在它的一个点处不能说有一个方向或者是有几个方向. 画出函数 $x\sin(1/x)$ 的图 (第 44 页图 14). 该函数在 $x=0$ 没有定义, 所以在 $x=0$ 为间断. 另一方面, 由方程

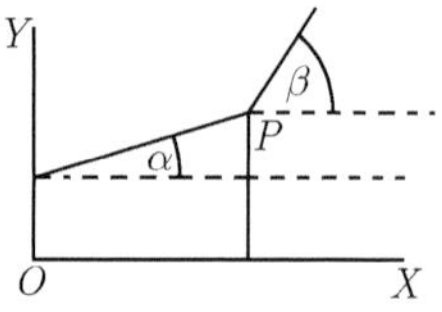

图　35

$$\phi(x)=x\sin(1/x)\quad(x\neq 0),\qquad \phi(x)=0\quad(x=0)$$

定义的函数在 $x=0$ 是连续的 (例 XXXVII 第 (14)(15) 题), 且这个函数的图形是一条连续曲线.

但是 $\phi(x)$ 在 $x=0$ 并没有导数. 因为根据定义, 导数应该是 $\lim\{\phi(h)-\phi(0)\}/h$, 也就是 $\lim\sin(1/h)$, 而这样的极限不存在.

已经有人指出：一个 x 的连续函数有可能在 x 的任意一个值都没有导数, 但是此结论的证明要困难得多. 对此问题感兴趣的读者可以参看 Bromwich 所著 *Infinite series* 一书 (第 1 版) 第 490~491 页, 或者参看 Hobson 所著 *Theory of functions of a real variable* 一书 (第 2 版) 第 2 卷第 411~412 页.

(3) 导数或者微分系数的概念是由几何问题的考虑启发我们产生的. 但是这个概念本身并没有任何几何的内涵. 函数 $\phi(x)$ 的导数 $\phi'(x)$ 可以不用 $\phi(x)$ 的任何一种几何表示, 而只用等式

$$\phi'(x)=\lim_{h\to 0}\frac{\phi(x+h)-\phi(x)}{h}$$

来加以定义; 对于 x 的任何特殊值, $\phi(x)$ 有没有导数根据这个极限存在还是不存在来确定. 曲线的几何性仅仅是数学众多部分中的一个分支, 在这个分支中导数的思想有它的用武之地.

另外一个重要的应用是在动力学中. 假设一个粒子在一条直线上以这样一种方式运动：在时刻 t 它离直线上一个固定点的距离是 $\phi(t)$. 那么根据定义, “该粒子在时刻 t 时的速度” 就由 $h\to 0$ 时的极限

$$\frac{\phi(t+h)-\phi(t)}{h}$$

给出. “速度” 这个概念也仅仅是函数的导数这一概念的一个特例.

例 XXXIX

(1) 如果 $\phi(x)$ 是一个常数, 那么 $\phi'(x)=0$. 用几何方法解释这个结果.

(2) 如果 $\phi(x)=ax+b$, 那么 $\phi'(x)=a$. (i) 用正式的定义证明这个结论, (ii) 用几何的考虑证明此结论.

(3) 如果 $\phi(x)=x^m$, 这里 m 是正整数, 那么 $\phi'(x)=mx^{m-1}$.

[因为

$$\phi'(x)=\lim\frac{(x+h)^m-x^m}{h}$$
$$=\lim\left\{mx^{m-1}+\frac{m(m-1)}{1\cdot 2}x^{m-2}h+\cdots+h^{m-1}\right\}.$$

读者应该注意到, 此方法不可能应用到 $x^{p/q}$ 的情形中去, 其中 p/q 是一个有理分数, 这是因为 $(x+h)^{p/q}$ 不可能表示成 h 的有限幂级数. 以后 (第 119 节) 我们要证明这个例子中的结果对于 m 的所有有理数值都成立. 其间读者还将发现, 当 m 取某种特殊的分数值 (例如 $\frac{1}{2}$) 时, 用某种特殊的方法来计算 $\phi'(x)$, 也将是很有教益的.]

(4) 如果 $\phi(x)=\sin x$, 那么 $\phi'(x)=\cos x$; 如果 $\phi(x)=\cos x$, 则有 $\phi'(x)=-\sin x$.

[例如, 如果 $\phi(x)=\sin x$, 我们就有

$$\frac{\phi(x+h)-\phi(x)}{h}=\frac{2\sin\frac{1}{2}h}{h}\cos\left(x+\frac{1}{2}h\right),$$

当 $h\to 0$ 时它的极限是 $\cos x$, 这是因为 $\lim\cos\left(x+\frac{1}{2}h\right)=\cos x$ (余弦函数是连续函数), 而 $\lim\left\{\left(\sin\frac{1}{2}h\right)/\frac{1}{2}h\right\}=1$ (例 XXXVI 第 (13) 题).]

(5) **曲线 $y=\phi(x)$ 的切线和法线方程**. 曲线在点 (x_0,y_0) 的切线是经过 (x_0,y_0) 而与 OX 做成角 ψ 的直线, 这里 $\tan\psi=\phi'(x_0)$. 于是其方程为

$$y-y_0=(x-x_0)\phi'(x_0);$$

而法线 (在切点处与切线垂直的直线) 方程为

$$(y-y_0)\phi'(x_0)+x-x_0=0.$$

我们已经假设了切线不与 y 轴平行. 而在这一特殊情形, 显然其切线和法线分别是 $x=x_0$ 和 $y=y_0$.

(6) 写出抛物线 $x^2=4ay$ 在任意一点的切线以及法线方程. 证明: 如果 $x_0=2a/m$, $y_0=a/m^2$, 那么它在 (x_0,y_0) 处的切线是 $x=my+(a/m)$.

113. 某些一般性的注解 (续)

我们已经看到, 如果 $\phi(x)$ 在 x 的一个值是不连续的, 那么它在那个值不可能有导数. 例如像 $1/x$ 或者 $\sin(1/x)$ 这样的函数 (它们在 $x=0$ 都没有定义, 所以在 $x=0$ 必定是间断的.) 在 $x=0$ 不可能有导数. 或者再看函数 $[x]$, 它在 x 的每个整数值都是间断的, 从而它在任何这样的 x 值都没有导数.

例 由于 $[x]$ 在 x 的每两个整数值之间是常数, 它的导数如果存在, 其值为零. 于是 $[x]$ 的导数 (我们可以用 $[x]'$ 来表示它) 在除了整数值之外的所有值都取值为零, 而在整数值没有定义. 有趣的是注意函数 $1-\dfrac{\sin\pi x}{\sin\pi x}$ 恰好也有同样的性质.

在例 XXXVII 第 7 题中我们也看到, 当处理像多项式或者有理函数或者三角函数这样非常简单的函数时, 最经常出现的间断类型是与

$$\phi(x)\to+\infty$$

或者 $\phi(x) \to -\infty$ 这种类型的关系联系在一起的. 在所有这些情形, 如同在上面所考虑过的那些情形一样, 对某种特殊类型的 x 值不存在导数.

于是, 一个函数 $\phi(x)$ 的所有间断点也都是它的导数 $\phi'(x)$ 的间断点. 但是其逆不真, 正如我们容易看出的, 如果回到第 111 节的几何观点并考虑迄今未予研究的 $\phi(x)$ 的图有一条与 OY 平行的切线这一特殊情形. 这一情形可以被细分成几种情形, 其中最典型的情形在图 36 中给出. 在情形 (c) 和 (d) 中, 函数在 P 的一边是双值的, 而在另一边没有定义. 在这些情形, 我们可以将 $\phi(x)$ 的两组值 (它们出现在 P 的某一边) 定义成不同的函数 $\phi_1(x)$ 和 $\phi_2(x)$, 该曲线的上面那部分与 $\phi_1(x)$ 对应.

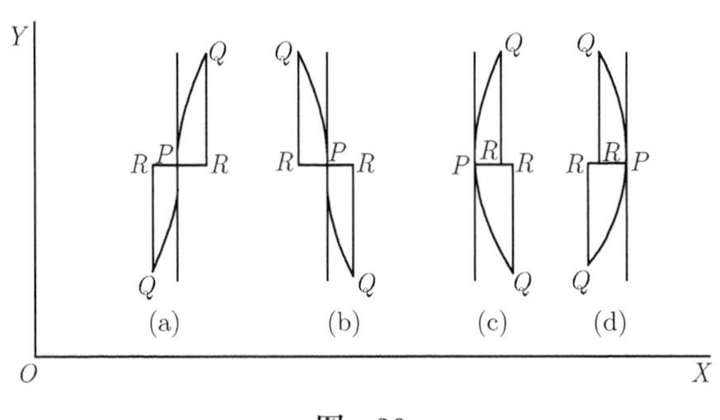

图　36

读者很容易确信, 在 (a) 中当 $h \to 0$ 时有

$$\{\phi(x+h) - \phi(x)\}/h \to +\infty,$$

在 (b) 中有

$$\{\phi(x+h) - \phi(x)\}/h \to -\infty;$$

在 (c) 中有

$$\{\phi_1(x+h) - \phi_1(x)\}/h \to +\infty, \quad \{\phi_2(x+h) - \phi_2(x)\}/h \to -\infty,$$

在 (d) 中有

$$\{\phi_1(x+h) - \phi_1(x)\}/h \to -\infty, \quad \{\phi_2(x+h) - \phi_2(x)\}/h \to +\infty,$$

当然, 尽管在 (c) 中只能考虑 h 的正的值, 而在 (d) 中只能考虑 h 的负的值, 但根据这个事实本身就能排除导数的存在性.

通过考虑由方程

$$\text{(a)}\, y^3 = x, \quad \text{(b)}\, y^3 = -x, \quad \text{(c)}\, y^2 = x, \quad \text{(d)}\, y^2 = -x$$

所定义的函数, 可以得到这四种情形的例子, 其中所考虑的 x 的特殊值是 $x = 0$.

114. 微分法的某些一般法则

在接下来的全部定理中, 我们假设函数 $f(x)$ 和 $F(x)$ 在所考虑的 x 值都有导数 $f'(x)$ 和 $F'(x)$.

(1) 如果 $\phi(x)=f(x)+F(x)$, 那么 $\phi(x)$ 有导数

$$\phi'(x)=f'(x)+F'(x).$$

(2) 如果 $\phi(x)=kf(x)$, 那么 $\phi(x)$ 有导数

$$\phi'(x)=kf'(x).$$

我们把从例 XXXV 第 (1) 题中一般性的定理推导出这些结果留给读者作为练习.

(3) 如果 $\phi(x)=f(x)F(x)$, 那么 $\phi(x)$ 有导数

$$\phi'(x)=f(x)F'(x)+f'(x)F(x).$$

因为

$$\begin{aligned}\phi'(x)&=\lim\frac{f(x+h)F(x+h)-f(x)F(x)}{h}\\&=\lim\left\{f(x+h)\frac{F(x+h)-F(x)}{h}+F(x)\frac{f(x+h)-f(x)}{h}\right\}\\&=f(x)F'(x)+F(x)f'(x).\end{aligned}$$

(4) 如果 $\phi(x)=\dfrac{1}{f(x)}$ 且 $f(x)\neq 0$, 那么 $\phi(x)$ 有导数

$$\phi'(x)=-\frac{f'(x)}{\{f(x)\}^2}.$$

因为

$$\phi'(x)=\lim\frac{1}{h}\left\{\frac{f(x)-f(x+h)}{f(x+h)f(x)}\right\}=-\frac{f'(x)}{\{f(x)\}^2}.$$

(5) 如果 $\phi(x)=\dfrac{f(x)}{F(x)}$ 且 $F(x)\neq 0$, 那么 $\phi(x)$ 有导数

$$\phi'(x)=\frac{f'(x)F(x)-f(x)F'(x)}{\{F(x)\}^2}.$$

这立即由 (3) 和 (4) 得出.

(6) 如果 $\phi(x)=F\{f(x)\}$, 那么 $\phi(x)$ 有导数

$$\phi'(x)=F'\{f(x)\}f'(x).$$

这个定理的证明需要一点关注①.

① 在许多教科书 (以及本书前 3 版) 中, 这一定理的证明都是不精确的. 请见 H. S. Carslaw 教授在 *Bulletin of the American Mathematical Society* 第 XXIX 卷中所作的注记.

我们记 $f(x)=y, f(x+h)=y+k$, 因此当 $h\to 0$ 时有 $k\to 0$, 且

$$k/h\to f'(x). \tag{1}$$

现在我们必须区分两种情形.

(a) 假设 $f'(x)\neq 0$, 又假设 h 很小, 但不等于零. 那么, 根据 (1) 有 $k\neq 0$, 且

$$\frac{\phi(x+h)-\phi(x)}{h}=\frac{F(y+k)-F(y)}{k}\frac{k}{h}\to F'(y)f'(x).$$

(b) 假设 $f'(x)=0$, 又假设 h 很小, 但不等于零. 现在有两种可能性. 如果 $k=0$,[①] 那么

$$\frac{\phi(x+h)-\phi(x)}{h}=0.$$

如果 $k\neq 0$, 那么

$$\frac{\phi(x+h)-\phi(x)}{h}=\frac{F(y+k)-F(y)}{k}\frac{k}{h}.$$

第一个因子接近于 $F'(y)$, 而由于 $k/h\to 0$, 所以第二个因子很小. 因此在任何情形 $\{\phi(x+h)-\phi(x)\}/h$ 都很小, 从而我们有

$$\frac{\phi(x+h)-\phi(x)}{h}\to 0=F'(y)f'(x).$$

我们的最后一个定理需要预先作一些说明. 假设 $x=\psi(y)$, 其中 $\psi(y)$ 在 y 的值的某个区间中是连续的且在第 95 节的严格意义下是递增 (递减) 的. 那么我们可以记 $y=\phi(x)$, 其中 ϕ 是 ψ 的“反”函数 (第 110 节).

(7) 如果 $y=\phi(x)$, 其中 ϕ 是 ψ 的反函数, 所以 $x=\psi(y)$, 且 $\psi(y)$ 有不等于零的导数 $\psi'(y)$, 那么 $\phi(x)$ 有导数

$$\phi'(x)=\frac{1}{\psi'(y)}.$$

因为, 如果 $\phi(x+h)=y+k$, 那么当 $h\to 0$ 时就有 $k\to 0$, 且

$$\phi'(x)=\lim_{h\to 0}\frac{\phi(x+h)-\phi(x)}{(x+h)-x}=\lim_{k\to 0}\frac{(y+k)-y}{\psi(y+k)-\psi(y)}=\frac{1}{\psi'(y)}.$$

115. 复函数的导数

到目前为止, 我们都假设 $y=\phi(x)$ 是 x 的实函数. 如果 y 是复函数 $\phi(x)+\mathrm{i}\psi(x)$, 那么我们可以将 y 的导数定义为 $\phi'(x)+\mathrm{i}\psi'(x)$. 读者不难看出：当 $\phi(x)$ 是复函数时, 上面的定理 (1)~(5) 依然成立. 定理 (6) 和定理 (7) 对复函数也有类似的结论, 不过这些结果有赖于“一个复变量的函数”的一般概念, 目前我们仅仅在几个特殊的例子中遇到了这个概念.

① 那些不精确的证明中的错误之处在于忽视了这种可能性.

116. 微分学的记号

我们已经说明了，导数也常称为微分系数. 这里经常用到的不仅仅是一个不同的名字，而且是一个不同的概念；函数 $y=\phi(x)$ 的导数也常用某个其他的表达式

$$D_x y,\quad \frac{\mathrm{d}y}{\mathrm{d}x}$$

来表示.

这些记号中最后一个是最常用也是最方便的. 不过读者必须仔细记住，$\mathrm{d}y/\mathrm{d}x$ 并不表示“某个数 $\mathrm{d}y$ 被另一个数 $\mathrm{d}x$ 除”：它的含义是“某个运算 D_x 或者 $\mathrm{d}/\mathrm{d}x$ 作用到 $y=\phi(x)$ 所得到的结果”，该运算是作商 $\{\phi(x+h)-\phi(x)\}/h$，然后令 $h\to 0$.

当然，这个符号初看起来是如此特殊，因而如果没有理由是不会被采纳的. 采纳它的理由如下. 分式 $\{\phi(x+h)-\phi(x)\}/h$ 的分母 h 是自变量 x 的值 $x+h$ 与 x 的差；类似地，分子是因变量 y 的对应值 $\phi(x+h)$ 与 $\phi(x)$ 的差. 这些差可以分别称为 x 与 y 的增量 (increment)，并用 δx 和 δy 来表示它们. 那么该分式就是 $\delta y/\delta x$，对于许多目的来说，把这个分式的极限 (此极限与 $\phi'(x)$ 是同一个东西) 记成 $\mathrm{d}y/\mathrm{d}x$ 是很方便的. 但是这个记号目前必须被看成是纯粹象征意义的. 其中出现的 $\mathrm{d}y$ 和 $\mathrm{d}x$ 不能被分开来，它们自己本身并没有任何意义. 特别地，$\mathrm{d}y$ 和 $\mathrm{d}x$ 并不表示 $\lim\delta y$ 和 $\lim\delta x$，这两个极限都是零. 读者需要逐渐熟悉这个符号，不过当你对此符号感到困惑时，你可以将微分系数写成 $D_x y$ 的形式，或者像我们在本章上面几节中所做的那样，用符号 $\phi(x),\phi'(x)$ 以避免这一困难.

然而，在第 7 章中我们要指出有可能怎样来定义符号 $\mathrm{d}x$ 和 $\mathrm{d}y$，使得它们具有独立的意义，而且实际上使得导数 $\mathrm{d}y/\mathrm{d}x$ 就是它们的商.

自然，第 114 节中的诸定理都可以立即用这种符号的语言加以翻译. 它们可以陈述如下：

(1) 如果 $y=y_1+y_2$，那么 $\dfrac{\mathrm{d}y}{\mathrm{d}x}=\dfrac{\mathrm{d}y_1}{\mathrm{d}x}+\dfrac{\mathrm{d}y_2}{\mathrm{d}x}$；

(2) 如果 $y=ky_1$，那么 $\dfrac{\mathrm{d}y}{\mathrm{d}x}=k\dfrac{\mathrm{d}y_1}{\mathrm{d}x}$；

(3) 如果 $y=y_1y_2$，那么 $\dfrac{\mathrm{d}y}{\mathrm{d}x}=y_1\dfrac{\mathrm{d}y_2}{\mathrm{d}x}+y_2\dfrac{\mathrm{d}y_1}{\mathrm{d}x}$；

(4) 如果 $y=\dfrac{1}{y_1}$，那么 $\dfrac{\mathrm{d}y}{\mathrm{d}x}=-\dfrac{1}{y_1^2}\dfrac{\mathrm{d}y_1}{\mathrm{d}x}$；

(5) 如果 $y=\dfrac{y_1}{y_2}$，那么 $\dfrac{\mathrm{d}y}{\mathrm{d}x}=\left(y_2\dfrac{\mathrm{d}y_1}{\mathrm{d}x}-y_1\dfrac{\mathrm{d}y_2}{\mathrm{d}x}\right)\Big/ y_2^2$；

(6) 如果 y 是 x 的函数，而 z 是 y 的函数，那么

$$\frac{\mathrm{d}z}{\mathrm{d}x}=\frac{\mathrm{d}z}{\mathrm{d}y}\frac{\mathrm{d}y}{\mathrm{d}x};$$

(7)

$$\frac{\mathrm{d}y}{\mathrm{d}x}=1\Big/\left(\frac{\mathrm{d}x}{\mathrm{d}y}\right).$$

例 XL

(1) 如果 $y=y_1y_2y_3$, 那么

$$\frac{\mathrm{d}y}{\mathrm{d}x}=y_2y_3\frac{\mathrm{d}y_1}{\mathrm{d}x}+y_3y_1\frac{\mathrm{d}y_2}{\mathrm{d}x}+y_1y_2\frac{\mathrm{d}y_3}{\mathrm{d}x};$$

如果 $y=y_1y_2\cdots y_n$, 那么

$$\frac{\mathrm{d}y}{\mathrm{d}x}=\sum_{r=1}^{n}y_1y_2\cdots y_{r-1}y_{r+1}\cdots y_n\frac{\mathrm{d}y_r}{\mathrm{d}x}.$$

特别地, 如果 $y=z^n$, 那么 $\mathrm{d}y/\mathrm{d}x=nz^{n-1}(\mathrm{d}z/\mathrm{d}x)$; 如果 $y=x^n$, 那么 $\mathrm{d}y/\mathrm{d}x=nx^{n-1}$; 正如在例 XXXIX 第 (3) 题中用其他方法所证明的那样.

(2) 如果 $y=y_1y_2\cdots y_n$, 那么

$$\frac{1}{y}\frac{\mathrm{d}y}{\mathrm{d}x}=\frac{1}{y_1}\frac{\mathrm{d}y_1}{\mathrm{d}x}+\frac{1}{y_2}\frac{\mathrm{d}y_2}{\mathrm{d}x}+\cdots+\frac{1}{y_n}\frac{\mathrm{d}y_n}{\mathrm{d}x}.$$

特别地, 如果 $y=z^n$, 那么 $\dfrac{1}{y}\dfrac{\mathrm{d}y}{\mathrm{d}x}=\dfrac{n}{z}\dfrac{\mathrm{d}z}{\mathrm{d}x}$.

117. 标准形式

我们现在要更加系统地来研究几种最简单类型的函数的导数形式.

A. 多项式. 如果 $\phi(x)=a_0x^n+a_1x^{n-1}+\cdots+a_n$, 那么

$$\phi'(x)=na_0x^{n-1}+(n-1)a_1x^{n-2}+\cdots+a_{n-1}.$$

有时候, 利用一个关于 x 的 n 次多项式的标准形式 [所谓的**二项形式** (binomial form)], 即

$$a_0x^n+\binom{n}{1}a_1x^{n-1}+\binom{n}{2}a_2x^{n-2}+\cdots+a_n$$

是更加方便的. 在这种情形有

$$\phi'(x)=n\left\{a_0x^{n-1}+\binom{n-1}{1}a_1x^{n-2}+\binom{n-1}{2}a_2x^{n-3}+\cdots+a_{n-1}\right\}.$$

$\phi(x)$ 的二项形式常用符号写成下列形式

$$(a_0,a_1,\cdots,a_n \between x,1)^n;$$

此时就有

$$\phi'(x)=n(a_0,a_1,\cdots,a_{n-1} \between x,1)^{n-1}.$$

以后我们将会看到, $\phi(x)$ 总可以表示成 n 个因子的乘积的形式

$$\phi(x)=a_0(x-\alpha_1)(x-\alpha_2)\cdots(x-\alpha_n),$$

其中诸 α_i 是它的实根或者复根. 那么

$$\phi'(x)=a_0\sum(x-\alpha_2)(x-\alpha_3)\cdots(x-\alpha_n),$$

该符号表示, 我们要作出所有可能的 $n-1$ 个因子的乘积, 并将它们相加在一起. 此结论的这种形式甚至对于其中有若干个 α_i 为相等的情形也依然成立; 不过当然, 此时其中右边会有若干项是重复出现的. 读者不难验证: 如果

$$\phi(x)=a_0(x-\alpha_1)^{m_1}(x-\alpha_2)^{m_2}\cdots(x-\alpha_\nu)^{m_\nu},$$

那么

$$\phi'(x)=a_0\sum m_1(x-\alpha_1)^{m_1-1}(x-\alpha_2)^{m_2}\cdots(x-\alpha_\nu)^{m_\nu}.$$

例 XLI

(1) 证明: 如果 $\phi(x)$ 是一个多项式, 那么 $\phi'(x)$ 就是 $\phi(x+h)$ 按照 h 的幂的展开式中 h 的系数.

(2) 如果 $\phi(x)$ 可以被 $(x-\alpha)^2$ 整除, 那么 $\phi'(x)$ 可以被 $x-\alpha$ 整除. 一般说来, 如果 $\phi(x)$ 可以被 $(x-\alpha)^m$ 整除, 那么 $\phi'(x)$ 可以被 $(x-\alpha)^{m-1}$ 整除.

(3) 反过来, 如果 $\phi(x)$ 和 $\phi'(x)$ 两者都能被 $x-\alpha$ 整除, 那么 $\phi(x)$ 可以被 $(x-\alpha)^2$ 整除; 又如果 $\phi(x)$ 能被 $x-\alpha$ 整除, $\phi'(x)$ 能被 $(x-\alpha)^{m-1}$ 整除, 那么 $\phi(x)$ 可以被 $(x-\alpha)^m$ 整除.

(4) 指出如何尽可能完全地用初等代数运算确定出 $P(x)=0$ 的重根以及重根的阶, 其中 $P(x)$ 是一个多项式.

[如果 H_1 是 P 和 P' 的最高公因子, H_2 是 H_1 和 P'' 的最高公因子, H_3 是 H_2 和 P''' 的最高公因子, 如此等等, 那么 $H_1H_3/H_2^2=0$ 的根就是 $P=0$ 的二重根, $H_2H_4/H_3^2=0$ 的根就是 $P=0$ 的三重根, 如此等等. 但是有可能无法求解 $H_1H_3/H_2^2=0$, $H_2H_4/H_3^2=0,\cdots$. 例如, 如果 $P(x)=(x-1)^3(x^5-x-7)^2$, 那么 $H_1H_3/H_2^2=x^5-x-7$, 而 $H_2H_4/H_3^2=x-1$; 我们无法求解第一个方程.]

(5) 求

$$x^4+3x^3-3x^2-11x-6=0,\quad x^6+2x^5-8x^4-14x^3+11x^2+28x+12=0,$$

所有的根及其重根的阶.

(6) 如果 $ax^2+2bx+c$ 有一个二重根, 也即它有 $a(x-\alpha)^2$ 的形式, 那么 $2(ax+b)$ 必定可以被 $x-\alpha$ 整除, 所以有 $\alpha=-b/a$. x 的这个值必定满足 $ax^2+2bx+c=0$. 验证这样得到的条件就是 $ac-b^2=0$.

(7) 方程 $1/(x-a)+1/(x-b)+1/(x-c)=0$ 仅当 $a=b=c$ 时有一对相等的根.

(*Math. Trip.* 1905)

(8) 证明:

$$ax^3+3bx^2+3cx+d=0$$

当 $G^2+4H^3=0$ 时有一个二重根, 其中 $H=ac-b^2$, $G=a^2d-3abc+2b^3$.

[令 $ax+b=y$, 此时方程化简为 $y^3+3Hy+G=0$. 它必定与方程 $y^2+H=0$ 有一个公共根.]

(9) 读者可以验证, 如果 $\alpha,\beta,\gamma,\delta$ 是

$$ax^4+4bx^3+6cx^2+4dx+e=0$$

的根, 那么以

$$\tfrac{1}{12}a\{(\alpha-\beta)(\gamma-\delta)-(\gamma-\alpha)(\beta-\delta)\}$$

以及两个类似的表达式 (将 α,β,γ 作循环排列即可得到) 作为其根的方程是

$$4y^3-g_2y-g_3=0,$$

其中

$$g_2 = ae - 4bd + 3c^2, \quad g_3 = ace + 2bcd - ad^2 - eb^2 - c^3.$$

显然, 如果 $\alpha, \beta, \gamma, \delta$ 中有两个是相等的, 那么这个三次方程的根中将会有两个根是相等的. 利用第 (8) 题的结果, 我们得出 $g_2^3 - 27g_3^2 = 0$.

(10) **关于多项式的 Rolle 定理**. *如果 $\phi(x)$ 是任意一个多项式, 那么在 $\phi(x) = 0$ 的任意一对根之间必有 $\phi'(x) = 0$ 的一个根.*

这个定理的证明要利用后面将要给出的更加一般的函数. 下面是仅仅对多项式适用的一个代数的证明. 我们假设 α, β 是它的两个相邻的根, 其重根的阶分别是 m 和 n, 所以有

$$\phi(x) = (x-\alpha)^m (x-\beta)^n \theta(x),$$

其中 $\theta(x)$ 是一个在 $\alpha \leqslant x \leqslant \beta$ 中有相同符号 (比方说恒取正值) 的多项式. 那么就有

$$\begin{aligned}\phi'(x) &= (x-\alpha)^m (x-\beta)^n \theta'(x) \\ &\quad + \left\{ m(x-\alpha)^{m-1}(x-\beta)^n + n(x-\alpha)^m (x-\beta)^{n-1} \right\} \theta(x) \\ &= (x-\alpha)^{m-1}(x-\beta)^{n-1} \left\{ (x-\alpha)(x-\beta)\theta'(x) \right. \\ &\quad \left. + [m(x-\beta) + n(x-\alpha)]\theta(x) \right\} \\ &= (x-\alpha)^{m-1}(x-\beta)^{n-1} F(x),\end{aligned}$$

其中最后一步是我们的定义. 现在有 $F(\alpha) = m(\alpha-\beta)\theta(\alpha)$ 以及 $F(\beta) = n(\beta-\alpha)\theta(\beta)$, 它们有相反的符号. 于是 $F(x)$ (从而 $\phi'(x)$) 在 x 的介于 α 和 β 之间的某个值处取值为零.

118.　B.　有理函数

如果

$$R(x) = \frac{P(x)}{Q(x)},$$

其中 P 和 Q 是多项式, 由第 114 节的 (5) 立即得出

$$R'(x) = \frac{P'(x)Q(x) - P(x)Q'(x)}{\{Q(x)\}^2}.$$

此公式使得我们可以给出任何有理函数的导数. 不过, 我们所得到的公式的形式不一定就是最简单的. 如果 $Q(x)$ 和 $Q'(x)$ 没有公因子, 也就是如果 $Q(x)$ 没有重因子, 那么该公式就是最简单的. 但是如果 $Q(x)$ 有重因子, 那么我们对 $R'(x)$ 得到的表达式就可以作进一步的化简.

在对有理函数求导时, 应用部分分式的方法常常非常方便. 如同在第 117 节中那样, 我们将假设 $Q(x)$ 表示成形式

$$a_0 (x-\alpha_1)^{m_1} (x-\alpha_2)^{m_2} \cdots (x-\alpha_\nu)^{m_\nu}.$$

那么, 在代数学的专著[1]中证明了: $R(x)$ 可以表示成形式

$$\begin{aligned}\Pi(x)&+\frac{A_{1,1}}{x-\alpha_1}+\frac{A_{1,2}}{(x-\alpha_1)^2}+\cdots+\frac{A_{1,m_1}}{(x-\alpha_1)^{m_1}}\\&+\frac{A_{2,1}}{x-\alpha_2}+\frac{A_{2,2}}{(x-\alpha_2)^2}+\cdots+\frac{A_{2,m_2}}{(x-\alpha_2)^{m_2}}+\cdots,\end{aligned}$$

其中 $\Pi(x)$ 是一个多项式; 也就是表示成一个多项式和若干个形如

$$\frac{A}{(x-\alpha)^p}$$

的项之和, 其中 α 是 $Q(x)=0$ 的一个根. 我们已经知道如何来求多项式的导数, 由此根据第 114 节中的定理 (4) (或者, 如果 α 是复数, 则根据在第 115 节中指出的推广的结果) 立即得出: 上面最后所写的那个有理函数的导数是

$$-\frac{pA(x-\alpha)^{p-1}}{(x-\alpha)^{2p}}=-\frac{pA}{(x-\alpha)^{p+1}}.$$

现在我们可以将一般的有理函数 $R(x)$ 的导数写成形式

$$\Pi'(x)-\frac{A_{1,1}}{(x-\alpha_1)^2}-\frac{2A_{1,2}}{(x-\alpha_1)^3}-\cdots-\frac{A_{2,1}}{(x-\alpha_2)^2}-\frac{2A_{2,2}}{(x-\alpha_2)^3}-\cdots.$$

另外我们还证明了: 对 m 的所有正的或者负的整数值 (除去 m 是负数, 且 $x=0$ 的情形外), x^m 的导数是 mx^{m-1}.

当需要对一个有理函数多次求导时, 本节所阐述的方法特别有用 (见例 XLV).

例 XLII

(1) 证明

$$\frac{\mathrm{d}}{\mathrm{d}x}\left(\frac{x}{1+x^2}\right)=\frac{1-x^2}{(1+x^2)^2},\quad \frac{\mathrm{d}}{\mathrm{d}x}\left(\frac{1-x^2}{1+x^2}\right)=-\frac{4x}{(1+x^2)^2}.$$

(2) 证明

$$\frac{\mathrm{d}}{\mathrm{d}x}\left(\frac{ax^2+2bx+c}{Ax^2+2Bx+C}\right)=2\frac{(ax+b)(Bx+C)-(bx+c)(Ax+B)}{(Ax^2+2Bx+C)^2}.$$

(3) 如果 Q 有一个因子 $(x-\alpha)^m$, 那么 R' 的分母 (当 R' 化为最简分式后) 可以被 $(x-\alpha)^{m+1}$ 整除, 但不能被 $x-\alpha$ 的更高次幂整除.

(4) 无论在哪一种情形, R' 的分母都不可能有单 (simple) 因子 $x-\alpha$. 于是, 分母含有单因子的有理函数不可能是有理函数的导数. 例如, $1/x$ 不是有理函数的导数.

119. C. 代数函数

上一节的结果与第 114 节中的定理 (6) 合在一起, 使我们能求出任何显式代数函数的导数.

---

[1] 例如, 见 Chrystal 所著 *Algebra* 一书第 2 版第 I 卷, 第 151 页以及其后诸页.

这样的函数中最重要的是 x^m, 其中 m 是有理数. 我们已经在第 118 节看到, 当 m 是正的或者负的整数时, 这个函数的导数是 mx^{m-1}. 现在要来证明: 这个结论对于 m 的所有有理数值也都成立 (只要 $x \neq 0$). 假设 $y = x^m = x^{p/q}$, 其中 p 和 q 都是整数, 且 q 是正的; 又令 $z = x^{1/q}$, 所以有 $x = z^q$ 以及 $y = z^p$. 那么

$$\frac{\mathrm{d}y}{\mathrm{d}x} = \left(\frac{\mathrm{d}y}{\mathrm{d}z}\right) \bigg/ \left(\frac{\mathrm{d}x}{\mathrm{d}z}\right) = \frac{p}{q} z^{p-q} = mx^{m-1}.$$

此结果也可以作为例 XXXVI 第 (3) 题的一个推论得出. 因为, 如果 $\phi(x) = x^m$, 我们就有

$$\phi'(x) = \lim_{h \to 0} \frac{(x+h)^m - x^m}{h} = \lim_{\xi \to x} \frac{\xi^m - x^m}{\xi - x} = mx^{m-1}.$$

显然, 对 m 的所有有理数值有更一般的公式

$$\frac{\mathrm{d}}{\mathrm{d}x}(ax+b)^m = ma(ax+b)^{m-1}$$

成立.

隐函数 (implicit algebraical function) 的求导涉及某些理论上的困难, 我们将在第 7 章再次回到这个问题. 但是在这种函数的导数的实际计算中并不存在实际的困难: 所要采用的方法只要用一个例子来加以说明就足够了. 假设 y 由方程

$$x^3 + y^3 - 3axy = 0$$

给定. 关于 x 求导, 我们得到

$$x^2 + y^2 \frac{\mathrm{d}y}{\mathrm{d}x} - a\left(y + x\frac{\mathrm{d}y}{\mathrm{d}x}\right) = 0,$$

所以

$$\frac{\mathrm{d}y}{\mathrm{d}x} = -\frac{x^2 - ay}{y^2 - ax}.$$

例 XLIII

(1) 求

$$\sqrt{\frac{1+x}{1-x}}, \quad \sqrt{\frac{ax+b}{cx+d}}, \quad \sqrt{\frac{ax^2+2bx+c}{Ax^2+2Bx+C}}, \quad (ax+b)^m (cx+d)^n$$

的导数.

(2) 证明

$$\frac{\mathrm{d}}{\mathrm{d}x}\left(\frac{x}{\sqrt{a^2+x^2}}\right) = \frac{a^2}{(a^2+x^2)^{\frac{3}{2}}}, \quad \frac{\mathrm{d}}{\mathrm{d}x}\left(\frac{x}{\sqrt{a^2-x^2}}\right) = \frac{a^2}{(a^2-x^2)^{\frac{3}{2}}}.$$

(3) 求以下情形 y 的微分系数.

(i) $ax^2 + 2hxy + by^2 + 2gx + 2fy + c = 0$, (ii) $x^5 + y^5 - 5ax^2y^2 = 0$.

120. D. 超越函数

我们已经证明了 (例 XXXIX 第 (4) 题)

$$D_x \sin x = \cos x, \quad D_x \cos x = -\sin x.$$

利用第 114 节的定理 (4) 和 (5), 读者容易验证

$$D_x \tan x = \sec^2 x, \quad D_x \cot x = -\csc^2 x,$$

$$D_x \sec x = \tan x \sec x, \quad D_x \csc x = -\cot x \csc x.$$

利用定理 (7) 我们可以求出反三角函数的导数. 请读者验证下面的公式:

$$\begin{aligned} D_x \arcsin x &= \pm\frac{1}{\sqrt{1-x^2}}, & D_x \arccos x &= \mp\frac{1}{\sqrt{1-x^2}}, \\ D_x \arctan x &= \frac{1}{1+x^2}, & D_x \operatorname{arccot} x &= -\frac{1}{1+x^2}, \\ D_x \operatorname{arcsec} x &= \pm\frac{1}{x\sqrt{x^2-1}}, & D_x \operatorname{arccsc} x &= \mp\frac{1}{x\sqrt{x^2-1}}. \end{aligned}$$

在反正弦以及反正割的情形, 其中不确定的正负号与 $\cos(\arcsin x)$ 的符号相同, 在反余弦以及反余割的情形, 其中不确定的正负号与 $\sin(\arccos x)$ 的符号相同.

更一般的公式

$$D_x \arcsin(x/a) = \pm\frac{1}{\sqrt{a^2-x^2}}, \quad D_x \arctan(x/a) = \frac{a}{x^2+a^2}$$

也是相当重要的. 这些公式可以很容易地从第 114 节的定理 (6) 和 (7) 推导出来. 在第一个结论中, 不确定的符号与 $a\cos\{\arcsin(x/a)\}$ 的符号相同, 这是因为, 根据 a 是正的还是负的我们有

$$a\sqrt{1-(x^2/a^2)} = \pm\sqrt{a^2-x^2}.$$

最后, 利用第 114 节定理 (6), 我们可以对既包含代数函数类、又包含三角函数类的复合函数求导, 请在以下诸例中写出任何这种函数的导数.

例 XLIV ①

(1) 求下列函数的导数

$$\cos^m x, \quad \sin^m x, \quad \cos x^m, \quad \sin x^m, \quad \cos(\sin x), \quad \sin(\cos x),$$

$$\sqrt{a^2\cos^2 x + b^2\sin^2 x}, \quad \frac{\cos x \sin x}{\sqrt{a^2\cos^2 x + b^2\sin^2 x}},$$

$$x\arcsin x + \sqrt{1-x^2}, \quad (1+x)\arctan\sqrt{x} - \sqrt{x}.$$

① 在这些例子中, m 是有理数, $a, b, \cdots, \alpha, \beta, \cdots$ 的取值使得函数取实数值. 其中不确定的符号有时予以省略.

(2) 求下列函数的导数

$$\arcsin\left(1-x^2\right)^{\frac{1}{2}},\quad \tan\arcsin x, \arctan\frac{\cos x}{1+\sin x},\quad \arctan\frac{a+b\cos x}{b+a\cos x}.$$

(*Math. Trip.* 1926, 1929, 1930)

(3) 求导数并对结果的简单性予以解释

$$\arcsin x+\arccos x,\quad \arctan x+\operatorname{arccot} x,\quad \arctan\left(\frac{a+x}{1-ax}\right).$$

(4) 求导数

$$\frac{1}{\sqrt{ac-b^2}}\arctan\frac{ax+b}{\sqrt{ac-b^2}},\quad -\frac{1}{\sqrt{-a}}\arcsin\frac{ax+b}{\sqrt{b^2-ac}}.$$

(5) 证明：函数

$$2\arcsin\sqrt{\frac{x-\beta}{\alpha-\beta}},\quad 2\arctan\sqrt{\frac{x-\beta}{\alpha-x}},\quad \arcsin\frac{2\sqrt{(\alpha-x)(x-\beta)}}{\alpha-\beta}$$

中的每一个都有导数

$$\frac{1}{\sqrt{(\alpha-x)(x-\beta)}}.$$

(6) 证明

$$\frac{\mathrm{d}}{\mathrm{d}\theta}\left(\arccos\sqrt{\frac{\cos 3\theta}{\cos^3\theta}}\right)=\sqrt{\frac{3}{\cos\theta\cos 3\theta}}.$$

(*Math. Trip.* 1904)

(7) 证明

$$\frac{1}{\sqrt{C(Ac-aC)}}\frac{\mathrm{d}}{\mathrm{d}x}\left\{\arccos\sqrt{\frac{C\left(ax^2+c\right)}{c\left(Ax^2+C\right)}}\right\}=\frac{1}{\left(Ax^2+C\right)\sqrt{ax^2+c}}.$$

(8) 函数

$$\frac{1}{\sqrt{a^2-b^2}}\arccos\left(\frac{a\cos x+b}{a+b\cos x}\right),\quad \frac{2}{\sqrt{a^2-b^2}}\arctan\left(\sqrt{\frac{a-b}{a+b}}\tan\frac{1}{2}x\right)$$

中的每一个都有导数 $1/(a+b\cos x)$.

(9) 如果 $X=a+b\cos x+c\sin x$, 且

$$y=\frac{1}{\sqrt{a^2-b^2-c^2}}\arccos\frac{aX-a^2+b^2+c^2}{X\sqrt{b^2+c^2}},$$

那么 $\mathrm{d}y/\mathrm{d}x=1/X$.

(10) 证明：$F[f\{\phi(x)\}]$ 的导数是

$$F'[f\{\phi(x)\}]f'\{\phi(x)\}\phi'(x),$$

并将此结果推广到更加复杂的情形.

(11) 如果 u 和 v 是 x 的函数, 那么

$$D_x\arctan\frac{u}{v}=\frac{vD_xu-uD_xv}{u^2+v^2}.$$

(12) $y=(\tan x+\sec x)^m$ 的导数是 $my\sec x$.

(13) $y=\cos x+\mathrm{i}\sin x$ 的导数是 $\mathrm{i}y$.

(14) 求 $x\cos x$ 和 $(\sin x)/x$ 的导数. 证明: 使得曲线 $y=x\cos x, y=(\sin x)/x$ 的切线平行于 x 轴的 x 值分别是 $\cot x=x$ 和 $\tan x=x$ 的根.

(15) 容易看出 (例 XVII 第 (5) 题), 如果 $a\geqslant 1$, 那么除了 $x=0$ 之外, 方程 $\sin x=ax$ 都没有实数根, 如果 $0<a<1$, 它有有限多个根, 且这些根的个数在 a 减小时增加. 证明: 使得根的个数改变的 a 值是 $\cos\xi$ 的值, 其中 ξ 是方程 $\tan\xi=\xi$ 的一个正根. [所要求的值是使得 $y=ax$ 与 $y=\sin x$ 相切的 a 值.]

(16) 如果当 $x\neq 0$ 时有 $\phi(x)=x^2\sin(1/x)$, 而 $\phi(0)=0$, 那么当 $x\neq 0$ 时有

$$\phi'(x)=2x\sin(1/x)-\cos(1/x),$$

而 $\phi'(0)=0$. 且 $\phi'(x)$ 在 $x=0$ 时不连续 (参见第 112 节的 (2)).

(17) 求圆 $x^2+y^2=a^2$ 在点 (x_0,y_0) 的切线以及法线方程, 并将它们化简成形式 $xx_0+yy_0=a^2$ 以及 $xy_0-yx_0=0$.

(18) 求椭圆 $(x/a)^2+(y/b)^2=1$ 以及双曲线 $(x/a)^2-(y/b)^2=1$ 在点 (x_0,y_0) 的切线以及法线方程.

(19) 曲线 $x=\phi(t), y=\psi(t)$ 在参数值为 t 的点的切线以及法线方程是

$$\frac{x-\phi(t)}{\phi'(t)}=\frac{y-\psi(t)}{\psi'(t)},\quad \{x-\phi(t)\}\phi'(t)+\{y-\psi(t)\}\psi'(t)=0.$$

121. 高阶导数

恰如我们从 $\phi(x)$ 作出 $\phi'(x)$ 一样, 我们可以从 $\phi'(x)$ 作出函数 $\phi''(x)$. 这个函数称为 $\phi(x)$ 的**二阶导数** (second derivative) 或者**二阶微分系数** (second differential coefficient). $y=\phi(x)$ 的二阶导数也可以用下列任意一种形式表示

$$D_x^2 y,\quad \left(\frac{\mathrm{d}}{\mathrm{d}x}\right)^2 y,\quad \frac{\mathrm{d}^2 y}{\mathrm{d}x^2}.$$

按照同样的方式, 我们可以定义 $y=\phi(x)$ 的 n 阶导数或者 n 阶微分系数, 它可以用下列任意一种形式表示

$$\phi^{(n)}(x),\quad D_x^n y, \left(\frac{\mathrm{d}}{\mathrm{d}x}\right)^n y,\quad \frac{\mathrm{d}^n y}{\mathrm{d}x^n}.$$

但是只有在不多的几种情形中, 才能很容易地写出一个给定函数的 n 阶导数的一般公式. 其中有些情形可以在下面给出的例子中找到.

例 XLV

(1) 如果 $\phi(x)=x^m$, 那么

$$\phi^{(n)}(x)=m(m-1)\cdots(m-n+1)x^{m-n}.$$

这个结果使我们可以写出任何多项式的 n 阶导数.

(2) 如果 $\phi(x)=(ax+b)^m$, 那么

$$\phi^{(n)}(x)=m(m-1)\cdots(m-n+1)a^n(ax+b)^{m-n}.$$

在这两个例子中, m 可以取任何有理数值. 如果 m 是正整数, 且 $n>m$, 则有 $\phi^{(n)}(x)=0$.

(3) 公式

$$\left(\frac{\mathrm{d}}{\mathrm{d}x}\right)^n\frac{A}{(x-\alpha)^p}=(-1)^n\frac{p(p+1)\cdots(p+n-1)A}{(x-\alpha)^{p+n}}$$

使得我们可以写出用部分分式之和的标准形式表示的任何有理函数的 n 阶导数.

(4) 证明: $1/(1-x^2)$ 的 n 阶导数是

$$\tfrac{1}{2}(n!)\left\{(1-x)^{-n-1}+(-1)^n(1+x)^{-n-1}\right\}.$$

(5) 求

$$\frac{x+1}{x^2-4},\quad\frac{x^4}{(x-1)(x-2)},\quad\frac{4x}{(x-1)^2(x+2)}$$

的 n 阶导数. (*Math. Trip.* 1930, 1933, 1934)

(6) 证明: 如果 n 是偶数, 那么 $\left(\frac{\mathrm{d}}{\mathrm{d}x}\right)^n\frac{x^3}{x^2-1}$ 在 $x=0$ 的值是 0, 如果 n 是奇数且大于 1, 则相应的值是 $-n!$. (*Math. Trip.* 1935)

(7) **Leibniz 定理**. 如果 y 是乘积 uv, 且我们可以作出 u 和 v 的前 n 阶导数, 那么我们就能利用 Leibniz 定理作出 y 的 n 阶导数, 该定理给出法则

$$(uv)_n=u_nv+\binom{n}{1}u_{n-1}v_1+\binom{n}{2}u_{n-2}v_2+\cdots+\binom{n}{r}u_{n-r}v_r+\cdots+uv_n,$$

其中下标表示导数, 例如, u_n 表示 u 的 n 阶导数. 为证明此定理, 注意

$$(uv)_1=u_1v+uv_1,$$
$$(uv)_2=u_2v+2u_1v_1+uv_2,$$

等等. 显然, 重复此过程我们就得到形如

$$(uv)_n=u_nv+a_{n,1}u_{n-1}v_1+a_{n,2}u_{n-2}v_2+\cdots+a_{n,r}u_{n-r}v_r+\cdots+uv_n$$

的公式. 假设对 $r=1,2,\cdots,n-1$, 有 $a_{n,r}=\binom{n}{r}$, 并证明: 如果此假设成立, 则对 $r=1,2,\cdots,n$ 也有 $a_{n+1,r}=\binom{n+1}{r}$ 成立. 这样一来, 根据数学归纳法原理就推得, 对问题中讨论的所有的 n 值以及 r 值都有 $a_{n,r}=\binom{n}{r}$ 成立.

当我们对 $(uv)_n$ 求导作出 $(uv)_{n+1}$ 的时候, 显然可见 $u_{n+1-r}v_r$ 的系数是

$$a_{n,r}+a_{n,r-1}=\binom{n}{r}+\binom{n}{r-1}=\binom{n+1}{r},$$

这就完成了定理的证明.

(8) $x^mf(x)$ 的 n 阶导数是

$$\frac{m!}{(m-n)!}x^{m-n}f(x)+n\frac{m!}{(m-n+1)!}x^{m-n+1}f'(x)$$
$$+\frac{n(n-1)}{1\cdot 2}\frac{m!}{(m-n+2)!}x^{m-n+2}f''(x)+\cdots,$$

此级数连续有 $n+1$ 项, 或者直到终结.

(9) 证明 $D_x^n \cos x = \cos\left(x + \frac{1}{2}n\pi\right), D_x^n \sin x = \sin\left(x + \frac{1}{2}n\pi\right)$.

(10) 求

$$\cos^2 x \sin x, \quad \cos x \cos 2x \cos 3x, \quad x^3 \cos x$$

的 n 阶导数. (*Math. Trip.* 1925, 1930, 1934)

(11) 如果 $y = A\cos mx + B\sin mx$, 那么 $D_x^2 y + m^2 y = 0$. 又如果

$$y = A\cos mx + B\sin mx + P_n(x),$$

这里 $P_n(x)$ 是一个 n 次多项式, 那么 $D_x^{n+3} y + m^2 D_x^{n+1} y = 0$.

(12) 如果 $x^2 D_x^2 y + x D_x y + y = 0$, 那么

$$x^2 D_x^{n+2} y + (2n+1) x D_x^{n+1} y + \left(n^2+1\right) D_x^n y = 0.$$

[用 Leibniz 公式求导 n 次.]

(13) 如果 U_n 表示 $(Lx+M)/\left(x^2-2Bx+C\right)$ 的 n 阶导数, 那么

$$\frac{x^2-2Bx+C}{(n+1)(n+2)} U_{n+2} + \frac{2(x-B)}{n+1} U_{n+1} + U_n = 0. \qquad (\textit{Math. Trip.}\ 1900)$$

[首先在 $n=0$ 时得到该方程; 然后用 Leibniz 定理求导 n 次.]

(14) 证明: 如果 $u = \arctan x$, 那么

$$\left(1+x^2\right)\frac{\mathrm{d}^2 u}{\mathrm{d}x^2} + 2x\frac{\mathrm{d}u}{\mathrm{d}x} = 0,$$

由此确定在 $x=0$ 处 u 的所有阶导数的值. (*Math. Trip.* 1931)

(15) $a/\left(a^2+x^2\right)$ 和 $x/\left(a^2+x^2\right)$ 的 n 阶导数. 由于

$$\frac{a}{a^2+x^2} = \frac{1}{2\mathrm{i}}\left(\frac{1}{x-a\mathrm{i}} - \frac{1}{x+a\mathrm{i}}\right), \quad \frac{x}{a^2+x^2} = \frac{1}{2}\left(\frac{1}{x-a\mathrm{i}} + \frac{1}{x+a\mathrm{i}}\right),$$

我们有

$$D_x^n\left(\frac{a}{a^2+x^2}\right) = \frac{(-1)^n n!}{2\mathrm{i}}\left\{\frac{1}{(x-a\mathrm{i})^{n+1}} - \frac{1}{(x+a\mathrm{i})^{n+1}}\right\},$$

对 $D_x^n\left\{x/\left(a^2+x^2\right)\right\}$ 也有一个类似的公式. 如果 $\rho = \sqrt{x^2+a^2}$, 且 θ 是使得余弦值以及正弦值为 x/ρ 以及 a/ρ 的绝对值最小的角度, 那么就有 $x + a\mathrm{i} = \rho \mathrm{Cis}\theta$ 以及 $x - a\mathrm{i} = \rho\mathrm{Cis}(-\theta)$, 所以

$$\begin{aligned} D_x^n \frac{a}{a^2+x^2} &= \frac{1}{2}(-1)^{n-1} n!\mathrm{i}\rho^{-n-1}\left[\mathrm{Cis}\{(n+1)\theta\} - \mathrm{Cis}\{-(n+1)\theta\}\right] \\ &= (-1)^n n!\left(x^2+a^2\right)^{-\frac{1}{2}(n+1)} \sin\{(n+1)\arctan(a/x)\}. \end{aligned}$$

类似地, 有

$$D_x^n \frac{x}{a^2+x^2} = (-1)^n n!\left(x^2+a^2\right)^{-\frac{1}{2}(n+1)} \cos\{(n+1)\arctan(a/x)\}.$$

(16) 证明

$$D_x^n \frac{\cos x}{x} = \left\{P_n \cos\left(x + \frac{1}{2}n\pi\right) + Q_n \sin\left(x + \frac{1}{2}n\pi\right)\right\} x^{-n-1},$$

$$D_x^n \frac{\sin x}{x} = \left\{P_n \sin\left(x + \frac{1}{2}n\pi\right) - Q_n \cos\left(x + \frac{1}{2}n\pi\right)\right\} x^{-n-1},$$

其中 P_n 和 Q_n 分别是关于 x 的 n 次以及 $n-1$ 次多项式.

(17) 证明公式

$$\frac{\mathrm{d}x}{\mathrm{d}y}=1\Big/\left(\frac{\mathrm{d}y}{\mathrm{d}x}\right),\quad \frac{\mathrm{d}^2x}{\mathrm{d}y^2}=-\frac{\mathrm{d}^2y}{\mathrm{d}x^2}\Big/\left(\frac{\mathrm{d}y}{\mathrm{d}x}\right)^3,$$

$$\frac{\mathrm{d}^3x}{\mathrm{d}y^3}=-\left\{\frac{\mathrm{d}^3y}{\mathrm{d}x^3}\frac{\mathrm{d}y}{\mathrm{d}x}-3\left(\frac{\mathrm{d}^2y}{\mathrm{d}x^2}\right)^2\right\}\Big/\left(\frac{\mathrm{d}y}{\mathrm{d}x}\right)^5.$$

122. 关于导数的某些一般性定理

在接下来的内容中, “闭” 区间与 “开” 区间之间的区别常常是很重要的. 闭区间 (a,b)[①]指的是满足 $a\leqslant x\leqslant b$ 的 x 组成的集合. 而开区间则是满足 $a<x<b$ 的 x 组成的集合 (也就是从闭区间中去掉端点).[②]

我们要关心的是在闭区间 (a,b) 连续且在开区间 (a,b) 可导的函数. 换言之, 我们将假设函数 $\phi(x)$ 满足下面的条件:

(1) $\phi(x)$ 在 $a\leqslant x\leqslant b$ 中连续, 它在区间端点的连续性按照第 99 节末尾所说的意义来理解;

(2) 对 $a<x<b$ 中每个 x, $\phi'(x)$ 都存在.

看起来似乎很奇怪的是: 在一个条件中要用到闭区间, 而在另一个条件中却要用到开区间, 不过我们将会发现这一差别是重要的. 显然, 如果我们对于 $\phi(x)$ 在 (a,b) 以外的情况一无所知, 那么, 若没有新的定义, 我们是不可能将条件 (2) 推广到覆盖区间的端点的.

我们首先对关于 x 的一个特殊值给出一个定理.

定理 A 如果 $\phi'(x_0)>0$, 那么对于所有小于 x_0 但充分靠近 x_0 的 x 值, 都有 $\phi(x)<\phi(x_0)$ 成立, 对于所有大于 x_0 但充分靠近 x_0 的 x 值, 都有 $\phi(x)>\phi(x_0)$ 成立.

因为当 $h\to 0$ 时, $\{\phi(x_0+h)-\phi(x_0)\}/h$ 趋向一个正的极限 $\phi'(x_0)$. 这仅当对于充分小的 h 值, $\phi(x_0+h)-\phi(x_0)$ 和 h 有相同的符号时才可能发生, 而这正是定理所述之结论. 当然, 从几何的观点来说, 这一结论是很直观的, 不等式 $\phi'(x_0)>0$ 表述的是这样一个事实: 曲线 $y=\phi(x)$ 的切线与 x 轴交成一个正的锐角. 读者自己可以对 $\phi'(x_0)<0$ 的情形总结出对应的定理.

我们将把定理 A 的结论表述成: $\phi(x)$ 在 $x=x_0$ 是严格增加的[③].

下面的定理一般称为 Rolle 定理, 它有特别的重要性.

定理 B 如果 $\phi(x)$ 在闭区间连续, 在开区间可导, 且它在端点 a,b 处的值是相等的, 那么在开区间内存在一点使得 $\phi'(x)=0$.

---

① 在现代的数学教材中, 以 a 和 b 为左右端点的闭区间一律用更加规范和清楚的符号 $[a,b]$ 来表示, 而不使用本书中 “闭区间 (a,b)” 这样的说法和容易引起误解的符号, 本书中关于区间符号的这种用法要引起读者足够的注意. ——译者注

② 还可以用不等式 $a<x\leqslant b$ 或者 $a\leqslant x<b$ 来定义半闭的区间, 不过我们将不使用这些术语.

③ 与第 5 章杂例第 19 题比较.

可以假设

$$\phi(a)=0,\quad \phi(b)=0;$$

如果 $\phi(a)=\phi(b)=k$ 且 $k\neq 0$, 则可以用 $\phi(x)-k$ 来代替 $\phi(x)$.

这里有两种可能性. 如果在整个区间 (a,b) 都有 $\phi(x)=0$, 那么对 $a<x<b$ 都有 $\phi'(x)=0$, 这样就无须证明了.

如果反过来 $\phi(x)$ 并不总取值 0, 那么就存在 x 的值使得它取正的或者负的值. 比方说, 假设它有时取正的值. 那么, $\phi(x)$ 在 (a,b) 中就有一个上界 M, 且根据第 103 节的定理 2 可知, 对于 (a,b) 中某个 ξ, 有 $\phi(\xi)=M$ 成立; 显然, ξ 不是 a 或者 b. 如果 $\phi'(\xi)$ 是正的或者是负的, 那么根据定理 A, 就有接近 ξ 的 x 的值 (它位于 ξ 的某一边), 使得在该点有 $\phi(x)>M$ 成立, 这与 M 的定义矛盾. 从而有 $\phi'(\xi)=0$.

推论 1 如果 $\phi(x)$ 在闭区间连续, 在开区间可导, 对开区间中每个 x 有 $\phi'(x)>0$, 那么在整个区间上 $\phi(x)$ 都是 x 的增函数 (在第 95 节的严格意义下).

我们需要证明: 对 $a\leqslant x_1<x_2\leqslant b$ 有 $\phi(x_1)<\phi(x_2)$. 首先假设 $a<x_1<x_2<b$.

如果 $\phi(x_1)=\phi(x_2)$, 那么根据定理 B, 在 x_1 与 x_2 之间就存在 x, 使得 $\phi'(x)=0$, 这与假设矛盾.

如果 $\phi(x_1)>\phi(x_2)$, 那么根据定理 A, 就存在一个接近且大于 x_1 的 x_3, 使得 $\phi(x_3)>\phi(x_1)>\phi(x_2)$. 这样一来, 根据第 101 节, 在 x_3 与 x_2 之间就存在一个 x_4, 使得 $\phi(x_4)=\phi(x_1)$. 于是, 根据定理 B, 在 x_1 与 x_4 之间就存在一个 x, 使得 $\phi'(x)=0$, 这再次与假设矛盾.

由此推出有 $\phi(x_1)<\phi(x_2)$.

剩下要将此不等式推广到 $x_1=a$ 或者 $x_2=b$ 的情形中去. 由我们已经证明的结果可推出: 如果 $a<x<x'<b$, 那么

$$\phi(x)<\phi(x'),$$

所以, 当 x 从右边趋向 a 时, $\phi(x)$ 是严格减少的. 因此

$$\phi(a)=\lim_{x\to a+0}\phi(x)<\phi(x').$$

类似地有

$$\phi(x')<\phi(b).$$

推论 2 如果在整个区间 (a,b) 都有 $\phi'(x)>0$, 且 $\phi(a)\geqslant 0$, 那么 $\phi(x)$ 在整个区间都是正的.

读者应该将推论 1 与定理 A 仔细加以比较. 如果与在定理 A 中一样, 仅仅假设 $\phi'(x)$ 在单独一点 $x=x_0$ 是正的, 那么我们可以证明: 当 x_1 与 x_2 充分接近 x_0 且 $x_1<x_0<x_2$ 时有

$\phi(x_1) < \phi(x_2)$ 成立. 这是因为根据定理 A 有 $\phi(x_1) < \phi(x_0)$ 以及 $\phi(x_2) > \phi(x_0)$. 但是这并没有证明存在一个包含 x_0 的区间, 在这整个区间中 $\phi(x)$ 都是递增的函数, 因为 "x_1 与 x_2 位于 x_0 的相反的两边" 这一假设对我们的结论来说是至关重要的. 随后 (在第 125 节中) 我们还将回到这一点, 并用一个实际的例子来加以说明.

123. 极大和极小

我们将把 $\phi(x)$ 在 $x = \xi$ 所取的值 $\phi(\xi)$ 称为一个**极大值** (maximum), 如果 $\phi(\xi)$ 大于 $\phi(x)$ 在 $x = \xi$ 的一个邻域内所取的任何其他值, 也就是说, 如果我们能找到 x 的值的一个区间 $(\xi - \varepsilon, \xi + \varepsilon)$, 使得当 $\xi - \varepsilon < x < \xi$ 以及 $\xi < x < \xi + \varepsilon$ 时都有 $\phi(\xi) > \phi(x)$; 可以用同样的方式定义**极小值** (minimum). 于是图 37 中诸点 A_i 对应于绘出其图形的函数的极大值, 而诸点 B_i 则对应于该函数的极小值. 应该注意的是: "A_3 对应于一个极大值而 B_1 对应于一个极小值" 这样一个事实与 "该函数在 B_1 的值大于在 A_3 的值" 这一事实并无任何抵触之处.

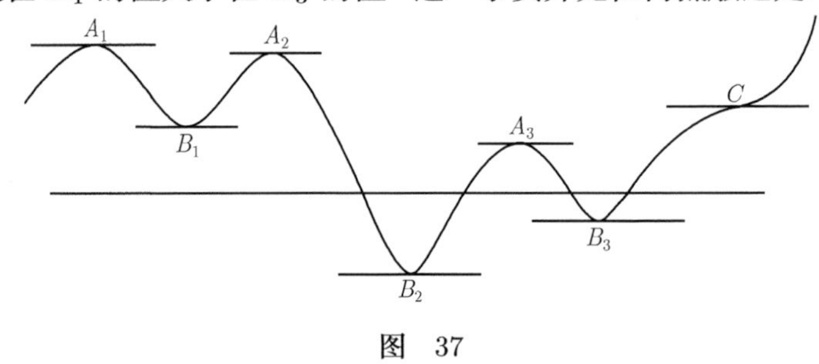

图　37

定理 C　可导函数 $\phi(x)$ 在 $x = \xi$ 的值是极大值或者极小值的必要条件是 $\phi'(\xi) = 0$.

这立即可由定理 A 得出. 由图 37 中的 C 点显然可见, 定理的这一条件不是充分的. 例如, 如果 $y = x^3$, 则有 $\phi'(x) = 3x^2$, 它当 $x = 0$ 时取值为零. 但是, 正如从 x^3 的图形显然可见的那样 (第 23 节图 10), $x = 0$ 既不是 x^3 的极大值点, 也不是它的极小值点.

但是, 如果 $\phi'(\xi) = 0$, 对所有小于且接近 ξ 的 x 值都有 $\phi'(x) > 0$, 而对所有大于且接近 ξ 的 x 值都有 $\phi'(x) < 0$, 那么在 $x = \xi$ 肯定有一个极大值; 又如果这两个不等式的符号反过来, 那么在该点必定有一个极小值. 因为这样的话, 我们就能 (根据第 122 节的推论 1) 确定一个区间 $(\xi - \varepsilon, \xi)$, 在整个这一区间中 $\phi(x)$ 随 x 一起增加, 又可以确定一个区间 $(\xi, \xi + \varepsilon)$, 在整个这一区间中当 x 增加时 $\phi(x)$ 减小.

此结果也可以这样来加以陈述. 如果 $\phi'(x)$ 的符号在 $x = \xi$ 从正的变成负的, 那么 $x = \xi$ 给出 $\phi(x)$ 的一个极大值; 如果 $\phi'(x)$ 的符号在 $x = \xi$ 从负的变成正的, 那么 $x = \xi$ 给出 $\phi(x)$ 的一个极小值.

如同我们已经定义的那样, 极大值是严格的极大值; 对所有接近 ξ 的 x 都有 $\phi(\xi) > \phi(x)$. 可以放宽我们的定义, 仅仅要求对所有接近 ξ 的 x 都有 $\phi(\xi) \geqslant \phi(x)$ 成立. 例如, 根据这个定义, 常数对于变量的每一个值都有一个极大值 (以及一个极小值). 定理 C 仍然为真.

一个极大值或者极小值也常称为一个 "极" 值或者 "转向" 值.

124. 极大和极小 (续)

还有另外一种表述极大值或者极小值的条件的方法, 它常常是有用的.

让我们假设 $\phi(x)$ 有二阶导数 $\phi''(x)$: 这当然不能从 $\phi'(x)$ 的存在性得出, 正如 $\phi'(x)$ 的存在性不能由 $\phi(x)$ 的存在性得出; 但是在这种情形, 如同我们现在可能要遇到的情形那样, 该条件一般来说是满足的.

定理 D 如果 $\phi'(\xi) = 0$ 且 $\phi''(\xi) \neq 0$, 那么 $\phi(x)$ 在 $x = \xi$ 有一个极大值或者极小值. 当 $\phi''(\xi) < 0$ 时取极大值, 当 $\phi''(\xi) > 0$ 时取极小值.

例如, 假设 $\phi''(\xi) < 0$. 那么由定理 A 可知, 当 x 小于 ξ 但充分接近于 ξ 时, $\phi'(x)$ 是正的, 而当 x 大于 ξ 但充分接近于 ξ 时, $\phi'(x)$ 是负的. 从而 $x = \xi$ 给出极大值.

125. 极大和极小 (续)

上面我们假设 $\phi(x)$ 在所讨论区间中的所有 x 值都有导数. 如果上述条件不满足, 定理将不再成立. 例如, 定理 B 对于函数

$$y = 1 - \sqrt{x^2}$$

失效, 其中的平方根取正号. 这个函数的图形画在图 38 中. 这里有 $\phi(-1) = \phi(1) = 0$. 但是, 如同从图中显然可以看到的那样, 如果 x 是负的, 则 $\phi'(x)$ 等于 1, 如果 x 是正的, 则 $\phi'(x)$ 等于 -1, 且 $\phi'(x)$ 不会为零. 对 $x = 0$ 没有导数存在, 且在 P 点图形没有切线. 在此情形 $x = 0$ 显然给出 $\phi(x)$ 的一个极大值, 但是极大值的判别法失效.

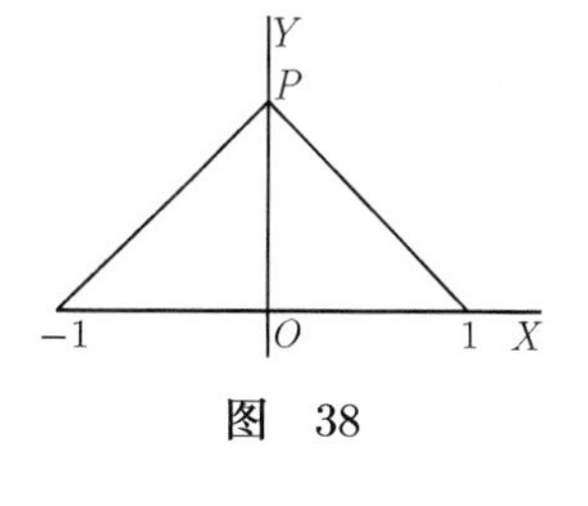

图 38

然而, 仅有的导数 $\phi'(x)$ 的存在性是我们假设的全部内容. 这里还有一个我们未曾做过的假设, 即: *$\phi'(x)$ 本身是一个连续函数*. 这提出了一个有趣的问题. 是否可能一个函数 $\phi(x)$ 对所有的 x 值都有导数, 而 $\phi'(x)$ 本身却是不连续的呢? 换句话说, 一条曲线能否在每个点都有切线, 然而切线的方向却不是连续变化的呢? 起初常识倾向于否定的答案; 但是不难指出这个回答是错误的.

考虑当 $x \neq 0$ 时由方程

$$\phi(x) = x^2 \sin(1/x)$$

来定义的函数 $\phi(x)$, 并假设 $\phi(0) = 0$. 那么 $\phi(x)$ 对所有的 x 值都是连续的. 如果 $x \neq 0$, 那么

$$\phi'(x) = 2x \sin(1/x) - \cos(1/x);$$

而

$$\phi'(0) = \lim_{h \to 0} \frac{h^2 \sin(1/h)}{h} = 0.$$

所以 $\phi'(x)$ 对所有的 x 值都是存在的. 但是 $\phi'(x)$ 在 $x=0$ 并不连续; 因为 $2x\sin(1/x)$ 当 $x\to 0$ 时趋向零, 而 $\cos(1/x)$ 则在不定元的界限值 -1 与 1 之间振荡, 所以 $\phi'(x)$ 也在同样的范围内振荡.

实际上同样的例子也能用来说明第 122 节末尾所提及的问题. 假设当 $x\neq 0$ 时有

$$\phi(x)=x^2\sin(1/x)+\alpha x,$$

其中 $0<\alpha<1$, 且 $\phi(0)=0$. 则有 $\phi'(0)=\alpha>0$. 于是第 122 节定理 A 中的条件是满足的. 但是如果 $x\neq 0$, 那么

$$\phi'(x)=2x\sin(1/x)-\cos(1/x)+\alpha,$$

当 $x\to 0$ 时它在不定元的界限值 $\alpha-1$ 与 $\alpha+1$ 之间振荡. 由于 $\alpha-1<0$, 我们可以求得 x 的任意接近于零的值, 使得在该处有 $\phi'(x)<0$ 成立; 这样一来, 不可能找到任何包含 $x=0$ 的区间, 在整个这个区间中 $\phi(x)$ 都是 x 的递增函数.

然而, 要想 $\phi'(x)$ 具有第 5 章 (例 XXXVII 第 (18) 题) 所说的 "简单的" 不连续性是不可能的.

如果当 $x\to +0$ 时有 $\phi'(x)\to a$, 当 $x\to -0$ 时有 $\phi'(x)\to b$, 且 $\phi'(0)=c$, 那么 $a=b=c$, 且 $\phi'(x)$ 在 $x=0$ 是连续的. 作为证明请见第 126 节例 XLVII 第 (5) 题.

例 XLVI

(1) 对 $\phi(x)=(x-a)^m(x-b)^n$ 以及 $\phi(x)=(x-a)^m(x-b)^n(x-c)^p$ 验证定理 B, 其中 m,n,p 是正整数, 而 $a<b<c$.

[第一个函数当 $x=a$ 以及 $x=b$ 时等于零. 且

$$\phi'(x)=(x-a)^{m-1}(x-b)^{n-1}\{(m+n)x-mb-na\}$$

在 $x=(mb+na)/(m+n)$ 时等于零, x 的这个值介于 a 和 b 之间. 在第二种情形, 我们需要验证：二次方程

$$(m+n+p)x^2-\{m(b+c)+n(c+a)+p(a+b)\}x+mbc+nca+pab=0$$

有介于 a 和 b 之间以及介于 b 和 c 之间的根.]

(2) 证明：$x-\sin x$ 在 x 的任何区间中都是增函数, 而 $\tan x-x$ 当 x 从 $-\frac{1}{2}\pi$ 增加到 $\frac{1}{2}\pi$ 时是增加的. 对于 a 的什么样的值, $ax-\sin x$ 是 x 的递增或者递减函数?

(3) 证明 $x/(\sin x)$ 从 $x=0$ 到 $x=\frac{1}{2}\pi$ 是递增的. (*Math. Trip.* 1927)

(4) 证明：$\tan x-x$ 从 $x=\frac{1}{2}\pi$ 到 $x=\frac{3}{2}\pi$、从 $x=\frac{3}{2}\pi$ 到 $x=\frac{5}{2}\pi\cdots\cdots$ 都是增加的, 并推导出：方程 $\tan x=x$ 在每一个这样的区间中有且仅有一个根 (参见例 XVII 第 (4) 题).

(5) 由第 (2) 题推导出：如果 $x>0$, 则有 $\sin x-x<0$, 由此推出 $\cos x-1+\frac{1}{2}x^2>0$, 并由此推出 $\sin x-x+\frac{1}{6}x^3>0$. 一般地, 证明：如果

$$C_{2m}=\cos x-1+\frac{x^2}{2!}-\cdots-(-1)^m\frac{x^{2m}}{(2m)!},$$
$$S_{2m+1}=\sin x-x+\frac{x^3}{3!}-\cdots-(-1)^m\frac{x^{2m+1}}{(2m+1)!},$$

且 $x>0$, 那么 C_{2m} 和 S_{2m+1} 是正的或者负的, 要根据 m 是奇数还是偶数来决定.

(6) 如果 $f(x)$ 和 $f''(x)$ 是连续的, 且在区间 (a,b) 中每一点有相同的符号, 那么这个区间只能包含方程 $f(x)=0$ 和 $f'(x)=0$ 中任意一个方程的至多一个根.

(7) 函数 u,v 以及它们的导数 u',v' 在 x 取值的某个区间中都是连续的, 且 $uv'-u'v$ 在该区间中任何点都不为零. 证明: $u=0$ 的任意两个根之间都有 $v=0$ 的一个根, 且反之亦然. 对于 $u=\cos x, v=\sin x$ 验证定理.

[如果 v 在 $u=0$ 的两个根 (比方说就是 α 和 β) 之间不变为零, 那么函数 u/v 在整个区间 (α,β) 中都是连续的, 且在它的端点处取值为零. 于是 $(u/v)'=(u'v-uv')/v^2$ 必定在 α 与 β 之间取到零, 这与我们的假设矛盾.]

(8) 求 x^3-18x^2+96x 在区间 $(0,9)$ 中的最大值与最小值.　(*Math. Trip.* 1931)

(9) 讨论函数 $(x-a)^m(x-b)^n$ 的极大值与极小值, 其中 m 和 n 是任意的正整数, 根据 m 和 n 取奇数或者偶数所出现的不同的情形加以考虑. 概略绘出此函数的图形.

(10) 证明: 当 $x=1$ 时函数 $(x+5)^2\left(x^3-10\right)$ 有一个极小值, 并研究它的其他的转向值.　(*Math. Trip.* 1936)

(11) 证明:

$$\left(\alpha-\frac{1}{\alpha}-x\right)\left(4-3x^2\right)$$

恰有一个极大值且恰有一个极小值, 并证明它们的差是

$$\frac{4}{9}\left(\alpha+\frac{1}{\alpha}\right)^3.$$

对于不同的 α 的值, 这个差的最小值是什么?　(*Math. Trip.* 1933)

(12) 证明: 不论 a,b,c,d 取什么样的值, $(ax+b)/(cx+d)$ 都没有极大值或者极小值. 画出这个函数的图形.

(13) 讨论当

$$y=\left(ax^2+2bx+c\right)/\left(Ax^2+2Bx+C\right)$$

的分母有复数根时, 该函数的极大值以及极小值.

[我们可以假设 a 和 A 是正的, 如果

$$(ax+b)(Bx+C)-(Ax+B)(bx+c)=0, \tag{1}$$

则其导数为零. 此方程必有实根. 因为如果其导数并不总是有相同的符号, 则这是不可能的, 这是由于对所有的 x 值 y 都是连续的, 且当 $x\to+\infty$ 或者 $x\to-\infty$ 时有 $y\to a/A$. 容易验证: 该曲线与直线 $y=a/A$ 交于一点且仅交于一点, 对于很大的正的 x 值, 此点位于该直线的上方, 而对于很大的负的 x 值, 此点位于该直线的下方, 或者反过来, 这要根据 $b/a>B/A$ 还是 $b/a<B/A$ 来确定. 于是, 如果 $b/a>B/A$, 则 (1) 的较大的那个代数根将给出一个极大值, 而在相反的情形它给出一个极小值.]

(14) 极大值和极小值是使得 $ax^2+2bx+c-\lambda\left(Ax^2+2Bx+C\right)$ 成为完全平方数的 λ 值. [这就是条件: $y=\lambda$ 应该与该曲线相切.]

(15) 如果 $Ax^2+2Bx+C=0$ 有实根, 那么如下进行讨论是很方便的. 我们有

$$y-\frac{a}{A}=\frac{2\lambda x+\mu}{A\left(Ax^2+2Bx+C\right)},$$

其中 $\lambda = bA - aB, \mu = cA - aC$. 进一步将 $2\lambda x + \mu$ 记为 ξ, 将 $\left(A/4\lambda^2\right)(Ay - a)$ 记为 η, 我们就得到形如

$$\eta = \xi / \{(\xi - p)(\xi - q)\}$$

的方程. y 的一个极小值 (视之为 x 的函数) 对应于 η 的一个极小值 (视之为 ξ 的函数), 且反之亦然, 对极大值有类似的结论.

如果

$$(\xi - p)(\xi - q) - \xi(\xi - p) - \xi(\xi - q) = 0,$$

或者 $\xi^2 = pq$, 那么 η 关于 ξ 的导数等于零. 于是, 如果 p 和 q 有同样的符号, 那么导数就有两个根, 如果 p 和 q 有相反的符号, 那么导数就没有根. 在后一种情形, η 的图形画在图 39a 中.

当 p 和 q 是正数时, 图的一般形式画在图 39b 中, 容易看出: $\xi = \sqrt{pq}$ 给出一个极大值, $\xi = -\sqrt{pq}$ 给出一个极小值.

如果 $\lambda = 0$, 即 $a/A = b/B$, 则上面的讨论不再适用. 但是, 在此情形我们有, 比方说

$$y - (a/A) = \mu / \left\{A\left(Ax^2 + 2Bx + C\right)\right\} = \mu / \left\{A^2(x - x_1)(x - x_2)\right\},$$

而 $\mathrm{d}y/\mathrm{d}x = 0$ 就给出单独一个值 $x = \frac{1}{2}(x_1 + x_2)$. 画出图就会清楚地看出: 这个值给出一个极大值还是极小值, 要根据 μ 是正的还是负的来决定. 图 40 中所画的图与前一种情形相对应.

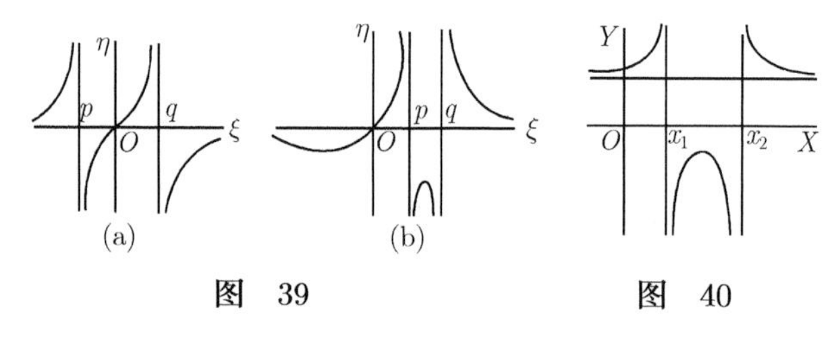

图 39　　　图 40

(16) 证明: 如果 γ 在 α 和 β 之间, 那么当 x 变化时, $(x - \alpha)(x - \beta)/(x - \gamma)$ 取到所有的实数值, 在相反的情形, 它取除了包含在一个长度为 $4\sqrt{|\alpha - \gamma||\beta - \gamma|}$ 的区间之中的数值之外所有的值.

(17) 证明: 如果 $0 < c < 1$, 那么

$$y = \frac{x^2 + 2x + c}{x^2 + 4x + 3c}$$

能取到任意的实数值, 画出该函数在此情形的图形. (*Math. Trip.* 1910)

(18)

$$y = \frac{ax + b}{(x - 1)(x - 4)}$$

的图形在点 $(2, -1)$ 有一个转向点. 求出 a 和 b, 并证明: 在该转向点的值是一个极大值. 画出此曲线的略图. (*Math. Trip.* 1930)

(19) 确定形如 $\left(ax^2 + 2bx + c\right)/\left(Ax^2 + 2Bx + C\right)$ 的函数, 使得它在 $x = 1$ 和 $x = -1$ 分别有转向值 2 以及 3, 并当 $x = 0$ 时取值 2.5. (*Math. Trip.* 1908)

(20) $(x + a)(x + b)/(x - a)(x - b)$ 的极大值与极小值是

$$-\left(\frac{\sqrt{a} + \sqrt{b}}{\sqrt{a} - \sqrt{b}}\right)^2, \quad -\left(\frac{\sqrt{a} - \sqrt{b}}{\sqrt{a} + \sqrt{b}}\right)^2,$$

其中 a 和 b 是正数.

(21) $(x-1)^2/(x+1)^3$ 的极大值是 $\frac{2}{27}$.

(22) 讨论

$$\frac{x(x-1)}{x^2+3x+3},\quad \frac{x^4}{(x-1)(x-3)^3},\quad \frac{(x-1)^2(3x^2-2x-37)}{(x+5)^2(3x^2-14x-1)}$$

的极大值以及极小值. (*Math. Trip.* 1898)

[如果将最后一个函数记为 $P(x)/Q(x)$, 可以求得

$$P'Q-PQ'=72(x-7)(x-3)(x-1)(x+1)(x+2)(x+5).\,]$$

(23) 求 $a\cos x+b\sin x$ 的极大值与极小值. 通过将函数表成 $A\cos(x-\alpha)$ 的形式来验证此结果.

(24) 证明: $\sin(x+a)/\sin(x+b)$ 没有极大值或者极小值. 画出该函数的图形.

(25) 证明: 函数

$$\frac{\sin^2 x}{\sin(x+a)\sin(x+b)}\quad(0<a<b<\pi)$$

有无穷多个等于零的极小值以及无穷多个等于

$$-4\frac{\sin a\sin b}{\sin^2(a-b)}$$

的极大值. (*Math. Trip.* 1909)

(26) 当 $ab\geqslant 0$ 时, $a^2\sec^2 x+b^2\csc^2 x$ 的最小值是 $(a+b)^2$.

(27) 证明: $\tan 3x\cot 2x$ 不可能介于 $\frac{1}{9}$ 和 $\frac{3}{2}$ 之间.

(28) 证明: $\sin mx\csc x$ 的极大值与极小值由 $\tan mx=m\tan x$ 给出, 其中 m 是整数; 并推导出

$$\sin^2 mx\leqslant m^2\sin^2 x.$$

(*Math. Trip.* 1926)

[注意到, 在极大值或者极小值处有

$$\frac{\sin^2 mx}{\sin^2 x}=m^2\frac{\cos^2 mx}{\cos^2 x}=m^2\frac{1+\tan^2 x}{1+\tan^2 mx}=m^2\frac{1+\tan^2 x}{1+m^2\tan^2 x}.\,]$$

(29) 求由

$$\frac{ay+b}{cy+d}=\sin^2 x+2\cos x+1$$

定义的函数的极大值以及极小值, 其中 $ad\neq bc$. (*Math. Trip.* 1928)

(30) 证明: 如果一个直角三角形的斜边与另一边的长度之和已经给定, 那么当这两边的夹角是 60° 时该三角形有最大的面积. (*Math. Trip.* 1909)

(31) 通过一个固定点 (a,b) 画一直线与 OX 轴、OY 轴分别交于 P 和 Q. 证明: PQ, $OP+OQ$ 以及 $OP\cdot OQ$ 的最小值分别是 $\left(a^{\frac{2}{3}}+b^{\frac{2}{3}}\right)^{\frac{3}{2}}$, $\left(\sqrt{a}+\sqrt{b}\right)^2$ 和 $4ab$.

(32) 椭圆的一条切线与坐标轴交于 P 和 Q. 证明: PQ 的最小值等于该椭圆诸半轴之和.

(33) 一条小巷与一条 18 英尺宽的马路成直角相交, 问这条小巷应有多宽, 才能使得一根 45 英尺长的杆刚好可以从马路进入到小巷中, 且保持杆始终是水平放置的? (*Math. Trip.* 1934)

(34) 点 A 和 B 位于一条直线上, 它们与该直线上一个固定点 O 的距离相等, 且位于该点相反的两边; P 是不在该直线上的一个固定点. 证明 $AP+BP$ 与 AB 同时增加.

(*Math. Trip.* 1934)

(35) 求圆锥曲线

$$ax^2 + 2hxy + by^2 = 1$$

的轴的长度和方向.

[与 x 轴交成 θ 角的半直径的长度 r 由

$$1/r^2 = a\cos^2\theta + 2h\cos\theta\sin\theta + b\sin^2\theta$$

给出. r 取极大值或者极小值的条件是 $\tan 2\theta = 2h/(a-b)$. 在这两个方程之间消去 θ, 得到

$$\left\{a - \left(1/r^2\right)\right\}\left\{b - \left(1/r^2\right)\right\} = h^2.\ ]$$

(36) $ax + by$ 的最大值是

$$2\kappa\sqrt{a^2 - ab + b^2},$$

其中 x 和 y 是正数, 且满足 $x^2 + xy + y^2 = 3\kappa^2$.

[如果 $ax + by$ 是一个极大值, 那么 $a + b(\mathrm{d}y/\mathrm{d}x) = 0$. x 和 y 之间的关系给出 $(2x+y) + (x+2y)(\mathrm{d}y/\mathrm{d}x) = 0$. 令 $\mathrm{d}y/\mathrm{d}x$ 的这两个值相等.]

(37) $x^m y^n$ 的最大值是

$$m^m n^n k^{m+n}/(m+n)^{m+n},$$

其中 x 和 y 是正数, 且满足 $x + y = k$.

(38) 如果 θ 和 ϕ 是满足关系式

$$a\sec\theta + b\sec\phi = c$$

的锐角, 其中 a, b, c 是正数, 那么, 当 $\theta = \phi$ 时 $a\cos\theta + b\cos\phi$ 是一个极小值.

126. 中值定理

现在我们可以着手来证明另外一个极具重要性的定理, 此定理通常称为 “中值定理”(the mean value theorem 或 the theorem of the mean).

定理　*如果 $\phi(x)$ 在闭区间 (a, b) 连续, 在该开区间可导, 那么存在一个介于 a 和 b 之间的值 ξ, 使得*

$$\phi(b) - \phi(a) = (b-a)\,\phi'(\xi).$$

在我们对此定理 (它是微分学中最重要的定理之一) 给出一个严格的证明之前, 首先指出它的几何意义是值得的. 简单地说, 如果曲线 APB (见图 41) 在它上面所有的点处都有切线, 那么就必定有像 P 这样的一个点存在, 使得在该点处的切线与 AB 平行. 因为 $\phi'(\xi)$ 是在 P 点的切线与 OX 所夹角的正切, 而 $\{\phi(b) - \phi(a)\}/(b-a)$ 是 AB 与 OX 夹角的正切, 故可得定理结论.

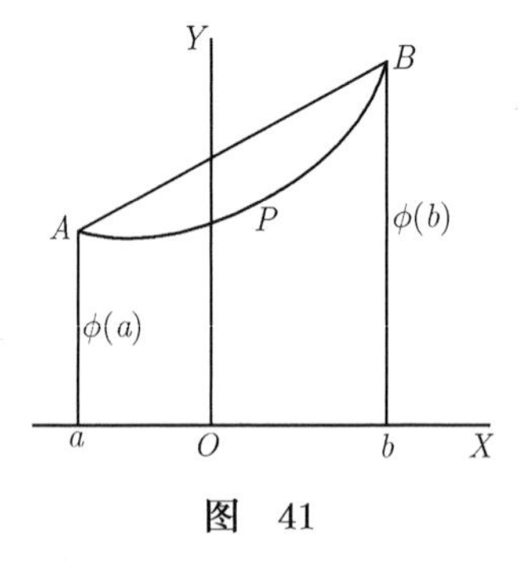

图　41

容易给出一个严格的证明. 考虑函数

$$\phi(b) - \phi(x) - \frac{b-x}{b-a}\{\phi(b) - \phi(a)\},$$

当 $x=a$ 以及 $x=b$ 时它取值为零. 从第 122 节的定理 B 推出: 存在 ξ 的一个值, 使得在该点处的导数为零. 但是它的导数是

$$\frac{\phi(b)-\phi(a)}{b-a}-\phi'(x);$$

这就证明了定理. 应该再次注意的是, 并没有假设 $\phi'(x)$ 是连续的.

将中值定理表成形式

$$\phi(b)=\phi(a)+(b-a)\phi'\{a+\theta(b-a)\}$$

常常是很方便的, 其中 θ 是一个介于 0 和 1 之间的数. 当然, $a+\theta(b-a)$ 仅仅是 "介于 a 和 b 之间的某个数 ξ" 的另一种表述方式. 如果置 $b=a+h$, 我们得到

$$\phi(a+h)=\phi(a)+h\phi'\{a+\theta h\},$$

这是此定理最经常使用的形式.

例 XLVII

(1) 证明:

$$\phi(b)-\phi(x)-\frac{b-x}{b-a}\{\phi(b)-\phi(a)\}$$

是曲线上一个点的纵坐标与弦上对应的点的纵坐标之差.

(2) 对于 $\phi(x)=x^2$ 以及 $\phi(x)=x^3$ 验证定理.

[在后一种情形, 我们需要证明 $\left(b^3-a^3\right)/(b-a)=3\xi^2$, 其中 $a<\xi<b$; 也就是要证明: 如果 $\frac{1}{3}\left(b^2+ab+a^2\right)=\xi^2$, 那么 ξ 介于 a 和 b 之间.]

(3) 当

$$f(x)=x(x-1)(x-2),\quad a=0,\quad b=\tfrac{1}{2}$$

时, 求中值定理中的 ξ. (*Math. Trip.* 1935)

(4) 用中值定理来证明第 122 节推论 1. 还要证明: 如果 $\phi'(x)\geqslant 0$, 那么 $\phi(x)$ 是一个在较弱意义下的增函数.

(5) 用中值定理来证明第 125 节末尾所陈述的定理.

[由于 $\phi'(0)=c$, 我们可以求得 x 的一个小的正数值, 使得 $\{\phi(x)-\phi(0)\}/x$ 接近等于 c; 这样一来, 根据定理可知, 存在一个小的正数值 ξ, 使得 $\phi'(\xi)$ 接近等于 c, 这与 $\lim\limits_{x\to+0}\phi'(x)=a$ 矛盾, 除非 $a=c$. 类似地有 $b=c$.]

(6) 利用中值定理证明第 114 节的定理 (6), 假设所出现的导数是连续的.

[我们有

$$\begin{aligned}F\{f(x+h)\}-F\{f(x)\}&=F\{f(x)+hf'(\xi)\}-F\{f(x)\}\\&=hf'(\xi)F'(\eta),\end{aligned}$$

其中 ξ 位于 x 与 $x+h$ 之间, η 位于 $f(x)$ 与 $f(x)+hf'(\xi)$ 之间.]

(7) 证明: 如果

$$\frac{a_0}{n+1}+\frac{a_1}{n}+\cdots+\frac{a_{n-1}}{2}+a_n=0,$$

那么方程 $a_0x^n+a_1x^{n-1}+\cdots+a_{n-1}x+a_n=0$ 至少有一个介于 0 和 1 之间的根.

(*Math. Trip.* 1929)

127. 中值定理 (续)

积分论中有一个基本定理：如果对于区间中所有的 x 值都有 $\phi'(x)=0$, 那么 $\phi(x)$ 在该区间中是一个常数. 我们能用中值定理来证明它.

因为, 如果 a 和 b 是 x 在该区间中的任意两个值, 那么

$$\phi(b)-\phi(a)=(b-a)\phi'\{a+\theta(b-a)\}=0.$$

它的一个直接推论是:如果在一个区间中有 $\phi'(x)=\psi'(x)$, 那么函数 $\phi(x)$ 和 $\psi(x)$ 在该区间中相差一个常数.

128. Cauchy 中值定理

有一个由 Cauchy 得出的中值定理的推广, 它在应用中有相当的重要性[①].

如果 (i) $\phi(x)$ 和 $\psi(x)$ 在闭区间 (a,b) 连续, 在该开区间中可导; (ii) $\psi(b)\neq\psi(a)$; (iii) $\phi'(x)$ 与 $\psi'(x)$ 在同一个 x 值从不同时为零, 那么在 a 与 b 之间存在一个 ξ, 使得

$$\frac{\phi(b)-\phi(a)}{\psi(b)-\psi(a)}=\frac{\phi'(\xi)}{\psi'(\xi)}.$$

当 $\psi(x)=x$ 时, 它转化为中值定理, 在此情形, 附加的条件自动得以满足.

其证明是第 126 节中定理证明的一个直接推广. 当 $x=a$ 以及 $x=b$ 时, 函数

$$\phi(b)-\phi(x)-\frac{\phi(b)-\phi(a)}{\psi(b)-\psi(a)}\{\psi(b)-\psi(x)\}$$

取值为零. 从而它的导数在 a 与 b 之间的某个 ξ 处为零, 也就是

$$\phi'(\xi)=\frac{\phi(b)-\phi(a)}{\psi(b)-\psi(a)}\psi'(\xi).$$

如果 $\psi'(\xi)$ 为零的话, 则 $\phi'(\xi)$ 亦然, 这与我们的假设矛盾. 因此 $\psi'(\xi)\neq 0$, 用 $\psi'(\xi)$ 来除就得到定理.

条件“$\phi'(x)$ 与 $\psi'(x)$ 在同一个 x 值从不同时为零”是很重要的. 例如, 假设

$$a=-1,\quad b=1,\quad \phi=x^2,\quad \psi=x^3.$$

那么 $\phi(b)-\phi(a)=0, \psi(b)-\psi(a)=2$, 因此, 只有在 $\phi'(\xi)=0$, 也就是 $\xi=0$ 时, 定理的结论才有可能为真. 但在此情形 $\psi'(\xi)$ 也为零, 从而该公式变得没有意义.

129. Darboux 的一个定理

在第 101 节中我们证明了：如果 $\phi(x)$ 在 (a,b) 中连续, 那么它能在 (a,b) 中取到介于 $\phi(a)$ 和 $\phi(b)$ 之间的每个值. 还有其他类型的函数具有这个性质, 特别是导函数组成的类. 如果 $\phi'(x)$ 是函数 $\phi(x)$ 的导数, 那么 (不论 $\phi'(x)$ 连续与否) 它都有所陈述的性质.

---

① 见第 154 节.

如果 $\phi(x)$ 在 $a \leqslant x \leqslant b$ 中可导, $\phi'(a)=\alpha$, $\phi'(b)=\beta$, 且 γ 介于 α 和 β 之间, 那么, 在 a 和 b 之间存在一个 ξ 使得 $\phi'(\xi)=\gamma$.

例如, 假设 $\alpha<\gamma<\beta$, 并令

$$\psi(x)=\phi(x)-\gamma(x-a).$$

那么 $\psi(x)$ 是连续的, 从而它在 (a,b) 中的某个点 ξ 处可以取到它在 (a,b) 中的下界. 这个点不可能是 a 或者 b, 这是因为

$$\psi'(a)=\alpha-\gamma<0, \quad \psi'(b)=\beta-\gamma>0.$$

于是 $\psi(x)$ 在 a 与 b 之间的一个点 ξ 处有一个极小值[①], 从而有 $\psi'(\xi)=0$, 此即 $\phi'(\xi)=\gamma$.

130. 积分

我们已经看到了在各种不同的情形如何来求出一个给定函数 $\phi(x)$ 的导数, 这也包含了那些最常出现的情形. 自然要考虑相反的问题: *确定一个函数, 使它的导数是一个给定的函数*.

假设 $\psi(x)$ 是给定的函数, 那么我们希望确定一个函数, 使得有 $\phi'(x)=\psi(x)$. 稍作思考指出, 此问题实际上可以分成三个部分.

(1) 首先, 我们想要知道这样的函数是否存在. 必须将这个问题与"我们是否能找到一个简单的公式来表示这个函数 (假设存在这样的函数)"仔细地区分开来.

(2) 我们想要知道是否可能有多于一个这样的函数存在, 即这个问题的解是否是唯一的. 如果问题的解不是唯一的, 那么在这些不同的解之间是否存在一种特殊的关系, 使得我们能够用其中任何一个特殊的解就能将所有的解表达出来?

(3) 如果有一个解存在, 我们希望知道*怎样求出它的一个实际的表达式*.

如果我们将这三个问题与关于函数求导所提出来的三个对应问题加以比较. 就会为解读这三个问题的本质带来新思路.

(1) 函数 $\phi(x)$ 有可能对所有的 x 值都有导数. 例如, 像 x^m 这样. 其中 m 是正整数, 或者像 $\sin x$ 这样. 它也有可能对某个特殊的 x 值有一个例外, 像 $\tan x$ 或者 $\sec x$ 这样. 或者它根本没有导数, 就像例 XXXVII 第 (20) 题中的函数那样, 它甚至对任何 x 都不是连续的.

最后这个函数对每个 x 都是间断的, 而 $\tan x$ 和 $\sec x$ 在除了间断的点之外都是可导的. $\sqrt[3]{x}$ 的例子表明: 一个连续函数有可能对特殊的 x 值 (在这里是对 $x=0$) 没有导数. 是否存在根本没有导数的连续函数或者是否存在根本没有切线的连续曲线呢? 这是一个到目前为止仍然超出我们能力范围的更深层次的问题. 常识给出的回答是不存在. 但是. 如同我们在第 112 节中已经说过的, 这是一个在高等数学中常识被证明有误的例子.

① 不一定是严格意义下的极小值; 请参见第 123 节倒数第二段.

但是, 无论如何显然可见的是, "$\phi(x)$ 有导数 $\phi'(x)$ 吗? " 这一问题都是一个在不同情况会有不同答案的问题. 可以期待 "是否存在以 $\psi(x)$ 作为其导函数的函数 $\phi(x)$? " 这一问题也会有不同的答案. 我们已经看到, 有这样的情形存在, 在这种情形里问题的答案是否定的. 例如, 如果 $\psi(x)$ 根据 x 是小于零、等于零还是大于零而分别取值为 a, b 或者 c, 那么, 除非 $a = b = c$, 否则问题的答案是这样的函数不存在 (例 XLVII 第 (5) 题).

这是给出的函数为间断的情形. 然而, 一般来说, 在下面我们会假设 $\psi(x)$ 是连续的. 此时问题的答案就是肯定的: *如果 $\psi(x)$ 是连续的, 那么总有这样的函数 $\phi(x)$ 存在, 使得 $\phi'(x) = \psi(x)$.* 我们将在第 7 章中给出这个结论的证明.

(2) 第二个问题没有什么困难. 在求导的情形我们有导数的直接定义. 由此从一开始就很显然不可能有多于一个解答. 在相反的问题中, 答案几乎同样简单, 这个答案就是: 如果 $\phi(x)$ 是一个解, 那么, 对于任意的 C 值, $\phi(x) + C$ 都是另外一个解, 而且所有可能的解答都包含在形如 $\phi(x) + C$ 的表达式之中. 这可以立即由第 127 节推出.

(3) 当 $\phi(x)$ 是用通常的函数符号的某个有限组合所定义的任何一个函数时, 实际寻求 $\phi'(x)$ 的问题相对来说是一个较简单的问题. 而相反的问题则要困难得多. 这种困难的本质以后将会更加清楚地显现.

定义　*如果 $\psi(x)$ 是 $\phi(x)$ 的导数, 那么我们就称 $\phi(x)$ 是 $\psi(x)$ 的一个***积分** *(integral), 或者***积分函数** *(integral function)*[①]*. 从 $\psi(x)$ 构造出 $\phi(x)$ 的运算称为***积分法** (integration).

我们将用记号

$$\phi(x) = \int \psi(x)\,\mathrm{d}x$$

表示积分函数. 几乎不需要指出, 无论如何在目前必须像对待 $\dfrac{\mathrm{d}}{\mathrm{d}x}$ 那样, 将 $\int \cdots \mathrm{d}x$ 单纯地视为一个运算符号: $\int$ 和 $\mathrm{d}x$ 本身的含义并不比另一个运算符号中的 d 和 $\mathrm{d}x$ 的含义更多.

131.　实际的积分问题

本章前面部分的结果使得我们能立即写出某些最常见函数的积分. 例如

$$\int x^m \mathrm{d}x = \frac{x^{m+1}}{m+1}, \quad \int \cos x \mathrm{d}x = \sin x, \quad \int \sin x \mathrm{d}x = -\cos x. \tag{1}$$

这些公式必须被理解成这样的含义: 右边的函数是积分号下的函数的一个积分. 最一般的积分当然是在右边函数上加一个常数 C, 这个常数称为积分的任意常数.

① 现代数学语言称 $\phi(x)$ 是 $\psi(x)$ 的一个原函数. 而将 $\psi(x)$ 的所有原函数做成的集合称为 $\psi(x)$ 的不定积分. ——译者注

然而, 对于第一个公式还有 $m=-1$ 这种例外情形. 正如我们所料, 在此情形该公式变得没有意义, 因为我们已经看到 (例 XLII 第 (4) 题), $1/x$ 不可能是任何多项式或者有理分式函数的导数.

下一章将要证明, 确实有一个函数 $F(x)$ 存在, 使得 $D_xF(x)=1/x$. 目前我们仅满足于假设它的存在性. 这个函数 $F(x)$ 一定不是多项式或者有理函数; 可以证明, 它也不是代数函数. 的确可证明, $F(x)$ 是一个本质上全新的函数, 它与我们已经考虑过的任何一类函数无关, 也就是说, 不可能用与它们相对应的那些函数符号的任何有限组合来表示 $F(x)$. 此结论的证明过于琐细, 因此没有放在本书中; 不过, 有关这个论题的某些进一步讨论可以在第 9 章找到, 在那里对 $F(x)$ 的性质作了系统的研究.

首先假设 x 是正的. 此时记

$$\int\frac{\mathrm{d}x}{x}=\log x, \tag{2}$$

我们将把这个方程右边的函数称为**对数函数** (logarithmic function), 到目前为止它只对正的 x 有定义.

其次假设 x 是负的. 此时 $-x$ 是正的, $\log(-x)$ 有前面所述的定义. 同样有

$$\frac{\mathrm{d}}{\mathrm{d}x}\log(-x)=\frac{-1}{-x}=\frac{1}{x},$$

所以当 x 为负数时就有

$$\int\frac{\mathrm{d}x}{x}=\log(-x). \tag{3}$$

公式 (2) 和 (3) 可以合成一个公式

$$\int\frac{\mathrm{d}x}{x}=\log(\pm x)=\log|x|, \tag{4}$$

其中不确定的符号的选取是要保证 $\pm x$ 是正的. 这些公式对于除 $x=0$ 以外的所有 x 值都成立.

在第 9 章中将要证明的 $\log x$ 的最基本性质由以下诸等式表示:

$$\log 1=0,\quad \log(1/x)=-\log x,\quad \log xy=\log x+\log y.$$

其中第二个公式是第一和第三个公式的显然推论. 对于本章的目的来说, 实际上并不需要假设这些公式中任何一个公式成立; 但是它们有时使我们能以比其他情形下可能得到的公式形式更加紧凑的形式写出我们的公式.

由上面最后一个公式得出: 如果 $x>0$. 则 $\log x^2$ 等于 $2\log x$, 而当 $x<0$ 时它等于 $2\log(-x)$, 在随便哪一种情形它都等于 $2\log|x|$. 于是 (4) 等价于

$$\int\frac{\mathrm{d}x}{x}=\frac{1}{2}\log x^2. \tag{5}$$

(1)~(3) 中的 5 个公式是积分学的 5 个最基本的标准公式. 应该向它们当中再添加 2 个公式, 即

$$\int \frac{\mathrm{d}x}{1+x^2} = \arctan x, \quad \int \frac{\mathrm{d}x}{\sqrt{1-x^2}} = \pm \arcsin x.\text{①} \tag{6}$$

132. 多项式

第 114 节的所有一般性定理都可以表述成积分学的定理. 例如. 首先我们有公式

$$\int \{f(x) + F(x)\} \mathrm{d}x = \int f(x) \mathrm{d}x + \int F(x) \mathrm{d}x, \tag{1}$$

$$\int kf(x) \mathrm{d}x = k \int f(x) \mathrm{d}x. \tag{2}$$

当然. 这里假设了任意常数要适当加以调节. 例如, 公式 (1) 的结论是: $f(x)$ 的任意一个积分与 $F(x)$ 的任意一个积分之和都是 $f(x) + F(x)$ 的一个积分.

这些定理使得我们能立即写出形如 $\sum A_\nu f_\nu(x)$ 的任何形式的函数的积分, 该函数是积分为已知的有限多个函数的常数倍之和. 特别地, 我们可以写出任何多项式的积分, 例如

$$\int \left(a_0 x^n + a_1 x^{n-1} + \cdots + a_n\right) \mathrm{d}x = \frac{a_0 x^{n+1}}{n+1} + \frac{a_1 x^n}{n} + \cdots + a_n x.$$

133. 有理函数

下面自然要将我们的注意力转向有理函数. 假设 $R(x)$ 是用第 118 节中的标准形式表达的任意一个有理函数, 也就是用一个多项式 $\Pi(x)$ 和若干个形如 $A/(x-\alpha)^p$ 的项之和所表示的函数.

我们能立即写出多项式的积分以及除了 $p=1$ 之外的所有其他项的积分, 这是因为, 不论 α 是实数还是复数, 我们都有 (第 118 节)

$$\int \frac{A}{(x-\alpha)^p} \mathrm{d}x = -\frac{A}{p-1} \frac{1}{(x-\alpha)^{p-1}}.$$

$p=1$ 对应的项的积分有更多的困难. 根据第 114 节定理 (6) 立即推出

$$\int F'\{f(x)\} f'(x) \mathrm{d}x = F\{f(x)\}. \tag{3}$$

特别地, 如果取 $f(x) = ax + b$, 其中 a 和 b 是实数, 并将 $F(x)$ 记为 $\phi(x)$, 将 $F'(x)$ 记为 $\psi(x)$, 所以 $\phi(x)$ 是 $\psi(x)$ 的积分, 我们得到

$$\int \psi(ax+b) \mathrm{d}x = \frac{1}{a} \phi(ax+b). \tag{4}$$

① 确定正负号的规则请见第 120 节.

因此我们有

$$\int \frac{\mathrm{d}x}{ax+b} = \frac{1}{a}\log|ax+b|,$$

特别地, 如果 α 是实数, 则有

$$\int \frac{\mathrm{d}x}{x-\alpha} = \log|x-\alpha|.$$

于是, 我们可以对 $p=1$ 且 α 为实数的情形写出 $R(x)$ 中所有的项的积分, 剩下的就是 $p=1$ 且 α 为复数的项了.

为了处理这些项, 我们要引进一个限制性的假设, 即假设: $R(x)$ 中所有的系数都是实的. 那么, 如果 $\alpha=\gamma+\delta\mathrm{i}$ 是 $Q(x)=0$ 的一个重数为 m 的根, 那么它的共轭复数 $\overline{\alpha}=\gamma-\delta\mathrm{i}$ 亦然; 如果一个部分分式 $A_p/(x-\alpha)^p$ 在 $R(x)$ 的表达式中出现, 则 $\overline{A_p}/(x-\overline{\alpha})^p$ 亦然, 其中 $\overline{A_p}$ 是 A_p 的共轭复数. 这由用来寻求部分分式分解的代数过程的性质就可以得出来, 它在有关代数学的专著中[①]有详尽的介绍.

例如, 如果在 $R(x)$ 的部分分式中出现了一项 $(\lambda+\mu\mathrm{i})/(x-\gamma-\delta\mathrm{i})$, 那么 $(\lambda-\mu\mathrm{i})/(x-\gamma+\delta\mathrm{i})$ 亦会在其中出现, 这两项之和是

$$\frac{2\{\lambda(x-\gamma)-\mu\delta\}}{(x-\gamma)^2+\delta^2}.$$

在实际问题中这个分式的最一般形式是

$$\frac{Ax+B}{ax^2+2bx+c},$$

其中 $b^2<ac$. 读者很容易验证这两种形式的等价性, $\lambda,\mu,\gamma,\delta$ 用 A,B,a,b,c 来表达的公式是

$$\lambda=\frac{A}{2a},\quad \mu=-\frac{D}{2a\sqrt{\Delta}},\quad \gamma=-\frac{b}{a},\quad \delta=\frac{\sqrt{\Delta}}{a},$$

其中 $\Delta=ac-b^2$, $D=aB-bA$.

在 (3) 中假设 $F\{f(x)\}$ 就是 $\log|f(x)|$, 可得

$$\int \frac{f'(x)}{f(x)}\mathrm{d}x = \log|f(x)|, \tag{5}$$

进一步假设 $f(x)=(x-\lambda)^2+\mu^2$, 我们就得到

$$\int \frac{2(x-\lambda)}{(x-\lambda)^2+\mu^2}\mathrm{d}x = \log\left\{(x-\lambda)^2+\mu^2\right\}.$$

又根据第 131 节中的方程 (6) 以及上面的 (4), 可得

$$\int \frac{-2\delta\mu}{(x-\lambda)^2+\mu^2}\mathrm{d}x = -2\delta\arctan\left(\frac{x-\lambda}{\mu}\right).$$

① 例如, 可参见 Chrystal 所著 *Algebra* 一书第 2 版第 I 卷第 151~159 页.

这两个公式使得我们能够对于 $R(x)$ 的表达式中所考虑的两项之和进行积分; 这样我们就能写出任何实有理函数的积分, 如果它的分母中的所有的因子都能被确定出来. 任何这样一个函数的积分都是由一个多项式、若干个形如

$$-\frac{A}{p-1}\frac{1}{(x-\alpha)^{p-1}}$$

的有理函数、若干个对数函数以及若干个反正切函数之和所组成的.

现在仅需要添加如下一点: 如果 α 是复数, 那么刚刚写出来的那个有理函数总是会与另外一个有理函数 (在该有理函数中将 A 和 α 分别用它们的共轭复数取代而得到) 一起出现, 且这两个函数的和是一个实的有理函数.

例 XLVIII

(1) 证明: 如果 $\Delta<0$, 则有

$$\int\frac{Ax+B}{ax^2+2bx+c}\mathrm{d}x=\frac{A}{2a}\log|X|+\frac{D}{2a\sqrt{-\Delta}}\log\left|\frac{ax+b-\sqrt{-\Delta}}{ax+b+\sqrt{-\Delta}}\right|,$$

其中 $X=ax^2+2bx+c$; 如果 $\Delta>0$, 则有

$$\int\frac{Ax+B}{ax^2+2bx+c}\mathrm{d}x=\frac{A}{2a}\log|X|+\frac{D}{a\sqrt{\Delta}}\arctan\left(\frac{ax+b}{\sqrt{\Delta}}\right),$$

其中, Δ 和 D 在本节前面已给出定义.

(2) 在 $ac=b^2$ 这一特殊情形, 该积分是

$$-\frac{D}{a(ax+b)}+\frac{A}{a}\log|ax+b|.$$

(3) 证明: 如果 $Q(x)=0$ 的根全都是实数, 且各不相同, 又 $P(x)$ 的阶小于 $Q(x)$ 的阶, 那么

$$\int R(x)\,\mathrm{d}x=\sum\frac{P(\alpha)}{Q'(\alpha)}\log|x-\alpha|,$$

其中的求和取遍 $Q(x)=0$ 的所有根.

[与 α 对应的部分分式的形状可以由下面的事实导出:

$$\frac{Q(x)}{x-\alpha}\to Q'(\alpha),\quad (x-\alpha)R(x)\to\frac{P(\alpha)}{Q'(\alpha)}.]$$

(4) 如果 $Q(x)$ 的所有根都是实数, α 是二重根, 其他根都是单根, $P(x)$ 的阶小于 $Q(x)$ 的阶, 那么其积分是 $A/(x-\alpha)+A'\log|x-\alpha|+\sum B\log|x-\beta|$, 其中

$$A=-\frac{2P(\alpha)}{Q''(\alpha)},\quad A'=\frac{2\{3P'(\alpha)Q''(\alpha)-P(\alpha)Q'''(\alpha)\}}{3\{Q''(\alpha)\}^2},\quad B=\frac{P(\beta)}{Q'(\beta)},$$

求和取遍 $Q(x)=0$ 的异于 α 的所有根 β.

(5) 计算

$$\int\frac{\mathrm{d}x}{\{(x-1)(x^2+1)\}^2}.$$

[其部分分式的表达式是

$$\frac{1}{4(x-1)^2}-\frac{1}{2(x-1)}-\frac{\mathrm{i}}{8(x-\mathrm{i})^2}+\frac{2-\mathrm{i}}{8(x-\mathrm{i})}+\frac{\mathrm{i}}{8(x+\mathrm{i})^2}+\frac{2+\mathrm{i}}{8(x+\mathrm{i})},$$

它的积分是

$$-\frac{1}{4(x-1)}-\frac{1}{4(x^2+1)}-\frac{1}{2}\log|x-1|+\frac{1}{4}\log\left(x^2+1\right)+\frac{1}{4}\arctan x.\ ]$$

(6) 求下列函数的积分

$$\frac{x}{(x-a)(x-b)(x-c)},\quad \frac{x}{(x-a)^2(x-b)},\quad \frac{x}{(x-a)^2(x-b)^2},\quad \frac{x}{(x-a)^3},$$

$$\frac{x}{(x^2+a^2)(x^2+b^2)},\quad \frac{x^2}{(x^2+a^2)(x^2+b^2)},\quad \frac{x^2-a^2}{x^2(x^2+a^2)},\quad \frac{x^2-a^2}{x(x^2+a^2)^2}.$$

(7) 求下列函数的积分

$$\frac{x}{(x-1)(x^2+1)},\quad \frac{x}{1+x^3},\quad \frac{x^3}{(x-1)^2(x^3+1)}.$$

(*Math. Trip.* 1924, 1926, 1934)

(8) 证明公式

$$\int\frac{\mathrm{d}x}{1+x^4}=\frac{1}{4\sqrt{2}}\left\{\log\left(\frac{1+x\sqrt{2}+x^2}{1-x\sqrt{2}+x^2}\right)+2\arctan\left(\frac{x\sqrt{2}}{1-x^2}\right)\right\},$$

$$\int\frac{x^2\mathrm{d}x}{1+x^4}=\frac{1}{4\sqrt{2}}\left\{-\log\left(\frac{1+x\sqrt{2}+x^2}{1-x\sqrt{2}+x^2}\right)+2\arctan\left(\frac{x\sqrt{2}}{1-x^2}\right)\right\},$$

$$\int\frac{\mathrm{d}x}{1+x^2+x^4}=\frac{1}{4\sqrt{3}}\left\{\sqrt{3}\log\left(\frac{1+x+x^2}{1-x+x^2}\right)+2\arctan\left(\frac{x\sqrt{3}}{1-x^2}\right)\right\}.$$

134. 有理函数的实际积分法的注记

第 133 节的分析给我们提供一个很一般的方法. 只要我们能求解方程 $Q(x)=0$, 用此方法就可以求出任何实有理函数 $R(x)$ 的积分. 在 (如同上面第 (5) 题那样) 简单的情形, 应用这个方法是相当容易的. 而在更为复杂的情形, 有时候此方法因过于耗时而无法应用, 需要用其他的方法求解. 详细讨论实际的积分问题并不是本书的目的. 希望对此有更充分了解的读者可以参考 Goursat 所著 *Cours d'analyse* 一书第 3 版第 I 卷第 246 页以及其后各页的内容、Bertrand 所著 *Calcul intégral* 一书以及 Bromwich 所著 *Elementary integrals* 一书 (Bowes and Bowes, 1911).

如果方程 $Q(x)=0$ 不能用代数方法求解, 那么部分分式方法自然也就失效了, 从而我们不得不求助于其他方法①.

---

① 参见作者的专著 *The integration of functions of a single variable* (Cambridge Tracts in Math-ematics, No. 2, 第 2 版. 1916 年). 在实际问题中这种情况并不是经常发生的.

135. 代数函数

接下来自然要转向代数函数的积分问题. 我们来考虑 y 的积分问题, 其中 y 是 x 的代数函数. 不过, 考虑外表上更加一般的函数, 也就是研究

$$\int R(x,y)\,\mathrm{d}x$$

是很方便的, 这里 $R(x,y)$ 是 x 和 y 的有理函数. 这种形式的更大的一般性仅仅是表面上的, 因为 $R(x,y)$ 本身就是 x 的一个代数函数. 选择这种形式是为了寻求方便, 像

$$\frac{px+q+\sqrt{ax^2+2bx+c}}{px+q-\sqrt{ax^2+2bx+c}}$$

这样一个函数, 将它看成 x 和简单代数函数 $\sqrt{ax^2+2bx+c}$ 的一个有理函数, 要比直接将它本身视为 x 的一个代数函数要更加方便.

136. 换元积分法和有理化积分法

由第 133 节的方程 (3) 得到：如果 $\int\psi(x)\,\mathrm{d}x=\phi(x)$, 那么

$$\int\psi\{f(t)\}f'(t)\,\mathrm{d}t=\phi\{f(t)\}. \tag{1}$$

上式提供了一个方法, 使我们能在大量的积分形式并不是简洁明了的情形中确定 $\psi(x)$ 的积分. 它可以如下叙述成一个法则：令 $x=f(t)$, 其中 $f(t)$ 是一个新变量 t 的任意一个函数, 这个新变量可以方便地加以选取; 用 $f'(t)$ 与之相乘, 并确定 (如果可能的话) $\psi\{f(t)\}f'(t)$ 的积分; 将此结果用 x 的函数予以表示. 常可发现：应用此法则得到的 t 的函数是很容易算出其积分的函数. 例如, 如果它是一个有理函数, 就总会是这种情形, 而且常可选取 x 和 t 之间的关系以使得这种情形得以发生. 例如, $R(\sqrt{x})$ 的积分可以通过代换 $x=t^2$ 转化为 $2tR(t)$①的积分, 即转化为 t 的一个有理函数的积分, 这种求积分的方法称为**有理化积分法** (integration by rationalisation).

此方法显然可以直接应用于所考虑的问题. 如果我们能找到一个变量 t, 使得 x 和 y 两者都是 t 的有理函数, 比方说 $x=R_1(t), y=R_2(t)$, 那么

$$\int R(x,y)\,\mathrm{d}x=\int R\{R_1(t),R_2(t)\}R_1'(t)\mathrm{d}t,$$

后面这个积分 (它是 t 的一个有理函数的积分) 可以用第 133 节中的方法加以计算.

重要的是要知道：什么时候能求得一个连接 x 和 y 的辅助变量 t, 不过我们目前还不可能讨论这个一般性的问题②. 我们必须限于研究几个简单的情形.

① 原书此处误写为 $2tR(t^2)$. ——译者注

② 见第 203 页所引用的著作.

137. 与圆锥曲线有关的积分

假设 x 和 y 是由一个形如

$$ax^2+2hxy+by^2+2gx+2fy+c=0$$

的方程联系在一起的. 换句话说, y (视为 x 的函数) 的图形是一条圆锥曲线. 假设 (ξ,η) 是该圆锥曲线上一个点, 并令 $x-\xi=X$, $y-\eta=Y$. 如果 x 和 y 之间的关系是用 X 和 Y 来表示的, 它取如下形式

$$aX^2+2hXY+bY^2+2GX+2FY=0,$$

其中 $F=h\xi+b\eta+f$, $G=a\xi+h\eta+g$. 在这个方程中置 $Y=tX$. 此时将会发现: X 和 Y(于是也有 x 和 y) 都是 t 的有理函数. 实际的公式是

$$x-\xi=-\frac{2(G+Ft)}{a+2ht+bt^2},\qquad y-\eta=-\frac{2t(G+Ft)}{a+2ht+bt^2}.$$

因此可以执行上一节所描述的有理化过程.

读者可以验证

$$hx+by+f=-\frac{1}{2}\left(a+2ht+bt^2\right)\frac{\mathrm{d}x}{\mathrm{d}t},$$

所以

$$\int\frac{\mathrm{d}x}{hx+by+f}=-2\int\frac{\mathrm{d}t}{a+2ht+bt^2}.$$

当 $h^2>ab$ 时, 按照下面的做法来进行是有一定好处的. 此圆锥曲线是一条双曲线, 其渐近线平行于直线

$$ax^2+2hxy+by^2=0,$$

也就是平行于, 比方说

$$b(y-\mu x)(y-\mu' x)=0.$$

如果令 $y-\mu x=t$, 就得到

$$y-\mu x=t, y-\mu' x=-\frac{2gx+2fy+c}{bt},$$

显然, x 和 y 可以作为 t 的有理函数而由这些方程计算出来. 我们将通过对一个重要的特殊情形的应用来描述这一过程.

138. 积分 $\int \frac{\mathrm{d}x}{\sqrt{ax^2+2bx+c}}$

特别地, 假设 $y^2=ax^2+2bx+c$, 其中 $a>0$. 我们将会发现, 如果令 $y+x\sqrt{a}=t$, 则可得到

$$2\frac{\mathrm{d}x}{\mathrm{d}t}=\frac{\left(t^2+c\right)\sqrt{a}+2bt}{\left(t\sqrt{a}+b\right)^2},\quad 2y=\frac{\left(t^2+c\right)\sqrt{a}+2bt}{t\sqrt{a}+b},$$

所以

$$\int \frac{\mathrm{d}x}{y} = \int \frac{\mathrm{d}t}{t\sqrt{a}+b} = \frac{1}{\sqrt{a}} \log \left| x\sqrt{a} + y + \frac{b}{\sqrt{a}} \right|. \tag{1}$$

特别地, 如果 $a=1, b=0, c=\alpha^2$, 或者 $a=1, b=0, c=-\alpha^2$, 就得到

$$\int \frac{\mathrm{d}x}{\sqrt{x^2+\alpha^2}} = \log\left\{x+\sqrt{x^2+\alpha^2}\right\}, \quad \int \frac{\mathrm{d}x}{\sqrt{x^2-\alpha^2}} = \log\left|x+\sqrt{x^2-\alpha^2}\right|, \tag{2}$$

这些等式的正确性可以通过求导来直接加以验证. 应该将这些公式与第三个公式

$$\int \frac{\mathrm{d}x}{\sqrt{\alpha^2-x^2}} = \arcsin\frac{x}{\alpha} \tag{3}$$

结合在一起, 公式 (3) 与本节中的一般性积分当 $a<0$ 时的情形对应. 在 (3) 中假设了 $\alpha>0$, 如果 $\alpha<0$, 则该积分为 $\arcsin(x/|\alpha|)$ (参见第 120 节). 实际上我们应该将一般性的积分转化成 (如同下一节中所述) 这些标准形式的积分中的某一个来加以计算.

公式 (3) 形式上与 (2) 有很大的不同：读者要等到读完第 10 章之后才可能对它们之间的联系有真正的理解.

139. 积分 $\int \frac{\lambda x+\mu}{\sqrt{ax^2+2bx+c}}\mathrm{d}x$

在所有情况下都可以用上面几节的结果来求解该积分. 最方便的方法如下. 由于

$$\lambda x+\mu = \frac{\lambda}{a}(ax+b)+\mu-\frac{\lambda b}{a},$$

$$\int \frac{ax+b}{\sqrt{ax^2+2bx+c}}\mathrm{d}x = \sqrt{ax^2+2bx+c},$$

我们有

$$\int \frac{(\lambda x+\mu)\,\mathrm{d}x}{\sqrt{ax^2+2bx+c}} = \frac{\lambda}{a}\sqrt{ax^2+2bx+c} + \left(\mu-\frac{\lambda b}{a}\right)\int \frac{\mathrm{d}x}{\sqrt{ax^2+2bx+c}}.$$

在最后这个积分中, a 可以是正数或者负数. 如果 a 是正数, 就令 $xa^{\frac{1}{2}}+ba^{-\frac{1}{2}}=t$, 此时我们得到

$$\frac{1}{\sqrt{a}}\int \frac{\mathrm{d}t}{\sqrt{t^2+\kappa}},$$

其中 $\kappa=(ac-b^2)/a$. 如果 a 是负数, 就用 A 代替 $-a$, 并令 $xA^{\frac{1}{2}}-bA^{-\frac{1}{2}}=t$, 此时我们得到

$$\frac{1}{\sqrt{-a}}\int \frac{\mathrm{d}t}{\sqrt{-\kappa-t^2}}.$$

这样看来, 在任何情形这种积分的计算都依赖于第 138 节考虑过的积分的计算, 而且这种积分可以化为三种形式的积分

$$\int \frac{\mathrm{d}t}{\sqrt{t^2+\alpha^2}}, \quad \int \frac{\mathrm{d}t}{\sqrt{t^2-\alpha^2}}, \quad \int \frac{\mathrm{d}t}{\sqrt{\alpha^2-t^2}}$$

中的某一种.

140. 积分 $\int(\lambda x+\mu)\sqrt{ax^2+2bx+c}\mathrm{d}x$

按照同样的方法我们得到

$$\int(\lambda x+\mu)\sqrt{ax^2+2bx+c}\mathrm{d}x=\frac{\lambda}{3a}\left(ax^2+2bx+c\right)^{\frac{3}{2}}+\left(\mu-\frac{\lambda b}{a}\right)\int\sqrt{ax^2+2bx+c}\mathrm{d}x,$$

最后这个积分可以化为以下三种形式之一

$$\int\sqrt{t^2+\alpha^2}\mathrm{d}t,\qquad\int\sqrt{t^2-\alpha^2}\mathrm{d}t,\qquad\int\sqrt{\alpha^2-t^2}\mathrm{d}t.$$

为了得到这些积分, 在这里引进积分学的另外一个一般性定理是很方便的.

141. 分部积分

分部积分的定理只不过是在第 114 节中的乘积的求导法则的另外一种表述而已. 由第 114 节中的定理 (3) 立即可以得出

$$\int f'(x)F(x)\mathrm{d}x=f(x)F(x)-\int f(x)F'(x)\mathrm{d}x.$$

有可能发生这样的情况: 我们想要求其积分的函数可以表示成形式 $f'(x)F(x)$, 而 $f(x)F'(x)$ 是可以积分的. 例如, 假设 $\phi(x)=x\psi(x)$, 其中 $\psi(x)$ 是一个已知函数 $\chi(x)$ 的二阶导数. 那么

$$\int\phi(x)\mathrm{d}x=\int x\chi''(x)\mathrm{d}x=x\chi'(x)-\int\chi'(x)\mathrm{d}x=x\chi'(x)-\chi(x).$$

将此积分方法应用到上一节的积分中去, 我们就能说明这种积分方法的功效. 取

$$f(x)=ax+b,\quad F(x)=\sqrt{ax^2+2bx+c}=y.$$

可得

$$a\int y\mathrm{d}x=(ax+b)y-\int\frac{(ax+b)^2}{y}\mathrm{d}x=(ax+b)y-a\int y\mathrm{d}x+\left(ac-b^2\right)\int\frac{\mathrm{d}x}{y}.$$

所以

$$\int y\mathrm{d}x=\frac{(ax+b)y}{2a}+\frac{ac-b^2}{2a}\int\frac{\mathrm{d}x}{y};$$

我们已经知道 (第 138 节) 怎样计算最后这个积分.

例 XLIX

(1) 证明: 如果 $\alpha>0$, 那么

$$\int\sqrt{x^2+\alpha^2}\mathrm{d}x=\frac{1}{2}x\sqrt{x^2+\alpha^2}+\frac{1}{2}\alpha^2\log\left(x+\sqrt{x^2+\alpha^2}\right),$$

$$\int\sqrt{x^2-\alpha^2}\mathrm{d}x=\frac{1}{2}x\sqrt{x^2-\alpha^2}-\frac{1}{2}\alpha^2\log\left(x+\sqrt{x^2-\alpha^2}\right),$$

$$\int\sqrt{\alpha^2-x^2}\mathrm{d}x=\frac{1}{2}x\sqrt{\alpha^2-x^2}+\frac{1}{2}\alpha^2\arcsin\frac{x}{\alpha}.$$

(2) 用代换 $x=\alpha\sin\theta$ 计算积分 $\int\frac{\mathrm{d}x}{\sqrt{\alpha^2-x^2}}$, $\int\sqrt{\alpha^2-x^2}\mathrm{d}x$, 并验证其结果与第 138 节以及第 (1) 题中所得的结果一致.

(3) 用代换 $ax+b=1/t$ 以及 $x=1/u$ 证明 (使用第 133 以及 141 节中的记号)

$$\int\frac{\mathrm{d}x}{y^3}=\frac{ax+b}{\Delta y},\quad\int\frac{x\mathrm{d}x}{y^3}=-\frac{bx+c}{\Delta y}.$$

(4) 用三种方法计算 $\int\frac{\mathrm{d}x}{\sqrt{(x-a)(b-x)}}$, 即 (i) 用前几节中的方法. (ii) 用代换

$$(b-x)/(x-a)=t^2$$

以及 (iii) 用代换 $x=a\cos^2\theta+b\sin^2\theta$; 其中 $b>a$. 并验证其结果是一致的.

(5) 用代换

$$\text{(a) } x=\tan\theta,\quad \text{(b) } u=x^2+1$$

求 $\frac{x^3}{(x^2+1)^3}$ 的积分, 并验证这些结果是一致的.　(*Math. Trip.* 1933)

(6) 求

$$\frac{1}{x(1+x^5)},\quad\frac{1}{(a+x)\sqrt{c+x}},\quad\frac{x^2+1}{x\sqrt{4x^2+1}},\quad\frac{x}{\sqrt{x^2+x+1}},\quad\frac{1}{x^6\sqrt{x^2+a^2}}$$

的积分.　(*Math. Trip.* 1923, 1925, 1927, 1929)

(7) 用代换 $2x+a+b=\frac{1}{2}(a-b)\left(t^2+t^{-2}\right)$, 或者用 $\sqrt{x+a}-\sqrt{x+b}$ 乘以分子和分母来证明: 如果 $a>b$, 则有

$$\int\frac{\mathrm{d}x}{\sqrt{x+a}+\sqrt{x+b}}=\frac{1}{2}\sqrt{a-b}\left(t+\frac{1}{3t^3}\right).$$

(8) 求一个代换, 使得能将 $\int\frac{\mathrm{d}x}{(x+a)^{\frac{3}{2}}+(x-a)^{\frac{3}{2}}}$ 转化为有理函数的积分.

(*Math. Trip.* 1899)

(9) 证明: 代换 $ax+b=y^n$ 将 $\int R\left(x,\sqrt[n]{ax+b}\right)\mathrm{d}x$ 化为有理函数的积分.

(10) 证明

$$\int f''(x)F(x)\mathrm{d}x=f'(x)F(x)-f(x)F'(x)+\int f(x)F''(x)\mathrm{d}x,$$

且一般地有

$$\begin{aligned}\int f^{(n)}(x)F(x)\mathrm{d}x=&f^{(n-1)}(x)F(x)-f^{(n-2)}(x)F'(x)\\&+\cdots+(-1)^n\int f(x)F^{(n)}(x)\mathrm{d}x.\end{aligned}$$

(11) 积分 $\int(1+x)^p x^q\mathrm{d}x$ (其中 p 和 q 是有理数) 在三种情形下可以求出, 即 (i) 如果 p 是整数, (ii) 如果 q 是整数以及 (iii) 如果 $p+q$ 是整数. [在情形 (i), 令 $x=u^s$, 其中 s 是 q 的分母; 在情形 (ii), 令 $1+x=t^s$, 其中 s 是 p 的分母; 在情形 (iii), 令 $1+x=xt^s$, 其中 s 是 p 的分母.]

(12) 可以用代换 $ax^n=bt$ 把积分 $\int x^m(ax^n+b)^q\mathrm{d}x$ 化成上题中的积分. [实际上, 用一个 “化简公式” 来计算这种类型的特殊积分常常是最为方便的 (参见第 6 章杂例第 55 题).]

(13) 可以用代换

$$4x=-\frac{b}{a}\left(t+\frac{1}{t}\right)^2-\frac{d}{c}\left(t-\frac{1}{t}\right)^2$$

把积分 $\int R\left(x,\sqrt{ax+b},\sqrt{cx+d}\right)\mathrm{d}x$ 转化为有理函数的积分.

(14) 将 $\int R(x,y)\,\mathrm{d}x$ 化为有理函数的积分, 其中 $y^2(x-y)=x^2$. [令 $y=tx$, 我们得到 $x=1/\left\{t^2(1-t)\right\}$, $y=1/\left\{t(1-t)\right\}$.]

(15) 当 (a) $y(x-y)^2=x$, (b) $\left(x^2+y^2\right)^2=a^2\left(x^2-y^2\right)$ 时用同样的方法化简此积分. [在情形 (a) 令 $x-y=t$, 在情形 (b) 令 $x^2+y^2=t(x-y)$, 此时我们得到

$$x=a^2t\left(t^2+a^2\right)/\left(t^4+a^4\right),\quad y=a^2t\left(t^2-a^2\right)/\left(t^4+a^4\right).\ ]$$

(16) 如果 $y(x-y)^2=x$, 那么 $\displaystyle\int\frac{\mathrm{d}x}{x-3y}=\frac{1}{2}\log\left\{(x-y)^2-1\right\}$.

(17) 如果 $\left(x^2+y^2\right)^2=2c^2\left(x^2-y^2\right)$, 那么 $\displaystyle\int\frac{\mathrm{d}x}{y\left(x^2+y^2+c^2\right)}=-\frac{1}{c^2}\log\left(\frac{x^2+y^2}{x-y}\right)$.

142. 一般的积分 $\int R(x,y)\,\mathrm{d}x$, 其中 $y^2=ax^2+2bx+c$

依照第 137 节中的方式, 与特殊的圆锥曲线 $y^2=ax^2+2bx+c$ 相伴的最一般的积分是

$$\int R\left(x,\sqrt{X}\right)\mathrm{d}x,\tag{1}$$

其中 $X=y^2=ax^2+2bx+c$. 我们假设 R 是实函数.

被积函数形如 P/Q, 其中 P 和 Q 是关于 x 和 $\sqrt{X}$ 的多项式. 因此被积函数可以化为形式

$$\frac{A+B\sqrt{X}}{C+D\sqrt{X}}=\frac{\left(A+B\sqrt{X}\right)\left(C-D\sqrt{X}\right)}{C^2-D^2X}=E+F\sqrt{X},$$

其中 $A,B,\cdots$ 都是 x 的有理函数. 这里出现的唯一的新问题是形如 $F\sqrt{X}$ 的一个函数的积分, 或者换一个同样的说法, 是一个形如 $G/\sqrt{X}$ 的函数的积分, 其中 G 是 x 的有理函数. 我们总可以通过将 G 分解成部分分式来计算积分

$$\int\frac{G}{\sqrt{X}}\mathrm{d}x.\tag{2}$$

当我们这样做的时候, 可能出现三种不同类型的积分.

(i) 首先, 可能出现形如

$$\int\frac{x^m}{\sqrt{X}}\mathrm{d}x\tag{3}$$

的积分, 其中 m 是正整数. $m=0$ 和 $m=1$ 的情形已经在第 139 节中处理过了. 为了计算与大的 m 值对应的积分, 我们注意到

$$\frac{\mathrm{d}}{\mathrm{d}x}\left(x^{m-1}\sqrt{X}\right)=(m-1)\,x^{m-2}\sqrt{X}+\frac{(ax+b)\,x^{m-1}}{\sqrt{X}}=\frac{\alpha x^m+\beta x^{m-1}+\gamma x^{m-2}}{\sqrt{X}},$$

其中 α,β,γ 是常数, 它们的值容易计算出来. 显然, 当对此等式进行积分时, 我们就得到类型 (3) 的三个相邻接的积分之间的一个关系. 由于知道 $m=0$ 以及 $m=1$ 时该积分的值, 这样我们就能依次对其他 m 值计算出相应积分值.

(ii) 其次, 可能出现形如

$$\int \frac{\mathrm{d}x}{(x-p)^m \sqrt{X}} \tag{4}$$

的积分, 其中 p 是实数. 如果我们作代换 $x-p=1/t$, 此积分就化为关于 t 的一个类型 (3) 的积分.

(iii) 最后, 可能出现与 G 的分母中的复根相对应的积分. 我们将限于考虑最简单的情形, 其中所有这样的根都是单根. 在此情形 (参见第 133 节), G 的一对共轭复根给出一个形如

$$\int \frac{Lx+M}{(Ax^2+2Bx+C)\sqrt{ax^2+2bx+c}}\mathrm{d}x \tag{5}$$

的积分.

为了计算这个积分, 我们置

$$x=\frac{\mu t+\nu}{t+1},$$

其中对 μ 和 ν 这样加以选取, 使之满足

$$a\mu\nu+b(\mu+\nu)+c=0, \quad A\mu\nu+B(\mu+\nu)+C=0;$$

所以 μ 和 ν 是方程

$$(aB-bA)\xi^2-(cA-aC)\xi+(bC-cB)=0$$

的根. 此方程肯定有实根, 因为它与例 XLVI 第 13 题中的方程 (1) 是同样的方程; 于是一定有可能求得满足我们要求的实根 μ 和 ν.

在作代换时将会发现, 积分 (5) 取如下形式

$$H\int \frac{t\mathrm{d}t}{(\alpha t^2+\beta)\sqrt{\gamma t^2+\delta}}+K\int \frac{\mathrm{d}t}{(\alpha t^2+\beta)\sqrt{\gamma t^2+\delta}}. \tag{6}$$

可以用代换

$$\frac{t}{\sqrt{\gamma t^2+\delta}}=u$$

有理化 (6) 中的第二个积分, 这给出

$$\int \frac{\mathrm{d}t}{(\alpha t^2+\beta)\sqrt{\gamma t^2+\delta}}=\int \frac{\mathrm{d}u}{\beta+(\alpha\delta-\beta\gamma)u^2}.$$

最后, 如果在 (6) 中的第一个积分中令 $t=1/u$, 它就变换成一个第二种类型的积分, 从而可以用刚刚说明的方法, 也就是通过令 $u/\left(\gamma+\delta u^2\right)=v$, 即通过置 $1/\sqrt{\gamma t^2+\delta}=v$ 来计算①.

例 L

(1) 计算

$$\int \frac{\mathrm{d}x}{x\sqrt{x^2+2x+3}}, \quad \int \frac{\mathrm{d}x}{(x-1)\sqrt{x^2+1}}, \quad \int \frac{\mathrm{d}x}{(x+1)\sqrt{1+2x-x^2}}.$$

---

① 如果 $a/A=b/B$, 那么这里所说的积分法失效; 但是那时该积分可以通过代换 $ax+b=t$ 来转化. 关于代数函数的积分的进一步知识, 参见 Stolz 所著 *Grundzüge der Differential-und-intergralrechnung* 一书第 I 卷第 331 页以及其后各页. 或者参见第 134 节中引用的 Bromwich 的专著. 另一种化简的方法由 Greenhill 给出: 参见他所著 *A Chapter in the integral calculus* 中第 12 页以及其后各页, 还可参见第 203 页脚注中引用的作者的专著.

(2) 证明

$$\int \frac{\mathrm{d}x}{(x-p)\sqrt{(x-p)(x-q)}}=\frac{2}{q-p}\sqrt{\frac{x-q}{x-p}}.$$

(3) 如果 $ag^2+ch^2=-\nu<0$, 那么

$$\int \frac{\mathrm{d}x}{(hx+g)\sqrt{ax^2+c}}=-\frac{1}{\sqrt{\nu}}\arctan\left\{\frac{\sqrt{\nu(ax^2+c)}}{ch-agx}\right\}.$$

(4) 证明：按照 $ax_0^2+2bx_0+c$ 是正数且等于 y_0^2 或者它是负数且等于 $-z_0^2$, $\int \frac{\mathrm{d}x}{(x-x_0)y}$ 可以表示成下列形式之一

$$-\frac{1}{y_0}\log\left|\frac{axx_0+b(x+x_0)+c+yy_0}{x-x_0}\right|,\quad \frac{1}{z_0}\arctan\left\{\frac{axx_0+b(x+x_0)+c}{yz_0}\right\},$$

其中 $y^2=ax^2+2bx+c$.

(5) 用代换 $y=\sqrt{ax^2+2bx+c}/(x-p)$ 来证明

$$\int \frac{\mathrm{d}x}{(x-p)\sqrt{ax^2+2bx+c}}=\int \frac{\mathrm{d}y}{\sqrt{\lambda y^2-\mu}},$$

其中 $\lambda=ap^2+2bp+c$, $\mu=ac-b^2$. [这种化简的方法是很精妙的, 但与本节中阐述的方法相比不够直截了当.]

(6) 证明：可以通过代换 $x=\left(1+y^2\right)/\left(3-y^2\right)$ 有理化积分

$$\int \frac{\mathrm{d}x}{x\sqrt{3x^2+2x+1}}.$$

(*Math. Trip.* 1911)

(7) 计算

$$\int \frac{(x+1)\,\mathrm{d}x}{(x^2+4)\sqrt{x^2+9}}.$$

(8) 计算

$$\int \frac{\mathrm{d}x}{(5x^2+12x+8)\sqrt{5x^2+2x-7}}.$$

[应用本节中的方法. μ 和 ν 所满足的方程是 $\xi^2+3\xi+2=0$, 所以 $\mu=-2,\nu=-1$, 适用的代换是 $x=-(2t+1)/(t+1)$. 此代换将该积分化为

$$-\int \frac{\mathrm{d}t}{(4t^2+1)\sqrt{9t^2-4}}-\int \frac{t\mathrm{d}t}{(4t^2+1)\sqrt{9t^2-4}}.$$

可以用代换 $t/\sqrt{9t^2-4}=u$ 有理化第一个积分, 用代换 $1/\sqrt{9t^2-4}=v$ 有理化第二个积分.]

(9) 计算

$$\int \frac{(x+1)\,\mathrm{d}x}{(2x^2-2x+1)\sqrt{3x^2-2x+1}},\quad \int \frac{(x-1)\,\mathrm{d}x}{(2x^2-6x+5)\sqrt{7x^2-22x+19}}.$$

(*Math. Trip.* 1911)

(10) 证明：积分 $\int R(x,y)\,\mathrm{d}x$ (其中 $y^2=ax^2+2bx+c$) 可以用代换 $t=(x-p)/(y+q)$ 有理化, 这里 (p,q) 是圆锥曲线 $y^2=ax^2+2bx+c$ 上任意一点. [当然, 这个积分也可以用代换 $t=(x-p)/(y-q)$ 有理化, 参见第 137 节.]

143. 超越函数

存在大量不同种类的超越函数, 它们的积分理论与有理函数以及代数函数相比, 是很不系统的. 我们将依次考虑几类超越函数, 它们的积分总可以求出来.

144. 以 x 的倍数的余弦以及正弦为变量的多项式

对于有限多个形如

$$A\cos^m ax\sin^{m'} ax\cos^n bx\sin^{n'} bx\cdots$$

的项之和做成的函数, 我们总可以求出它的积分, 其中 $m, m', n, n', \cdots$ 是正整数, $a, b, \cdots$ 是任意实数. 因为这样的一项可以表示成有限多个形如

$$\alpha\cos\{(pa+qb+\cdots)x\}, \quad \beta\sin\{(pa+qb+\cdots)x\}$$

的项之和, 而这些项的积分可以立即写出来.

例 LI

(1) 求 $\sin^3 x\cos^2 2x$ 的积分. 在此情形使用公式

$$\sin^3 x=\tfrac{1}{4}(3\sin x-\sin 3x), \quad \cos^2 2x=\tfrac{1}{2}(1+\cos 4x).$$

将这两个表达式相乘, 并且, 比方说, 用 $\frac{1}{2}(\sin 5x-\sin 3x)$ 来代替 $\sin x\cos 4x$, 我们就得到

$$\begin{aligned}&\frac{1}{16}\int(7\sin x-5\sin 3x+3\sin 5x-\sin 7x)\,\mathrm{d}x\\&=-\tfrac{7}{16}\cos x+\tfrac{5}{48}\cos 3x-\tfrac{3}{80}\cos 5x+\tfrac{1}{112}\cos 7x.\end{aligned}$$

这一积分当然可以用不同的方法得到不同的形式. 例如

$$\int\sin^3 x\cos^2 2x\mathrm{d}x=\int\left(4\cos^4 x-4\cos^2 x+1\right)\left(1-\cos^2 x\right)\sin x\mathrm{d}x,$$

作代换 $\cos x=t$, 则它可以化为

$$\int\left(4t^6-8t^4+5t^2-1\right)\mathrm{d}t=\tfrac{4}{7}\cos^7 x-\tfrac{8}{5}\cos^5 x+\tfrac{5}{3}\cos^3 x-\cos x.$$

可以验证, 此表达式与上面得到的表达式仅相差一个常数.

(2) 用任何方法求 $\cos ax\cos bx$, $\sin ax\sin bx$, $\cos ax\sin bx$, $\cos^2 x$, $\sin^3 x$, $\cos^4 x$, $\cos x\cos 2x\cos 3x$, $\cos^3 2x\sin^2 3x$, $\cos^5 x\sin^7 x$ 的积分. [在这种情形, 利用化简公式有时是方便的 (本章杂例第 55 题).]

145. 积分 $\int x^n \cos x\mathrm{d}x, \int x^n \sin x\mathrm{d}x$ 以及与之相关联的积分

分部积分法使我们能将前面的结果加以推广. 因为

$$\int x^n \cos x\mathrm{d}x = x^n \sin x - n\int x^{n-1} \sin x\mathrm{d}x,$$
$$\int x^n \sin x\mathrm{d}x = -x^n \cos x + n\int x^{n-1} \cos x\mathrm{d}x,$$

只要 n 是正整数, 我们就可以重复应用此过程计算这些积分. 由此得知, 如果 n 是正整数, 那么我们总可以计算出积分 $\int x^n \cos ax\mathrm{d}x$ 和 $\int x^n \sin ax\mathrm{d}x$; 所以, 应用与上一节类似的方法, 我们就能计算

$$\int P\left(x, \cos ax, \sin ax, \cos bx, \sin bx, \cdots\right)\mathrm{d}x,$$

其中 P 是任意一个多项式.

例 LII

(1) 求下列函数的积分

$$x\sin x,\ x^2\cos x,\ x^2\cos^2 x,\ x^2\sin^2 x\sin^2 2x,\ x\sin^2 x\cos^4 x,\ x^3\sin^3 \tfrac{1}{3}x.$$

(2) 求多项式 P 和 Q, 使得

$$\int \{(3x-1)\cos x + (1-2x)\sin x\}\mathrm{d}x = P\cos x + Q\sin x.$$

(3) 证明 $\int x^n \cos x\mathrm{d}x = P_n\cos x + Q_n \sin x$, 其中

$$P_n = nx^{n-1} - n(n-1)(n-2)x^{n-3} + \cdots,\quad Q_n = x^n - n(n-1)x^{n-2} + \cdots.$$

146. $\cos x$ 和 $\sin x$ 的有理函数

$\cos x$ 和 $\sin x$ 的任何有理函数的积分都可以用代换 $\tan\frac{1}{2}x = t$ 来计算. 这是因为

$$\cos x = \frac{1-t^2}{1+t^2},\quad \sin x = \frac{2t}{1+t^2},\quad \frac{\mathrm{d}x}{\mathrm{d}t} = \frac{2}{1+t^2},$$

所以该积分就化为 t 的一个有理函数的积分. 但是其他的代换有时会更加方便.

例 LIII

(1) 证明

$$\int \sec x\mathrm{d}x = \log|\sec x + \tan x|,\quad \int \csc x\mathrm{d}x = \log\left|\tan\tfrac{1}{2}x\right|.$$

[第一个积分的另外的形式是 $\log\left|\tan\left(\frac{1}{4}\pi + \frac{1}{2}x\right)\right|$; 它的第三个形式是 $\frac{1}{2}\log|(1+\sin x)/(1-\sin x)|$.]

(2) $\int \tan x \mathrm{d}x = -\log|\cos x|, \quad \int \cot x \mathrm{d}x = \log|\sin x|, \quad \int \sec^2 x \mathrm{d}x = \tan x,$

$$\int \csc^2 x \mathrm{d}x = -\cot x, \quad \int \tan x \sec x \mathrm{d}x = \sec x, \quad \int \cot x \csc x \mathrm{d}x = -\csc x.$$

[这些积分包含在一般形式中, 但是不需要用代换, 因为这些结果可以立即从第 120 节以及从第 133 节中的等式 (5) 推导出来.]

(3) 证明: $1/(a+b\cos x)$ (其中 $a+b$ 是正数) 的积分根据 $a^2>b^2$ 或者 $a^2<b^2$ 可以表示成下列形式之一

$$\frac{2}{\sqrt{a^2-b^2}}\arctan\left(t\sqrt{\frac{a-b}{a+b}}\right), \quad \frac{1}{\sqrt{b^2-a^2}}\log\left|\frac{\sqrt{b+a}+t\sqrt{b-a}}{\sqrt{b+a}-t\sqrt{b-a}}\right|,$$

这里 $t=\tan\frac{1}{2}x$. 如果 $a^2=b^2$, 则此积分化为 $\sec^2\frac{1}{2}x$ 或者 $\csc^2\frac{1}{2}x$ 的积分的常数倍, 它的值可以立即写出. 当 $a+b$ 为负数时, 推导出该积分的形式.

(4) 证明: 如果 y 是通过方程

$$(a+b\cos x)(a-b\cos y)=a^2-b^2$$

由 x 来定义的, 其中 a 是正数, 且 $a^2>b^2$, 那么当 x 从 0 变到 π 时, y 的一个值也从 0 变到 π. 又证明

$$\sin x=\frac{\sqrt{a^2-b^2}\sin y}{a-b\cos y}, \quad \frac{\sin x}{a+b\cos x}\frac{\mathrm{d}x}{\mathrm{d}y}=\frac{\sin y}{a-b\cos y};$$

并推导出: 如果 $0<x<\pi$, 那么

$$\int\frac{\mathrm{d}x}{a+b\cos x}=\frac{1}{\sqrt{a^2-b^2}}\arccos\left(\frac{a\cos x+b}{a+b\cos x}\right).$$

证明这一结果与第 (3) 题中的结果一致.

(5) 指出如何计算 $1/(a+b\cos x+c\sin x)$ 的积分.

[将 $b\cos x+c\sin x$ 表示成 $\sqrt{b^2+c^2}\cos(x-\alpha)$ 的形式.]

(6) 计算 $(a+b\cos x+c\sin x)/(\alpha+\beta\cos x+\gamma\sin x)$ 的积分. [确定 λ,μ,ν, 使得

$$a+b\cos x+c\sin x=\lambda+\mu(\alpha+\beta\cos x+\gamma\sin x)+\nu(-\beta\sin x+\gamma\cos x).$$

那么该积分就是

$$\mu x+\nu\log|\alpha+\beta\cos x+\gamma\sin x|+\lambda\int\frac{\mathrm{d}x}{\alpha+\beta\cos x+\gamma\sin x}.]$$

(7) 求 $1/\left(a\cos^2 x+2b\cos x\sin x+c\sin^2 x\right)$ 的积分.

[被积函数可以表示成 $1/(A+B\cos 2x+C\sin 2x)$ 的形式, 其中 $A=\frac{1}{2}(a+c)$, $B=\frac{1}{2}(a-c)$, $C=b$; 但是该积分可以更简单地用代换 $\tan x=t$ 加以计算. 此时我们得到

$$\int\frac{\sec^2 x\mathrm{d}x}{a+2b\tan x+c\tan^2 x}=\int\frac{\mathrm{d}t}{a+2bt+ct^2}.]$$

147. 包含 $\arcsin x, \arctan x$ 以及 $\log x$ 的积分

反正弦、反正切以及对数函数的积分都可以很容易地用分部积分法来计算. 例如

$$\int \arcsin x \mathrm{d}x = x \arcsin x - \int \frac{x \mathrm{d}x}{\sqrt{1-x^2}} = x \arcsin x + \sqrt{1-x^2},$$

$$\int \arctan x \mathrm{d}x = x \arctan x - \int \frac{x \mathrm{d}x}{1+x^2} = x \arctan x - \frac{1}{2} \log\left(1+x^2\right),$$

$$\int \log x \mathrm{d}x = x \log x - \int \mathrm{d}x = x\left(\log x - 1\right).$$

一般地. 如果能计算 $f(x)$ 的积分, 我们就能计算 $f(x)$ 的反函数 $\phi(x)$ 的积分; 因为代换 $y = f(x)$ 给出

$$\int \phi(y) \mathrm{d}y = \int x f'(x) \mathrm{d}x = x f(x) - \int f(x) \mathrm{d}x.$$

形如

$$\int P(x, \arcsin x) \mathrm{d}x, \quad \int P(x, \log x) \mathrm{d}x$$

的积分总是可以计算的, 其中 P 是一个多项式. 例如在第一种情形, 我们必须要计算若干个形如 $\int x^m (\arcsin x)^n \mathrm{d}x$ 的积分. 作代换 $x = \sin y$, 我们得到 $\int y^n \sin^m y \cos y \mathrm{d}y$. 它可以用第 145 节中的方法求得. 在第二种情形, 我们必须要计算若干个形如 $\int x^m (\log x)^n \mathrm{d}x$ 的积分. 分部积分就得到

$$\int x^m (\log x)^n \mathrm{d}x = \frac{x^{m+1} (\log x)^n}{m+1} - \frac{n}{m+1} \int x^m (\log x)^{n-1} \mathrm{d}x,$$

重复这种方法我们就能完成计算.

例 计算

$$x^n \log x, \quad x^n \log(1+x), \quad x^8 \arctan x^3, \quad x^{-n} \log x$$

的积分. (*Math. Trip.* 1924, 1929, 1934)

148. 平面曲线的面积

前几节阐述的积分法的最重要的一个应用就是计算平面曲线的面积. 假设 P_0PP' (图 42) 是一条连续曲线 $y = \phi(x)$ 的图, 它整个位于 x 轴的上方, P 是点 (x, y), P' 是点 $(x+h, y+k)$, h 或者是正数, 或者是负数 (图中它是正数). 问题是计算面积 $ONPP_0$.

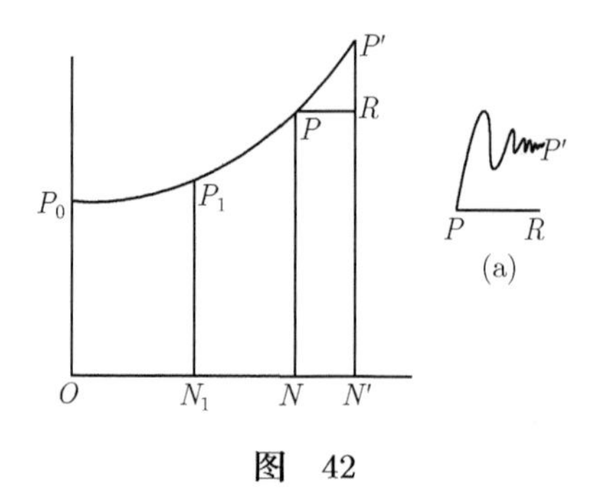

图　42

“面积” 的概念是一个需要仔细加以数学分析的概念, 我们将在第 7 章再回到这个问题. 目前将此概念视为当然. 我们将假设, 任何像 $ONPP_0$ 这样的一个区域都赋予一个正数 $(ONPP_0)$, 我们称此数为它的面积, 且这些面积具有常识所指出的显然的性质, 例如

$$(PRP') + (NN'RP) = (NN'P'P), \quad (N_1NPP_1) < (ONPP_0),$$

等等.

显然, 如果把所有这些都视为理所当然地成立, 那么, 面积 $ONPP_0$ 就是 x 的函数. 我们将它记为 $\Phi(x)$. $\Phi(x)$ 也是连续的函数. 因为

$$\begin{aligned}\Phi(x+h)-\Phi(x) &= (NN'P'P) \\ &= (NN'RP)+(PRP') = h\phi(x)+(PRP').\end{aligned}$$

根据所画的图可见, 面积 PRP' 小于 hk. 一般来说这不一定为真, 因为弧 PP' 从 P 到 P' 不一定是逐渐上升或者逐渐下降的 (例如见图 42a). 但是面积 PRP' 总是小于 $|h|\lambda(h)$, 其中 $\lambda(h)$ 是弧 PP' 的任意一点与 PR 之间的最大距离. 此外, 由于 $\phi(x)$ 是连续函数, 所以当 $h \to 0$ 时就有 $\lambda(h) \to 0$. 从而

$$\Phi(x+h)-\Phi(x) = h\{\phi(x)+\mu(h)\},$$

其中 $|\mu(h)| \leqslant \lambda(h)$, 当 $h \to 0$ 时有 $\lambda(h) \to 0$. 由此推出, $\Phi(x)$ 是连续的. 此外,

$$\Phi'(x) = \lim_{h\to 0}\frac{\Phi(x+h)-\Phi(x)}{h} = \lim_{h\to 0}\{\phi(x)+\mu(h)\} = \phi(x).$$

于是, 曲线的纵坐标是面积的导数, 面积是纵坐标的积分.

这样我们就能总结确定面积 $ONPP_0$ 的法则. 计算 $\Phi(x)$, 它是 $\phi(x)$ 的积分. 这包含一个任意常数, 我们假设该常数这样来选取: 它使得 $\Phi(0)=0$. 那么所要求的面积就是 $\Phi(x)$.

如果 N_1NPP_1 就是所要求的面积, 我们应该这样来确定常数, 使之满足 $\Phi(x_1)=0$, 这里 x_1 是 P_1 的横坐标. 如果曲线位于 x 轴的下方, 则 $\Phi(x)$ 将取负值, 面积是 $\Phi(x)$ 的绝对值.

149. 平面曲线的长度

长度的概念也需要非常仔细的分析，它要比面积这一概念的分析更为困难. 事实上，与关于面积所做过的对应的假设相同，假设 P_0P (图 42) 有确定的长度 (可以用 $S(x)$ 来记它) 对我们的目的来说还是不够的. 我们甚至不能证明 $S(x)$ 是连续的，也就是说，不能证明 $\lim\{S(P')-S(P)\}=0$. 这在图 42 的大图中看起来是足够显然的，但是在所画出的小图中却并不那么明显. 的确，如果没有对曲线长度的含义作仔细分析的话，就不可能在任何严格性之下进一步研究下去.

然而容易看出公式应有的形式. 假设该曲线有切线，且切线的方向是连续变化的，所以 $\phi'(x)$ 是连续的. 这样一来，假设该曲线有长度就导出等式

$$\frac{S(x+h)-S(x)}{h}=\frac{\{PP'\}}{h}=\frac{PP'}{h}\cdot\frac{\{PP'\}}{PP'},$$

其中 $\{PP'\}$ 是以 PP' 为弦的弧. 现在有

$$PP'=\sqrt{PR^2+RP'^2}=h\sqrt{1+\frac{k^2}{h^2}},$$

$$k=\phi(x+h)-\phi(x)=h\phi'(\xi),$$

其中 ξ 位于 x 和 $x+h$ 之间. 于是

$$\lim(PP'/h)=\lim\sqrt{1+[\phi'(\xi)]^2}=\sqrt{1+[\phi'(x)]^2}.$$

如果我们还假设

$$\lim\{PP'\}/PP'=1,$$

则可得到结果

$$S'(x)=\lim\frac{S(x+h)-S(x)}{h}=\sqrt{1+[\phi'(x)]^2},$$

所以

$$S(x)=\int\sqrt{1+[\phi'(x)]^2}\mathrm{d}x.$$

例 LIV

(1) 计算抛物线 $y=x^2/4a$ 被纵坐标 $x=\xi$ 所截得到的那块图形的面积以及包围它的弧长.

(2) 证明：椭圆 $(x^2/a^2)+(y^2/b^2)=1$ 的面积是 πab.

(3) 曲线 $x=y^2(1-x)$ 与直线 $x=1$ 之间所包围的面积是 π. (*Math. Trip.* 1926)

(4) 画出曲线 $(1+x^2)y^2=x^2(1-x^2)$ 的略图，并证明它的一环所围的面积是 $\frac{1}{2}(\pi-2)$. (*Math. Trip.* 1934)

(5) 画出曲线 $a^4y^2=x^5(2a-x)$ 的图，并证明其面积为 $\frac{5}{4}\pi a^2$. (*Math. Trip.* 1923)

(6) 证明：曲线

$$\left(\frac{x}{a}\right)^{\frac{2}{3}}+\frac{y}{b}=1$$

与 x 轴上的线段 $(-a,a)$ 之间的面积是 $\frac{4}{5}ab$. (*Math. Trip.* 1930)

(7) 求由曲线 $y=\sin x$ 与 x 轴上从 $x=0$ 到 $x=2\pi$ 的线段所围的面积. [这里 $\Phi(x)=-\cos x$, 而 $-\cos x$ 从 $x=0$ 到 $x=2\pi$ 的值之间的差是零. 这个结果的解释自然是: 在 $x=\pi$ 与 $x=2\pi$ 之间该曲线位于 x 轴的下方, 所以应用此法算出来的相应部分的面积是负的. 从 $x=0$ 到 $x=\pi$ 的面积是 $-\cos\pi+\cos 0=2$; 当每一部分面积都以正数计算时, 所求的整个面积是它的两倍, 也就是 4.]

(8) 假设一条曲线上任意一点的坐标用形如 $x=\phi(t), y=\psi(t)$ 的方程表示成参数 t 的函数, ϕ 和 ψ 是 t 的有连续导数的函数. 证明: 如果当 t 从 t_0 变到 t_1 时, x 是递增的, 那么由曲线相应的部分、x 轴以及与 t_0 和 t_1 所对应的两个纵坐标所界限的区域之面积 (除去符号之外) 是 $A(t_1)-A(t_0)$, 其中

$$A(t)=\int\psi(t)\phi'(t)\,\mathrm{d}t=\int y\frac{\mathrm{d}x}{\mathrm{d}t}\mathrm{d}t.$$

(9) 假设 C 是由单个的一个圈所围成的一条封闭曲线, 且与任何平行于每个坐标轴的直线相交不超过两点. 又假设曲线上任何一点 P 的坐标都可以像在第 (8) 题中那样表示成 t 的函数, 当 t 从 t_0 变到 t_1 时, P 沿同样的方向绕曲线运动, 并且在绕行一圈之后回到原来的位置. 证明: 该曲线一圈所围的面积等于诸积分

$$-\int y\frac{\mathrm{d}x}{\mathrm{d}t}\mathrm{d}t,\quad \int x\frac{\mathrm{d}y}{\mathrm{d}t}\mathrm{d}t,\quad \frac{1}{2}\int\left(x\frac{\mathrm{d}y}{\mathrm{d}t}-y\frac{\mathrm{d}x}{\mathrm{d}t}\right)\mathrm{d}t$$

中任何一个积分的起始值与最后值之间的差, 且这个差取正的值.

(10) 应用第 (9) 题的结果来确定由

$$\text{(i)}\ \frac{x}{a}=\frac{1-t^2}{1+t^2},\ \frac{y}{a}=\frac{2t}{1+t^2},\quad \text{(ii)}\ x=a\cos^3 t,\ y=b\sin^3 t$$

所给出的诸曲线所围成的面积.

(11) 求曲线 $x^3+y^3=3axy$ 的一圈所围的面积. [置 $y=tx$, 我们得到 $x=3at/\left(1+t^3\right)$, $y=3at^2/\left(1+t^3\right)$. 当 t 从 0 变到 ∞ 时, 它描画出这个圈一遍. 又有

$$\frac{1}{2}\int\left(y\frac{\mathrm{d}x}{\mathrm{d}t}-x\frac{\mathrm{d}y}{\mathrm{d}t}\right)\mathrm{d}t=-\frac{1}{2}\int x^2\frac{\mathrm{d}}{\mathrm{d}t}\left(\frac{y}{x}\right)\mathrm{d}t=-\frac{1}{2}\int\frac{9a^2t^2}{\left(1+t^3\right)^2}\mathrm{d}t=\frac{3a^2}{2\left(1+t^3\right)},$$

当 $t\to\infty$ 时它趋向零. 于是这个圈所围成的面积是 $\frac{3}{2}a^2$.]

(12) 求曲线 $x^5+y^5=5ax^2y^2$ 的一圈所围的面积.

(13) 曲线

$$x=a\cos t+b\sin t+c,\quad y=a'\cos t+b'\sin t+c'$$

所围成的面积是 $\pi(ab'-a'b)$, 其中 $ab'-a'b>0$. (*Math. Trip.* 1927)

(14) 证明: 曲线 $x=a\sin 2t$, $y=a\sin t$ 一圈所围的面积是 $\frac{4}{3}a^2$. (*Math. Trip.* 1908)

(15) 画出曲线 $x=\cos 2t, y=\sin 3t$ 的图形, 并求出它一圈所围的面积. 得出该曲线的笛卡儿 (Cartesian) 方程, 并解释为什么根据此方程画出的图与另一个图会有区别.

(*Math. Trip.* 1928)

[在通常的由参数方程来定义的曲线理论中, 假设 $x'(t)$ 和 $y'(t)$ 不同时为零; t 的使得它们同时为零的某个值对应于该曲线的一个奇点. 在这种情形 $x'(t)$ 和 $y'(t)$ 两者在 $t=\pm\frac{1}{2}\pi$ 时均为零, 此时有 $x=-1$, $y=\mp 1$. 例如, 如果 t 从 0 增加到 $\frac{1}{2}\pi$, (x,y) 就沿着第一个图从 $(1,0)$ 移动到 $(-1,-1)$, 但是此后即转回头并重新描绘出它的轨迹.

从方程 $x=1-2\tau^2$, $y=3\tau-4\tau^3$ 中消去 $\tau=\sin t$ 即得到它的笛卡儿方程; 第二个图仅有满足 $|\tau|\leqslant 1$ 的部分属于第一个图.]

(16) 由 $x=a\sin t,\ y=b\cos t$ 所给出的椭圆夹在 $t=t_1$ 与 $t=t_2$ 之间的弧长为 $F(t_2)-F(t_1)$, 其中

$$F(t)=a\int\sqrt{1-e^2\sin^2 t}\mathrm{d}t,$$

e 是**离心率** (eccentricity). [此积分不可能用目前我们所能处理的函数的表达式加以计算.]

(17) 旋轮线上点的坐标由

$$x=a(t+\sin t),\quad y=a(1+\cos t)$$

给出; 与 $t=-\frac{1}{2}\pi$ 以及 $t=\frac{1}{2}\pi$ 对应的点是 P 和 Q. 计算曲线上的弧 PQ 以及直线 OP, OQ 之间所包围的面积. (*Math. Trip.* 1934)

(18) **极坐标**. 证明: 由曲线 $r=f(\theta)$ (这里 $f(\theta)$ 是 θ 的单值函数) 以及射线 $\theta=\theta_1$, $\theta=\theta_2$ 所包围的面积是 $F(\theta_2)-F(\theta_1)$, 其中 $F(\theta)=\frac{1}{2}\int r^2\mathrm{d}\theta$. 对应的曲线弧的长度为 $\Phi(\theta_2)-\Phi(\theta_1)$, 其中

$$\Phi(\theta)=\int\sqrt{r^2+\left(\frac{\mathrm{d}r}{\mathrm{d}\theta}\right)^2}\mathrm{d}\theta.$$

例如, 确定 (i) 圆 $r=2a\sin\theta$ 的面积和周长; (ii) 抛物线 $r=\frac{1}{2}l\sec^2\frac{1}{2}\theta$ 与它的**正焦弦** (latus rectum) 之间所包围的面积, 以及该抛物线对应部分的弧长; (iii) **蚶线** (limaçon) $r=a+b\cos\theta$ 所围成的面积, 分 $a>b, a=b, a<b$ 这几种情形加以讨论; (iv) 椭圆 $1/r^2=a\cos^2\theta+2h\cos\theta\sin\theta+b\sin^2\theta$ 与 $\frac{l}{r}=1+e\cos\theta$ 所截的面积. [在最后这种情形, 我们得到积分 $\int\frac{\mathrm{d}\theta}{(1+e\cos\theta)^2}$, 它可以借助代换

$$(1+e\cos\theta)(1-e\cos\phi)=1-e^2$$

进行计算 (参见例 LIII 第 (4) 题).]

(19) 画出曲线 $2\theta=(a/r)+(r/a)$ 的图, 并证明由径向量 $\theta=\beta$ 以及在点 $r=a, \theta=1$ 相切的两个分支所界的面积是 $\frac{2}{3}a^2\left(\beta^2-1\right)^{\frac{3}{2}}$. (*Math. Trip.* 1900)

(20) 画出方程为

$$r^2\left(a^2+b^2\tan^2\frac{1}{2}\theta\right)=a^4$$

的曲线的图, 其中 $a>b>0$, 并证明其面积为 $\pi a^3/(a+b)$. (*Math. Trip.* 1932)

(21) 一条曲线由方程 $p=f(r)$ 给出, r 是径向量, p 是从原点向切线作的垂线. 证明: 由该曲线的一段弧与两条径向量所围区域的面积的计算与积分 $\frac{1}{2}\int\frac{pr\mathrm{d}r}{\sqrt{r^2-p^2}}$ 的计算有关.

第 6 章杂例

1. 函数 $f(x)$ 定义为等于: $1+x$ (当 $x\leqslant 0$ 时), x (当 $0<x<1$ 时), $2-x$ (当 $1\leqslant x\leqslant 2$ 时) 以及 $3x-x^2$ (当 $x>2$ 时). 讨论 $f(x)$ 的连续性, 以及 $f'(x)$ 在 $x=0, x=1, x=2$ 处的存在性和连续性. (*Math. Trip.* 1908)

2. 将 $a, ax+b, ax^2+2bx+c, \cdots$ 记为 $u_0, u_1, u_2, \cdots$, 证明: $u_0^2u_3-3u_0u_1u_2+2u_1^3$ 和 $u_0u_4-4u_1u_3+3u_2^2$ 均与 x 无关.

3. 如果 $a_0, a_1, \cdots, a_{2n}$ 是常数, 且 $U_r=(a_0, a_1, \cdots, a_r \between x, 1)^r$, 那么

$$U_0U_{2n}-2nU_1U_{2n-1}+\frac{2n(2n-1)}{1\cdot 2}U_2U_{2n-2}-\cdots+U_{2n}U_0$$

与 x 无关. (*Math. Trip.* 1896)

[求导并利用关系式 $U_r'=rU_{r-1}$.]

4. 当 $0 \leqslant x \leqslant \frac{1}{2}\pi$ 时, 函数 $\arcsin(\mu \sin x) - x$ 的前三阶导数都是正的, 其中 $\mu > 1$.

5. 一个行列式的元素都是 x 的函数. 证明: 它的微分系数是仅对它的一行的元素求导而保持其余各行不变所得到的诸行列式之和.

6. 如果 f_1, f_2, f_3, f_4 是次数不大于 4 的多项式, 那么

$$\begin{vmatrix} f_1 & f_2 & f_3 & f_4 \\ f_1' & f_2' & f_3' & f_4' \\ f_1'' & f_2'' & f_3'' & f_4'' \\ f_1''' & f_2''' & f_3''' & f_4''' \end{vmatrix}$$

也是次数不大于 4 的多项式. [利用第 5 题的结果对它求导 5 次, 并去掉变为零的行列式.]

7. 如果 $yz = 1$, $y_r = (1/r!)\, D_x^r y$, $z_s = (1/s!)\, D_x^s z$, 那么

$$\frac{1}{z^3}\begin{vmatrix} z & z_1 & z_2 \\ z_1 & z_2 & z_3 \\ z_2 & z_3 & z_4 \end{vmatrix} = \frac{1}{y^2}\begin{vmatrix} y_2 & y_3 \\ y_3 & y_4 \end{vmatrix}. \qquad (\textit{Math. Trip.}\ 1905)$$

8. 如果 $W(y, z, u) = \begin{vmatrix} y & z & u \\ y' & z' & u' \\ y'' & z'' & u'' \end{vmatrix}$, 撇号表示对 x 求导, 那么

$$W(y, z, u) = y^3 W\left(1, \frac{z}{y}, \frac{u}{y}\right).$$

9. 如果

$$ax^2 + 2hxy + by^2 + 2gx + 2fy + c = 0,$$

那么

$$\frac{\mathrm{d}y}{\mathrm{d}x} = -\frac{ax + hy + g}{hx + by + f}, \quad \frac{\mathrm{d}^2 y}{\mathrm{d}x^2} = \frac{abc + 2fgh - af^2 - bg^2 - ch^2}{(hx + by + f)^3}.$$

10. 如果 $y^3 + 3yx + 2x^3 = 0$, 那么 $x^2\left(1 + x^3\right) y'' - \frac{3}{2}xy' + y = 0$. (*Math. Trip.* 1903)

11. 验证: 微分方程 $y = \phi\{\psi(y_1)\} + \phi\{x - \psi(y_1)\}$ 被 $y = \phi(c) + \phi(x - c)$ 满足, 或者被 $y = 2\phi\left(\frac{1}{2}x\right)$ 满足, 其中 y_1 是 y 的导数, 而 ψ 是 ϕ' 的反函数.

12. 验证: 微分方程 $y = \{x/\psi(y_1)\}\, \phi\{\psi(y_1)\}$ (这里的记号与第 11 题中的记号意义相同) 被 $y = c\phi(x/c)$ 或者 $y = \beta x$ 所满足, 其中 $\beta = \phi(\alpha)/\alpha$, 而 α 是方程

$$\phi(\alpha) - \alpha\phi'(\alpha) = 0$$

的任何一个根.

13. 如果 $ax + by + c = 0$, 那么 $y_2 = 0$ (下标表示关于 x 求导的次数). 我们可以将此结论表述成: *所有直线的一般微分方程是* $y_2 = 0$. 求以下曲线的一般微分方程: (i) 所有中心在 x 轴上的圆; (ii) 所有以 x 轴作为对称轴的抛物线; (iii) 所有对称轴平行于 y 轴的抛物线; (iv) 所有的圆; (v) 所有的抛物线; (vi) 所有的圆锥曲线.

[方程是 (i) $1 + y_1^2 + yy_2 = 0$; (ii) $y_1^2 + yy_2 = 0$; (iii) $y_3 = 0$; (iv) $\left(1 + y_1^2\right) y_3 = 3y_1 y_2^2$; (v) $5y_3^2 = 3y_2 y_4$; (vi) $9y_2^2 y_5 - 45y_2 y_3 y_4 + 40y_3^3 = 0$. 在每一种情形, 我们都只需写出所讨论的曲线的一般方程, 并求导直到有足够的方程能将所有的任意常数消去为止.]

14. 证明：所有抛物线以及所有圆锥曲线的一般微分方程分别是

$$D_x^2\left(y_2^{-\frac{2}{3}}\right)=0,\qquad D_x^3\left(y_2^{-\frac{2}{3}}\right)=0.$$

[圆锥曲线的方程可以表为如下形式

$$y=ax+b\pm\sqrt{px^2+2qx+r}.$$

由此我们推出

$$y_2=\pm\left(pr-q^2\right)\left(px^2+2qx+r\right)^{-\frac{3}{2}}.$$

如果该圆锥曲线是抛曲线, 则有 $p=0$.]

15. 将 $\frac{\mathrm{d}y}{\mathrm{d}x},\frac{1}{2!}\frac{\mathrm{d}^2y}{\mathrm{d}x^2},\frac{1}{3!}\frac{\mathrm{d}^3y}{\mathrm{d}x^3},\frac{1}{4!}\frac{\mathrm{d}^4y}{\mathrm{d}x^4},\cdots$ 记为 $t,a,b,c,\cdots$; 将 $\frac{\mathrm{d}x}{\mathrm{d}y},\frac{1}{2!}\frac{\mathrm{d}^2x}{\mathrm{d}y^2},\frac{1}{3!}\frac{\mathrm{d}^3x}{\mathrm{d}y^3},\frac{1}{4!}\frac{\mathrm{d}^4x}{\mathrm{d}y^4},\cdots$ 记为 $\tau,\alpha,\beta,\gamma,\cdots$, 证明

$$4ac-5b^2=\left(4\alpha\gamma-5\beta^2\right)/\tau^8,\quad bt-a^2=-\left(\beta\tau-\alpha^2\right)/\tau^6.$$

对于函数 $a^2d-3abc-2b^3$, $\left(1+t^2\right)b-2a^2t$, $2ct-5ab$ 建立类似的公式.

16. 如果 $y=\cos\left(m\arcsin x\right)$, y_n 是 y 的 n 阶导数, 那么

$$\left(1-x^2\right)y_{n+2}-\left(2n+1\right)xy_{n+1}+\left(m^2-n^2\right)y_n=0.\qquad (\textit{Math. Trip.}\ 1930)$$

[首先证明 $n=0$ 的情形, 并用 Leibniz 定理求导 n 次.]

17. 证明公式

$$vD_x^nu=D_x^n\left(uv\right)-nD_x^{n-1}\left(uD_xv\right)+\frac{n\left(n-1\right)}{1\cdot 2}D_x^{n-2}\left(uD_x^2v\right)-\cdots,$$

其中 n 是任意正整数. [利用归纳法.]

18. 证明

$$\left(\frac{\mathrm{d}}{\mathrm{d}x}\right)^{2n}\frac{\sin x}{x}=\frac{2n!}{x^{2n+1}}\left\{S_{2n-1}\left(x\right)\cos x-C_{2n}\left(x\right)\sin x\right\},$$

其中 $C_{2n}\left(x\right)$ 和 $S_{2n-1}\left(x\right)$ 定义见例 XLVI 第 (5) 题.　(*Math. Trip.* 1936)

19. 证明

$$\left(\frac{\mathrm{d}}{\mathrm{d}x}\right)^{2n}\cos^{2\nu}x=\frac{(-1)^n}{2^{2\nu-1}}\sum_{r=0}^{\nu-1}\binom{2\nu}{r}\left(2\nu-2r\right)^{2n}\cos 2\left(\nu-r\right)x.$$

(*Math. Trip.* 1928)

20. 如果 $y=\left(1-x^2\right)^{-\frac{1}{2}}\arcsin x$, 其中 $-1<x<1$, $-\frac{1}{2}\pi<\arcsin x<\frac{1}{2}\pi$, 那么

$$\left(1-x^2\right)y_{n+1}-\left(2n+1\right)xy_n-n^2y_{n-1}=0,$$

下标表示关于 x 求导的次数.　(*Math. Trip.* 1933)

21. 如果 $y=\left(\arcsin x\right)^2$, 那么

$$\left(1-x^2\right)y_{n+1}-\left(2n-1\right)xy_n-\left(n-1\right)^2y_{n-1}=0.$$

从而求出 y 在 $x=0$ 处的所有导数的值.　(*Math. Trip.* 1930)

22. 一条曲线由

$$x=a\left(2\cos t+\cos 2t\right),\quad y=a\left(2\sin t-\sin 2t\right)$$

给出. 证明 (i) 在以 t 为参数给出的 P 点处的切线以及法线方程是

$$x\sin\tfrac{1}{2}t+y\cos\tfrac{1}{2}t=a\sin\tfrac{3}{2}t,\quad x\cos\tfrac{1}{2}t-y\sin\tfrac{1}{2}t=3a\cos\tfrac{3}{2}t;$$

(ii) 在 P 点的切线与曲线交于点 Q, R, 这两点的参数是 $-\frac{1}{2}t$ 和 $\pi-\frac{1}{2}t$; (iii) $QR=4a$; (iv) 在点 Q, R 的切线交成直角, 且在圆 $x^2+y^2=a^2$ 上相交; (v) 在点 P, Q, R 的法线共点, 且在圆 $x^2+y^2=9a^2$ 上相交; (vi) 该曲线的方程是

$$\left(x^2+y^2+12ax+9a^2\right)^2=4a\left(2x+3a\right)^3.$$

概略描绘出该曲线的形状.

23. 证明：第 22 题中定义的曲线方程可以用 $\xi/a=2u+u^{-2}, \eta/a=2u^{-1}+u^2$ 来代替, 其中 $\xi=x+y\mathrm{i}, \eta=x-y\mathrm{i}, u=\mathrm{Cis}\,t$. 证明：在由 u 定义的点处的切线和法线是

$$u^2\xi-u\eta=a\left(u^3-1\right), \quad u^2\xi+u\eta=3a\left(u^3+1\right),$$

并推导出第 22 题中的性质 (ii)~(v).

24. 证明: $x^4+4px^3-4qx-1=0$ 有相等的根的条件可以表示成 $(p+q)^{\frac{2}{3}}-(p-q)^{\frac{2}{3}}=1$ 的形式. (*Math. Trip.* 1898)

25. 三次方程 $f(x)=0$ 的根按照大小增加的次序排列是 α, β, γ. 证明：如果 (α, β) 和 (β, γ) 中的每一个区间都被分成 6 个相等的子区间, 那么 $f'(x)=0$ 的一个根就会落在位于每一边从 β 算起的第四个子区间中. 当 $f'(x)=0$ 有一个根落在一个分点处这两种情形时, 该三次多项式有何种特性? (*Math. Trip.* 1907)

26. 如果 $\phi(x)$ 是一个多项式, λ 是实数, 那么, 在 $\phi(x)=0$ 的任何一对根之间有

$$\phi'(x)+\lambda\phi(x)=0$$

的一个根. [如同在例 XLI 第 (10) 题中那样讨论.]

27. 如果 α 和 β 是 $\phi=0$ 的两个相邻的根, 那么 $\phi'+\lambda\phi=0$ 的介于 α 和 β 之间的根的个数 (每个根均按照重数计算它的个数) 是奇数.

如果 $\phi=0$ 的根全是实数, 那么 $\phi'+\lambda\phi=0$ 的根也全是实数; 如果前一个方程的根全是单根, 则后者的根也全是单根. (*Math. Trip.* 1933)

28. 由第 27 题导出：

$$\left(\frac{\mathrm{d}}{\mathrm{d}x}\right)^n\left(x^2-1\right)^n$$

在 -1 与 1 之间有 n 个实的单根. (*Math. Trip.* 1933)

29. 研究 $f(x)$ 的极大值与极小值, 以及 $f(x)=0$ 的实根, 这里 $f(x)$ 是诸函数

$$x-\sin x-\tan\alpha\left(1-\cos x\right), \quad x-\sin x-\left(\alpha-\sin\alpha\right)-\tan\tfrac{1}{2}\alpha\left(\cos\alpha-\cos x\right)$$

中的一个, α 是 0 与 π 之间的一个角度. 证明：在第一种情形, 有重根的条件是 $\tan\alpha-\alpha$ 必须是 π 的倍数.

30. 证明: 通过选取比值 $\lambda:\mu$, 可以使得 $\lambda\left(ax^2+bx+c\right)+\mu\left(a'x^2+b'x+c'\right)=0$ 的根是实的, 且有任意大小的差, 除非这两个二次式的根全都是实数, 且交织在一起; 在此例外情形, 该方程的根总是实的, 但它们的差的大小有一个下限. (*Math. Trip.* 1895)

[考虑函数

$$\left(ax^2+bx+c\right)/\left(a'x^2+b'x+c'\right)$$

的图的形状：参见例 XLVI 第 (13) 题以及其后各题.]

31. 证明：当 $0<x<1$ 时有

$$\pi<\frac{\sin\pi x}{x\left(1-x\right)}\leqslant 4,$$

并画出该函数的图.

32. 画出函数

$$\pi\cot\pi x-\frac{1}{x}-\frac{1}{x-1}$$

的图.

33. 概略描绘出由

$$\frac{\mathrm{d}y}{\mathrm{d}x}=\frac{\left(6x^2+x-1\right)(x-1)^2(x+1)^3}{x^2}$$

所给出的函数 y 的图的一般形状. (*Math. Trip.* 1908)

34. 将一张纸折起来, 使得它的一个角刚好碰到对边. 指出应如何折纸以使得折痕有最大的长度.

35. 椭圆 $(x^2/a^2)+(y^2/b^2)=1$ 可以被一个同心圆切下来的最大锐角是 $\arctan\{(a^2-b^2)/2ab\}$. (*Math. Trip.* 1900)

36. 在一个三角形中, 面积 $\varDelta$ 与半周长 s 是固定的. 证明: 一条边的任意一个极大值或者极小值都是方程 $s(x-s)x^2+4\varDelta^2=0$ 的一个根. 讨论此方程的根的实性, 以及它们是否与极大值或者极小值对应.

[等式 $a+b+c=2s, s(s-a)(s-b)(s-c)=\varDelta^2$ 决定了 a 和 b 是 c 的函数. 关于 c 求导, 并假设 $\mathrm{d}a/\mathrm{d}c=0$. 即可求得 $b=c, s-b=s, c=\frac{1}{2}a$, 由此我们推出 $s(a-s)a^2+4\varDelta^2=0$.

如果 $s^4>27\varDelta^2$, 则这个方程有三个实根, 如果 $s^4<27\varDelta^2$, 则这个方程有一个实根. 对于等边三角形 (等边三角形是对给定面积有最小周长的三角形) 有 $s^4=27\varDelta^2$; 从而不可能有 $s^4<27\varDelta^2$. 于是关于 a 的方程有三个实根, 而且, 由于它们的和是正的, 且乘积是负的, 所以有两个根是正的, 而第三个根是负的. 在两个正根中, 有一个与极大值对应, 而另一个与极小值对应.]

37. 诸边经过三个给定的点 A,B,C 的最大的等边三角形的面积是

$$2\varDelta+\frac{a^2+b^2+c^2}{2\sqrt{3}},$$

a,b,c 是三角形 ABC 的边长, $\varDelta$ 是三角形 ABC 的面积. (*Math. Trip.* 1899)

38. 如果 $\varDelta,\varDelta'$ 是顶点在原点, 底角在心脏线 (cardioid) $r=a(1+\cos\theta)$ 上的两个最大的等腰三角形的面积, 那么 $256\varDelta\varDelta'=25a^4\sqrt{5}$. (*Math. Trip.* 1907)

39. 当曲线 $x^2y-4x^2-4xy+y^2+16x-2y-7=0$ 上的点 (x,y) 趋向点 $(2,3)$ 时, 求出 $\left(x^2-4y+8\right)/\left(y^2-6x+3\right)$ 所趋向的极限值. (*Math. Trip.* 1903)

[如果取 $(2,3)$ 作为新的原点, 则该曲线方程变为 $\xi^2\eta-\xi^2+\eta^2=0$, 所给的函数变成

$$\left(\xi^2+4\xi-4\eta\right)/\left(\eta^2+6\eta-6\xi\right).$$

如果令 $\eta=t\xi$, 我们得到 $\xi=\left(1-t^2\right)/t, \eta=1-t^2$. 该曲线有一个在原点有分叉的环, 原点与 $t=-1$ 和 $t=1$ 这两个值对应. 将给定的函数用 t 来表示, 并令 t 趋向 -1 或者 1, 我们就得到极限值为 $-\frac{3}{2},-\frac{2}{3}$.]

40. 如果

$$f(x)=\frac{1}{\sin x-\sin a}-\frac{1}{(x-a)\cos a},$$

那么

$$\frac{\mathrm{d}}{\mathrm{d}a}\left\{\lim_{x\to a}f(x)\right\}-\lim_{x\to a}f'(x)=\frac{3}{4}\sec^3 a-\frac{5}{12}\sec a.$$

(*Math. Trip.* 1896)

41. 证明：如果 $\phi(x)=1/\left(1+x^2\right)$，那么 $\phi^{(n)}(x)=Q_n(x)/\left(1+x^2\right)^{n+1}$，其中 $Q_n(x)$ 是一个 n 次多项式. 并证明

(i) $Q_{n+1}=\left(1+x^2\right)Q_n'-2(n+1)xQ_n$;

(ii) $Q_{n+2}+2(n+2)xQ_{n+1}+(n+2)(n+1)\left(1+x^2\right)Q_n=0$;

(iii) $\left(1+x^2\right)Q_n''-2nxQ_n'+n(n+1)Q_n=0$;

(iv) $Q_n=(-1)^n n!\left\{(n+1)x^n-\dfrac{(n+1)n(n-1)}{3!}x^{n-2}+\cdots\right\}$;

(v) $Q_n=0$ 的所有的根都是实的, 且被 $Q_{n-1}=0$ 的根分隔开来.

42. 如果 $f(x),\phi(x)$ 和 $\psi(x)$ 满足第 126~128 节中关于连续性以及可导性的条件, 那么存在一个位于 a 与 b 之间的 ξ 值, 使得

$$\begin{vmatrix} f(a) & \phi(a) & \psi(a) \\ f(b) & \phi(b) & \psi(b) \\ f'(\xi) & \phi'(\xi) & \psi'(\xi) \end{vmatrix}=0.$$

[考虑用 $f(x),\phi(x),\psi(x)$ 来代替该行列式的第三行的各个元素所得到的函数. 当 $\phi(x)=x$ 且 $\psi(x)=1$ 时, 这个定理就化为中值定理 (第 126 节).]

43. 从第 42 题推导出第 128 节中的定理. [取 $\psi(x)=x$.]

44. 如果 $\phi(x)$ 和 $\psi(x)$ 满足第 128 节中的条件, 且 $\phi'(x)$ 从不取值为零, 那么, 对于 (a,b) 中的某个值 ξ 有

$$\frac{\phi(\xi)-\phi(a)}{\psi(b)-\psi(\xi)}=\frac{\phi'(\xi)}{\psi'(\xi)}.$$

(*Math. Trip.* 1928)

[对 $\{\phi(x)-\phi(a)\}\{\psi(b)-\psi(x)\}$ 应用 Rolle 定理.]

45. 如果 $\phi(x)$ 在 $a\leqslant x<b$ 中连续, $\phi''(x)$ 存在, 且对 $a<x<b$ 有 $\phi''(x)>0$, 那么

$$\frac{\phi(x)-\phi(a)}{x-a}$$

在 $a<x<b$ 中严格递增. (*Math. Trip.* 1933)

46. 函数 $f(x)$ 和 $g(x)$ 在 $0\leqslant x\leqslant a$ 中连续, 在 $0<x<a$ 中可导; $f(0)=0,g(0)=0$; $f'(x)$ 和 $g'(x)$ 是正的. 证明

(i) 如果 $f'(x)$ 与 x 一起增加, 那么 $f(x)/x$ 也与 x 一起增加,

(ii) 如果 $f'(x)/g'(x)$ 与 x 一起增加, 那么 $f(x)/g(x)$ 也与 x 一起增加.

证明：函数

$$\frac{x}{\sin x},\quad \frac{\frac{1}{2}x^2}{1-\cos x},\quad \frac{\frac{1}{6}x^3}{x-\sin x},\quad \cdots$$

在区间 $0<x<\frac{1}{2}\pi$ 中递增. (*Math. Trip.* 1934)

[参见 Hardy, Littlewood, Pólya 所著 *Inequalities* 一书第 106 页.]

47. 函数 $f(x)$ 在 $x=\xi$ 有微分系数 $f'(\xi)$. 证明：如果 h 和 k 同时取正的值以任何方式趋向零, 那么

$$\phi(h,k)=\frac{f(\xi+h)-f(\xi-k)}{h+k}-f'(\xi)$$

趋向零.

并证明：如果 $f'(x)$ 在一个包含 ξ 的区间中是连续的, 那么我们就能删去“正的”这个词, 而仅仅假设 $h+k\neq 0$.

最后, 考虑函数

$$f(0)=0, \quad f(x)=1 \Big/ \left[\frac{1}{x^2}\right] \quad (x \neq 0),$$

由此来证明, 在一般情形下我们不可能取消这一限制. (*Math. Trip.* 1923)

[关于第一部分, 利用恒等式

$$\begin{aligned}\phi(h,k)=&\frac{h}{h+k}\left\{\frac{f(\xi+h)-f(\xi)}{h}-f'(\xi)\right\}\\&+\frac{k}{h+k}\left\{\frac{f(\xi-k)-f(\xi)}{-k}-f'(\xi)\right\}\end{aligned}$$

以及不等式 $h<h+k, k<h+k$. 对于第二部分, 利用中值定理. 对于第三部分, 取

$$\xi=0, \quad h=\left(n-\frac{1}{n}\right)^{-\frac{1}{2}}, \quad k=-n^{-\frac{1}{2}},$$

其中 n 是正整数.]

48. 如果当 $x\to\infty$ 时有 $\phi'(x)\to a$, 且 $a\neq 0$, 那么 $\phi(x)\sim ax$. 如果 $a=0$, 那么 $\phi(x)=o(x)$. 如果 $\phi'(x)\to\infty$, 那么 $\phi(x)\to\infty$. [利用中值定理.]

49. 如果当 $x\to\infty$ 时有 $\phi(x)\to a$, 那么 $\phi'(x)$ 不可能趋向零以外的任何极限.

50. 如果当 $x\to\infty$ 时有 $\phi(x)+\phi'(x)\to a$, 那么 $\phi(x)\to a$, 且 $\phi'(x)\to 0$.

[设 $\phi(x)=a+\psi(x)$, 所以 $\psi(x)+\psi'(x)\to 0$. 如果 $\psi'(x)$ 有固定的符号, 比方说对所有充分大的 x 都是正的, 那么 $\psi(x)$ 递增, 且必定趋向一个极限 l 或者趋向 ∞. 如果 $\psi(x)\to\infty$, 那么 $\psi'(x)\to-\infty$, 这与我们的假设矛盾. 如果 $\psi(x)\to l$, 那么 $\psi'(x)\to -l$, 而这是不可能的 (第 49 题), 除非 $l=0$. 类似地, 我们可以处理 $\psi'(x)$ 对充分大的 x 取负值的情形. 如果对于 x 的超出任何界限的值, $\psi'(x)$ 都改变符号, 那么这些就是 $\psi(x)$ 的极大值和极小值. 如果 x 有一个很大的值与 $\psi(x)$ 的一个极大值或者极小值对应, 那么 $\psi(x)+\psi'(x)$ 很小, 且 $\psi'(x)=0$, 所以 $\psi(x)$ 也很小. 于是当 x 很大时, $\psi(x)$ 的其他的值也很小.]

51. 指出如何将 $\int R\left(x, \sqrt{\frac{ax+b}{mx+n}}, \sqrt{\frac{cx+d}{mx+n}}\right)\mathrm{d}x$ 化为有理函数的积分. [令 $mx+n=1/t$ 并利用例 XLIX 第 (13) 题.]

52. 计算积分

$$\int\sqrt{\frac{x-1}{x+1}}\frac{\mathrm{d}x}{x}, \int\frac{x\mathrm{d}x}{\sqrt{1+x}-\sqrt[3]{1+x}}, \int\sqrt{a^2+\sqrt{b^2+\frac{c}{x}}}\mathrm{d}x,$$

$$\int\frac{5\cos x+6}{2\cos x+\sin x+3}\mathrm{d}x, \int\frac{\mathrm{d}x}{\left(2-\sin^2 x\right)\left(2+\sin x-\sin^2 x\right)}, \int\csc x\sqrt{\sec 2x}\mathrm{d}x,$$

$$\int\frac{\mathrm{d}x}{\sqrt{(1+\sin x)(2+\sin x)}}, \int\frac{x+\sin x}{1+\cos x}\mathrm{d}x, \int\operatorname{arc\,sec} x\mathrm{d}x, \int(\arcsin x)^2\mathrm{d}x,$$

$$\int x\arcsin x\mathrm{d}x, \int\frac{x\arcsin x}{\sqrt{1-x^2}}\mathrm{d}x, \int\frac{\arctan x}{\left(1+x^2\right)^{\frac{3}{2}}}\mathrm{d}x, \int\frac{\log\left(\alpha^2+\beta^2x^2\right)}{x^2}\mathrm{d}x.$$

53. 用代换 $u^2=x+1+x^{-1}$ 计算积分

$$\int\frac{x-1}{x+1}\frac{\mathrm{d}x}{\sqrt{x\left(x^2+x+1\right)}}.$$

(*Math. Trip.* 1931)

54. 证明

$$\int \frac{\mathrm{d}x}{x^{2n+1}\sqrt{1-x^2}} = \frac{1\cdot 3\cdots(2n-1)}{2\cdot 4\cdots 2n}\left[\log\frac{1-\sqrt{1-x^2}}{x} - \left\{\frac{1}{x^2}+\frac{2}{3}\frac{1}{x^4}+\cdots+\frac{2\cdot 4\cdots(2n-2)}{3\cdot 5\cdots(2n-1)}\frac{1}{x^{2n}}\right\}\sqrt{1-x^2}\right],$$

$$\int \frac{\mathrm{d}x}{x^{2n+2}\sqrt{1-x^2}} = -\frac{2\cdot 4\cdots 2n}{3\cdot 5\cdots(2n+1)} \times\left\{\frac{1}{x}+\frac{1}{2}\frac{1}{x^3}+\cdots+\frac{1\cdot 3\cdots(2n-1)}{2\cdot 4\cdots 2n}\frac{1}{x^{2n+1}}\right\}\sqrt{1-x^2},$$

其中 n 是正整数. (*Math. Trip.* 1931)

55. **化简公式**. (i) 证明

$$2(n-1)\left(q-\frac{1}{4}p^2\right)\int\frac{\mathrm{d}x}{(x^2+px+q)^n} = \frac{x+\frac{1}{2}p}{(x^2+px+q)^{n-1}}+(2n-3)\int\frac{\mathrm{d}x}{(x^2+px+q)^{n-1}}.$$

[令 $x+\dfrac{1}{2}p=t, q-\frac{1}{4}p^2=\lambda$, 我们得到

$$\int\frac{\mathrm{d}t}{(t^2+\lambda)^n}=\frac{1}{\lambda}\int\frac{\mathrm{d}t}{(t^2+\lambda)^{n-1}}-\frac{1}{\lambda}\int\frac{t^2\mathrm{d}t}{(t^2+\lambda)^n} =\frac{1}{\lambda}\int\frac{\mathrm{d}t}{(t^2+\lambda)^{n-1}}+\frac{1}{2\lambda(n-1)}\int t\frac{\mathrm{d}}{\mathrm{d}t}\left\{\frac{1}{(t^2+\lambda)^{n-1}}\right\}\mathrm{d}t,$$

再用分部积分法即得结论.

这样的公式称为**化简公式** (formula of reduction). 当 n 是正整数时, 此公式最为有用. 这时我们可以用 $\displaystyle\int\frac{\mathrm{d}x}{(x^2+px+q)^{n-1}}$ 来表示 $\displaystyle\int\frac{\mathrm{d}x}{(x^2+px+q)^n}$, 从而可以依次对每个 n 的值计算这个积分.]

(ii) 证明：如果 $I_{p,q}=\displaystyle\int x^p(1+x)^q\,\mathrm{d}x$, 那么

$$(p+1)I_{p,q}=x^{p+1}(1+x)^q-qI_{p+1,q-1},$$

并得到一个用 $I_{p-1,q+1}$ 表示 $I_{p,q}$ 的类似公式. 又用代换 $x=-y/(1+y)$ 证明

$$I_{p,q}=(-1)^{p+1}\int y^p(1+y)^{-p-q-2}\,\mathrm{d}y.$$

(iii) 如果 $u_n=\displaystyle\int\frac{\mathrm{d}x}{(x^2+1)^n}$, 那么

$$(2n-2)u_n-(2n-3)u_{n-1}=x\left(x^2+1\right)^{-(n-1)}.$$

(*Math. Trip.* 1935)

(iv) 如果 $I_{m,n}=\displaystyle\int\frac{x^m\mathrm{d}x}{(x^2+1)^n}$, 那么

$$2(n-1)I_{m,n}=-x^{m-1}\left(x^2+1\right)^{-(n-1)}+(m-1)I_{m-2,n-1}.$$

(v) 如果 $I_n = \int x^n \cos\beta x \mathrm{d}x,\ J_n = \int x^n \sin\beta x \mathrm{d}x$, 那么

$$\beta I_n = x^n \sin\beta x - nJ_{n-1}, \quad \beta J_n = -x^n \cos\beta x + nI_{n-1}.$$

(vi) 如果 $I_n = \int \cos^n x \mathrm{d}x,\ J_n = \int \sin^n x \mathrm{d}x$, 那么

$$nI_n = \sin x \cos^{n-1} x + (n-1) I_{n-2}, \quad nJ_n = -\cos x \sin^{n-1} x + (n-1) J_{n-2}.$$

(vii) 如果 $I_n = \int \tan^n x \mathrm{d}x$, 那么 $(n-1)(I_n + I_{n-2}) = \tan^{n-1} x$.

(viii) 如果 $I_{m,n} = \int \cos^m x \sin^n x \mathrm{d}x$, 那么

$$\begin{aligned}(m+n) I_{m,n} &= -\cos^{m+1} x \sin^{n-1} x + (n-1) I_{m,n-2} \\ &= \cos^{m-1} x \sin^{n+1} x + (m-1) I_{m-2,n}.\end{aligned}$$

[我们有

$$\begin{aligned}(m+1) I_{m,n} &= -\int \sin^{n-1} x \frac{\mathrm{d}}{\mathrm{d}x}\left(\cos^{m+1} x\right) \mathrm{d}x \\ &= -\cos^{m+1} x \sin^{n-1} x + (n-1) \int \cos^{m+2} x \sin^{n-2} x \mathrm{d}x \\ &= -\cos^{m+1} x \sin^{n-1} x + (n-1)(I_{m,n-2} - I_{m,n}).\end{aligned}$$

这将导出第一个化简公式.]

(ix) 将 $I_{m,n} = \int \sin^m x \sin nx \mathrm{d}x$ 与 $I_{m-2,n}$ 用公式连接起来. (*Math. Trip.* 1897)

(x) 如果 $I_{m,n} = \int x^m \csc^n x \mathrm{d}x$, 那么

$$\begin{aligned}(n-1)(n-2) I_{m,n} &= (n-2)^2 I_{m,n-2} + m(m-1) I_{m-2,n-2} \\ &\quad -x^{m-1} \csc^{n-1} x \{m \sin x + (n-2) x \cos x\}.\end{aligned}$$

(*Math. Trip.* 1896)

(xi) 如果 $I_n = \int (a + b\cos x)^{-n} \mathrm{d}x$, 那么

$$(n-1)\left(a^2 - b^2\right) I_n = -b \sin x (a + b\cos x)^{-(n-1)} + (2n-3) aI_{n-1} - (n-2) I_{n-2}.$$

(xii) 如果 $I_n = \int \left(a\cos^2 x + 2h \cos x \sin x + b\sin^2 x\right)^{-n} \mathrm{d}x$, 那么

$$4n(n+1)\left(ab - h^2\right) I_{n+2} - 2n(2n+1)(a+b) I_{n+1} + 4n^2 I_n = -\frac{\mathrm{d}^2 I_n}{\mathrm{d}x^2}$$

(*Math. Trip.* 1898)

(xiii) 如果 $I_{m,n} = \int x^m (\log x)^n \mathrm{d}x$, 那么 $(m+1) I_{m,n} = x^{m+1} (\log x)^n - nI_{m,n-1}$.

56. 如果 n 是正整数, 那么 $\int x^m (\log x)^n \mathrm{d}x$ 的值是

$$x^{m+1}\left\{\frac{(\log x)^n}{m+1} - \frac{n(\log x)^{n-1}}{(m+1)^2} + \frac{n(n-1)(\log x)^{n-2}}{(m+1)^3} - \cdots + \frac{(-1)^n n!}{(m+1)^{n+1}}\right\}.$$

57. 由

$$x=\cos\phi+\frac{\sin\alpha\sin\phi}{1-\cos^2\alpha\sin^2\phi},\quad y=\sin\phi-\frac{\sin\alpha\cos\phi}{1-\cos^2\alpha\sin^2\phi}$$

给出的曲线所围的面积是 $\frac{1}{2}\pi(1+\sin\alpha)^2/\sin\alpha$, 其中 α 是正的锐角. (*Math. Trip.* 1904)

58. 一个半径为 a 的圆的一条弦在一条直径上的投影有不变的长度 $2a\cos\beta$; 证明: 该弦的中点的轨迹由两个环组成, 每一个环的面积都是 $a^2(\beta-\cos\beta\sin\beta)$. (*Math. Trip.* 1903)

59. 证明: 曲线 $(x/a)^{\frac{2}{3}}+(y/b)^{\frac{2}{3}}=1$ 在一个象限内的长度是 $(a^2+ab+b^2)/(a+b)$.

(*Math. Trip.* 1911)

60. 点 A 在一个半径为 a 的圆的内部, 到圆心的距离为 b. 证明: 从点 A 向圆的一条切线所作垂线的垂足轨迹所包围的面积是 $\pi\left(a^2+\frac{1}{2}b^2\right)$. (*Math. Trip.* 1909)

61. 证明: 如果 $(a,b,c,f,g,h \between x,y,1)^2=0$ 是一条圆锥曲线的方程, 那么

$$\int\frac{\mathrm{d}x}{(lx+my+n)(hx+by+f)}=\alpha\log\frac{PT}{PT'}+\beta,$$

其中 PT, PT' 是从圆锥曲线上坐标为 x 和 y 的点 P 向位于弦 $lx+my+n=0$ 的端点处的切线所作的垂线, α,β 是常数. (*Math. Trip.* 1902)

62. 证明:

$$\int\frac{ax^2+2bx+c}{(Ax^2+2Bx+C)^2}\mathrm{d}x$$

是 x 的有理函数, 当且仅当 $AC-B^2$ 与 $aC+cA-2bB$ 中有一个为零[1].

63. 证明:

$$\int\frac{f(x)}{\{F(x)\}^2}\mathrm{d}x$$

是 x 的有理函数的充分必要条件是: $f'F'-fF''$ 能被 F 整除, 其中 f 和 F 是多项式, 且后者没有重因子. (*Math. Trip.* 1910)

64. 证明:

$$\int\frac{\alpha\cos x+\beta\sin x+\gamma}{(1-e\cos x)^2}\mathrm{d}x$$

是 $\cos x$ 和 $\sin x$ 的有理函数, 当且仅当 $\alpha e+\gamma=0$; 并在此条件满足时计算这个积分.

(*Math. Trip.* 1910)

[1] 见第 203 页中所引用的作者的专著.

第 7 章　微分学和积分学中另外一些定理

150. 更高阶的中值定理

在第 126 节中我们曾经证明了：如果 $f(x)$ 在 $a \leqslant x \leqslant b$ 中连续, 且在 $a < x < b$ 中有导数, 那么

$$f(b) - f(a) = (b-a) f'(\xi),$$

其中 $a < \xi < b$; 或者说有

$$f(a+h) - f(a) = hf'(a+\theta_1 h), \tag{1}$$

其中 $0 < \theta_1 < 1$.

现在对 $f(x)$ 进一步加以限制. 假设 $f'(x)$ 在 $a \leqslant x \leqslant b$ 中连续, 且 $f''(x)$ 在 $a < x < b$ 中存在. 考虑函数

$$f(b) - f(x) - (b-x) f'(x) - \left(\frac{b-x}{b-a}\right)^2 \{f(b) - f(a) - (b-a) f'(a)\}.$$

此函数当 $x = a$ 以及 $x = b$ 时变为零, 且它的导数是

$$\frac{2(b-x)}{(b-a)^2} \left\{f(b) - f(a) - (b-a) f'(a) - \tfrac{1}{2}(b-a)^2 f''(x)\right\};$$

这个导数必定在 a 和 b 之间的某个 x 值变为零. 这样就存在介于 a 和 b 之间的某个 x 的值 ξ (于是它可以表示成 $a + \theta_2(b-a)$, 其中 $0 < \theta_2 < 1$), 使得有

$$f(b) = f(a) + (b-a) f'(a) + \tfrac{1}{2}(b-a)^2 f''(\xi).$$

如果置 $b = a + h$, 就得到等式

$$f(a+h) = f(a) + hf'(a) + \tfrac{1}{2}h^2 f''(a+\theta_2 h), \tag{2}$$

这是我们所称的**二阶中值定理** (the mean value theorem of the second order) 的标准形式.

我们已经对于 $f'(x)$ 假设了在第 126 节中对于 $\phi(x)$ 所假设的条件, 也就是说在闭区间中的连续性以及在开区间 (a,b) 中的可导性. 我们附带还假设了 $f'(a)$ 和 $f'(b)$ 的存在性, 这样一个假设涉及 x 在 (a,b) 以外 (即在 a 的左边以及 b 的右边) 时 $f(x)$ 的值. 在应用中有可能发生 $f(x)$ 在 (a,b) 以外没有定义的情况. 以左端点为例, 此时我们必须把 $f'(a)$ 理解成仅仅对位于 (a,b) 中的 x 的值有定义, 也就是说

$$f'(a) = \lim_{h \to +0} \frac{f(a+h) - f(a)}{h}.$$

这个约定与我们在第 99 节末尾关于连续性所作的约定是相互平行的.

对于更高阶的导数, 下一个定理中给出了同样的观点.

由 (1) 和 (2) 所给出的相似性引导我们总结出下面的定理.

Taylor 中值定理或者一般性的中值定理 如果 $f^{(n-1)}(x)$ 在 $a \leqslant x \leqslant b$ 中连续, $f^{(n)}(x)$ 在 $a < x < b$ 中存在, 那么

$$\begin{aligned} f(b) = & f(a) + (b-a) f'(a) + \frac{(b-a)^2}{2!} f''(a) + \cdots \\ & + \frac{(b-a)^{n-1}}{(n-1)!} f^{(n-1)}(a) + \frac{(b-a)^n}{n!} f^{(n)}(\xi), \end{aligned}$$

其中 $a < \xi < b$; 如果 $b = a + h$, 那么

$$\begin{aligned} f(a+h) = & f(a) + h f'(a) + \frac{1}{2!} h^2 f''(a) + \cdots \\ & + \frac{h^{n-1}}{(n-1)!} f^{(n-1)}(a) + \frac{h^n}{n!} f^{(n)}(a + \theta_n h), \end{aligned}$$

其中 $0 < \theta_n < 1$.

$f^{(n-1)}(x)$ 的连续性自然包含了 $f(x), f'(x), \cdots, f^{(n-2)}(x)$ 的连续性.

其证明与 $n = 1$ 以及 $n = 2$ 的特殊情形采用同样的路线. 我们考虑函数

$$F_n(x) - \left(\frac{b-x}{b-a}\right)^n F_n(a),$$

其中

$$F_n(x) = f(b) - f(x) - (b-x) f'(x) - \cdots - \frac{(b-x)^{n-1}}{(n-1)!} f^{(n-1)}(x).$$

这个函数在 $x = a$ 以及 $x = b$ 时变为零; 它的导数是

$$\frac{n(b-x)^{n-1}}{(b-a)^n} \left\{ F_n(a) - \frac{(b-a)^n}{n!} f^{(n)}(x) \right\};$$

故必有 x 的某个介于 a 和 b 之间的值, 使得此导数在该点处等于零. 这就立即得出欲证之结论.

例 LV

(1) 假设 $f(x)$ 是 r 次多项式. 那么当 $n > r$ 时 $f^{(n)}(x)$ 恒等于零, 于是该定理引导到代数恒等式

$$f(a+h) = f(a) + h f'(a) + \frac{h^2}{2!} f''(a) + \cdots + \frac{h^r}{r!} f^{(r)}(a).$$

(2) 将定理应用于 $f(x) = 1/x$, 并假设 x 和 $x + h$ 都是正数, 就得到结果

$$\frac{1}{x+h} = \frac{1}{x} - \frac{h}{x^2} + \frac{h^2}{x^3} - \cdots + \frac{(-1)^{n-1} h^{n-1}}{x^n} + \frac{(-1)^n h^n}{(x + \theta_n h)^{n+1}}.$$

[由于 $\dfrac{1}{x+h} = \dfrac{1}{x} - \dfrac{h}{x^2} + \dfrac{h^2}{x^3} - \cdots + \dfrac{(-1)^{n-1} h^{n-1}}{x^n} + \dfrac{(-1)^n h^n}{x^n (x+h)}$,

我们可以通过证明 $x^n (x+h)$ 可表成 $(x + \theta_n h)^{n+1}$ 的形式, 或者通过证明 $x^n (x+h)$ 在 x^{n+1} 与 $(x+h)^{n+1}$ 之间来验证此结果.]

(3) 导出公式

$$\sin(x+h)=\sin x+h\cos x-\frac{h^2}{2!}\sin x-\frac{h^3}{3!}\cos x+\cdots$$
$$+(-1)^{n-1}\frac{h^{2n-1}}{(2n-1)!}\cos x+(-1)^n\frac{h^{2n}}{2n!}\sin(x+\theta_{2n}h),$$

并对 $\cos(x+h)$ 得出对应的公式, 并得出包含 h 的幂直至 h^{2n+1} 的类似公式.

(4) 证明: 如果 m 是正整数, n 是不大于 m 的正整数, 那么

$$(x+h)^m = x^m+\binom{m}{1}x^{m-1}h+\cdots+\binom{m}{n-1}x^{m-n+1}h^{n-1}$$
$$+\binom{m}{n}(x+\theta_n h)^{m-n}h^n.$$

又证明: 如果区间 $(x,x+h)$ 不包含 $x=0$, 则此公式对 m 的所有有理数值以及对于 n 的所有正整数值都成立. 并证明: 即使 $x<0<x+h$ 或者 $x+h<0<x$, 如果 $m-n$ 是正数, 则该公式依然成立.

(5) 如果 $f(x)=1/x$ 且 $x<0<x+h$, 则公式 $f(x+h)=f(x)+hf'(x+\theta_1 h)$ 不成立.

[因为 $f(x+h)-f(x)>0$, 且 $hf'(x+\theta_1 h)=-h/(x+\theta_1 h)^2<0$; 显然使中值定理成立的条件并不满足.]

(6) 如果 $x=-a, h=2a, f(x)=x^{\frac{1}{3}}$, 那么等式

$$f(x+h)=f(x)+hf'(x+\theta_1 h)$$

对 $\theta_1=\frac{1}{2}\pm\frac{1}{18}\sqrt{3}$ 是满足的. [这个例子表明, 即使当使得定理成立的条件不满足时定理的结果也有可能成立.]

(7) **逼近方程的根的 Newton 法**. 设 ξ 是代数方程 $f(x)=0$ 的一个根的近似值, 实际的根是 $\xi+h$. 那么

$$0=f(\xi+h)=f(\xi)+hf'(\xi)+\tfrac{1}{2}h^2f''(\xi+\theta_2 h),$$

所以

$$h=-\frac{f(\xi)}{f'(\xi)}-\frac{1}{2}h^2\frac{f''(\xi+\theta_2 h)}{f'(\xi)},$$

只要 $f'(\xi)\neq 0$.

如果这个根是一个单根, 且 h 足够小, 那么就存在一个正数 K, 使得对我们所考虑的所有 x 值都有 $|f'(x)|>K$; 因此这个根就是

$$\xi+h=\xi-\frac{f(\xi)}{f'(\xi)}+O\left(h^2\right)=\xi_1+O\left(h^2\right),$$

这里最后一步是我们的假设. 从而 ξ_1 是这个根的比 ξ 更好的近似值.

我们可以重复这个方法, 取 ξ_1 代替 ξ, 这样就得到一列越来越好的近似值 $\xi_2,\xi_3,\cdots$, 相应的误差为 $O\left(h^4\right),O\left(h^8\right),\cdots$.

(8) 将这一程序应用到方程 $x^2=2$, 取 $\xi=\frac{3}{2}$ 作为第一个近似值. [我们求得 $\xi_1=\frac{17}{12}=1.416\cdots$, 虽然第一个近似值不精确, 但 ξ_1 是一个相当好的近似值. 如果现在再重复这一过程, 就得到 $\xi_2=\frac{577}{408}=1.414\,215\cdots$, 它的小数部分有 5 位数字是正确的.]

(9) 用这种方法考虑方程 $x^2-1-y=0$, 其中 y 很小, 证明

$$\sqrt{1+y}=1+\frac{1}{2}y-\frac{y^2}{4(2+y)}+O\left(y^4\right).$$

(10) 证明: 第 (7) 题中方程的根是

$$\xi-\frac{f}{f'}-\frac{f^2f''}{2f'^3}+O\left(|h|^3\right)$$

(其中每个函数的自变量都是 ξ).

(11) 方程 $\sin x=\alpha x$ (其中 α 很小) 有一个几乎与 π 相等的根. 证明: $(1-\alpha)\pi$ 是一个更好的近似值, 而 $\left(1-\alpha+\alpha^2\right)\pi$ 则是一个还要更好的近似值. [第 7~10 题的方法与 $f(x)=0$ 是否是代数方程并无关系, 只要 f' 和 f'' 连续且 $f'(\xi)\neq 0$ 即可应用.]

(12) 证明: 如果 $f^{(n+1)}(x)$ 是连续的, 那么, 当 $h\to 0$ 时, 在一般的中值定理中出现的数 θ_n 的极限是 $1/(n+1)$.

[因为 $f(x+h)$ 与

$$f(x)+\cdots+\frac{h^n}{n!}f^{(n)}(x+\theta_n h),$$
$$f(x)+\cdots+\frac{h^n}{n!}f^{(n)}(x)+\frac{h^{n+1}}{(n+1)!}f^{(n+1)}(x+\theta_{n+1}h)$$

中的每一个都相等, 其中 θ_{n+1} 以及 θ_n 都位于 0 和 1 之间. 于是

$$f^{(n)}(x+\theta_n h)=f^{(n)}(x)+\frac{hf^{(n+1)}(x+\theta_{n+1}h)}{n+1}.$$

但是, 如果对函数 $f^{(n)}(x)$ 应用原来的中值定理, 并用 $\theta_n h$ 代替 h, 我们得到

$$f^{(n)}(x+\theta_n h)=f^{(n)}(x)+\theta_n hf^{(n+1)}(x+\theta\theta_n h),$$

其中 θ 也位于 0 和 1 之间. 从而

$$\theta_n f^{(n+1)}(x+\theta\theta_n h)=\frac{f^{(n+1)}(x+\theta_{n+1}h)}{n+1},$$

由于当 $h\to 0$ 时 $f^{(n+1)}(x+\theta\theta_n h)$ 和 $f^{(n+1)}(x+\theta_{n+1}h)$ 趋向相同的极限, 由此即得出结果.]

151. Taylor 定理的另一形式

Taylor 定理还有另外一种形式, 在这种形式下, 我们假设的条件要少于上一节中定理的条件.

假设 $f(x)$ 在 $x=a$ 有 n 阶导数 $f'(a),\cdots,f^{(n)}(a)$. 在任何一点 $f^{(\nu)}(x)$ 的存在性包含了 $f^{(\nu-1)}(x)$ 在含有该点的某个区间中的存在性以及它在该点的连续性; 所以, 在包含 $x=a$ 的一个区间中前 $n-2$ 阶导数都是连续的, 且第 $n-1$ 阶导数在 $x=a$ 也是连续的. 但是我们甚至不能假设在除了 $x=a$ 以外的任意一点 n 阶导数存在.

首先假设 $h\geqslant 0$, 记

$$F_n(h)=f(a+h)-f(a)-hf'(a)-\cdots-\frac{h^{n-1}}{(n-1)!}f^{(n-1)}(a).$$

那么 $F_n(h)$ 和它的前 $n-1$ 阶导数对 $h=0$ 变为零, 而 $F_n^{(n)}(0)=f^{(n)}(a)$. 于是, 如果我们记

$$G(h)=F_n(h)-\frac{h^n}{n!}\left\{f^{(n)}(a)-\delta\right\},$$

其中 δ 是正数, 那么就有

$$G(0)=0,\quad G'(0)=0,\quad \cdots,\quad G^{(n-1)}(0)=0,\quad G^{(n)}(0)=\delta>0.$$

由最后两个式子以及第 122 节定理 A 推出: $G^{(n-1)}(h)$ 在 $h=0$ 是增加的, 且对于小的正数 h 取正值.

其次, $G^{(n-2)}(0)=0$, 且对于小的正数 h 有 $G^{(n-1)}(h)>0$; 这样一来, 根据第 122 节的推论 1, 对于小的正数 h 就有 $G^{(n-2)}(h)>0$.①重复这一讨论, 我们相继得知 $G^{(n-3)}(h), G^{(n-4)}(h),\cdots$ 以及最后 $G(h)$ 都是正的, 也即对小的正数 h 有

$$F_n(h)>\frac{h^n}{n!}\left\{f^{(n)}(a)-\delta\right\}.$$

类似地②, 可以证明: 对小的正数 h 有

$$F_n(h)<\frac{h^n}{n!}\left\{f^{(n)}(a)+\delta\right\};$$

在这些不等式中, δ 是一个任意的正数. 由此推得, 当 η 和 h 取正数趋向零时有

$$F_n(h)=\frac{h^n}{n!}\left\{f^{(n)}(a)+\eta\right\}.$$

类似地, 我们可以对取负数值的 h 进行处理, 并得到下面的定理.

如果 $f(x)$ 在 $x=a$ 有 n 阶导数, 那么

$$(1)\ f(a+h)=f(a)+hf'(a)+\cdots+\frac{h^{n-1}}{(n-1)!}f^{(n-1)}(a)+\frac{h^n}{n!}\left\{f^{(n)}(a)+\eta\right\},$$

其中 $\eta\to 0\ (h\to 0)$.

我们也可以根据第 98 节的记号, 将 (1) 写成

$$(2)\ f(a+h)=f(a)+hf'(a)+\cdots+\frac{h^{n-1}}{(n-1)!}f^{(n-1)}(a)+o(h^n).$$

我们也应当能从第 150 节的定理推导出这个结果, 仅需要假设 $f^{(n)}(x)$ 在 $x=a$ 有连续性.

例 LVI

(1) 证明: 如果当 $x\to 0$ 时

$$a_0+a_1x+\cdots+a_nx^n+o(x^n)=b_0+b_1x+\cdots+b_nx^n+o(x^n),$$

那么 $a_0=b_0, a_1=b_1,\cdots,a_n=b_n$.

[令 $x\to 0$, 我们看到有 $a_0=b_0$. 现在用 x 来除, 再令 $x\to 0$; 根据需要重复此过程.

① 根据中值定理, 这也就是 $G^{(n-2)}(h)=G^{(n-2)}(h)-G^{(n-2)}(0)=hG^{(n-1)}(\theta h)>0$.

② 在 $G(h)$ 的定义中改变 δ 前面的符号.

由此推得：如果 $f(x)$ 在 $x=a$ 有 n 阶导数, 且

$$f(a+h)=c_0+c_1h+\cdots+c_nh^n+o(h^n),$$

那么 $c_0,c_1,\cdots$ 就有 (2) 中所给的值.]

(2) 证明

$$\frac{f(a+h)-f(a-h)}{2h}\to f'(a),$$

如果右边的导数存在的话.

(3) 证明

$$\frac{f(a+h)-2f(a)+f(a-h)}{h^2}\to f''(a),$$

如果右边的二阶导数存在的话. (*Math. Trip.* 1925)

(4) 证明：对很小的 θ 有

$$\frac{3\sin 2\theta}{2(2+\cos 2\theta)}=\theta+\frac{4}{45}\theta^5+o(\theta^5).$$ (*Math. Trip.* 1935)

(5) 证明：如果 $\sin x=xy^2$, 且 x 和 $y-1$ 很小, 那么

$$y=1-\tfrac{1}{12}x^2+\tfrac{1}{1440}x^4+o(x^4),\quad x^2=-12(y-1)+\tfrac{6}{5}(y-1)^2+o\{(y-1)^2\}.$$

(*Math. Trip.* 1934)

152. Taylor 级数

假设 $f(x)$ 是一个函数, 它在包含点 $x=a$ 的一个区间 $(a-\eta,a+\eta)$ 中有任意阶的微分系数. 那么, 如果 h 的绝对值小于 η, 则对所有的 n 值就有

$$f(a+h)=f(a)+hf'(a)+\cdots+\frac{h^{n-1}}{(n-1)!}f^{(n-1)}(a)+\frac{h^n}{n!}f^{(n)}(a+\theta_nh),$$

其中 $0<\theta_n<1$. 或者说, 如果

$$S_n=\sum_0^{n-1}\frac{h^\nu}{\nu!}f^{(\nu)}(a),\quad R_n=\frac{h^n}{n!}f^{(n)}(a+\theta_nh),$$

则有

$$f(a+h)-S_n=R_n.$$

现在进一步假设：当 $n\to\infty$ 时有 $R_n\to 0$. 那么

$$f(a+h)=\lim_{n\to\infty}S_n=f(a)+hf'(a)+\frac{h^2}{2!}f''(a)+\cdots.$$

$f(a+h)$ 的这个展开式称为 Taylor 级数. 当 $a=0$ 时, 该公式简化为

$$f(h)=f(0)+hf'(0)+\frac{h^2}{2!}f''(0)+\cdots,$$

称为 Maclaurin 级数. 函数 R_n 称为 Lagrange 形式的余项.

读者应该仔细注意：$f(x)$ 的各阶导数的存在性这一假设是 Taylor 级数成立的充分条件. 对 R_n 的性状作直接的讨论十分重要.

(1) **余弦级数和正弦级数**. 设 $f(x)=\sin x$. 那么对所有的 x 值 $f(x)$ 有任意阶导数. 并对所有的 x 和 n 值都有 $\left|f^{(n)}(x)\right|\leqslant 1$. 所以在此情形有 $|R_n|\leqslant h^n/n!$, 当 $n\to\infty$ 时它趋向零 (例 XXVII 第 (12) 题), 而不管 h 取什么样的值. 由此推得, 对所有的 x 和 h 值都有

$$\sin(x+h)=\sin x+h\cos x-\frac{h^2}{2!}\sin x-\frac{h^3}{3!}\cos x+\frac{h^4}{4!}\sin x+\cdots.$$

特别地, 对所有的 h 值都有

$$\sin h=h-\frac{h^3}{3!}+\frac{h^5}{5!}-\cdots.$$

类似地, 我们可以证明

$$\cos(x+h)=\cos x-h\sin x-\frac{h^2}{2!}\cos x+\frac{h^3}{3!}\sin x+\cdots,\quad \cos h=1-\frac{h^2}{2!}+\frac{h^4}{4!}-\cdots.$$

(2) **二项级数**. 设 $f(x)=(1+x)^m$, 其中 m 是任何一个正的或者负的有理数. 那么

$$f^{(n)}(x)=m(m-1)\cdots(m-n+1)(1+x)^{m-n},$$

其 Maclaurin 级数 (用 x 代替 h) 取如下形式

$$(1+x)^m=1+\binom{m}{1}x+\binom{m}{2}x^2+\cdots.$$

当 m 是正整数时, 该级数只有有限项, 我们就得到带正整数次幂的二项式定理对应的通常公式. 在一般情形有

$$R_n=\frac{x^n}{n!}f^{(n)}(\theta_n x)=\binom{m}{n}x^n(1+\theta_n x)^{m-n},$$

为了证明当 m 不是正整数时, Maclaurin 级数实际上对任何范围内的 x 值都表示 $(1+x)^m$, 我们必须证明: 对于在这个范围内的每个 x 值都有 $R_n\to 0$. 如果 $-1<x<1$, 事实上这是成立的, 当 $0\leqslant x<1$ 时, 这可以用上面给出的 R_n 的表达式加以证明, 这是因为如果 $n>m$, 则有 $(1+\theta_n x)^{m-n}<1$, 当 $n\to\infty$ 时有 $\binom{m}{n}x^n\to 0$ (例 XXVII 第 (13) 题). 但是, 如果 $-1<x<0$, 就会出现困难, 这是因为当 $n>m$ 时有 $1+\theta_n x<1$ 以及 $(1+\theta_n x)^{m-n}>1$; 如果仅仅知道 $0<\theta_n<1$, 则不能肯定 $1+\theta_n x$ 不是相当小, 也不能肯定 $(1+\theta_n x)^{m-n}$ 相当大.

事实上, 为了用 Taylor 定理来证明二项式定理, 我们需要 R_n 的某种不同的表达形式, 如同我们后面将要给出的那样 (第 167 节).

153. Taylor 定理的应用, A. 极大与极小

Taylor 定理可用来给出第 6 章第 123 节以及 124 节中的判别法的更为重要的理论完备化结果, 尽管这些结果并没有太大的实际意义. 要记住的是, 假设 $\phi(x)$ 有前两阶导数, 我们陈述过的 $\phi(x)$ 在 $x=\xi$ 有极大或极小值的如下充分条件: 有极大值的充分条件是 $\phi'(\xi)=0,\phi''(\xi)<0$; 有极小值的充分条件是 $\phi'(\xi)=0,\phi''(\xi)>0$. 显然, 如果 $\phi''(\xi)$ 与 $\phi'(\xi)$ 同时为零, 则这些判别法失效.

让我们假设 $\phi(x)$ 有 n 阶导数

$$\phi'(x), \phi''(x), \cdots, \phi^{(n)}(x),$$

且除了最后一个之外, 所有其他的导数在 $x=\xi$ 均为零. 这样根据第 151 节的 (2) 就有

$$\phi(\xi+h)-\phi(\xi)=\frac{h^n}{n!}\phi^{(n)}(\xi)+o(h^n),$$

此式必须对于所有很小的 h 都有固定的符号 (正的或者负的). 这显然要求 n 是偶数; 又如果 n 是偶数, 则根据 $\phi^{(n)}(\xi)$ 是负的还是正的而取极大值或者极小值.

这样我们就得到判别法: 如果有一个极大值或者极小值, 那么第一个不为零的导数必定是一个偶数阶导数, 且在有极大值时该导数是负的, 在有极小值时该导数是正的.

例 LVII

(1) 当 $\phi(x)=(x-a)^m$ 时验证结果, 这里 m 是正整数, $\xi=a$.

(2) 对函数 $(x-a)^m(x-b)^n$ 在 $x=a, x=b$ 做极大值以及极小值检验, 其中 m 和 n 是正整数. 画出曲线 $y=(x-a)^m(x-b)^n$ 的不同可能形式的图形.

(3) 对函数 $\sin x-x$, $\sin x-x+\frac{x^3}{3!}$, $\sin x-x+\frac{x^3}{3!}-\frac{x^5}{5!}, \cdots, \cos x-1$, $\cos x-1+\frac{x^2}{2!}$, $\cos x-1+\frac{x^2}{2!}-\frac{x^4}{4!}, \cdots$ 在 $x=0$ 做极大值以及极小值检验.

154. B. 某些极限的计算

常常需要计算在变量的某个特殊值代入时取 “0/0” 这种形式的比值的极限. 我们假设所讨论的问题中变量的值是 $x=0$. 对此有各种方法.

(a) 假设 $f(x)$ 和 $\phi(x)$ 在 $x=0$ 可导, 且 $f(0)=\phi(0)=0, \phi'(0)\neq 0$. 那么

$$f(x)=xf'(0)+o(x), \quad \phi(x)=x\phi'(0)+o(x),$$

于是

$$\frac{f(x)}{\phi(x)}\rightarrow\frac{f'(0)}{\phi'(0)}.$$

更一般地, 如果函数 $f(x)$ 和 $\phi(x)$ 在 $x=0$ 有 n 阶导数, 且每个函数的前 $n-1$ 阶导数均为零, 而 $\phi^{(n)}(0)\neq 0$, 那么, 根据第 151 节的定理就有

$$f(x)=\frac{x^n}{n!}f^{(n)}(o)+o(x^n), \quad \phi(x)=\frac{x^n}{n!}\phi^{(n)}(o)+o(x^n),$$

所以有

$$\frac{f(x)}{\phi(x)}\rightarrow\frac{f^{(n)}(0)}{\phi^{(n)}(0)}.$$

(b) 利用第 128 节的定理常常会更好一些. 如果 $f(x)$ 与 $\phi(x)$ 在 $0 \leqslant x \leqslant h$ 连续, 且在 $0 < x \leqslant h$ 可导, $f(0)=0, \phi(0)=0, \phi(h) \neq 0$, 又 $f'(x)$ 和 $\phi'(x)$ 对同一个 x 从不同时为零, 那么对某个界于 0 和 h 之间的 ξ 有

$$\frac{f(h)}{\phi(h)}=\frac{f'(\xi)}{\phi'(\xi)}. \tag{1}$$

现在假设当 x 取正值趋向零时有

$$\frac{f'(x)}{\phi'(x)} \to l, \tag{2}$$

那么就存在一个区间 $(0,k)$, 在该区间内部 $\phi'(x)$ 不为零.① 由此根据第 129 节的定理推出, 在 $0<x<k$ 中 $\phi'(x)$ 有固定的符号; 这样一来, 根据第 122 节的推论 2 可知, 在 $0<x<k$ 中 $\phi(x)$ 有固定的符号. 从而对每个小于 k 的正数 h, (1) 均为真, 所以

$$\frac{f(h)}{\phi(h)} \to l.$$

这就是说, 只要下式中的第二个极限存在, 就有

$$\lim_{x\to+0}\frac{f(x)}{\phi(x)}=\lim_{x\to+0}\frac{f'(x)}{\phi'(x)}. \tag{3}$$

如果 “$x \to +0$” 代之以 “$x \to -0$” 或者 “$x \to 0$”, 自然会有类似的定理成立; 其论证可以在必要时重复刚才的方法. 于是, 对任何 n, 只要对 $0 \leqslant \nu < n$ 有 $f^{(\nu)}(0)=0$ 以及 $\phi^{(\nu)}(0)=0$, 且下式右边的极限存在, 则有

$$\lim_{x\to 0}\frac{f(x)}{\phi(x)}=\lim_{x\to 0}\frac{f^{(n)}(x)}{\phi^{(n)}(x)}.$$

同样的推理过程表明, 当 $f'/\phi' \to +\infty$ 时有 $f/\phi \to +\infty$.

如果我们希望从第 126 节的中值定理推导出 (3), 我们就必须假设 $f'(x)$ 和 $\phi'(x)$ 在 $x=0$ 连续 (无论如何对于从右边趋向零如此). 这样就有

$$f(x)=xf'(\theta_1 x), \quad \phi(x)=x\phi'(\theta_2 x),$$

这里 θ_1 和 θ_2 中的每一个数都位于 0 与 1 之间. 因为 $f'(\theta_1 x) \to f'(0)$ 以及 $\phi'(\theta_2 x) \to \phi'(0)$, 由此就得出结论.

方法 (b) 的优点由下面例 LVIII 第 (3) 题指出. 这里

$$f(x)=\tan x - x, \quad \phi(x)=x-\sin x,$$

$f(0)=f'(0)=f''(0)=0$, $\phi(0)=\phi'(0)=\phi''(0)=0$, $f'''(0)=2$, $\phi'''(0)=1$, 而 (a) 给出极限 2. 此方法要求每个函数有三次导数. 但是

$$\frac{f'(x)}{\phi'(x)}=\frac{\sec^2 x-1}{1-\cos x}=\sec^2 x\,(1+\cos x) \to 2,$$

我们可以利用方法 (b) 快得多地得到结果.

---

① 因为不然的话, (2) 的左边就会对无穷多个很小的正数 x 没有意义.

本节的定理有许多不同的变形. 例如, 代替 0, x 可以趋向 a, 或者趋向无穷; 而且可以用 f/ϕ 的没有意义的形式 "∞/∞" 来代替 "0/0". 通常可以用某个简单的代换将这些变形化为标准情形.

例 LVIII

(1) 如果 $f=x^2\sin\frac{1}{x}$, $\phi=x$, 那么就有 $\frac{f}{\phi}\to 0$. 这里

$$\frac{f'}{\phi'}=2x\sin\frac{1}{x}-\cos\frac{1}{x},$$

当 $x\to 0$ 时它振荡. 从而 f/ϕ 趋向一个极限, 而此时 f'/ϕ' 不趋向任何极限; 所以我们的条件只是充分的, 但不是必要的.

(2) 求

$$\frac{x-(n+1)\,x^{n+1}+nx^{n+2}}{(1-x)^2}$$

当 $x\to 1$ 时的极限.

(3) 求

$$\frac{\tan x-x}{x-\sin x},\quad \frac{\tan nx-n\tan x}{n\sin x-\sin nx}$$

当 $x\to 0$ 时的极限.

(4) 当 $x\to 1$ 时, 有 $\dfrac{1-4\sin^2\frac{1}{6}\pi x}{1-x^2}\to\dfrac{1}{6}\pi\sqrt{3}$.　(*Math. Trip.* 1932)

(5) 求 $x\left\{\sqrt{x^2+a^2}-x\right\}$ 当 $x\to\infty$ 时的极限. [令 $x=1/y$.]

(6) 证明

$$\lim_{x\to n}(x-n)\csc x\pi=\frac{(-1)^n}{\pi},\quad \lim_{x\to n}\frac{1}{x-n}\left\{\csc x\pi-\frac{(-1)^n}{(x-n)\,\pi}\right\}=\frac{(-1)^n\,\pi}{6},$$

其中 n 是任意整数; 并计算含有 $\cot x\pi$ 的对应极限.

(7) 求

$$\frac{1}{x^3}\left(\csc x-\frac{1}{x}-\frac{x}{6}\right),\quad \frac{1}{x^3}\left(\cot x-\frac{1}{x}+\frac{x}{3}\right)$$

当 $x\to 0$ 时的极限.

(8) 当 $x\to 0$ 时有

$$\frac{\sin x\arcsin x-x^2}{x^6}\to\frac{1}{18},\quad \frac{\tan x\arctan x-x^2}{x^6}\to\frac{2}{9}.$$

155.　C. 平面曲线的相切

两条曲线说成是在一个点**相交** (intersect or cut), 如果该点在每一条曲线上. 两条曲线说成是在一个点**相切** (touch), 如果它们在该点有同样的切线.

现在假设 $f(x),\phi(x)$ 是两个函数, 它们在 $x=\xi$ 有任意阶导数, 考虑曲线 $y=f(x)$, $y=\phi(x)$. 一般来说, $f(\xi)$ 与 $\phi(\xi)$ 并不相等. 在此情形, 横坐标 $x=\xi$ 不与这两条曲线的交点对应. 然而, 如果 $f(\xi)=\phi(\xi)$, 那么曲线在 $x=\xi$, $y=f(\xi)=\phi(\xi)$ 相交. 为了使曲线在这一点相切, 必须而且只需在 $x=\xi$ 处的一阶导数 $f'(\xi),\phi'(\xi)$ 也有相等的值.

在这种情形, 可以从不同的观点来看待曲线的相切. 在图 43 中, 两条曲线在 P 相切, 且 QR 等于 $\phi(\xi+h)-f(\xi+h)$, 由于

$$\phi(\xi)=f(\xi), \quad \phi'(\xi)=f'(\xi),$$

所以 QR 也等于

$$\frac{1}{2}h^2\{\phi''(\xi+\theta h)-f''(\xi+\theta h)\},$$

其中 θ 位于 0 和 1 之间. 于是, 当 $h\to 0$ 时有

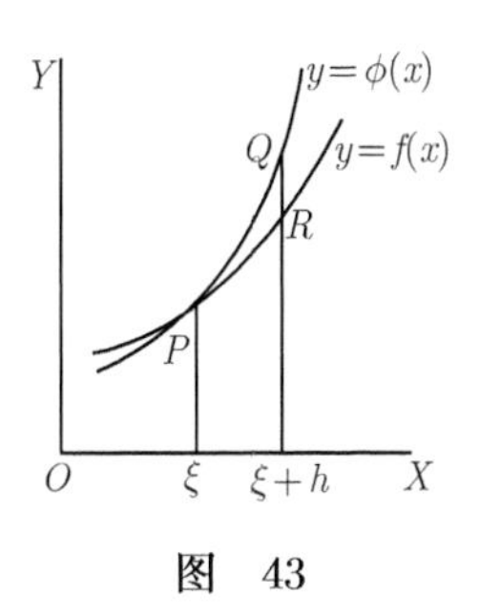

图 43

$$\lim\frac{QR}{h^2}=\frac{1}{2}\{\phi''(\xi)-f''(\xi)\}.$$

换言之, 当曲线在横坐标为 ξ 的点相切时, 它们在横坐标为 $\xi+h$ 的点处的纵坐标之差至少是关于 h 的二阶小量.

显然, QR 的小量的阶可以被取作为曲线相切的接近程度的一种度量. 由此立即启发我们, 如果 f 和 ϕ 的 $n-1$ 阶导数在 $x=\xi$ 处有相等的值, 那么 QR 就应该是 n 阶小量; 读者应该没有困难来证明这一结论为真以及

$$\lim\frac{QR}{h^n}=\frac{1}{n!}\left\{\phi^{(n)}(\xi)-f^{(n)}(\xi)\right\}.$$

这样一来, 我们就引导出下面的定义.

***n* 阶相切** *如果 $f(\xi)=\phi(\xi), f'(\xi)=\phi'(\xi), \cdots, f^{(n)}(\xi)=\phi^{(n)}(\xi)$, 但是 $f^{(n+1)}(\xi)\neq\phi^{(n+1)}(\xi)$, 那么曲线 $y=f(x), y=\phi(x)$ 就称为在横坐标为 ξ 的点有 n 阶相切.*

上面的讨论使得 n 阶相切的概念与坐标轴的选取有关, 且当与曲线相切的切线与 y 轴平行时完全失去意义. 我们可以通过将 y 取为自变量, 而将 x 取为因变量来处理这种情形. 不过, 更好的方式是把 x 和 y 都看成是参数 t 的函数. 在 Fowler 所著 *The elementary differential geometry of plane curves* 一书或者在 de la Vallée Poussin 所著 *Cours d'analyse* 一书第 6 版第 2 卷第 372 页以及其后诸页中有关于此理论的很好介绍.

例 LIX

(1) 设 $\phi(x)=ax+b$, 所以 $y=\phi(x)$ 是一条直线. 在 $x=\xi$ 相切的条件是 $f(\xi)=a\xi+b$ 以及 $f'(\xi)=a$. 如果我们确定了 a 和 b 使得这些等式满足, 就得到 $a=f'(\xi), b=f(\xi)-\xi f'(\xi)$, 而 $y=f(x)$ 在 $x=\xi$ 处的切线方程是

$$y=xf'(\xi)+\{f(\xi)-\xi f'(\xi)\},$$

也就是 $y-f(\xi)=(x-\xi)f'(\xi)$. 参见例 XXXIX 第 (5) 题.

(2) 直线与曲线简单相切这一事实就已完全决定了直线. 为使得切线与曲线有二阶相切, 我们必须有 $f''(\xi)=\phi''(\xi)$, 也即有 $f''(\xi)=0$. 在一个点曲线的切线有二阶相切, 则该点称为**拐点** (point of inflexion).

(3) 求函数

$$3x^4-6x^3+1,\ \ 2x/\left(1+x^2\right),\ \ \sin x,\ \ a\cos^2 x+b\sin^2 x,\ \ \tan x,\ \ \arctan x$$

图形上的拐点.

(4) 证明: 圆锥曲线 $ax^2+2hxy+by^2+2gx+2fy+c=0$ 不可能有拐点, 除非它是退化的. [这里

$$ax+hy+g+(hx+by+f)\,y_1=0$$

以及

$$a+2hy_1+by_1^2+(hx+by+f)\,y_2=0,$$

下标表示求导阶数. 于是在拐点有

$$a+2hy_1+by_1^2=0,$$

或者说有

$$a\,(hx+by+f)^2-2h\,(ax+hy+g)\,(hx+by+f)+b\,(ax+hy+g)^2=0,$$

也就是

$$\left(ab-h^2\right)\left\{ax^2+2hxy+by^2+2gx+2fy\right\}+af^2-2fgh+bg^2=0.$$

但是这与圆锥曲线的方程不相容, 除非

$$af^2-2fgh+bg^2=c\left(ab-h^2\right),$$

这也就是 $abc+2fgh-af^2-bg^2-ch^2=0$; 而这正是该圆锥曲线退化成两条直线的条件.]

(5) 曲线

$$y=\frac{ax^2+2bx+c}{\alpha x^2+2\beta x+\gamma}$$

有一个或者三个拐点, 这要根据

$$\alpha x^2+2\beta x+\gamma=0$$

的根是实数还是复数来决定.

[通过改变原点 (参见例 XLVI 第 (15) 题), 该曲线方程可以化为如下形式

$$\eta=\frac{\xi}{A\xi^2+2B\xi+C}=\frac{\xi}{A\,(\xi-p)\,(\xi-q)},$$

其中 p,q 是实数或者共轭复数. 可以求得拐点存在的条件是 $\xi^2-3pq\xi+pq\,(p+q)=0$, 而它有一个或者三个实根要根据 $\{pq\,(p-q)\}^2$ 是正数还是负数来决定, 也即根据 p 和 q 是实数还是共轭复数来决定.]

(6) 证明: 当第 (5) 题中的曲线有三个拐点时, 它们位于一条直线上. [方程 $\xi^3-3pq\xi+pq\,(p+q)=0$ 可以写成形式 $(\xi-p)\,(\xi-q)\,(\xi+p+q)+(p-q)^2\,\xi=0$, 所以拐点在直线 $\xi+A\,(p-q)^2\,\eta+p+q=0$ 上, 也就是在

$$A\xi-4\left(AC-B^2\right)\eta=2B$$

上.]

(7) 求曲线

$$54y = (x+5)^2 \left(x^3 - 10\right)$$

的拐点, 并画出曲线在 $-6 < x < -3$ 内的略图. (*Math. Trip.* 1936)

[见例 XLVI 第 (10) 题.]

(8) **圆与曲线的相切, 曲率**①. 圆

$$(x-a)^2 + (y-b)^2 = r^2 \tag{1}$$

在点 (ξ, η) 与曲线 $y = f(x)$ 有二阶相切, 如果当 $x = \xi$ 时 y, y_1 以及 y_2 对于两条曲线都有同样的值.

对 (1) 求导两次, 并令 $x = \xi$, 我们得到

$$(\xi - a)^2 + (\eta - b)^2 = r^2, \quad (\xi - a) + (\eta - b)\eta_1 = 0, \quad 1 + \eta_1^2 + (\eta - b)\eta_2 = 0,$$

其中 η, η_1, η_2 指的是 $f(\xi), f'(\xi), f''(\xi)$. 这些方程给出

$$a = \xi - \frac{\eta_1\left(1+\eta_1^2\right)}{\eta_2}, \quad b = \eta + \frac{1+\eta_1^2}{\eta_2}, \quad r = \frac{\left(1+\eta_1^2\right)^{\frac{3}{2}}}{\eta_2}.$$

在点 (ξ, η) 与曲线有二阶相切的圆称为**曲率圆** (circle of curvature), 称它的半径为**曲率半径** (radius of curvature). **曲率的度量** (measure of curvature) [或者简称为**曲率** (curvature)] 是曲率半径的倒数: 从而曲率的度量是 $\eta_2\left(1+\eta_1^2\right)^{-\frac{3}{2}}$.

(9) 验证: 圆的曲率是常数, 等于其半径的倒数; 并证明圆是仅有的曲率为常数的曲线.

(10) 求圆锥曲线 $y^2 = 4ax$, $(x/a)^2 + (y/b)^2 = 1$ 在任意一点处的曲率中心和曲率半径.

(11) 证明: 一般来说, 可以画出与曲线 $y = f(x)$ 在给定点 P 有四阶相切的圆锥曲线.

(12) 可以画出无穷多条圆锥曲线, 使得它们与曲线在点 P 有三阶相切. 证明: 它们的中心全都在一条直线上.

[取切线和法线作为坐标轴. 则该圆锥曲线方程有形式 $2y = ax^2 + 2hxy + by^2$, 又当 x 很小时, y 的一个值可以表为形式 (第 5 章杂例第 24 题)

$$y = \tfrac{1}{2}ax^2 + \tfrac{1}{2}ahx^3 + o\left(x^3\right),$$

这个表达式必定与

$$y = \tfrac{1}{2}f''(0)\,x^2 + \tfrac{1}{6}f'''(0)\,x^3 + o\left(x^3\right)$$

是相同的, 所以有 $a = f''(0), h = f'''(0)/3f''(0)$(例 LVI 第 (1) 题). 但其中心位于直线 $ax + hy = 0$ 上.]

(13) 在点 $(a\cos\alpha, b\sin\alpha)$ 与椭圆 $(x/a)^2 + (y/b)^2 = 1$ 有三阶相切的圆锥曲线的中心的轨迹是直径 $x/(a\cos\alpha) = y/(b\sin\alpha)$. [因为该椭圆本身就是一条这样的圆锥曲线.]

156. 多元函数的微分法

到目前为止, 我们关心的无一例外都是单独一个变量 x 的函数, 但是没有什么能阻止我们把求导的概念应用到多个变量 $x, y, \cdots$ 的函数中去.

---

① 曲率理论的一个更加完全的讨论可以在第 239 页引用的 Fowler 的专著中找到.

接下来假设 $f(x,y)$ 是两个[①]实变量 x 和 y 的函数, 且对问题中讨论的所有 x 和 y 值, 极限

$$\lim_{h\to 0}\frac{f(x+h,y)-f(x,y)}{h},\quad \lim_{k\to 0}\frac{f(x,y+k)-f(x,y)}{k}$$

都存在, 这也就是说 $f(x,y)$ 关于 x 有导数 $\mathrm{d}f/\mathrm{d}x$, 也就是 $D_x f(x,y)$, 关于 y 有导数 $\mathrm{d}f/\mathrm{d}y$, 也就是 $D_y f(x,y)$. 通常把这些导数称为 f 的**偏微分系数** (partial differential coefficient), 记为

$$\frac{\partial f}{\partial x},\quad \frac{\partial f}{\partial y}$$

或者记为

$$f'_x(x,y),\quad f'_y(x,y),$$

或者更简单地记为 f'_x, f'_y, 或记为 f_x, f_y. 然而, 读者切不要认为这些新概念中含有任何本质上全新的想法: "关于 x 的偏导数" 与通常的求导有完全同样的过程, 在 f 中唯一的新东西是: 第二个变量 y 与 x 无关.

我们的定义事先要求 x 和 y 是相互独立的. 如果 x 和 y 是相关的, y 是 x 的函数 $\phi(x)$, 那么

$$f(x,y)=f\{x,\phi(x)\}$$

就是单独一个变量 x 的函数. 又如果 $x=\phi(t), y=\psi(t)$, 那么 $f(x,y)$ 就是 t 的函数.

例 LX

(1) 证明: 如果 $x=r\cos\theta, y=r\sin\theta$, 所以 $r=\sqrt{x^2+y^2}, \theta=\arctan(y/x)$, 那么

$$\frac{\partial r}{\partial x}=\frac{x}{\sqrt{x^2+y^2}},\quad \frac{\partial r}{\partial y}=\frac{y}{\sqrt{x^2+y^2}},\quad \frac{\partial \theta}{\partial x}=-\frac{y}{x^2+y^2},\quad \frac{\partial \theta}{\partial y}=\frac{x}{x^2+y^2},$$

$$\frac{\partial x}{\partial r}=\cos\theta,\quad \frac{\partial y}{\partial r}=\sin\theta,\quad \frac{\partial x}{\partial \theta}=-r\sin\theta,\quad \frac{\partial y}{\partial \theta}=r\cos\theta.$$

(2) 请说明 $\dfrac{\partial r}{\partial x}\neq 1\Big/\left(\dfrac{\partial x}{\partial r}\right)$ 以及 $\dfrac{\partial \theta}{\partial x}\neq 1\Big/\left(\dfrac{\partial x}{\partial \theta}\right)$ 这一事实. [当我们考虑一个变量 x 的函数 y 时, 由定义推出: $\mathrm{d}y/\mathrm{d}x$ 与 $\mathrm{d}x/\mathrm{d}y$ 互为倒数. 而当我们处理两个变量的函数时, 这个结论已不再成立. 设 P 是点 (x,y) 或点 (r,θ), 见图 44. 为了求 $\partial r/\partial x$, 我们必须要对 x 给一个增量, 比方说是 $MM_1=\delta x$, 而保持 y 是常数. 这就将 P 变到 P_1. 如果我们沿着 OP_1 取 $OP'=OP$, 则 r 的增量就是, 比方说 $P'P_1=\delta r$; 且 $\partial r/\partial x=\lim(\delta r/\delta x)$. 另一方面, 如果要计算 $\partial x/\partial r$, 现在 x 和 y 被视为 r 和 θ 的函数, 我们必须给 r 一个

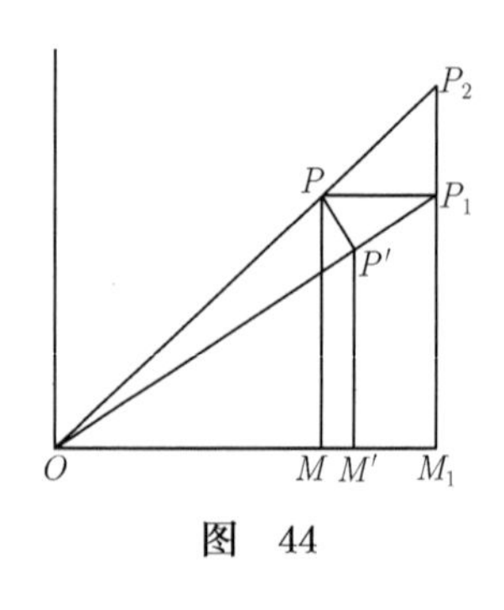

图　44

① 当考虑多元函数时会出现的新要点只要研究两个变量的情形就足以加以描述. 我们把定理向三个或者更多个变量的推广视为当然成立的.

增量, 比方说是 Δr, 并保持 θ 不变. 假设这将 P 变到 P_2, 并记 $PP_2=\Delta r$. 对应的 x 的增量是, 比方说 $MM_1=\Delta x$, 且

$$\partial x/\partial r=\lim\left(\Delta x/\Delta r\right).$$

现在 $\Delta x=\delta x$[①]: 但是 $\Delta r\neq\delta r$. 的确, 从图中容易看出有

$$\lim\left(\delta r/\delta x\right)=\lim\left(P'P_1/PP_1\right)=\cos\theta,$$

但是

$$\lim\left(\Delta r/\Delta x\right)=\lim\left(PP_2/PP_1\right)=\sec\theta,$$

所以

$$\lim\left(\delta r/\Delta r\right)=\cos^2\theta.\quad]$$

(3) 证明: 如果 $z=f\left(ax+by\right)$, 那么 $b\dfrac{\partial z}{\partial x}=a\dfrac{\partial z}{\partial y}$.

(4) 当 $X+Y=x, Y=xy$ 时求 $X_x, X_y, \cdots$. 将 x, y 表示成 X, Y 的函数, 并求出 $x_X, x_Y, \cdots$.

(5) 当 $X+Y+Z=x, Y+Z=xy, Z=xyz$ 时求 $X_x, \cdots$; 将 x, y, z 表示成 X, Y, Z 的函数, 并求出 $x_X, \cdots$.

[将本节的思想推广到任意多个变量的函数中去没有任何困难. 但是读者必须仔细记住: 多变量函数的偏导数这一概念只有在所有自变量的值被指定之后才是确定的. 例如, 如果 $u=x+y+z$, x, y, z 是自变量, 那么 $u_x=1$. 但是如果我们把 u 看成是诸变量 x, $x+y=\eta$, $x+y+z=\zeta$ 的一个函数, 所以 $u=\zeta$, 从而 $u_x=0$.]

157. 二元函数微分法

有一个关于一元函数微分法的定理, 一般称为**全微分系数定理** (theorem of the total differential coefficient), 它是一个很重要的结论, 且依赖于上一节中对于二元函数所阐述的概念. 此定理给我们提供了一个计算 $f\{\phi(t), \psi(t)\}$ 关于 t 的导数的法则.

首先假设: $f(x,y)$ 是两个变量 x 和 y 的函数, 且 f'_x, f'_y 对于问题中讨论的所有变量的值都是两个变量的连续函数 (第 108 节). 现在假设 x 和 y 的变化局限在位于曲线

$$x=\phi(t),\quad y=\psi(t)$$

上的点 (x,y), 其中 ϕ 和 ψ 是 t 的有连续微分系数 $\phi'(t), \psi'(t)$ 的函数. 那么 $f(x,y)$ 可以化为单独一个变量 t 的函数, 比方说就是 $F(t)$. 问题是确定 $F'(t)$.

① 当然, $\Delta x=\delta x$ 这一事实仅仅对我们为 Δr 所选定的特殊值 (即 PP_2) 才适用. 任何其他的选取都会对 Δx 和 Δr 给出与这里所用到的值成比例的值.

假设当 t 从 t 变化到 $t+\tau$ 时, x 和 y 改变到 $x+\xi$ 和 $y+\eta$. 那么根据定义有

$$\begin{aligned}\frac{\mathrm{d}F(t)}{\mathrm{d}t}&=\lim_{\tau\to 0}\frac{1}{\tau}\left[f\left\{\phi(t+\tau),\psi(t+\tau)\right\}-f\left\{\phi(t),\psi(t)\right\}\right]\\&=\lim_{\tau\to 0}\frac{1}{\tau}\left\{f(x+\xi,y+\eta)-f(x,y)\right\}\\&=\lim\left[\frac{f(x+\xi,y+\eta)-f(x,y+\eta)}{\xi}\frac{\xi}{\tau}+\frac{f(x,y+\eta)-f(x,y)}{\eta}\frac{\eta}{\tau}\right].\end{aligned}$$

但是, 根据中值定理有

$$\begin{aligned}\frac{f(x+\xi,y+\eta)-f(x,y+\eta)}{\xi}&=f_x'(x+\theta\xi,y+\eta),\\\frac{f(x,y+\eta)-f(x,y)}{\eta}&=f_y'(x,y+\theta'\eta),\end{aligned}$$

其中 θ 和 θ' 都位于 0 和 1 之间. 当 $\tau\to 0$ 时有 $\xi\to 0$ 和 $\eta\to 0$, 从而有 $\xi/\tau\to\phi'(t),\eta/\tau\to\psi'(t)$. 又有

$$f_x'(x+\theta\xi,y+\eta)\to f_x'(x,y),\quad f_y'(x,y+\theta'\eta)\to f_y'(x,y).$$

于是

$$F'(t)=D_t f\left\{\phi(t),\psi(t)\right\}=f_x'(x,y)\,\phi'(t)+f_y'(x,y)\,\psi'(t),$$

其中在关于 x 和 y 执行求导之后, 我们将置 $x=\phi(t),y=\psi(t)$. 此结果也可以表示成下述形式

$$\frac{\mathrm{d}f}{\mathrm{d}t}=\frac{\partial f}{\partial x}\frac{\mathrm{d}x}{\mathrm{d}t}+\frac{\partial f}{\partial y}\frac{\mathrm{d}y}{\mathrm{d}t}.$$

例 LXI

(1) 假设

$$\phi(t)=\frac{1-t^2}{1+t^2},\quad\psi(t)=\frac{2t}{1+t^2},$$

所以 (x,y) 的轨迹在圆周 $x^2+y^2=1$ 上. 那么

$$F'(t)=-\frac{4t}{(1+t^2)^2}f_x'+\frac{2(1-t^2)}{(1+t^2)^2}f_y',$$

其中 x 和 y 在执行求导之后令它们等于 $(1-t^2)/(1+t^2)$ 和 $2t/(1+t^2)$.

在若干特殊情形下验证此公式是富有教益的. 例如, 假设 $f(x,y)=x^2+y^2$. 那么 $f_x'=2x,f_y'=2y$, 且

$$F'(t)=2x\phi'(t)+2y\psi'(t)=0,$$

这是正确的, 因为 $F(t)=1$.

(2) 当 (a) $x=t^m$, $y=1-t^m$, $f(x,y)=x+y$; (b) $x=a\cos t$, $y=a\sin t$, $f(x,y)=x^2+y^2$ 时, 用同样的方法验证定理.

(3) 最重要的情形之一是 x 自己就是 t. 此时我们得到

$$D_x f\{x, \psi(x)\} = D_x f(x, y) + D_y f(x, y)\psi'(x),$$

其中求导之后, y 被 $\psi(x)$ 代替.

正是这种情形导致了符号 $\partial f/\partial x, \partial f/\partial y$ 的引入. 因为在函数 $D_x f\{x, \psi(x)\}$ 以及 $D_x f(x, y)$ 之中的无论哪一种情形, 使用符号 $\mathrm{d}f/\mathrm{d}x$ 都会是很自然的, 在其中的一种情形, 在求导之前令 y 等于 $\psi(x)$, 而在另一种情形, 是在求导之后再这样做. 例如, 假设 $y = 1 - x$ 以及 $f(x, y) = x + y$. 那么 $D_x f(x, 1-x) = D_x 1 = 0$, 但是 $D_x f(x, y) = 1$.

这两个函数之间的区别通过第一个记为 $\mathrm{d}f/\mathrm{d}x$, 而第二个则记为 $\partial f/\partial x$ 可以恰当地展示出来, 在此情形该定理取如下形式

$$\frac{\mathrm{d}f}{\mathrm{d}x} = \frac{\partial f}{\partial x} + \frac{\partial f}{\partial y}\frac{\mathrm{d}y}{\mathrm{d}x};$$

尽管这个记号也遭到反对, 反对的理由在于表示函数 $f\{x, \psi(x)\}$ 与 $f(x, y)$ 时有一点误导: 作为 x 的函数它们是完全不同的, 而在 $\mathrm{d}f/\mathrm{d}x$ 和 $\partial f/\partial x$ 中却使用了相同的字母 f.

(4) 如果在 $x = \phi(t)$ 和 $y = \psi(t)$ 之间消去 t 得到的结果是 $f(x, y) = 0$, 那么

$$\frac{\partial f}{\partial x}\frac{\mathrm{d}x}{\mathrm{d}t} + \frac{\partial f}{\partial y}\frac{\mathrm{d}y}{\mathrm{d}t} = 0.$$

(5) 如果 x 和 y 是 t 的函数, r 和 θ 是 (x, y) 的极坐标, 那么 $r' = \left(xx' + yy'\right)/r$, $\theta' = \left(xy' - yx'\right)/r^2$, 其中的撇号表示关于 t 求导.

158. 二元函数微分法 (续)

我们已经假设 f'_x 和 f'_y 在第 108 节的意义下是两个变量 x 和 y 的连续函数. 仅仅假设他们对所有的 x 和 y 都存在是不够的.

事实上, 仅仅从 f'_x 和 f'_y 的存在性推不出什么结论来, 甚至都推不出 f 是连续的. 例如, 考虑在第 108 节作为例子用到的一个函数, 当 $x \neq 0, y \neq 0$ 时它定义为

$$f(x, y) = \frac{2xy}{x^2 + y^2},$$

而当 x 和 y 中至少有一个为零时有 $f = 0$. 那么, 在除了原点之外所有的点皆有

$$f'_x(x, y) = -\frac{2y\left(x^2 - y^2\right)}{\left(x^2 + y^2\right)^2}, \quad f'{}_y(x, y) = \frac{2x\left(x^2 - y^2\right)}{\left(x^2 + y^2\right)^2}.$$

又有

$$f'_x(0, 0) = \lim_{h \to 0}\frac{f(h, 0) - f(0, 0)}{h} = \lim_{h \to 0}\frac{0}{h} = 0,$$

类似地有 $f'_y(0, 0) = 0$. 从而对所有 x, y, f'_x 和 f'_y 都存在; 但是 (如在第 108 节中看到的那样) f 在原点不连续.

当 $x \neq 0, y \neq 0$ 时定义为

$$f(x, y) = \frac{2xy}{x^2 + y^2}(x + y),$$

而当 $x = 0$ 或者 $y = 0$ 时定义为 $f = 0$ 的函数处处连续 (包括原点); 在原点处还有

$$f'_x(0, 0) = f'_y(0, 0) = 0.$$

现在假设 $x=y=t$. 那么就有 $F(t)=f(t,t)=2t$, 且 $F'(0)=2$; 但是当 $t=0$ 时有

$$f'_x\frac{\mathrm{d}x}{\mathrm{d}t}+f'_y\frac{\mathrm{d}y}{\mathrm{d}t}=0\cdot 1+0\cdot 1=0,$$

因此上一节中的结论不成立.

下面假设出现的所有导数都有连续性.

159.　二元函数的中值定理

上一章的许多结果依赖于中值定理

$$f(x+h)-f(x)=hf'(x+\theta h).$$

我们可以把它写成

$$\delta y=f'(x+\theta\delta x)\,\delta x,$$

其中 $y=f(x)$. 现在假设 $z=f(x,y)$ 是两个独立变量 x,y 的函数, 又 x 和 y 分别有增量 h,k, 即 $\delta x,\delta y$; 将 z 对应的增量, 也就是

$$\delta z=f(x+h,y+k)-f(x,y)$$

用 h,k 以及 z 关于 x 和 y 的导数来表示.

设 $f(x+ht,y+kt)=F(t)$. 那么

$$f(x+h,y+k)-f(x,y)=F(1)-F(0)=F'(\theta),$$

其中 $0<\theta<1$. 但根据第 157 节有

$$\begin{aligned}F'(t)&=D_tf(x+ht,y+kt)\\&=hf'_x(x+ht,y+kt)+kf'_y(x+ht,y+kt).\end{aligned}$$

因此最后有

$$\delta z=f(x+h,y+k)-f(x,y)=hf'_x(x+\theta h,y+\theta k)+kf'_y(x+\theta h,y+\theta k),$$

这就是所求的公式. 由于 f'_x 和 f'_y 都是 x 和 y 的连续函数, 就有

$$\begin{aligned}f'_x(x+\theta h,y+\theta k)&=f'_x(x,y)+\varepsilon_{h,k},\\f'_y(x+\theta h,y+\theta k)&=f'_y(x,y)+\eta_{h,k},\end{aligned}$$

其中, 当 h 和 k 趋向零时 $\varepsilon_{h,k}$ 和 $\eta_{h,k}$ 都趋向零. 从而定理可以写成形式

$$\delta z=(f'_x+\varepsilon)\,\delta x+\left(f'_y+\eta\right)\delta y,\tag{1}$$

其中, 当 δx 和 δy 很小时 ε 和 η 也都很小.

等式 (1) 所包含的结论可以表述成：等式

$$\delta z = f'_x \delta x + f'_y \delta y$$

近似成立; 也就是说, 该等式两边的差比 δx 和 δy 中较大者要小①. 我们必须说成 "δx 和 δy 中较大者", 这是因为它们中有一个可能会比另一个小; 的确可能会有 $\delta x = 0$ 或者 $\delta y = 0$ 的情况出现.

如果任何一个形如 $\delta z = \lambda \delta x + \mu \delta y$ 的等式 "近似地成立", 则有 $\lambda = f'_x$, $\mu = f'_y$. 因为

$$\delta z - f'_x \delta x - f'_y \delta y = \varepsilon \delta x + \eta \delta y, \quad \delta z - \lambda \delta x - \mu \delta y = \varepsilon' \delta x + \eta' \delta y,$$

其中, 当 δx 和 δy 趋向零时 $\varepsilon, \eta, \varepsilon', \eta'$ 全都趋向零; 所以

$$\left(\lambda - f'_x\right) \delta x + \left(\mu - f'_y\right) \delta y = \rho \delta x + \sigma \delta y,$$

其中 ρ 和 σ 趋向零. 于是, 如果 ζ 是任意一个指定的正数, 就可以选取 ω, 使得对 δx 和 δy 的绝对值小于 ω 的所有的值, 都有

$$\left|\left(\lambda - f'_x\right) \delta x + \left(\mu - f'_y\right) \delta y\right| < \zeta \left(|\delta x| + |\delta y|\right).$$

取 $\delta y = 0$, 即得 $\left|\left(\lambda - f'_x\right) \delta x\right| < \zeta |\delta x|$, 也就是 $|\lambda - f'_x| < \zeta$, 此式仅当 $\lambda = f'_x$ 时才能对任意的 ζ 成立. 类似地有 $\mu = f'_y$.

我们需要证明: 如果 f'_x 和 f'_y 连续, 则 (1) 成立, 但是这个条件根本不是必要的. 例如, 假设 $\phi(x, y)$ 是 x 和 y 的任意一个连续函数, 且

$$z = f(x, y) = (x + y) \phi(x, y).$$

那么

$$f'_x(0, 0) = \lim \frac{h\phi(h, 0)}{h} = \phi(0, 0),$$

类似地有 $f'_y(0, 0) = \phi(0, 0)$; 显然

$$z = \{\phi(0, 0) + \varepsilon\} x + \{\phi(0, 0) + \eta\} y,$$

其中, 当 x 和 y 趋向零时 ε 和 η 也趋向零. 这与 (1) 是等价的 (对应于 $x = y = 0$). 但我们并没有假设 $\phi(x, y)$ 关于 x 或者 y 可导, 且 f'_x 和 f'_y 除了在原点外也不一定在任何其他点处存在.

有时就取 (1) 作为 "两个变量的可微函数" 的定义; *称 $f(x, y)$ 在点 (x, y) 是可微的, 如果*

$$f(x + h, y + k) - f(x, y) = (A + \varepsilon) h + (B + \eta) k,$$

其中 A 和 B 仅与 x 和 y 有关, 当 h 和 k 趋向零时 ε 和 η 也趋向零; *称 $f(x, y)$ 在一个区域是可微的* (differentiable in a region), 如果它在该区域内的所有点都可微. 在此情形 f'_x 和 f'_y 存在且等于 A 和 B, 但它们不一定连续. 此假设是介于较弱的假设 "f'_x 和 f'_y 存在" 与较强的假设 "f'_x 和 f'_y 连续" 之间的中间假设. 此定义有诸多好处, 但是连续性的假设对于我们这里的目的来说一般是足够了. 见 W. H. Young 所著 "The fundamental theorems of the differential calculus", *Cambridge Math. Tracts*, No. 11 以及 de la Vallée Poussin 所著 *Cours d'analyse* 第 6 版第 II 卷第 III 章.

---

① 或者说与 $|\delta x| + |\delta y|$ 或者 $\sqrt{\delta x^2 + \delta y^2}$ 相比.

160. 微分

在微积分学的应用中，尤其是在几何应用中，最方便的往往并不是从形如第 159 节中那样用函数 x, y, z 的增量 $\delta x, \delta y, \delta z$ 来表示的等式 (1) 着手，而是从用称之为它们的微分 (differential) 的 $\mathrm{d}x, \mathrm{d}y, \mathrm{d}z$ 来表示的等式着手.

让我们暂时回到单变量 x 的函数 $y = f(x)$. 如果 f 可导, 那么

$$\delta y = \{f'(x) + \varepsilon\}\,\delta x, \tag{1}$$

其中 ε 与 δx 一起趋向零. 等式

$$\delta y = f'(x)\,\delta x \tag{2}$$

"近似地" 成立.

到目前为止, 我们并没有对单独的符号 $\mathrm{d}y$ 给出含义. 现在约定用等式

$$\mathrm{d}y = f'(x)\,\delta x \tag{3}$$

来定义它. 如果选取特殊的函数 x 作为 y, 则得

$$\mathrm{d}x = \delta x, \tag{4}$$

所以

$$\mathrm{d}y = f'(x)\,\mathrm{d}x. \tag{5}$$

如果用 $\mathrm{d}x$ 来除 (5) 的两边, 即得

$$\frac{\mathrm{d}y}{\mathrm{d}x} = f'(x), \tag{6}$$

其中 $\mathrm{d}y/\mathrm{d}x$ 到现在为止并不表示 y 的微分系数, 而是表示微分 $\mathrm{d}y, \mathrm{d}x$ 的商. 这样一来, 符号 $\mathrm{d}y/\mathrm{d}x$ 有双重的含义; 但其中并没有不方便之处, 因为不论取哪一种含义, 都有 (6) 成立.

现在转向与两个独立变量 x 和 y 的函数 z 有关的对应定义. 用等式

$$\mathrm{d}z = f'_x \delta x + f'_y \delta y \tag{7}$$

定义微分 $\mathrm{d}z$. 依次取 $z = x$ 以及 $z = y$, 就得到

$$\mathrm{d}x = \delta x, \quad \mathrm{d}y = \delta y, \tag{8}$$

所以

$$\mathrm{d}z = f'_x \mathrm{d}x + f'_y \mathrm{d}y, \tag{9}$$

这是与第 159 节中的近似等式 (1) 对应的精确等式.

等式 (9) 的一个性质特别值得注意. 在 157 节中我们看到：如果 $z=f(x,y)$, x 和 y 不是独立变量, 而是单独一个变量 t 的函数, 所以 z 也是单变量 t 的函数, 这样就有

$$\frac{\mathrm{d}z}{\mathrm{d}t}=\frac{\partial f}{\partial x}\frac{\mathrm{d}x}{\mathrm{d}t}+\frac{\partial f}{\partial y}\frac{\mathrm{d}y}{\mathrm{d}t}.$$

用 $\mathrm{d}t$ 来乘这个等式, 并注意到

$$\mathrm{d}x=\frac{\mathrm{d}x}{\mathrm{d}t}\mathrm{d}t,\quad \mathrm{d}y=\frac{\mathrm{d}y}{\mathrm{d}t}\mathrm{d}t,\quad \mathrm{d}z=\frac{\mathrm{d}z}{\mathrm{d}t}\mathrm{d}t,$$

我们就得到

$$\mathrm{d}z=f_x'\mathrm{d}x+f_y'\mathrm{d}y,$$

它与 (9) 有相同的形式. 于是, 不论 x 和 y 是否是独立变量, 用 $\mathrm{d}x$ 和 $\mathrm{d}y$ 来表示的 $\mathrm{d}z$ 的公式都是完全一样的. 这个注解在应用中有特别的重要性①.

还应该注意到：如果 z 是两个独立变量 x 和 y 的函数, 且有

$$\mathrm{d}z=\lambda\mathrm{d}x+\mu\mathrm{d}y,$$

那么 $\lambda=f_x'$, $\mu=f_y'$, 这可以从 159 节立即推出.

显然, 上面三节中的定理和定义能立即延拓到任意多个变量的函数上去. 微分的概念在技术上大有裨益, 尤其是在几何方面.

例 LXII

(1) 一个椭圆的面积是 A, a,b 是它的半轴. 证明

$$\frac{\mathrm{d}A}{A}=\frac{\mathrm{d}a}{a}+\frac{\mathrm{d}b}{b}.$$

(2) 将三角形 ABC 的面积 Δ 表示成 (i) a,B,C 的函数, (ii) A,b,c 的函数, 以及 (iii) a,b,c 的函数, 并建立公式

$$\frac{\mathrm{d}\Delta}{\Delta}=2\frac{\mathrm{d}a}{a}+\frac{c\mathrm{d}B}{a\sin B}+\frac{b\mathrm{d}C}{a\sin C},$$
$$\frac{\mathrm{d}\Delta}{\Delta}=\cot A\mathrm{d}A+\frac{\mathrm{d}b}{b}+\frac{\mathrm{d}c}{c},$$
$$\mathrm{d}\Delta=R\left(\cos A\mathrm{d}a+\cos B\mathrm{d}b+\cos C\mathrm{d}c\right),$$

其中 R 是该三角形外接圆 (circum-circle) 的半径.

(3) 一个三角形的边在变化时保持其面积不变, 从而 a 可以看成 b 和 c 的函数. 证明

$$\frac{\partial a}{\partial b}=-\frac{\cos B}{\cos A},\quad \frac{\partial a}{\partial c}=-\frac{\cos C}{\cos A}.$$

[这可以由等式

$$\mathrm{d}a=\frac{\partial a}{\partial b}\mathrm{d}b+\frac{\partial a}{\partial c}\mathrm{d}c,\quad \cos A\mathrm{d}a+\cos B\mathrm{d}b+\cos C\mathrm{d}c=0$$

推出.]

① 此结论在现代数学中称为一阶微分的形式不变性. 要注意的是, 这个性质对于高阶微分一般不再成立.

——译者注

(4) 如果 a, b, c 变化但保持 R 不变, 那么

$$\frac{\mathrm{d}a}{\cos A}+\frac{\mathrm{d}b}{\cos B}+\frac{\mathrm{d}c}{\cos C}=0,$$

所以有

$$\frac{\partial a}{\partial b}=-\frac{\cos A}{\cos B},\quad \frac{\partial a}{\partial c}=-\frac{\cos A}{\cos C}.$$

[利用公式 $a=2R\sin A,\cdots$ 以及如下事实：R 和 $A+B+C$ 是常数.]

(5) 如果 z 是 u 和 v 的函数, 而 u 和 v 是 x 和 y 的函数, 那么

$$\frac{\partial z}{\partial x}=\frac{\partial z}{\partial u}\frac{\partial u}{\partial x}+\frac{\partial z}{\partial v}\frac{\partial v}{\partial x},\quad \frac{\partial z}{\partial y}=\frac{\partial z}{\partial u}\frac{\partial u}{\partial y}+\frac{\partial z}{\partial v}\frac{\partial v}{\partial y}.$$

[我们有

$$\mathrm{d}z=\frac{\partial z}{\partial u}\mathrm{d}u+\frac{\partial z}{\partial v}\mathrm{d}v,\quad \mathrm{d}u=\frac{\partial u}{\partial x}\mathrm{d}x+\frac{\partial u}{\partial y}\mathrm{d}y,\quad \mathrm{d}v=\frac{\partial v}{\partial x}\mathrm{d}x+\frac{\partial v}{\partial y}\mathrm{d}y.$$

将 $\mathrm{d}u$ 和 $\mathrm{d}v$ 代入第一个等式并将结果与

$$\mathrm{d}z=\frac{\partial z}{\partial x}\mathrm{d}x+\frac{\partial z}{\partial y}\mathrm{d}y$$

加以比较.]

(6) 如果 $ur\cos\theta=1$, $\tan\theta=v$, 且 $F(r,\theta)=G(u,v)$, 那么

$$rF_r=-uG_u,\quad F_\theta=uvG_u+\left(1+v^2\right)G_v. \qquad (\textit{Math. Trip.}\ 1932)$$

(7) 设 z 是 x 和 y 的函数, 又设 X, Y, Z 由诸方程

$$x=a_1X+b_1Y+c_1Z,\quad y=a_2X+b_2Y+c_2Z,\quad z=a_3X+b_3Y+c_3Z$$

定义. 那么 Z 可以表示成 X 和 Y 的函数. 将 Z_x, Z_y 用 z_x, z_y 表示出来. [用 P, Q 以及 p, q 来记这些微分系数. 则有 $\mathrm{d}z-p\mathrm{d}x-q\mathrm{d}y=0$, 也就是

$$\left(c_1p+c_2q-c_3\right)\mathrm{d}Z+\left(a_1p+a_2q-a_3\right)\mathrm{d}X+\left(b_1p+b_2q-b_3\right)\mathrm{d}Y=0.$$

将这个方程与 $\mathrm{d}Z-P\mathrm{d}X-Q\mathrm{d}Y=0$ 比较就看出有

$$P=-\frac{a_1p+a_2q-a_3}{c_1p+c_2q-c_3},$$
$$Q=-\frac{b_1p+b_2q-b_3}{c_1p+c_2q-c_3}.\ ]$$

(8) 如果

$$\left(a_1x+b_1y+c_1z\right)p+\left(a_2x+b_2y+c_2z\right)q=a_3x+b_3y+c_3z,$$

那么

$$\left(a_1X+b_1Y+c_1Z\right)P+\left(a_2X+b_2Y+c_2Z\right)Q=a_3X+b_3Y+c_3Z.$$

(*Math. Trip.* 1899)

(9) **隐函数的微分法**. 假设 $f(x,y)$ 和它的导数 f'_x 以及 f'_y 在点 (a,b) 的邻域内连续, 且

$$f(a,b)=0,\quad f'_b(a,b)\neq 0.$$

那么就能找到 (a,b) 的一个邻域，在该邻域内 $f'_y(x,y)$ 恒有同样的符号. 例如，假设 $f'_y(x,y)$ 在接近 (a,b) 时是正的. 那么，对 x 的充分靠近 a 的任意一个值，以及对于 y 的充分靠近 b 的任何值，$f(x,y)$ 都是 y 的在第 95 节的严格意义下的增函数. 由此并根据第 109 节的定理推出：存在唯一的连续函数 y，当 $x=a$ 时它取值为 b，且对所有充分靠近 a 的 x 值都满足方程 $f(x,y)=0$.

如果 $f(x,y)=0$, $x=a+h$, $y=b+k$，那么

$$0=f(x,y)-f(a,b)=\left(f'_a+\varepsilon\right)h+\left(f'_b+\eta\right)k,$$

其中 ε 和 η 与 h 和 k 一起趋向零. 从而

$$\frac{k}{h}=-\frac{f'_a+\varepsilon}{f'_b+\eta}\to-\frac{f'_a}{f'_b},$$

这也就是

$$\frac{\mathrm{d}y}{\mathrm{d}x}=-\frac{f'_a}{f'_b}.$$ [①]

(10) 曲线 $f(x,y)=0$ 在点 (x_0,y_0) 的切线方程是

$$(x-x_0)f'_x(x_0,y_0)+(y-y_0)f'_y(x_0,y_0)=0.$$

(11) 在方程 $y=f(x,u)$, $z=\phi(x,u)$ 中消去 u 的结果可以表示成 $z=F(x,y)$. 证明

$$F_x=\frac{f_u\phi_x-f_x\phi_u}{f_u},\quad F_y=\frac{\phi_u}{f_u}.$$ (*Math. Trip.* 1933)

(12) **极大和极小**. 我们可以通过对第 123 节中的定义作显然的改变来定义两个变量的函数的极大值和极小值. 显然，如果 (a,b) 给出 $f(x,y)$ 的一个极大值，则 f'_x 在 (a,b) 为零. 类似地也有 f'_y 在该点为零，从而

$$f'_x=0,\quad f'_y=0,$$

或者说 (与此等价)

$$\mathrm{d}f=0$$

是取极大值或者极小值的必要条件. 求充分条件的问题更为复杂，我们在这里不对它加以考虑.

(13) 如果 y 通过 $g(x,y)=0$ 定义为 x 的函数，且 $f(x,y)$ 在一个点有一个极大值，那么 (由于微分的公式不论其中的变量是否为独立变量都是一样的) 在极大值处就有 $\mathrm{d}f=0$，而对所有的 x,y 有 $\mathrm{d}g=0$. 换句话说，只要 $g'_x\mathrm{d}x+g'_y\mathrm{d}y=0$，就有 $f'_x\mathrm{d}x+f'_y\mathrm{d}y=0$; 所以

$$\frac{f'_x}{g'_x}=\frac{f'_y}{g'_y}. \tag{1}$$

如果 g'_x 或者 g'_y 取值为零，那么 (1) 就解释为对应的 f'_x 或者 f'_y 取值为零.

类似地，如果 z 由 $g(x,y,z)=0$ 定义，且 $f(x,y,x)$ 有极大值，那么

$$\frac{f'_x}{g'_x}=\frac{f'_y}{g'_y}=\frac{f'_z}{g'_z}$$

(对此有与上面相同的说明).

① 原作者对于这个问题中的几个简写符号未给出任何具体的解释或定义，因而容易使读者产生困惑. 实际上本题中的几个简写符号应理解如下：$f'_a=f'_x(a,b)$, $f'_b=f'_y(a,b)$，而前面所用的一个符号 $f'_b(a,b)$ 应改写为 $f'_y(a,b)$ 或者 f'_b 较妥. ——译者注

(14) 如果 α, β, γ 是正数, A, B, C 是三角形的内角, 而 $\sin^{\alpha} A \sin^{\beta} B \sin^{\gamma} C$ 是一个极大值, 那么

$$\tan^2 A = \frac{\alpha(\alpha+\beta+\gamma)}{\beta\gamma}, \quad \tan^2 B = \frac{\beta(\alpha+\beta+\gamma)}{\gamma\alpha}, \quad \tan^2 C = \frac{\gamma(\alpha+\beta+\gamma)}{\alpha\beta}.$$

(*Math. Trip.* 1935)

161. 定积分和面积

在第 6 章第 148 节中我们曾假设: 如果 $f(x)$ 是 x 的连续函数, P_1P 是 $y=f(x)$ 的图形中的一段弧, 那么由 P_1P、纵坐标线段 P_1N_1 和 PN 以及 x 轴上的线段 N_1N 所包围的区域与一个称为面积的数相关联[①]. 显然, 如果 $ON=x$, 并允许 x 变化, 此面积就是 x 的函数, 将它记为 $F(x)$.

在这样的假设下, 我们在第 148 节中证明了 $F'(x)=f(x)$, 并且指出了怎样用此结果来计算特殊曲线所围的面积. 但是我们仍然需要对 “有这样一个作为面积 $F(x)$ 的数存在” 这一基本假设的合理性给出证明.

我们已知道长方形的面积是什么, 它是由边的乘积来度量的. 同样地, Euclid 所证明的三角形、平行四边形以及多边形的性质使我们对于这些图形的面积都赋予了确定的含义. 但是到目前为止, 对于由曲线所围图形的面积我们还一无所知. 下面将指出怎样给出 $F(x)$ 的定义, 且此定义使我们能证明它的存在性.

假设 $f(x)$ 在整个区间 (a,b) 中连续, 并利用分点 $x_0, x_1, x_2, \cdots, x_n$ 将该区间划分成若干个子区间, 其中

$$a=x_0<x_1<\cdots<x_{n-1}<x_n=b.$$

用 δ_ν 表示区间 $(x_\nu, x_{\nu+1})$, 用 m_ν 表示 $f(x)$ 在 δ_ν 中的下界 (第 103 节), 并记, 比方说

$$s=m_0\delta_0+m_1\delta_1+\cdots+m_{n-1}\delta_{n-1}=\sum m_\nu\delta_\nu.$$

显然, 如果 M 表示 $f(x)$ 在 (a,b) 中的上界, 则有 $s \leqslant M(b-a)$. 于是, 用第 103 节的语言来说, s 的值组成的集合是有上界的, 而且还有一个我们记为 j 的上界. s 中没有任何一个值能超过 j, 但是存在 s 中的值, 它比小于 j 的任何数都要大.

按照同样的方法, 如果 M_ν 是 $f(x)$ 在 δ_ν 中的上界, 就可以定义和式

$$S=\sum M_\nu\delta_\nu.$$

明显地, 如果 m 是 $f(x)$ 在 (a,b) 中的下界, 则有 $S \geqslant m(b-a)$. 于是 S 的值组成的集合是有下界的, 而且还有一个我们记为 J 的下界. S 中没有任何一个值能小于 J, 但是存在 S 中的值, 它比大于 J 的任何数都要小.

① 请读者参见第 216 页图 42. ——译者注

如果注意到在 $f(x)$ 从 $x=a$ 到 $x=b$ 递增这种简单的情形中 m_ν 就是 $f(x_\nu)$, 而 M_ν 是 $f(x_{\nu+1})$, 就可以使我们对和式 s 以及 S 的意义更加清楚. 在这种情形, s 是图 45 中阴影长方形的总面积, S 是图中粗线所包围的面积. 在一般情形, s 和 S 也仍然都是由长方形所组成的面积, 它们分别包含在我们试图定义面积的曲边区域的内部以及将此曲边区域包含在其内部.

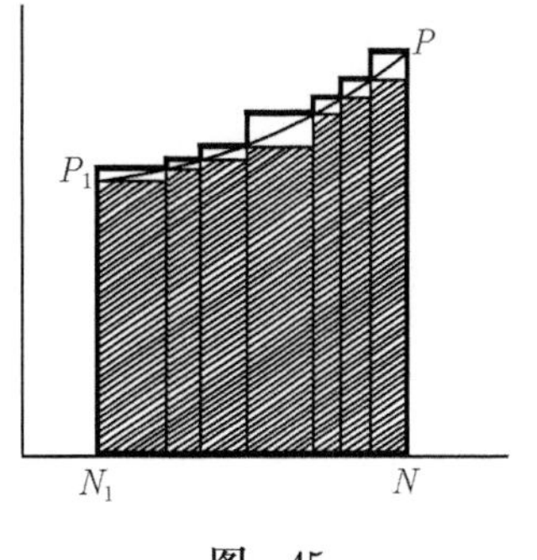

图 45

现在要来指出: *s 中没有任何一个和能大于 S 中任意一个和.* 设 s, S 是与区间的一种细分所对应的和, 而 s', S' 是与区间的另外一种细分所对应的和. 我们要来证明有 $s \leqslant S'$ 以及 $s' \leqslant S$ 成立.

将产生和式 s, S 以及产生和式 s', S' 的所有分点放在一起作出区间的第三个细分. 令 $\mathbf{s}$, $\mathbf{S}$ 是与这第三种细分所对应的和式. 那么容易看出有

$$\mathbf{s} \geqslant s, \quad \mathbf{s} \geqslant s', \quad \mathbf{S} \leqslant S, \quad \mathbf{S} \leqslant S'. \tag{1}$$

例如, $\mathbf{s}$ 和 s 的差异在于至少存在一个区间 δ_ν, 它在 s 中出现, 且被分成了若干个更小的区间

$$\delta_{\nu,1}, \delta_{\nu,2}, \cdots, \delta_{\nu,p},$$

所以 s 中的一项 $m_\nu \delta_\nu$ 就被 $\mathbf{s}$ 中的一个和

$$m_{\nu,1}\delta_{\nu,1} + m_{\nu,2}\delta_{\nu,2} + \cdots + m_{\nu,p}\delta_{\nu,p}$$

所代替, 其中 $m_{\nu,1}, m_{\nu,2}, \cdots$ 是 $f(x)$ 在 $\delta_{\nu,1}, \delta_{\nu,2}, \cdots$ 中的下界. 但是显然有 $m_{\nu,1} \geqslant m_\nu, m_{\nu,2} \geqslant m_\nu, \cdots$, 所以刚才所写的和式不小于 $m_\nu \delta_\nu$. 从而有 $\mathbf{s} \geqslant s$; (1) 中其他的不等式可以用同样的方式建立. 但由于 $\mathbf{s} \leqslant \mathbf{S}$, 由此即得

$$s \leqslant \mathbf{s} \leqslant \mathbf{S} \leqslant S',$$

此即所欲证者.

还可推出有 $j \leqslant J$. 因为我们可以求得一个任意接近 j 的 s 以及一个任意接近 J 的 S[①], 所以 $j > J$ 就会蕴含存在一个 s 和一个 S, 使得有 $s > S$.

到目前为止, 我们还没有用到 $f(x)$ 是连续的这一事实. 现在要来证明有 $j = J$, 且当分点 x_ν 无限加倍使得所有区间 δ_ν 的长度都趋向零时, 和 s, S 都趋向极限 J. 更确切地说, 我们要证明: *给定任意正数 ε, 都可以求得 δ, 使得只要对于所有的 ν 值有 $\delta_\nu < \delta$, 就有*

$$0 \leqslant J - s < \varepsilon, \quad 0 \leqslant S - J < \varepsilon.$$

① 这里的 s 和 S 一般来说并不对应于区间的同一个细分.

根据第 107 节定理 II 可知, 存在一个数 δ, 使得只要每个 δ_ν 都小于 δ, 就有

$$M_\nu - m_\nu < \varepsilon / (b-a).$$

从而

$$S - s = \sum (M_\nu - m_\nu)\delta_\nu < \varepsilon.$$

但是

$$S - s = (S - J) + (J - j) + (j - s);$$

而右边所有这三项都是正的 (或者是零), 于是它们全都小于 ε. 由于 $J-j$ 是一个常数, 所以它必定为零. 从而 $j = J$, 且 $0 \leqslant j - s < \varepsilon, 0 \leqslant S - J < \varepsilon$, 恰如所需证者.

将 N_1NPP_1 的面积定义为 s 和 S 的共同极限, 也就是 J. 容易对这个定义给出更加一般的形式. 考虑和

$$\sigma = \sum f_\nu \delta_\nu,$$

其中 f_ν 是 $f(x)$ 在 δ_ν 中任何一点处的值. 显然 σ 位于 s 和 S 之间, 因此当区间长度 δ_ν 趋向零时, σ 趋向极限 J. 这样一来, 我们就可以将面积定义为 σ 的极限.

162. 定积分

现在假设 $f(x)$ 是连续函数, 从而曲线 $y = f(x)$、垂直线 $x = a$ 和 $x = b$ 以及 x 轴所界限的区域有一个确定的面积. 在第 6 章第 148 节中曾经证明了: 如果 $F(x)$ 是 $f(x)$ 的 "积分函数", 也就是如果

$$F'(x) = f(x), \quad F(x) = \int f(x)\,\mathrm{d}x,$$

那么所求面积就是 $F(b) - F(a)$.

由于确定 $F(x)$ 的形式并不总是切实可行的, 所以有一个表示面积 N_1NPP_1 但又不明显提及 $F(x)$ 的公式是很方便的. 记

$$(N_1NPP_1) = \int_a^b f(x)\,\mathrm{d}x.$$

此等式右边的表达式可以看成以两种方式中的随便哪一种方式给出的定义. 也可以直接将它视为 $F(b) - F(a)$ 的缩写, 其中 $F(x)$ 是 $f(x)$ 的某个积分函数, 而不管是否有一个实际的公式将它表示出来; 或者也可以将它视为在第 161 节中直接定义的面积 N_1NPP_1 的值.

数

$$\int_a^b f(x)\,\mathrm{d}x$$

称为**定积分** (definite integral); a 和 b 称为积分的**下限**和**上限** (lower and upper limits); $f(x)$ 称为**积分的对象** (subject of integration) 或**被积函数** (integrand); 区

间 (a,b) 称为**积分区域** (range of integration). 定积分只与 a 和 b 以及函数 $f(x)$ 有关, 且它并不是 x 的函数. 另一方面, 积分函数

$$F(x)=\int f(x)\,\mathrm{d}x$$

有时称为 $f(x)$ 的**不定积分** (indefinite integral).

定积分与不定积分的区别仅仅是一种观点上的不同. 定积分 $\int_a^b f(x)\,\mathrm{d}x=F(b)-F(a)$ 是 b 的一个函数, 它可以被看成是 $f(b)$ 的一个特殊的积分函数. 另一方面, 不定积分 $F(x)$ 总可以用定积分加以表示, 这是因为

$$F(x)=F(a)+\int_a^x f(t)\,\mathrm{d}t.$$

但是当我们考虑 "不定积分" 或者 "积分函数" 时, 由于其中一个函数是另一个函数的导数, 通常考虑的是*两个函数之间的一个关系*; 而当我们考虑 "定积分" 时, 通常并不关心积分限的任何可能的变化.

应该注意到: 积分 $\int_a^x f(t)\,\mathrm{d}t$ 有微分系数 $f(x)$, 当然它也是 x 的连续函数.

由于 $1/x$ 对 x 所有正的值都是连续的, 所以本节的研究就给我们提供了函数 $\log x$ 的存在性的一个证明, 在第 131 节中我们曾经约定暂时假设它的存在性.

163. 圆的扇形面积, 三角函数

如同通常的初等三角教科书中所介绍的那样, 三角函数 $\cos x,\sin x$ 等的理论依赖于一个未加证明的假设. 一个角是由两条直线 OA,OP 构成的图形; 不难将这个 "几何的" 定义翻译成纯分析的语言. 接下来是一个假设, *假设角度在数值上是可以度量的*, 这也就是说, 对此图形有一个实数与之相关联, 恰如在第 148 节中的区域有一个实数与之相关联一样. 一旦接受了这一点, $\cos x$ 和 $\sin x$ 就可以用通常的方式定义, 在对该理论进行详细阐述时也就没有进一步的原则上的困难了. 全部的困难在于这样的问题: *在 $\cos x$ 和 $\sin x$ 中出现的 x 是什么?* 为了回答这个问题, 必须定义角度的度量, 现在可以这样做了. 最自然的定义会是这样: 设 AP 是中心在 O 且半径为 1 的圆上的一段弧 (见图 46), 所以 $OA=OP=1$. 那么这个角的测度 x 就是弧 AP 的长度. 这实质上就是教科书中在对于 "圆的度量" 的理论所给出的说明中采用的定义. 它对于我们当前的目的来说有一个致命的缺陷, 因为我们还没有证明曲线的弧甚至圆的弧是有长度的. 对于曲线长度的概念与面积的概念一样, 可以作精确的数学分析; 但是这种分析, 虽然与上一节中的概念有同样的一般性的特征, 却一定是更加困难的. 在这里不可能对此论题给予任何一般性的处理.

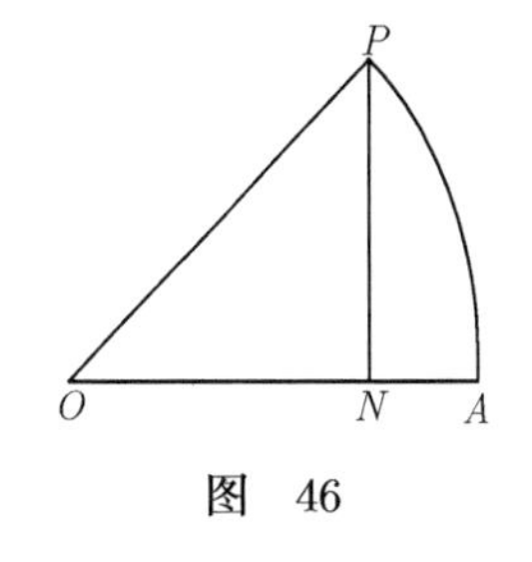

图 46

这样一来, 我们必须用面积的概念, 而不是用长度的概念得出定义. 我们把角 AOP 的测度定义为单位圆内扇形 AOP 面积之两倍.

特别地, 假设 OA 就是 $y=0$, 而 OP 则是 $y=mx$, 其中 $m>0$. 该面积是 m 的函数, 可以记为 $\phi(m)$. 点 P 即 $(\mu, m\mu)$, 其中

$$\mu=\frac{1}{\sqrt{1+m^2}}, \quad \sqrt{1-\mu^2}=\frac{m}{\sqrt{1+m^2}}, \quad m=\frac{\sqrt{1-\mu^2}}{\mu},$$

以及

$$\phi(m)=\frac{1}{2}m\mu^2+\int_\mu^1\sqrt{1-x^2}\mathrm{d}x=\frac{1}{2}\mu\sqrt{1-\mu^2}+\int_\mu^1\sqrt{1-x^2}\mathrm{d}x.$$

从而有

$$\frac{\mathrm{d}\phi}{\mathrm{d}\mu}=\frac{1}{2}\sqrt{1-\mu^2}-\frac{\mu^2}{2\sqrt{1-\mu^2}}-\sqrt{1-\mu^2}=-\frac{1}{2\sqrt{1-\mu^2}},$$

$$\frac{\mathrm{d}\phi}{\mathrm{d}m}=\frac{\mathrm{d}\phi}{\mathrm{d}\mu}\frac{\mathrm{d}\mu}{\mathrm{d}m}=\frac{1}{2\sqrt{1-\mu^2}}\frac{m}{(1+m^2)^{\frac{3}{2}}}=\frac{1}{2(1+m^2)},$$

所以

$$\phi(m)=\frac{1}{2}\int_0^m\frac{\mathrm{d}t}{1+t^2}.$$

从而我们定义的解析等价物就是用

$$\arctan m=\int_0^m\frac{\mathrm{d}t}{1+t^2}$$

来定义 $\arctan m$. 三角函数的理论将从第 9 章一开始就发挥它的作用.

例 LXIII

用不定积分定义作计算.

(1) 证明: 如果 $b>a\geqslant 0$ 且 $n>-1$, 则有

$$\int_a^b x^n\mathrm{d}x=\frac{b^{n+1}-a^{n+1}}{n+1}.$$

(2) $\displaystyle\int_a^b\cos mx\mathrm{d}x=\frac{\sin mb-\sin ma}{m}$; $\quad\displaystyle\int_a^b\sin mx\mathrm{d}x=\frac{\cos ma-\cos mb}{m}$.

(3) $\displaystyle\int_a^b\frac{\mathrm{d}x}{1+x^2}=\arctan b-\arctan a$; $\quad\displaystyle\int_0^1\frac{\mathrm{d}x}{1+x^2}=\frac{1}{4}\pi$.

[由于 $\arctan x$ 是一个多值函数, 所以这里有一个显而易见的困难. 注意到在等式

$$\int_0^x\frac{\mathrm{d}t}{1+t^2}=\arctan x$$

中 $\arctan x$ 必定表示介于 $-\frac{1}{2}\pi$ 和 $\frac{1}{2}\pi$ 之间的一个角度, 那么这个困难是可以避免的. 因为该积分当 $x=0$ 时变为零, 又当 x 增加时连续地递增. 于是这对 $\arctan x$ 来说也同样为真, 从而

当 $x \to \infty$ 时它趋向 $\frac{1}{2}\pi$. 用同样的方法可以证明：当 $x \to -\infty$ 时 $\arctan x \to -\frac{1}{2}\pi$. 类似地, 在等式

$$\int_0^x \frac{\mathrm{d}t}{\sqrt{1-t^2}} = \arcsin x$$

中 (其中 $-1 < x < 1$) $\arcsin x$ 表示介于 $-\frac{1}{2}\pi$ 和 $\frac{1}{2}\pi$ 之间的一个角度. 从而, 如果 a 和 b 两者的绝对值都小于 1 的话, 就有

$$\int_a^b \frac{\mathrm{d}t}{\sqrt{1-t^2}} = \arcsin b - \arcsin a.\ ]$$

(4) 如果 $-\pi < \alpha < \pi$, 那么除了 $\alpha = 0$ 的情形以外均有 $\int_0^1 \frac{\mathrm{d}x}{1+2x\cos\alpha+x^2} = \frac{\alpha}{2\sin\alpha}$; 而当 $\alpha = 0$ 时该积分的值是 $\frac{1}{2}$, 这个值是当 $\alpha \to 0$ 时 $\frac{1}{2}\alpha\csc\alpha$ 的极限.

(5) $\displaystyle\int_0^1 \sqrt{1-x^2}\mathrm{d}x = \frac{1}{4}\pi$; $\displaystyle\int_0^a \sqrt{a^2-x^2}\mathrm{d}x = \frac{1}{4}\pi a^2$ (其中 $a > 0$).

(6) $\displaystyle\int_{-1}^1 \frac{\mathrm{d}x}{\sqrt{1-2\alpha x+\alpha^2}}$ 当 $-1 < \alpha < 1$ 时其值为 2, 当 $|\alpha| > 1$ 时其值为 $2/\alpha$.

(*Math. Trip.* 1933)

(7) 如果 $a > |b|$, 则有 $\displaystyle\int_0^\pi \frac{\mathrm{d}x}{a+b\cos x} = \frac{\pi}{\sqrt{a^2-b^2}}$. [有关此不定积分的形式, 见例 LIII 第 3 题和第 4 题. 如果 $|a| < |b|$, 则被积函数在 0 与 π 之间取到一个无穷的值. 当 a 为负且 $-a > |b|$ 时积分的值是什么?]

(8) 如果 a 和 b 都是正数, 则有 $\displaystyle\int_0^{\frac{1}{2}\pi} \frac{\mathrm{d}x}{a^2\cos^2 x+b^2\sin^2 x} = \frac{\pi}{2ab}$. 当 a 和 b 有相反的符号或者当 a 和 b 两者都是负数时, 该积分的值是什么?

(9) **Fourier 积分**. 证明：如果 m 和 n 是正整数, 那么

$$\int_0^{2\pi} \cos mx \sin nx\mathrm{d}x$$

恒等于零, 且

$$\int_0^{2\pi} \cos mx \cos nx\mathrm{d}x, \quad \int_0^{2\pi} \sin mx \sin nx\mathrm{d}x$$

都等于零, 除非 $m = n$, 而当 $m = n$ 时积分值为 π.

(10) 证明：$\displaystyle\int_0^\pi \cos mx \cos nx\mathrm{d}x$ 和 $\displaystyle\int_0^\pi \sin mx \sin nx\mathrm{d}x$ 中每一个积分的值都等于零, 除非 $m = n$, 而当 $m = n$ 时积分值为 $\frac{1}{2}\pi$; 且根据 $n - m$ 是奇数还是偶数有

$$\int_0^\pi \cos mx \sin nx\mathrm{d}x = \frac{2n}{n^2-m^2}, \quad \int_0^\pi \cos mx \sin nx\mathrm{d}x = 0.$$

(11) 证明：如果 m 和 n 是正整数, 且 $m > n$, 则有

$$\int_0^\pi \cos m\theta\,(\cos\theta)^n\,\mathrm{d}\theta = 0.$$

(*Math. Trip.* 1928)

(12) 计算

$$\int_0^1 \frac{4x^2+3}{8x^2+4x+5}\mathrm{d}x, \quad \int_0^c \frac{x\mathrm{d}x}{\sqrt{x+c}}, \quad \int_0^\pi \frac{\mathrm{d}x}{5+3\cos x}, \quad \int_0^{\frac{1}{2}\pi} \frac{\mathrm{d}x}{1+2\cos x},$$

$$\int_0^\alpha \frac{\mathrm{d}x}{\cos 2\alpha - \cos x}\left(0 < \alpha < \frac{2}{3}\pi\right), \quad \int_0^1 \arctan x\mathrm{d}x.$$

(*Math. Trip.* 1927, 1928, 1929, 1930, 1936)

164. 由定积分的和式极限的定义计算定积分

在几种情形中, 可以从第 161, 162 节的定义出发, 通过直接计算法来计算定积分. 通常这要比用不定积分来计算简单得多, 读者会发现从头到尾实际解决几个例子是极富教益的.

例 LXIV

(1) 用分点 $a=x_0,x_1,x_2,\cdots,x_n=b$ 将 (a,b) 分成 n 个相等的部分, 并计算当 $n\to\infty$ 时

$$(x_1-x_0)f(x_0)+(x_2-x_1)f(x_1)+\cdots+(x_n-x_{n-1})f(x_{n-1})$$

的极限, 由此来计算 $\int_a^b x\mathrm{d}x$.

[此和是

$$\begin{aligned}&\frac{b-a}{n}\left[a+\left(a+\frac{b-a}{n}\right)+\left(a+2\frac{b-a}{n}\right)+\cdots+\left\{a+(n-1)\frac{b-a}{n}\right\}\right]\\=&\frac{b-a}{n}\left[na+\frac{b-a}{n}\{1+2+\cdots+(n-1)\}\right]=(b-a)\left\{a+(b-a)\frac{n(n-1)}{2n^2}\right\},\end{aligned}$$

当 $n\to\infty$ 时它趋向 $\frac{1}{2}\left(b^2-a^2\right)$. 通过图形推理验证这一结果.]

(2) 用分点 $a,ar,ar^2,\cdots,ar^{n-1},ar^n$(其中 $r^n=b/a$) 将 (a,b) 分成 n 份来计算 $\int_a^b x\mathrm{d}x$, 其中 $0<a<b$. 用同样的方法计算更一般的积分 $\int_a^b x^m\mathrm{d}x$.

(3) 用第 (1) 题中的方法计算 $\int_a^b x^2\mathrm{d}x,\int_a^b\cos mx\mathrm{d}x$ 以及 $\int_a^b\sin mx\mathrm{d}x$.

(4) 证明: 当 $n\to\infty$ 时有 $\sum_{r=0}^{n-1}\frac{1}{n^2+r^2}\to\frac{1}{4}\pi$.

[这可以由

$$\frac{n}{n^2}+\frac{n}{n^2+1^2}+\cdots+\frac{n}{n^2+(n-1)^2}=\sum_{r=0}^{n-1}\frac{1/n}{1+(r/n)^2}$$

推出, 而直接根据定积分的定义, 当 $n\to\infty$ 时这个和趋向极限 $\int_0^1\frac{\mathrm{d}x}{1+x^2}$.]

(5) 证明 $\frac{1}{n^2}\sum_{r=0}^{n-1}\sqrt{n^2-r^2}\to\frac{1}{4}\pi$. [该极限是 $\int_0^1\sqrt{1-x^2}\mathrm{d}x$.]

165. 定积分的一般性质

定积分作为和式的极限这一定义预先假设了 (i) f 是连续的以及 (ii) $a<b$. 当 $a>b$ 时, 定义它的值为

$$\int_a^b f(x)\mathrm{d}x=-\int_b^a f(x)\mathrm{d}x, \tag{1}$$

而当 $a=b$ 时定义它的值为

$$\int_a^a f(x)\mathrm{d}x=0. \tag{2}$$

如果用函数 $F(x)$ 来定义积分, 则这些定义就变成定理; 这是因为 $F(b)-F(a)=-\{F(a)-F(b)\}$, $F(a)-F(a)=0$.

于是对任何 a 和 b 都有

$$\int_a^b f(x)\mathrm{d}x+\int_b^c f(x)\mathrm{d}x=\int_a^c f(x)\mathrm{d}x. \tag{3}$$

(4) $$\int_a^b kf(x)\,\mathrm{d}x = k\int_a^b f(x)\,\mathrm{d}x.$$

(5) $$\int_a^b \{f(x)+\phi(x)\}\,\mathrm{d}x = \int_a^b f(x)\,\mathrm{d}x + \int_a^b \phi(x)\,\mathrm{d}x.$$

读者会发现, 将这些性质的正式证明写出来是一个有意义的练习, 在每一种情形用以下方法给出证明: (α) 从积分函数给出的定义出发; (β) 直接从定义出发.

以下的定理也是很重要的.

(6) 如果当 $a \leqslant x \leqslant b$ 时 $f(x) \geqslant 0$, 那么 $\int_a^b f(x)\,\mathrm{d}x \geqslant 0$.

我们只需注意: 第 156 节中的和 s 不可能是负的. 以后将会证明 (见本章杂例第 43 题), 积分的值不可能为零, 除非 $f(x)$ 恒为零; 这也可以从第 122 节的第一个推论推导出来.

(7) 如果当 $a \leqslant x \leqslant b$ 时 $H \leqslant f(x) \leqslant K$, 那么

$$H(b-a) \leqslant \int_a^b f(x)\,\mathrm{d}x \leqslant K(b-a).$$

对 $f(x)-H$ 和 $K-f(x)$ 应用 (6) 立即得此结论.

(8) $$\int_a^b f(x)\,\mathrm{d}x = (b-a)\,f(\xi),$$

其中 ξ 位于 a 和 b 之间.

这由 (7) 推出. 因为可以取 H 是 $f(x)$ 在 (a,b) 中的最小值, 取 K 是 $f(x)$ 在 (a,b) 中的最大值. 于是该积分等于 $\eta(b-a)$, 其中 η 介于 H 和 K 之间. 但是, 由于 $f(x)$ 是连续的, 故必有一个 ξ 值使得 $f(\xi)=\eta$ (第 101 节).

如果 $F(x)$ 是它的积分函数, 就能将 (8) 的结论写成形式

$$F(b)-F(a) = (b-a)\,F'(\xi),$$

所以 (8) 现在又作为第 126 节的中值定理的一个特例而出现. 可以把 (8) 称为积分第一中值定理.

(9) **推广的积分中值定理**. 如果 $\phi(x)$ 是正的, H 和 K 定义如 (7), 那么有

$$H\int_a^b \phi(x)\,\mathrm{d}x \leqslant \int_a^b f(x)\,\phi(x)\,\mathrm{d}x \leqslant K\int_a^b \phi(x)\,\mathrm{d}x;$$

以及

$$\int_a^b f(x)\,\phi(x)\,\mathrm{d}x = f(\xi)\int_a^b \phi(x)\,\mathrm{d}x,$$

其中 ξ 位于 a 和 b 之间.

对积分

$$\int_a^b \{f(x)-H\}\phi(x)\,\mathrm{d}x,\quad \int_a^b \{K-f(x)\}\phi(x)\,\mathrm{d}x$$

应用定理 (6) 立即推出此结论.

(10) **积分学的基本定理**. 函数

$$F(x)=\int_a^x f(t)\,\mathrm{d}t$$

有导数 $f(x)$.

这已在第 148 节中证明过了, 不过在这里作为一个正式的定理重新加以叙述是方便的. 如同在第 162 节中指出的那样, 作为一个推论得知, $F(x)$ 是 x 的连续函数.

例 LXV

(1) 用定积分的直接定义以及上面的等式 (1)~(5) 证明

(i) $\int_{-a}^{a}\phi(x^2)\,\mathrm{d}x=2\int_0^a\phi(x^2)\,\mathrm{d}x,\quad \int_{-a}^{a}x\phi(x^2)\,\mathrm{d}x=0$;

(ii) $\int_0^{\frac{1}{2}\pi}\phi(\cos x)\,\mathrm{d}x=\int_0^{\frac{1}{2}\pi}\phi(\sin x)\,\mathrm{d}x=\frac{1}{2}\int_0^{\pi}\phi(\sin x)\,\mathrm{d}x$;

(iii) $\int_0^{m\pi}\phi(\cos^2 x)\,\mathrm{d}x=m\int_0^{\pi}\phi(\cos^2 x)\,\mathrm{d}x$,

其中 m 是整数. [若概略画出积分号下函数的图形, 则这些等式的正确性将显示出几何的直观.]

(2) 如果 n 是正整数或者零, 证明

$$\int_0^{\pi}\frac{\sin\left(n+\frac{1}{2}\right)\theta}{\sin\frac{1}{2}\theta}\mathrm{d}\theta=\pi.$$

对取负整数值的 n, 积分的值是什么?

(3) 证明: 根据 n 是奇数还是偶数, $\int_0^{\pi}\frac{\sin nx}{\sin x}\mathrm{d}x$ 等于 π 或者零.　(*Math. Trip.* 1933)

(4) 证明: 对 n 的所有正整数值有

$$\int_0^{\pi}\left(\frac{\sin nx}{\sin x}\right)^2\mathrm{d}x=n\pi.$$

(*Math. Trip.* 1933)

[第 (2) 题用到恒等式

$$\frac{\sin\left(n+\frac{1}{2}\right)x}{\sin\frac{1}{2}x}=1+2\cos x+2\cos 2x+\cdots+2\cos nx,$$

第 (3) 题用到恒等式

$$\frac{\sin nx}{\sin x}=2\cos(n-1)x+2\cos(n-3)x+\cdots,$$

其中最后一项是 1 或者是 $2\cos x$. 为证明第 (4) 题, 将最后一个恒等式平方并利用例 LXIII 第 (10) 题.]

(5) 如果 $\phi(x)=\frac{1}{2}a_0+a_1\cos x+b_1\sin x+a_2\cos 2x+\cdots+a_n\cos nx+b_n\sin nx$, k 是不大于 n 的正整数, 那么

$$\int_0^{2\pi}\phi(x)\,\mathrm{d}x=\pi a_0,\quad \int_0^{2\pi}\cos kx\phi(x)\,\mathrm{d}x=\pi a_k,\quad \int_0^{2\pi}\sin kx\phi(x)\,\mathrm{d}x=\pi b_k.$$

如果 $k>n$, 则上面两个积分中每一个的值都为零. [利用例 LXIII 第 (9) 题.]

(6) 如果当 $a\leqslant x\leqslant b$ 时 $f(x)\leqslant\phi(x)$, 那么 $\int_a^b f\mathrm{d}x\leqslant\int_a^b\phi\mathrm{d}x$.

(7) 证明

$$0<\int_0^{\frac{1}{2}\pi}\sin^{n+1}x\mathrm{d}x<\int_0^{\frac{1}{2}\pi}\sin^n x\mathrm{d}x,\quad 0<\int_0^{\frac{1}{4}\pi}\tan^{n+1}x\mathrm{d}x<\int_0^{\frac{1}{4}\pi}\tan^n x\mathrm{d}x.$$

(8)① 如果 $n>1$, 那么 $0.5<\int_0^{\frac{1}{2}}\frac{\mathrm{d}x}{\sqrt{1-x^{2n}}}<0.524$. [第一个不等式可以由 $\sqrt{1-x^{2n}}<1$ 推出, 而第二个不等式则由下面的事实得出:

$$\sqrt{1-x^{2n}}>\sqrt{1-x^2}.\ ]$$

(9) 证明 $\frac{1}{2}<\int_0^1\frac{\mathrm{d}x}{\sqrt{4-x^2+x^3}}<\frac{1}{6}\pi$.

(10) 证明 $0.573<\int_1^2\frac{\mathrm{d}x}{\sqrt{4-3x+x^3}}<0.595$. [置 $x=1+u$: 然后用 $2+4u^2$ 和 $2+3u^2$ 分别代替 $2+3u^2+u^3$.]

(11) 如果 α 和 ϕ 是正的锐角, 那么

$$\phi<\int_0^{\phi}\frac{\mathrm{d}x}{\sqrt{1-\sin^2\alpha\sin^2 x}}<\frac{\phi}{\sqrt{1-\sin^2\alpha\sin^2\phi}}.$$

如果 $\alpha=\phi=\frac{1}{6}\pi$, 那么该积分在 0.523 与 0.541 之间.

(12)② 证明 $\left|\int_a^b f(x)\,\mathrm{d}x\right|\leqslant\int_a^b|f(x)|\,\mathrm{d}x$.

[如果 σ 是在第 161 节末尾所考虑过的和, σ' 是由函数 $|f(x)|$ 所形成的对应的和, 那么就有 $|\sigma|\leqslant\sigma'$.]

(13) 如果 $|f(x)|\leqslant M$, 那么就有 $\left|\int_a^b f(x)\phi(x)\,\mathrm{d}x\right|\leqslant M\int_a^b|\phi(x)|\,\mathrm{d}x$.

166. 分部积分法和换元积分法

由第 141 节推出: 如果 $f'(x)$ 和 $\phi'(x)$ 是连续的, 那么

$$\int_a^b f(x)\,\phi'(x)\,\mathrm{d}x=f(b)\,\phi(b)-f(a)\,\phi(a)-\int_a^b f'(x)\,\phi(x)\,\mathrm{d}x.$$

此公式称为定积分的**分部积分** (integration by parts) 公式.

---

① 第 (8)~(11) 题取自 Gibson 所著 *Elementary treatise on the calculus* 一书.

② 第 (12)(13) 题应加上条件 $a\leqslant b$, 否则结论一般并不成立. ——译者注

我们还知道 (第 136 节)：如果 $F(t)$ 是 $f(t)$ 的积分函数, 那么

$$\int f\{\phi(x)\}\phi'(x)\,\mathrm{d}x = F\{\phi(x)\}.$$

这样一来, 如果 $\phi(a)=c, \phi(b)=d$, 就有

$$\int_c^d f(t)\,\mathrm{d}t = F(d)-F(c) = F\{\phi(b)\}-F\{\phi(a)\} = \int_a^b f\{\phi(x)\}\phi'(x)\,\mathrm{d}x;$$

这是定积分的**换元积分** (integration by substitution) 公式.

这些公式常常使得我们可以不需要知道积分函数 $F(x)$ 的形式就可以确定其定积分的值. 定积分只与 $F(x)$ 的两个特殊的值有关, 而当 $F(x)$ 的形式未知时, 这些值可以通过某些特殊的方法求得.

例 LXVI

(1) 证明

$$\int_a^b xf''(x)\,\mathrm{d}x = \{bf'(b)-f(b)\}-\{af'(a)-f(a)\}.$$

(2) 更一般地有

$$\int_a^b x^m f^{(m+1)}(x)\,\mathrm{d}x = F(b)-F(a),$$

其中

$$\begin{aligned}F(x)=&x^m f^{(m)}(x)-mx^{m-1}f^{(m-1)}(x)+m(m-1)x^{m-2}f^{(m-2)}(x)\\&-\cdots+(-1)^m m!f(x).\end{aligned}$$

(3) 证明

$$\int_0^1 \arcsin x\mathrm{d}x=\frac{1}{2}\pi-1,\quad \int_0^1 x\arctan x\mathrm{d}x=\frac{1}{4}\pi-\frac{1}{2}.$$

(4) 证明：如果 a 和 b 是正数, 那么

$$\int_0^{\frac{1}{2}\pi}\frac{x\cos x\sin x\mathrm{d}x}{\left(a^2\cos^2 x+b^2\sin^2 x\right)^2}=\frac{\pi}{4ab^2(a+b)}.$$

[用分部积分法, 并利用例 LXIII 第 (8) 题.]

(5) 用适当的代换计算

$$\int_1^2\frac{\mathrm{d}x}{x(1+x^4)},\quad \int_8^{15}\frac{\mathrm{d}x}{(x-3)\sqrt{x+1}},\quad \int_0^1\frac{x\mathrm{d}x}{1+\sqrt{x}},\quad \int_0^{\frac{1}{4}\pi}\sec^3 x\mathrm{d}x,\quad \int_0^{\frac{1}{4}\pi}\sqrt{\tan x}\mathrm{d}x,$$

$$\int_{-\frac{1}{2}\pi}^{\frac{1}{2}\pi}\frac{\mathrm{d}x}{5+7\cos x+\sin x},\quad \int_0^{\frac{1}{2}\pi}\frac{1+2\cos x}{(2+\cos x)^2}\mathrm{d}x,\quad \int_0^{\frac{1}{2}\pi}\sin^{\frac{3}{2}}x\cos^3 x\mathrm{d}x.$$

(*Math. Trip.* 1924, 1925, 1926, 1931)

(6) 如果 $f_1(x)=\int_0^x f(t)\,\mathrm{d}t, f_2(x)=\int_0^x f_1(t)\,\mathrm{d}t,\cdots,f_k(x)=\int_0^x f_{k-1}(t)\,\mathrm{d}t$, 那么

$$f_k(x)=\frac{1}{(k-1)!}\int_0^x f(t)(x-t)^{k-1}\,\mathrm{d}t.$$

(*Math. Trip.* 1933)

[反复用分部积分法.]

(7) 用分部积分法证明: 如果 $u_{m,n}=\int_0^1 x^m(1-x)^n\,\mathrm{d}x$, 其中 m 和 n 是正整数, 那么 $(m+n+1)\,u_{m,n}=nu_{m,n-1}$, 并推出

$$u_{m,n}=\frac{m!n!}{(m+n+1)!}.$$

(8) 证明: 如果 $u_n=\int_0^{\frac{1}{4}\pi}\tan^n x\mathrm{d}x$, 那么 $u_n+u_{n-2}=\dfrac{1}{n-1}$. 由此对 n 的所有正整数值计算该积分.

[置 $\tan^n x=\tan^{n-2}x\left(\sec^2 x-1\right)$, 并分部积分.]

(9) 证明: 如果 $u_n=\int_0^{\frac{1}{2}\pi}\sin^n x\mathrm{d}x$, 那么 $u_n=\dfrac{n-1}{n}u_{n-2}$. [将 $\sin^n x$ 记为 $\sin^{n-1}x\sin x$, 并用分部积分法.]

(10) 从第 (9) 题推导出: 根据 n 是奇数还是偶数, u_n 等于

$$\frac{2\cdot4\cdot6\cdots(n-1)}{3\cdot5\cdot7\cdots n},\quad \frac{1}{2}\pi\frac{1\cdot3\cdot5\cdots(n-1)}{2\cdot4\cdot6\cdots n}.$$

(*Math. Trip.* 1935)

(11) **第二中值定理**. 如果 $f(x)$ 是 x 的函数, 它对从 $x=a$ 到 $x=b$ 的所有的 x 值都有带固定符号的连续微分系数. 那么, 存在一个介于 a 和 b 之间的数 ξ, 使得

$$\int_a^b f(x)\,\phi(x)\mathrm{d}x=f(a)\int_a^{\xi}\phi(x)\,\mathrm{d}x+f(b)\int_{\xi}^b\phi(x)\,\mathrm{d}x.$$

[令 $\int_a^x\phi(t)\,\mathrm{d}t=\varPhi(x)$, 根据第 165 节定理 (9) 有

$$\begin{aligned}\int_a^b f(x)\,\phi(x)\,\mathrm{d}x=\int_a^b f(x)\,\varPhi'(x)\,\mathrm{d}x&=f(b)\,\varPhi(b)-\int_a^b f'(x)\,\varPhi(x)\,\mathrm{d}x\\&=f(b)\,\varPhi(b)-\varPhi(\xi)\int_a^b f'(x)\,\mathrm{d}x,\end{aligned}$$

也就是

$$\int_a^b f(x)\,\phi(x)\,\mathrm{d}x=f(b)\,\varPhi(b)+\{f(a)-f(b)\}\,\varPhi(\xi)\,,$$

这与所陈述的结论等价.]

(12) **第二中值定理的 Bonnet 形式**. 如果 $f'(x)$ 连续且有固定的符号, 而 $f(b)$ 和 $f(a)-f(b)$ 有同样的符号, 那么

$$\int_a^b f(x)\,\phi(x)\,\mathrm{d}x=f(a)\int_a^X\phi(x)\,\mathrm{d}x,$$

其中 X 介于 a 和 b 之间. 因为

$$f(b)\,\varPhi(b)+\{f(a)-f(b)\}\,\varPhi(\xi)=\mu f(a)\,,$$

这里 μ 位于 $\varPhi(\xi)$ 和 $\varPhi(b)$ 之间, 所以 $\varPhi(x)$ 对像 X 的这样一个值 x 所取的值亦夹在这两个数之间. 重要的情形是 $0\leqslant f(b)\leqslant f(x)\leqslant f(a)$.

类似地证明：如果 $f(a)$ 和 $f(b)-f(a)$ 有同样的符号, 那么

$$\int_a^b f(x)\phi(x)\,\mathrm{d}x = f(b)\int_X^b \phi(x)\,\mathrm{d}x,$$

其中 X 介于 a 和 b 之间.

(13) 证明：如果 $X'>X>0$, 则有 $\left|\int_X^{X'}\frac{\sin x}{x}\mathrm{d}x\right|<\frac{2}{X}$. [应用第 (12) 题中的第一个公式, 并注意 $\sin x$ 在任何区间上的积分的绝对值都小于 2.]

(14) 用变量代换的方法建立例 LXV 第 (1) 题的结果. [例如在 (iii) 中, 将积分范围分成 m 个相等的部分, 并用变量代换 $x=\pi+y, x=2\pi+y,\cdots$.]

(15) 证明 $\int_a^b F(x)\,\mathrm{d}x=\int_a^b F(a+b-x)\,\mathrm{d}x$.

(16) 证明 $\int_0^{\frac{1}{2}\pi}\cos^m x\sin^m x\mathrm{d}x=2^{-m}\int_0^{\frac{1}{2}\pi}\cos^m x\mathrm{d}x$.

(17) 证明 $\int_0^{\pi}x\phi(\sin x)\,\mathrm{d}x=\frac{1}{2}\pi\int_0^{\pi}\phi(\sin x)\,\mathrm{d}x$. [置 $x=\pi-y$.]

(18) 证明 $\int_0^{\pi}\frac{x\sin x}{1+\cos^2 x}\mathrm{d}x=\frac{1}{4}\pi^2, \int_0^{\pi}x\sin^6 x\cos^4 x\mathrm{d}x=\frac{3}{512}\pi^2$. (*Math. Trip.* 1927)

(19) 用变量代换 $x=a\cos^2\theta+b\sin^2\theta$ 证明 $\int_a^b\sqrt{(x-a)(b-x)}\mathrm{d}x=\frac{1}{8}\pi(b-a)^2$.

(20) 用变量代换 $(a+b\cos x)(a-b\cos y)=a^2-b^2$ 证明：当 n 是正整数且 $a>|b|$ 时有

$$\int_0^{\pi}(a+b\cos x)^{-n}\,\mathrm{d}x=\left(a^2-b^2\right)^{-\left(n-\frac{1}{2}\right)}\int_0^{\pi}(a-b\cos y)^{n-1}\,\mathrm{d}y,$$

并对 $n=1,2,3$ 计算这个积分.

(21) 如果 m 和 n 是正整数, 那么

$$\int_a^b (x-a)^m(b-x)^n\,\mathrm{d}x=(b-a)^{m+n+1}\frac{m!n!}{(m+n+1)!}.$$

[令 $x=a+(b-a)y$, 并利用第 (7) 题.]

167. 用分部积分法证明 Taylor 定理

可以用分部积分法得到 Taylor 定理的另一个证明. 设 $f(x)$ 是一个函数, 它的前 n 阶导数是连续的, 又设

$$F_n(x)=f(b)-f(x)-(b-x)f'(x)-\cdots-\frac{(b-x)^{n-1}}{(n-1)!}f^{(n-1)}(x).$$

那么就有

$$F_n'(x)=-\frac{(b-x)^{n-1}}{(n-1)!}f^{(n)}(x),$$

所以

$$F_n(a)=F_n(b)-\int_a^b F_n'(x)\,\mathrm{d}x=\frac{1}{(n-1)!}\int_a^b(b-x)^{n-1}f^{(n)}(x)\,\mathrm{d}x.$$

现在将 b 写成 $a+h$, 并作变换 $x=a+th$, 就得到

$$f(a+h)=f(a)+hf'(a)+\cdots+\frac{h^{n-1}}{(n-1)!}f^{(n-1)}(a)+R_n, \tag{1}$$

其中

$$R_n=\frac{h^n}{(n-1)!}\int_0^1(1-t)^{n-1}f^{(n)}(a+th)\,\mathrm{d}t. \tag{2}$$

现在, 如果 p 是任何一个不大于 n 的正整数, 根据第 165 节定理 (9) 就有

$$\begin{aligned}\int_0^1(1-t)^{n-1}f^{(n)}(a+th)\,\mathrm{d}t&=\int_0^1(1-t)^{n-p}(1-t)^{p-1}f^{(n)}(a+th)\,\mathrm{d}t\\&=(1-\theta)^{n-p}f^{(n)}(a+\theta h)\int_0^1(1-t)^{p-1}\,\mathrm{d}t,\end{aligned}$$

其中 $0<\theta<1$. 从而

$$R_n=\frac{(1-\theta)^{n-p}f^{(n)}(a+\theta h)h^n}{p(n-1)!}. \tag{3}$$

如果取 $p=n$, 就得到 R_n 的 Lagrange 形式 (第 152 节). 另一方面, 如果取 $p=1$, 就得到 Cauchy 形式, 也就是

$$R_n=\frac{(1-\theta)^{n-1}f^{(n)}(a+\theta h)h^n}{(n-1)!}. \tag{4}$$

Taylor 定理的这个证明的好处是对 R_n 得到一个精确的公式, 也就是 (2), 其中不包含不确定的数 θ. 因为我们假设了 $f^{(n)}(x)$ 的连续性, 它 (被直接看成是该定理的 Lagrange 形式的一个证明) 比第 150 节中的证明更缺少一般性. 第 150 节的论证方法可以加以修改, 从而得出公式 (3) 和 (4).

168.　余项的 Cauchy 形式对于二项级数的应用

如果 $f(x)=(1+x)^m$, 其中 m 不是正整数, 则余项的 Cauchy 形式是

$$R_n=\frac{m(m-1)\cdots(m-n+1)}{1\cdot2\cdots(n-1)}\frac{(1-\theta)^{n-1}x^n}{(1+\theta x)^{n-m}},$$

现在, 只要 $-1<x<1$, 不论 x 是正数还是负数, 都有 $(1-\theta)/(1+\theta x)$ 小于 1; 如果 $m>1$, 则 $(1+\theta x)^{m-1}$ 小于 $(1+|x|)^{m-1}$, 而当 $m<1$ 时 $(1+\theta x)^{m-1}$ 小于 $(1-|x|)^{m-1}$. 从而有

$$|R_n|<|m|(1\pm|x|)^{m-1}\left|\begin{pmatrix}m-1\\n-1\end{pmatrix}\right||x|^n=\rho_n,$$

其中最后一步是我们的定义. 但当 $n\to\infty$ 时有 $\rho_n\to0$, 根据例 XXVII 第 (13) 题, 故 $R_n\to0$. 这样就对 m 的所有有理数值以及对介于 -1 和 1 之间的所有 x 值确定了二项式定理的正确性. 要记住：困难在于利用 Lagrange 形式的余项, 它出现在第 152 节 (2) 中与负的 x 值有关的情形中.

169. 定积分的近似公式, Simpson 公式

在数值计算中关于定积分有若干个重要的近似公式. 最简单的一个是

$$\int_a^b f(x)\,\mathrm{d}x = \frac{1}{2}(b-a)\{f(a)+f(b)\}. \tag{1}$$

这里我们用多边形 P_1N_1NP 代替了第 148 节中的面积 P_1N_1NP, 当 $f(x)$ 是线性函数时, 该公式是精确的. 可以证明 (见例 LXVII 第 (2) 题): 如果 $f(x)$ 有两阶导数 $f'(x)$ 和 $f''(x)$, 那么 (1) 中的误差项是

$$-\frac{1}{12}(b-a)^3 f''(\xi),$$

其中 ξ 是介于 a 和 b 之间的一个值. 当然, 实际上应该把积分区间分成若干个更小的子区间再将公式分别应用到每一个小区间上去.

一个更好的公式是

$$\int_a^b f(x)\,\mathrm{d}x = \frac{1}{6}(b-a)\left\{f(a)+4f\left(\frac{a+b}{2}\right)+f(b)\right\}, \tag{2}$$

它通常称为 **Simpson 公式** (Simpson's rule). 我们要证明: 如果 $f(x)$ 有四阶导数 $f'(x)$, $f''(x)$, $f'''(x)$ 和 $f^{(4)}(x)$, 那么 (2) 中的误差项是

$$-\frac{1}{2880}(b-a)^5 f^{(4)}(\xi),$$

其中 ξ 是介于 a 和 b 之间的一个值. 这附带证明了 Simpson 公式对于不超过三次的多项式来说是精确的.

用 $c-h, c+h$ 代替 a, b, 并考虑函数

$$\phi(t) = \psi(t) - \left(\frac{t}{h}\right)^5 \psi(h),$$

其中

$$\psi(t) = \int_{c-t}^{c+t} f(x)\,\mathrm{d}x - \frac{1}{3}t\{f(c+t)+4f(c)+f(c-t)\},$$

求导三次就得到

$$\phi'(t) = \frac{2}{3}\{f(c+t)-2f(c)+f(c-t)\} - \frac{1}{3}t\{f'(c+t)-f'(c-t)\} - \frac{5t^4}{h^5}\psi(h),$$

$$\phi''(t) = \frac{1}{3}\{f'(c+t)-f'(c-t)\} - \frac{1}{3}t\{f''(c+t)+f''(c-t)\} - \frac{20t^3}{h^5}\psi(h),$$

$$\phi'''(t) = -\frac{1}{3}t\{f'''(c+t)-f'''(c-t)\} - \frac{60t^2}{h^5}\psi(h).$$

从而, 根据中值定理有

$$\phi'''(t) = -\frac{2}{3}t^2\left\{f^{(4)}(\xi) + \frac{90}{h^5}\psi(h)\right\}, \tag{3}$$

其中 ξ 在 $(c-t, c+t)$ 中.

现有 $\phi(0) = \phi(h) = 0$, 于是根据 Rolle 定理, 对某个介于 0 和 h 之间的 t_1 有 $\phi'(t_1) = 0$. 又有 $\phi'(0) = 0$, 于是当然对某个介于 0 和 t_1 之间的 t_2 有 $\phi''(t_2) = 0$. 最后有 $\phi''(0) = 0$, 从而对某个介于 0 和 h 之间的 t_3 有 $\phi'''(t_3) = 0$. 这样一来, 根据 (3), 对于位于 $c - t_3$ 和 $c + t_3$ 之间 (从而也在 $c - h$ 和 $c + h$ 之间) 的某个 ξ 就有

$$f^{(4)}(\xi) = -\frac{90}{h^5}\psi(h).$$

但是这就是

$$\int_{c-h}^{c+h} f(x)\,\mathrm{d}x - \frac{1}{3}h\{f(c+h) + 4f(c) + f(c-h)\} = -\frac{h^5}{90}f^{(4)}(\xi),$$

也就是

$$\int_a^b f(x)\,\mathrm{d}x = \frac{1}{6}(b-a)\left\{f(a) + 4f\left(\frac{a+b}{2}\right) + f(b)\right\} - \frac{(b-a)^5}{2880}f^{(4)}(\xi).$$

在实际操作时, 我们把积分区间分成小段, 并对每一小段应用此方法.

例 LXVII

(1) 证明: 如果 $f(x)$ 有两阶导数, 则有

$$f(x+h) - 2f(x) + f(x-h) = h^2 f''(\xi),$$

其中 ξ 位于 $x-h$ 和 $x+h$ 之间. (*Math. Trip.* 1925)

[利用辅助函数

$$\phi(t) = f(x+t) - 2f(x) + f(x-t) - \left(\frac{t}{h}\right)^2\{f(x+h) - 2f(x) + f(x-h)\}.]$$

(2) 证明: 上面 (1) 中的误差是 $-\frac{1}{12}(b-a)^3 f''(\xi)$, 其中 $a < \xi < b$.

[利用辅助函数

$$\psi(t) = \int_{c-t}^{c+t} f(x)\,\mathrm{d}x - t\{f(c+t) + f(c-t)\}, \quad \phi(t) = \psi(t) - \left(\frac{t}{h}\right)^3\psi(h).]$$

(3) 证明

$$\int_a^b f(x)\,\mathrm{d}x = (b-a)f\left(\frac{a+b}{2}\right) + \frac{1}{24}(b-a)^3 f''(\xi),$$

其中 $a < \xi < b$.

(4) 应用 Simpson 公式, 并通过公式 $\dfrac{\pi}{4}=\displaystyle\int_0^1 \frac{\mathrm{d}x}{1+x^2}$ 计算 π. [结果是 0.7833⋯. 如果把积分分成从 0 到 $\frac{1}{2}$ 以及从 $\frac{1}{2}$ 到 1 两个积分, 并对每一部分运用 Simpson 公式, 就得到 0.785 391 6⋯. 正确的值是 0.785 398 1⋯[①].]

(5) 证明 $8.9<\displaystyle\int_3^5 \sqrt{4+x^2}\mathrm{d}x<9$. (*Math. Trip.* 1903)

(6) 运用五个坐标的 Simpson 公式计算

$$\int_1^2 \sqrt{x-\frac{1}{x}}\mathrm{d}x$$

到两位十进制小数. (*Math. Trip.* 1934)

(7) 证明近似地有 $\displaystyle\int_0^4 x^3\sqrt{4x-x^2}\mathrm{d}x=88$. (*Math. Trip.* 1933)

170. 单实变复函数的积分

到目前为止, 我们始终假设了定积分中的被积函数是实的. 我们用等式

$$\int_a^b f(x)\,\mathrm{d}x=\int_a^b \{\phi(x)+\mathrm{i}\psi(x)\}\,\mathrm{d}x=\int_a^b \phi(x)\,\mathrm{d}x+\mathrm{i}\int_a^b \psi(x)\,\mathrm{d}x$$

来定义一个实变量 x 的复函数 $f(x)=\phi(x)+\mathrm{i}\psi(x)$ 在 a 到 b 这个区间上的积分; 显然, 这个积分的性质可以从已经研究过的实积分的那些性质推导出来.

其中有一个以后将要用到的性质. 它表示为不等式

$$\left|\int_a^b f(x)\,\mathrm{d}x\right|\leqslant\int_a^b |f(x)|\,\mathrm{d}x.$$[②]

此不等式可以毫无困难地从第 161, 162 节的定义中推导出来. 如果 δ_ν 有与在第 161 节中同样的意义, ϕ_ν 和 ψ_ν 是 ϕ 和 ψ 在 δ_ν 中的一点所取的值, 而 $f_\nu=\phi_\nu+\mathrm{i}\psi_\nu$, 这样就有

$$\begin{aligned}\int_a^b f\mathrm{d}x=\int_a^b \phi\mathrm{d}x+\mathrm{i}\int_a^b \psi\mathrm{d}x&=\lim\sum\phi_\nu\delta_\nu+\mathrm{i}\lim\sum\psi_\nu\delta_\nu\\&=\lim\sum(\phi_\nu+\mathrm{i}\psi_\nu)\,\delta_\nu=\lim\sum f_\nu\delta_\nu,\end{aligned}$$

所以

$$\left|\int_a^b f\mathrm{d}x\right|=\left|\lim\sum f_\nu\delta_\nu\right|=\lim\left|\sum f_\nu\delta_\nu\right|;$$

然而

$$\int_a^b |f|\,\mathrm{d}x=\lim\sum|f_\nu|\delta_\nu.$$

---

① 原书此处误写为 0.785 392 1⋯. ——编者注

② 与实积分对应的不等式在例 LXV 第 (12) 题中给出了证明.

此结果现在立即由不等式

$$\left|\sum f_\nu \delta_\nu\right| \leqslant \sum |f_\nu| \delta_\nu$$

得出.

显然, 当 f 是复函数 $\phi + i\psi$ 时, 第 167 节中的公式 (1) 和 (2) 仍然成立.

第 7 章杂例

1. 验证下列 Taylor 级数中给出的项:

(1) $\tan x = x + \frac{1}{3}x^3 + \frac{2}{15}x^5 + \cdots$,

(2) $\sec x = 1 + \frac{1}{2}x^2 + \frac{5}{24}x^4 + \cdots$,

(3) $x \csc x = 1 + \frac{1}{6}x^2 + \frac{7}{360}x^4 + \cdots$,

(4) $x \cot x = 1 - \frac{1}{3}x^2 - \frac{1}{45}x^4 - \cdots$.

2. 证明: 如果 $f(x)$ 和它的前 $n+2$ 阶导数连续, $f^{(n+1)}(0) \neq 0$, 且 θ_n 是在 Taylor 级数 n 项之后的 Lagrange 形式余项中出现的 θ 值, 那么

$$\theta_n = \frac{1}{n+1} + \frac{n}{2(n+1)^2(n+2)} \frac{f^{(n+2)}(0)}{f^{(n+1)}(0)} x + o(x).$$

[按照例 LV 第 (12) 题的方法.]

3. 建立下列公式:

(i)

$$\begin{vmatrix} f(a) & f(b) \\ g(a) & g(b) \end{vmatrix} = (b-a) \begin{vmatrix} f(a) & f'(\beta) \\ g(a) & g'(\beta) \end{vmatrix},$$

其中 β 位于 a 和 b 之间.

(ii)

$$\begin{vmatrix} f(a) & f(b) & f(c) \\ g(a) & g(b) & g(c) \\ h(a) & h(b) & h(c) \end{vmatrix} = \frac{1}{2}(b-c)(c-a)(a-b) \begin{vmatrix} f(a) & f'(\beta) & f''(\gamma) \\ g(a) & g'(\beta) & g''(\gamma) \\ h(a) & h'(\beta) & h''(\gamma) \end{vmatrix},$$

其中 β 和 γ 位于 a, b, c 的最小值和最大值之间. [为证明 (ii), 考虑函数

$$\phi(x) = \begin{vmatrix} f(a) & f(b) & f(x) \\ g(a) & g(b) & g(x) \\ h(a) & h(b) & h(x) \end{vmatrix} - \frac{(x-a)(x-b)}{(c-a)(c-b)} \begin{vmatrix} f(a) & f(b) & f(c) \\ g(a) & g(b) & g(c) \\ h(a) & h(b) & h(c) \end{vmatrix},$$

当 $x=a, x=b$ 以及 $x=c$ 时它为零. 根据第 122 节定理 B, 它的一阶导数必定在位于 a, b, c 的最小值和最大值之间的某两个不同的 x 值处为零; 于是它的二阶导数必定在某个满足同样条件的 x 值 γ 处为零. 这样就得到公式

$$\begin{vmatrix} f(a) & f(b) & f(c) \\ g(a) & g(b) & g(c) \\ h(a) & h(b) & h(c) \end{vmatrix} = \frac{1}{2}(c-a)(c-b) \begin{vmatrix} f(a) & f(b) & f''(\gamma) \\ g(a) & g(b) & g''(\gamma) \\ h(a) & h(b) & h''(\gamma) \end{vmatrix}.$$

读者现在可以毫无困难地完成证明了.]

4. 如果 $F(x)$ 是一个有前 n 阶连续导数的函数, 它的前 $n-1$ 阶导数在 $x=0$ 为零, 且当 $0 \leqslant x \leqslant h$ 时有 $A \leqslant F^{(n)}(x) \leqslant B$, 那么, 当 $0 \leqslant x \leqslant h$ 时有

$$A\frac{x^n}{n!} \leqslant F(x) \leqslant B\frac{x^n}{n!}.$$

将此结论应用到

$$f(x)-f(0)-xf'(0)-\cdots-\frac{x^{n-1}}{(n-1)!}f^{(n-1)}(0)$$

上, 并推导出 Taylor 定理.

5. 如果 $\Delta_h\phi(x)=\phi(x)-\phi(x+h)$, $\Delta_h^2\phi(x)=\Delta_h\{\Delta_h\phi(x)\}$, 如此等等, 且 $\phi(x)$ 有前 n 阶导数, 那么

$$\Delta_h^n\phi(x)=\sum_{r=0}^{n}(-1)^r\binom{n}{r}\phi(x+rh)=(-h)^n\phi^{(n)}(\xi),$$

其中 ξ 位于 x 和 $x+nh$ 之间. [利用辅助函数

$$\psi(t)=\Delta_t^n\phi(x)-\left(\frac{t}{h}\right)^n\Delta_h^n\phi(x).$$

例 LXVII 第 (1) 题实质上是 $n=2$ 的情形.]

6. 由第 5 题推出: 当 $x\to\infty$ 时 $x^{n-m}\Delta_h^n x^m\to m(m-1)\cdots(m-n+1)h^n$, 其中 m 是任意有理数, n 是任意正整数. 特别地, 证明

$$x\sqrt{x}\left(\sqrt{x}-2\sqrt{x+1}+\sqrt{x+2}\right)\to-\tfrac{1}{4}.$$

7. 假设 $y=\phi(x)$ 是 x 的函数, 有前四阶连续导数, 且 $\phi(0)=0, \phi'(0)=1$, 所以

$$y=\phi(x)=x+a_2x^2+a_3x^3+a_4x^4+o\left(x^4\right).$$

证明

$$x=\psi(y)=y-a_2y^2+\left(2a_2^2-a_3\right)y^3-\left(5a_2^3-5a_2a_3+a_4\right)y^4+o\left(y^4\right),$$

且当 $x\to 0$ 时有

$$\frac{\phi(x)\psi(x)-x^2}{x^4}\to a_2^2.$$

8. 曲线 $x=f(t), y=F(t)$ 在点 (x,y) 处的曲率中心的坐标 (ξ,η) 由

$$-\frac{\xi-x}{y'}=\frac{\eta-y}{x'}=\frac{x'^2+y'^2}{x'y''-x''y'}$$

给出; 而曲线的曲率半径是 $\left(x'^2+y'^2\right)^{\frac{3}{2}}/\left(x'y''-x''y'\right)$, 撇号表示关于 t 求导.

9. 曲线 $27ay^2=4x^3$ 在点 (x,y) 处的曲率中心的坐标 (ξ,η) 由

$$3a(\xi+x)+2x^2=0, \quad \eta=4y+(9ay)/x$$

给出. (*Math. Trip.* 1899)

10. 证明: 在点 (x,y) 处的曲率圆与曲线将有三阶相切, 如果在该点有 $\left(1+y_1^2\right)y_3=3y_1y_2^2$. 又证明: 这个圆是在每一点都有此性质的唯一曲线; 而圆锥曲线上具有此性质的仅有的点是轴的端点. [参见第 6 章杂例第 13 题的 (iv).]

11. 在原点与曲线

$$y = ax^2 + bx^3 + cx^4 + \cdots + kx^n$$

有最密切相切的圆锥曲线是

$$a^3 y = a^4 x^2 + a^2 bxy + \left(ac - b^2\right) y^2.$$

证明：与曲线 $y = f(x)$ 在点 (ξ, η) 有最密切相切的圆锥曲线是

$$18\eta_2^3 T = 9\eta_2^4 (x - \xi)^2 + 6\eta_2^2 \eta_3 (x - \xi) T + \left(3\eta_2\eta_4 - 4\eta_3^2\right) T^2,$$

其中 $T = (y - \eta) - \eta_1 (x - \xi)$. (*Math. Trip.* 1907)

12. **齐次函数**[①]. 如果 $u = x^n f(y/x, z/x, \cdots)$, 那么, 当 $x, y, z, \cdots$ 全都按照比例 $\lambda : 1$ 增大时, 除了多出一个因子 λ^n 之外, u 不发生其他改变. 在此情形下就称 u 是关于变量 $x, y, z, \cdots$ 的 **n 次齐次函数** (homogeneous function of degree n). 证明：如果 u 是 n 次齐次函数, 那么

$$x\frac{\partial u}{\partial x} + y\frac{\partial u}{\partial y} + z\frac{\partial u}{\partial z} + \cdots = nu.$$

此结果称为关于齐次函数的 **Euler 定理** (Euler's theorem).

13. 如果 u 是齐次函数且阶为 n, 那么 $u_x, u_y, \cdots$ 都是齐次函数且阶为 $n-1$.

14. 设 $f(x, y) = 0$ 是关于 x 和 y 的方程 (例如 $x^n + y^n - x = 0$), 设 $F(x, y, z) = 0$ 是在引进第三个变量 z 代替 1 时它变成的齐次方程的形式 (例如 $x^n + y^n - xz^{n-1} = 0$). 证明：曲线 $f(x, y) = 0$ 在点 (ξ, η) 处的切线方程是

$$xF_\xi + yF_\eta + F_\zeta = 0,$$

其中 F_ξ, F_η, F_ζ 记 F_x, F_y, F_z 在 $x = \xi, y = \eta, z = \zeta = 1$ 时的值.

15. **相关的和独立的函数, Jacobi 式, 也就是函数行列式.**

假设 u 和 v 是 x 和 y 的函数, 它们由恒等关系式

$$\phi(u, v) = 0 \tag{1}$$

相联系. 对 (1) 式关于 x 和 y 求导, 就得到

$$\frac{\partial\phi}{\partial u}\frac{\partial u}{\partial x} + \frac{\partial\phi}{\partial v}\frac{\partial v}{\partial x} = 0, \quad \frac{\partial\phi}{\partial u}\frac{\partial u}{\partial y} + \frac{\partial\phi}{\partial v}\frac{\partial v}{\partial y} = 0, \tag{2}$$

消去 ϕ 的导数就得到

$$J = \begin{vmatrix} u_x & u_y \\ v_x & v_y \end{vmatrix} = u_x v_y - u_y v_x = 0, \tag{3}$$

其中 u_x, u_y, v_x, v_y 是 u 和 v 关于 x 和 y 的导数. 于是这个条件对于形如 (1) 这样的关系的存在性是必要的. 可以证明：这个条件也是充分的; 对此读者可以参看 Goursat 所著 *Cours d'analyse* 一书第 3 版第 I 卷第 126 页以及其后各页.

两个函数 u 和 v 根据它们之间有或者没有形如 (1) 的关系式相联结而称为是**相关的** (dependent) 或者**独立的** (independent). 通常称 J 是 u 和 v 关于 x 和 y 的 **Jacobi 行列式** (Jacobian determinant) 或者**函数行列式** (functional determinant), 并记成

$$J = \frac{\partial(u, v)}{\partial(x, y)}.$$

① 在这个例子及以下几个例子中都假设了出现的所有导数的连续性.

对于任意多个变量的函数也有类似的结果成立. 例如, 三个变量 x, y, z 的三个函数 u, v, w 是或者不是由一个关系式联结的, 根据

$$J = \begin{vmatrix} u_x & u_y & u_z \\ v_x & v_y & v_z \\ w_x & w_y & w_z \end{vmatrix} = \frac{\partial(u, v, w)}{\partial(x, y, z)}$$

是否对所有的 x, y, z 值都为零来决定.

16. 证明: $ax^2 + by^2 + cz^2 + 2fyz + 2gzx + 2hxy$ 可以表示成 x, y 和 z 的两个线性函数的乘积, 当且仅当有

$$abc + 2fgh - af^2 - bg^2 - ch^2 = 0.$$

[写出使得 $px+qy+rz$ 和 $p'x+q'y+r'z$ 可以由一个函数关系所给定的函数相联结的条件.]

17. 如果 u 和 v 是 ξ 和 η 的函数, 而 ξ 和 η 又是 x 和 y 的函数, 那么

$$\frac{\partial(u, v)}{\partial(x, y)} = \frac{\partial(u, v)}{\partial(\xi, \eta)} \frac{\partial(\xi, \eta)}{\partial(x, y)}.$$

将此结果推广到任意多个变量的情形.

18. 设 $f(x)$ 是 x 的函数, 其导数是 $1/x$, 且当 $x = 1$ 时取值为零. 证明: 如果 $u = f(x) + f(y)$, $v = xy$, 那么 $u_x v_y - u_y v_x = 0$, 于是 u 和 v 通过一个函数关系相联结. 令 $y = 1$, 证明此关系必定是 $f(x)+f(y) = f(xy)$. 并用类似的方法证明: 如果 $f(x)$ 的导数是 $1/(1+x^2)$, 且 $f(0) = 0$, 那么 $f(x)$ 必定满足方程

$$f(x) + f(y) = f\left(\frac{x+y}{1-xy}\right).$$

19. 证明: 如果 $f(x) = \int_0^x \frac{\mathrm{d}t}{\sqrt{1-t^4}}$, 那么

$$f(x) + f(y) = f\left(\frac{x\sqrt{1-y^4} + y\sqrt{1-x^4}}{1+x^2y^2}\right).$$

20. 证明: 如果在

$$u = f(x) + f(y) + f(z),$$
$$v = f(y)f(z) + f(z)f(x) + f(x)f(y),$$
$$w = f(x)f(y)f(z)$$

之间有函数关系存在, 那么 f 必定是一个常数.[可以求出函数关系存在的条件是

$$f'(x)f'(y)f'(z)\{f(y) - f(z)\}\{f(z) - f(x)\}\{f(x) - f(y)\} = 0.]$$

21. 如果 $f(y, z), f(z, x)$ 和 $f(x, y)$ 由一个函数关系相联结, 那么 $f(x, x)$ 与 x 无关.

(*Math. Trip.* 1909)

22. 如果 $u = 0, v = 0, w = 0$ 是三个圆的方程, 它们以如同在第 14 题中那样的齐次形式给出, 那么方程

$$\frac{\partial(u, v, w)}{\partial(x, y, z)} = 0$$

表示与这三个圆全都正交的圆. (*Math. Trip.* 1900)

23. 当

$$\frac{x^2}{a^2+\lambda}+\frac{y^2}{b^2+\lambda}=\frac{x^2}{a^2+\mu}+\frac{y^2}{b^2+\mu}=1$$

时, 计算 $\dfrac{\partial(\lambda,\mu)}{\partial(x,y)}$. (*Math. Trip.* 1936)

24. 如果 A,B,C 是 x 的三个函数, 它们使得

$$\begin{vmatrix} A & A' & A'' \\ B & B' & B'' \\ C & C' & C'' \end{vmatrix}$$

恒为零, 那么就可以求得常数 λ,μ,ν, 使得

$$\lambda A+\mu B+\nu C$$

恒为零; 且反之亦然. [逆命题几乎是显然的. 为证明原命题, 设 $\alpha=BC'-B'C,\cdots$, 则有 $\alpha'=BC''-B''C,\cdots$. 于是由该行列式为零就推出有 $\beta\gamma'-\beta'\gamma=0,\cdots$; 所以比值 $\alpha:\beta:\gamma$ 是常数, 但是 $\alpha A+\beta B+\gamma C=0$.]

25. 假设三个变量由一个关系联结在一起, 根据这个关系有 (i) z 是 x 和 y 的函数且有导数 z_x,z_y 以及 (ii) x 是 y 和 z 的函数且有导数 x_y,x_z. 证明

$$x_y=-z_y/z_x,\quad x_z=1/z_x.$$

[我们有

$$\mathrm{d}z=z_x\mathrm{d}x+z_y\mathrm{d}y,\quad \mathrm{d}x=x_y\mathrm{d}y+x_z\mathrm{d}z,$$

将第二式代入第一式消去 $\mathrm{d}x$ 得到

$$\mathrm{d}z=(z_xx_y+z_y)\,\mathrm{d}y+z_xx_z\mathrm{d}z,$$

此式仅当 $z_xx_y+z_y=0, z_xx_z=1$ 时才可能成立.]

26. 四个变量 x,y,z,u 通过两个关系式联结在一起, 根据这些关系式, 任何两个变量都可以表示成另外两个变量的函数. 证明

$$x_y^zy_z^u+x_u^zu_z^y=0,\quad y_z^uz_x^ux_y^u=-y_z^xz_x^yx_y^z=1,\quad x_z^uz_x^y+y_z^uz_y^x=1,$$

其中 y_z^u 表示将 y 表示成 z 和 u 的函数时, 关于 z 的导数. (*Math. Trip.* 1897, 1928)

27. 变量 x,y,z 由

$$x^2+y^2+z^2-3xyz=0$$

联结在一起, 且有 $\phi(x,y,z)=x^3y^2z$. 在以下各条件下确定 ϕ_x 在 $(1,1,1)$ 处的值: (i) 当 x 和 y 是独立变量时, (ii) 当 x 和 z 是独立变量时; 并从几何上解释在这两种情形下 ϕ_x 的意义之间的区别. (*Math. Trip.* 1936)

28. 如果 $x^2=vw, y^2=wu, z^2=uv$, 且 $f(x,y,z)=\phi(u,v,w)$, 那么

$$xf_x+yf_y+zf_z=u\phi_u+v\phi_v+w\phi_w.$$

(*Math. Trip.* 1933)

29. 当 x, y 不全为零时定义

$$\phi(x,y)=\frac{(x+y)^2(x-y)}{x^2+y^2},$$

而 $\phi(0,0)=0$. 求 $\phi_y(0,0)$ 的值, 并解释: 为什么 $\phi(x,y)=0$ 不能在原点附近将 y 定义成为 x 的单值函数. (*Math. Trip.* 1928)

30. 函数 $\phi(u,v,x,y)$ 是关于 u, v 的二阶齐次函数; $\phi_u=p$, $\phi_v=q$; 又当 $\phi(u,v,x,y)$ 用 p,q,x,y 来表示时, 取 $\psi(p,q,x,y)$ 的形式. 证明

$$\psi_p=u,\quad \psi_q=v,\quad \psi_x=-\phi_x,\quad \psi_y=-\phi_y.$$ (*Math. Trip.* 1936)

[根据 Euler 定理 (第 12 题), 当 u 和 v 表示成 p,q,x,y 的函数时有 $u\phi_u+v\phi_v=2\phi$, 也就是 $pu+qv=2\psi$. 于是

$$u+pu_p+qv_p=2\psi_p.$$

但是

$$\psi_p=\phi_u u_p+\phi_v v_p=pu_p+qv_p,$$

从而有 $\psi_p=u$. 其他的结果可类似地加以证明.]

31. 如果 $a>0, ac-b^2>0$, 且 $x_1>x_0$, 那么

$$\int_{x_0}^{x_1}\frac{\mathrm{d}x}{ax^2+2bx+c}=\frac{1}{\sqrt{ac-b^2}}\arctan\left\{\frac{(x_1-x_0)\sqrt{ac-b^2}}{ax_1x_0+b(x_1+x_0)+c}\right\},$$

其中反正切的值介于 0 和 π 之间[①].

32. 计算积分 $\displaystyle\int_{-1}^{1}\frac{\sin\alpha\mathrm{d}x}{1-2x\cos\alpha+x^2}$. 对什么样的 α 的值该积分是 α 的不连续函数? (*Math. Trip.* 1904)

[对于任意整数 n, 当 $2n\pi<\alpha<(2n+1)\pi$ 时, 该积分的值是 $\frac{1}{2}\pi$, 当 $(2n-1)\pi<\alpha<2n\pi$ 时, 该积分的值是 $-\frac{1}{2}\pi$; 当 α 是 π 的倍数时, 该积分的值为 0.]

33. 如果当 $x_0\leqslant x\leqslant x_1$ 时有 $ax^2+2bx+c>0$, $f(x)=\sqrt{ax^2+2bx+c}$, 且

$$y=f(x), y_0=f(x_0),\quad y_1=f(x_1),\quad X=(x_1-x_0)/(y_1+y_0),$$

那么, 根据 a 是正数还是负数有

$$\int_{x_0}^{x_1}\frac{\mathrm{d}x}{y}=\frac{1}{\sqrt{a}}\log\frac{1+X\sqrt{a}}{1-X\sqrt{a}},\quad \frac{2}{\sqrt{-a}}\arctan\left\{X\sqrt{-a}\right\}.$$

在后一种情形, 反正切的取值介于 0 和 $\frac{1}{2}\pi$ 之间. [读者将会发现: 代换 $t=\dfrac{x-x_0}{y+y_0}$ 将此积分转化为形式 $2\displaystyle\int_0^X\frac{\mathrm{d}t}{1-at^2}$.]

34. 证明: $\displaystyle\int_0^a\frac{\mathrm{d}x}{x+\sqrt{a^2-x^2}}=\frac{\pi}{4}$. (*Math. Trip.* 1913)

35. 如果 $a>1$, 那么 $\displaystyle\int_{-1}^{1}\frac{\sqrt{1-x^2}}{a-x}\mathrm{d}x=\pi\left(a-\sqrt{a^2-1}\right)$.

36. 如果 $p>1, 0<q<1$, 那么

$$\int_0^1\frac{\mathrm{d}x}{\sqrt{\{1+(p^2-1)x\}\{1-(1-q^2)x\}}}=\frac{2\omega}{(p+q)\sin\omega},$$

其中 ω 是一个正的锐角, 它的余弦是 $(1+pq)/(p+q)$.

① 与第 31, 33, 36, 38 题的联系参见 Bromwich 在 *Messenger of mathematics* 第 XXXV 卷所发表的论文.

37. 如果 $a>b>0$, 那么 $\displaystyle\int_0^{2\pi}\frac{\sin^2\theta\mathrm{d}\theta}{a-b\cos\theta}=\frac{2\pi}{b^2}\left(a-\sqrt{a^2-b^2}\right)$. (*Math. Trip.* 1904)

38. 证明：如果 $a>\sqrt{b^2+c^2}$, 那么

$$\int_0^{\pi}\frac{\mathrm{d}\theta}{a+b\cos\theta+c\sin\theta}=\frac{2}{\sqrt{a^2-b^2-c^2}}\arctan\left(\frac{\sqrt{a^2-b^2-c^2}}{c}\right),$$

其中的反正切介于 0 和 π 之间.

39. 证明：如果 $m\geqslant 1$ 且

$$I_{m,n}=\int_0^{\frac{1}{2}\pi}\sin^m x\cos nx\mathrm{d}x,\quad J_{m,n}=\int_0^{\frac{1}{2}\pi}\sin^m x\sin nx\mathrm{d}x,$$

那么

$$(m+n)\,I_{m,n}=\sin\frac{1}{2}n\pi-mJ_{m-1,n-1};$$

并在 $m\geqslant 2$ 时将 $I_{m,n}$ 用 $I_{m-2,n-2}$ 表示出来. (*Math. Trip.* 1933)

40. 对不等式

$$\frac{1-\sin^{2n-1}x}{2n-1}>\frac{1-\sin^{2n}x}{2n}>\frac{1-\sin^{2n+1}x}{2n+1}$$

从 0 到 $\frac{1}{2}\pi$ 积分, 并利用例 LXVI 第 (10) 题来证明

$$p_{n-1}\left(1+\frac{2n-1}{2n}p_{n-1}\right)>\frac{4n}{\pi}>p_n\left(p_n-1\right),$$

其中

$$p_n=\frac{3\cdot 5\cdots(2n+1)}{2\cdot 4\cdots 2n}.$$

(*Math. Trip.* 1924)

41. 对 $\displaystyle\int_0^x\sin^{2n-1}\theta\mathrm{d}\theta$ 求一个简化公式, 并推导出

$$1=\cos x+\frac{1}{2}\cos x\sin^2 x+\cdots+\frac{1\cdot 3\cdots(2n-3)}{2\cdot 4\cdots(2n-2)}\cos x\sin^{2n-2}x+r_n,$$

$$\alpha=\sin\alpha+\frac{1}{2}\frac{\sin^3\alpha}{3}+\cdots+\frac{1\cdot 3\cdots(2n-3)}{2\cdot 4\cdots(2n-2)}\frac{\sin^{2n-1}\alpha}{2n-1}+R_n,$$

其中

$$r_n=\frac{3\cdot 5\cdots(2n-1)}{2\cdot 4\cdots(2n-2)}\int_0^x\sin^{2n-1}\theta\mathrm{d}\theta,$$

$$R_n=\int_0^{\alpha}r_n\mathrm{d}x=\frac{3\cdot 5\cdots(2n-1)}{2\cdot 4\cdots(2n-2)}\int_0^{\alpha}(\alpha-x)\sin^{2n-1}x\mathrm{d}x.$$

证明：如果 $0\leqslant x\leqslant\alpha\leqslant\frac{1}{2}\pi$, 则有 $x+\alpha\cos x\geqslant\alpha$, 从而

$$R_n\leqslant\frac{1\cdot 3\cdots(2n-1)}{2\cdot 4\cdots 2n}\alpha\sin^{2n}\alpha.$$

(*Math. Trip.* 1924)

42. 用变量代换 $\sqrt{1+x^4}=\left(1+x^2\right)\cos\phi$ 或者其他方法证明

$$\int_0^1\frac{1-x^2}{1+x^2}\frac{\mathrm{d}x}{\sqrt{1+x^4}}=\frac{\pi}{4\sqrt{2}}.$$

(*Math. Trip.* 1923)

43. 如果 $f(x)$ 连续且从不取负的值, 且有 $\int_a^b f(x)\,\mathrm{d}x = 0$, 那么对于介于 a 和 b 之间的所有 x 值都有 $f(x) = 0$. [如果 $f(x)$, 比方说, 在 $x = \xi$ 时取正数值 k, 那么, 鉴于 $f(x)$ 的连续性, 就可以求得一个区间 $(\xi - \delta, \xi + \delta)$, 使得在整个这个区间上都有 $f(x) > \frac{1}{2}k$ 成立; 这样一来该积分的值就会大于 δk.]

44. **Schwarz 不等式**. 证明

$$\left(\int_a^b \phi\psi \mathrm{d}x\right)^2 \leqslant \int_a^b \phi^2 \mathrm{d}x \int_a^b \psi^2 \mathrm{d}x.$$

[注意到

$$\int_a^b (\lambda\phi + \mu\psi)^2 \,\mathrm{d}x = \lambda^2 \int_a^b \phi^2 \mathrm{d}x + 2\lambda\mu \int_a^b \phi\psi \mathrm{d}x + \mu^2 \int_a^b \psi^2 \mathrm{d}x$$

不可能是负的. 这个不等式还可以作为 Cauchy 不等式 (第 1 章杂例第 10 题) 的极限情形推导出来.]

45. 如果 $P_n(x) = \dfrac{1}{(\beta - \alpha)^n\, n!} \left(\dfrac{\mathrm{d}}{\mathrm{d}x}\right)^n \{(x - \alpha)(\beta - x)\}^n$, 那么 $P_n(x)$ 是一个 n 次多项式, 对次数小于 n 的任意多项式 $\theta(x)$, $P_n(x)$ 有性质

$$\int_\alpha^\beta P_n(x)\,\theta(x)\,\mathrm{d}x = 0.$$

[用分部积分法积分 $m + 1$ 次, 这里 m 是 $\theta(x)$ 的次数, 并注意 $\theta^{(m+1)}(x) = 0$.]

46. 证明: 如果 $m \neq n$, 则有 $\int_\alpha^\beta P_m(x)\,P_n(x)\,\mathrm{d}x = 0$, 而当 $m = n$ 时该积分的值等于 $(\beta - \alpha)/(2n + 1)$.

47. 如果 $Q_n(x)$ 是一个 n 次多项式, 它对次数小于 n 的任意多项式 $\theta(x)$ 具有性质 $\int_\alpha^\beta Q_n(x)\,\theta(x)\,\mathrm{d}x = 0$, 那么 $Q_n(x)$ 是 $P_n(x)$ 的常数倍.

[可以选择 κ 使得 $Q_n - \kappa P_n$ 的次数是 $n - 1$, 这样就有

$$\int_\alpha^\beta Q_n(Q_n - \kappa P_n)\,\mathrm{d}x = 0, \quad \int_\alpha^\beta P_n(Q_n - \kappa P_n)\,\mathrm{d}x = 0,$$

所以

$$\int_\alpha^\beta (Q_n - \kappa P_n)^2\,\mathrm{d}x = 0.$$

现在应用第 43 题.]

48. 如果 $\phi(x)$ 是一个 5 次多项式, 那么

$$\int_0^1 \phi(x)\,\mathrm{d}x = \tfrac{1}{18}\left\{5\phi(\alpha) + 8\phi\left(\tfrac{1}{2}\right) + 5\phi(\beta)\right\},$$

这里 α 和 β 是方程 $x^2 - x + \frac{1}{10} = 0$ 的根. (*Math. Trip.* 1909)

第 8 章 无穷级数和无穷积分的收敛性

171. 引言

在第 4 章中, 我们说明了无穷级数收敛、发散以及振荡的含义, 并用几个简单的例子对定义作了说明, 这些例子主要是从几何级数

$$1+x+x^2+\cdots$$

或者与之相关的其他级数导出的. 本章要更加系统地研究这个话题, 并证明若干个定理, 这些定理使我们能判断分析中经常出现的最简单的级数何时收敛.

我们将常使用记号

$$u_m+u_{m+1}+\cdots+u_n=\sum_m^n u_\nu,$$

而将无穷级数

$$u_0+u_1+u_2+\cdots ①$$

记为 $\sum_0^\infty u_n$, 或者简记为 $\sum u_n$.

172. 正项级数

当所研究级数的所有项都是正数②时, 级数收敛性的理论相对比较简单. 首先考虑这样的级数不仅是因为它们最容易处理, 而且因为讨论包含负项或者复的项的级数收敛性时常常要依赖于仅由正项构成的级数的类似讨论.

当我们讨论一个级数的收敛性或者发散性时, 可以忽略掉任意有限多项. 例如, 当一个级数仅含有限多项负值或者复数值时, 就可以将它们略去, 并将接下来的定理应用到剩下的级数中.

173. 正项级数 (续)

在此需要复述第 77 节中建立的如下诸基本定理.

A. 正项级数必定收敛或者发散于 ∞, 而不可能振荡.

---

① 到底是用 $u_1+u_2+\cdots$ (如同第 4 章) 还是用 $u_0+u_1+\cdots$ (如同这里) 来表示级数, 是无关紧要的. 本章后面将要考虑形如 $a_0+a_1x+a_2x^2+\cdots$ 的级数, 对这种类型的级数来说, 后一种表示方法显然更加方便. 故我们采用后一表示方法作为标准的记号. 不过我们也并不总是坚持这样做. 只要使表达更加方便, 我们也假设 u_1 是级数的第一项. 例如, 在处理级数 $1+\frac{1}{2}+\frac{1}{3}+\cdots$ 时, 假设 $u_n=1/n$ 并从 u_1 开始就比设 $u_n=1/(n+1)$ 并从 u_0 开始要更加方便. 比方说, 这个说明适用于例 LXVIII 第 (4) 题.

② 在这里以及后面, "正数" 或 "正的" 被视为包括零在内.

B. $\sum u_n$ 收敛的充分必要条件是：存在一个数 K, 使得对所有的 n 都有

$$u_0 + u_1 + \cdots + u_n < K.$$

C. **比较定理**. 如果 $\sum u_n$ 收敛, 且对所有的 n 值都有 $v_n \leqslant u_n$, 则 $\sum v_n$ 也收敛, 且有 $\sum v_n \leqslant \sum u_n$. 更一般地, 如果 $v_n \leqslant K u_n$, 这里 K 是常数, 那么 $\sum v_n$ 也收敛, 且有 $\sum v_n \leqslant K \sum u_n$. 如果 $\sum u_n$ 发散, 且 $v_n \geqslant K u_n$ (K 是正数), 那么 $\sum v_n$ 发散.

此外, 在用其中的某个判别法来判断 $\sum v_n$ 的收敛性或者发散性时, 只要知道该判别法对于充分大的 n 值, 也就是对于大于一个确定的数 n_0 的所有的 n 值满足就够了. 不过, 在这种情形下, 结论 $\sum v_n \leqslant K \sum u_n$ 当然未必成立.

此定理的一个特别有用的情形如下.

D. 如果 $\sum u_n$ 收敛 (发散), 当 $n \to \infty$ 时 u_n/v_n 趋向一个异于零的极限, 那么 $\sum v_n$ 也收敛 (发散).

174. 这些判别法的首批应用

我们关于任意特殊级数所证明的最重要的定理是：级数 $\sum r^n$ 当 $r < 1$ 时收敛, 而当 $r \geqslant 1$ 时发散①. 很自然地, 在定理 C 中取 $u_n = r^n$, 就得到

(1) 如果对所有充分大的 n 值都有 $v_n \leqslant K r^n$, 其中 $r < 1$, 那么级数 $\sum v_n$ 收敛.

当 $K = 1$ 时, 条件可以写成 $v_n^{1/n} \leqslant r$. 这样就得到所谓的正项级数收敛性的 **Cauchy 判别法**.

(2) 如果对所有充分大的 n 值都有 $v_n^{1/n} \leqslant r$, 其中 $r < 1$, 那么级数 $\sum v_n$ 收敛.

另一方面有

(3) 如果对无穷多个 n 值都有 $v_n^{1/n} \geqslant 1$, 那么级数 $\sum v_n$ 发散.

这是很显然的, 因为 $v_n^{1/n} \geqslant 1$ 蕴含了 $v_n \geqslant 1$.

175. 比值判别法

还有一些很有用的判别法, 它们与级数的相邻两项的比值 v_{n+1}/v_n 有关. 在这些判别法中必须假设 u_n 和 v_n 严格地取正值.

假设 $u_n > 0, v_n > 0$, 且对充分大的 n, 比方说对 $n \geqslant n_0$ 有

$$\frac{v_{n+1}}{v_n} \leqslant \frac{u_{n+1}}{u_n}. \tag{1}$$

① 本章中 r 始终是正数, 在更广的意义上还包括零.

那么

$$v_n = \frac{v_{n_0+1}}{v_{n_0}} \frac{v_{n_0+2}}{v_{n_0+1}} \cdots \frac{v_n}{v_{n-1}} v_{n_0} \leqslant \frac{u_{n_0+1}}{u_{n_0}} \frac{u_{n_0+2}}{u_{n_0+1}} \cdots \frac{u_n}{u_{n-1}} v_{n_0} = \frac{v_{n_0}}{u_{n_0}} u_n,$$

所以 $v_n \leqslant Ku_n$, 其中 K 与 n 无关. 类似地, 对 $n \geqslant n_0$ 有

$$\frac{v_{n+1}}{v_n} \geqslant \frac{u_{n+1}}{u_n}, \tag{2}$$

即蕴含对于某个正数 K 有 $v_n \geqslant Ku_n$. 从而有

(4) 如果式 (1) 对充分大的 n 为真, 且 $\sum u_n$ 收敛, 那么 $\sum v_n$ 收敛.

(5) 如果式 (2) 对充分大的 n 为真, 且 $\sum u_n$ 发散, 那么 $\sum v_n$ 发散.

在定理 (4) 中取 $u_n = r^n$, 就得到

(6) 如果对充分大的 n 有 $v_{n+1}/v_n \leqslant r$, 其中 $r < 1$, 则级数 $\sum v_n$ 收敛.

此判别法称为 **d'Alembert 判别法** (d'Alembert's test). 相应的发散判别法 "如果对充分大的 n 有 $v_{n+1}/v_n \geqslant r$, 其中 $r \geqslant 1$, 则级数 $\sum v_n$ 发散" 是平凡的.

以后将会看到, 从理论上讲, d'Alembert 判别法要弱于 Cauchy 判别法, 其含义在于: 凡是 d'Alembert 判别法可以应用的时候 Cauchy 判别法也总可以应用, 而当 d'Alembert 判别法不能应用的时候 Cauchy 判别法也常可以应用. 例如见下面例 LXVIII 的第 (9) 题. 对于形如 $0 + \frac{1}{2} + 0 + \frac{1}{4} + 0 + \frac{1}{8} + \cdots$ 的 "非正规的" 级数, 比值判别法失效. 但是无论如何, d'Alembert 判别法实际上是非常有用的, 这是因为当 v_n 是一个复杂的函数时, v_{n+1}/v_n 常常要简单得多, 从而容易加以处理.

当 $n \to \infty$ 时, v_{n+1}/v_n 或者 $v_n^{1/n}$ 有时会趋向一个极限①. 当这个极限小于 1 时, 显然上面定理 (2) 或者定理 (6) 的条件满足. 从而就有

(7) 如果当 $n \to \infty$ 时 $v_n^{1/n}$ 或者 v_{n+1}/v_n 趋向一个小于 1 的极限, 那么 $\sum v_n$ 收敛.

几乎显然的是, 如果两个函数中有一个函数趋向一个大于 1 的极限, 那么 $\sum v_n$ 发散. 我们把这个结论的正式证明留给读者作为一个练习. 但是当 $v_n^{1/n}$ 或者 v_{n+1}/v_n 趋向 1 时, 这些判别法将失效. 当 $v_n^{1/n}$ 或者 v_{n+1}/v_n 以这样一种方式振荡时, 这些判别法同样失效: 尽管它们总是小于 1, 但对无穷多个 n 值无限接近于 1; 与 v_{n+1}/v_n 有关的判别法也是在当这个比值振荡, 有时小于 1 而有时又大于 1 时失效. 当 $v_n^{1/n}$ 有如此性状时, 定理 (3) 就足以证明这个级数的发散性. 不过显然, 还有相当多的情形需要更精细的判别法.

例 LXVIII

(1) 对级数 $\sum n^k r^n$ 应用 Cauchy 和 d'Alembert 判别法 (如同 (7) 中指出的形式), 其中 k 是正整数.

---

① 在第 9 章里 (例 LXXXVII 第 (36) 题) 将要证明: 只要 $v_{n+1}/v_n \to l$, 就有 $v_n^{1/n} \to l$. 当 n 为奇数时取 $v_n = 1$, 当 n 为偶数时取 $v_n = 2$, 就可以看出其逆不真.

[这里有

$$\frac{v_{n+1}}{v_n}=\left(\frac{n+1}{n}\right)^k r\to r,$$

d'Alembert 判别法表明, 此级数当 $r<1$ 时收敛, 而当 $r>1$ 时发散. 当 $r=1$ 时判别法失效; 不过此时该级数显然是发散的. 由于 $\lim n^{1/n}=1$ (例 XXVII 第 (11) 题), Cauchy 判别法得到同样的结论.]

(2) 考虑级数 $\sum\left(An^k+Bn^{k-1}+\cdots+K\right)r^n$. [可以假设 A 是正的. 如果用 $P(n)$ 来记 r^n 的系数, 则有 $P(n)\sim An^k$, 又根据第 173 节 D 可知, 此级数与 $\sum n^k r^n$ 性状相似.]

(3) 考虑 $\sum\dfrac{An^k+Bn^{k-1}+\cdots+K}{\alpha n^l+\beta n^{l-1}+\cdots+\kappa}\quad(A>0,\alpha>0)$.

[此级数与 $\sum n^{k-l}r^n$ 性状相似. $r=1,k<l$ 的情形需要作进一步的研究.]

(4) 我们已经看到级数

$$\sum\frac{1}{n(n+1)},\quad\sum\frac{1}{n(n+1)\cdots(n+p)}$$

是收敛的 (第 4 章杂例第 25 题). 证明: Cauchy 和 d'Alembert 的判别法对它们都失效. [因为 $\lim u_n^{1/n}=\lim\left(u_{n+1}/u_n\right)=1$.]

(5) 证明: 级数 $\sum n^{-p}$ (p 是不小于 2 的整数) 收敛. [因为 $n(n+1)\cdots(n+p-1)\sim n^p$, 所以由第 (4) 题中研究的级数的收敛性得出结论. 在第 77 节 (7) 中证明了, 如果 $p=1$, 该级数发散, 而当 $p\leqslant 0$ 时它显然是发散的.]

(6) 证明: 如果 $r=1$, $l>k+1$, 则第 (3) 题中的级数收敛, 而当 $r=1$, $l\leqslant k+1$ 时发散.

(7) 如果 m_n 是正整数, 且 $m_{n+1}>m_n$, 那么级数 $\sum r^{m_n}$ 当 $r<1$ 时收敛, 当 $r\geqslant 1$ 时发散. 例如, 级数 $1+r+r^4+r^9+\cdots$ 当 $r<1$ 时收敛, 当 $r\geqslant 1$ 时发散.

(8) 计算级数 $1+2r+2r^4+\cdots$ 的和当 $r=0.1$ 时精确到小数点后 24 位的值以及当 $r=0.9$ 时精确到小数点后 2 位的值. [如果 $r=0.1$, 则前 5 项就给出和 1.200 200 002 000 000 2, 其误差为

$$2r^{25}+2r^{36}+\cdots<2r^{25}+2r^{36}+2r^{47}+\cdots=2r^{25}/\left(1-r^{11}\right)<3\cdot 10^{-25}.$$

如果 $r=0.9$, 则前 8 项就给出和 $5.457\cdots$, 其误差小于 $2r^{64}/\left(1-r^{17}\right)<0.003$.]

(9) 如果 $0<a<b<1$, 则级数 $a+b+a^2+b^2+a^3+\cdots$ 收敛. 证明: Cauchy 判别法对此级数适用, 但 d'Alembert 判别法失效. [因为 $v_{2n+1}/v_{2n}=(b/a)^{n+1}\to\infty$, $v_{2n+2}/v_{2n+1}=b(a/b)^{n+2}\to 0$.]

(10) 对所有的 r, 级数 $\sum\dfrac{r^n}{n!}$ 和 $\sum\dfrac{r^n}{n^n}$ 都收敛, 级数 $\sum n!r^n$ 和 $\sum n^n r^n$ 除了 $r=0$ 之外, 对所有的 r 都发散. (*Math. Trip.* 1935, 1936)

(11) 级数 $\sum\left(\dfrac{nr}{n+1}\right)^n$ 和 $\sum\dfrac{\{(n+1)r\}^n}{n^{n+1}}$ 当 $r<1$ 时收敛, 当 $r\geqslant 1$ 时发散. [当 $r=1$ 时利用第 73 节以及第 77 节的 (7).] (*Math. Trip.* 1927, 1928)

(12) 如果 $\sum u_n$ 收敛, 那么 $\sum u_n^2$ 和 $\sum\dfrac{u_n}{1+u_n}$ 也收敛.

(13) 如果 $\sum u_n^2$ 收敛, 那么 $\sum n^{-1}u_n$ 也收敛. [因为 $2n^{-1}u_n\leqslant u_n^2+n^{-2}$, 而 $\sum n^{-2}$ 收敛.]

(14) 证明：$1+\frac{1}{3^2}+\frac{1}{5^2}+\cdots=\frac{3}{4}\left(1+\frac{1}{2^2}+\frac{1}{3^2}+\cdots\right)$ 以及

$$1+\frac{1}{2^2}+\frac{1}{3^2}+\frac{1}{5^2}+\frac{1}{6^2}+\frac{1}{7^2}+\frac{1}{9^2}+\cdots=\frac{15}{16}\left(1+\frac{1}{2^2}+\frac{1}{3^2}+\cdots\right).$$

[为证明第一个结论, 注意到根据第 77 节定理 (8), (6) 和 (4) 有

$$\begin{aligned}1+\frac{1}{2^2}+\frac{1}{3^2}+\cdots&=\left(1+\frac{1}{2^2}\right)+\left(\frac{1}{3^2}+\frac{1}{4^2}\right)+\cdots\\&=1+\frac{1}{3^2}+\frac{1}{5^2}+\cdots+\frac{1}{2^2}\left(1+\frac{1}{2^2}+\frac{1}{3^2}+\cdots\right).\end{aligned}$$]

(15) 用归谬法证明 $\sum n^{-1}$ 发散. [如果级数收敛, 根据在第 (14) 题中所用的推理方法就应该有

$$1+\frac{1}{2}+\frac{1}{3}+\cdots=\left(1+\frac{1}{3}+\frac{1}{5}+\cdots\right)+\frac{1}{2}\left(1+\frac{1}{2}+\frac{1}{3}+\cdots\right),$$

也就有

$$\frac{1}{2}+\frac{1}{4}+\frac{1}{6}+\cdots=1+\frac{1}{3}+\frac{1}{5}+\cdots,$$

这是不可能的, 因为第一个级数的每一项都小于第二个级数对应的项.]

176. 一个重要定理

在进一步着手研究收敛以及发散的判别法之前, 我们要证明一个重要的关于正项级数的一般性定理.

Dirichlet 定理[①]. *无论如何安排级数的项的次序, 正项级数的和都是相同的.*

此定理断言：如果给定一个收敛的正项级数 $u_0+u_1+u_2+\cdots$, 并用同样的项按照任意一种新的次序构成任意一个级数

$$v_0+v_1+v_2+\cdots,$$

那么第二个级数是收敛的, 且与第一个级数有同样的和. 当然, 一定不要漏掉任何一项：每一个 u 都必须在诸 v 中的某一处出现, 且反之亦然.

定理的证明极其简单. 设 s 是诸 u 构成的级数之和. 则从中选出任意多项构成的和都不大于 s. 而每个 v 都是一个 u, 于是, 从诸 v 构成的级数中选取的任意多项 v 构成的和也都不大于 s. 因此 $\sum v_n$ 收敛, 且它的和 t 不大于 s. 但是可以用完全同样的方式证明 $s\leqslant t$. 从而 $s=t$.

177. 正项级数的乘法

Dirichlet 定理的一个直接推论是下面的定理：*如果 $u_0+u_1+u_2+\cdots$ 和 $v_0+v_1+v_2+\cdots$ 是两个收敛的正项级数, 且 s 和 t 是各自的和, 那么级数*

① 这个定理似乎首先是由 Dirichlet 在 1837 年明确加以陈述的. 毋庸置疑的是, 有人更早就已经知道这个结论, 特别是 Cauchy.

$$u_0v_0 + (u_1v_0 + u_0v_1) + (u_2v_0 + u_1v_1 + u_0v_2) + \cdots$$

收敛, 且其和为 st.

把所有可能的成对元素的乘积 u_mv_n 排列成双重数列的形式

$$\begin{array}{ccccc}
u_0v_0 & u_1v_0 & u_2v_0 & u_3v_0 & \cdots \\
u_0v_1 & u_1v_1 & u_2v_1 & u_3v_1 & \cdots \\
u_0v_2 & u_1v_2 & u_2v_2 & u_3v_2 & \cdots \\
u_0v_3 & u_1v_3 & u_2v_3 & u_3v_3 & \cdots \\
\cdots & \cdots & \cdots & \cdots & \cdots.
\end{array}$$

可以用各种不同的方法把这些项重新排列成一个单一无穷级数的形式. 其中有如下几种表示方式.

(1) 首先从满足 $m+n=0$ 的单独一项 u_0v_0 开始; 然后取满足 $m+n=1$ 的两项 u_1v_0, u_0v_1; 再取满足 $m+n=2$ 的三项 u_2v_0, u_1v_1, u_0v_2; 如此等等. 这样就得到定理中的级数

$$u_0v_0 + (u_1v_0 + u_0v_1) + (u_2v_0 + u_1v_1 + u_0v_2) + \cdots.$$

(2) 从两个下标都为零的单独一项 u_0v_0 开始, 然后取 u_1v_0, u_1v_1, u_0v_1 这几项, 它们的下标中都含有 1, 但没有更大的下标; 接着再取 $u_2v_0, u_2v_1, u_2v_2, u_1v_2, u_0v_2$ 这几项, 它们的下标中都含有 2, 但没有更大的下标; 如此等等. 这样做出的每组项的和分别等于

$$u_0v_0, \quad (u_0+u_1)(v_0+v_1) - u_0v_0,$$
$$(u_0+u_1+u_2)(v_0+v_1+v_2) - (u_0+u_1)(v_0+v_1), \cdots,$$

且前面 $n+1$ 组数的和是

$$(u_0+u_1+\cdots+u_n)(v_0+v_1+\cdots+v_n),$$

当 $n\to\infty$ 时它趋向 st. 当这个级数的和是以这样的方式形成的时候, 它的前面 1 组、前面 2 组、前面 3 组 …… 元素的和包含了上面所画的双重数列图表中所指出的第 1 个、第 2 个、第 3 个 …… 长方形中的所有项.

按照第二种方式所形成的级数的和是 st. 但是第一个级数 (当把括号去掉时) 是第二个级数的重新排列; 于是根据 Dirichlet 定理, 它也收敛于和 st. 定理得证.

例 LXIX

(1) 验证: 如果 $r<1$, 则有

$$1+r^2+r+r^4+r^6+r^3+\cdots = 1+r+r^3+r^2+r^5+r^7+\cdots = 1/(1-r).$$

(2)[①] 如果级数 $u_0+u_1+\cdots$ 和 $v_0+v_1+\cdots$ 中有一个是发散的, 那么级数 $u_0v_0+(u_1v_0+u_0v_1)+(u_2v_0+u_1v_1+u_0v_2)+\cdots$ 也发散, 除非在级数的每一项都为零这一平凡的情形才可能收敛.

---

① 在第 (2)~(4) 题中, 所考虑的级数当然都是正项级数.

(3) 如果级数 $u_0+u_1+\cdots, v_0+v_1+\cdots, w_0+w_1+\cdots$ 分别收敛于和 r, s, t, 那么级数 $\sum\lambda_k$ 收敛于和 rst, 其中 $\lambda_k=\sum u_m v_n w_p$, 且求和取遍所有满足 $m+n+p=k$ 的 m, n, p 的值组成的数组.

(4) 如果 $\sum u_n$ 和 $\sum v_n$ 收敛于和 s 和 t, 那么级数 $\sum w_n$ 收敛于和 st, 其中 $w_n=\sum u_l v_m$, 求和取遍所有满足 $lm=n$ 的数对 l, m.

178. 进一步的收敛与发散判别法

第 175 节中的例子足以说明: 存在简单且有意义的正项级数, 对它们不可能用第 174 节与第 175 节中的一般性判别法加以处理. 事实上, 如果考虑当 $n\to\infty$ 时 u_{n+1}/u_n 趋向一个极限的简单类型的级数, 一般来说, 当这个极限是 1 时, 第 174 节与第 175 节中的判别法就失效了. 例如, 在例 LXVIII 第 (5) 题中, 这些判别法失效, 我们不得不利用一个特殊的方法, 该方法之本质在于利用例 LXVIII 第 (4) 题中的级数取代几何级数作为比较级数.

事实上, 几何级数 (第 174 节与第 175 节中的判别法都是与它比较而得到的) 不仅是收敛的, 而且收敛得很快. 通过与它比较所得到的判别法自然也就十分粗糙, 而我们常常需要精细得多的判别法.

在例 LXVII 第 (7) 题中, 我们证明了当 $n\to\infty$ 时, 只要 $r<1$, 则无论对 k 的任何值都有 $n^k r^n\to 0$; 在例 LXVIII 第 (1) 题中, 我们证明的比这更多, 也即证明了级数 $\sum n^k r^n$ 是收敛的. 由此推出: 当 $r<1$ 时, 数列 $r, r^2, r^3, \cdots, r^n, \cdots$ 要比数列 $1^{-k}, 2^{-k}, 3^{-k}, \cdots, n^{-k}, \cdots$ 更快地趋向零. 如果 r 比 1 小得不太多且 k 很大, 这初看起来有些自相矛盾. 例如, 两个数列

$$\frac{2}{3},\quad \frac{4}{9},\quad \frac{8}{27},\quad \cdots;\qquad 1,\quad \frac{1}{4096},\quad \frac{1}{531\,441},\quad \cdots,$$

它们的通项是 $\left(\frac{2}{3}\right)^n$ 和 n^{-12}, 第二个数列初看起来减少得要快得多. 但是, 只要在数列中走得足够远, 就会发现第一个数列的项要小得多. 例如

$$\left(\frac{2}{3}\right)^4=\frac{16}{81}<\frac{1}{5},\quad \left(\frac{2}{3}\right)^{12}<\left(\frac{1}{5}\right)^3<\left(\frac{1}{10}\right)^2,\quad \left(\frac{2}{3}\right)^{1000}<\left(\frac{1}{10}\right)^{166},$$

然而

$$1000^{-12}=10^{-36};$$

所以第一个数列的第 1000 项要小于第二个数列的对应项的 $1/10^{130}$. 从而级数 $\sum\left(\frac{2}{3}\right)^n$ 要比级数 $\sum n^{-12}$ 收敛得快得多, 而即便是级数 $\sum n^{-12}$ 也要比级数 $\sum n^{-2}$ [①]收敛得快得多.

还有两个判别法, **Maclaurin 积分判别法** (也称为 **Cauchy 积分判别法**) (Maclaurin's or Cauchy's integral test) 以及 **Cauchy 并项判别法** (Cauchy's condensation test), 它们在第 174 节与第 175 节中的判别法失效时特别有用. 在这些判别法中我们对 u_n 做了一个额外的假设, 假设它在 n 增加时递减. 许多重要的级数都满足这个条件.

① 取 5 项就足以对 $\sum n^{-12}$ 的和给出小数点后 7 位正确的值, 而要对 $\sum n^{-2}$ 给出同样好的近似值则需要计算差不多 10 000 000 项. 本章大量的数值结果可以在作者的小册子 "Orders of infinity" (Cambridge math. tracts, No. 12) 的附录 (由 J. Jackson 先生编撰) 中找到.

在着手讨论这两个判别法之前, 我们来证明一个简单然而有用的定理, 称为 **Abel 定理**[①]. 它是对于这种特殊类型的级数收敛的一个必要条件.

179.　Abel (或者 Pringsheim) 定理

如果 $\sum u_n$ 是一个正项且项为递减的收敛级数, 那么 $\lim nu_n = 0$.

因为 $u_{n+1} + u_{n+2} + \cdots \to 0$, 当然就有

$$u_{n+1} + u_{n+2} + \cdots + u_{2n} \to 0,$$

而它的左边至少是 nu_{2n}. 从而 $2nu_{2n} = 2(nu_{2n}) \to 0$. 又有

$$(2n+1)\, u_{2n+1} \leqslant \frac{2n+1}{2n} 2nu_{2n} \to 0,$$

于是有 $nu_n \to 0$.

例 LXX

(1) 利用 Abel 定理证明: $\sum n^{-1}$ 和 $\sum (an+b)^{-1}$ 都发散. [这里有 $nu_n \to 1$ 以及 $nu_n \to 1/a$.]

(2) 证明: 如果去掉 u_n 当 n 增加时递减的条件, 则 Abel 定理不成立. [级数

$$1 + \frac{1}{2^2} + \frac{1}{3^2} + \frac{1}{4} + \frac{1}{5^2} + \frac{1}{6^2} + \frac{1}{7^2} + \frac{1}{8^2} + \frac{1}{9} + \frac{1}{10^2} + \cdots$$

(其中 $u_n = 1/n$ 或者 $1/n^2$, 根据 n 是否是完全平方数而定) 是收敛的, 这是因为它可以重新排列成如下形式

$$\frac{1}{2^2} + \frac{1}{3^2} + \frac{1}{5^2} + \frac{1}{6^2} + \frac{1}{7^2} + \frac{1}{8^2} + \frac{1}{10^2} + \cdots + \left(1 + \frac{1}{4} + \frac{1}{9} + \cdots\right),$$

而其中每一个级数都是收敛的. 但由于当 n 是完全平方数时有 $nu_n = 1$, 于是 $nu_n \to 0$ 不成立.]

(3) Abel *定理之逆命题不真*, 也就是说, 如果当 n 增加时 u_n 递减, 且 $\lim nu_n = 0$, 那么 $\sum u_n$ 收敛这一结论不成立.

[取级数 $\sum n^{-1}$, 并用 1 乘它的第一项, 用 $\frac{1}{2}$ 乘它的第二项, 用 $\frac{1}{3}$ 乘它接下来的两项, 用 $\frac{1}{4}$ 乘再接下来的四项, 用 $\frac{1}{5}$ 乘再接下来的八项, 如此下去. 将这样形成的新级数中每个括号中的项合在一起作为一项, 就得到

$$1 + \frac{1}{2}\cdot\frac{1}{2} + \frac{1}{3}\left(\frac{1}{3} + \frac{1}{4}\right) + \frac{1}{4}\left(\frac{1}{5} + \frac{1}{6} + \frac{1}{7} + \frac{1}{8}\right) + \cdots;$$

这个级数是发散的, 这是因为它的项大于

$$1 + \frac{1}{2}\cdot\frac{1}{2} + \frac{1}{3}\cdot\frac{1}{2} + \frac{1}{4}\cdot\frac{1}{2} + \cdots$$

的项, 而后者是发散的. 但是容易看出级数

$$1 + \frac{1}{2}\cdot\frac{1}{2} + \frac{1}{3}\cdot\frac{1}{3} + \frac{1}{3}\cdot\frac{1}{4} + \frac{1}{4}\cdot\frac{1}{5} + \frac{1}{4}\cdot\frac{1}{6} + \cdots$$

的项满足 $nu_n \to 0$ 这一条件. 事实上, 当 $2^{\nu-2} < n \leqslant 2^{\nu-1}$ 时有 $nu_n = 1/\nu$, 且当 $n \to \infty$ 时有 $\nu \to \infty$.]

---

① 这个定理是由 Abel 发现的, 但被人们遗忘了, 后来又被 Pringsheim 重新发现.

180. Maclaurin (或者 Cauchy) 积分判别法①

如果当 n 增加时 u_n 递减, 可以记 $u_n = \phi(n)$, 并假设 $\phi(n)$ 是连续变量 x 的一个连续且递减的函数 $\phi(x)$ 在 $x = n$ 时所取的值. 那么, 如果 ν 是任意正整数, 则当 $\nu - 1 \leqslant x \leqslant \nu$ 时有

$$\phi(\nu-1) \geqslant \phi(x) \geqslant \phi(\nu).$$

设

$$v_\nu = \phi(\nu-1) - \int_{\nu-1}^{\nu} \phi(x)\,\mathrm{d}x = \int_{\nu-1}^{\nu} \{\phi(\nu-1) - \phi(x)\}\,\mathrm{d}x,$$

所以

$$0 \leqslant v_\nu \leqslant \phi(\nu-1) - \phi(\nu).$$

这样 $\sum v_\nu$ 就是正项级数, 且

$$v_2 + v_3 + \cdots + v_n \leqslant \phi(1) - \phi(n) \leqslant \phi(1).$$

从而 $\sum v_\nu$ 是收敛的, 所以, 当 $n \to \infty$ 时, $v_2 + v_3 + \cdots + v_n$, 也就是

$$\sum_{1}^{n-1} \phi(\nu) - \int_{1}^{n} \phi(x)\,\mathrm{d}x$$

趋向一个正的极限, 这个极限不超过 $\phi(1)$.

记

$$\Phi(\xi) = \int_{1}^{\xi} \phi(x)\,\mathrm{d}x,$$

所以 $\Phi(\xi)$ 是 ξ 的连续且递增的函数. 这样, 当 $n \to \infty$ 时,

$$u_1 + u_2 + \cdots + u_{n-1} - \Phi(n)$$

趋向一个正的极限, 且此极限不大于 $\phi(1)$. 从而 $\sum u_\nu$ 是收敛还是发散, 要根据当 $n \to \infty$ 时 $\Phi(n)$ 是趋向一个极限还是趋向无穷来决定. 由于 $\Phi(n)$ 是递增的, 这样一来, $\sum u_\nu$ 是收敛还是发散, 要根据当 $\xi \to \infty$ 时 $\Phi(\xi)$ 是趋向一个极限还是趋向无穷来决定. 于是, 如果 $\phi(x)$ 是 x 的一个正的函数, 对大于 1 的所有 x 值均连续, 当 x 增加时 $\phi(x)$ 递减, 那么级数

$$\phi(1) + \phi(2) + \cdots$$

收敛或者发散, 要根据

$$\Phi(\xi) = \int_{1}^{\xi} \phi(x)\,\mathrm{d}x$$

① 这个判别法是由 Maclaurin 发现的, 并为 Cauchy 重新发现, 且此判别法常被归属于 Cauchy.

当 $\xi \to \infty$ 时是趋向一个极限 l 还是不趋向极限而确定; 在第一种情形, 级数之和不大于 $\phi(1)+l$.

事实上这个和必定小于 $\phi(1)+l$. 因为根据第 165 节的 (6) 以及第 7 章杂例第 43 题可以推出: 除非在整个区间 $(\nu-1,\nu)$ 中有 $\phi(x)=\phi(\nu)$, 否则就有 $v_\nu<\phi(\nu-1)-\phi(\nu)$; 而这不可能对所有的 ν 值为真.

181. 级数 $\sum n^{-s}$

积分判别法最为重要的应用是应用于级数

$$1^{-s}+2^{-s}+3^{-s}+\cdots+n^{-s}+\cdots,$$

其中 s 是任意有理数. 我们已经看到 (第 77 节、例 LXVIII 第 (15) 题以及例 LXX 第 (1) 题), 当 $s=1$ 时该级数是发散的.

如果 $s \leqslant 0$, 则该级数显然是发散的. 如果 $s>0$, 则当 n 增加时 u_n 递减, 故可以应用积分判别法. 这里有

$$\varPhi(\xi)=\int_1^{\xi}\frac{\mathrm{d}x}{x^s}=\frac{\xi^{1-s}-1}{1-s},$$

除非 $s=1$. 如果 $s>1$, 则当 $\xi\to\infty$ 时有 $\xi^{1-s}\to 0$, 且有

$$\varPhi(\xi)\to\frac{1}{s-1}=l,$$

这里最后一步是我们的定义. 如果 $s<1$, 则当 $\xi\to\infty$ 时有 $\xi^{1-s}\to\infty$, 故有 $\varPhi(\xi)\to\infty$. 从而级数 $\sum n^{-s}$ 当 $s>1$ 时收敛, 当 $s\leqslant 1$ 时发散, 在第一种情形其和小于 $s/(s-1)$.

当然, 将它与发散的级数 $\sum n^{-1}$ 相比较, 可以证明该级数当 $s<1$ 时是发散的.

不过有意思的是观察积分判别法如何用到级数 $\sum n^{-1}$ 上去, 这时前面的分析方法不起作用. 在此情形

$$\varPhi(\xi)=\int_1^{\xi}\frac{\mathrm{d}x}{x},$$

容易看出当 $\xi\to\infty$ 时有 $\varPhi(\xi)\to\infty$. 因为如果 $\xi>2^n$, 就有

$$\varPhi(\xi)>\int_1^{2^n}\frac{\mathrm{d}x}{x}=\int_1^2\frac{\mathrm{d}x}{x}+\int_2^4\frac{\mathrm{d}x}{x}+\cdots+\int_{2^{n-1}}^{2^2}\frac{\mathrm{d}x}{x}.$$

令 $x=2^r u$, 就得到

$$\int_{2^r}^{2^{r+1}}\frac{\mathrm{d}x}{x}=\int_1^2\frac{\mathrm{d}u}{u},$$

所以 $\varPhi(\xi)>n\displaystyle\int_1^2\frac{\mathrm{d}u}{u}$, 这表明当 $\xi\to\infty$ 时有 $\varPhi(\xi)\to\infty$.

例 LXXI

(1) 用与上面类似的方法, 不进行积分来证明: $\varPhi(\xi)=\displaystyle\int_1^{\xi}\frac{\mathrm{d}x}{x^s}$ 与 ξ 一起趋向无穷, 其中 $s<1$.

(2) 级数 $\sum n^{-2}, \sum n^{-\frac{3}{2}}, \sum n^{-\frac{11}{10}}$ 是收敛的, 它们的和分别不大于 2, 3, 11. 级数 $\sum n^{-\frac{1}{2}}$, $\sum n^{-\frac{10}{11}}$ 是发散的.

(3) 级数 $\sum \frac{n^s}{n^t+a}$(其中 $a>0$) 收敛或者发散, 要根据 $t>1+s$ 或者 $t \leqslant 1+s$ 而确定. [与 $\sum n^{s-t}$ 比较.]

(4) 讨论级数

$$\sum \frac{a_1 n^{s_1}+a_2 n^{s_2}+\cdots+a_k n^{s_k}}{b_1 n^{t_1}+b_2 n^{t_2}+\cdots+b_l n^{t_l}}$$

的敛散性, 其中所有字母都表示正数, 诸 s 以及诸 t 是有理数, 并按照递减次序排列.

(5) 证明: 如果 $m>0$, 则

$$\frac{1}{m^2}+\frac{1}{(m+1)^2}+\frac{1}{(m+2)^2}+\cdots<\frac{m+1}{m^2}.$$

(6) 证明

$$\sum_1^{\infty} \frac{1}{n^2+1}<\frac{1}{2}+\frac{1}{4}\pi.$$

(7) 证明

$$-\frac{1}{2}\pi<\sum_1^{\infty} \frac{a}{a^2+n^2}<\frac{1}{2}\pi. \qquad (Math.\ Trip.\ 1909)$$

(8) 证明

$$2\sqrt{n}-2<\frac{1}{\sqrt{1}}+\frac{1}{\sqrt{2}}+\cdots+\frac{1}{\sqrt{n}}<2\sqrt{n}-1,$$

$$\frac{1}{2}\pi<\frac{1}{2\sqrt{1}}+\frac{1}{3\sqrt{2}}+\frac{1}{4\sqrt{3}}+\cdots<\frac{1}{2}(\pi+1).$$

(*Math. Trip.* 1911)

(9) 如果 $\phi(n) \rightarrow l>1$, 则级数 $\sum n^{-\phi(n)}$ 是收敛的. 如果 $\phi(n) \rightarrow l<1$, 则它是发散的.

(10) 证明: 如果 $a>0, b>0$ 且 $0<s<1$, 那么

$$\psi(n)=(a+b)^{-s}+(a+2b)^{-s}+\cdots+(a+nb)^{-s}-\frac{(a+nb)^{1-s}}{b(1-s)}$$

当 $n \rightarrow \infty$ 时趋向一个极限 A. 又证明 $\psi(n)-\psi(n-1)=O\left(n^{-s-1}\right)$, 并推导出 $\psi(n)= A+O\left(n^{-s}\right)$. (*Math. Trip.* 1926)

182. Cauchy 并项判别法

第 178 节提及的两个判别法中的第二个叙述如下: 如果 $u_n=\phi(n)$ 是 n 的递减函数, 那么级数 $\sum \phi(n)$ 是收敛还是发散, 要根据 $\sum 2^n \phi\left(2^n\right)$ 是收敛还是发散来决定.

可以用对特殊级数 $\sum n^{-1}$ (第 77 节) 所用过的论证方法来证明这个结论. 首先有

$$\phi(3)+\phi(4) \geqslant 2\phi(4),$$

$$\phi(5)+\phi(6)+\phi(7)+\phi(8) \geqslant 4\phi(8),$$

$$\cdots$$

$$\phi\left(2^n+1\right)+\phi\left(2^n+2\right)+\cdots+\phi\left(2^{n+1}\right) \geqslant 2^n \phi\left(2^{n+1}\right).$$

如果 $\sum 2^n\phi(2^n)$ 发散, 则 $\sum 2^{n+1}\phi(2^{n+1})$ 和 $\sum 2^n\phi(2^{n+1})$ 亦发散, 刚刚得到的诸不等式表明 $\sum \phi(n)$ 也发散.

另一方面有

$$\phi(2)+\phi(3)\leqslant 2\phi(2),\quad \phi(4)+\phi(5)+\phi(6)+\phi(7)\leqslant 4\phi(4),$$

等等; 由这组不等式推出: 如果 $\sum 2^n\phi(2^n)$ 收敛, 那么 $\sum \phi(n)$ 也收敛. 从而定理得证.

对当前的目的来说, 这个判别法的应用范围与积分判别法的应用范围是相同的. 它使得我们可以同样轻而易举地讨论级数 $\sum n^{-s}$. 因为 $\sum n^{-s}$ 收敛还是发散, 要根据 $\sum 2^n 2^{-ns}$ 收敛还是发散来决定, 也就是根据 $s>1$ 还是 $s\leqslant 1$ 来决定.

例 LXXII

(1) 证明: 如果 a 是任何一个大于 1 的正整数, 那么 $\sum \phi(n)$ 收敛还是发散, 要根据 $\sum a^n\phi(a^n)$ 收敛还是发散来决定. [利用与上面同样的论证方法, 依次将 a 个项、a^2 个项、a^3 个项 …… 组合在一起.]

(2) 如果 $\sum 2^n\phi(2^n)$ 收敛, 那么 $\lim 2^n\phi(2^n)=0$. 这样就推导出第 179 节的 Abel 定理.

183.　进一步的比值判别法

如果 $u_n=n^{-s}$, 那么根据 Taylor 定理有

$$\frac{u_{n+1}}{u_n}=\left(1+\frac{1}{n}\right)^{-s}=1-\frac{s}{n}+\frac{s(s-1)}{2n^2}\left(1+\frac{\theta}{n}\right)^{-s-2},$$

其中 $0<\theta<1$, 所以

$$\frac{u_{n+1}}{u_n}=1-\frac{s}{n}+O\left(\frac{1}{n^2}\right).$$

现在假设

$$\frac{v_{n+1}}{v_n}=1-\frac{a}{n}+O\left(\frac{1}{n^2}\right).\tag{1}$$

如果 $a>1$, 可以选择 s 使得 $1<s<a$, 这样对充分大的 n 就有 $v_{n+1}/v_n<u_{n+1}/u_n$. 但是 $\sum u_n$ 收敛, 于是根据第 175 节的 (4) 得知 $\sum v_n$ 收敛. 类似地, 如果 $a<1$, 就能选取 s 使得 $a<s<1$, 通过与发散级数 $\sum u_n$ 比较来证明 $\sum v_n$ 发散. 由此推出, 如果 v_n 满足 (1), 那么 $\sum v_n$ 当 $a>1$ 时收敛, 当 $a<1$ 时发散. 我们把 $a=1$ 的情形留待下一章来解决 (例 XC 第 (5) 题).

类似地可以证明: 如果 (1) 对满足 $0<s<a$ 的任何正数 a 为真, 那么 $v_n\leqslant Kn^{-s}$, 所以 $v_n\to 0$.

特别地, 我们来考虑 "超几何" 级数

$$\sum v_n=1+\frac{\alpha\cdot\beta}{1\cdot\gamma}+\frac{\alpha\cdot(\alpha+1)\cdot\beta(\beta+1)}{1\cdot 2\cdot\gamma(\gamma+1)}+\cdots,\tag{2}$$

其中 α,β,γ 是实数, 且它们之中没有任何一个数是零或者负整数. 于是该级数的项最终都有固定的符号, 且

$$\frac{v_{n+1}}{v_n}=\frac{(\alpha+n)(\beta+n)}{(1+n)(\gamma+n)}=1-\frac{\gamma+1-\alpha-\beta}{n}+O\left(\frac{1}{n^2}\right).$$

于是级数 (2) 当 $\gamma>\alpha+\beta$ 时收敛, 当 $\gamma<\alpha+\beta$ 时发散. 特别地, 级数

$$1+\frac{n}{1}+\frac{n(n+1)}{1\cdot 2}+\cdots$$

当 $n<0$ 时收敛, 当 $n>0$ 时发散. 并且当 $\gamma>\alpha+\beta-1$ 时有 $v_n\to 0$.

184. 无穷积分

第 180 节的积分判别法表明:如果 $\phi(x)$ 是 x 的正的减函数, 那么级数 $\sum\phi(n)$ 收敛还是发散, 要根据积分函数 $\Phi(x)$ 当 $x\to\infty$ 时趋向极限还是不趋向极限来确定. 假设它的确趋向一个极限, 且

$$\lim_{x\to\infty}\int_1^x\phi(t)\,\mathrm{d}t=l.$$

那么我们就称积分

$$\int_1^{\infty}\phi(t)\,\mathrm{d}t$$

是收敛的, 且有值 l; 我们将此积分称为**无穷积分** (infinite integral).

到目前为止我们假设 $\phi(t)$ 是正的减函数. 但将定义推广到其他情形也是很自然的. 上面假设积分下限为 1 并没有任何特别的意义. 相应地给出如下定义.

如果 $\phi(t)$ 对于 $t\geqslant a$ 是 t 的连续函数, 且

$$\lim_{x\to\infty}\int_a^x\phi(t)\,\mathrm{d}t=l,$$

那么就称无穷积分

$$\int_a^{\infty}\phi(t)\,\mathrm{d}t \tag{1}$$

是收敛的, 且其值为 l.

通常的积分, 如同在第 7 章中所定义的那样, 是介于积分限 a 和 A 之间的, 有时相应地称之为**有限积分** (finite integral).

另一方面, 当

$$\int_a^x\phi(t)\,\mathrm{d}t\to\infty$$

时, 就称该积分**发散**于 ∞, 可以对发散于 $-\infty$ 给出一个类似的定义. 最后, 当这些情形都不发生时, 就称该积分当 $x\to\infty$ 时**有限振荡或无限振荡**.

这些定义启发我们给出如下的说明.

(i) 如果记

$$\int_a^x \phi(t)\,\mathrm{d}t = \Phi(x),$$

那么该积分收敛、发散或者振荡, 要根据 $\Phi(x)$ 当 $x \to \infty$ 时是趋向一个极限、趋向 ∞(或者趋向 $-\infty$)、或者振荡来决定. 如果 $\Phi(x)$ 趋向一个极限 (可以用 $\Phi(\infty)$ 来记这个极限), 那么该积分的值就是 $\Phi(\infty)$. 更一般地, 如果 $\Phi(x)$ 是 $\phi(x)$ 的任意一个积分函数, 那么该积分的值就是 $\Phi(\infty) - \Phi(a)$.

(ii) 在 $\phi(t)$ 恒取正值这一特殊情形显然可见, $\Phi(x)$ 是 x 的增函数. 从而仅有的可能的结果是收敛或者发散于 ∞.

(iii) 与第 96 节的收敛原理对应的一般的收敛原理是: 积分 (1) 收敛的充分必要条件是, 对 $x_2 > x_1 \geqslant X(\delta)$ 有

$$\left|\int_{x_1}^{x_2} \phi(x)\,\mathrm{d}x\right| < \delta.$$

(iv) 用无穷积分这个术语来表示有像 2 或者 $\frac{1}{2}\pi$ 这样确定的值的某个对象, 应该不会使读者感到困惑. 无穷积分和有限积分之间的区别与无穷级数和有限级数之间的区别类似, 而且没有人会认为一个无穷级数一定是发散的.

(v) 在第 161 节与第 162 节中, 积分 $\int_a^x \phi(t)\,\mathrm{d}t$ 定义为一个简单的极限, 也就是定义为某种有限和的极限. 于是无穷积分就是**极限的极限**, 或者说是所谓的重极限. 无穷积分的概念本质上要比有限积分的概念更加复杂, 这也是有限积分的一个进一步发展.

(vi) 第 180 节中的积分判别法现在可以表述成如下形式: 如果 $\phi(x)$ 当 x 增加时是一个取正值的递减函数, 那么无穷级数 $\sum \phi(n)$ 与它的无穷积分 $\int_1^\infty \phi(x)\,\mathrm{d}x$ 同收敛或同发散.

(vii) 读者可以毫无困难地对无穷积分进行陈述并证明与第 77 节中 (1)~(6) 类似的定理. 例如, 与 (2) 类似的结果是: 如果 $\int_a^\infty \phi(x)\,\mathrm{d}x$ 收敛, 且 $b > a$, 那么 $\int_b^\infty \phi(x)\,\mathrm{d}x$ 也收敛, 且有

$$\int_a^\infty \phi(x)\,\mathrm{d}x = \int_a^b \phi(x)\,\mathrm{d}x + \int_b^\infty \phi(x)\,\mathrm{d}x.$$

185. $\phi(x)$ 取正值的情形

自然要来考虑一些与第 184 节中的无穷积分 (1) 有关的一般性定理, 这些定理与第 173 节中的定理 A~D 类似. 在第 184 节 (ii) 中我们已经看到 A 既对积分成立, 也对级数成立. 与 B 对应的有以下定理: 积分 (1) 收敛的充分必要条件是, 存在一个常数 K, 使得对所有大于 a 的 x 值都有

$$\int_a^x \phi(t)\,\mathrm{d}t < K.$$

类似地, 与 C 对应有如下定理: 如果 $\int_a^\infty \phi(x)\,\mathrm{d}x$ 收敛, 且对所有大于 a 的 x 值都有 $\psi(x) \leqslant K\phi(x)$, 那么 $\int_a^\infty \psi(x)\,\mathrm{d}x$ 收敛, 且有

$$\int_a^\infty \psi(x)\,\mathrm{d}x \leqslant K\int_a^\infty \phi(x)\,\mathrm{d}x.$$

我们把有关发散性的判别法的系统表述留给读者完成.

值得注意的是, 依赖于相邻接的项的 d'Alembert 判别法 (第 175 节) 在无穷积分中没有类似的结论; 而 Cauchy 判别法的类似结论也没有什么价值. 无论如何, 只有当我们更详尽地研究了函数 $\phi(x) = r^x$ 的理论之后 (如同在第 9 章中将要做的那样), 才能对与 Cauchy 判别法类似的结论作出系统的表述. 最重要的一个特殊判别法是通过与

$$\int_a^{\infty} \frac{\mathrm{d}x}{x^s} \quad (a > 0),$$

作比较而得到的, 对于这个积分的敛散性, 我们已经在第 181 节中研究过了, 该判别法的结论如下: *如果当 $x \geqslant a$ 时 $\phi(x) < Kx^{-s}$, 其中 $s > 1$, 则 $\int_a^{\infty} \phi(x)\,\mathrm{d}x$ 收敛; 如果当 $x \geqslant a$ 时 $\phi(x) > Kx^{-s}$, 其中 $K > 0$ 且 $s \leqslant 1$, 则该积分发散; 特别地, 如果 $\lim x^s\phi(x) = l$, 其中 $l > 0$, 那么该积分收敛还是发散要根据 $s > 1$ 还是 $s \leqslant 1$ 而决定.*

收敛的无穷级数有一个基本性质, 此性质的存在打破了无穷级数和无穷积分之间的相似性. 如果 $\sum \phi(n)$ 收敛, 则有 $\phi(n) \to 0$; 但是, 即使 $\phi(x)$ 恒取正的值, 当 $\int_a^{\infty} \phi(x)\,\mathrm{d}x$ 收敛时也未必有 $\phi(x) \to 0$.

例如, 考虑图 47 中粗线所画出的函数 $\phi(x)$. 其中峰值的最高点与诸点 $x = 1, 2, 3, \cdots$ 对应, 且每个最高点处的函数值均为 1, 与 $x = n$ 对应的那座峰的宽度是 $2/(n+1)^2$. 这座峰的面积是 $1/(n+1)^2$, 且显然对任何 ξ 有

$$\int_0^{\xi} \phi(x)\,\mathrm{d}x < \sum_0^{\infty} \frac{1}{(n+1)^2},$$

所以 $\int_0^{\infty} \phi(x)\,\mathrm{d}x$ 收敛; 但是 $\phi(x) \to 0$ 不真.

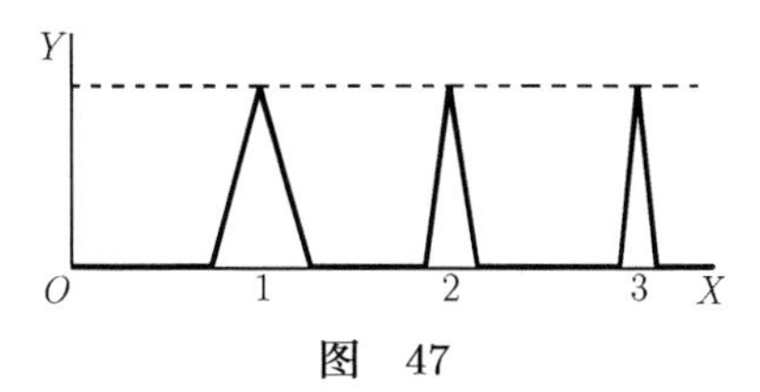

图 47

例 LXXIII

(1) 积分

$$\int_a^{\infty} \frac{\alpha x^r + \beta x^{r-1} + \cdots + \lambda}{Ax^s + Bx^{s-1} + \cdots + L}\mathrm{d}x$$

当 $s > r + 1$ 时收敛, 反之发散. 其中 α 和 A 是正数, 而 a 大于分母的最大的根 (如果分母有根的话).

(2) 诸积分

$$\int_a^{\infty} \frac{\mathrm{d}x}{\sqrt{x}}, \int_a^{\infty} \frac{\mathrm{d}x}{x^{\frac{4}{3}}}, \int_a^{\infty} \frac{\mathrm{d}x}{c^2 + x^2}, \int_a^{\infty} \frac{x\mathrm{d}x}{c^2 + x^2}, \int_a^{\infty} \frac{x^2\mathrm{d}x}{c^2 + x^2}, \int_a^{\infty} \frac{x^2\mathrm{d}x}{\alpha + 2\beta x^2 + \gamma x^4}$$

中哪些是收敛的? 在头两个积分中假设 $a > 0$, 在最后一个积分中假设 a 大于分母的最大的根 (如果分母有根的话).

(3) 积分 $\int_a^{\xi} \cos x\mathrm{d}x, \int_a^{\xi} \cos(\alpha x + \beta)\,\mathrm{d}x$ 当 $\xi \to \infty$ 时有限振荡.

(4) 积分 $\int_a^\xi x\cos x\mathrm{d}x, \int_a^\xi x^n \cos(\alpha x+\beta)\,\mathrm{d}x$ 当 $\xi\to\infty$ 时无限振荡, 其中 n 是一个任意的正整数.

(5) **下限为 $-\infty$ 的积分**. 如果当 $\xi\to-\infty$ 时 $\int_\xi^a \phi(x)\,\mathrm{d}x$ 趋向一个极限 l, 就称 $\int_{-\infty}^a \phi(x)\,\mathrm{d}x$ 收敛且等于 l. 这样的积分具有与上面几节中讨论的积分完全类似的性质, 读者将会毫无困难地将这些性质详细加以表述.

(6) **从 $-\infty$ 到 $+\infty$ 的积分**. 如果两个积分

$$\int_{-\infty}^a \phi(x)\,\mathrm{d}x, \quad \int_a^\infty \phi(x)\,\mathrm{d}x$$

都收敛, 且分别有值 k,l, 那么就称 $\int_{-\infty}^\infty \phi(x)\,\mathrm{d}x$ 收敛且有值 $k+l$.

(7) 证明

$$\int_{-\infty}^0 \frac{\mathrm{d}x}{1+x^2}=\int_0^\infty \frac{\mathrm{d}x}{1+x^2}=\frac{1}{2}\int_{-\infty}^\infty \frac{\mathrm{d}x}{1+x^2}=\frac{\pi}{2}.$$

(8) 证明：只要积分 $\int_0^\infty \phi(x^2)\,\mathrm{d}x$ 收敛, 就有 $\int_{-\infty}^\infty \phi(x^2)\,\mathrm{d}x=2\int_0^\infty \phi(x^2)\,\mathrm{d}x$.

(9) 证明：如果 $\int_0^\infty x\phi(x^2)\,\mathrm{d}x$ 收敛, 那么 $\int_{-\infty}^\infty x\phi(x^2)\,\mathrm{d}x=0$.

(10) **第 179 节中 Abel 定理的类似结论**. 如果 $\phi(x)$ 是一个正的递减函数, 且 $\int_a^\infty \phi(x)\,\mathrm{d}x$ 收敛, 那么 $x\phi(x)\to 0$. 用以下方法证明此结论：(a) 用 Abel 定理以及积分判别法证明; (b) 直接用与第 179 节中类似的论证方法证明.

(11) 如果 $a=x_0<x_1<x_2<\cdots$ 且 $x_n\to\infty$, 又 $u_n=\int_{x_n}^{x_{n+1}}\phi(x)\,\mathrm{d}x$, 那么 $\int_a^\infty \phi(x)\,\mathrm{d}x$ 的收敛性就包含了 $\sum u_n$ 的收敛性. 如果 $\phi(x)$ 恒取正的值, 则其逆命题依然成立. [根据例子 $\phi(x)=\cos x, x_n=n\pi$ 可知, 一般来说其逆命题并不成立.]

186. 换元积分法以及分部积分法对无穷积分的应用

在第 166 节中讨论的定积分的换元积分法可加以推广, 从而应用到无穷积分中来.

(1) **换元积分法**. 假设

$$\int_a^\infty \phi(x)\,\mathrm{d}x \tag{1}$$

收敛. 进一步假设, 对于 ξ 的任意一个大于 a 的值, 如在第 166 节中那样[①]有

$$\int_a^\xi \phi(x)\,\mathrm{d}x=\int_b^\tau \phi\{f(t)\}f'(t)\,\mathrm{d}t, \tag{2}$$

其中 $a=f(b), \xi=f(\tau)$. 最后, 假设函数关系 $x=f(t)$ 满足当 $t\to\infty$ 时有 $x\to\infty$. 那么, 在 (2) 中令 τ 和 ξ 都趋向 ∞, 我们就看出积分

$$\int_b^\infty \phi\{f(t)\}f'(t)\,\mathrm{d}t \tag{3}$$

是收敛的, 且等于积分 (1).

① 这里将 f 和 ϕ 作了交换.

另一方面, 当 $\tau \to -\infty$ 或者 $\tau \to c$ 时有可能有 $\xi \to \infty$. 在第一种情形, 我们得到

$$\begin{aligned}\int_a^{\infty} \phi(x)\,\mathrm{d}x &= \lim_{\tau\to-\infty}\int_b^{\tau} \phi\{f(t)\}\, f'(t)\,\mathrm{d}t \\ &= -\lim_{\tau\to-\infty}\int_{\tau}^{b} \phi\{f(t)\}\, f'(t)\,\mathrm{d}t = -\int_{-\infty}^{b} \phi\{f(t)\}\, f'(t)\,\mathrm{d}t.\end{aligned}$$

在第二种情形, 我们得到

$$\int_a^{\infty} \phi(x)\,\mathrm{d}x = \lim_{\tau\to c}\int_b^{\tau} \phi\{f(t)\}\, f'(t)\,\mathrm{d}t. \tag{4}$$

在第 188 节中我们将回到这个等式.

当然, 关于 $(-\infty, a)$ 或者 $(-\infty, \infty)$ 上的积分也有对应的结果, 对此读者应该有能力自己加以总结.

例 LXXIV

(1) 用换元代换 $x = t^{\alpha}$ 证明: 如果 $s > 1$ 且 $\alpha > 0$, 那么

$$\int_1^{\infty} x^{-s}\mathrm{d}x = \alpha\int_1^{\infty} t^{\alpha(1-s)-1}\mathrm{d}t;$$

并用直接计算每一个积分的值的方法验证此结果.

(2) 如果 $\int_a^{\infty}\phi(x)\,\mathrm{d}x$ 收敛, 那么它等于积分

$$\alpha\int_{(a-\beta)/\alpha}^{\infty}\phi(\alpha t+\beta)\,\mathrm{d}t, \quad -\alpha\int_{-\infty}^{(a-\beta)/\alpha}\phi(\alpha t+\beta)\,\mathrm{d}t$$

中的一个, 这要根据 α 是正数还是负数来决定.

(3) 如果 $\phi(x)$ 是 x 的正的递减函数, 且 α 和 β 是任何正数, 那么级数 $\sum\phi(n)$ 的收敛性就蕴含了级数 $\sum\phi(\alpha n+\beta)$ 的收敛性, 而且也包含在级数 $\sum\phi(\alpha n+\beta)$ 的收敛性之中.

[作代换 $x = \alpha t + \beta$, 由此立即推出, 积分

$$\int_a^{\infty}\phi(x)\,\mathrm{d}x, \qquad \int_{(a-\beta)/\alpha}^{\infty}\phi(\alpha t+\beta)\,\mathrm{d}t$$

同收敛或者同发散. 现在可以用积分判别法了.]

(4) 证明

$$\int_1^{\infty}\frac{\mathrm{d}x}{(1+x)\sqrt{x}} = \frac{\pi}{2}.$$

[令 $x = t^2$.]①

(5) 计算 $\displaystyle\int_0^{\infty}\frac{\mathrm{d}x}{(1+x^2)^n}$ 和 $\displaystyle\int_0^{\infty}\frac{\mathrm{d}x}{(1+x^2)^{n+\frac{1}{2}}}$, n 是正整数.　(*Math. Trip.* 1929, 1935)

① 本题在原书中漏了结果 "$= \frac{\pi}{2}$". 此外, 严格地讲, 这里应改为作代换 $\sqrt{x} = t$ 以避免等式 $x = t^2$ 中变量 t 取值的不确定性. ——译者注

[代换 $x=\cot\theta$ 将积分化成 $\int_0^{\frac{1}{2}\pi}\sin^{2n-2}\theta\mathrm{d}\theta$ 和 $\int_0^{\frac{1}{2}\pi}\sin^{2n-1}\theta\mathrm{d}\theta$. 现在利用例 LXVI 第 (10) 题.]

(6) 如果当 $x\to\infty$ 时有 $\phi(x)\to h$, 当 $x\to-\infty$ 时有 $\phi(x)\to k$, 那么

$$\int_{-\infty}^{\infty}\{\phi(x-a)-\phi(x-b)\}\,\mathrm{d}x=-(a-b)(h-k).$$

[因为

$$\int_{-\xi'}^{\xi}\{\phi(x-a)-\phi(x-b)\}\,\mathrm{d}x=\int_{-\xi'}^{\xi}\phi(x-a)\,\mathrm{d}x-\int_{-\xi'}^{\xi}\phi(x-b)\,\mathrm{d}x$$

$$=\int_{-\xi'-a}^{\xi-a}\phi(t)\,\mathrm{d}t-\int_{-\xi'-b}^{\xi-b}\phi(t)\,\mathrm{d}t=\int_{-\xi'-a}^{-\xi'-b}\phi(t)\,\mathrm{d}t-\int_{\xi-a}^{\xi-b}\phi(t)\,\mathrm{d}t.$$

这两个积分中的第一个可以表示成形式

$$(a-b)\,k+\int_{-\xi'-a}^{-\xi'-b}\rho\mathrm{d}t,$$

其中当 $\xi'\to\infty$ 时有 $\rho\to0$, 且最后这个积分的模不超过 $|a-b|\,\kappa$, 这里的 κ 是 ρ 在整个区间 $(-\xi'-a,-\xi'-b)$ 上所取的最大值. 从而

$$\int_{-\xi'-a}^{-\xi'-b}\phi(t)\,\mathrm{d}t\to(a-b)\,k.$$

第二个积分可以类似地加以讨论.]

(2) **分部积分法**. 分部积分公式是

$$\int_a^{\xi}f(x)\,\phi'(x)\,\mathrm{d}x=f(\xi)\,\phi(\xi)-f(a)\,\phi(a)-\int_a^{\xi}f'(x)\,\phi(x)\,\mathrm{d}x.$$

现在假设 $\xi\to\infty$. 那么, 如果上面等式中含有 ξ 的三项中有任意两项趋向极限, 则其中的第三项也趋向极限, 这样就得到公式

$$\int_a^{\infty}f(x)\,\phi'(x)\,\mathrm{d}x=\lim_{\xi\to\infty}f(\xi)\,\phi(\xi)-f(a)\,\phi(a)-\int_a^{\infty}f'(x)\,\phi(x)\,\mathrm{d}x.$$

当然, 对于下限为 $-\infty$ 的积分, 或者从 $-\infty$ 到 ∞ 的积分也有类似的结果.

例 LXXV

(1) 证明 $\int_0^{\infty}\frac{x}{(1+x)^3}\mathrm{d}x=\frac{1}{2}\int_0^{\infty}\frac{\mathrm{d}x}{(1+x)^2}=\frac{1}{2}$.

(2) 如果 m 和 $n-1$ 是正整数, 且 $I_{m,n}=\int_0^{\infty}\frac{x^m\mathrm{d}x}{(1+x)^{m+n}}$, 那么就有 $(m+n-1)I_{m,n}=mI_{m-1,n}$. 从而证明

$$I_{m,n}=\frac{m!\,(n-2)!}{(m+n-1)!}.$$

(3) 证明 $\int_1^{\infty}\frac{\sqrt{x}}{(1+x)^2}\mathrm{d}x=\frac{1}{2}+\frac{\pi}{4}$. [令 $x=t^2$, 此时得到

$$2\int_1^{\infty}\frac{t^2\mathrm{d}t}{(1+t^2)^2}=-\int_1^{\infty}t\frac{\mathrm{d}}{\mathrm{d}t}\left(\frac{1}{1+t^2}\right)\mathrm{d}t.$$

现在用分部积分法.]

(4) 用分部积分法证明：如果 u_n 是例 LXXIV 第 (5) 题中的第一个积分，且 $n>1$，那么 $(2n-2)\,u_n=(2n-3)\,u_{n-1}$，并由此计算 u_n. (*Math. Trip.* 1935)

[注意到

$$u_{n-1}-u_n=\int_0^{\infty}\frac{x^2\mathrm{d}x}{(1+x^2)^n}=-\frac{1}{2\,(n-1)}\int_0^{\infty}x\frac{\mathrm{d}}{\mathrm{d}x}\left\{\frac{1}{(1+x^2)^{n-1}}\right\}\mathrm{d}x.]$$

187. 其他类型的无穷积分

在第 7 章给出的常义积分 (即有限积分) 的定义中，假设了 (1) 积分范围是有限的；(2) 被积函数是连续的.

然而，有可能将“定积分”的概念加以推广，从而使之可以应用到这些条件并不满足的许多情形中去. 例如，前面几节讨论的“无穷的”积分与第 7 章中的积分的差别在于它的积分范围是无限的. 现在我们要假设条件 (2) 不满足. 最重要的情形就是 $\phi(x)$ 在积分区间 (a,A) 中除了有限多个 x (比方说 $x=\xi_1,\xi_2,\cdots$) 之外处处连续，且当 x 从随便哪个方向趋向这些例外值中的任何一个值时有 $\phi(x)\to\infty$ 或者 $\phi(x)\to-\infty$.

显然，只需要考虑 (a,A) 中仅包含一个这样的点 ξ 的情形. 当有多于一个这样的点时，可以把 (a,A) 划分成有限多个子区间，每个子区间中仅含有一个例外的点；如果在每个子区间上积分的值都有定义，那么就能将在整个区间上积分的值定义成所有子区间上积分的和. 此外，可以假设 (a,A) 中的一点 ξ 就是端点 a,A 之一. 这是因为，如果 ξ 介于 a 和 A 之间，就可以将 $\int_a^A\phi(x)\,\mathrm{d}x$ 定义为

$$\int_a^{\xi}\phi(x)\,\mathrm{d}x+\int_{\xi}^{A}\phi(x)\,\mathrm{d}x,$$

假设这些积分中的每一个都已经满意地给出了定义. 这样我们就假设 $\xi=a$；显然，只要作少许的改动，我们所给出的定义依然可以适用于 $\xi=A$ 的情形.

假设 $\phi(x)$ 在整个 (a,A) 上除了 $x=a$ 以外都是连续的，而当 x 取大于 a 的值趋向 a 时有 $\phi(x)\to\infty$. 这种函数的一个典型的例子由

$$\phi(x)=(x-a)^{-s}$$

给出，其中 $s>0$；或者，特别地当 $a=0$ 时，由 $\phi(x)=x^{-s}$ 给出. 这样一来，我们来考虑当 $s>0$ 时如何定义

$$\int_0^A\frac{\mathrm{d}x}{x^s}. \tag{1}$$

积分 $\int_{1/A}^{\infty}y^{s-2}\mathrm{d}y$ 当 $s<1$ 时是收敛的 (第 185 节)，其意义是 $\lim\limits_{\eta\to\infty}\int_{1/A}^{\eta}y^{s-2}\mathrm{d}y$.

如果作代换 $y=1/x$, 就得到

$$\int_{1/A}^{\eta} y^{s-2}\mathrm{d}y=\int_{1/\eta}^{A} x^{-s}\mathrm{d}x.$$

从而, 只要 $s<1$, $\lim\limits_{\eta\to\infty}\int_{1/\eta}^{A} x^{-s}\mathrm{d}x$, 或者等价地说也就是 $\lim\limits_{\varepsilon\to+0}\int_{\varepsilon}^{A} x^{-s}\mathrm{d}x$ 存在; 很自然地将积分 (1) 的值定义成与这个极限值相等. 类似的考虑使得我们可以通过等式

$$\int_{a}^{A}(x-a)^{-s}\,\mathrm{d}x=\lim_{\varepsilon\to+0}\int_{a+\varepsilon}^{A}(x-a)^{-s}\,\mathrm{d}x$$

来定义 $\int_{a}^{A}(x-a)^{-s}\,\mathrm{d}x$.

这样就引导到如下的一般性定义：如果积分

$$\int_{a+\varepsilon}^{A}\phi(x)\,\mathrm{d}x$$

当 $\varepsilon\to+0$ 时趋向一个极限 l, 就称积分

$$\int_{a}^{A}\phi(x)\,\mathrm{d}x$$

收敛且有值 l.

类似地, 如果当 x 趋向积分上限 A 时有 $\phi(x)\to\infty$, 我们就将 $\displaystyle\int_{a}^{A}\phi(x)\,\mathrm{d}x$ 定义为

$$\lim_{\varepsilon\to+0}\int_{a}^{A-\varepsilon}\phi(x)\,\mathrm{d}x.$$

这样一来, 正如在上面所解释过的那样, 可以将定义加以延拓, 使之能覆盖在区间 (a,A) 中包含任意有限多个使 $\phi(x)$ 取无穷大的点.

当 x 趋向积分范围内的某个值或者某些值时, 被积函数趋向 ∞ 或 $-\infty$ 的积分称为**第二类无穷积分** (infinite integral of the second kind). **第一类无穷积分** (infinite integral of the first kind) 就是在第 184 节以及其后各节中讨论的那类积分. 在第 184 节末尾所作的几乎所有说明既适用于第一类无穷积分, 也适用于第二类无穷积分.

我们对在 x 的特殊值趋向无穷的函数构造定义, 但是它们也可以用于被积函数有其他类型的不连续点的情况. 例如, 如果对 $-1\leqslant x<0$ 有 $f(x)=-1$, $f(0)=0$, 对 $0<x\leqslant 1$ 有 $f(x)=1$, 那么 $\int_{-1}^{1} f(x)\,\mathrm{d}x$ 的意义是

$$\lim_{\eta\to+0}\int_{-1}^{-\eta} f(x)\,\mathrm{d}x+\lim_{\varepsilon\to+0}\int_{\varepsilon}^{1} f(x)\,\mathrm{d}x=\lim_{\eta\to+0}(-1+\eta)+\lim_{\varepsilon\to+0}(1-\varepsilon)=0.$$

此定义还可以用于 $f(x)$ 有振荡性不连续点的情形, 例如, 如果 $f(x)=\sin(1/x)$.

188. 其他类型的无穷积分 (续)

现在可以将第 186 节的等式 (4) 写成形式

$$\int_a^{\infty} \phi(x)\,\mathrm{d}x = \int_b^c \phi\{f(t)\}\,f'(t)\,\mathrm{d}t. \tag{1}$$

右边的积分定义为在区间 (b,τ) 上对应的积分当 $\tau \to c$ 时的极限, 也就是定义为第二类无穷积分. 而当 $\phi\{f(t)\}\,f'(t)$ 在 $t=c$ 取无穷值时, 该积分本质上就是一个无穷积分. 例如, 假设 $\phi(x) = (1+x)^{-m}$, 其中 $1 < m < 2$, $a = 0$, $f(t) = t/(1-t)$. 此时有 $b = 0, c = 1$, 而 (1) 则变成

$$\int_0^{\infty} \frac{\mathrm{d}x}{(1+x)^m} = \int_0^1 (1-t)^{m-2}\,\mathrm{d}t, \tag{2}$$

而右边的积分是一个第二类无穷积分.

另一方面, 有可能发生 $\phi\{f(t)\}\,f'(t)$ 在 $t=c$ 连续的情形. 在这种情形下,

$$\int_b^c \phi\{f(t)\}\,f'(t)\,\mathrm{d}t$$

是一个有限积分, 而根据第 165 节定理 (10) 的推论有

$$\lim_{\tau \to c} \int_b^{\tau} \phi\{f(t)\}\,f'(t)\,\mathrm{d}t = \int_b^c \phi\{f(t)\}\,f'(t)\,\mathrm{d}t.$$

这样一来, 代换 $x = f(t)$ 就将一个无穷积分转变成了一个有限积分. 在刚刚所考虑的例子中, 如果 $m \geqslant 2$ 就会出现这种情形.

例 LXXVI

(1) 如果 $\phi(x)$ 在除了 $x=a$ 的点均连续, 当 $x \to a$ 时有 $\phi(x) \to \infty$, 那么 $\int_a^A \phi(x)\,\mathrm{d}x$ 收敛的充分必要条件是: 能求得一个常数 K, 使得对所有正的 ε 值都有

$$\int_{a+\varepsilon}^A \phi(x)\,\mathrm{d}x < K.$$

显然, 可以在 a 与 A 之间选取到数 A', 使得在整个区间 (a, A') 上 $\phi(x)$ 都是正的. 如果 $\phi(x)$ 在整个区间 (a, A) 上都是正的, 就可以将 A' 和 A 等同起来. 现在有

$$\int_{a-\varepsilon}^A \phi(x)\,\mathrm{d}x = \int_{a-\varepsilon}^{A'} \phi(x)\,\mathrm{d}x + \int_{A'}^A \phi(x)\,\mathrm{d}x.$$

上面等式中右边的第一个积分当 ε 减小时增加, 于是趋向一个极限或者趋向 ∞; 这样所陈述结论的正确性就变得显然了.

如果条件不满足, 则有 $\int_{a-\varepsilon}^A \phi(x)\,\mathrm{d}x \to \infty$. 此时我们称积分 $\int_a^A \phi(x)\,\mathrm{d}x$ 发散于 ∞. 显然, 如果当 $x \to a+0$ 时有 $\phi(x) \to \infty$, 那么对该积分来说, 收敛或者发散于 ∞ 就是仅有的可能选择. 类似地, 可以讨论 $\phi(x) \to -\infty$ 的情形.

(2) 证明: 如果 $s < 1$, 则有

$$\int_a^A (x-a)^{-s}\,\mathrm{d}x = \frac{(A-a)^{1-s}}{1-s},$$

而当 $s \geqslant 1$ 时它发散.

(3) 如果 $\phi(x)$ 对于 $a < x \leqslant A$ 是连续的, 且 $0 \leqslant \phi(x) < K(x-a)^{-s}$, 其中 $s < 1$, 那么 $\int_a^A \phi(x)\,\mathrm{d}x$ 收敛; 如果 $\phi(x) > K(x-a)^{-s}$, 其中 $s \geqslant 1$, 则该积分发散. [这是第 185 节中陈述的一般性比较定理的一个特例.]

(4) 积分

$$\int_a^A \frac{\mathrm{d}x}{\sqrt{(x-a)(A-x)}},\quad \int_a^A \frac{\mathrm{d}x}{(A-x)\sqrt[3]{x-a}},\quad \int_a^A \frac{\mathrm{d}x}{(A-x)\sqrt[3]{A-x}},$$
$$\int_a^A \frac{\mathrm{d}x}{\sqrt{x^2-a^2}},\quad \int_a^A \frac{\mathrm{d}x}{\sqrt[3]{A^3-x^3}},\quad \int_a^A \frac{\mathrm{d}x}{x^2-a^2},\quad \int_a^A \frac{\mathrm{d}x}{A^3-x^3}$$

收敛还是发散?

(5) 积分 $\displaystyle\int_{-1}^1 \frac{\mathrm{d}x}{\sqrt[3]{x}}, \int_{a-1}^{a+1} \frac{\mathrm{d}x}{\sqrt[3]{x-a}}$ 都是收敛的, 且每个积分的值都是零.

(6) 积分 $\displaystyle\int_0^\pi \frac{\mathrm{d}x}{\sqrt{\sin x}}$ 收敛. [当 x 趋向两个积分限时被积函数都趋向 ∞.]

(7) 当且仅当 $s < 1$ 时积分 $\displaystyle\int_0^\pi \frac{\mathrm{d}x}{(\sin x)^s}$ 收敛.

(8) 证明: 如果 $p < 2$, 则 $\displaystyle\int_0^h \frac{\sin x}{x^p}\mathrm{d}x$ 收敛, 其中 $h > 0$. 又证明: 如果 $0 < p < 2$, 则诸积分

$$\int_0^\pi \frac{\sin x}{x^p}\mathrm{d}x,\quad \int_\pi^{2\pi} \frac{\sin x}{x^p}\mathrm{d}x,\quad \int_{2\pi}^{3\pi} \frac{\sin x}{x^p}\mathrm{d}x,\quad \cdots$$

符号交替改变, 且绝对值递减. [用代换 $x = k\pi + y$ 对积分限为 $k\pi$ 和 $(k+1)\pi$ 的积分进行变换.]

(9) 证明: $\displaystyle\int_0^h \frac{\sin x}{x^p}\mathrm{d}x$ 在 $h = \pi$ 取到它的最大值, 其中 $0 < p < 2$.　(*Math. Trip.* 1911)

(10) 当且仅当 $l > -1, m > -1$ 时 $\displaystyle\int_0^{\frac{1}{2}\pi} (\cos x)^l (\sin x)^m\,\mathrm{d}x$ 收敛.

(11) 像 $\displaystyle\int_0^\infty \frac{x^{s-1}\mathrm{d}x}{1+x}$ 这样的一个积分 (其中 $s < 1$) 并不属于我们前面定义的任何一种积分. 因为积分的范围是无限的, 且被积函数当 $x \to +0$ 时趋向 ∞. 自然会把这个积分定义成等于下面的和

$$\int_0^1 \frac{x^{s-1}\mathrm{d}x}{1+x} + \int_1^\infty \frac{x^{s-1}\mathrm{d}x}{1+x},$$

只要这两个积分都收敛.

如果 $s > 0$, 则第一个积分收敛; 如果 $s < 1$, 则第二个积分收敛. 于是, 当且仅当 $0 < s < 1$, 从 0 到 ∞ 的积分收敛.

(12) 证明: 当且仅当 $0 < s < t$ 时, $\displaystyle\int_0^\infty \frac{x^{s-1}}{1+x^t}\mathrm{d}x$ 收敛.

(13) 当且仅当 $0 < s < 1, 0 < t < 1$ 时, $\displaystyle\int_0^\infty \frac{x^{s-1}-x^{t-1}}{1-x}\mathrm{d}x$ 收敛. [应该注意到被积函数在 $x = 1$ 没有定义; 但是当 x 无论从哪一边趋向 1 时都有 $\left(x^{s-1}-x^{t-1}\right)/(1-x) \to t-s$; 所以, 如果当 $x = 1$ 时指定它取函数值 $t-s$, 那么被积函数就变成 x 的连续函数.

常会发生被积函数由于在积分范围内的一个特殊点没有定义而出现间断, 而这一不连续性又可以通过对它赋予一个特殊的函数值而被移除的情形. 在此情形, 通常假设按照上述方式来

完成该函数的定义. 例如积分

$$\int_0^{\frac{1}{2}\pi} \frac{\sin mx}{x} \mathrm{d}x, \qquad \int_0^{\frac{1}{2}\pi} \frac{\sin mx}{\sin x} \mathrm{d}x$$

都是通常的有限积分, 如果被积函数在 $x=0$ 给予函数值 m 的话.]

(14) **换元积分和分部积分**. 换元积分和分部积分的公式当然既可以推广到第一类无穷积分, 也可以推广到第二类无穷积分的情形. 读者可以根据第 186 节的路线自己总结出一般性的定理.

(15) 用分部积分法证明: 如果 $s>0, t>1$, 那么

$$\int_0^1 x^{s-1}(1-x)^{t-1}\mathrm{d}x = \frac{t-1}{s}\int_0^1 x^s(1-x)^{t-2}\mathrm{d}x.$$

(16) 如果 $s>0$, 那么 $\displaystyle\int_0^1 \frac{x^{s-1}\mathrm{d}x}{1+x} = \int_0^\infty \frac{t^{-s}\mathrm{d}t}{1+t}$. [令 $x=1/t$.]

(17) 如果 $0<s<1$, 那么 $\displaystyle\int_0^1 \frac{x^{s-1}+x^{-s}}{1+x}\mathrm{d}x = \int_0^\infty \frac{t^{-s}\mathrm{d}t}{1+t} = \int_0^\infty \frac{t^{s-1}\mathrm{d}t}{1+t}$.

(18) 如果 $a+b>0$, 那么 $\displaystyle\int_b^\infty \frac{\mathrm{d}x}{(x+a)\sqrt{x-b}} = \frac{\pi}{\sqrt{a+b}}$. (*Math. Trip.* 1909)

[令 $x-b=t^2$.]

(19) 如果 $I_n = \displaystyle\int_0^a (a^2-x^2)^n\mathrm{d}x$ 且 $n>0$, 那么 $(2n+1)I_n = 2na^2I_{n-1}$.

(*Math. Trip.* 1934)

[注意到

$$I_n = \int_0^a (a^2-x^2)^n \frac{\mathrm{d}}{\mathrm{d}x}x\mathrm{d}x = 2n\int_0^a x^2(a^2-x^2)^{n-1}\mathrm{d}x = 2n(a^2I_{n-1}-I_n).$$

这个结果可以用来计算 I_n (对取正整数值的 n). 代换 $x=a\cos\theta$ 将积分 I_n 变换成例 LXVI 第 (10) 题中的积分.]

(20) 用代换 $x=t/(1-t)$ 证明: 如果 l 和 m 两者都是正数, 那么

$$\int_0^\infty \frac{x^{l-1}}{(1+x)^{l+m}}\mathrm{d}x = \int_0^1 t^{l-1}(1-t)^{m-1}\mathrm{d}t.$$

(21) 用代换 $x=pt/(p+1-t)$ 证明: 如果 l, m 和 p 全都是正数, 那么

$$\int_0^1 x^{l-1}(1-x)^{m-1}\frac{\mathrm{d}x}{(x+p)^{l+m}} = \frac{1}{(1+p)^l p^m}\int_0^1 t^{l-1}(1-t)^{m-1}\mathrm{d}t.$$

(22) 证明

$$\int_a^b \frac{\mathrm{d}x}{\sqrt{(x-a)(b-x)}} = \pi, \qquad \int_a^b \frac{x\mathrm{d}x}{\sqrt{(x-a)(b-x)}} = \frac{1}{2}\pi(a+b),$$

(i) 用代换 $x=a+(b-a)t^2$, (ii) 用代换 $(b-x)/(x-a)=t$, 以及 (iii) 用代换 $x=a\cos^2 t+b\sin^2 t$.

(23) 证明: 如果 p 和 q 都是正数, 且 $f(p,q)=\int_0^1 x^{p-1}(1-x)^{q-1}\mathrm{d}x$, 那么 $f(p+1,q)+f(p,q+1)=f(p,q)$, $qf(p+1,q)=pf(p,q+1)$.

将 $f(p+1,q)$ 和 $f(p,q+1)$ 用 $f(p,q)$ 来表示; 并证明

$$f(p,n)=\frac{(n-1)!}{p(p+1)\cdots(p+n-1)},$$

其中 n 是正整数.　(*Math. Trip.* 1926)

(24) 建立公式

$$\int_0^1 \frac{f(x)\,\mathrm{d}x}{\sqrt{1-x^2}}=\int_0^{\frac{1}{2}\pi} f(\sin\theta)\,\mathrm{d}\theta,$$

$$\int_a^b \frac{f(x)\,\mathrm{d}x}{\sqrt{(x-a)(b-x)}}=2\int_0^{\frac{1}{2}\pi} f\left(a\cos^2\theta+b\sin^2\theta\right)\mathrm{d}\theta.$$

(25) 证明 $\displaystyle\int_1^2 \frac{\mathrm{d}x}{(x+1)\sqrt{x^2-1}}=\frac{1}{\sqrt{3}}$.　(*Math. Trip.* 1930)

(26) 证明

$$\int_0^1 \frac{\mathrm{d}x}{(1+x)(2+x)\sqrt{x(1-x)}}=\pi\left(\frac{1}{\sqrt{2}}-\frac{1}{\sqrt{6}}\right).$$

(*Math. Trip.* 1912)

[令 $x=\sin^2\theta$, 并利用例 LXIII 第 (7) 题.]

189. 其他类型的无穷积分 (续)

在用变量代换法时需要小心从事. 例如, 假设

$$J=\int_1^7 \left(x^2-6x+13\right)\mathrm{d}x.$$

直接积分得到 $J=48$. 现在用代换

$$y=x^2-6x+13,$$

这给出 $x=3\pm\sqrt{y-4}$. 由于当 $x=1$ 时有 $y=8$, 当 $x=7$ 时有 $y=20$, 这看起来导致结果

$$J=\int_8^{20} y\frac{\mathrm{d}x}{\mathrm{d}y}\mathrm{d}y=\pm\frac{1}{2}\int_8^{20}\frac{y\mathrm{d}y}{\sqrt{y-4}}.$$

这个不定积分是

$$\tfrac{1}{3}(y-4)^{\frac{3}{2}}+4(y-4)^{\frac{1}{2}},$$

所以得到值 $\pm\frac{80}{3}$, 不论取什么符号, 此结果都是错误的.

更仔细地研究 x 和 y 之间的关系可以找到问题的解释. 函数 $x^2-6x+13$ 在 $x=3$ 处有一个极小值, 此时 $y=4$. 当 x 从 1 增加到 3 时, y 从 8 减小到 4, 而 $\mathrm{d}x/\mathrm{d}y$ 是负的, 所以

$$\frac{\mathrm{d}x}{\mathrm{d}y}=-\frac{1}{2\sqrt{y-4}}.$$

当 x 从 3 增加到 7 时, y 从 4 增加到 20, 从而必须选取另一个符号. 于是

$$J=\int_1^7 y\mathrm{d}x=\int_8^4\left\{-\frac{y}{2\sqrt{y-4}}\right\}\mathrm{d}y+\int_4^{20}\frac{y}{2\sqrt{y-4}}\mathrm{d}y,$$

这个等式将会得出正确的结果.

类似地, 如果用代换 $x=\arcsin y$ 来变换积分 $\int_0^\pi \mathrm{d}x=\pi$, 必须注意 $\mathrm{d}x/\mathrm{d}y$ 等于 $\left(1-y^2\right)^{-\frac{1}{2}}$ 还是 $-\left(1-y^2\right)^{-\frac{1}{2}}$, 要根据 $0 \leqslant x<\frac{1}{2}\pi$ 还是 $\frac{1}{2}\pi<x \leqslant \pi$ 来决定.

例 分别用代换 $4x^2-x+\frac{1}{16}=y, x=\arcsin y$ 来验证变换积分

$$\int_0^1\left(4x^2-x+\frac{1}{16}\right)\mathrm{d}x, \qquad \int_0^\pi \cos^2 x \mathrm{d}x$$

的结果.

190. 有正负项的级数

关于无穷级数的和以及无穷积分 (无论是第一类还是第二类的) 的值的定义对于有正负项的级数以及取正负值的函数的积分都是适用的. 但是本章所建立的特殊的敛散性判别法以及用来说明这些判别法的例子都几乎全部与全取正值或者全取负值的情形有关.

在级数的情形, 常常会发生这样的情况: 以明显的或者隐含的方式加在 u_n 上的某些条件可能对有限多项不成立. 这时必须要求这样的条件 (比如各项均取正值) 从某一项开始以后都满足. 类似地, 在无穷积分的情形, 假设对于大于某个 x_0 的所有的 x 值所述条件都满足, 或者假设对于介于某个区间 $(a, a+\delta)$ (被积函数在邻近该区间包含的值 a 时趋向无穷) 中的所有的 x 值所述条件都满足. 例如, 我们的判别法适用于形如

$$\sum \frac{n^2-10}{n^4}$$

的级数, 这是因为当 $n \geqslant 4$ 时有 $n^2-10>0$, 也适用于形如

$$\int_1^{\infty} \frac{3x-7}{(x+1)^3}\mathrm{d}x, \qquad \int_0^1 \frac{1-2x}{\sqrt{x}}\mathrm{d}x$$

的积分, 这是因为当 $x>\frac{7}{3}$ 时有 $3x-7>0$, 而当 $0<x<\frac{1}{2}$ 时有 $1-2x>0$.

但是当整个级数中的项 u_n 始终都有符号改变时, 也就是当正的项和负的项都有无穷多项时 (如同在级数 $1-\frac{1}{2}+\frac{1}{3}-\frac{1}{4}+\cdots$ 中那样); 或者当 $\phi(x)$ 在 $x \rightarrow \infty$ 时不断地变号时 (如同在积分

$$\int_1^{\infty} \frac{\sin x}{x^s}\mathrm{d}x$$

中那样), 或者当 $x \rightarrow a$ 时 (这里 a 是 $\phi(x)$ 的一个间断点) $\phi(x)$ 不断地变号, 如同在积分

$$\int_a^A \sin\left(\frac{1}{x-a}\right)\frac{\mathrm{d}x}{x-a}$$

中那样; 此时讨论收敛和发散的问题就变得更加困难. 现在我们必须既要研究振荡的可能性, 也要研究收敛或者发散的可能性.

191. 绝对收敛的级数

下面研究级数 $\sum u_n$, 它的任何一项都可能是正数或是负数. 令

$$|u_n| = \alpha_n,$$

因此当 u_n 为正数时有 $\alpha_n = u_n$, 当 u_n 为负数时有 $\alpha_n = -u_n$. 此外, 根据 u_n 是正数还是负数, 令 $v_n = u_n$ 或者 $v_n = 0$, 又根据 u_n 是负数还是正数, 令 $w_n = -u_n$ 或者 $w_n = 0$; 或者等价地说, 根据 u_n 是正数还是负数, 令 $v_n = \alpha_n$ 或者 $w_n = \alpha_n$, 而在另外一种情形, v_n 和 w_n 都等于零. 于是, 显然 v_n 和 w_n 都总是正的, 且

$$u_n = v_n - w_n, \quad \alpha_n = v_n + w_n.$$

例如, 如果级数是 $1 - \left(\frac{1}{2}\right)^2 + \left(\frac{1}{3}\right)^2 - \cdots$, 则有 $u_n = (-1)^{n-1}/n^2$, $\alpha_n = 1/n^2$, $v_n = 1/n^2$ 还是 $v_n = 0$, 要视 n 是奇数还是偶数而定, $w_n = 1/n^2$ 还是 $w_n = 0$, 要视 n 是偶数还是奇数而定.

现在来区分两种情形.

A. 假设级数 $\sum \alpha_n$ 收敛. 例如, 在上面的例子就是这种情形, 其中 $\sum \alpha_n$ 是

$$1 + \left(\frac{1}{2}\right)^2 + \left(\frac{1}{3}\right)^2 + \cdots.$$

此时 $\sum v_n$ 和 $\sum w_n$ 两者皆收敛: 因为 (例 XXX 第 (18) 题) 从一个收敛的正项级数中选取的任何级数都是收敛的. 于是, 根据第 77 节定理 (6), $\sum u_n$ 也就是 $\sum (v_n - w_n)$, 收敛且等于 $\sum v_n - \sum w_n$.

这样就导出下面的定义.

定义　如果 $\sum \alpha_n$ (也就是 $\sum |u_n|$) 收敛, 则称级数 $\sum u_n$ 是**绝对收敛** (absolutely convergent) 的.

上面所证明的结果可以表述成如下结论: 如果 $\sum u_n$ 绝对收敛, 那么它也收敛; 同样地, 分别由它的正的项以及负的项构成的级数也都是收敛的; 且该级数的和等于它的正项之和加上它的负项之和.

读者要预防把命题 "绝对收敛的级数是收敛的" 视为一个重言式. 当我们说 Σu_n 是 "绝对收敛的" 时, 我们并没有直接断言 Σu_n 是收敛的: 我们说的是另一个级数 $\Sigma |u_n|$ 的收敛性, 而由此就能排除 Σu_n 的振荡性并不是显然的.

例 LXXVII

(1) 用 "一般收敛原理"(第 84 节定理 2) 证明: 绝对收敛级数是收敛的. [由于 $\sum |u_n|$ 收敛, 给定任意一个正数 δ, 可以选取 n_0, 使得当 $n_2 > n_1 \geqslant n_0$ 时有

$$|u_{n_1+1}| + |u_{n_1+2}| + \cdots + |u_{n_2}| < \delta.$$

这就更有

$$|u_{n_1+1} + u_{n_1+2} + \cdots + u_{n_2}| < \delta,$$

从而 $\sum u_n$ 收敛.]

(2) 如果 $\sum a_n$ 是一个收敛的正项级数, 且 $|b_n| \leqslant K a_n$, 那么 $\sum b_n$ 是绝对收敛的.

(3) 如果 $\sum a_n$ 是一个收敛的正项级数, 那么当 $-1 \leqslant x \leqslant 1$ 时级数 $\sum a_n x^n$ 是绝对收敛的.

(4) 如果 $\sum a_n$ 是一个收敛的正项级数, 那么级数 $\sum a_n \cos n\theta, \sum a_n \sin n\theta$ 对所有 θ 的值都是绝对收敛的. [第 88 节的级数 $\sum r^n \cos n\theta, \sum r^n \sin n\theta$ 已经提供了这样的例子.]

(5) 从一个绝对收敛的级数的项中选取的任意一个级数都是绝对收敛的. [因为该级数的项的模组成的级数就是从原级数的项的模组成的级数中选取的.]

(6) 证明: 如果 $\sum |u_n|$ 收敛, 则有 $|\sum u_n| \leqslant \sum |u_n|$, 等号成立的唯一可能的情形是其中每一项都有相同的符号.

192. Dirichlet 定理对绝对收敛级数的推广

Dirichlet 定理 (第 176 节) 表明: 正项级数的项可以按照任何方式重新排序而不会影响它的和. 现在容易看出, 任何绝对收敛的级数都有同样的性质. 因为设 $\sum u_n$ 经过重新排序变成了 $\sum u_n'$, 并设 α_n', v_n', w_n' 是从 u_n' 生成的, 这与 α_n, v_n, w_n 由 u_n 生成具有相同的关系①. 那么 $\sum \alpha_n'$ 收敛, 这是由于它是 $\sum \alpha_n$ 的重新排列. $\sum v_n', \sum w_n'$ 也收敛, 也因这两个级数是 $\sum v_n, \sum w_n$ 的重新排列. 又根据 Dirichlet 定理有 $\sum v_n' = \sum v_n$ 以及 $\sum w_n' = \sum w_n$, 所以

$$\sum u_n' = \sum v_n' - \sum w_n' = \sum v_n - \sum w_n = \sum u_n.$$

193. 条件收敛的级数

B. 现在来考虑上面第二种情形, 也即模组成的级数 $\sum \alpha_n$ 发散于 ∞ 的情形.

定义 *如果 $\sum u_n$ 收敛, 但是 $\sum |u_n|$ 发散, 则称原来的级数是***条件收敛***(conditionally convergent) 的.*

首先注意到, 如果 $\sum u_n$ 条件收敛, 那么第 191 节中的级数 $\sum v_n, \sum w_n$ 必定均发散于 ∞. 它们不可能都收敛, 因为如果是这样就会得出 $\sum (v_n + w_n)$ 收敛, 也就是 $\sum \alpha_n$ 收敛. 如果两者中有一个收敛, 比方说 $\sum w_n$ 收敛, 而 $\sum v_n$ 发散, 那么

$$\sum_0^N u_n = \sum_0^N v_n - \sum_0^N w_n, \tag{1}$$

于是它就随着 N 一起趋向 ∞, 这与 $\sum u_n$ 收敛的假设矛盾.

从而 $\sum v_n, \sum w_n$ 两者都发散. 根据上面的等式 (1) 显然可见: 条件收敛级数的和是两个函数的差的极限, 其中每一个函数都与 N 一起趋向 ∞. 同样显然的是, $\sum u_n$ 不再具有正项收敛级数的性质 (例 XXX 第 (18) 题), 也不具有绝对收敛级数的性质 (例 LXXVII 第 (5) 题): 从其项中选取的任何级数本身也构成一个收

① 这也就是说 $\alpha_n' = |u_n'|$, v_n' 当 u_n' 为正数时等于 u_n', 当 u_n' 为负数时等于 0; w_n' 当 u_n' 为负数时等于 $-u_n'$, 当 u_n' 为正数时等于 0. ——译者注

敛的级数. 而且似乎条件收敛的级数也不具有 Dirichlet 定理所给出的性质. 无论如何第 192 节的证明都是完全失效的, 这是因为这个证明本质上依赖于 $\sum v_n$ 和 $\sum w_n$ 的收敛性. 下面我们将看到, 这个猜想是很有根据的, 该定理对于我们现在所考虑的级数来说并不成立.

194.　条件收敛级数的收敛判别法

不要指望对于条件收敛性能找到与第 173 节以及其后各节那样简单的而且有一般性的判别法. 自然, 对于收敛性 (如同上面的等式 (1) 所指出的) 依赖于正负项相抵消的级数来说, 系统地表述它们的收敛判别法更加困难. 首先, 对于条件收敛的级数不存在比较判别法.

因为假设我们想要从 $\sum u_n$ 的收敛性推出 $\sum v_n$ 的收敛性, 就需要比较

$$v_0 + v_1 + \cdots + v_n, \quad u_0 + u_1 + \cdots + u_n.$$

如果每个 u 和每个 v 都是正的, 且 (a) 每个 v 都小于对应的 u, 那么就可以立即推出

$$v_0 + v_1 + \cdots + v_n < u_0 + u_1 + \cdots + u_n,$$

所以 $\sum v_n$ 是收敛的. 如果只有诸 u 是正的, 而 (b) 每个 v 的**绝对值**都小于对应的 u 的绝对值, 那么就能推出

$$|v_0| + |v_1| + \cdots + |v_n| < u_0 + u_1 + \cdots + u_n,$$

所以 $\sum v_n$ 是绝对收敛的. 但是在一般情形, 当诸 u 与诸 v 的符号都没有限制时, 所有能够由 (b) 推出的是

$$|v_0| + |v_1| + \cdots + |v_n| < |u_0| + |u_1| + \cdots + |u_n|.$$

这使得我们能由 $\sum u_n$ 的绝对收敛性推出 $\sum v_n$ 的绝对收敛性; 但是, 如果 $\sum u_n$ 只是条件收敛的, 我们根本得不出任何结论.

例　我们即将看到级数 $1 - \frac{1}{2} + \frac{1}{3} - \frac{1}{4} + \cdots$ 是收敛的. 但是级数 $\frac{1}{2} + \frac{1}{3} + \frac{1}{4} + \frac{1}{5} + \cdots$ 是发散的, 尽管它的每一项的绝对值小于前一级数对应项的绝对值.

这样看来, 我们所能得到的判别法要比本章早些时候给出的判别法有远为特殊的特点就是很自然的了.

195.　交错级数

最简单的条件收敛级数是其项交替取正数和负数的**交错级数**. 这种类型的最重要的级数是由下面的定理建立的.

如果 $\phi(n)$ 是 n 的正值函数, 当 $n\to\infty$ 时它单调递减且趋于零, 那么级数

$$\phi(0)-\phi(1)+\phi(2)-\cdots$$

收敛, 其和介于 $\phi(0)$ 与 $\phi(0)-\phi(1)$ 之间.

用 $\phi_0,\phi_1,\cdots$ 来表示 $\phi(0),\phi(1),\cdots$; 并令

$$s_n=\phi_0-\phi_1+\phi_2-\cdots+(-1)^n\phi_n.$$

那么就有

$$s_{2n+1}-s_{2n-1}=\phi_{2n}-\phi_{2n+1}\geqslant 0,\quad s_{2n}-s_{2n-2}=-(\phi_{2n-1}-\phi_{2n})\leqslant 0.$$

所以 $s_0,s_2,s_4,\cdots,s_{2n},\cdots$ 是一个递减的数列, 它趋向一个极限或者趋向 $-\infty$, $s_1,s_3,s_5,\cdots,s_{2n+1},\cdots$ 是一个递增的数列, 它趋向一个极限或者趋向 ∞. 但是 $\lim(s_{2n+1}-s_{2n})=\lim(-1)^{2n+1}\phi_{2n+1}=0$, 由此推出这两个数列必定都趋向极限, 而且两个极限必定相同. 这就是说, 数列 $s_0,s_1,\cdots,s_n,\cdots$ 趋向一个极限. 由于 $s_0=\phi_0,s_1=\phi_0-\phi_1$, 显然这个极限就介于 ϕ_0 与 $\phi_0-\phi_1$ 之间.

例 LXXVIII

(1) 级数

$$1-\frac{1}{2}+\frac{1}{3}-\frac{1}{4}+\cdots,\quad 1-\frac{1}{\sqrt{2}}+\frac{1}{\sqrt{3}}-\frac{1}{\sqrt{4}}+\cdots,$$

$$\sum\frac{(-1)^n}{n+a},\quad \sum\frac{(-1)^n}{\sqrt{n+a}},\quad \sum\frac{(-1)^n}{\sqrt{n}+\sqrt{a}},\quad \sum\frac{(-1)^n}{(\sqrt{n}+\sqrt{a})^2}$$

是条件收敛的, 其中 $a>0$.

(2) 级数 $\sum(-1)^n(n+a)^{-s}$ 当 $s>1$ 时是绝对收敛的, 当 $0<s\leqslant 1$ 时是条件收敛的, 当 $s\leqslant 0$ 时是振荡的, 其中 $a>0$.

(3) 第 195 节中级数的和对于所有的 n 值都介于 s_n 和 s_{n+1} 之间; 取其前 n 项之和代替整个级数的和所产生的误差的绝对值不大于第 $n+1$ 项的模.

(4) 考虑级数

$$\sum\frac{(-1)^n}{\sqrt{n}+(-1)^n},$$

为了避免前面几项在定义方面的困难, 假设它从 $n=2$ 这一项开始. 这个级数可以写成形式

$$\sum\left[\left\{\frac{(-1)^n}{\sqrt{n}+(-1)^n}-\frac{(-1)^n}{\sqrt{n}}\right\}+\frac{(-1)^n}{\sqrt{n}}\right],$$

这也就是

$$\sum\left\{\frac{(-1)^n}{\sqrt{n}}-\frac{1}{n+(-1)^n\sqrt{n}}\right\}=\sum(\psi_n-\chi_n),$$

这里最后一步是我们的定义. 级数 $\sum\psi_n$ 是收敛的, 而 $\sum\chi_n$ 是发散的, 这是因为它所有的项都是正的, 且 $\lim n\chi_n=1$. 从而原级数发散, 尽管它有形式 $\phi_2-\phi_3+\phi_4-\cdots$, 且有 $\phi_n\to 0$. 此例表明条件 “ϕ_n 单调递减地趋向零” 对于定理的正确性是至关重要的. 读者容易验证

$$\sqrt{2n+1}-1<\sqrt{2n}+1,$$

所以在这里该条件并不满足.

(5) 如果除了 ϕ_n 现在是单调趋向一个正的极限 l 之外, 第 195 节中的其他条件都满足, 那么级数是有限振荡的.

(6) 级数 $\sum(-1)^n \dfrac{a(a+1)\cdots(a+n+1)}{b(b+1)\cdots(b+n+1)}$ 收敛当且仅当 $a<b$, 其中 a 和 b 既不是零, 也不是负整数. (*Math. Trip.* 1927)

[将此级数记为 $\sum(-1)^n\phi_n$, 并首先假设 a 和 b 是正数. 如果 $a \geqslant b$, 则有 $\phi_{n+1} \geqslant \phi_n$, 且 ϕ_n 不趋向零. 如果 $a<b$, 那么 $\phi_{n+1}<\phi_n$ 且 $\phi_n \to 0$ (第 183 节), 所以一般性定理的条件是满足的.

在一般的情形, 可以选取 N 使得 $a'=a+N$ 和 $b'=b+N$ 两者皆为正数, 而 ϕ_n 是 ψ_{n-N} 的一个倍数, 其中

$$\psi_n=\frac{a'(a'+1)\cdots(a'+n+1)}{b'(b'+1)\cdots(b'+n+1)}.\ ]$$

(7) **条件收敛的级数通过项的重排改变和.**

设 s 是级数

$$1-\frac{1}{2}+\frac{1}{3}-\frac{1}{4}+\cdots$$

的和, 而 s_{2n} 是它的前 $2n$ 项和, 所以 $\lim s_{2n}=s$; 将该级数重新排序变成

$$1+\frac{1}{3}-\frac{1}{2}+\frac{1}{5}+\frac{1}{7}-\frac{1}{4}+\cdots, \tag{1}$$

两个正项后面跟着一个负项. 如果 t_{3n} 是这个新级数的前 $3n$ 项和, 那么

$$\begin{aligned}t_{3n}&=1+\frac{1}{3}+\cdots+\frac{1}{4n-1}-\frac{1}{2}-\frac{1}{4}-\cdots-\frac{1}{2n}\\&=s_{2n}+\frac{1}{2n+1}+\frac{1}{2n+3}+\cdots+\frac{1}{4n-1}.\end{aligned}$$

现在有

$$\lim\left[\frac{1}{2n+1}-\frac{1}{2n+2}+\frac{1}{2n+3}-\cdots+\frac{1}{4n-1}-\frac{1}{4n}\right]=0,$$

这是因为括号内诸项之和小于 $n/(2n+1)(2n+2)$; 又根据第 161 节与第 164 节有

$$\lim\left(\frac{1}{2n+2}+\frac{1}{2n+4}+\cdots+\frac{1}{4n}\right)=\frac{1}{2}\lim\frac{1}{n}\sum_{r=1}^{n}\frac{1}{1+(r/n)}=\frac{1}{2}\int_1^2\frac{\mathrm{d}x}{x}.$$

从而有

$$\lim t_{3n}=s+\frac{1}{2}\int_1^2\frac{\mathrm{d}x}{x}.$$

由此推出, 级数 (1) 的和不是 s, 而是上面最后这个等式的右边. 以后我们将会给出这两个级数之和的实际值: 见第 220 节例 XC 第 (7) 题以及第 9 章杂例第 19 题.

的确可以证明: 条件收敛的级数总可以通过重新排序收敛于你想要的任何和, 或者发散于 ∞, 或发散于 $-\infty$. 有关它的证明, 见 Bromwich 所著 *Infinite series* 一书第 2 版第 74 页.

(8) 级数 $1+\dfrac{1}{\sqrt{3}}-\dfrac{1}{\sqrt{2}}+\dfrac{1}{\sqrt{5}}+\dfrac{1}{\sqrt{7}}-\dfrac{1}{\sqrt{4}}+\cdots$ 发散于 ∞. [这里

$$t_{3n}=s_{2n}+\frac{1}{\sqrt{2n+1}}+\frac{1}{\sqrt{2n+3}}+\cdots+\frac{1}{\sqrt{4n-1}}>s_{2n}+\frac{n}{\sqrt{4n-1}},$$

其中

$$s_{2n}=1-\frac{1}{\sqrt{2}}+\cdots-\frac{1}{\sqrt{2n}},$$

当 $n\to\infty$ 时它趋向一个极限.]

196. Abel 收敛判别法与 Dirichlet 收敛判别法

一个更加一般的判别法 (它包含第 195 节的判别法作为一个特例) 如下.

Dirichlet 判别法 如果 ϕ_n 满足第 195 节中同样的条件, 而 $\sum a_n$ 是任何一个收敛或者有限振荡的级数, 那么级数

$$a_0\phi_0 + a_1\phi_1 + a_2\phi_2 + \cdots$$

收敛.

读者容易验证恒等式

$$\begin{aligned}&a_0\phi_0 + a_1\phi_1 + \cdots + a_n\phi_n\\ &\qquad= s_0(\phi_0 - \phi_1) + s_1(\phi_1 - \phi_2) + \cdots + s_{n-1}(\phi_{n-1} - \phi_n) + s_n\phi_n,\end{aligned}$$

其中 $s_n = a_0 + a_1 + \cdots + a_n$. 现在级数 $(\phi_0 - \phi_1) + (\phi_1 - \phi_2) + \cdots$ 收敛, 这是因为它的前 n 项和是 $\phi_0 - \phi_n$, 且 $\lim \phi_n = 0$; 而且它所有的项都是正的. 同样地, 由于 $\sum a_n$ 即便不是收敛的, 无论如何也是有限振荡的, 因此能找到一个常数 K, 使得对所有的 ν 值都有 $|s_\nu| < K$. 于是级数

$$\sum s_\nu(\phi_\nu - \phi_{\nu+1})$$

是绝对收敛的, 所以当 $n \to \infty$ 时

$$s_0(\phi_0 - \phi_1) + s_1(\phi_1 - \phi_2) + \cdots + s_{n-1}(\phi_{n-1} - \phi_n)$$

趋向一个极限. 最后, ϕ_n (于是 $s_n\phi_n$ 也) 趋向零; 从而

$$a_0\phi_0 + a_1\phi_1 + \cdots + a_n\phi_n$$

趋向一个极限, 即级数 $\sum a_\nu\phi_\nu$ 收敛.

Abel 判别法. 有另一个属于 Abel 的判别法, 尽管不如 Dirichlet 判别法用得那样频繁, 但有时也是有用的.

如同在 Dirichlet 判别法中那样, 假设 ϕ_n 是 n 的正的递减函数, 但是当 $n \to \infty$ 时, 它的极限不一定是零. 这样一来, 关于 ϕ_n 就减少了假设条件, 而作为弥补, 对于 $\sum a_n$ 则增加了假设, 假设 $\sum a_n$ 是收敛的. 这样就有定理: 如果 ϕ_n 是 n 的正的递减函数, 且 $\sum a_n$ 收敛, 那么 $\sum a_n\phi_n$ 收敛.

因为当 $n \to \infty$ 时 ϕ_n 有极限, 比方说极限是 l: 于是 $\lim(\phi_n - l) = 0$. 这样一来, 根据 Dirichlet 判别法知, $\sum a_n(\phi_n - l)$ 收敛; 由于 $\sum a_n$ 收敛, 由此推出 $\sum a_n\phi_n$ 收敛.

此定理可以表述成: 如果将一个收敛级数的项与任意一个正的递减函数相乘, 则所得级数仍收敛.

例 LXXIX

(1) Dirichlet 判别法和 Abel 判别法也可以用一般收敛原理 (第 84 节) 建立起来. 例如, 假设 Abel 判别法的条件是满足的. 我们有恒等式

$$\begin{aligned}a_m\phi_m + a_{m+1}\phi_{m+1} + \cdots + a_n\phi_n &= s_{m,m}(\phi_m - \phi_{m+1}) + s_{m,m+1}(\phi_{m+1} - \phi_{m+2})\\ &\quad+ \cdots + s_{m,n-1}(\phi_{n-1} - \phi_n) + s_{m,n}\phi_n, \qquad (1)\end{aligned}$$

其中

$$s_{m,\nu} = a_m + a_{m+1} + \cdots + a_\nu.$$

于是 (1) 的左边夹在 $h\phi_m$ 和 $H\phi_m$ 之间, 这里 h 和 H 是 $s_{m,m}, s_{m,m+1}, \cdots, s_{m,n}$ 的代数最小值和最大值. 但是, 给定任何正数 δ, 可以选取到 m_0, 使得当 $m \geqslant m_0$ 时有 $|s_{m,\nu}| < \delta$, 所以当 $n > m \geqslant m_0$ 时就有

$$|a_m\phi_m + a_{m+1}\phi_{m+1} + \cdots + a_n\phi_n| < \delta\phi_m \leqslant \delta\phi_1.$$

从而级数 $\sum a_n\phi_n$ 收敛.

(2) 当 θ 不是 π 的倍数时, 级数 $\sum \cos n\theta$ 和 $\sum \sin n\theta$ 是有限振荡的. 因为, 如果用 s_n 和 t_n 来记这两个级数的前 n 项和, 并记 $z = \mathrm{Cis}\theta$, 所以 $|z| = 1$, 且 $z \neq 1$, 这样就有

$$|s_n + \mathrm{i}t_n| = \left|\frac{1 - z^n}{1 - z}\right| \leqslant \frac{1 + |z^n|}{|1 - z|} \leqslant \frac{2}{|1 - z|},$$

所以 $|s_n|$ 和 $|t_n|$ 也都不大于 $2/|1 - z|$. 由于它们的第 n 项都不趋向零 (例 XXIV 第 (7) 题), 由此事实就推出这些级数实际上并不收敛.

如果 θ 是 π 的倍数, 则正弦级数收敛于零. 如果 θ 是 π 的奇数倍, 则余弦级数是有限振荡的, 当 θ 是 π 的偶数倍时, 余弦级数发散.

由此推出: *如果 ϕ_n 是 n 的正值函数, 当 $n \to \infty$ 时它单调递减地趋向零, 那么级数*

$$\sum \phi_n \cos n\theta, \quad \sum \phi_n \sin n\theta$$

除了第一个级数在 θ 是 2π 的倍数这一情形之外都是收敛的. 在 θ 是 2π 的倍数这一情形, 第一个级数变成 $\sum \phi_n$, 它可能收敛也可能不收敛, 第二个级数恒为零. 如果 $\sum \phi_n$ 收敛, 那么这两个级数对所有的 θ 值都绝对收敛 (例 LXXVII 第 (4) 题), 而此结果的全部价值就在于它可以应用到 $\sum \phi_n$ 发散的情形中去. 在这种情形, 上面所写的级数是条件收敛但不是绝对收敛的, 如同在下面第 (6) 题中要证明的那样. 如果在余弦级数中令 $\theta = \pi$, 就回到第 195 节的结果, 这是因为 $\cos n\pi = (-1)^n$.

(3) 如果 $s > 0$, 则级数 $\sum n^{-s} \cos n\theta$, $\sum n^{-s} \sin n\theta$ 收敛, 除非 (在第一个级数的情形) θ 是 2π 的倍数, 且 $0 < s \leqslant 1$.

(4) 一般说来, 如果 $s > 1$, 第 (3) 题中的级数是绝对收敛的, 当 $0 < s \leqslant 1$ 时它条件收敛, 当 $s \leqslant 0$ 时它是振荡的 (当 $s = 0$ 时它是有限振荡的, 当 $s < 0$ 时它是无限振荡的). 讨论任何例外的情形.

(5) 如果 $\sum a_n n^{-s}$ 收敛或者有限振荡, 那么当 $t > s$ 时 $\sum a_n n^{-t}$ 收敛.

(6) 如果 ϕ_n 是 n 的正值函数, 当 $n \to \infty$ 时它递减地趋向零, $\sum \phi_n$ 发散, 那么, 除去正弦级数当 θ 是 π 的倍数这一情形之外, 级数 $\sum \phi_n \cos n\theta$, $\sum \phi_n \sin n\theta$ 都不是绝对收敛的. [因为, 如果假设 $\sum \phi_n |\cos n\theta|$ 收敛. 由于 $\cos^2 n\theta \leqslant |\cos n\theta|$, 由此推出 $\sum \phi_n \cos^2 n\theta$, 即

$$\frac{1}{2} \sum \phi_n (1 + \cos 2n\theta)$$

收敛. 但这是不可能的, 这是因为 $\sum \phi_n$ 发散, 而根据 Dirichlet 判别法, $\sum \phi_n \cos 2n\theta$ 是收敛的, 除非 θ 是 π 的倍数, 而在 θ 是 π 的倍数这一情形, 显然 $\sum \phi_n |\cos n\theta|$ 发散. 读者应该写出关于正弦级数所对应的论证过程, 并注意当 θ 是 π 的倍数时, 判别法在何处失效.]

197. 复数项级数

到目前为止我们仅限于讨论项为实数的级数. 现在要来考虑级数

$$\sum u_n = \sum (v_n + \mathrm{i}w_n),$$

其中 v_n 和 w_n 是实数. 考虑这种级数不产生任何真正新的困难. 这个级数是收敛的, 当且仅当级数

$$\sum v_n, \quad \sum w_n$$

都收敛. 然而有一类这样的级数非常重要, 需要加以特殊处理. 相应地给出下面的定义, 它显然是第 191 节中定义的一个延拓.

定义 如果级数 $\sum v_n$ 和 $\sum w_n$ 都绝对收敛, 且 $u_n = v_n + \mathrm{i}w_n$, 则级数 $\sum u_n$ 称为绝对收敛的.

定理 $\sum u_n$ 绝对收敛的充分必要条件是 $\sum |u_n|$ (即 $\sum \sqrt{v_n^2 + w_n^2}$) 收敛.

因为, 如果 $\sum u_n$ 绝对收敛, 则级数 $\sum |v_n|$ 和 $\sum |w_n|$ 两者都收敛, 因此 $\sum \{ |v_n| + |w_n| \}$ 收敛. 但是

$$|u_n| = \sqrt{v_n^2 + w_n^2} \leqslant |v_n| + |w_n|,$$

从而 $\sum |u_n|$ 收敛. 另一方面,

$$|v_n| \leqslant \sqrt{v_n^2 + w_n^2}, \quad |w_n| \leqslant \sqrt{v_n^2 + w_n^2},$$

所以, 只要 $\sum |u_n|$ 收敛, $\sum |v_n|$ 和 $\sum |w_n|$ 都收敛.

显然, 绝对收敛的级数是收敛的, 这是因为它的实部和虚部分别收敛. 通过对 $\sum |v_n|$ 和 $\sum |w_n|$ 分别应用 Dirichlet 定理, 可以立即将此定理推广到绝对收敛的复项级数上去.

绝对收敛级数的收敛性也可以从一般收敛原理 (例 LXXVII 第 (1) 题) 推导出来. 我们把它留给读者作为一个练习.

198. 幂级数

初等分析的常见函数的理论 (例如在第 9 章里将要讨论的正弦、余弦、对数和指数函数) 中最重要的部分之一, 就是研究将它们展开成形如 $\sum a_n x^n$ 的级数. 这样的级数称为 $\boldsymbol{x}$ **的幂级数** (power series in x). 我们已经遇到过一些与 Taylor 级数和 Maclaurin 级数 (第 152 节) 有关的这种类型的级数展开. 不过, 在那里我们只关心实的变量 x. 现在要来研究关于 z 的幂级数的几个一般性质, 其中 z 是一个复变量.

A. 幂级数 $\sum a_n z^n$ 可能对所有的 z 值收敛, 也可能对某个区域内的 z 值收敛, 也可能对除了 $z = 0$ 之外的所有 z 值都发散.

只要对每种可能性给出一个例子就行了.

(1) 级数 $\sum \dfrac{z^n}{n!}$ 对所有的 z 值都收敛. 因为如果 $u_n = \dfrac{z^n}{n!}$, 则不论对 z 的什么样的值都有

$$\frac{|u_{n+1}|}{|u_n|} = \frac{|z|}{n+1} \to 0.$$

这样一来, 根据 d'Alembert 判别法, $\sum |u_n|$ 对所有的 z 值都收敛, 且原级数对所有的 z 值都绝对收敛. 以后我们将会看到, 幂级数在收敛时一般都是绝对收敛的.

(2) 除了 $z=0$ 之外, 级数 $\sum n!z^n$ 对任何其他的 z 值都不收敛. 因为, 如果 $u_n = n!z^n$, 则有 $|u_{n+1}|/|u_n| = (n+1)|z|$, 它与 n 一起趋向 ∞, 除非 $z=0$. 于是 (例 XXVII 第 (1)(2)(5) 题) 第 n 项的模与 n 一起趋向 ∞; 所以该级数除了在点 $z=0$ 之外不可能收敛. 显然, 任何幂级数在 $z=0$ 都收敛.

(3) 级数 $\sum z^n$ 当 $|z|<1$ 时恒收敛, 而当 $|z|\geqslant 1$ 时从不收敛. 第 88 节已经证明了这一点. 这样, 我们对这三种可能性中的每一种可能性都给出了例子.

199. 幂级数 (续)

B. 如果幂级数 $\sum a_n z^n$ 对 z 的一个特殊值, 比方说对 $z_1 = r_1(\cos\theta_1 + \mathrm{i}\sin\theta_1)$ 收敛, 那么它对所有满足 $|z|<r_1$ 的 z 值都绝对收敛.

因为 $\lim a_n z_1^n = 0$ (由于 $\sum a_n z_1^n$ 是收敛的), 所以可以找到一个数 K, 使得对所有的 n 值都有 $|a_n z_1^n| < K$. 但是, 如果 $|z| = r < r_1$, 就有

$$|a_n z^n| = |a_n z_1^n|\left(\frac{r}{r_1}\right)^n < K\left(\frac{r}{r_1}\right)^n,$$

所要的结果可以通过与收敛的几何级数 $\sum (r/r_1)^n$ 比较得出.

换句话说, 如果级数在 P 点收敛, 那么它在所有比 P 点更接近于原点的点处均绝对收敛.

例　证明: 即使级数在 $z=z_1$ 处有限振荡, 该结论依然成立. [如果 $s_n = a_0 + a_1 z_1 + \cdots + a_n z_1^n$, 那么可以求得 K, 使对所有的 n 值有 $|s_n| < K$. 但是

$$|a_n z_1^n| = |s_n - s_{n-1}| \leqslant |s_{n-1}| + |s_n| < 2K,$$

从而论证可以如前一样完成.]

200. 幂级数的收敛域, 收敛圆

设 $z=r$ 是正实轴上任意一点, 如果幂级数在 $z=r$ 收敛, 那么它在圆 $|z|=r$ 内部所有的点都绝对收敛. 特别地, 它在 z 的所有小于 r 的实值处均收敛.

现在将正实轴上的点 r 分成两类, 一类是使级数收敛的点, 另一类是使级数不收敛的点. 第一类中至少包含一个点 $z=0$. 另一方面, 第二类点不一定存在, 这是因为级数有可能对所有的 z 值都收敛. 然而, 如果第二类点的确存在, 且第一类点还包含有除 $z=0$ 以外的点. 那么显然, 第一类点中的每个点都在第二类点中每个点的左边. 从而存在一个点, 比方说就是点 $z=R$, 将两类点分隔开来, 它本身则可以属于这两类点中的随便哪一类. 那么级数在圆 $|z|=R$ 内部的所有点处均绝对收敛.

因为, 假设这个圆与 OX 交于 A (图 48), P 是它内部的一个点. 可以画一个半径小于 R 的同心圆, 使得 P 包含在它的内部. 设这个圆与 OX 交于 Q, 那么该级数在 Q 点收敛, 于是, 根据定理 B, 它在 P 点绝对收敛.

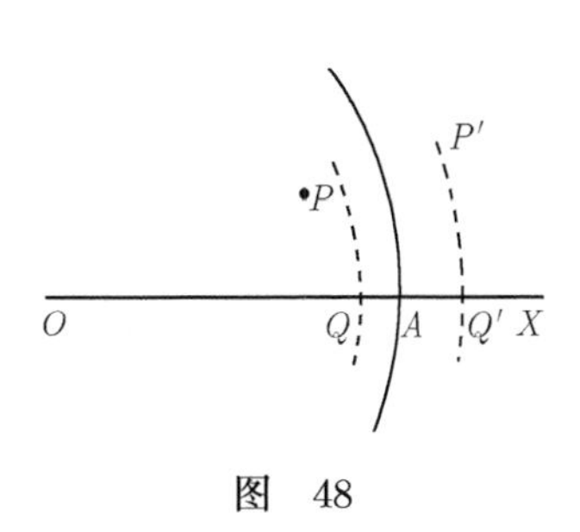

图 48

另一方面, 该级数不可能在这个圆外部的任何一点 P' 处收敛. 因为, 如果它在点 P' 处收敛, 那么它就会在所有比 P' 更接近 O 的点处都绝对收敛; 而这是不可能的, 这是因为它在 A 和 Q' 之间的任何点处都不收敛.

到目前为止我们排除了以下两种情形: (1) 除了 $z=0$ 之外在正实轴上任何点级数均不收敛; (2) 在正实轴上所有点级数都收敛. 显然, 在情形 (1) 中幂级数除了 $z=0$ 之外均不收敛, 而在情形 (2) 中级数处处绝对收敛. 这样就得到下面的结论: *一个幂级数的收敛性是以下三种情形之一.*

(1) 在 $z=0$ 收敛, 在其他点均不收敛;

(2) 对所有的 z 值都绝对收敛;

(3) 对半径为 R 的某个圆内的所有 z 值都绝对收敛, 对在这个圆外的任何 z 值都不收敛.

在情形 (3) 中的那个圆称为该幂级数的**收敛圆** (circle of convergence), 圆的半径称为幂级数的**收敛半径** (radius of convergence).

应该注意到, 这个一般性结果对于级数*在收敛圆上*的性状没有给出任何信息. 后面的例子表明, 在收敛圆周上各种可能性都会发生.

例 LXXX

(1) 级数 $1+az+a^2z^2+\cdots$ 有收敛半径 $1/a$, 其中 $a>0$. 它在收敛圆周上的任何地方均不收敛: 当 $z=1/a$ 时它是发散的, 在这个圆上的其他点都是有限振荡的.

(2) 级数 $\dfrac{z}{1^2}+\dfrac{z^2}{2^2}+\dfrac{z^3}{3^2}+\cdots$ 的收敛半径等于 1, 在其收敛圆周上所有点均绝对收敛.

(3) 更一般地, 如果当 $n\to\infty$ 时有 $|a_{n+1}|/|a_n|\to\lambda$ 或者 $|a_n|^{1/n}\to\lambda$, 那么级数 $a_0+a_1z+a_2z^2+\cdots$ 以 $1/\lambda$ 作为它的收敛半径. 在第一种情形

$$\lim\left|a_{n+1}z^{n+1}\right|/\left|a_nz^n\right|=\lambda\left|z\right|,$$

它小于 1 或者大于 1 要根据 $|z|$ 是小于 $1/\lambda$ 还是大于 $1/\lambda$ 而决定, 所以可以用 d'Alembert 判别法 (第 175 节 (6)). 在第二种情形可以类似地用 Cauchy 判别法 (第 174 节 (2)).

(4) **对数级数**. 级数

$$z-\tfrac{1}{2}z^2+\tfrac{1}{3}z^3-\cdots$$

(根据稍后将要陈述的理由) 称为 “对数” 级数. 由第 (3) 题推出它的收敛半径是 1.

当 z 在收敛圆周上时, 可以记 $z=\cos\theta+\mathrm{i}\sin\theta$, 于是该级数有形式

$$\cos\theta-\tfrac{1}{2}\cos 2\theta+\tfrac{1}{3}\cos 3\theta-\cdots+\mathrm{i}\left(\sin\theta-\tfrac{1}{2}\sin 2\theta+\tfrac{1}{3}\sin 3\theta-\cdots\right).$$

其实部与虚部两者都收敛, 虽然不是绝对收敛, 除非 θ 是 π 的奇数倍 (例 LXXIX 第 (3)(4) 题, 用 $\theta+\pi$ 代替 θ). 如果 θ 是 π 的奇数倍, 那么 $z=-1$, 级数是 $-1-\frac{1}{2}-\frac{1}{3}-\cdots$, 它发散于 $-\infty$. 从而对数级数在它的收敛圆周上除了点 $z=-1$ 之外的所有点都收敛.

(5) **二项级数**. 考虑级数

$$1+mz+\frac{m(m-1)}{2!}z^2+\frac{m(m-1)(m-2)}{3!}z^3+\cdots.$$

如果 m 是正整数, 那么级数是有限的. 一般来说有

$$\frac{|a_{n+1}|}{|a_n|}=\frac{|m-n|}{n+1}\to 1,$$

所以它的收敛半径为 1. 我们不在这里讨论它在收敛圆周上的收敛性问题①, 该问题更困难.

201. 幂级数的唯一性

如果 $\sum a_n z^n$ 是一个至少在除了 $z=0$ 之外的某些 z 值处收敛的幂级数, $f(z)$ 是它的和, 那么, 对每个 m, 当 $z\to 0$ 时有

$$f(z)=a_0+a_1z+\cdots+a_mz^m+o(z^m).$$

这是因为, 如果 μ 是任意一个小于该级数收敛半径的正数, 那么 $|a_n|\mu^n<K$, 其中 K 与 n 无关 (参见第 199 节); 所以, 如果 $|z|<\mu$, 则有

$$\begin{aligned}\left|f(z)-\sum_0^m a_\nu z^\nu\right| &\leqslant |a_{m+1}||z|^{m+1}+|a_{m+2}||z|^{m+2}+\cdots\\ &<K\left(\frac{|z|}{\mu}\right)^{m+1}\left(1+\frac{|z|}{\mu}+\frac{|z|^2}{\mu^2}+\cdots\right)=\frac{K|z|^{m+1}}{\mu^m(\mu-|z|)},\end{aligned}$$

它等于 $O\left(|z|^{m+1}\right)$, 当然更有 $o(|z|^m)$. 特别地, 这对正实数 z 成立.

现在由例 LVI 第 (1) 题得出, 如果对模小于 μ 的所有的 z 都有 $\sum a_nz^n=\sum b_nz^n$, 那么对于所有的 n 值都有 $a_n=b_n$. 因此同一个函数 $f(z)$ 不可能由两个不同的幂级数来表示.

202. 级数的乘法

在第 177 节中我们看到: 如果 $\sum u_n$ 和 $\sum v_n$ 是两个收敛的正项级数, 那么 $\sum u_n\times\sum v_n=\sum w_n$, 其中

$$w_n=u_0v_n+u_1v_{n-1}+\cdots+u_nv_0.$$

现在可以将这个结果推广到 $\sum u_n$ 和 $\sum v_n$ 都是绝对收敛级数的所有情形; 因为其证明仅仅是 Dirichlet 定理的一个简单应用, 而对 Dirichlet 定理, 我们已经将它推广到了所有绝对收敛级数的情形.

① $z=1$ 和 $z=-1$ 的情形在第 222 节中讨论. 完整的讨论参见 Bromwich 所著 *Infinite series* 一书第 2 版第 287 页以及其后各页; 也见 Hobson 所著 *Plane trigonometry* 一书第 5 版第 268 页以及其后各页.

例 LXXXI

(1) 如果 $|z|$ 小于级数 $\sum a_n z^n, \sum b_n z^n$ 中每一个级数的收敛半径, 那么这两个级数的乘积是 $\sum c_n z^n$, 其中 $c_n = a_0 b_n + a_1 b_{n-1} + \cdots + a_n b_0$.

(2) 如果 $\sum a_n z^n$ 的收敛半径是 R, 且 $f(z)$ 是该级数当 $|z| < R$ 时的和, 而 $|z|$ 或者小于 R, 或者小于 1, 那么 $f(z)/(1-z) = \sum s_n z^n$, 其中 $s_n = a_0 + a_1 + \cdots + a_n$.

(3) 通过对 $(1-z)^{-1}$ 的级数平方来证明: 如果 $|z| < 1$, 则有 $(1-z)^{-2} = 1+2z+3z^2+\cdots$.

(4) 类似地证明: $(1-z)^{-3} = 1 + 3z + 6z^2 + \cdots$, 其通项为 $\frac{1}{2}(n+1)(n+2)z^n$.

(5) **负整数幂的二项式定理**. 如果 $|z| < 1$, 且 m 是正整数, 那么

$$\frac{1}{(1-z)^m} = 1 + mz + \frac{m(m+1)}{1 \cdot 2} z^2 + \cdots + \frac{m(m+1)\cdots(m+n-1)}{1 \cdot 2 \cdots n} z^n + \cdots.$$

[假设定理对于直到 m 的指数均为真. 那么, 根据第 (2) 题有 $1/(1-z)^{m+1} = \sum s_n z^n$, 其中

$$\begin{aligned} s_n &= 1 + m + \frac{m(m+1)}{1 \cdot 2} + \cdots + \frac{m(m+1)\cdots(m+n-1)}{1 \cdot 2 \cdots n} \\ &= \frac{(m+1)(m+2)\cdots(m+n)}{1 \cdot 2 \cdots n}, \end{aligned}$$

这用归纳法容易得到证明 (不论 m 是否是整数).]

(6) 用级数乘法证明: 如果

$$f(m, z) = 1 + \binom{m}{1} z + \binom{m}{2} z^2 + \cdots,$$

且 $|z| < 1$, 那么 $f(m, z) f(m', z) = f(m + m', z)$. [这个等式是二项式定理的 Euler 证明的基础. 乘积级数中 z^n 的系数是

$$\binom{m'}{n} + \binom{m}{1}\binom{m'}{n-1} + \binom{m}{2}\binom{m'}{n-2} + \cdots + \binom{m}{n-1}\binom{m'}{1} + \binom{m}{n},$$

它是一个关于 m 和 m' 的多项式. 根据关于正整数次幂的二项式定理, 当 m 和 m' 是正整数时, 这个多项式必定化为 $\binom{m+m'}{k}$; 而如果两个这样的多项式对于 m 和 m' 的所有正整数值都相等, 那么它们也必定是恒等的多项式.]

(7) 如果 $f(z) = 1 + z + \frac{z^2}{2!} + \cdots$, 那么 $f(z) f(z') = f(z + z')$. [因为 $f(z)$ 的级数对所有的 z 值都是绝对收敛的. 且容易看出, 如果 $u_n = \frac{z^n}{n!}, v_n = \frac{z'^n}{n!}$, 那么 $w_n = \frac{(z+z')^n}{n!}$.]

(8) 如果

$$C(z) = 1 - \frac{z^2}{2!} + \frac{z^4}{4!} - \cdots, \quad S(z) = z - \frac{z^3}{3!} + \frac{z^5}{5!} - \cdots,$$

那么

$$C(z+z') = C(z)C(z') - S(z)S(z'), \quad S(z+z') = S(z)C(z') + C(z)S(z'),$$

且有

$$\{C(z)\}^2 + \{S(z)\}^2 = 1.$$

(9) **乘法定理的失效**. 当 $\sum u_n$ 和 $\sum v_n$ 并非绝对收敛时, 考虑下面的例子可以看出这个定理并不总是成立的:

$$u_n = v_n = \frac{(-1)^n}{\sqrt{n+1}}.$$

此时有

$$w_n = (-1)^n \sum_{r=0}^{n} \frac{1}{\sqrt{(r+1)(n+1-r)}}.$$

但是 $\sqrt{(r+1)(n+1-r)} \leqslant \frac{1}{2}(n+2)$, 所以 $|w_n| > (2n+2)/(n+2)$, 它趋向 2; 从而 $\sum w_n$ 肯定是不收敛的.]

203. 绝对收敛和条件收敛的无穷积分

关于积分有一个理论, 它与第 191 节以及其后各节中对于级数所建立的理论是类似的.

无穷积分

$$\int_a^{\infty} f(x)\,\mathrm{d}x \tag{1}$$

称为是**绝对收敛**的, 如果

$$\int_a^{\infty} |f(x)|\,\mathrm{d}x \tag{2}$$

是收敛的. 可以通过

$$f(x) = g(x) - h(x), \quad |f(x)| = g(x) + h(x)$$

来定义 $g(x)$ 和 $h(x)$. 那么, 当 $f(x)$ 取正值时, $g(x)$ 就是 $f(x)$, 当 $f(x)$ 取负值时, $g(x)$ 为零; 当 $f(x)$ 取正值时, $h(x)$ 为零, 当 $f(x)$ 取负值时, $h(x)$ 就是 $-f(x)$. 所以 $g(x)$ 和 $h(x)$ 与第 191 节中的 v_n 和 w_n 对应. 显然 $g(x) \geqslant 0$, $h(x) \geqslant 0$, 当 $f(x)$ 连续时, $g(x)$ 和 $h(x)$ 都是连续的.

这样就可以像在第 191 节与第 193 节中那样推出, 积分

$$\int_a^{\infty} g(x)\,\mathrm{d}x, \qquad \int_a^{\infty} h(x)\,\mathrm{d}x$$

当 (2) 收敛时都收敛, 但是当 (1) 收敛而 (2) 不收敛时这两个积分都发散; 且*绝对收敛的积分是收敛的*.

显然, 如果 $|f(x)| \leqslant \phi(x)$, 且 $\int_a^{\infty} \phi(x)\,\mathrm{d}x$ 收敛, 那么积分 (1) 是绝对收敛的.

当 (1) 收敛而 (2) 不收敛时, 就称 (1) 是*条件收敛*的. 这里我们不打算深入探讨条件收敛的积分, 不过有一类特殊的积分是特别重要的.

假设 $\phi'(x)$ 是连续的, $\phi(x) \geqslant 0$, $\phi'(x) \leqslant 0$, 当 $x \to \infty$ 时 $\phi(x) \to 0$, 那么 $|\phi'(x)| = -\phi'(x)$, 且

$$\begin{aligned}\int_a^{\infty} |\phi'(x)|\,\mathrm{d}x = -\int_a^{\infty} \phi'(x)\,\mathrm{d}x &= -\lim_{X\to\infty}\int_a^{X} \phi'(x)\,\mathrm{d}x \\ &= \lim_{X\to\infty}\{\phi(a) - \phi(X)\} = \phi(a),\end{aligned}$$

所以 $\int_a^{\infty} \phi'(x)\,\mathrm{d}x$ 是绝对收敛的.

现在考虑积分

$$\int_a^{\infty} \phi(x)\cos tx\mathrm{d}x. \tag{3}$$

可以假设 t 是正的. 我们有

$$\begin{aligned}\int_a^{X} \phi(x)\cos tx\mathrm{d}x &= \frac{1}{t}\int_a^{X} \phi(x)\frac{\mathrm{d}}{\mathrm{d}x}\sin tx\mathrm{d}x \\ &= \frac{\sin tX}{t}\phi(X) - \frac{\sin ta}{t}\phi(a) - \frac{1}{t}\int_a^{X} \phi'(x)\sin tx\mathrm{d}x.\end{aligned} \tag{4}$$

当 $X \to \infty$ 时第一项趋向零. 又有 $|\sin tx| \leqslant 1$, 所以 $|\phi'(x)\sin tx| \leqslant |\phi'(x)|$. 于是 $\int_a^\infty \phi'(x)\sin tx\mathrm{d}x$ 是绝对收敛的, 从而也是收敛的; 所以当 $X \to \infty$ 时 (4) 中最后那个积分趋向一个极限. 由此推出, (4) 的左边趋向一个极限, 从而 (3) 是收敛的. 类似地,

$$\int_a^\infty \phi(x)\sin tx\mathrm{d}x$$

是收敛的.

最重要的情形是 $a > 0$ 以及 $\phi(x) = x^{-s}$, 其中 $s > 0$. 在此情形, 当 $s > 1$ 时积分是绝对收敛的, 当 $0 < s \leqslant 1$ 时积分是条件收敛的.

例 LXXXII

(1) 如果 $0 < s < 2$, 则积分 $\displaystyle\int_0^\infty \frac{\sin tx}{x^s}\mathrm{d}x$ 是收敛的, 且当 $1 < s < 2$ 时它是绝对收敛的. [分别考虑范围 $(0,1)$, $(1,\infty)$.]

(2) $\displaystyle\int_0^\infty \frac{x+1}{x^{\frac{3}{2}}}\sin x\mathrm{d}x$ 是收敛的. (*Math. Trip.* 1930)

(3) 如果 $1 < s < 3$, 则 $\displaystyle\int_0^\infty \frac{1-\cos tx}{x^s}\mathrm{d}x$ 是收敛的, 且是绝对收敛的.

(4) $\displaystyle\int_0^\infty \frac{\sin x(1-\cos x)}{x^s}\mathrm{d}x$ 当 $0 < s < 4$ 时收敛, 当 $1 < s < 4$ 时绝对收敛. (*Math. Trip.* 1934)

(5) 如果 α 介于 β 和 $2-\beta$ 之间, 则 $\displaystyle\int_0^\infty x^{-\alpha}\sin x^{1-\beta}\mathrm{d}x$ 是收敛的. (*Math. Trip.* 1936)

[置 $x^{1-\beta} = y$, 并分别考虑 $\beta < 1$ 和 $\beta > 1$ 的情形.]

第 8 章杂例

1. 讨论级数 $\sum n^k\left(\sqrt{n+1} - 2\sqrt{n} + \sqrt{n-1}\right)$ 的收敛性, 其中 k 是实数. (*Math. Trip.* 1890)

2. 证明: 除了当 s 是小于 k 的正整数这一情形之外,

$$\sum n^r \Delta^k(n^s)$$

是收敛的当且仅当 $k > r+s+1$, 其中

$$\Delta u_n = u_n - u_{n+1}, \quad \Delta^2 u_n = \Delta(\Delta u_n),$$

等等. 而当 s 是小于 k 的正整数时, 这个级数的每一项都是零. [第 7 章杂例第 6 题的结果表明: 一般来说, $\Delta^k(n^s)$ 的次数是 n^{s-k}.]

3. 证明

$$\sum_1^\infty \frac{n^2+9n+5}{(n+1)(2n+3)(2n+5)(n+4)} = \frac{5}{36}.$$ (*Math. Trip.* 1912)

[将通项分解成部分分式.]

4. 如果 $\sum a_n$ 是正项的发散级数, 且

$$a_{n-1} > \frac{a_n}{1+a_n}, \quad b_n = \frac{a_n}{1+na_n},$$

那么 $\sum b_n$ 是发散的. (*Math. Trip.* 1931)

[容易验证 $b_{n-1} > b_n$, 因此 $\sum b_n$ 的收敛性就蕴涵 $nb_n \to 0$, 于是也蕴涵 $na_n \to 0$. 这就给出 $b_n \sim a_n$, 矛盾.]

5. 证明: 只要 z 不是负整数, 级数

$$1 - \frac{1}{1+z} + \frac{1}{2} - \frac{1}{2+z} + \frac{1}{3} - \frac{1}{3+z} + \cdots$$

就是收敛的.

6. 研究级数

$$\sum \sin\frac{a}{n}, \sum \frac{1}{n}\sin\frac{a}{n}, \sum (-1)^n \sin\frac{a}{n}, \sum \left(1-\cos\frac{a}{n}\right), \sum (-1)^n n\left(1-\cos\frac{a}{n}\right)$$

的敛散性, 其中 a 是实数.

7. 讨论级数

$$\sum_1^\infty \left(1+\frac{1}{2}+\frac{1}{3}+\cdots+\frac{1}{n}\right)\frac{\sin(n\theta+\alpha)}{n}$$

的收敛性, 其中 θ 和 α 是实数. (*Math. Trip.* 1899)

8. 证明级数

$$1 - \frac{1}{2} - \frac{1}{3} + \frac{1}{4} + \frac{1}{5} + \frac{1}{6} - \frac{1}{7} - \frac{1}{8} - \frac{1}{9} - \frac{1}{10} + \cdots$$

是收敛的, 其中有相同符号相连的项做成 1 项、2 项、3 项、4 项 …… 的元素组; 但是, 每组包含 1 项、2 项、4 项、8 项 …… 元素做成的对应的级数是有限振荡的. (*Math. Trip.* 1908)

9. 如果 $u_1, u_2, u_3, \cdots$ 是递减的正数数列, 其极限为零, 那么级数

$$u_1 - \frac{1}{2}(u_1+u_2) + \frac{1}{3}(u_1+u_2+u_3) - \cdots, \ u_1 - \frac{1}{3}(u_1+u_3) + \frac{1}{5}(u_1+u_3+u_5) - \cdots$$

是收敛的. [因为, 如果记 $(u_1+u_2+\cdots+u_n)/n = v_n$, 那么 $v_1, v_2, v_3, \cdots$ 也是极限为零的递减数列 (第 4 章杂例第 8, 16 题). 这表明第一个级数是收敛的; 第二个级数收敛性的证明留给读者完成. 特别地, 级数

$$1 - \frac{1}{2}\left(1+\frac{1}{2}\right) + \frac{1}{3}\left(1+\frac{1}{2}+\frac{1}{3}\right) + \cdots, 1 - \frac{1}{3}\left(1+\frac{1}{3}\right) + \frac{1}{5}\left(1+\frac{1}{3}+\frac{1}{5}\right) + \cdots$$

是收敛的.]

10. 如果 $u_0 + u_1 + u_2 + \cdots$ 是通项递减且发散的正项级数, 那么

$$(u_0 + u_2 + \cdots + u_{2n}) / (u_1 + u_3 + \cdots + u_{2n+1}) \to 1.$$

11. 证明: $\lim\limits_{\alpha\to+0} \alpha \sum\limits_1^\infty n^{-1-\alpha} = 1$. [由第 180 节推出有

$$0 < 1^{-1-\alpha} + 2^{-1-\alpha} + \cdots + (n-1)^{-1-\alpha} - \int_1^n x^{-1-\alpha}\mathrm{d}x \leqslant 1,$$

于是容易推出 $\sum n^{-1-\alpha}$ 介于 $1/\alpha$ 和 $(\alpha+1)/\alpha$ 之间.]

12. 对所有使得级数 $\sum_{1}^{\infty} u_n$ 收敛的 x 的实数值, 求其级数之和, 其中

$$u_n = \frac{x^n - x^{-n-1}}{\left(x^n + x^{-n}\right)\left(x^{n+1} + x^{-n-1}\right)} = \frac{1}{x-1}\left(\frac{1}{x^n + x^{-n}} - \frac{1}{x^{n+1} + x^{-n-1}}\right).$$

(*Math. Trip.* 1901)

[如果 $|x|$ 不等于 1, 那么该级数的和为 $x/\left\{(x-1)\left(x^2+1\right)\right\}$. 如果 $x=1$, 那么 $u_n=0$, 所以级数的和是 0. 如果 $x=-1$, 则 $u_n=\frac{1}{2}(-1)^{n+1}$, 此时该级数是有限振荡的.]

13. 当级数

$$\frac{z}{1+z}+\frac{2z^2}{1+z^2}+\frac{4z^4}{1+z^4}+\cdots, \quad \frac{z}{1-z^2}+\frac{z^2}{1-z^4}+\frac{z^4}{1-z^8}+\cdots$$

收敛时求它们的和 (其中所有的指数都是 2 的幂).

[第一个级数仅当 $|z|<1$ 时是收敛的, 此时它的和是 $z/(1-z)$; 第二个级数当 $|z|<1$ 时收敛于和 $z/(1-z)$, 当 $|z|>1$ 时收敛于和 $1/(1-z)$.]

14. 如果对所有的 n 值都有 $|a_n| \leqslant 1$, 那么方程

$$0 = 1 + a_1 z + a_2 z^2 + \cdots$$

不可能有模小于 $\frac{1}{2}$ 的根, 它能有模等于 $\frac{1}{2}$ 的根的唯一的情形是 $a_n = -\operatorname{Cis}(n\theta)$, 此时 $z = \frac{1}{2}\operatorname{Cis}(-\theta)$ 是它的一个根.

15. **循环级数**. 幂级数 $\sum a_n z^n$ 称为**循环级数** (recurring series), 如果它的系数满足形如

$$a_n + p_1 a_{n-1} + p_2 a_{n-2} + \cdots + p_k a_{n-k} = 0 \tag{1}$$

的关系式, 其中 $n \geqslant k$, 而 $p_1, p_2, \cdots, p_k$ 与 n 无关. 任何循环级数都是 z 的一个有理函数的展开式. 为证明这点, 首先注意该级数对于模充分小的 z 值一定是收敛的. 因为由 (1) 推出 $|a_n| \leqslant G\alpha_n$, 其中 α_n 是前面诸系数中绝对值最大的模, 而 $G = |p_1| + |p_2| + \cdots + |p_k|$, 由此得到 $|a_n| < KG^n$, 其中 K 与 n 无关. 从而对于模小于 $1/G$ 的 z 值, 循环级数一定是收敛的.

但是, 如果分别用 $p_1 z, p_2 z^2, \cdots, p_k z^k$ 乘以级数 $f(z) = \sum a_n z^n$, 并将所得结果相加, 就得到一个新级数, 根据 (1), 这个新级数中从第 $k-1$ 项以后的所有系数都变为零, 所以

$$\left(1 + p_1 z + p_2 z^2 + \cdots + p_k z^k\right) f(z) = P_0 + P_1 z + \cdots + P_{k-1} z^{k-1},$$

其中 $P_0, P_1, \cdots, P_{k-1}$ 是常数. 多项式

$$1 + p_1 z + p_2 z^2 + \cdots + p_k z^k$$

称为该级数的**关系尺度** (scale of relation).

反之, 根据任何有理函数都可以表示成一个多项式和某种形如 $A/(z-\alpha)^p$ 的部分分式之和这一已知结果, 又根据负整数次幂的二项公式推出: 任何分母不能被 z 整除的有理函数都能展开成一个对于模充分小的 z 收敛的幂级数. 事实上, 如果 $|z| < \rho$, 其中 ρ 是分母的根的模中之最小值 (参见第 4 章杂例第 26 题以及其后各题). 将上面的论证过程反过来, 容易看出这个级数是一个循环级数. 于是, 一个幂级数是循环级数的充分必要条件是: 它是 z 的这样一个有理函数的展开式.

16. **差分方程的解**. 形如第 15 题中 (1) 的关系式称为关于 a_n 的常系数线性差分方程 (linear difference equation in a_n with constant coefficients). 这种方程可以用一种方法求解. 将用一个例子来详细说明此方法. 假设该方程是

$$a_n - a_{n-1} - 8a_{n-2} + 12a_{n-3} = 0.$$

考虑循环幂级数 $\sum a_n z^n$. 如同在第 15 题中, 可以求得它的和是

$$\frac{a_0 + (a_1 - a_0) z + (a_2 - a_1 - 8a_0) z^2}{1 - z - 8z^2 + 12z^3} = \frac{A_1}{1-2z} + \frac{A_2}{(1-2z)^2} + \frac{B}{1+3z},$$

其中 A_1, A_2 和 B 是容易用 a_0, a_1 和 a_2 来表示的数. 分别将每一个分式展开, 我们看出 z^n 的系数是

$$a_n = 2^n \{A_1 + (n+1) A_2\} + (-3)^n B.$$

A_1, A_2, B 的值与前三个系数 a_0, a_1, a_2 有关, 而 a_0, a_1, a_2 当然可以任意选取.

17. 差分方程 $u_n - 2\cos\theta u_{n-1} + u_{n-2} = 0$ 的解是 $u_n = A\cos n\theta + B\sin n\theta$, 其中 A 和 B 是任意的常数.

18. 如果 u_n 是一个关于 n 的 k 次多项式, 那么 $\sum u_n z^n$ 是循环级数, 它的关系尺度是 $(1-z)^{k+1}$. (*Math. Trip.* 1904)

19. 将 $9/\{(z-1)(z+2)^2\}$ 按照 z 的升幂展开. (*Math. Trip.* 1913)

20. 一位掷硬币游戏者打算对每次出现的正面记 1 分, 对反面记 2 分, 他打算继续做此游戏, 直到总分达到或者超过 n 停止. 证明: 他恰好达到 n 分的概率是 $\frac{1}{3}\{2 + (-\frac{1}{2})^n\}$. (*Math. Trip.* 1898)

[如果 p_n 是上述概率, 那么 $p_n = \frac{1}{2}(p_{n-1} + p_{n-2})$; 又有 $p_0 = 1$, $p_1 = \frac{1}{2}$.]

21. 证明: 如果 n 是正整数, a 不是诸数 $-1, -2, \cdots, -n$ 之一, 那么

$$\frac{1}{a+1} + \frac{1}{a+2} + \cdots + \frac{1}{a+n} = \binom{n}{1}\frac{1}{a+1} - \binom{n}{2}\frac{1!}{(a+1)(a+2)} + \cdots.$$

[将右边的每一项分解成部分分式即得此结果. 当 $a > -1$ 时, 通过将 $(1-x^n)/(1-x)$ 和 $1-(1-x)^n$ 分别按照 x 的幂展开并分别逐项进行积分, 此结果可以很简单地从等式

$$\int_0^1 x^a \frac{1-x^n}{1-x}\mathrm{d}x = \int_0^1 (1-x)^a \{1-(1-x)^n\}\frac{\mathrm{d}x}{x}$$

得出. 这个结论是一个代数恒等式, 它必定对除了 $-1, -2, \cdots, -n$ 以外的所有 a 值为真.]

22. 用级数乘法证明

$$\sum_0^\infty \frac{z^n}{n!}\sum_1^\infty \frac{(-1)^{n-1} z^n}{n \cdot n!} = \sum_1^\infty \left(1 + \frac{1}{2} + \frac{1}{3} + \cdots + \frac{1}{n}\right)\frac{z^n}{n!}.$$

[可以求得 z^n 的系数是

$$\frac{1}{n!}\left\{\binom{n}{1} - \frac{1}{2}\binom{n}{2} + \frac{1}{3}\binom{n}{3} - \cdots\right\}.$$

现在利用第 21 题, 取 $a = 0$.]

23. 尽可能完全地讨论

$$\sum \frac{(2n)!}{n!n!} z^{n}\ ①$$

对于实的或者复的 z 的收敛性. (*Math. Trip.* 1924)

24. 如果当 $n \to \infty$ 时 $A_n \to A$ 以及 $B_n \to B$, 那么

$$D_n = \frac{1}{n}\left(A_1 B_n + A_2 B_{n-1} + \cdots + A_n B_1\right) \to AB.$$

进一步, 如果 A_n 和 B_n 是正数且递减, 则 D_n 亦然.

[设 $A_n = A + \varepsilon_n$, 则给出的表达式等于

$$A \frac{B_1 + B_2 + \cdots + B_n}{n} + \frac{\varepsilon_1 B_n + \varepsilon_2 B_{n-1} + \cdots + \varepsilon_n B_1}{n}.$$

其中第一项趋向 AB (第 4 章杂例第 16 题). 第二项的模小于 $\beta\{|\varepsilon_1| + |\varepsilon_2| + \cdots + |\varepsilon_n|\}/n$, 其中 β 是大于诸 $|B_r|$ 之最大值的任意一个数, 且这个表达式趋向零.]

25. 证明: 如果 $c_n = a_1 b_n + a_2 b_{n-1} + \cdots + a_n b_1$, 且

$$A_n = a_1 + a_2 + \cdots + a_n, \quad B_n = b_1 + b_2 + \cdots + b_n, \quad C_n = c_1 + c_2 + \cdots + c_n,$$

那么就有

$$C_n = a_1 B_n + a_2 B_{n-1} + \cdots + a_n B_1 = b_1 A_n + b_2 A_{n-1} + \cdots + b_n A_1,$$

以及

$$C_1 + C_2 + \cdots + C_n = A_1 B_n + A_2 B_{n-1} + \cdots + A_n B_1.$$

由此证明: 如果级数 $\sum a_n$, $\sum b_n$ 是收敛的, 且有和 A, B, 所以 $A_n \to A, B_n \to B$, 那么

$$\left(C_1 + C_2 + \cdots + C_n\right)/n \to AB.$$

证明 如果 $\sum c_n$ 收敛, 那么它的和是 AB. 此结论称为关于级数乘法的 Abel 定理. 我们已经看到, 如果两个级数 $\sum a_n, \sum b_n$ 都是绝对收敛的, 就能将这两个级数相乘. 而 Abel 定理则表明, 即使在有一个级数不是绝对收敛或者两者都不是绝对收敛时, 也可以作它们的乘积, 只需要乘积级数收敛即可.

26. 如果

$$a_n = \frac{(-1)^n}{\sqrt{n+1}}, \qquad A_n = a_0 + a_1 + \cdots + a_n,$$

$$b_n = a_0 a_n + a_1 a_{n-1} + \cdots + a_n a_0, \qquad B_n = b_0 + b_1 + \cdots + b_n,$$

那么: (i) $\sum a_n$ 收敛于一个和 A, (ii) $A_n = A + O\left(n^{-\frac{1}{2}}\right)$, (iii) b_n 有限振荡, (iv) $B_n = a_0 A_n + a_1 A_{n-1} + \cdots + a_n A_0$, (v) B_n 有限振荡. (*Math. Trip.* 1933)

27. 证明

$$\frac{1}{2}\left(1 - \frac{1}{2} + \frac{1}{3} - \cdots\right)^2 = \frac{1}{2} - \frac{1}{3}\left(1 + \frac{1}{2}\right) + \frac{1}{4}\left(1 + \frac{1}{2} + \frac{1}{3}\right) - \cdots,$$

$$\frac{1}{2}\left(1 - \frac{1}{3} + \frac{1}{5} - \cdots\right)^2 = \frac{1}{2} - \frac{1}{4}\left(1 + \frac{1}{3}\right) + \frac{1}{6}\left(1 + \frac{1}{3} + \frac{1}{5}\right) - \cdots.$$

[利用第 9 题证明这些级数的收敛性.]

① 原书此处将式中的分子 $(2n)!$ 误写为 $2n!$, 而后者一般是理解为 $2(n!)$ 的. ——编者注

28. 假设 $m>-1, p>0, n>0$, $U_{m,n}=\int_0^1 x^m(1-x^p)^n\,\mathrm{d}x$, 证明 $(m+np+1)U_{m,n}=npU_{m,n-1}$. 推导出

$$\int_0^1 x^{-\frac{1}{4}}\left(1-x^{\frac{1}{2}}\right)^{\frac{5}{2}}\mathrm{d}x=\frac{5}{16}\int_0^1 x^{-\frac{1}{4}}\left(1-x^{\frac{1}{2}}\right)^{\frac{1}{2}}\mathrm{d}x,$$

并用适当的代换计算这些积分. (*Math. Trip.* 1932)

29. 证明

$$\int_a^\infty \frac{\mathrm{d}x}{x^4\sqrt{a^2+x^2}}=\frac{2-\sqrt{2}}{3a^4},\quad \int_0^1 \frac{x^3\arcsin x}{\sqrt{1-x^2}}\mathrm{d}x=\frac{7}{9}.$$

(*Math. Trip.* 1932)

30. 证明公式

$$\int_0^\infty F\left\{\sqrt{x^2+1}+x\right\}\mathrm{d}x=\frac{1}{2}\int_1^\infty\left(1+\frac{1}{y^2}\right)F(y)\,\mathrm{d}y,$$

$$\int_0^\infty F\left\{\sqrt{x^2+1}-x\right\}\mathrm{d}x=\frac{1}{2}\int_0^1\left(1+\frac{1}{y^2}\right)F(y)\,\mathrm{d}y.$$

特别地, 证明: 如果 $n>1$, 那么

$$\int_0^\infty \frac{\mathrm{d}x}{\left\{\sqrt{x^2+1}+x\right\}^n}=\int_0^\infty\left\{\sqrt{x^2+1}-x\right\}^n\mathrm{d}x=\frac{n}{n^2-1}.$$

[在本例以及接下来的几个例子中, 都假设了所讨论的积分根据第 184 节以及其后各节中的定义有意义.]

31. 证明: 如果 $2y=ax-bx^{-1}$, 其中 a 和 b 是正数, 那么, 当 x 从 0 增加到 ∞ 时, y 从 $-\infty$ 增加到 ∞. 从而证明

$$\int_0^\infty f\left\{\frac{1}{2}\left(ax-\frac{b}{x}\right)\right\}\mathrm{d}x=\frac{1}{a}\int_{-\infty}^\infty f(y)\left(1+\frac{y}{\sqrt{y^2+ab}}\right)\mathrm{d}y.$$

如果 $f(y)$ 是偶函数, 这就是 $\displaystyle\frac{2}{a}\int_0^\infty f(y)\,\mathrm{d}y$.

32. 证明: 如果 $2y=ax+bx^{-1}$, 其中 a 和 b 是正数, 那么任何大于 $\sqrt{ab}$ 的 y 值都对应 x 的两个值. 用 x_1 记其中较大的一个值, 用 x_2 记其中较小的那个值, 证明: 当 y 从 $\sqrt{ab}$ 增加到 ∞ 时, x_1 从 $\sqrt{b/a}$ 增加到 ∞, x_2 从 $\sqrt{b/a}$ 减少到零. 从而证明

$$\int_{\sqrt{b/a}}^\infty f(y)\,\mathrm{d}x_1=\frac{1}{a}\int_{\sqrt{ab}}^\infty f(y)\left(\frac{y}{\sqrt{y^2-ab}}+1\right)\mathrm{d}y,$$

$$\int_0^{\sqrt{b/a}} f(y)\,\mathrm{d}x_2=\frac{1}{a}\int_{\sqrt{ab}}^\infty f(y)\left(\frac{y}{\sqrt{y^2-ab}}-1\right)\mathrm{d}y,$$

$$\int_0^\infty f\left\{\frac{1}{2}\left(ax+\frac{b}{x}\right)\right\}\mathrm{d}x=\frac{2}{a}\int_{\sqrt{ab}}^\infty \frac{yf(y)}{\sqrt{y^2-ab}}\mathrm{d}y=\frac{2}{a}\int_0^\infty f\left(\sqrt{z^2+ab}\right)\mathrm{d}z.$$

33. 证明公式

$$\int_0^\pi f\left(\sec\frac{1}{2}x+\tan\frac{1}{2}x\right)\frac{\mathrm{d}x}{\sqrt{\sin x}}=\int_0^\pi f(\csc x)\frac{\mathrm{d}x}{\sqrt{\sin x}}.$$

34. 如果 a 和 b 是正数, 那么

$$\int_0^\infty \frac{\mathrm{d}x}{(x^2+a^2)(x^2+b^2)}=\frac{\pi}{2ab(a+b)},\quad \int_0^\infty \frac{x^2\mathrm{d}x}{(x^2+a^2)(x^2+b^2)}=\frac{\pi}{2(a+b)}.$$

推导出: 如果 α,β 和 γ 是正数, 且 $\beta^2\geqslant\alpha\gamma$, 那么

$$\int_0^\infty \frac{\mathrm{d}x}{\alpha x^4+2\beta x^2+\gamma}=\frac{\pi}{2\sqrt{2\gamma A}},\quad \int_0^\infty \frac{x^2\mathrm{d}x}{\alpha x^4+2\beta x^2+\gamma}=\frac{\pi}{2\sqrt{2\alpha A}},$$

其中 $A=B+\sqrt{\alpha\gamma}$. 再在第 31 题中取 $f(y)=1/\left(c^2+y^2\right)$, 由此推出最后一个结论. [当 $\beta^2<\alpha\gamma$ 时, 最后两个结论依然成立, 不过此时它们的证明没有这么简单.]

35. 证明: 如果 b 是正数, 那么

$$\int_0^\infty \frac{x^2\mathrm{d}x}{\left(x^2-a^2\right)^2+b^2x^2}=\frac{\pi}{2b},\quad \int_0^\infty \frac{x^4\mathrm{d}x}{\left\{\left(x^2-a^2\right)^2+b^2x^2\right\}^2}=\frac{\pi}{4b^3}.$$

36. 如果 $\phi'(x)$ 对 $x>1$ 是连续的, 那么

$$\sum_{1\leqslant n\leqslant x}\phi(n)=[x]\,\phi(x)-\int_1^x [t]\,\phi'(t)\,\mathrm{d}t,$$

其中 $[x]$ 是不超过 x 的最大整数. (*Math. Trip.* 1932)

37. 如果对很大的 x 有 $\phi''(x)=O\left(x^{-\alpha}\right)$, 其中 $\alpha>1$, 那么就有

$$\int_n^{n+1}\left\{\phi(x)-\phi\left(n+\frac{1}{2}\right)\right\}\mathrm{d}x=O\left(n^{-\alpha}\right)$$

以及

$$\sum_1^n \phi\left(m+\frac{1}{2}\right)=\int_1^{n+1}\phi(x)\,\mathrm{d}x+C+O\left(n^{1-\alpha}\right),$$

其中 C 与 n 无关. (*Math. Trip.* 1923)

[注意到

$$\begin{aligned}&\int_n^{n+1}\left\{\phi(x)-\phi\left(n+\frac{1}{2}\right)\right\}\mathrm{d}x\\ =&\int_0^{\frac{1}{2}}\left\{\phi\left(n+\frac{1}{2}+t\right)+\phi\left(n+\frac{1}{2}-t\right)-2\phi\left(n+\frac{1}{2}\right)\right\}\mathrm{d}t.\ ]\end{aligned}$$

38. 如果

$$J_m=\int_0^x \sin^m\theta\sin a(x-\theta)\,\mathrm{d}\theta,$$

其中 m 是不小于 2 的整数, 那么

$$m(m-1)\,J_{m-2}=a\sin^m x+\left(m^2-a^2\right)J_m.$$

推导出

$$\cos ax=1-\frac{a^2}{2!}\sin^2 x-\frac{a^2\left(2^2-a^2\right)}{4!}\sin^4 x-\frac{a^2\left(2^2-a^2\right)\left(4^2-a^2\right)}{6!}\sin^6 x-\cdots.$$

(*Math. Trip.* 1923)

39. 证明：如果

$$u_n = \int_0^{\frac{1}{2}\pi} \sin 2nx \cot x \mathrm{d}x, \quad v_n = \int_0^{\frac{1}{2}\pi} \frac{\sin 2nx}{x} \mathrm{d}x,$$

那么 $u_n = \frac{1}{2}\pi$, 且有 $v_n \to \int_0^{\infty} \frac{\sin x}{x} \mathrm{d}x = v$, 最后一步是我们的假设. 再用分部积分法或者其他方法证明：$u_n - v_n \to 0$; 并推出 $v = \frac{1}{2}\pi$. (*Math. Trip.* 1924)

40. 如果 a 是正数, $f(x)$ 在除了原点之外的点皆连续,

$$\int_0^a f(x) \mathrm{d}x = \lim_{\varepsilon \to 0} \int_{\varepsilon}^a f(x) \mathrm{d}x$$

存在, 且

$$g(x) = \int_x^a \frac{f(t)}{t} \mathrm{d}t,$$

那么

$$\int_0^a g(x) \mathrm{d}x = \int_0^a f(x) \mathrm{d}x. \qquad (\textit{Math. Trip.}\ 1934)$$

第 9 章　单实变对数函数、指数函数和三角函数

204. 引言

在前面各章中已经考虑过的本质上不同类型的函数的数量不是很大, 最重要的是多项式、有理函数、显式或者隐式给出的代数函数, 以及正反三角函数.

随着数学知识的逐步扩展, 越来越多种类的新函数被引进到分析之中. 引进这些新函数, 一般来说是由于出现了某个引起数学家注意的问题, 而这个问题无法用已知的函数加以解决. 这一过程正好可以与首次引入无理数以及复数的情形相比较, 在引入无理数与复数时, 人们发现有某种代数方程不可能用已知的数求得解答. 新函数的最富有成果的源泉之一是积分学的问题. 人们力图用已知的函数对某个函数 $f(x)$ 进行积分. 然而这些努力失败了, 经过若干次失败之后, 逐渐显现出有可能该问题是不可解的. 有时人们证明了情形确实如此; 不过通常来说, 一个如此严格的证明并不是唾手可得的, 而是要等到以后才能给出. 一般来说, 一旦数学家有理由确信该问题无解, 他们就会把这种不可能性当作已知的对象, 并用具有所要求的性质 (例如 $F'(x)=f(x)$) 来定义一个新函数 $F(x)$. 从这个定义出发, 人们研究 $F(x)$ 的性质; 而且这样看来 $F(x)$ 具有以前所知道的函数的任何有限组合所不可能具有的性质; 这就使得原来的问题不可能求解这一假设得以确认. 在前面的章节中就出现过一个这样的情形, 当时是在第 6 章中曾经用等式

$$\log x=\int\frac{\mathrm{d}x}{x}$$

定义函数 $\log x$.

让我们来考虑有什么理由假设 $\log x$ 是一个真正全新的函数. 我们已经看到 (例 XLII 第 (4) 题), 它不可能是有理函数, 因为有理函数的导数是分母只包含重因子的有理函数. 它是否可能是代数函数或者三角函数的问题则更为困难. 但是, 通过几次实际操作很容易确信: 其导数无论如何也不能避免是代数无理式. 例如, 对 $\sqrt{1+x}$ 求导任意多次的结果都永远是 $\sqrt{1+x}$ 和一个有理函数的乘积, 一般情形亦如此. 类似地, 如果对一个含有 $\sin x$ 或者 $\cos x$ 的函数求导, 这些函数中总有某一个仍保留在结果中.

这样一来, 我们的确没有给出 $\log x$ 是一个新函数的严格证明——我们并未声称给出这样一个证明[①]——但是假设它是一个新函数是合理的. 我们因此将这样来处理它, 经过检验将会发现它的性质与已经遇到过的任何函数的性质都没有相同之处.

---

① 这样一个证明请见第 203 页提及的作者的专著.

205.　$\log x$ 的定义

我们用等式

$$\log x=\int_1^x \frac{\mathrm{d}t}{t}$$

定义 x 的对数 $\log x$. 必须假设 x 是正数, 这是因为 (例 LXXVI 第 (2) 题) 如果积分区域包含点 $x=0$, 则此积分没有意义. 可以选取一个异于 1 的积分下限; 不过我们会证明 1 是最方便的. 根据此定义有 $\log 1=0$.

现在要考虑当 x 从 0 变动到 ∞ 时 $\log x$ 的性状如何. 由定义立即推出, $\log x$ 是 x 的连续函数, 与 x 一起递增, 且有导数

$$\frac{\mathrm{d}}{\mathrm{d}x}\log x=\frac{1}{x},$$

又由第 181 节推出: 当 $x\to\infty$ 时 $\log x$ 趋向 ∞.

如果 x 是正数, 但小于 1, 那么 $\log x$ 是负的. 因为

$$\log x=\int_1^x \frac{\mathrm{d}t}{t}=-\int_x^1 \frac{\mathrm{d}t}{t}<0.$$

此外, 如果在积分中作代换 $t=1/u$, 就得到

$$\log x=\int_1^x \frac{\mathrm{d}t}{t}=-\int_1^{1/x} \frac{\mathrm{d}u}{u}=-\log\frac{1}{x}.$$

于是, 当 x 从 1 减小到 0 时 $\log x$ 趋于 $-\infty$.

对数函数的图的一般形式画在图 49 中. 由于 $\log x$ 的导数是 $1/x$, 当 x 很大时曲线是很平和的, 而当 x 很小时曲线则很陡峭.

对数函数的反函数是指数函数 (图 50), 在第 212 节介绍.

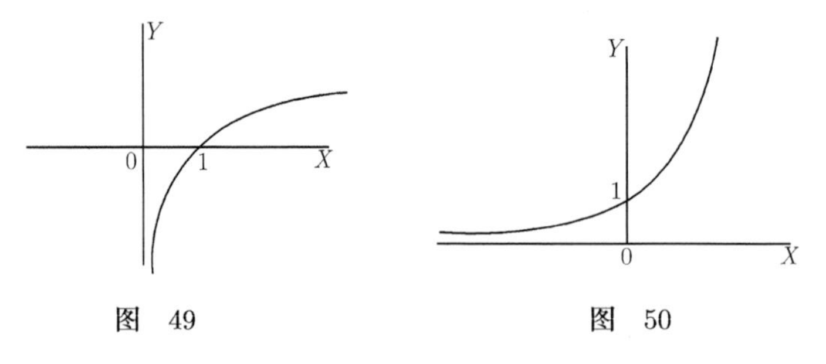

图　49　　　　图　50

例 LXXXIII

(1) 根据定义证明

(a) $\dfrac{x}{1+x}<\log(1+x)<x\ (x>0)$;　(b) $x<-\log(1-x)<\dfrac{x}{1-x}\ (0<x<1)$.

[例如对 (a) 注意到 $\log(1+x)=\displaystyle\int_1^{1+x}\frac{\mathrm{d}t}{t}$, 而被积函数介于 1 与 $1/(1+x)$ 之间.]

(2) 证明不等式

(i) $x-\frac{1}{2}x^2<\log(1+x)\ (x>0)$;

(ii) $\dfrac{x-1}{x}<\log x<x-1\ (x>1)$;

(iii) $4(x-1)-2\log x<2x\log x<x^2-1\ (x>1)$;

(iv) $0<\dfrac{1}{x}-\log\dfrac{x+1}{x}<\dfrac{1}{2x^2}\ (x>0)$;

(v) $\dfrac{2}{2x+1}<\log\dfrac{x+1}{x}<\dfrac{2x+1}{2x(x+1)}\ (x>0)$.

(*Math. Trip.* 1931, 1933, 1936)

(3) 证明：$\lim\limits_{x\to1}\dfrac{\log x}{x-1}=\lim\limits_{y\to0}\dfrac{\log(1+y)}{y}=1$. [利用第 (1) 题.]

206. $\log x$ 所满足的函数方程

函数 $f(x)=\log x$ 满足函数方程

$$f(xy)=f(x)+f(y). \tag{1}$$

因为, 作代换 $t=yu$ 就看出

$$\begin{aligned}\log xy&=\int_1^{xy}\frac{\mathrm{d}t}{t}=\int_{1/y}^{x}\frac{\mathrm{d}u}{u}=\int_1^x\frac{\mathrm{d}u}{u}-\int_1^{1/y}\frac{\mathrm{d}u}{u}\\&=\log x-\log(1/y)=\log x+\log y,\end{aligned}$$

这就证明了定理.

例 LXXXIV

(1) 可以证明：方程 (1) 没有具有微分系数且与 $\log x$ 本质上不同的解. 因为当我们对该函数方程求导时, 分别关于 x 和 y 求导, 就得到两个方程

$$yf'(xy)=f'(x),\quad xf'(xy)=f'(y);$$

所以, 消去 $f'(xy)$ 得到 $xf'(x)=yf'(y)$. 但是, 如果此式对于每一对 x 和 y 的值都成立, 则必定有 $xf'(x)=C$, 也即有 $f'(x)=C/x$, 其中 C 是常数. 从而

$$f(x)=\int\frac{C}{x}\mathrm{d}x+C'=C\log x+C',$$

代入 (1) 得到 $C'=0$. 因此, 除了取 $C=0$ 所得到的平凡解 $f(x)=0$ 之外, 没有本质上与 $\log x$ 不同的解存在.

(2) 用同样的方法证明：方程

$$f(x)+f(y)=f\left(\frac{x+y}{1-xy}\right)$$

没有具有微分系数且与 $\arctan x$ 本质上不同的解.

(3) 证明：如果 $m+1>0$, 则当 $n\to\infty$ 时有 $\binom{m}{n}\to0$.

[如果 m 是整数, 那么对 $n > m$ 有 $u_n = \binom{m}{n} = 0$, 这就没有什么要证明的了. 于是我们假设 $p < m < p+1$, 其中 p 是不小于 -1 的整数. 在此情形 $\dfrac{u_{\nu+1}}{u_\nu} = \dfrac{m-\nu}{\nu+1}$ 对于 $\nu \geqslant p+1$ 是负的, 且绝对值小于 1, 所以 u_ν 交替地改变符号, 且 $|u_\nu|$ 递减. 又有

$$\log\frac{|u_{\nu+1}|}{|u_\nu|} = \log\frac{\nu-m}{\nu+1} = \log\left(1-\frac{m+1}{\nu+1}\right) < -\frac{m+1}{\nu+1};$$

所以当 $n \to \infty$ 时有 $\log|u_{n+1}| - \log|u_{p+1}| < -(m+1)\displaystyle\sum_{\nu=p+1}^{n}\frac{1}{\nu+1} \to -\infty$. 因此 $u_{n+1} \to 0$.

如果 $m=-1$, 则有 $u_n = (-1)^n$. 如果 $m+1<0$, 那么 $|u_n|$ 与 n 一起递增. 证明此时有 $|u_n| \to \infty$.]

207. 当 x 趋向无穷时 $\log x$ 趋向无穷的方式

在第 98 节中我们对于很大的 x 定义了一阶大量、二阶大量、三阶大量……这样的函数. 如果当 x 趋向无穷时 $f(x)/x^k$ 趋向一个异于零的极限, 则函数 $f(x)$ 称为 k 阶大量.

容易定义出整个一系列的函数, 当 x 趋向无穷时它们以逐渐减慢的速度趋向无穷. 例如 $\sqrt{x}, \sqrt[3]{x}, \sqrt[4]{x}, \cdots$ 就是这样一列函数. 一般地我们可以说: 当 x 很大时, x^α (这里 α 是任意正有理数) 是 α 阶大量. 可以假设 α 可以如我们所希望地那样小, 例如小于 0.000 000 1. 可能有人会认为, 只要让 α 取遍所有可能的正数, 就能穷尽 $f(x)$ 的可能的 "无穷大的阶". 无论如何都可假设: 如果 $f(x)$ 与 x 一起趋向无穷大, 且无论它趋向无穷大的速度多么慢, 都能找到一个适当小的 α 值, 使得 x^α 趋向无穷的速度比它更慢; 类似地, 如果 $f(x)$ 与 x 一起趋向无穷大, 且无论它趋向无穷大的速度多么快, 都能找到一个适当大的 α 值, 使得 x^α 趋向无穷的速度比它更快.

然而 $\log x$ 的性状粉碎了任何这样的企望. x 的对数与 x 一起趋向无穷, 但是比 x 的任何正幂次 (整数次幂或者分数次幂) 趋向无穷的速度都要慢. 换句话说, $\log x \to \infty$, 然而对 α 的所有的正有理数值都有

$$\frac{\log x}{x^\alpha} \to 0.$$

208. 当 $x \to \infty$ 时 $x^{-\alpha}\log x \to 0$ 的证明

设 β 是任意一个正有理数. 那么当 $t>1$ 时有 $t^{-1} < t^{\beta-1}$, 所以

$$\log x = \int_1^x \frac{\mathrm{d}t}{t} < \int_1^x \frac{\mathrm{d}t}{t^{1-\beta}};$$

从而对 $x>1$ 有

$$\log x < \frac{x^\beta - 1}{\beta} < \frac{x^\beta}{\beta}.$$

现在, 如果 α 是正数, 则可以选取一个更小的正数 β, 这样就有

$$0 < \frac{\log x}{x^{\alpha}} < \frac{x^{\beta-\alpha}}{\beta}.$$

但是当 $x \to \infty$ 时有 $x^{\beta-\alpha} \to 0$, 这是因为 $\beta < \alpha$, 于是就有 $x^{-\alpha}\log x \to 0$.

209. 当 $x \to +0$ 时 $\log x$ 的性状

由于当 $x = 1/y$ 时有

$$x^{-\alpha}\log x = -y^{\alpha}\log y,$$

由上面证明的定理推出

$$\lim_{y\to+0} y^{\alpha}\log y = -\lim_{x\to+\infty} x^{-\alpha}\log x = 0.$$

于是, 当 x 取正的值趋向零时, $\log x$ 趋向 $-\infty$, 而 $\log(1/x) = -\log x$ 则趋向 ∞, 但是 $\log(1/x)$ 比 $1/x$ 的任何正幂次 (整数或分数次幂) 趋向 ∞ 的速度都要慢.

210. 无穷大的尺度, 对数尺度

再次考虑函数序列

$$x, \quad \sqrt{x}, \quad \sqrt[3]{x}, \quad \cdots, \quad \sqrt[n]{x}, \quad \cdots.$$

它有如下性质: 如果 $f(x)$ 和 $\phi(x)$ 是包含在其中的任意两个函数, 那么当 $x \to \infty$ 时, $f(x)$ 和 $\phi(x)$ 两者都趋向 ∞, 而 $f(x)/\phi(x)$ 趋向零或者趋向 ∞, 要根据在该函数序列中 $f(x)$ 是出现在 $\phi(x)$ 的右边还是左边来决定. 现在可以通过在所有已经写出来的函数的右边插入新的项来延续这一序列. 首先可以插入 $\log x$, 它比原有的任何一项趋向无穷都要更慢一些. 然后可以添加 $\sqrt{\log x}$, 它比 $\log x$ 趋向无穷更慢, 再添加 $\sqrt[3]{\log x}$, 它要比 $\sqrt{\log x}$ 趋向无穷更慢, 如此等等. 这样就得到一列函数

$$x,\ \sqrt{x},\ \sqrt[3]{x},\ \cdots,\ \sqrt[n]{x},\ \cdots,\ \log x,\ \sqrt{\log x},\ \sqrt[3]{\log x},\ \cdots,\ \sqrt[n]{\log x},\ \cdots,$$

它是由两个无穷函数序列构成的, 其中一列函数排在另一列函数的后面. 现在可以考虑函数 $\log\log x$ (它是 $\log x$ 的对数) 来进一步扩展这一序列. 由于对于 α 的所有取正数的值都有 $x^{-\alpha}\log x \to 0$, 取 $x = \log y$ 即得

$$(\log y)^{-\alpha}\log\log y = x^{-\alpha}\log x \to 0.$$

从而 $\log\log y$ 与 y 一起趋向 ∞, 但它要比 $\log y$ 的任何幂次趋向 ∞ 都要慢. 这样就可以将我们的函数序列扩充成如下形式

$$x,\ \sqrt{x},\ \sqrt[3]{x},\ \cdots,\ \log x,\ \sqrt{\log x},\ \sqrt[3]{\log x},\ \cdots,$$

$$\log\log x,\ \sqrt{\log\log x},\ \cdots,\ \sqrt[n]{\log\log x},\ \cdots;$$

现在容易看出, 通过引进函数 $\log\log\log x, \log\log\log\log x, \cdots$, 可以将此函数序列任意延拓下去. 令 $x = 1/y$ 可以得到一个类似的关于 y 的函数的无穷大的尺度, 当 y 取正的值趋向零时这些函数都趋向 ∞[①].

例 LXXXV

(1) 该函数序列中任何两项 $f(x), F(x)$ 之间, 可以插入一个新的项 $\phi(x)$, 使得 $\phi(x)$ 趋向无穷要比 $f(x)$ 更慢, 而比 $F(x)$ 更快. [例如在 $\sqrt{x}$ 和 $\sqrt[3]{x}$ 之间可以插入 $x^{\frac{5}{12}}$, 而在 $\sqrt{\log x}$ 和 $\sqrt[3]{\log x}$ 之间可以插入 $(\log x)^{\frac{5}{12}}$. 一般地, $\phi(x) = \sqrt{f(x)F(x)}$ 满足所述条件.]

(2) 求一个函数, 它比 $\sqrt{x}$ 趋向无穷更慢, 但比 x^{α} 趋向无穷更快, 其中 α 是任意小于 $\frac{1}{2}$ 的有理数. [$x^{\frac{1}{2}}(\log x)^{-\beta}$ 就是这样的函数, 其中 β 是任意正有理数.]

(3) 求一个函数, 它比 $\sqrt{x}$ 趋向无穷更慢, 但比 $\sqrt{x}(\log x)^{-\alpha}$ 趋向无穷更快, 其中 α 是任意正有理数. [$\sqrt{x}(\log\log x)^{-1}$ 就是这样的函数. 从这些例子中可以总结出如下结论: **不完备性** (incompleteness) 是对数函数做成的无穷大尺度固有特性.]

(4) 当 x 趋向 ∞ 时, 函数

$$f(x) = \{x^{\alpha}(\log x)^{\alpha'}(\log\log x)^{\alpha''}\}/\{x^{\beta}(\log x)^{\beta'}(\log\log x)^{\beta''}\}$$

性状如何? [如果 $\alpha \neq \beta$, 则

$$f(x) = x^{\alpha-\beta}(\log x)^{\alpha'-\beta'}(\log\log x)^{\alpha''-\beta''}$$

的性状由 $x^{\alpha-\beta}$ 控制. 如果 $\alpha = \beta$, 那么 x 的幂消失, 而 $f(x)$ 的性状则由 $(\log x)^{\alpha'-\beta'}$ 控制, 除非有 $\alpha' = \beta'$; 当 $\alpha = \beta$ 且 $\alpha' = \beta'$ 时, $f(x)$ 的性状由 $(\log\log x)^{\alpha''-\beta''}$ 控制. 从而, 如果 $\alpha > \beta$, 或者 $\alpha = \beta$ 且 $\alpha' > \beta'$, 又或 $\alpha = \beta, \alpha' = \beta'$ 且 $\alpha'' > \beta''$ 时, 均有 $f(x) \to \infty$; 而当 $\alpha < \beta$, 或者 $\alpha = \beta$ 且 $\alpha' < \beta'$, 又或者 $\alpha = \beta, \alpha' = \beta'$ 且 $\alpha'' < \beta''$ 时, 均有 $f(x) \to 0$.]

(5) 根据当 x 很大时无穷大的阶的大小排列如下函数

$$\frac{x}{\sqrt{\log x}}, \quad \frac{x\sqrt{\log x}}{\log\log x}, \quad \frac{x\log\log x}{\sqrt{\log x}}, \quad \frac{x\log\log\log x}{\sqrt{\log\log x}}.$$

(6) 证明: 对很大的 x 有

$$\log(x+1) = \log x + O\left(\frac{1}{x}\right), \quad \frac{1}{2}\log\frac{x+1}{x-1} = \frac{1}{x} + O\left(\frac{1}{x^2}\right)$$

$$\log\log\frac{x+1}{x-1} = -\log x + \log 2 + O\left(\frac{1}{x}\right), \quad \log(x\log x) \sim \log x.$$

(7) 证明

$$\frac{\mathrm{d}}{\mathrm{d}x}(\log x)^{\alpha} = \frac{\alpha}{x(\log x)^{1-\alpha}}, \quad \frac{\mathrm{d}}{\mathrm{d}x}(\log\log x)^{\alpha} = \frac{\alpha}{x\log x(\log\log x)^{1-\alpha}}, \quad \cdots,$$

$$\int\frac{\mathrm{d}x}{x\log x} = \log\log x, \quad \int\frac{\mathrm{d}x}{x\log x\log\log x} = \log\log\log x, \quad \cdots.$$

(8) 证明: 曲线 $y = x^m(\log x)^n$ (其中 x 是正数, m 和 n 是大于 1 的整数) 至少有两个拐点, 且有可能有更多的拐点. 概略描述当 n 为奇数时该曲线的形状. (*Math. Trip.* 1927)

① 有关“无穷大的尺度”的更完整内容, 请见第 283 页所引用的作者的论文.

211. 数 e

现在要引进一个数, 通常用 e 来表示它, 与 π 相似, 它是分析中的基本常数之一.

定义 e 是其对数为 1 的那个数. 换句话说, e 由等式

$$1=\int_1^{\mathrm{e}}\frac{\mathrm{d}t}{t}$$

来定义. 由于 $\log x$ 是在第 95 节的严格意义下 x 的增函数, 因此它只能取值 1 一次. 从而我们的定义是有明确意义的.

因为有 $\log xy=\log x+\log y$, 所以

$$\log x^2=2\log x,\quad \log x^3=3\log x,\quad \cdots,\quad \log x^n=n\log x$$

其中 n 是正整数. 于是

$$\log \mathrm{e}^n=n\log \mathrm{e}=n.$$

此外, 如果 p 和 q 是任意的正整数, 且 $\mathrm{e}^{p/q}$ 表示 e^p 的 q 次方根, 则有

$$p=\log \mathrm{e}^p=\log\left(\mathrm{e}^{p/q}\right)^q=q\log \mathrm{e}^{p/q},$$

所以 $\log \mathrm{e}^{p/q}=p/q$. 这样一来, 如果 y 是任意一个正有理数, 而 e^y 表示 e 的正的 y 次幂, 就有

$$\log \mathrm{e}^y=y, \tag{1}$$

且 $\log \mathrm{e}^{-y}=-\log \mathrm{e}^y=-y$. 因此等式 (1) 对 y 的所有有理数值 (正的或者负的) 均成立. 换句话说, 等式

$$y=\log x,\ x=\mathrm{e}^y \tag{2}$$

互为对方的推论, 只要 y 是有理数, 且 e^y 取正值. 目前我们还没有对指数是无理数时的形如 e^y 的幂给出定义, 而只对 y 的有理数值定义了函数 e^y.

例　证明 $2<\mathrm{e}<3$. [首先显然有

$$\int_1^2\frac{\mathrm{d}t}{t}<1,$$

所以有 $2<\mathrm{e}$. 又有

$$\int_1^3\frac{\mathrm{d}t}{t}=\int_1^2\frac{\mathrm{d}t}{t}+\int_2^3\frac{\mathrm{d}t}{t}=\int_0^1\frac{\mathrm{d}u}{2-u}+\int_0^1\frac{\mathrm{d}u}{2+u}=4\int_0^1\frac{\mathrm{d}u}{4-u^2}>1,$$

所以 $\mathrm{e}<3$.]

212. 指数函数

现在对 y 的所有实数值来将**指数函数** e^y 定义为对数函数的反函数. 换言之, 如果 $y=\log x$, 我们就记

$$x=\mathrm{e}^y.$$

我们看到, 当 x 从 0 变化到 ∞ 时, y 在严格意义下递增, 且从 $-\infty$ 变到 ∞. 从而 y 的一个值对应于 x 的一个值, 反之亦然. y 还是 x 的连续函数, 由第 110 节推出, x 也同样是 y 的连续函数.

容易给出指数函数连续性的一个直接证明. 因为如果 $x=\mathrm{e}^y$, 且 $x+\xi=\mathrm{e}^{y+\eta}$, 那么

$$\eta=\int_x^{x+\xi}\frac{\mathrm{d}t}{t}.$$

于是, 当 $\xi>0$ 时 $|\eta|$ 就大于 $\xi/(x+\xi)$, 当 $\xi<0$ 时 $|\eta|$ 大于 $|\xi|/x$; 而且, 如果 η 很小, 那么 ξ 也必定很小.

于是 e^y 是 y 的正值的连续函数, 当 y 从 $-\infty$ 变到 ∞ 时, 此函数从 0 递增地变到 ∞. 此外, 只要 y 是一个有理数, e^y 就是数 e 的正的 y 次幂, 这与初等定义相一致. 特别地, 当 $y=0$ 时有 $\mathrm{e}^y=1$. e^y 的图的一般形状画在第 324 页的图 50 中.

213. 指数函数的主要性质

(1) 如果 $x=\mathrm{e}^y$, 则有 $y=\log x$, 那么

$$\frac{\mathrm{d}y}{\mathrm{d}x}=\frac{1}{x},\quad \frac{\mathrm{d}x}{\mathrm{d}y}=x=\mathrm{e}^y.$$

从而指数函数的导数等于函数本身. 更一般地有

$$\frac{\mathrm{d}}{\mathrm{d}y}\mathrm{e}^{ay}=a\mathrm{e}^{ay}.$$

(2) 指数函数满足函数方程

$$f(y+z)=f(y)f(z).$$

当 y 和 z 是有理数时, 此结论由通常的指数运算法则推导得出. 如果 y 是无理数或者 z 是无理数, 或者它们两者都是无理数, 我们可以选取两列有理数 $y_1,y_2,\cdots,y_n,\cdots$ 和 $z_1,z_2,\cdots,z_n,\cdots$, 使得 $\lim y_n=y$, $\lim z_n=z$. 这样一来, 由于指数函数是连续的, 就有

$$\mathrm{e}^y\times\mathrm{e}^z=\lim\mathrm{e}^{y_n}\times\lim\mathrm{e}^{z_n}=\lim\mathrm{e}^{y_n+z_n}=\mathrm{e}^{y+z}.$$

特别地有 $\mathrm{e}^y\times\mathrm{e}^{-y}=\mathrm{e}^0=1$, 也即 $\mathrm{e}^{-y}=1/\mathrm{e}^y$.

也可以从 $\log x$ 所满足的函数方程推导出 e^y 所满足的函数方程. 因为, 如果 $y_1=\log x_1$, $y_2=\log x_2$, 则 $x_1=\mathrm{e}^{y_1}$, $x_2=\mathrm{e}^{y_2}$, 那么 $y_1+y_2=\log x_1+\log x_2=\log x_1x_2$, 所以

$$\mathrm{e}^{y_1+y_2}=\mathrm{e}^{\log x_1x_2}=x_1x_2=\mathrm{e}^{y_1}\times\mathrm{e}^{y_2}.$$

(3) 当 y 趋向无穷大时, e^y 趋向无穷大要比 y 的任何幂次趋向无穷大更快, 也即当 $y\to\infty$ 时, 对于所有的无论多么大的 α 值都有

$$\lim\frac{y^\alpha}{\mathrm{e}^y}=\lim\mathrm{e}^{-y}y^\alpha=0.$$

我们看到, 对于任何正的 β 值, 当 $x\to\infty$ 时有 $x^{-\beta}\log x\to 0$. 用 α 代替 $1/\beta$, 就看出对于任何 α 值都有 $x^{-1}(\log x)^\alpha\to 0$. 取 $x=\mathrm{e}^y$ 即得此结果. 同样显然的是, 当 $\gamma>0$ 时 $\mathrm{e}^{\gamma y}$ 趋向 ∞, 当 $\gamma<0$ 时 $\mathrm{e}^{\gamma y}$ 趋向 0, 且在每一种情形它都比 y 的任何幂趋向相应的极限要更快.

由此结论推出, 可以构造出一组 "无穷大的尺度", 它与第 210 节所构造的无穷大的尺度类似, 但是是向相反的方向延伸开来, 也就是说是一列函数做成的尺度, 当 $x\to\infty$ 时它们越来越快地趋向 ∞①. 这一尺度就是

$$x,\ x^2,\ x^3,\ \cdots,\ \mathrm{e}^x,\ \mathrm{e}^{2x},\ \cdots,\ \mathrm{e}^{x^2},\ \cdots,\ \mathrm{e}^{x^3},\ \cdots,\ \mathrm{e}^{\mathrm{e}^x},\ \cdots,$$

其中 $\mathrm{e}^{x^2},\cdots,\mathrm{e}^{\mathrm{e}^x},\cdots$ 当然是表示 $\mathrm{e}^{(x^2)},\cdots,\mathrm{e}^{(\mathrm{e}^x)},\cdots$.

读者可以尝试将第 210 节以及例 LXXXV 中作出的关于对数无穷大的尺度所作的注解也应用到 "指数尺度" 的情形中去. 当然, 这两种尺度可以组合成为一种尺度 (如果把一种尺度的次序反过来)

$$\cdots,\quad \log\log x,\quad \cdots,\quad \log x,\quad \cdots,\quad x,\quad \cdots,\quad \mathrm{e}^x,\quad \cdots,\quad \mathrm{e}^{\mathrm{e}^x},\quad \cdots.$$

例 LXXXVI

(1) 如果 $D_yx=ax$, 那么 $x=K\mathrm{e}^{ay}$, 其中 K 是常数.

(2) 方程 $f(y+z)=f(y)f(z)$ 没有与指数函数本质上不同的解. [假设 $f(y)$ 有微分系数. 对该方程分别关于 y 和 z 求导, 就得到

$$f'(y+z)=f'(y)f(z),\quad f'(y+z)=f(y)f'(z).$$

从而 $f'(y)/f(y)=f'(z)/f(z)$, 因此每一边都是常数. 这样一来, 如果 $x=f(y)$, 则有 $D_yx=ax$, 其中 a 是常数, 所以 $x=K\mathrm{e}^{ay}$ (第 (1) 题).]

(3) 证明: 当 $y\to 0$ 时 $(\mathrm{e}^{ay}-1)/y\to a$. [用中值定理我们得到 $\mathrm{e}^{ay}-1=ay\mathrm{e}^{a\eta}$, 这里 $0<|\eta|<|y|$.]

(4) 证明: $\mathrm{e}^x-1-x, \mathrm{e}^{-x}-1+x$ 以及 $1-\frac{1}{2}x^2+\frac{1}{3}x^3-(1+x)\mathrm{e}^{-x}$ 对于正的 x 是正的递增函数. (*Math. Trip.* 1924)

---

① 指数函数是通过将等式 $y=\log x$ 反转成 $x=\mathrm{e}^y$ 而加以定义的; 到目前为止, 在讨论它们的性质时, 我们已经把 y 作为独立自变量来使用, 而把 x 取作为因变量. 除了当需要同时考虑像 $y=\log x$, $x=\mathrm{e}^y$ 这样一对方程之外, 我们现在将反过来采取更为自然的方式, 取 x 作为独立自变量.

(5) 证明: 当 $x \to \infty$ 时, 对所有的整数 m 和 n 有

$$\left(\frac{\mathrm{d}}{\mathrm{d}x}\right)^m \left(x^n \mathrm{e}^{-\sqrt{x}}\right) \to 0. \qquad (\textit{Math. Trip.}\ 1936)$$

214. 一般的幂 a^x

除了在 $a = \mathrm{e}$ 的情形之外, 函数 a^x 仅对 x 的有理数值给出了定义. 现在要来考虑 a 取任何正实数的情形. 假设 x 是正有理数 p/q. 那么幂 $a^{p/q}$ 的正的值 y 由 $y^q = a^p$ 给出; 由此推出

$$q \log y = p \log a, \quad \log y = (p/q) \log a = x \log a,$$

所以

$$y = \mathrm{e}^{x \log a}.$$

当 x 为无理数时, 就取这个等式作为 a^x 的定义. 例如 $10^{\sqrt{2}} = \mathrm{e}^{\sqrt{2}\log 10}$. 注意, 当 x 是无理数时, a^x 仅对正的 a 值有定义, 而它本身基本上是正的; 且有 $\log a^x = x \log a$. 函数 a^x 的最重要性质如下所示.

(1) 无论 a 取什么样的值, 都有 $a^x \times a^y = a^{x+y}$ 以及 $(a^x)^y = a^{xy}$. 换句话说, 指数法则不但对有理指数成立, 对无理指数也同样成立. 因为, 首先有

$$a^x \times a^y = \mathrm{e}^{x \log a} \times \mathrm{e}^{y \log a} = \mathrm{e}^{(x+y) \log a} = a^{x+y};$$

其次有

$$(a^x)^y = \mathrm{e}^{y \log a^x} = \mathrm{e}^{xy \log a} = a^{xy}.$$

(2) 如果 $a > 1$, 那么 $a^x = \mathrm{e}^{x \log a} = \mathrm{e}^{\alpha x}$, 其中 α 是正数. 在这种情形 a^x 的图形与 e^x 的图形相似, 当 $x \to \infty$ 时有 $a^x \to \infty$, 它比 x 的任何幂趋向无穷的速度都要快.

如果 $a < 1$, 那么 $a^x = \mathrm{e}^{x \log a} = \mathrm{e}^{-\beta x}$, 其中 β 是正数. 此时 a^x 的图形与 e^x 的图形相似, 不过要将 e^x 的图形左右颠倒过来看①, 当 $x \to \infty$ 时 $a^x \to 0$, 它比 $1/x$ 的任何幂趋向零的速度都要快.

(3) a^x 是 x 的可导函数, 且

$$D_x a^x = D_x \mathrm{e}^{x \log a} = \mathrm{e}^{x \log a} \log a = a^x \log a.$$

(4) a^x 也是 a 的可导函数, 且

$$D_a a^x = D_a \mathrm{e}^{x \log a} = \mathrm{e}^{x \log a} (x/a) = x a^{x-1}.$$

① 也就是说, a^x 的图形与 $(1/a)^x$ 的图形关于 y 轴对称. ——译者注

(5) 由 (3) 推出

$$\lim \frac{a^x - 1}{x} = \log a;$$

因为此式的左边是当 $x=0$ 时 $D_x a^x$ 的值, 此结果与例 LXXXVI 的第 (3) 题等价.

在前面几章中叙述了许多与函数 a^x 有关的结果, 这些结果都有 x 是有理数这一限制条件. 本节给出的定义和定理使我们可以去掉这一限制.

215. e^x 表示为极限

在第 4 章第 73 节中我们证明了: 当 $n \to \infty$ 时 $\{1+(1/n)\}^n$ 趋向一个极限, 这个极限暂时记为 e. 不过我们可以建立一个更加一般性的结果, 也就是由下述等式给出的结果

$$\lim_{n\to\infty}\left(1+\frac{x}{n}\right)^n = \lim_{n\to\infty}\left(1-\frac{x}{n}\right)^{-n} = e^x. \tag{1}$$

此结论非常重要, 我们要来指出另外一条证明的路线.

(1) 由于

$$\frac{d}{dt}\log(1+xt) = \frac{x}{1+xt},$$

由此推出

$$\lim_{h\to 0}\frac{\log(1+xh)}{h} = x.$$

如果令 $h=1/\xi$, 即看出当 $\xi\to\infty$ 或 $\xi\to-\infty$ 时有

$$\lim \xi \log\left(1+\frac{x}{\xi}\right) = x.$$

由于指数函数是连续的, 由此推得当 $\xi\to\infty$ 或 $\xi\to-\infty$ 时有

$$\left(1+\frac{x}{\xi}\right)^{\xi} = e^{\xi\log(1+(x/\xi))} \to e^x;$$

也就是

$$\lim_{\xi\to\infty}\left(1+\frac{x}{\xi}\right)^{\xi} = \lim_{\xi\to-\infty}\left(1+\frac{x}{\xi}\right)^{\xi} = e^x. \tag{2}$$

如果假设 ξ 仅仅取整数值趋向 ∞ 或者 $-\infty$, 就得到由等式 (1) 所表示的结论.

(2) 如果 n 是任意正整数, 且 $x>1$, 则有

$$\int_1^x \frac{dt}{t^{1+(1/n)}} < \int_1^x \frac{dt}{t} < \int_1^x \frac{dt}{t^{1-(1/n)}},$$

也就是

$$n\left(1-x^{-1/n}\right) < \log x < n\left(x^{1/n}-1\right). \tag{3}$$

记 $y=\log x, x=e^y$. 根据式 (3) 并经过简单的变换之后得出

$$\left(1+\frac{y}{n}\right)^n < e^y < \left(1-\frac{y}{n}\right)^{-n}. \tag{4}$$

如果 $0 < n\xi < 1$, 则由第 74 节的式 (4) 有

$$1-(1-\xi)^{n} < n\{1-(1-\xi)\} = n\xi,$$

所以

$$(1-\xi)^{-n} < (1-n\xi)^{-1}. \tag{5}$$

特别地, 如果 $\xi = y^2/n^2$, 且 $n > y^2$, 则式 (5) 为真. 于是

$$\begin{aligned}\left(1-\frac{y}{n}\right)^{-n}-\left(1+\frac{y}{n}\right)^{n} &= \left(1+\frac{y}{n}\right)^{n}\left\{\left(1-\frac{y^2}{n^2}\right)^{-n}-1\right\}\\ &< \mathrm{e}^{y}\left\{\left(1-\frac{y^2}{n}\right)^{-1}-1\right\} = \frac{y^2\mathrm{e}^{y}}{n-y^2},\end{aligned}$$

当 $n \to \infty$ 时它趋向零; 现在由式 (4) 就得出式 (1).

我们将以下问题留给读者解决: (i) 当 $0 < x < 1$ 时在讨论中作出必要的改变, 以及 (ii) 对于负的 x 推导出结论.

216. $\log x$ 表示成极限

我们还可以证明

$$\lim n\left(1-x^{-1/n}\right) = \lim n\left(x^{1/n}-1\right) = \log x.$$

因为

$$n\left(x^{1/n}-1\right)-n\left(1-x^{-1/n}\right) = n\left(x^{1/n}-1\right)\left(1-x^{-1/n}\right),$$

当 $n \to \infty$ 时它趋向零, 这是因为 $n\left(x^{1/n}-1\right)$ 趋向一个极限 (第 75 节), 而 $x^{-1/n}$ 趋向 1 (例 XXVII 第 (10) 题). 现在由第 215 节的不等式 (3) 就推出此结论.

例 LXXXVII

(1) 在第 215 节的不等式 (4) 中取 $y = 1$ 以及 $n = 6$, 证明 $2.5 < \mathrm{e} < 2.9$.

(2) 如果当 $n \to \infty$ 时有 $n\xi_n \to l$, 那么 $(1+\xi_n)^n \to \mathrm{e}^l$. [将 $n\log(1+\xi_n)$ 写成形式

$$l\left(\frac{n\xi_n}{l}\right)\frac{\log(1+\xi_n)}{\xi_n},$$

并利用例 LXXXIII 第 (3) 题, 即看出有 $n\log(1+\xi_n) \to l$.]

(3) 如果 $n\xi_n \to \infty$, 那么 $(1+\xi_n)^n \to \infty$; 又如果 $1+\xi_n > 0$ 且 $n\xi_n \to -\infty$, 则有

$$(1+\xi_n)^n \to 0.$$

(4) 由第 215 节的 (1) 推导出定理: e^y 趋向无穷要比 y 的任何次幂趋向无穷更快.

217. 常用对数

读者可能对于对数的思想以及它在数值计算中的应用较为了解. 应该记住, 在初等代数中, x 的以 a 为底的对数 $\log_a x$ 由等式

$$x = a^y, \quad y = \log_a x$$

来定义. 此定义当然仅适用于 y 是有理数的情形.

我们所定义的对数是以 e 为底的对数. 对于数值计算而言, 常常用到以 10 为底的对数. 如果

$$y=\log x=\log_{\mathrm{e}} x, \quad z=\log_{10} x,$$

那么 $x=\mathrm{e}^{y}$, 且也有 $x=10^{z}=\mathrm{e}^{z \log 10}$, 所以

$$\log_{10} x=(\log_{\mathrm{e}} x) /(\log_{\mathrm{e}} 10) .$$

因此, 只要计算出 $\log_{\mathrm{e}} 10$, 就容易从一种对数系统过渡到另一种对数系统.

详细讨论对数的实际应用并不是本书的目的. 如果读者对此不熟悉的话, 可以参考代数或者三角的教科书①.

例 LXXXVIII

(1) 证明

$$D_{x} \mathrm{e}^{a x} \cos b x=r \mathrm{e}^{a x} \cos (b x+\theta), \quad D_{x} \mathrm{e}^{a x} \sin b x=r \mathrm{e}^{a x} \sin (b x+\theta),$$

其中 $r=\sqrt{a^{2}+b^{2}}$, $\cos \theta=a / r$, $\sin \theta=b / r$. 由此确定函数 $\mathrm{e}^{a x} \cos b x$, $\mathrm{e}^{a x} \sin b x$ 的 n 阶导数. 特别地, 证明

$$\left(\frac{\mathrm{d}}{\mathrm{d} x}\right)^{n} \mathrm{e}^{a x} \sin b x=(a \sec \theta)^{n} \mathrm{e}^{a x} \sin (b x+n \theta) .$$

(*Math. Trip.* 1932)

(2) 如果 y_{n} 是 $\mathrm{e}^{a x} \sin b x$ 的 n 阶导数, 那么

$$y_{n+1}-2 a y_{n}+\left(a^{2}+b^{2}\right) y_{n-1}=0. \qquad (\textit{Math. Trip. } 1932)$$

(3) 如果 y_{n} 是 $x^{2} \mathrm{e}^{x}$ 的 n 阶导数, 那么

$$y_{n}=\tfrac{1}{2} n(n-1) y_{2}-n(n-2) y_{1}+\tfrac{1}{2}(n-1)(n-2) y .$$

(*Math. Trip.* 1934)

(4) 画出曲线 $y=\mathrm{e}^{-a x} \sin b x$ 的图, 其中 a 和 b 是正数. 证明: y 有无穷多个极大值, 它们构成一个几何级数且均位于以下曲线上.

$$y=\frac{b}{\sqrt{a^{2}+b^{2}}} \mathrm{e}^{-a x}. \qquad (\textit{Math. Trip. } 1912, 1935)$$

(5) **包含指数函数的积分**. 证明

$$\int \mathrm{e}^{a x} \cos b x \mathrm{d} x=\frac{a \cos b x+b \sin b x}{a^{2}+b^{2}} \mathrm{e}^{a x}, \quad \int \mathrm{e}^{a x} \sin b x \mathrm{d} x=\frac{a \sin b x-b \cos b x}{a^{2}+b^{2}} \mathrm{e}^{a x}.$$

[用 I, J 来记这两个积分, 并利用分部积分法, 即得

$$a I=\mathrm{e}^{a x} \cos b x+b J, \quad a J=\mathrm{e}^{a x} \sin b x-b I$$

关于 I 和 J 求解这些方程.]

(6) 证明: 如果 $a>0$, 那么

$$\int_{0}^{\infty} \mathrm{e}^{-a x} \cos b x \mathrm{d} x=\frac{a}{a^{2}+b^{2}}, \quad \int_{0}^{\infty} \mathrm{e}^{-a x} \sin b x \mathrm{d} x=\frac{b}{a^{2}+b^{2}}.$$

---

① 例如, 参见 Chrystal 所著 Algebra 一书第 2 版第 I 卷第 XXI 章. $\log_{\mathrm{e}} 10$ 的值是 $2.302\cdots$, 而它的倒数的值是 $0.434\cdots$.

(7) 如果 $I_n = \int e^{ax}x^n dx$, 那么 $aI_n = e^{ax}x^n - nI_{n-1}$. [分部积分. 由此推出, 对所有 n 的正整数值, I_n 都可以计算.]

(8) 证明：如果 n 是正整数, 那么有

$$\int_0^x e^{-t}t^n dt = n!e^{-x}\left(e^x - 1 - x - \frac{x^2}{2!} - \cdots - \frac{x^n}{n!}\right)$$

以及

$$\int_0^\infty e^{-x}x^n dx = n!. \qquad (Math.\ Trip.\ 1935)$$

(9) 证明：

$$\int_0^x e^t t^n dt = (-1)^{n-1}\, n!e^x \left\{e^{-x} - 1 + x - \frac{x^2}{2!} + \cdots + (-1)^{n-1}\frac{x^n}{n!}\right\};$$

并推出, 当 $x > 0$ 时, e^{-x} 大于或者小于级数 $1 - x + \frac{x^2}{2!} - \cdots$ 的前 $n+1$ 项之和, 要视 n 是奇数还是偶数而定. (*Math. Trip.* 1934)

(10) 如果 $u_n = \int_0^x e^{-t}t^n dt$, 那么 $u_n - (n+x)\,u_{n-1} + (n-1)\,xu_{n-2} = 0$.

(*Math. Trip.* 1930)

(11) 将 $I_m = \int_0^\infty x^m e^{-x}\cos x dx$ 和 $J_m = \int_0^\infty x^m e^{-x}\sin x dx$ 用 I_{m-1} 和 J_{m-1} 加以表示; 并证明：如果 m 是大于 1 的整数, 则有

$$I_m - mI_{m-1} + \tfrac{1}{2}m\,(m-1)\,I_{m-2} = 0.$$

在上面最后的关系式中取 $I_m = m!u_m$ 以确定 I_m 的值. (*Math. Trip.* 1936)

(12) 指出如何求 e^x 的任何有理函数的积分. [令 $x = \log u$, 此时有 $e^x = u$, $dx/du = 1/u$, 该积分被变换成 u 的一个有理函数的积分.]

(13) 证明：我们可以对任何形如

$$P\left(x, e^{ax}, e^{bx}, \cdots, \cos lx, \cos mx, \cdots, \sin lx, \sin mx, \cdots\right)$$

的函数进行积分, 其中 P 表示一个多项式.

(14) 证明：$\int_a^\infty e^{-\lambda x}R(x)\,dx$ 是收敛的, 其中 $\lambda > 0$, 而 a 大于 $R(x)$ 的分母的最大的根. [这可以由下述事实推出：$e^{\lambda x}$ 比 x 的任何次幂趋向无穷大的速度都要快.]

(15) 证明：$\int_{-\infty}^\infty e^{-\lambda x^2 + \mu x}dx$ 对所有的 μ 值都是收敛的, 其中 $\lambda > 0$; 同样的结论对于 $\int_{-\infty}^\infty e^{-\lambda x^2+\mu x}x^n dx$ 也成立, 其中 n 是任意正整数.

(16) 画出 $e^{x^2}, e^{-x^2}, xe^x, xe^{-x}, xe^{x^2}, xe^{-x^2}$ 以及 $x\log x$ 的图形, 确定这些函数的任何极大值以及极小值以及它们的图形上的任何拐点.

(17) 证明：方程 $e^{ax} = bx$ (其中 a 和 b 是正数) 有两个实根、一个实根或者没有实根, 根据 $b > ae, b = ae$ 或者 $b < ae$ 来决定. [曲线 $y = e^{ax}$ 在点 $(\xi, e^{a\xi})$ 处的切线是

$$y - e^{a\xi} = ae^{a\xi}\,(x - \xi)\,,$$

当 $a\xi = 1$ 时该切线经过原点, 所以直线 $y = aex$ 在点 $(1/a, e)$ 与曲线相切. 当我们画出直线 $y = bx$ 时, 结论就变得显然了. 读者应该讨论 a 为负数或者 b 为负数或者它们两者均为负数的情形.]

(18) 证明：除了 $x = 0$ 之外, 方程 $e^x = 1 + x$ 没有实根, 而 $e^x = 1 + x + \frac{1}{2}x^2$ 有三个实根.

(19) 证明: $\dfrac{x^5}{\mathrm{e}^x-1}$ **有两个平稳值** (stationary value), 一个在原点, 另一个在 $x=5\left(1-\mathrm{e}^{-5}\right)$ 附近. (*Math. Trip.* 1932)

(20) **双曲函数**. 双曲函数 $\cosh x$[①], $\sinh x, \cdots$ 由等式

$$\cosh x=\tfrac{1}{2}\left(\mathrm{e}^x+\mathrm{e}^{-x}\right),\quad \sinh x=\tfrac{1}{2}\left(\mathrm{e}^x-\mathrm{e}^{-x}\right),$$
$$\tanh x=\frac{\sinh x}{\cosh x},\quad \coth x=\frac{\cosh x}{\sinh x},$$
$$\operatorname{sech} x=\frac{1}{\cosh x},\quad \operatorname{csch} x=\frac{1}{\sinh x}$$

定义. 画出这些函数的图形.

(21) 建立公式

$$\cosh(-x)=\cosh x,\quad \sinh(-x)=-\sinh x,\quad \tanh(-x)=-\tanh x,$$
$$\cosh^2 x-\sinh^2 x=1,\quad \operatorname{sech}^2 x+\tanh^2 x=1,\quad \coth^2 x-\operatorname{csch}^2 x=1,$$
$$\cosh 2x=\cosh^2 x+\sinh^2 x,\quad \sinh 2x=2\sinh x\cosh x,$$
$$\cosh(x+y)=\cosh x\cosh y+\sinh x\sinh y,$$
$$\sinh(x+y)=\sinh x\cosh y+\cosh x\sinh y.$$

(22) 验证: 用 $\cosh x$ 代替 $\cos x$, 用 $\mathrm{i}\sinh x$ 代替 $\sin x$, 则这些公式可以从 $\cos x$ 和 $\sin x$ 对应的公式推导出来.

[同样可以得出, 对于包含 $\cos nx$ 和 $\sin nx$ 的所有可以从 $\cos x$ 和 $\sin x$ 对应的初等性质推导出来的公式, 此结论依然成立. 关于这种相似性的理由将在第 10 章给出.]

(23) (a) 将 $\cosh x$ 和 $\sinh x$ 用 $\cosh 2x$ 表示, (b) 将 $\cosh x$ 和 $\sinh x$ 用 $\sinh 2x$ 表示. 对于符号中可能出现的任何不明确之处加以讨论. (*Math. Trip.* 1908)

(24) 证明:

$$D_x\cosh x=\sinh x,\quad D_x\sinh x=\cosh x,$$
$$D_x\tanh x=\operatorname{sech}^2 x,\quad D_x\coth x=-\operatorname{csch}^2 x,$$
$$D_x\operatorname{sech} x=-\operatorname{sech} x\tanh x,\quad D_x\operatorname{csch} x=-\operatorname{csch} x\coth x,$$
$$D_x\log\cosh x=\tanh x,\quad D_x\log|\sinh x|=\coth x,$$
$$D_x\arctan\mathrm{e}^x=\tfrac{1}{2}\operatorname{sech} x,\quad D_x\log\left|\tanh\tfrac{1}{2}x\right|=\operatorname{csch} x.$$

[当然, 所有这些公式都可以变换成积分学中的公式.]

(25) 证明 $\cosh x\geqslant 1$ 以及 $-1<\tanh x<1$.

(26) 证明: 如果 $-\frac{1}{2}\pi<x<\frac{1}{2}\pi$, 而 y 是正数, 且 $\cos x\cosh y=1$, 那么

$$y=\log(\sec x+\tan x),\quad D_x y=\sec x,\quad D_y x=\operatorname{sech} y.$$

(27) **反双曲函数**. 记

$$s=\sinh x,\quad t=\tanh x,\quad c=\cosh x,$$

并假设 x 取所有实数值.

① “双曲余弦”: 有关这一术语的说明, 见 Hobson 所著 *Trigonometry* 一书第 XVI 章.

(i) 当 x 增加时函数 s 递增, 取每个实数值恰好一次. 方程 $\sinh x = s$ 有唯一解

$$x = \log\left\{s + \sqrt{s^2+1}\right\},$$

我们将它记成 $\arg\sinh s$[①].

(ii) 当 x 增加时函数 t 递增, 当 $x \to \infty$ 以及 $x \to -\infty$ 时有极限 1 和 -1. 方程 $\tanh x = t$ 有唯一解

$$x = \frac{1}{2}\log\frac{1+t}{1-t},$$

我们把它记为 $\arg\tanh t$.

(iii) 函数 c 是偶函数, 除了在 $x=0$ 之外其值均大于 1. 当 x 取正值时它是递增的, 当 $x \to \infty$ 时趋向 ∞. 方程 $\cosh x = c$ 有两个解

$$x = \log\left\{c + \sqrt{c^2-1}\right\},\ \ x = \log\left\{c - \sqrt{c^2-1}\right\},$$

这两个解绝对值相等且有相反的符号. 我们将把第一个正的解记为 $\arg\cosh c$.

于是 $\arg\sinh x, \arg\tanh x$ 就是 $\sinh x$ 和 $\tanh x$ 的单值反函数, $\arg\cosh x$ 可以视为 $\cosh x$ 的双值反函数的一个单值支. 验证:

$$\int\frac{\mathrm{d}x}{\sqrt{x^2+a^2}} = \arg\sinh\frac{x}{a}, \int\frac{\mathrm{d}x}{\sqrt{x^2-a^2}} = \arg\cosh\frac{x}{a},\ \int\frac{\mathrm{d}x}{x^2-a^2} = -\frac{1}{a}\arg\tanh\frac{x}{a}$$

分别在以下条件下成立: $a>0$ (第一个公式), $x>a$ (第二个公式) 以及 $-a<x<a$ (第三个公式). 这些公式给了我们写出第 6 章中诸多公式的另外一种可供选择的方法.

(28) 证明

$$\int\frac{\mathrm{d}x}{\sqrt{(x-a)(x-b)}} = 2\log\left\{\sqrt{x-a}+\sqrt{x-b}\right\}\quad (a<b<x),$$

$$\int\frac{\mathrm{d}x}{\sqrt{(a-x)(b-x)}} = -2\log\left\{\sqrt{a-x}+\sqrt{b-x}\right\}\quad (x<a<b),$$

$$\int\frac{\mathrm{d}x}{\sqrt{(x-a)(b-x)}} = 2\arctan\sqrt{\frac{x-a}{b-x}}\quad (a<x<b).$$

(29) 解方程 $a\cosh x + b\sinh x = c$, 其中 $c>0$, 证明: 当 $b^2+c^2-a^2<0$ 时它没有实根; 当 $b^2+c^2-a^2>0$ 时, 它有两个实根、一个实根或者没有实根, 要根据 $a+b$ 和 $a-b$ 是两者皆为正数、两者有相反的符号或者两者皆为负数来决定. 讨论 $b^2+c^2-a^2=0$ 的情形.

(30) 解联立方程

$$\cosh x\cosh y = a,\ \ \sinh x\sinh y = b.$$

(31) 当 $x\to\infty$ 时 $x^{1/x}\to 1$. [因为 $x^{1/x} = \mathrm{e}^{(\log x)/x}$, 且 $(\log x)/x \to 0$. 参见例 XXVII 第 (11) 题.] 又证明: 函数 $x^{1/x}$ 当 $x=\mathrm{e}$ 时有极大值, 并对正的 x 值画出该函数的图形.

(32) 当 $x\to +0$ 时 $x^x\to 1$.

(33) 如果当 $n\to\infty$ 时有 $u_{n+1}/u_n \to l$ (其中 $l>0$), 那么当 $n\to\infty$ 时有 $\sqrt[n]{u_n}\to l$.

[因为

$$\log u_{n+1} - \log u_n \to \log l,$$

所以

$$\log u_n \sim n\log l.$$

见第 4 章杂例第 17 题.]

① 现代数学中反双曲正弦函数的常用标准符号是 $\operatorname{arcsinh} x$ 或者 $\sinh^{-1}x$, 以下其他反双曲函数也有类似的符号, 不再赘述, 读者可以查阅有关的教材或者手册了解相关的数学符号. ——译者注

(34) 当 $n \to \infty$ 时有 $\sqrt[n]{n!} \sim \mathrm{e}^{-1} n$. [在第 (33) 题中取 $u_n = n^{-n} n!$.]

(35) $\sqrt[n]{\dfrac{(2n)!}{n!n!}} \to 4.$①

(36) 讨论方程 $\mathrm{e}^x = x^{1\,000\,000}$ 的近似解.

[通过一般性的图形考虑容易看出, 该方程有两个正根, 一个比 1 大一点儿, 而另一个则非常大②, 且有一个比 -1 大一点儿的负根. 为了粗略确定大的正根的大小, 可以如下进行. 如果 $\mathrm{e}^x = x^{1\,000\,000}$, 那么, 由于 13.82 和 2.63 分别接近于 $\log 10^6$ 和 $\log\log 10^6$ 的值, 故而粗略地有

$$x = 10^6 \log x, \quad \log x = 13.82 + \log\log x, \quad \log\log x = 2.63 + \log\left(1 + \frac{\log\log x}{13.82}\right).$$

由这些等式容易看出, 比值 $\log x : 13.82$ 和 $\log\log x : 2.63$ 与 1 相差不大, 且

$$x = 10^6\,(13.82 + \log\log x) = 10^6\,(13.82 + 2.63) = 16\,450\,000$$

给出这个根的一个可以接受的近似值, 所产生的误差可以粗略地用 $10^6(\log\log x - 2.63)$ 或者用 $\left(10^6 \log\log x\right) / 13.82$ 或者用 $\left(10^6 \times 2.63\right) / 13.82$ 来表示, 此数小于 200 000. 这些近似值当然都是相当粗略的, 但足以使我们对于根的无穷大的尺度有一个好的想法.

类似地, 讨论诸方程 $\mathrm{e}^x = 1\,000\,000 x^{1\,000\,000}$, $\mathrm{e}^{x^2} = x^{1\,000\,000\,000}$.]

218. 级数和积分收敛的对数判别法

在第 8 章 (第 181, 185 节) 我们证明了:

$$\sum_{1}^{\infty} \frac{1}{n^s}, \int_a^{\infty} \frac{\mathrm{d}x}{x^s} \quad (a > 0)$$

当 $s > 1$ 时收敛, 当 $s \leqslant 1$ 时发散. 于是 $\sum n^{-1}$ 发散, 但是 $\sum n^{-1-\alpha}$ 对所有正的 α 值都是收敛的.

然而在第 210 节中我们看到, 借助于对数可以构造出这样的函数, 它趋向零要比 n^{-1} 更快, 但是比任何幂 $n^{-1-\alpha}$ 趋向零都要慢. 例如 $n^{-1}(\log n)^{-1}$ 就是这样一个函数, 而级数

$$\sum \frac{1}{n \log n}$$

是收敛抑或发散这一问题不可能通过与任何 $\sum n^{-s}$ 这种类型的级数作比较而获得解决.

对于级数

$$\sum \frac{1}{n\sqrt{\log n}}, \sum \frac{\log\log n}{n\,(\log n)^2}$$

① 原书此处将式中的分子 $(2n)!$ 误写为 $2n!$, 而后者一般是理解为 $2(n!)$ 的. ——编者注

② 当然, 术语 “非常大” 在此并不是第 4 章中所说明的技术意义上来说的. 它的含义是 “比初等数学中通常出现的这种方程的根要大得多”. 术语 “小一点儿” 也必须类似地加以解释.

来说有同样的结论成立. 重要的是要寻求某些判别法, 这些判别法使我们能确定像这样的一些级数是收敛还是发散; 而这种判别法容易从第 180 节的积分判别法推导出来.

由于

$$D_x(\log x)^{1-s}=\frac{1-s}{x(\log x)^s},\quad D_x\log\log x=\frac{1}{x\log x},$$

我们就有

$$\int_a^{\xi}\frac{\mathrm{d}x}{x(\log x)^s}=\frac{(\log\xi)^{1-s}-(\log a)^{1-s}}{1-s},\quad \int_a^{\xi}\frac{\mathrm{d}x}{x\log x}=\log\log\xi-\log\log a$$

(其中 $a>1$). 如果 $s>1$, 则当 $\xi\to\infty$ 时第一个积分趋向极限 $(\log a)^{1-s}/(s-1)$, 如果 $s<1$, 则该积分趋向 ∞. 第二个积分趋向 ∞. 从而级数和积分

$$\sum_{n_0}^{\infty}\frac{1}{n(\log n)^s},\quad \int_a^{\infty}\frac{\mathrm{d}x}{x(\log x)^s}$$

当 $s>1$ 时收敛, 当 $s\leqslant 1$ 时发散, 其中 n_0 和 a 大于 1.

由此推出, 如果对于很大的 n 有 $\phi(n)=O\left(\frac{1}{n(\log n)^s}\right)$, 其中 $s>1$, 那么级数 $\sum\phi(n)$ 收敛, 而如果 $\phi(n)$ 是正的, 且

$$\frac{1}{\phi(n)}=O(n\log n),$$

则此级数发散. 我们把与积分相对应的定理的陈述留给读者完成.

例 LXXXIX

(1) 诸级数

$$\sum\frac{(\log n)^p}{n^{1+s}},\quad \sum\frac{(\log n)^p(\log\log n)^q}{n^{1+s}},\quad \sum\frac{(\log\log n)^p}{n(\log n)^{1+s}}$$

对于所有 p 和 q 的值都是收敛的, 其中 $s>0$; 而

$$\sum\frac{1}{n^{1-s}(\log n)^p},\ \sum\frac{1}{n^{1-s}(\log n)^p(\log\log n)^q},\ \sum\frac{1}{n(\log n)^{1-s}(\log\log n)^p}$$

发散. 因为对每个 p (不论多大) 和每个正数 δ (不论多小) 有 $(\log n)^p=O(n^{\delta})$, 且有 $(\log\log n)^p=O\left\{(\log n)^{\delta}\right\}$. 从收敛性的观点来看, 在每一组级数的前面两个级数中, 包含 $\log n$ 以及 $\log\log n$ 的因子, 以及在每一组的第三个级数中包含 $\log\log n$ 的因子都是可以忽略不计的.

(2) 像

$$\sum\frac{1}{n\log n\log\log n},\ \sum\frac{\log\log\log n}{n\log n\sqrt{\log\log n}}$$

这样的级数的敛散性不能用本节前面所给出的定理加以解决, 因为在每一种情形, 求和号下的函数趋向零都比 $n^{-1}(\log n)^{-1}$ 趋向零更快, 而比 $n^{-1}(\log n)^{-1-\alpha}$ 趋向零要更慢一些, 其中 α 是任意的正数. 对于这样的级数还需要更加精细的判别法. 从等式

$$\frac{\mathrm{d}}{\mathrm{d}x}(\log_k x)^{1-s}=\frac{1-s}{x\log x\log_2 x\cdots\log_{k-1}x\,(\log_k x)^s},$$
$$\frac{\mathrm{d}}{\mathrm{d}x}\log_{k+1}x=\frac{1}{x\log x\log_2 x\cdots\log_{k-1}x\log_k x}$$

出发 (其中 $\log_2 x=\log\log x$, $\log_3 x=\log\log\log x,\cdots$ ①), 读者可以证明下面的定理: 级数和积分

$$\sum_{n_0}^{\infty}\frac{1}{n\log n\log_2 n\cdots\log_{k-1}n\,(\log_k n)^s},\quad \int_a^{\infty}\frac{\mathrm{d}x}{x\log x\log_2 x\cdots\log_{k-1}x\,(\log_k x)^s}$$

当 $s>1$ 时收敛, 当 $s\leqslant 1$ 时发散, n_0 和 a 是足够大的数, 它们确保当 $n\geqslant n_0$ 或者 $x\geqslant a$ 时, $\log_k n$ 和 $\log_k x$ 都是正数. 当 k 增加时, n_0 和 a 的这些值增加得很快: 例如 $\log x>0$ 需要 $x>1$, $\log_2 x>0$ 需要 $x>\mathrm{e}$, $\log_3 x>0$②需要 $x>\mathrm{e}^{\mathrm{e}}$, 如此等等; 容易看出: $\mathrm{e}^{\mathrm{e}}>10$, $\mathrm{e}^{\mathrm{e}^{\mathrm{e}}}>\mathrm{e}^{10}>20\,000$, $\mathrm{e}^{\mathrm{e}^{\mathrm{e}^{\mathrm{e}}}}>\mathrm{e}^{20\,000}>10^{8000}$.

读者应该注意到, 像 $\mathrm{e}^{\mathrm{e}^x}$ 和 $\mathrm{e}^{\mathrm{e}^{\mathrm{e}^x}}$ 这样的更高的指数函数随着 x 的增加而增加得极其迅速. 当然, 同样的说明对像 a^{a^x} 和 $a^{a^{a^x}}$ 这样的函数也适用, 这里 a 是任何一个大于 1 的数. 有人计算过, 9^{9^9} 大约有 369 693 100 位数字, 而 $10^{10^{10}}$ 当然有 10 000 000 001 位数字. 反过来, 更高的对数函数的增长率是极慢的. 例如, 要使得 $\log\log\log\log x>1$, 就需要假设 x 是一个有超过 8000 位数字的数③.

宇宙中质子的个数估计有 10^{80} 个, 而可能有的棋局数有 $10^{10^{50}}$ 个.

(3) 证明: 积分 $\displaystyle\int_0^a\frac{1}{x}\left\{\log\left(\frac{1}{x}\right)\right\}^s\mathrm{d}x$ 当 $s<-1$ 时收敛, 当 $s\geqslant -1$ 时发散, 其中 $0<a<1$. [研究

$$\int_\varepsilon^a\frac{1}{x}\left\{\log\left(\frac{1}{x}\right)\right\}^s\mathrm{d}x$$

当 $\varepsilon\to +0$ 时的性状. 这个结论还可以通过引入更高的对数因子而得到加强.]

(4) 证明: $\displaystyle\int_0^1\frac{1}{x}\left\{\log\left(\frac{1}{x}\right)\right\}^s\mathrm{d}x$ 对所有的 s 值均发散. [上面最后一个例子表明: $s<-1$ 是该积分在积分下限收敛的必要条件; 但是, 如果 s 是负数, 则当 $x\to 1-0$ 时, $\{\log(1/x)\}^s$ 与 $(1-x)^s$ 一样趋向 ∞, 所以当 $s<-1$ 时, 该积分在积分上限发散.]

(5) $\displaystyle\int_0^1 x^{a-1}\left\{\log\left(\frac{1}{x}\right)\right\}^s\mathrm{d}x$ 收敛的充分必要条件是 $a>0, s>-1$.

(6) 研究 $\displaystyle\int_0^{\infty}\frac{x^a\,\mathrm{d}x}{(1+x)^b\left\{1+(\log x)^2\right\}}$ 的收敛性. (*Math. Trip.* 1934)

① 不要将这个记号与第 217 节中以 a 为底的对数符号混淆起来.

② 此处的 $\log_3 x>0$ 原书误印成 $\log\log x>0$. 应改为 $\log\log\log x>0$ 或者 $\log_3 x>0$. ——译者注

③ 见第 283 页和第 328 页的脚注.

例 XC

(1) **Euler 极限**. 证明：当 $n \to \infty$ 时

$$\phi(n) = 1 + \frac{1}{2} + \frac{1}{3} + \cdots + \frac{1}{n-1} - \log n$$

趋向极限 γ, 且 $0 < \gamma \leqslant 1$. [这由第 180 节立即推出. γ 的值是 $0.577\cdots$, γ 通常称为 **Euler 常数** (Euler's constant).]

(2) 如果 a 和 b 是正数, 那么当 $n \to \infty$ 时

$$\frac{1}{a} + \frac{1}{a+b} + \frac{1}{a+2b} + \cdots + \frac{1}{a+(n-1)b} - \frac{1}{b}\log(a+nb)$$

趋向一个极限.

(3) 如果 $0 < s < 1$, 那么当 $n \to \infty$ 时

$$\phi(n) = 1 + 2^{-s} + 3^{-s} + \cdots + (n-1)^{-s} - \frac{n^{1-s}}{1-s}$$

趋向一个极限.

(4) 证明：级数

$$\frac{1}{1} + \frac{1}{2\left(1+\frac{1}{2}\right)} + \frac{1}{3\left(1+\frac{1}{2}+\frac{1}{3}\right)} + \cdots$$

是发散的. [将此级数的通项与 $(n\log n)^{-1}$ 加以比较.]

(5) 第 183 节中 $a=1$ 情形. 当第 183 节的等式 (1) 中 $a=1$ 时, 取 $u_n = (n\log n)^{-1}$, 此时 $\sum u_n$ 发散. 因为

$$\frac{\log(n+1)}{\log n} = \frac{1}{\log n}\left\{\log n + \frac{1}{n} + O\left(\frac{1}{n^2}\right)\right\} = 1 + \frac{1}{n\log n} + O\left(\frac{1}{n^2}\right),$$

我们有

$$\frac{u_{n+1}}{u_n} = \frac{n\log n}{(n+1)\log(n+1)} = 1 - \frac{1}{n} - \frac{1}{n\log n} + O\left(\frac{1}{n^2}\right).$$

从而对很大的 n 有 $v_{n+1}/v_n > u_{n+1}/u_n$, 因此 $\sum v_n$ 发散.

(6) 一般性地, 证明：如果 $\sum u_n$ 是正项级数, 且

$$s_n = u_1 + u_2 + \cdots + u_n,$$

那么 $\sum (u_n/s_{n-1})$ 是收敛还是发散, 要根据 $\sum u_n$ 收敛或者发散而确定. [如果 $\sum u_n$ 收敛, 那么 s_{n-1} 趋向一个正的极限 l, 所以 $\sum(u_n/s_{n-1})$ 收敛. 如果 $\sum u_n$ 发散, 那么 $s_{n-1} \to \infty$, 且

$$\frac{u_n}{s_{n-1}} > \log\left(1 + \frac{u_n}{s_{n-1}}\right) = \log\frac{s_n}{s_{n-1}}$$

(例 LXXXIII 第 (1) 题); 显然, 当 $n \to \infty$ 时

$$\log\frac{s_2}{s_1} + \log\frac{s_3}{s_2} + \cdots + \log\frac{s_n}{s_{n-1}} = \log\frac{s_n}{s_1}$$

趋向 ∞.]

(7) 求级数 $1 - \frac{1}{2} + \frac{1}{3} - \cdots$ 的和. [根据第 (1) 题我们有

$$1 + \frac{1}{2} + \cdots + \frac{1}{2n} = \log(2n+1) + \gamma + o(1),$$

$$2\left(\frac{1}{2} + \frac{1}{4} + \cdots + \frac{1}{2n}\right) = \log(n+1) + \gamma + o(1),$$

这里 γ 表示 Euler 常数. 相减并令 $n \to \infty$ 就看出所给级数的和是 $\log 2$. 也见第 220 节.]

(8) 证明：当 $C=\gamma$ 时级数

$$\sum_0^{\infty}(-1)^n\left(1+\frac{1}{2}+\cdots+\frac{1}{n+1}-\log n-C\right)$$

收敛, 除此之外有限振荡.

219. 与指数函数以及对数函数有关的级数, 用 Taylor 定理展开 e^x

由于指数函数的任意阶导数仍等于指数函数自己, 我们有

$$e^x=1+x+\frac{x^2}{2!}+\cdots+\frac{x^{n-1}}{(n-1)!}+\frac{x^n}{n!}e^{\theta x},$$

其中 $0<\theta<1$. 但是, 无论 x 取什么值, 当 $n\to\infty$ 时都有 $x^n/n!\to 0$ (例 XXVII 第 (12) 题). 且有 $e^{\theta x}<e^x$. 因此, 令 n 趋向 ∞, 就有

$$e^x=1+x+\frac{x^2}{2!}+\cdots+\frac{x^n}{n!}+\cdots. \tag{1}$$

这个等式右边的级数称为**指数级数** (exponential series). 特别地我们有

$$e=1+1+\frac{1}{2!}+\cdots+\frac{1}{n!}+\cdots, \tag{2}$$

所以

$$\left(1+1+\frac{1}{2!}+\cdots+\frac{1}{n!}+\cdots\right)^x=1+x+\frac{x^2}{2!}+\cdots+\frac{x^n}{n!}+\cdots, \tag{3}$$

这个结果称为**指数定理** (exponential theorem). 又对所有取正值的 a 有

$$a^x=e^{x\log a}=1+(x\log a)+\frac{(x\log a)^2}{2!}+\cdots. \tag{4}$$

读者会注意到, 对每一项求导, 指数级数有重新生成自己的性质, 且没有任何其他的幂级数具有这样的性质. 这方面某些进一步的注释请见附录 2.

e^x 的幂级数是如此重要, 值得我们用另外一种与 Taylor 定理无关的方法加以研究. 设

$$E_n(x)=1+x+\frac{x^2}{2!}+\cdots+\frac{x^n}{n!},$$

并假设 $x>0$. 那么

$$\left(1+\frac{x}{n}\right)^n=1+n\left(\frac{x}{n}\right)+\frac{n(n-1)}{1\cdot 2}\left(\frac{x}{n}\right)^2+\cdots+\frac{n(n-1)\cdots 1}{1\cdot 2\cdots n}\left(\frac{x}{n}\right)^n,$$

当 $n>1$ 时此式小于 $E_n(x)$. 又只要 $n>x$, 根据负整数次幂的二项式定理我们有

$$\left(1-\frac{x}{n}\right)^{-n}=1+n\left(\frac{x}{n}\right)+\frac{n(n-1)}{1\cdot 2}\left(\frac{x}{n}\right)^2+\cdots>E_n(x).$$

从而

$$\left(1+\frac{x}{n}\right)^n<E_n(x)<\left(1-\frac{x}{n}\right)^{-n}\quad(n>x).$$

但是 (第 215 节), 第一个与最后一个函数当 $n\to\infty$ 时趋向极限 e^x, 于是 $E_n(x)$ 必定也趋向同一极限. 这就对 x 为正数的情形证明了 (1). 当 x 为负数时, (1) 的正确性可以从指数函数所满足的函数方程 $f(x)f(y)=f(x+y)$ 推出 (例 LXXXI 第 (7) 题).

例 XCI

(1) 证明

$$\cosh x = 1 + \frac{x^2}{2!} + \frac{x^4}{4!} + \cdots, \quad \sinh x = x + \frac{x^3}{3!} + \frac{x^5}{5!} + \cdots.$$

(2) 如果 x 是正数, 那么指数级数中最大的项是第 $[x]+1$ 项, 除非 x 是整数; 而当 x 是整数时, 它的前一项与它相等.

(3) 证明 $n! > (n/\mathrm{e})^n$. [因为 $n^n/n!$ 是 e^n 的级数中的一项.]

(4) 证明 $\mathrm{e}^n = \dfrac{n^n}{n!}(2 + S_1 + S_2)$, 其中

$$S_1 = \frac{1}{1+\nu} + \frac{1}{(1+\nu)(1+2\nu)} + \cdots, \quad S_2 = (1-\nu) + (1-\nu)(1-2\nu) + \cdots,$$

而 $\nu = 1/n$; 并推出 $n!$ 介于 $2(n/\mathrm{e})^n$ 和 $2(n+1)(n/\mathrm{e})^n$ 之间.

(5) 用指数级数证明:e^x 趋向无穷要比 x 的任何幂趋向无穷更快. [利用不等式 $\mathrm{e}^x > x^n/n!$.]

(6) 证明: e 不是有理数. [如果 $\mathrm{e} = p/q$, 其中 p 和 q 是整数, 则必有

$$\frac{p}{q} = 1 + 1 + \frac{1}{2!} + \frac{1}{3!} + \cdots + \frac{1}{q!} + \cdots,①$$

用 $q!$ 来乘, 即得

$$q!\left(\frac{p}{q} - 1 - 1 - \frac{1}{2!} - \cdots - \frac{1}{q!}\right) = \frac{1}{q+1} + \frac{1}{(q+1)(q+2)} + \cdots;$$

而这是不可能的, 因为它的左边是一个正整数, 而右边小于 $(q+1)^{-1} + (q+1)^{-2} + \cdots = q^{-1}$.]

(7) 对级数 $\displaystyle\sum_0^\infty P_r(n)\frac{x^n}{n!}$ 求和, 其中 $P_r(n)$ 是一个关于 n 的 r 次多项式. [可以将 $P_r(n)$ 表示成

$$A_0 + A_1 n + A_2 n(n-1) + \cdots + A_r n(n-1)\cdots(n-r+1)$$

的形式, 因而

$$\begin{aligned}\sum_0^\infty P_r(n)\frac{x^n}{n!} &= A_0\sum_0^\infty \frac{x^n}{n!} + A_1\sum_1^\infty \frac{x^n}{(n-1)!} + \cdots + A_r\sum_r^\infty \frac{x^n}{(n-r)!}\\ &= \left(A_0 + A_1 x + A_2 x^2 + \cdots + A_r x^r\right)\mathrm{e}^x.]\end{aligned}$$

(8) 证明:

$$\sum_1^\infty \frac{n^3}{n!}x^n = \left(x + 3x^2 + x^3\right)\mathrm{e}^x, \quad \sum_1^\infty \frac{n^4}{n!}x^n = \left(x + 7x^2 + 6x^3 + x^4\right)\mathrm{e}^x;$$

又如果 $S_n = 1^3 + 2^3 + \cdots + n^3$, 那么

$$\sum_1^\infty S_n\frac{x^n}{n!} = \frac{1}{4}\left(4x + 14x^2 + 8x^3 + x^4\right)\mathrm{e}^x.$$

特别地, 当 $x = -2$ 时最后这个级数等于零. (*Math. Trip.* 1904)

① 原书此式误写为 $\dfrac{p}{q} = 1 + \dfrac{1}{2!} + \dfrac{1}{3!} + \cdots + \dfrac{1}{q!} + \cdots$. ——译者注

(9) 证明 $\sum(n/n!)=\mathrm{e},\sum\left(n^2/n!\right)=2\mathrm{e},\sum\left(n^3/n!\right)=5\mathrm{e}$, 并证明 $\sum\left(n^k/n!\right)$ 是 e 的正整数倍, 其中 k 是任意正整数.

(10) 证明 $\sum_1^{\infty}\dfrac{(n-1)\,x^n}{(n+2)\,n!}=x^{-2}\left\{\left(x^2-3x+3\right)\mathrm{e}^x+\dfrac{1}{2}x^2-3\right\}$.

[用 $n+1$ 乘以分子和分母, 再如第 (7) 题那样去做.]

(11) 在 (i) $a=3,\ b=-5,\ c=4$; (ii) $a=3,\ b=-4,\ c=2$; (iii) $a=3,\ b=-3,\ c=1$ 这三种情形计算 $\lim\limits_{x\to 0}\dfrac{1-a\mathrm{e}^{-x}-b\mathrm{e}^{-2x}-c\mathrm{e}^{-3x}}{1-a\mathrm{e}^{x}-b\mathrm{e}^{2x}-c\mathrm{e}^{3x}}$. (*Math. Trip.* 1923)

(12) 假设 a,b,c,d 是正数, $c\neq d$, 计算

$$\lim_{x\to 0}\frac{a^x-b^x}{c^x-d^x}. \qquad (Math.\ Trip.\ 1934)$$

(13) 从例 LXXXVIII 第 (9) 题的结果推导出指数级数.

(14) 如果

$$X_0=\mathrm{e}^x,\quad X_1=\mathrm{e}^x-1,\quad X_2=\mathrm{e}^x-1-x,\quad X_3=\mathrm{e}^x-1-x-\frac{x^2}{2!},\quad \cdots,$$

那么 X_ν 的导数是 $X_{\nu-1}$. 由是证明：如果 $t>0$, 则

$$X_1(t)=\int_0^t X_0\mathrm{d}x<t\mathrm{e}^t, X_2(t)=\int_0^t X_1\mathrm{d}x<\int_0^t x\mathrm{e}^x\mathrm{d}x<\mathrm{e}^t\int_0^t x\mathrm{d}x=\frac{t^2}{2!}\mathrm{e}^t,$$

一般来说有 $X_\nu(t)<\dfrac{t^\nu}{\nu!}\mathrm{e}^t$. 推导出指数定理.

(15) 证明：$x^{2+p}=a^2$ 的正根按照 p 的幂展开的前面几项是

$$a\left\{1-\frac{1}{2}p\log a+\frac{1}{8}p^2\log a\,(2+\log a)\right\}. \qquad (Math.\ Trip.\ 1909)$$

220. 对数级数

展开成 x 的幂的另一个重要展开式是 $\log(1+x)$ 的展开式. 由于

$$\log(1+x)=\int_0^x\frac{\mathrm{d}t}{1+t},$$

且当 t 的绝对值小于 1 时有 $1/(1+t)=1-t+t^2-\cdots$, 自然期待[①]当 $-1<x<1$ 时 $\log(1+x)$ 就等于对级数 $1-t+t^2-\cdots$ 从 $t=0$ 到 $t=x$ 逐项积分所得到的级数, 也即等于级数 $x-\frac{1}{2}x^2+\frac{1}{3}x^3-\cdots$; 事实上这是正确的. 因为

$$\frac{1}{1+t}=1-t+t^2-\cdots+(-1)^{m-1}t^{m-1}+\frac{(-1)^m t^m}{1+t},$$

所以, 如果 $x>-1$, 则有

$$\log(1+x)=\int_0^x\frac{\mathrm{d}t}{1+t}=x-\frac{x^2}{2}+\cdots+(-1)^{m-1}\frac{x^m}{m}+(-1)^m R_m,$$

① 关于这个问题的进一步的注释, 见附录 2.

其中

$$R_m = \int_0^x \frac{t^m \mathrm{d}t}{1+t}.$$

如果 $0 \leqslant x \leqslant 1$, 那么当 $m \to \infty$ 时有

$$0 \leqslant R_m \leqslant \int_0^x t^m \mathrm{d}t = \frac{x^{m+1}}{m+1} \leqslant \frac{1}{m+1} \to 0.$$

如果 $-1 < x < 0$, 且 $x = -\xi$, 则有 $0 < \xi < 1$, 那么

$$R_m = (-1)^{m-1} \int_0^\xi \frac{u^m}{1-u} \mathrm{d}u,$$

且有

$$|R_m| \leqslant \frac{1}{1-\xi} \int_0^\xi u^m \mathrm{d}u = \frac{\xi^{m+1}}{(m+1)(1-\xi)} \to 0;$$

所以再次有 $R_m \to 0$. 于是, 只要 $-1 < x \leqslant 1$, 就有

$$\log(1+x) = x - \tfrac{1}{2}x^2 + \tfrac{1}{3}x^3 - \cdots.$$

如果 x 在此范围之外, 则该级数不收敛. 令 $x = 1$, 我们得到

$$\log 2 = 1 - \tfrac{1}{2} + \tfrac{1}{3} - \cdots,$$

这个结果已经在别的地方得到了证明 (例 XC 第 (7) 题).

221. 反正切函数的级数

用类似的方法容易证明, 当 $-1 \leqslant x \leqslant 1$ 时有

$$\begin{aligned}\arctan x = \int_0^x \frac{\mathrm{d}t}{1+t^2} &= \int_0^x \left(1 - t^2 + t^4 - \cdots\right) \mathrm{d}t \\ &= x - \frac{1}{3}x^3 + \frac{1}{5}x^5 - \cdots.\end{aligned}$$

仅有的区别在于它的证明要更简单一点, 因为 $\tan x$ 是一个奇函数, 所以只需考虑正的 x 值, 且当 $x = -1$ 以及当 $x = 1$ 时该级数均收敛. 我们把有关的讨论留给读者完成. 当 $-1 \leqslant x \leqslant 1$ 时, 该级数所表示的 $\arctan x$ 的值当然介于 $-\frac{1}{4}\pi$ 与 $\frac{1}{4}\pi$ 之间, 在第 7 章 (例 LXIII 第 (3) 题) 所看到的是该积分所表示的值. 令 $x = 1$, 就得到公式

$$\frac{\pi}{4} = 1 - \frac{1}{3} + \frac{1}{5} - \cdots.$$

例 XCII

(1) 如果 $-1 \leqslant x < 1$, 则有 $\log\left(\dfrac{1}{1-x}\right) = x + \dfrac{1}{2}x^2 + \dfrac{1}{3}x^3 + \cdots$.

(2) 如果 $-1 < x < 1$, 则有 $\operatorname{arg\,tanh} x = \dfrac{1}{2}\log\left(\dfrac{1+x}{1-x}\right) = x + \dfrac{1}{3}x^3 + \dfrac{1}{5}x^5 + \cdots$.

(3) 证明：如果 x 是正数，那么

$$\log(1+x)=\frac{x}{1+x}+\frac{1}{2}\left(\frac{x}{1+x}\right)^2+\frac{1}{3}\left(\frac{x}{1+x}\right)^3+\cdots.$$

(*Math. Trip.* 1911)

(4) 对 $\log(1+x)$ 和 $\arctan x$ 用 Taylor 定理得到它们的级数.

[如果用的是 Lagrange 形式的余项，那么当 x 是负数时，在讨论第一个级数的余项时会出现困难；这里应该用 Cauchy 形式的余项，也即

$$R_n=\frac{(-1)^{n-1}(1-\theta)^{n-1}x^n}{(1+\theta x)^n}$$

(参见第 152 节的 (2) 以及第 168 节关于二项级数的对应讨论).

在第二个级数的情形，我们有

$$\begin{aligned}D_x^n\arctan x&=D_x^{n-1}\left(1+x^2\right)^{-1}\\&=(-1)^{n-1}(n-1)!\left(x^2+1\right)^{-\frac{1}{2}n}\sin\{n\arctan(1/x)\}\end{aligned}$$

(例 XLV 第 (15) 题)，且关于余项的处理没有困难，该余项的绝对值显然不大于 $1/n$[①].]

(5) 证明：$\log 2$ 介于级数 $1-\frac{1}{2}+\frac{1}{3}-\cdots$ 的前 $2n$ 项之和以及前 $2n+1$ 项之和之间.

(*Math. Trip.* 1930)

(6) 计算 $\lim\limits_{x\to1}\dfrac{1-x+\log x}{1-\sqrt{2x-x^2}}$.　(*Math. Trip.* 1934)

(7) 如果 $y>0$，那么

$$\log y=2\left\{\frac{y-1}{y+1}+\frac{1}{3}\left(\frac{y-1}{y+1}\right)^3+\frac{1}{5}\left(\frac{y-1}{y+1}\right)^5+\cdots\right\}.$$

[利用恒等式 $y=\left(1+\dfrac{y-1}{y+1}\right)\Big/\left(1-\dfrac{y-1}{y+1}\right)$. 这个级数可以用来计算 $\log 2$，这也是计算级数 $1-\frac{1}{2}+\frac{1}{3}-\cdots$ 的一个目的，但由于此级数收敛缓慢，实际上并没有什么用. 取 $y=2$ 并计算 $\log 2$ 到小数点后三位.]

(8) 利用公式

$$\log 10=3\log 2+\log\left(1+\frac{1}{4}\right)$$

计算 $\log 10$ 到小数点后三位.

(9) 证明：如果 $x>0$，则有

$$\log\left(\frac{x+1}{x}\right)=2\left\{\frac{1}{2x+1}+\frac{1}{3(2x+1)^3}+\frac{1}{5(2x+1)^5}+\cdots\right\},$$

且当 $x>2$ 时有

$$\log\frac{(x-1)^2(x+2)}{(x+1)^2(x-2)}=2\left\{\frac{2}{x^3-3x}+\frac{1}{3}\left(\frac{2}{x^3-3x}\right)^3+\frac{1}{5}\left(\frac{2}{x^3-3x}\right)^5+\cdots\right\}.$$

已知 $\log 2=0.693\,147\,1\cdots$ 以及 $\log 3=1.098\,612\,2\cdots$，在第二个公式中取 $x=10$ 证明 $\log 11=2.397\,895\cdots$.　(*Math. Trip.* 1912)

① 当 $x=0$ 时 $D_x^n\arctan x$ 的公式失效，这是因为此时 $\arctan(1/x)$ 没有定义. 容易看出 (参见例 XLV 第 (15) 题)，此时 $\arctan(1/x)$ 必须定义为 $\frac{1}{2}\pi$.

(10) 证明：如果 $\log 2, \log 5$ 和 $\log 11$ 已知，则公式

$$\log 13 = 3\log 11 + \log 5 - 9\log 2$$

给出 $\log 13$ 的一个误差实际上等于 0.000 15 的近似值.　　(*Math. Trip.* 1910)

(11) 证明

$$\tfrac{1}{2}\log 2 = 7a + 5b + 3c, \quad \tfrac{1}{2}\log 3 = 11a + 8b + 5c, \quad \tfrac{1}{2}\log 5 = 16a + 12b + 7c,$$

其中 $a = \operatorname{arg\,tanh}\frac{1}{31}$，$b = \operatorname{arg\,tanh}\frac{1}{49}$，$c = \operatorname{arg\,tanh}\frac{1}{161}$.

[这些公式使得我们能以任何精确度迅速求出 $\log 2, \log 3$ 和 $\log 5$ 的值.]

(12) 证明

$$\frac{\pi}{4} = \arctan\frac{1}{2} + \arctan\frac{1}{3} = 4\arctan\frac{1}{5} - \arctan\frac{1}{239},$$

并计算 π 到小数点后第 6 位.

(13) 将 $\log\{1-\log(1-x)\}$ 展开到 x^3 的幂，并推导出 $\log\{1+\log(1+x)\}$ 的对应展开式. [用 $x/(1+x)$ 代替 x.]　　(*Math. Trip.* 1923)

(14) 证明：$(1+x)^{1+x}$ 展开成 x 的幂级数的前几项是 $1 + x + x^2 + \frac{1}{2}x^3$.　　(*Math. Trip.* 1910)

(15) 证明：对很大的 x 值近似地有

$$\log_{10}\mathrm{e} - \sqrt{x(x+1)}\log_{10}\left(\frac{1+x}{x}\right) = \frac{\log_{10}\mathrm{e}}{24x^2}.$$

对 $x = 10$ 应用此公式以求得 $\log_{10}\mathrm{e}$ 的一个近似值，并估计所得结果之精确度.　　(*Math. Trip.* 1910)

(16) 如果

$$2x = \log\frac{y-1}{2} + \sum_{1}^{\infty}\frac{(-1)^n}{n}\left(\frac{y-1}{2}\right)^n$$

且 $1 < y \leqslant 3$，那么 $y = -\coth x$. 求 $2x$ 的一个在 $-3 \leqslant y < -1$ 内适用的一个类似的展开式.　　(*Math. Trip.* 1927)

(17) 利用对数级数以及以下事实

$$\log_{10} 2.3758 \approx 0.375\,809\,9, \quad \log_{10}\mathrm{e} \approx 0.4343$$

证明：方程 $x = 100\log_{10}x$ 的一个近似解是 237.581 21.　　(*Math. Trip.* 1910)

(18) 将 $\log\cos x$ 和 $\log\sin x - \log x$ 展开成 x 的幂级数直到 x^4 项，并验证，到 x^4 为止有

$$\log\sin x = \log x - \tfrac{1}{45}\log\cos x + \tfrac{64}{45}\log\cos\tfrac{1}{2}x.$$

(*Math. Trip.* 1908)

(19) 证明：如果 $-1 \leqslant x \leqslant 1$，则有

$$\int_0^x \frac{\mathrm{d}t}{1+t^4} = x - \frac{1}{5}x^5 + \frac{1}{9}x^9 - \cdots.$$

推导出

$$1 - \frac{1}{5} + \frac{1}{9} - \cdots = \frac{\pi + 2\log\left(\sqrt{2}+1\right)}{4\sqrt{2}}.$$

(*Math. Trip.* 1896)

[仿照第 221 节那样做，并利用例 XLVIII 第 (8) 题的结果. 类似地对 $\frac{1}{3} - \frac{1}{7} + \frac{1}{11} - \cdots$ 求和.]

(20) 一般地证明：如果 a 和 b 是正整数, 则

$$\frac{1}{a}-\frac{1}{a+b}+\frac{1}{a+2b}-\cdots=\int_0^1\frac{t^{a-1}\mathrm{d}t}{1+t^b},$$

从而可以求得该级数的和. 用这种方法计算 $1-\frac{1}{4}+\frac{1}{7}-\cdots$ 和 $\frac{1}{2}-\frac{1}{5}+\frac{1}{8}-\cdots$ 的和.

222. 二项级数

我们已经在假设 $-1<x<1$ 以及 m 是有理数的条件下研究了二项式定理 (第 168 节)

$$(1+x)^m=1+\binom{m}{1}x+\binom{m}{2}x^2+\cdots.$$

当 m 是无理数时, 我们有

$$(1+x)^m=\mathrm{e}^{m\log(1+x)},$$

$$\frac{\mathrm{d}}{\mathrm{d}x}(1+x)^m=\frac{m}{1+x}\mathrm{e}^{m\log(1+x)}=m(1+x)^{m-1},$$

所以 $(1+x)^m$ 的求导法则仍然是一样的, 从而第 168 节所给出的定理证明仍然适用. 剩下要讨论 $x=1$ 和 $x=-1$ 的情形.

(1) 当 $x=1$ 时, 级数是

$$1+m+\frac{m(m-1)}{2!}+\frac{m(m-1)(m-2)}{3!}+\cdots.$$

如果 $m+1\leqslant 0$, 则其通项 u_n 不趋向零 (例 LXXXIV 第 (3) 题). 如果 $m+1>0$, 则 u_n 最终将交替地改变符号并递减地趋向零, 所以该级数收敛.

为对该级数求和, 在第 167 节的 (1) 中取 $f(x)=(1+x)^m$, 并用 0 代替 a, 用 1 代替 h, 得到

$$2^m=u_0+u_1+\cdots+u_{n-1}+R_n,$$

其中

$$R_n=\frac{m(m-1)\cdots(m-n+1)}{(n-1)!}\int_0^1(1-t)^{n-1}(1+t)^{m-n}\mathrm{d}t.$$

对于很大的 n 这里的积分小于 n^{-1}(因为 $m-n<0$ 且 $1+t\geqslant 1$). 于是

$$|R_n|\leqslant|u_n|\to 0.$$

因此二项级数对 $x=1$ 收敛当且仅当 $m>-1$, 此时它的和为 2^m.

(2) 当 $x=-1$ 时, 我们可以求该级数的前 $n+1$ 项之和. 如果 $m=0$, 则此和等于 1. 反之, 如果取 $x=-1$ 以及 $m=-\mu$, 则其前 $n+1$ 项之和即为

$$\begin{aligned}1+\mu+\cdots+\frac{\mu(\mu+1)\cdots(\mu+n-1)}{n!}&=\frac{(\mu+1)(\mu+2)\cdots(\mu+n)}{n!}\\&=(-1)^n\binom{m-1}{n}\end{aligned}$$

(例 LXXXI 第 (5) 题). 当 $m > 0$ 时它趋向零, 而当 $m < 0$ 时不趋向极限 (例 LXXXIV 第 (3) 题). 于是, 该级数对 $x = -1$ 收敛当且仅当 $m \geqslant 0$, 当 $m = 0$ 时其和为 1, 当 $m > 0$ 时其和为 0.

例 XCIII

(1) 证明: 如果 $-1 < x < 1$, 那么

$$\frac{1}{\sqrt{1+x^2}} = 1 - \frac{1}{2}x^2 + \frac{1\cdot 3}{2\cdot 4}x^4 - \cdots, \quad \frac{1}{\sqrt{1-x^2}} = 1 + \frac{1}{2}x^2 + \frac{1\cdot 3}{2\cdot 4}x^4 + \cdots.$$

(2) **二次根式以及其他根式的逼近**. 设 $\sqrt{M}$ 是一个二次根式, 要求它的数值. 设 N^2 是与 M 最接近的平方数; 并设 $M = N^2 + x$ 或者 $M = N^2 - x$, 其中 x 是正数. 由于 x 不可能大于 N, 所以 x/N^2 比较小, 且 $\sqrt{M} = N\sqrt{1 \pm (x/N^2)}$ 可以表示成级数

$$N\left\{1 \pm \frac{1}{2}\left(\frac{x}{N^2}\right) - \frac{1\cdot 1}{2\cdot 4}\left(\frac{x}{N^2}\right)^2 \pm \cdots\right\},$$

无论如何此级数都是比较快地收敛的. 例如

$$\sqrt{67} = \sqrt{64+3} = 8\left\{1 + \frac{1}{2}\left(\frac{3}{64}\right) - \frac{1\cdot 1}{2\cdot 4}\left(\frac{3}{64}\right)^2 + \cdots\right\}.$$

验证: 取 $8\frac{3}{16}$ (头两项所给出的值) 作为近似值是一个比准确值大的近似值, 其产生的误差小于 $3^2/64^2$, 这个数小于 0.003.

(3) 如果 x 与 N^2 相比较小, 那么

$$\sqrt{N^2+x} = N + \frac{x}{4N} + \frac{Nx}{2\,(2N^2+x)},$$

其误差的阶是 x^4/N^7. 用它来计算 $\sqrt{997}$.

(4) 如果 M 与 N^3 相差小于这两个数中随便哪个数的百分之一, 那么 $\sqrt[3]{M}$ 与 $\frac{2}{3}N + \frac{1}{3}MN^{-2}$ 相差小于 $N/\,90\,000$. (*Math. Trip.* 1882)

(5) 如果 $M = N^4 + x$, 其中 x 与 N 相比较小, 那么 $\sqrt[4]{M}$ 的一个好的近似值是

$$\frac{51}{56}N + \frac{5}{56}\frac{M}{N^3} + \frac{27Nx}{14\,(7M+5N^4)}.$$

证明: 当 $N = 10, x = 1$ 时, 该近似值精确到小数点后 16 位. (*Math. Trip.* 1886)

(6) 指出怎样对级数

$$\sum_0^\infty P_r(n)\binom{m}{n}x^n$$

求和, 其中 $P_r(n)$ 是一个关于 n 的 r 次多项式.

[如同在例 XCI 第 (7) 题中那样, 将 $P_r(n)$ 表示成 $A_0 + A_1 n + A_2 n(n-1) + \cdots$ 的形式.]

223. 建立指数函数和对数函数理论的另一种方法

现在我们要来概述一种方法, 由此方法可以按照与前面诸页中所遵循的逻辑次序完全不同的次序来研究 e^x 和 $\log x$ 的性质. 这个方法的出发点是指数级数 $1 + x + \frac{x^2}{2!} + \cdots$. 我们知道, 这个级数对所有 x 的值都是收敛的, 这样就可以用等式

$$\exp x = 1 + x + \frac{x^2}{2!} + \cdots \tag{1}$$

来定义函数 $\exp x$.

接下来与例 LXXXI 第 (7) 题相同, 我们来证明

$$\exp x \times \exp y = \exp(x+y)\,. \tag{2}$$

又有

$$\frac{\exp h - 1}{h} = 1 + \frac{h}{2!} + \frac{h^2}{3!} + \cdots = 1 + \rho(h)\,,$$

这里 $\rho(h)$ 的绝对值小于

$$\left|\frac{1}{2}h\right| + \left|\frac{1}{2}h\right|^2 + \left|\frac{1}{2}h\right|^3 + \cdots = \frac{\left|\frac{1}{2}h\right|}{1-\left|\frac{1}{2}h\right|},$$

所以当 $h \to 0$ 时 $\rho(h) \to 0$; 从而当 $h \to 0$ 时有

$$\frac{\exp(x+h) - \exp x}{h} = \exp x\left(\frac{\exp h - 1}{h}\right) \to \exp x,$$

这也就是

$$\frac{\mathrm{d}}{\mathrm{d}x}\exp x = \exp x. \tag{3}$$

附带我们证明了 $\exp x$ 是一个连续函数.

现在可以对进程有所选择. 记 $y = \exp x$, 并注意到 $\exp 0 = 1$, 就有

$$\frac{\mathrm{d}y}{\mathrm{d}x} = y, \qquad x = \int_1^y \frac{\mathrm{d}t}{t}.$$

如果将对数函数定义为指数函数的反函数, 我们就回到了本章早些时候所采用过的观点.

但是我们可以换一种方式来做. 由 (2) 推出, 如果 n 是正整数, 那么

$$(\exp x)^n = \exp nx, \ (\exp 1)^n = \exp n.$$

如果 x 是一个正的有理分数 m/n, 那么

$$\{\exp(m/n)\}^n = \exp m = (\exp 1)^m\,,$$

所以 $\exp(m/n)$ 等于 $(\exp 1)^{m/n}$ 的正的值. 这个结果可以通过等式

$$\exp x \exp(-x) = 1$$

推广到 x 取负有理数值的情形; 所以对 x 的所有有理数值都有

$$\exp x = (\exp 1)^x = \mathrm{e}^x,$$

这里最后一步是我们的定义, 其中

$$\mathrm{e} = \exp 1 = 1 + 1 + \frac{1}{2!} + \frac{1}{3!} + \cdots\,.$$

最后, 当 x 是无理数时, 定义 e^x 等于 $\exp x$. 这样, 对数就作为反函数给出了定义.

例　用类似的方法, 从等式 (例 LXXXI 第 (6) 题)

$$f(m,x)\,f\left(m',x\right) = f\left(m+m',x\right)$$

出发建立二项级数

$$1 + \binom{m}{1}x + 5m\binom{m}{2}x^2 + \cdots = f(m,x)$$

的理论, 其中 $-1 < x < 1$.

224.　三角函数的解析理论

现在回到在第 163 节中讨论过的一个话题.

在整本书中, 都假定读者了解平面三角的基础知识, 并且为了列举例证的目的, 已自由使用三角函数或者所谓的“圆”函数 $\cos x, \sin x, \tan x, \cdots$. 然而, 在第 163 节中我们指出了: 三角学的基础并不像初学者所认为的那样简单, 这一理论的通常表述依赖于某些需要仔细分析的预备知识.

至少存在四种明显的方法, 可以用这些方法构造出三角函数的解析理论.

(i) *几何方法*. 最自然的方法是尽可能紧密地效仿通常教科书中的程序, 将它们所用的几何语言翻译成分析的语言. 第 163 节曾经讨论过这个问题, 并断言它包含一个且仅含有一个严重的困难. 我们需要证明: 要么圆的任何一段弧都有一个称为它的**长度**的数与之相关联, 要么圆的任何一个扇形都有一个称为其**面积**的数与之关联. 这些要求是可以选择的, 而当其中任何一个要求得以满足时, 三角学就有了稳固的基础. 通常采用第一种选择, 将三角学建立在长度的基础上; 但是第 7 章包含有关于面积而不是长度的一个精确的讨论, 所以我们自然倾向于第二种选择.

(ii) *无穷级数方法*. 在许多分析专著中采用的第二种方法是将三角函数定义成第 223 节中所定义的指数函数, 也就是用无穷级数加以定义. 用等式

$$\text{(1)}\qquad \cos x = 1 - \frac{x^2}{2!} + \frac{x^4}{4!} - \cdots, \quad \sin x = x - \frac{x^3}{3!} + \frac{x^5}{5!} - \cdots$$

定义 $\cos x$ 和 $\sin x$. 这些级数对 x 的所有实数值都是绝对收敛的, 而且可以如同在第 223 节中那样作乘积. 这就得到公式

$$\cos(x+y) = \cos x \cos y - \sin x \sin y$$

以及三角学中其他的加法公式. 周期性稍微有一点儿麻烦. 由 (1) 可以证明: $\cos x$ (它对很小的 x 的值取正值) 在区间 $(0,2)$ 中恰好改变符号一次 (比方说在 $x=\xi$); 再用等式 $\frac{1}{2}\pi = \xi$ 定义 π. 则容易证明 $\sin\frac{1}{2}\pi = 1, \cos\pi = -1, \sin\pi = 0$; 而由加法公式得出等式

$$\cos(x+\pi) = -\cos x, \quad \sin(x+\pi) = -\sin x.$$

在此定义基础上对该理论的一个详尽说明可以在 Whittaker 和 Watson 合著的 *Modern Analysis* 一书附录 A 中找到.

这一理论令人非常满意, 不过, 将 $\cos z$ 和 $\sin z$ 看成复变量 z 的函数要比在这里仅仅将它们当作实变量和实函数看待要更加自然.

(iii) *用无穷乘积定义正弦函数*. 第三种方法是用等式

$$\sin x = x\left(1 - \frac{x^2}{\pi^2}\right)\left(1 - \frac{x^2}{2^2\pi^2}\right)\left(1 - \frac{x^2}{3^2\pi^2}\right)\cdots$$

定义 $\sin x$. 这个方法有诸多便利之处, 不过它自然要求无穷乘积理论方面的知识.

(iv) 用积分定义反函数. 还有第四种方法, 它效仿本章处理对数函数同样的路线, 因而在这里更为适用. 首先用等式

(1) $$y=y(x)=\arctan x=\int_0^x \frac{\mathrm{d}t}{1+t^2}$$

定义 x 的反正切函数. 对于 x 的每个实数值, 这个等式定义了唯一一个 y 值. 由于被积函数是偶函数, 所以 $y(x)$ 是 x 的奇函数. 又因为 y 连续且严格增加, 根据第 110 节可知, 存在一个反函数 $x=x(y)$, 它也是连续且严格增加的. 记

(2) $$x=x(y)=\tan y.$$

如果用等式

(3) $$\frac{\pi}{2}=\int_0^\infty \frac{\mathrm{d}t}{1+t^2}$$

定义 π, 则 $x(y)$ 对 $-\frac{1}{2}\pi<y<\frac{1}{2}\pi$ 有定义.

现在记

(4) $$\cos y=\frac{1}{\sqrt{1+x^2}},\quad \sin y=\frac{x}{\sqrt{1+x^2}}\ ,$$

其中的平方根取正值. 从而 $\cos y$ 和 $\sin y$ 就对 $-\frac{1}{2}\pi<y<\frac{1}{2}\pi$ 有了定义. 当 $y\to\frac{1}{2}\pi$ 时, $x\to\infty$, 因此 $\cos y\to 0$ 且 $\sin y\to 1$. 我们用等式

(5) $$\cos\tfrac{1}{2}\pi=0,\quad \sin\tfrac{1}{2}\pi=1$$

来定义 $\cos\frac{1}{2}\pi$ 和 $\sin\frac{1}{2}\pi$. 这样 $\cos y$ 和 $\sin y$ 就对 $-\frac{1}{2}\pi<y\leqslant\frac{1}{2}\pi$ 有了定义, 而 $\tan y$ 就对 $-\frac{1}{2}\pi<y<\frac{1}{2}\pi$ 有了定义.

最后, 对于在区间 $\left(-\frac{1}{2}\pi,\frac{1}{2}\pi\right)$ 之外的 y 值, 用等式

(6) $$\tan(y+\pi)=\tan y,\quad \cos(y+\pi)=-\cos y,\quad \sin(y+\pi)=-\sin y$$

来定义 $\tan y,\cos y$ 以及 $\sin y$, 这就将定义成功地扩展到了区间

$$\left(\tfrac{1}{2}\pi,\tfrac{3}{2}\pi\right),\quad \left(\tfrac{3}{2}\pi,\tfrac{5}{2}\pi\right),\quad \cdots,\quad \left(-\tfrac{3}{2}\pi,-\tfrac{1}{2}\pi\right),\quad \left(-\tfrac{5}{2}\pi,-\tfrac{3}{2}\pi\right),\quad \cdots.$$

这样一来, 正切函数就对除了 $\left(k+\frac{1}{2}\right)\pi$ (其中 k 是整数) 以外的所有 y[①] 值都有定义. 而对这些值 $\left(k+\frac{1}{2}\right)\pi$, 定义失效; 当 y 趋向这些值中的一个值时, $\tan y$ 趋向 $+\infty$ 或者 $-\infty$, 其符号根据 y 是从下面还是从上面趋向所讨论的那个数值而定. 另一方面, 对所有的 y 值, $\cos y$ 和 $\sin y$ 都有定义, 且都是连续的.

例如, 当 $y\to\left(k+\frac{1}{2}\right)\pi-0$ 时 $\tan y\to+\infty$. 如果将 -0 改为 $+0$, 则结论中极限的符号要反过来.

为了看出 $\cos y$ 对于 $y=\frac{1}{2}\pi$ 是连续的, 注意: (i) 根据定义有 $\cos\frac{1}{2}\pi=0$, (ii) 根据 (4), 当 $y\to\frac{1}{2}\pi-0$ 时有 $\cos y\to 0$, (iii) 根据 (4), 当 $y\to-\frac{1}{2}\pi+0$ 时有 $\cos y\to 0$, 于是根据 (6) 可知, 当 $y\to\frac{1}{2}\pi+0$ 时有 $\cos y\to 0$.

---

① 原书此处将 y 误写为 π. ——译者注

我们首先定义 $\arctan x$ 和 $\tan y$, 然后用 $\tan y$ 定义 $\cos y$ 和 $\sin y$. 我们也可以将 $\arcsin x$ 和 $\sin y$ 作为基本函数加以处理. 在此情形, 对区间 $(-1,1)$ 中的 x 值用等式

$$y = y(x) = \arcsin x = \int_0^x \frac{\mathrm{d}t}{\sqrt{1-t^2}}$$

定义 $\arcsin x$, 其中的平方根取正值; 将它反过来就定义了 $\sin y$; 用 $\frac{1}{2}\pi = \int_0^1 \frac{\mathrm{d}t}{\sqrt{1-t^2}}$ 定义 π, 再用

$$\cos y = \sqrt{1-x^2},\ \tan y = \frac{x}{\sqrt{1-x^2}}\ (-1 < x < 1)$$

定义 $\cos y$ 和 $\tan y$. 我们所采用过的做法稍微更方便一些.

225.　三角函数的解析理论 (续)

现在来给出所有必要的定义, 也就是在第 224 节中用标有数字的等式所表示的那些定义. 这一理论的进一步发展依赖于加法公式.

首先注意到

$$\left(1+x^2\right)\left(1+y^2\right) = (1-xy)^2 + (x+y)^2,$$

所以

$$\begin{aligned}\frac{\mathrm{d}x}{1+x^2} + \frac{\mathrm{d}y}{1+y^2} &= \frac{\left(1+y^2\right)\mathrm{d}x + \left(1+x^2\right)\mathrm{d}y}{(1-xy)^2 + (x+y)^2} \\ &= \frac{(1-xy)\,\mathrm{d}(x+y) - (x+y)\,\mathrm{d}(1-xy)}{(1-xy)^2 + (x+y)^2} = \frac{\mathrm{d}z}{1+z^2},\end{aligned}$$

其中

$$z = \frac{x+y}{1-xy}.$$

这就告诉我们有

$$\arctan x + \arctan y = \arctan z;$$

但是这些函数是多值函数, 因此对公式需要做更细致的检查.

记

$$t = \frac{x_1+u}{1-x_1u}, \quad u = \frac{t-x_1}{1+x_1t},$$

则

$$\frac{\mathrm{d}t}{\mathrm{d}u} = \frac{1}{1-x_1u} + \frac{x_1(x_1+u)}{(1-x_1u)^2} = \frac{1+x_1^2}{(1-x_1u)^2} > 0.$$

这样一来 t 和 u 总是在同样的意义下变化. 当 t 从 $-\infty$ 增加到 $-1/x_1$ 时, u 从 $1/x_1$ 增加到 ∞, 而当 t 从 $-1/x_1$ 增加到 ∞ 时, u 从 $-\infty$ 增加到 $1/x_1$. 又当 $t = x_1$ 时 $u = 0$, 而当 $t = 0$ 时 $u = -x_1$.①

① 读者应当画出将每一变量视为另一变量的函数图形.

现在假设 x_2 取任何一个这样的值, 使得 u 的取值区间 $(-x_1, x_2)$ 不包含点 $u=1/x_1$ (在 $u=1/x_1$ 这一点 t 取值为无穷). 如果 $x_1>0$, 则 x_2 必定小于 $1/x_1$, 如果 $x_1<0$, 则 x_2 必定大于 $1/x_1$. 在这些情形, 当 u 从 $-x_1$ 增加或者减少到 x_2 时, t 就从 0 增加或者减少到

$$x=\frac{x_1+x_2}{1-x_1x_2}.$$

由于

$$\frac{1}{1+t^2}=\frac{(1-x_1u)^2}{(1+x_1^2)(1+u^2)},$$

我们就有

$$\begin{aligned}\arctan x &=\arctan\frac{x_1+x_2}{1-x_1x_2}=\int_0^x\frac{\mathrm{d}t}{1+t^2}=\int_{-x_1}^{x_2}\frac{\mathrm{d}u}{1+u^2}\\ &=\int_0^{x_2}\frac{\mathrm{d}u}{1+u^2}+\int_{-x_1}^{0}\frac{\mathrm{d}u}{1+u^2}=\int_0^{x_2}\frac{\mathrm{d}u}{1+u^2}+\int_0^{x_1}\frac{\mathrm{d}u}{1+u^2}\\ &=\arctan x_1+\arctan x_2.\end{aligned}$$

如果现在记

$$y=\arctan x,\quad y_1=\arctan x_1,\quad y_2=\arctan x_2,$$

就有 $y=y_1+y_2$ 以及

$$\tan(y_1+y_2)=x=\frac{x_1+x_2}{1-x_1x_2}=\frac{\tan y_1+\tan y_2}{1-\tan y_1\tan y_2},\tag{1}$$

这就是正切函数的加法公式.

此公式目前仅仅对于有某种限制的变量值给出了证明. 这个限制条件是: 如果 $x_1>0$, 则 $x_2<1/x_1$, 如果 $x_1<0$, 则 $x_2>1/x_1$. 当 $x_1>0$ 且 x_2 从下方趋向 $1/x_1$ 时, 有 $x\to\infty$ 以及 $y\to\frac{1}{2}\pi$; 当 $x_1<0$ 且 x_2 从上方趋向 $1/x_1$ 时, 有 $x\to-\infty$ 以及 $y\to-\frac{1}{2}\pi$. 于是, 我们的限制条件可以总结如下: y_1, y_2 以及 y_1+y_2 必须全部落在区间 $\left(-\frac{1}{2}\pi, \frac{1}{2}\pi\right)$ 之中.

然而, 这些限制条件是不必要的.

关于 y_1+y_2 的限制条件是从区间 $(-x_1, x_2)$ 不包含 $1/x_1$ 这一假设提出来的. 假设这一条件不成立, 例如, 为了固定起见, 我们假设 $x_1>0$ 且 $x_2>1/x_1$. 这样的话, 当 u 从 $-x_1$ 增加到 x_2 时, t 就从 0 增加到 ∞, 然后它改变符号, 并且从 $-\infty$ 增加到 x. 这样就有

$$\begin{aligned}\int_{-x_1}^{x_2}\frac{\mathrm{d}u}{1+u^2}&=\int_0^{\infty}\frac{\mathrm{d}t}{1+t^2}+\int_{-\infty}^{x}\frac{\mathrm{d}t}{1+t^2}\\ &=\int_0^{\infty}\frac{\mathrm{d}t}{1+t^2}+\int_{-\infty}^{0}\frac{\mathrm{d}t}{1+t^2}+\int_0^{x}\frac{\mathrm{d}t}{1+t^2}=\pi+\arctan x.\end{aligned}$$

从而

$$\arctan x = \arctan x_1 + \arctan x_2 - \pi,$$

所以, 根据 (6) 就有

$$\begin{aligned}\tan(y_1+y_2) &= \tan(y_1+y_2-\pi) = \tan y \\ &= \frac{x_1+x_2}{1-x_1x_2} = \frac{\tan y_1+\tan y_2}{1-\tan y_1\tan y_2}.\end{aligned}$$

可以类似地处理 $x_1<0$ 的情形. 由此推出: 只要 y_1 和 y_2 落在 $\left(-\frac{1}{2}\pi, \frac{1}{2}\pi\right)$ 之中, 则 (1) 成立.

最后, 由于 (1) 的每一边都是 y_1 或者 y_2 的周期函数, 因此根据 (6), 除了当 y_1, y_2 或者 y_1+y_2 是 $\frac{1}{2}\pi$ 的奇数倍的情形之外, (1) 都是无保留地成立, 而在 y_1, y_2 或者 y_1+y_2 是 $\frac{1}{2}\pi$ 的奇数倍的情形, 它没有意义.

226. 三角函数的解析理论 (续)

由第 225 节的 (1) 以及第 224 节的 (4) 得到

$$\begin{aligned}\cos^2(y_1+y_2) &= \frac{(1-\tan y_1\tan y_2)^2}{\left(1+\tan^2 y_1\right)\left(1+\tan^2 y_2\right)} \\ &= (\cos y_1\cos y_2 - \sin y_1\sin y_2)^2,\end{aligned}$$

从而

$$\cos(y_1+y_2) = \pm(\cos y_1\cos y_2 - \sin y_1\sin y_2).$$

为确定它的符号, 令 $y_2=0$. 该等式化为 $\cos y_1 = \pm\cos y_1$, 所以当 $y_2=0$ 时必须取正号. 因为当 y_2 增加 π 时两边都改变符号, 所以当 y_2 是 π 的任意倍数时公式成立 (取正号). 此外, 两边都是 y_2 的连续函数, 所以符号仅当每一边都为零时才可能改变. 也就是说, 两边符号的改变仅对于取值为 $\cdots, -\frac{1}{2}\pi-y_1, \frac{1}{2}\pi-y_1, \frac{3}{2}\pi-y_1, \cdots$ 时才是可能的, 在每个长度为 π 的区间中只有一个这样的值. 由于我们已经看到, 在每个这样的区间中有一个 y_2 的值使得符号是正号, 由此推出它必定总是取正号. 于是

$$\cos(y_1+y_2) = \cos y_1\cos y_2 - \sin y_1\sin y_2; \tag{2}$$

关于 $\sin(y_1+y_2)$ 的公式可以类似地加以证明.

第 9 章杂例

1. 给定 $\log_{10} e \approx 0.4343$, 且 2^{10} 和 3^{21} 近似等于 10 的幂, 计算 $\log_{10} 2$ 和 $\log_{10} 3$ 到小数点后第四位.

(*Math. Trip.* 1905)

2. 证明：如果 n 是任意一个不是 10 的幂的正整数，则 $\log_{10} n$ 不可能是有理数. [如果 n 不能被 10 整除，且 $\log_{10} n = p/q$，就有 $10^p = n^q$，而这是不可能的，这是因为 10^p 以 0 结尾，而 n^q 则不然. 如果 $n = 10^a N$，其中 N 不被 10 整除，那么 $\log_{10} N$ 不可能是有理数，于是

$$\log_{10} n = a + \log_{10} N$$

也不可能是有理数.]

3. 对什么样的 x 值，函数 $\log x, \log\log x, \log\log\log x, \cdots$ (a) 等于零，(b) 等于 1，(c) 没有定义？也对函数 $lx, llx, lllx, \cdots$ 讨论同样的问题，其中 $lx = \log|x|$.

4. 证明：

$$\log x - \binom{n}{1}\log(x+1) + \binom{n}{2}\log(x+2) - \cdots + (-1)^n \log(x+n)$$

是负的，当 x 从 0 增加到 ∞ 时，该函数递增到 0.

[该函数的导数是

$$\sum_{1}^{n} (-1)^r \binom{n}{r} \frac{1}{x+r} = \frac{n!}{x(x+1)\cdots(x+n)},$$

将右边分解成部分分式容易看出此结果. 这个表达式是正的，且当 $x \to \infty$ 时该函数本身趋向零，这是因为 $\log(x+r) = \log x + o(1)$ 且 $1 - \binom{n}{1} + \binom{n}{2} - \cdots = 0$.]

5. 证明：

$$\left(\frac{\mathrm{d}}{\mathrm{d}x}\right)^n \frac{\log x}{x} = \frac{(-1)^n n!}{x^{n+1}}\left(\log x - 1 - \frac{1}{2} - \cdots - \frac{1}{n}\right).$$

(*Math. Trip.* 1909)

6. 如果 $x > -1$，那么 $x^2 > (1+x)\{\log(1+x)\}^2$. (*Math. Trip.* 1906)

[令 $1 + x = \mathrm{e}^{\xi}$，并利用当 $\xi > 0$ 时 $\sinh\xi > \xi$ 这一结果.]

7. 证明：$\dfrac{\log(1+x)}{x}$ 和 $\dfrac{x}{(1+x)\log(1+x)}$ 两者当 x 从 0 增加到 ∞ 时均递减.

8. 证明：当 x 从 -1 增加到 ∞ 时，函数 $(1+x)^{-1/x}$ 取 0 和 1 之间的每个值一次且恰好一次. (*Math. Trip.* 1910)

9. 证明：当 $x \to 0$ 时 $\dfrac{1}{\log(1+x)} - \dfrac{1}{x} \to \dfrac{1}{2}$.

10. 证明：当 x 从 -1 增加到 ∞ 时，$\dfrac{1}{\log(1+x)} - \dfrac{1}{x}$ 从 1 递减到 0. [该函数在 $x = 0$ 没有定义，但是，若当 $x = 0$ 时赋予函数值 $\frac{1}{2}$，则在 $x = 0$ 它变为连续. 利用第 6 题证明它的导数是负的.]

11. 证明：

$$\psi(x) = \tfrac{1}{2}\sin x \tan x - \log\sec x$$

在 $0 < x < \frac{1}{2}\pi$ 取正值且为增函数，又对很小的 x 有 $\psi(x) = O\left(x^6\right)$. (*Math. Trip.* 1930)

12. 如果

$$\phi(x) = \frac{3\int_0^x (1+\sec t)\log\sec t\mathrm{d}t}{\log\sec x\{x + \log(\sec x + \tan x)\}},$$

那么 (i) $\phi(x)$ 是偶函数；(ii) 对于很小的 x，近似地有 $\phi(x) = 1 + \frac{1}{420}x^4$；(iii) 当 x 取小于 $\frac{1}{2}\pi$ 的值趋向 $\frac{1}{2}\pi$ 时，$\phi(x) \to \frac{3}{2}$. (*Math. Trip.* 1930)

13. 证明: 如果 x 大于 $2\log M$ 和 $16N^2$ 中之较大者, 则有 $\mathrm{e}^x > Mx^N$, 这里 M 和 N 是很大的正数.

[容易证明 $\log x < 2\sqrt{x}$; 所以, 如果

$$x > \log M + 2N\sqrt{x},$$

则给定的不等式肯定满足, 因此, 如果 $\frac{1}{2}x > \log M$, $\frac{1}{2}x > 2N\sqrt{x}$, 那么所给的不等式也就一定满足.]

14. 证明: 数列

$$a_1 = \mathrm{e}, \qquad a_2 = \mathrm{e}^{\mathrm{e}^2}, \qquad a_3 = \mathrm{e}^{\mathrm{e}^{\mathrm{e}^3}}, \qquad \cdots$$

趋向无穷要比无穷大的指数尺度中的任何成员趋向无穷的速度都要快.

[设 $e_1(x) = \mathrm{e}^x, e_2(x) = \mathrm{e}^{e_1(x)}$, 如此等等. 那么, 如果 $e_k(x)$ 是指数尺度中的任何一个成员, 当 $n > k$ 时就有 $a_n > e_k(n)$.]

15. 如果 p 和 q 是正整数, 那么, 当 $n \to \infty$ 时有

$$\frac{1}{pn+1} + \frac{1}{pn+2} + \cdots + \frac{1}{qn} \to \log\left(\frac{q}{p}\right).$$

[参见例 LXXVIII 第 (7) 题.]

16. 证明: 如果 x 是正数, 那么, 当 $n \to \infty$ 时有 $n\log\left\{\frac{1}{2}\left(1+x^{1/n}\right)\right\} \to -\frac{1}{2}\log x$. [我们有

$$n\log\left\{\frac{1}{2}\left(1+x^{1/n}\right)\right\} = n\log\left\{1-\frac{1}{2}\left(1-x^{1/n}\right)\right\} = \frac{1}{2}n\left(1-x^{1/n}\right)\frac{\log(1-u)}{u},$$

其中 $u = \frac{1}{2}\left(1-x^{1/n}\right)$ 现在利用第 216 节以及例 LXXXIII 第 (3) 题.]

17. 证明: 如果 a 和 b 是正数, 那么

$$\left\{\frac{1}{2}\left(a^{1/n}+b^{1/n}\right)\right\}^n \to \sqrt{ab}.$$

[取对数, 并利用第 16 题.]

18. 证明

$$1 + \frac{1}{3} + \frac{1}{5} + \cdots + \frac{1}{2n-1} = \frac{1}{2}\log n + \log 2 + \frac{1}{2}\gamma + o(1),$$

其中 γ 是 Euler 常数. (例 XC 第 (1) 题).

19. 证明

$$1 + \frac{1}{3} - \frac{1}{2} + \frac{1}{5} + \frac{1}{7} - \frac{1}{4} + \frac{1}{9} + \cdots = \frac{3}{2}\log 2,$$

这个级数是由级数 $1 - \frac{1}{2} + \frac{1}{3} - \cdots$ 交替地取两个正项然后接一个负项做成的. [前面 $3n$ 项之和是

$$1 + \frac{1}{3} + \frac{1}{5} + \cdots + \frac{1}{4n-1} - \frac{1}{2}\left(1 + \frac{1}{2} + \cdots + \frac{1}{n}\right)$$

$$= \frac{1}{2}\log 2n + \log 2 + \frac{1}{2}\gamma + o(1) - \frac{1}{2}\{\log n + \gamma + o(1)\}.\ ]$$

20. 证明

$$\sum_{1}^{n}\frac{1}{\nu\left(36\nu^{2}-1\right)}=-3+3\Sigma_{3n+1}-\Sigma_{n}-S_{n},$$

其中 $S_n=1+\dfrac{1}{2}+\cdots+\dfrac{1}{n}$, $\Sigma_n=1+\dfrac{1}{3}+\cdots+\dfrac{1}{2n-1}$. 由此证明：该级数延续到无穷的和为

$$-3+\tfrac{3}{2}\log 3+2\log 2. \qquad (Math.\ Trip.\ 1905)$$

21. 证明：四个级数的和

$$\sum_{1}^{\infty}\frac{1}{4n^{2}-1},\quad \sum_{1}^{\infty}\frac{(-1)^{n-1}}{4n^{2}-1},\quad \sum_{1}^{\infty}\frac{1}{(2n+1)^{2}-1},\quad \sum_{1}^{\infty}\frac{(-1)^{n-1}}{(2n+1)^{2}-1}$$

分别是 $\frac{1}{2}$, $\frac{1}{4}\pi-\frac{1}{2}$, $\frac{1}{4}$, $\frac{1}{2}\log 2-\frac{1}{4}$.

22. 研究级数的敛散性：

$$\sum\left(1-\frac{x\log n}{n}\right)^{n},\quad \sum(\log n)^{-x\log n},\quad \sum\left(\log 2-\sum_{n+1}^{2n}\frac{1}{\nu}\right)^{x}.$$

(*Math. Trip.* 1935)

23. 对于 a,b,c 的所有实数值检验

$$\sum n^{-a}\mathrm{e}^{-b\sqrt{n}+cni}$$

的敛散性. (*Math. Trip.* 1925)

24. 将级数 $\sum u_n$ 重排成

$$u_1+u_2+u_4+u_3+u_5+u_7+u_9+u_6+u_8+\cdots+u_{20}+u_{11}+\cdots$$

的形式 (一个奇序项, 然后接两个偶序项, 再接四个奇序项, 又接八个偶序项, ……). 当

$$(1)\ u_n=\frac{(-1)^{n-1}}{n};\quad (2)\ u_n=\frac{(-1)^{n-1}}{n\log(n+1)}$$

时检验其重排级数之敛散性. (*Math. Trip.* 1930)

25. 证明：$n!\,(a/n)^n$ 趋向 0 还是趋向 ∞, 要根据 $a<\mathrm{e}$ 还是 $a>\mathrm{e}$ 来决定.

26. 证明：如果 $u_n=n!\mathrm{e}^n n^{-n-\frac{1}{2}}$, 那么

$$\frac{u_n}{u_{n+1}}=1+O\left(\frac{1}{n^2}\right).$$

推证：如果 a 是一个固定的数, 且 s 是最接近于 $a\sqrt{n}$ 的整数, 则有

$$\binom{2n}{n+s}\Big/\binom{2n}{n}\to\mathrm{e}^{-a^2}. \qquad (Math.\ Trip.\ 1928)$$

27. 如果 $u_n>0$ 且 $\dfrac{u_{n+1}}{u_n}=1-\dfrac{a}{n}+O\left(\dfrac{1}{n^2}\right)$, 那么 $u_n\sim Kn^{-a}$, 其中 K 是常数. [因为

$$\log\frac{u_{n+1}}{u_n}=-\frac{a}{n}+\rho_n,$$

其中 $\rho_n = O\left(n^{-2}\right)$. 从而

$$\log\frac{u_n}{u_1} = -a\sum_1^{n-1}\frac{1}{\nu} + \sum_1^{n-1}\rho_\nu = -a\left(\log n + \gamma\right) + H + o\left(1\right),$$

其中 $H = \sum \rho_\nu$.]

28. 证明

$$\frac{(a+1)(a+2)\cdots(a+n)}{(b+1)(b+2)\cdots(b+n)} \sim Kn^{a-b},$$

其中 K 是常数. [利用第 27 题.]

29. 按照例 XC 第 (6) 题的记号, 证明 $\sum(u_n/s_n)$ 与 $\sum u_n$ 同收敛或者同发散. [在收敛的情形证明是同样的. 如果 $\sum u_n$ 发散, 且从 n 的某个值开始有 $u_n < s_{n-1}$, 那么 $s_n < 2s_{n-1}$, 因此由 $\sum(u_n/s_{n-1})$ 的发散性即得出 $\sum(u_n/s_n)$ 发散. 另一方面, 如果对无穷多个 n 值有 $u_n \geqslant s_{n-1}$ 成立 (正如一个快速发散的级数有可能发生的那样), 那么对所有这些 n 值有 $u_n/s_n \geqslant \frac{1}{2}$.]

30. 证明：如果 $x > -1$, 那么

$$\frac{1}{(x+1)^2} = \frac{1}{(x+1)(x+2)} + \frac{1!}{(x+1)(x+2)(x+3)} + \frac{2!}{(x+1)(x+2)(x+3)(x+4)} + \cdots.$$

(*Math. Trip.* 1908)

[$1/(x+1)^2$ 与该级数的前 n 项和之间的差是

$$\frac{1}{(x+1)^2}\frac{n!}{(x+2)(x+3)\cdots(x+n+1)}.]$$

31. 求

$$\left(\frac{a_0 + a_1x + \cdots + a_rx^r}{b_0 + b_1x + \cdots + b_rx^r}\right)^{\lambda_0+\lambda_1x}$$

当 $x \to \infty$ 时的极限, 区别可能出现的不同情形加以讨论. (*Math. Trip.* 1886)

32. $f(xy) = f(x)f(y)$ (其中 f 是可微函数) 的通解是 x^a, 其中 a 是常数; 而

$$f(x+y) + f(x-y) = 2f(x)f(y)$$

的通解是 $\cosh ax$ 或者 $\cos ax$, 这要根据 $f''(0)$ 是正数还是负数来确定. [在证明第二个结果时, 假设 f 有三阶导数. 那么

$$2f(x) + y^2f''(x) + o\left(y^2\right) = 2f(x)\left\{f(0) + yf'(0) + \frac{1}{2}y^2f''(0) + o\left(y^2\right)\right\},$$

于是 $f(0) = 1, f'(0) = 0, f''(x) = f''(0)f(x)$.]

33. 方程 $\mathrm{e}^x = ax + b$ 当 $a < 0$ 或者 $a = 0, b > 0$ 时有一个实根. 当 $a > 0$ 时它有两个实根或者没有实根, 这要根据 $a\log a > b - a$ 还是 $a\log a < b - a$ 来决定.

34. 通过对图形的考虑来证明：方程

$$\mathrm{e}^x = ax^2 + 2bx + c$$

当 $a > 0$ 时有一个实根、两个实根或者三个实根, 当 $a < 0$ 时没有实根、有一个实根或者有两个实根; 并指出怎样区分这些不同的情形.

35. 证明：方程

$$a^2 e^x = x^2$$

当 $a^2 < 4e^{-2}$ 时有三个实根，且当 a 很小时，一个小的正根是

$$a + \tfrac{1}{2}a^2 + \tfrac{3}{8}a^3 + \cdots . \qquad (Math.\ Trip.\ 1931)$$

36. 求方程，它给出 x 的值使

$$y = Ae^{-x^2} + Be^{-(x-c)^2}$$

是一个平稳值，并证明：与 x 的这个值 x_1 对应的 y 值是

$$\frac{Ac}{c - x_1} e^{-x_1^2}.$$

又证明：当 A, B, c 是正数时，该方程恰好有两个根，一个根大于 c，另一个根是负数，它们分别与最小值以及最大值相对应. (*Math. Trip.* 1923)

37. 画出曲线 $y = \dfrac{1}{x}\log\left(\dfrac{e^x - 1}{x}\right)$ 的图形，证明点 $\left(0, \dfrac{1}{2}\right)$ 是一个对称中心，当 x 取所有实数值增加时，y 从 0 递增到 1. 推证方程

$$\frac{1}{x}\log\left(\frac{e^x - 1}{x}\right) = \alpha$$

没有实根，除非有 $0 < \alpha < 1$，且当 $0 < \alpha < 1$ 时它有一个实根，此实根的符号与 $\alpha - \frac{1}{2}$ 的符号相同. [首先，

$$y - \frac{1}{2} = \frac{1}{x}\left\{\log\left(\frac{e^x - 1}{x}\right) - \log e^{\frac{1}{2}x}\right\} = \frac{1}{x}\log\left(\frac{\sinh\frac{1}{2}x}{\frac{1}{2}x}\right)$$

显然是 x 的奇函数. 又有

$$\frac{dy}{dx} = \frac{1}{x^2}\left\{\frac{1}{2}x\coth\frac{1}{2}x - 1 - \log\left(\frac{\sinh\frac{1}{2}x}{\frac{1}{2}x}\right)\right\}.$$

当 $x \to 0$ 时大括号内的函数趋向零；它的导数为

$$\frac{1}{x}\left\{1 - \left(\frac{\frac{1}{2}x}{\sinh\frac{1}{2}x}\right)^2\right\},$$

它与 x 的符号相同. 因此对所有的 x 值有 $dy/dx > 0$.]

38. 画出曲线 $y = e^{1/x}\sqrt{x^2 + 2x}$ 的图形，并证明：如果 α 是负数，则方程

$$e^{1/x}\sqrt{x^2 + 2x} = \alpha$$

没有实根，而当

$$0 < \alpha < a = e^{1/\sqrt{2}}\sqrt{2 + 2\sqrt{2}}$$

时，它有一个负根，又当 $\alpha > a$ 时，它有两个正根和一个负根.

39. 证明：如果 n 是奇数，则方程 $f_n(x) = 1 + x + \dfrac{x^2}{2!} + \cdots + \dfrac{x^n}{n!} = 0$ 有一个实根，而当 n 是偶数时，它没有实根.

[假设对 $n=1,2,\cdots,2k$ 已经证明了此结论. 那么 $f_{2k+1}(x)=0$ 至少有一个实根, 这是因为它的次数是奇数, 且它不可能有更多的实根, 这是因为, 如果它还有一个实根, 那么 $f'_{2k+1}(x)$, 也即 $f_{2k}(x)$ 就至少一次取值为零. 于是 $f_{2k+1}(x)=0$ 恰只有一个根, 所以 $f_{2k+2}(x)=0$ 不可能有多于两个根. 如果它有两个根, 比方说是 α 和 β, 那么 $f'_{2k+2}(x)$, 也即 $f_{2k+1}(x)$ 必定在 α 和 β 之间至少一次 (比方在点 γ) 取值为零; 故有

$$f_{2k+2}(\gamma)=f_{2k+1}(\gamma)+\frac{\gamma^{2k+2}}{(2k+2)!}>0.$$

但是当 x 很大 (取正值或者负值) 时 $f_{2k+2}(x)$ 也是正的, 又从图形容易看出, 这些结论是互相矛盾的. 从而 $f_{2k+2}(x)=0$ 没有实根.]

40. 证明: 如果 a 和 b 是正数且几乎相等, 那么近似地有

$$\log\frac{a}{b}=\frac{1}{2}(a-b)\left(\frac{1}{a}+\frac{1}{b}\right),$$

其误差大约为 $\frac{1}{6}(a-b)^3a^{-3}$ [利用对数级数. 由于这个公式曾被 Napier 用来进行对数的数值计算, 因此有其历史意义.]

41. 用级数乘法证明: 如果 $-1<x<1$, 那么

$$\frac{1}{2}\{\log(1+x)\}^2=\frac{1}{2}x^2-\frac{1}{3}\left(1+\frac{1}{2}\right)x^3+\frac{1}{4}\left(1+\frac{1}{2}+\frac{1}{3}\right)x^4-\cdots,$$

$$\frac{1}{2}(\arctan x)^2=\frac{1}{2}x^2-\frac{1}{4}\left(1+\frac{1}{3}\right)x^4+\frac{1}{6}\left(1+\frac{1}{3}+\frac{1}{5}\right)x^6-\cdots.$$

42. $\log\left(1+x+\frac{x^2}{2!}+\cdots+\frac{x^n}{n!}\right)$ 展开成 x 的幂级数的前 $n+2$ 项是

$$x-\frac{x^{n+1}}{n!}\left\{\frac{1}{n+1}-\frac{x}{1!(n+2)}+\frac{x^2}{2!(n+3)}-\cdots+(-1)^n\frac{x^n}{n!(2n+1)}\right\}.$$

(*Math. Trip.* 1899)

43. 证明: $\exp\left(-x-\frac{x^2}{2}-\cdots-\frac{x^n}{n}\right)$ 展开成 x 的幂级数展开式中前面几项是

$$1-x+\frac{x^{n+1}}{n+1}-\sum_{s=1}^{n}\frac{x^{n+s+1}}{(n+s)(n+s+1)}.$$

(*Math. Trip.* 1909)

44. 利用恒等式

$$\log\left(1-x^3\right)=\log(1-x)+\log\left(1+x+x^2\right)$$

来证明: 如果 k 不是 3 的倍数, 则

$$\sum_{\frac{1}{2}k\leqslant n\leqslant k}\frac{(-1)^{n-1}(n-1)!}{(k-n)!(2n-k)!}$$

等于 k^{-1}, 而当 k 是 3 的倍数时, 它等于 $-2k^{-1}$. (*Math. Trip.* 1932)

45. 证明: 如果 x 很小, 而 y 是 $\left(1+x+x^2\right)^{x^{-2}}$ 的正的值, 则有

$$y=\mathrm{e}^{x^{-1}+\frac{1}{2}}\left\{1-\frac{2}{3}x+O\left(x^2\right)\right\}.$$

求 y 和 $\dfrac{\mathrm{d}y}{\mathrm{d}x}$ 当 x 取正值以及取负值趋向零时的极限, 并概略画出 y 在 $x=0$ 附近的图形.

(*Math. Trip.* 1924)

46. 证明：如果 $a>b>0$, 则有 $\displaystyle\int_0^\infty \frac{\mathrm{d}x}{(x+a)(x+b)}=\frac{1}{a-b}\log\left(\frac{a}{b}\right)$.

47. 证明：如果 α,β,γ 全都是正数, 且 $\beta^2>\alpha\gamma$, 那么

$$\int_0^\infty \frac{\mathrm{d}x}{\alpha x^2+2\beta x+\gamma}=\frac{1}{\sqrt{\beta^2-\alpha\gamma}}\log\left\{\frac{\beta+\sqrt{\beta^2-\alpha\gamma}}{\sqrt{\alpha\gamma}}\right\};$$

并在 $\alpha>0$ 以及 $\alpha\gamma>\beta^2$ 的情形计算此积分.

48. 证明：如果 $a>-1$, 那么

$$\int_1^\infty \frac{\mathrm{d}x}{(x+a)\sqrt{x^2-1}}=\int_0^\infty \frac{\mathrm{d}t}{\cosh t+a}=2\int_1^\infty \frac{\mathrm{d}u}{u^2+2au+1};$$

并推导出：当 $-1<a<1$ 时, 该积分的值为

$$\frac{2}{\sqrt{1-a^2}}\arctan\sqrt{\frac{1-a}{1+a}},$$

而当 $a>1$ 时, 其值为

$$\frac{1}{\sqrt{a^2-1}}\log\frac{\sqrt{a+1}+\sqrt{a-1}}{\sqrt{a+1}-\sqrt{a-1}}=\frac{2}{\sqrt{a^2-1}}\operatorname{arg\,tanh}\sqrt{\frac{a-1}{a+1}}.$$

对 $a=1$ 的情形加以讨论.

49. 如果 $0<\alpha<1, 0<\beta<1$, 那么

$$\int_{-1}^1 \frac{\mathrm{d}x}{\sqrt{(1-2\alpha x+\alpha^2)(1-2\beta x+\beta^2)}}=\frac{1}{\sqrt{\alpha\beta}}\log\frac{1+\sqrt{\alpha\beta}}{1-\sqrt{\alpha\beta}}.$$

50. 证明：如果 $a>b>0$, 那么

$$\int_{-\infty}^\infty \frac{\mathrm{d}\theta}{a\cosh\theta+b\sinh\theta}=\frac{\pi}{\sqrt{a^2-b^2}}.$$

51. 证明

$$\int_0^1 x\log\left(1+\frac{1}{2}x\right)\mathrm{d}x=\frac{3}{4}-\frac{3}{2}\log\frac{3}{2}<\frac{1}{2}\int_0^1 x^2\mathrm{d}x=\frac{1}{6},$$

$$\int_1^\infty \frac{\log x}{x^n}\mathrm{d}x=\frac{1}{(n-1)^2}\qquad(n>1),$$

$$\int_0^\infty \frac{\mathrm{d}x}{\left\{x+\sqrt{x^2+1}\right\}^n}=\frac{n}{n^2-1}\qquad(n>1),$$

$$\int_{\frac{1}{2}}^1 \frac{\mathrm{d}x}{x^4\sqrt{1-x^2}}=2\sqrt{3},$$

$$\int_1^\infty \frac{\mathrm{d}x}{(x+1)^2(x^2+1)}=\frac{1}{4}(1-\log 2),$$

$$\int_0^\infty \frac{\mathrm{d}x}{(1+\mathrm{e}^x)(1+\mathrm{e}^{-x})}=1.$$

(*Math. Trip.* 1913, 1928, 1932, 1933, 1934)

52. 证明

$$\int_0^1 \frac{\log x}{1+x^2}\mathrm{d}x = -\int_1^\infty \frac{\log x}{1+x^2}\mathrm{d}x,\quad \int_0^\infty \frac{\log x}{1+x^2}\mathrm{d}x = 0;$$

并推导出结论：如果 $a>0$, 则有

$$\int_0^\infty \frac{\log x}{a^2+x^2}\mathrm{d}x = \frac{\pi}{2a}\log a.$$

[利用代换 $x=1/t$ 以及 $x=au$.]

53. 证明：如果 $a>0$, 则有 $\displaystyle\int_0^\infty \log\left(1+\frac{a^2}{x^2}\right)\mathrm{d}x = \pi a$. [分部积分.]

54. 证明：

$$\lim_{t\to 1-0}(1-t)^{\frac{1}{2}}\left(t+t^4+t^9+t^{16}+\cdots\right) = \int_0^\infty \mathrm{e}^{-x^2}\mathrm{d}x.$$

(*Math. Trip.* 1932)

[由第 180 节推出有

$$\int_h^{(n+1)h} \mathrm{e}^{-x^2}\mathrm{d}x < h\sum_{\nu=1}^{n}\mathrm{e}^{-\nu^2h^2} < \int_0^{nh}\mathrm{e}^{-x^2}\mathrm{d}x.$$

取 $t=\mathrm{e}^{-h^2}$ 并令 $n\to\infty$.]

第 10 章 对数函数、指数函数以及三角函数的一般理论

227. 单复变函数

在第 3 章我们定义了复变量

$$z = x + \mathrm{i}y,^{①}$$

并且研究了像多项式 $P(z)$ 这样的几类包含 z 的表达式的简单性质. 自然把这样的表达式称为 z 的**函数**, 事实上, 我们的确曾把商 $P(z)/Q(z)$(这里 $P(z)$ 和 $Q(z)$ 是多项式) 称为“有理函数”. 不过我们还没有对 z 的函数给出一般性的定义.

看起来, 用定义实变量 x 的函数同样的方法来定义 z 的函数是很自然的, 也就是说: Z 是 z 的一个函数, 如果 z 和 Z 之间有某种关系, 根据这种关系, Z 的一个值或者诸个值与 z 的某一个值或者所有的值相对应. 但是经过进一步仔细检验将会发现, 从这个定义中得不出任何对我们有益之处. 因为, 如果给定了 z, 则 x 和 y 的值也就给定了, 而反过来, 指定 z 的一个值与指定 x 和 y 的一对值完全是一回事. 这样一来, 按照所给出的定义, “z 的函数” 只不过就是两个实变量 x 和 y 的一个复函数

$$f(x,y) + \mathrm{i}g(x,y)$$

而已. 例如,

$$x - \mathrm{i}y, \quad xy, \quad |z| = \sqrt{x^2+y^2}, \quad \mathrm{am}z = \arctan(y/x)$$

都是 “z 的函数”. 这一定义尽管完全合理, 但没有多少价值, 因为它实际上完全没有给出新的思想.

于是, 更为方便的是在较为限制的意义下利用 “一个复变量 z 的函数” 这样的表达方式, 或者换句话说, 是从两个实变量 x 和 y 的一般性的复函数类中挑选出一类其表达式有所限制的特殊函数. 如果要解释如何作出这种选择以及所选择的特殊函数类有何特征性质, 这将远远超出本书的范围. 因此我们不打算给出任何一般性的定义, 而仅限于对一些特殊的函数直接给出其定义.

---

① 一般来说, 在本章我们将会发现, 将 $x + y\mathrm{i}$ 写成 $x + \mathrm{i}y$ 会更加方便.

228. 单复变函数 (续)

我们已经定义了 z 的**多项式** (第 39 节)、z 的**有理函数** (第 46 节) 以及 z 的**根** (第 47 节). 将在实变量 x 的情形所给出过的 (第 26~27 节) 显式的或者隐式的**代数函数**的定义延拓到复变量也没有困难. 在所有这些情形, 我们都将把复数 z——点 z 的宗量 (第 44 节)——称为所研究的函数 $f(z)$ 的**自变量**. 本章主要定义 z 的对数函数、指数函数以及三角函数也即圆函数, 并确定它们的主要性质. 这些函数到目前为止都仅仅是对 z 的实数值定义的, 而对数仅对正数有定义.

首先来讨论对数函数. 自然想用定义

$$\log x = \int_1^x \frac{\mathrm{d}t}{t} \quad (x > 0)$$

的某种推广来对它加以定义, 为此我们将会发现有必要扼要地考虑一下积分概念的某种推广.

229. 实的和复的曲线积分

设 AB 是由等式

$$x = \phi(t), \quad y = \psi(t)$$

定义的一条曲线上的一段弧 C, 其中 ϕ 和 ψ 是 t 的有连续微分系数 ϕ' 和 ψ' 的函数; 并假设, 当 t 从 t_0 变到 t_1 时, 点 (x, y) 沿着曲线按照同一方向从 A 移动到 B.

接下来将**曲线积分** (curvilinear integral)

$$\int_C \{g(x,y)\mathrm{d}x + h(x,y)\mathrm{d}y\} \tag{1}$$

(其中 g 和 h 是 x 和 y 的连续函数) 定义为通过形式的变量替换 $x = \phi(t)$, $y = \psi(t)$ 所得到的通常积分, 也即定义为积分

$$\int_{t_0}^{t_1} \{g(\phi,\psi)\varphi' + h(\phi,\psi)\psi'\}\mathrm{d}t,$$

称 C 为**积分路径** (path of integration).

现在假设

$$z = x + \mathrm{i}y = \phi(t) + \mathrm{i}\psi(t),$$

从而当 t 变化时 z 就在 Argand 图上描绘出曲线 C. 进一步假设

$$f(z) = u + \mathrm{i}v$$

是关于 z 的一个多项式, 或者是关于 z 的一个有理函数. 那么我们就将

$$\int_C f(z)\mathrm{d}z \tag{2}$$

定义成

$$\int_C (u+\mathrm{i}v)(\mathrm{d}x+\mathrm{i}\mathrm{d}y),$$

这个积分本身定义为

$$\int_C (u\mathrm{d}x - v\mathrm{d}y) + \mathrm{i}\int_C (v\mathrm{d}x + u\mathrm{d}y).$$

230.　Log ζ 的定义

设 $\zeta = \xi + \mathrm{i}\eta$ 是任意复数. 用等式

$$\mathrm{Log}\,\zeta = \int_C \frac{\mathrm{d}z}{z}$$

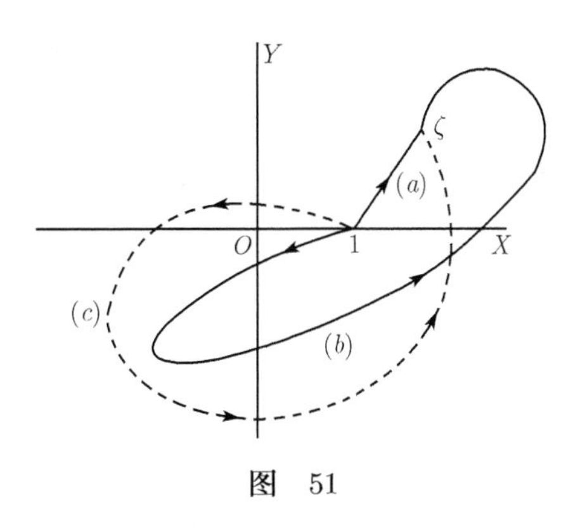

图　51

定义一般的对数函数 Log ζ, 其中 C 是一条起点为 1 终点为 ζ 且不经过原点的曲线. 例如, (图 51 中) 路径 (a), (b), (c) 都是定义中考虑的这种路径. 当一条特殊的积分路径选定之后, Log ζ 的值就有了定义. 但是目前还不清楚根据定义产生的 Log ζ 的值在多大程度上依赖于所选取的路径. 例如, 假设 ζ 是实数且为正数, 比方说等于 ξ. 那么一种可能的积分路径是从 1 到 ξ 的直线段, 这是一条可以假设为由方程 $x=t$, $y=0$ 所定义的路径. 在这一情形, 对此特别选取的积分路径有

$$\mathrm{Log}\,\xi = \int_1^{\xi} \frac{\mathrm{d}t}{t},$$

所以 Log ξ 就等于 log ξ, 这是上一章定义的 ξ 的对数. 于是, 无论如何, 当 ξ 是实数且为正数时, Log ξ 的一个值就是 log ξ. 但在这种情形, 如同在一般情形中那样, 可以用无穷多种不同的方式来选取积分路径. 没有任何理由表明 Log ξ 的每个值都等于 log ξ; 事实上我们将会看到情况确实如此. 这就是为什么我们采用记号 Log ζ, Log ξ 来替代 log ζ, log ξ 的理由. (无论如何都有可能) Log ξ 是一个多值函数, 而 log ξ 仅仅是它的一个值. 在一般的情形, 如我们到目前所能看到的, 有三种可能性存在, 也即

(1) 无论从 1 到 ζ 经过什么样的路径, 总是得到同一个 Log ζ 的值;

(2) 对应于每一条不同的路径都可能得到一个不同的值;

(3) 可能得到若干个不同的值, 其中每个值对应于整个一类路径;

这些可供选择的可能中任何一种可能性的正确或者谬误无论如何都蕴涵在我们的定义之中.

231. $\operatorname{Log}\zeta$ 的值

假设点 $z=\zeta$ 的极坐标是 (ρ,ϕ), 则

$$\zeta=\rho(\cos\phi+\mathrm{i}\sin\phi).$$

目前先假设 $-\pi<\phi<\pi$, 而 ρ 可以取任何正数值. 从而 ζ 可以取除了零以及负实数之外的任何数值.

路径 C 上任意一点的坐标 (x,y) 是 t 的函数, 其极坐标 (r,θ) 亦是 t 的函数. 又根据第 229 节中的定义有

$$\begin{aligned}\operatorname{Log}\zeta&=\int_C\frac{\mathrm{d}z}{z}=\int_C\frac{\mathrm{d}x+\mathrm{i}\mathrm{d}y}{x+\mathrm{i}y}\\&=\int_{t_0}^{t_1}\frac{1}{x+\mathrm{i}y}\left(\frac{\mathrm{d}x}{\mathrm{d}t}+\mathrm{i}\frac{\mathrm{d}y}{\mathrm{d}t}\right)\mathrm{d}t.\end{aligned}$$

但是 $x=r\cos\theta, y=r\sin\theta$, 且

$$\begin{aligned}\frac{\mathrm{d}x}{\mathrm{d}t}+\mathrm{i}\frac{\mathrm{d}y}{\mathrm{d}t}&=\left(\cos\theta\frac{\mathrm{d}r}{\mathrm{d}t}-r\sin\theta\frac{\mathrm{d}\theta}{\mathrm{d}t}\right)+\mathrm{i}\left(\sin\theta\frac{\mathrm{d}r}{\mathrm{d}t}+r\cos\theta\frac{\mathrm{d}\theta}{\mathrm{d}t}\right)\\&=(\cos\theta+\mathrm{i}\sin\theta)\left(\frac{\mathrm{d}r}{\mathrm{d}t}+\mathrm{i}r\frac{\mathrm{d}\theta}{\mathrm{d}t}\right);\end{aligned}$$

所以

$$\operatorname{Log}\zeta=\int_{t_0}^{t_1}\frac{1}{r}\frac{\mathrm{d}r}{\mathrm{d}t}\mathrm{d}t+\mathrm{i}\int_{t_0}^{t_1}\frac{\mathrm{d}\theta}{\mathrm{d}t}\mathrm{d}t=[\log r]+\mathrm{i}[\theta],$$

其中 $[\log r]$ 表示 $\log r$ 在与 $t=t_1$ 和 $t=t_0$ 所对应的两点的值之差, 而 $[\theta]$ 有类似的意义.

显然有

$$[\log r]=\log\rho-\log 1=\log\rho;$$

而 $[\theta]$ 的值则需要稍微多一点考虑. 首先假设积分路径是从 1 到 ζ 的直线段. θ 的起始值是 1 的辐角, 或者说得更确切是 1 的辐角之一, 也即 $2k\pi$, 其中 k 是任意一个整数. 假设一开始有 $\theta=2k\pi$. 由图 52 显然可见, 当 t 沿着该直线段上的点移动时, θ 从 $2k\pi$ 增加到 $2k\pi+\phi$. 于是

$$[\theta]=(2k\pi+\phi)-2k\pi=\phi,$$

所以, 当积分路径是一条直线时, 有

$$\operatorname{Log}\zeta=\log\rho+\mathrm{i}\phi.$$

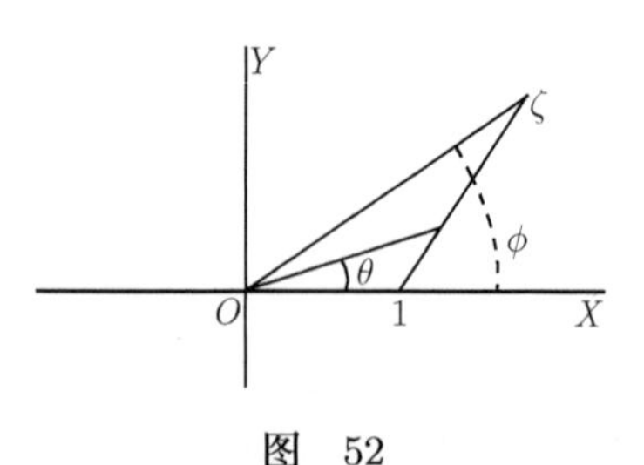

图　52

我们将把 Log ζ 的这个特殊的值称为**主值** (principal value). 当 ζ 是实数且为正数时, $\zeta=\rho$ 且 $\phi=0$, 所以 Log ζ 的主值就是通常的对数 $\log\zeta$. 因此一般来说用 $\log\zeta$ 来记 Log ζ 的主值是方便的. 从而有

$$\log\zeta=\log\rho+\mathrm{i}\phi,$$

而主值的特征由下述事实加以刻画：主值的虚部位于 $-\pi$ 和 π 之间.

其次考虑任何这样的路径：在此路径以及从 1 到 ζ 的直线之间所包围的面积不含原点在其内部：两条这样的路径画在图 53 中. 容易看出, $[\theta]$ 仍然等于 ϕ. 例如, 沿着图中由一条连续曲线所指出的曲线, θ (它的起始值为 $2k\pi$) 首先减小到值

$$2k\pi-XOP,$$

然后再增加, 在 Q 点其值为 $2k\pi$, 最终到达值 $2k\pi+\phi$. 虚线所代表的曲线指出了一个类似的然而却稍微更复杂一点的情形：在此情形, 该直线与曲线围成了两个区域, 其中任意一个区域都不包含原点. 因此, 如果积分路径使得由它以及从 1 到 ζ 的直线所形成的闭曲线不包含原点, 那么

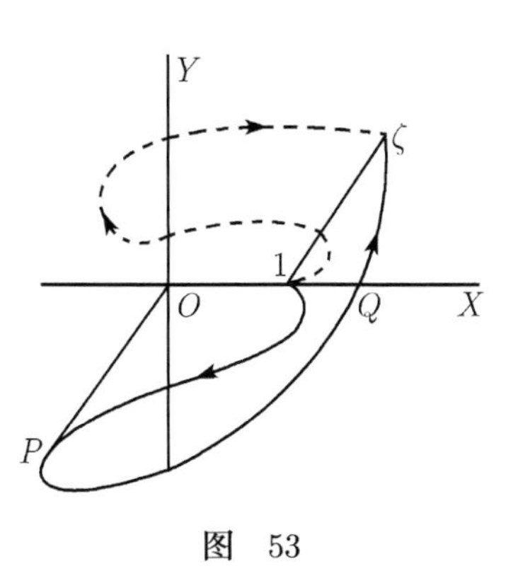

图　53

$$\mathrm{Log}\,\zeta=\log\zeta=\log\rho+\mathrm{i}\phi.$$

另一方面, 容易构造出这样的积分路径, 使得 $[\theta]$ 不等于 ϕ. 例如, 考虑图 54 中的连续曲线所给出的曲线. 如果 θ 的起始值是 $2k\pi$, 则当它到达 P 点时它就增加了 2π, 而当它到达 Q 点时就增加了 4π; 它最后的值是 $2k\pi+4\pi+\phi$, 所以 $[\theta]=4\pi+\phi$, 且

$$\mathrm{Log}\,\zeta=\log\rho+\mathrm{i}(4\pi+\phi).$$

在此情形, 积分路径绕原点沿正方向绕行了两次. 如果我们取的是一条绕原点 k 次的路径, 就能同样发现有 $[\theta]=2k\pi+\phi$ 以及

$$\mathrm{Log}\,\zeta=\log\rho+\mathrm{i}\,(2k\pi+\phi)\,,$$

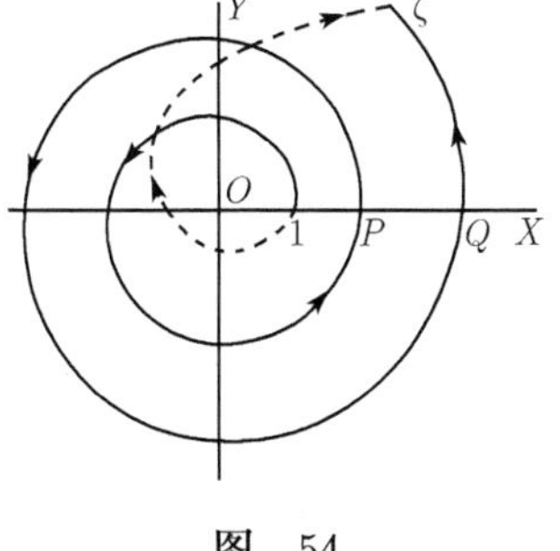

图　54

其中 k 是正数. 使路径绕着原点沿反方向运动 (如图 54 中虚线所画出的路径所指出的), 就得到一列类似的值, 其中 k 是负数. 由于 $|\zeta|=\rho$, 而不同的角度 $2k\pi+\phi$

是 $\mathrm{am}\zeta$ 的不同的值, 我们得出结论：$\log|\zeta| + \mathrm{i}\,\mathrm{am}\zeta$ 的每个值都是 $\mathrm{Log}\,\zeta$ 的一个值; 且根据上面的讨论显然可见, $\mathrm{Log}\,\zeta$ 的每一个值都有这种形式.

我们可以将结论总结如下：$\mathrm{Log}\,\zeta$ 的一般值是

$$\log|\zeta| + \mathrm{i}\,\mathrm{am}\zeta = \log\rho + \mathrm{i}\,(2k\pi + \phi)\,,$$

其中 k 是任意正的或者负的整数. k 的值由所选取的积分路径来决定. 如果该路径是一条直线, 则 $k = 0$ 且

$$\mathrm{Log}\,\zeta = \log\zeta = \log\rho + \mathrm{i}\phi.$$

在前面我们已经用 ζ 来表示函数 $\mathrm{Log}\,\zeta$ 的自变量, 用 (ξ,η) 或者 (ρ,ϕ) 来表示 ζ 的坐标; 而用 $z, (x,y), (r,\theta)$ 来表示积分路径上的任意一点以及它的坐标. 不过现在应该恢复使用 z 来表示函数 $\mathrm{Log}\,z$ 的自变量这一自然的记号, 在下面的例子中就将这样来做.

例 XCIV

(1) 上面我们假设 $-\pi < \theta < \pi$, 这就排除了 z 是实数且为负数的情形. 在此情形, 从 1 到 z 的直线经过 0, 从而不能允许用来作为积分路径. π 和 $-\pi$ 两者都是 $\mathrm{am}z$ 的值, 而 θ 则与它们中的一个相等; 且 $r = -z$. $\mathrm{Log}\,z$ 的值仍然是 $\log|z| + \mathrm{i}\,\mathrm{am}z$ 的值, 也即

$$\log(-z) + (2k+1)\pi\mathrm{i},$$

其中 k 是整数. 则数值 $\log(-z) + \pi\mathrm{i}$ 以及 $\log(-z) - \pi\mathrm{i}$ 分别与全部位于实轴上面以及全部位于实轴下面的从 1 到 z 的路径对应. 只要方便, 它们中的随便哪一个都可以被取作为 $\mathrm{Log}\,z$ 的主值. 我们将选取与第一种路径对应的数值 $\log(-z) + \pi\mathrm{i}$.

(2) 除了 $x = 0, y = 0$ 以外, $\mathrm{Log}\,z$ 的任何一个值的实部和虚部都是 x 和 y 的连续函数.

(3) **$\mathrm{Log}\,z$ 所满足的函数方程**. 函数 $\mathrm{Log}\,z$ 满足等式

$$\mathrm{Log}\,z_1z_2 = \mathrm{Log}\,z_1 + \mathrm{Log}\,z_2, \tag{1}$$

其含义是：这个等式的某一边的每一个值都是另一边的一个值. 令

$$z_1 = r_1(\cos\theta_1 + \mathrm{i}\sin\theta_1), \quad z_2 = r_2(\cos\theta_2 + \mathrm{i}\sin\theta_2),$$

并应用本节中的公式立即得出此结论. 然而,

$$\log z_1z_2 = \log z_1 + \log z_2 \tag{2}$$

并不总是成立. 例如, 如果

$$z_1 = z_2 = \tfrac{1}{2}(-1 + \mathrm{i}\sqrt{3}) = \cos\tfrac{2}{3}\pi + \mathrm{i}\sin\tfrac{2}{3}\pi,$$

则有 $\log z_1 = \log z_2 = \frac{2}{3}\pi\mathrm{i}$ 以及 $\log z_1 + \log z_2 = \frac{4}{3}\pi\mathrm{i}$, 这是 $\mathrm{Log}\,z_1z_2$ 的一个值, 但不是它的主值. 事实上 $\log z_1z_2 = -\frac{2}{3}\pi\mathrm{i}$.

像 (1) 这样一个随便哪一边的每一个值都是另一边的一个值的等式称为一个**完全** (complete) 等式, 或者称为一个**全真** (completely true) 等式.

(4) 等式 $\operatorname{Log} z^m = m \operatorname{Log} z$ (其中 m 是整数) 不完全正确：等式右边的每个值都是左边的一个值, 但反过来不真.

(5) 等式 $\operatorname{Log}(1/z) = -\operatorname{Log} z$ 是全真的. $\log(1/z) = -\log z$ 也是正确的, 除了当 z 是实数且为负数的情形之外.

(6) 等式

$$\log\left(\frac{z-a}{z-b}\right) = \log(z-a) - \log(z-b)$$

是正确的, 如果 z 位于由连接点 $z=a, z=b$ 的直线以及经过这些点、平行于 OX 且沿负方向延伸到无穷的直线所界限的区域之外.

(7) 等式

$$\log\left(\frac{a-z}{b-z}\right) = \log\left(1-\frac{a}{z}\right) - \log\left(1-\frac{b}{z}\right)$$

是正确的, 如果 z 位于由三点 $0, a, b$ 所构成的三角形之外.

(8) 画出实变量 x 的函数 $\mathbb{I}(\operatorname{Log} x)$ 的图形. [该图由直线 $y = 2k\pi$ 的正的那一半以及直线 $y = (2k+1)\pi$ 的负的那一半组成.]

(9) 由

$$\pi f(x) = p\pi + (q-p)\,\mathbb{I}(\log x)$$

定义的实变量 x 的函数 $f(x)$ 当 x 是正数时等于 p, 当 x 是负数时等于 q.

(10) 由

$$\pi f(x) = p\pi + (q-p)\,\mathbb{I}\{\log(x-1)\} + (r-q)\,\mathbb{I}(\log x)$$

定义的函数 $f(x)$ 当 $x > 1$ 时等于 p, 当 $0 < x < 1$ 时等于 q, 当 $x < 0$ 时等于 r.

(11) 对 z 的什么样的值 (i) $\log z$ 以及 (ii) $\operatorname{Log} z$ 的任何值 (a) 都是实数或者 (b) 是纯虚数?

(12) 如果 $z = x + \mathrm{i}y$, 那么 $\operatorname{Log}\operatorname{Log} z = \log R + \mathrm{i}(\Theta + 2k'\pi)$, 其中

$$R^2 = (\log r)^2 + (\theta + 2k\pi)^2,$$

Θ 是由

$$\cos\Theta : \sin\Theta : 1 :: \log r : \theta + 2k\pi : \sqrt{(\log r)^2 + (\theta + 2k\pi)^2}$$

确定的最小正角. 粗略描绘出 $\operatorname{Log}\operatorname{Log}\left(1+\mathrm{i}\sqrt{3}\right)$ 的值组成的二重无限集合, 指出其中哪些是 $\log\operatorname{Log}\left(1+\mathrm{i}\sqrt{3}\right)$ 的值, 哪些是 $\operatorname{Log}\log\left(1+\mathrm{i}\sqrt{3}\right)$ 的值.

232. 指数函数

在第 9 章里我们已经将实变量 y 的函数 e^y 定义为函数 $y = \log x$ 的反函数. 自然会想到可定义复变量 z 的函数, 使它是函数 $\operatorname{Log} z$ 的反函数.

定义　如果 $\operatorname{Log} z$ 的任何一个值等于 ζ, 就称 z 是 ζ 的指数, 记为

$$z = \exp\zeta.$$

于是, 如果 $\zeta = \operatorname{Log} z$, 则有 $z = \exp\zeta$. 可以肯定的是, 对于 z 的任何一个给定的值, 都有无穷多个不同的 ζ 值与之对应. 反过来, 也自然可以假设对于 ζ 的任何一个给定的值, 都有无穷多个不同的 z 值与之对应, 或者换句话说, $\exp\zeta$ 是 ζ 的无穷多值函数. 然而, 正如下面的定理所证明的那样, 这个结论是不正确的.

定理　指数函数 $\exp\zeta$ 是 ζ 的单值函数.

假设

$$z_1 = r_1(\cos\theta_1 + \mathrm{i}\sin\theta_1),\quad z_2 = r_2(\cos\theta_2 + \mathrm{i}\sin\theta_2)$$

两者都是 $\exp\zeta$ 的值. 那么

$$\zeta = \mathrm{Log}\, z_1 = \mathrm{Log}\, z_2,$$

所以

$$\log r_1 + \mathrm{i}(\theta_1 + 2m\pi) = \log r_2 + \mathrm{i}(\theta_2 + 2n\pi),$$

其中 m 和 n 是整数. 这就给出

$$\log r_1 = \log r_2,\quad \theta_1 + 2m\pi = \theta_2 + 2n\pi.$$

于是 $r_1 = r_2$, 且 θ_1 和 θ_2 相差 2π 的一个倍数. 从而有 $z_1 = z_2$.

推论　如果 ζ 是实数, 那么 $\exp\zeta = \mathrm{e}^\zeta$, 这里 e^ζ 是在第 9 章里定义的实的指数函数.

因为如果 $z = \mathrm{e}^\zeta$, 则 $\log z = \zeta$, 也即 $\mathrm{Log}\, z$ 的一个值是 ζ. 从而 $z = \exp\zeta$.

233.　$\exp\zeta$ 的值

设 $\zeta = \xi + \mathrm{i}\eta$, 且

$$z = \exp\zeta = r(\cos\theta + \mathrm{i}\sin\theta).$$

那么

$$\xi + \mathrm{i}\eta = \mathrm{Log}\, z = \log r + \mathrm{i}(\theta + 2m\pi),$$

其中 m 是整数. 于是 $\xi = \log r, \eta = \theta + 2m\pi$, 这也就是

$$r = \mathrm{e}^\xi,\quad \theta = \eta - 2m\pi,$$

从而

$$\exp(\xi + \mathrm{i}\eta) = \mathrm{e}^\xi(\cos\eta + \mathrm{i}\sin\eta).$$

如果 $\eta = 0$, 那么, 如同我们在第 232 节中已经推导出来的那样有 $\exp\xi = \mathrm{e}^\xi$. 显然, $\exp(\xi + \mathrm{i}\eta)$ 的实部和虚部两者对于 ξ 和 η 所有的值都是 ξ 和 η 的连续函数.

234.　$\exp\zeta$ 所满足的函数方程

设 $\zeta_1 = \xi_1 + \mathrm{i}\eta_1, \zeta_2 = \xi_2 + \mathrm{i}\eta_2$. 则有

$$\begin{aligned}\exp\zeta_1 \times \exp\zeta_2 &= \mathrm{e}^{\xi_1}(\cos\eta_1 + \mathrm{i}\sin\eta_1) \times \mathrm{e}^{\xi_2}(\cos\eta_2 + \mathrm{i}\sin\eta_2)\\ &= \mathrm{e}^{\xi_1+\xi_2}\{\cos(\eta_1+\eta_2) + \mathrm{i}\sin(\eta_1+\eta_2)\}\\ &= \exp(\zeta_1+\zeta_2).\end{aligned}$$

这样一来, 指数函数就满足函数关系 $f(\zeta_1 + \zeta_2) = f(\zeta_1)f(\zeta_2)$, 我们已经证明过 (第 213 节), 对于取实数值的 ζ_1 和 ζ_2 此式为真.

235. 一般的幂 a^ζ

由于当 ζ 是实数时有 $\exp\zeta = \mathrm{e}^\zeta$, 所以当 ζ 是复数时也采用同样的符号并完全抛弃符号 $\exp\zeta$ 看来是很自然的. 我们将不遵循这条路线, 因为我们将要对符号 e^ζ 给出一个更加一般性的定义. 这样我们将会发现, e^ζ 表示一个有无穷多个值的函数, 而 $\exp\zeta$ 仅仅是其中的一个值.

我们已经在相当多的情形中定义了符号 a^ζ 的意义. 在初等代数中, 对于 a 为实数且为正数以及 ζ 为有理数的情形, 或者 a 为实数且为负数以及 ζ 为有理分数且分母为奇数的情形, 此函数都已经有了定义. 按照那里给出的定义, a^ζ 至多有两个值. 在第 3 章里我们将定义扩充并覆盖了 a 为任意实数或任意复数且 ζ 为任意有理数 p/q 的情形, 而在第 9 章里给出了新的定义, 这个定义由等式

$$a^\zeta = \mathrm{e}^{\zeta\log a}$$

给出, 只要 ζ 是实数, a 是正实数, 此式就适用.

这样一来, 我们就已以某种方式赋予

$$3^{\frac{1}{2}},\quad (-1)^{\frac{1}{3}},\quad \left(\sqrt{3}+\tfrac{1}{2}\mathrm{i}\right)^{-\frac{1}{2}},\quad (3\cdot 5)^{1+\sqrt{2}}$$

以意义, 但还没有给出定义使得我们能赋予

$$(1+\mathrm{i})^{\sqrt{2}},\quad 2^{\mathrm{i}},\quad (3+2\mathrm{i})^{2+3\mathrm{i}}$$

以任何意义. 现在要来给出 a^ζ 的一个一般性的定义, 它对 a 和 ζ 所有值, 无论是实数还是复数 (仅有一个限制: a 必须不为零) 均适用.

定义　函数 a^ζ 由等式

$$a^\zeta = \exp(\zeta\,\mathrm{Log}\,a)$$

定义, 其中 $\mathrm{Log}\,a$ 是 a 的对数的任意一个值.

首先我们必须对这个定义与前面的定义是相容的、并将它们全都作为特例予以包容这一点感到满意.

(1) 如果 a 是正数且 ζ 是实数, 那么 $\zeta\,\mathrm{Log}\,a$ 的一个值 (也即 $\zeta\log a$) 是实数, 且 $\exp(\zeta\log a) = \mathrm{e}^{\zeta\log a}$, 这与第 9 章中所采用的定义一致. 正如我们在那里看到的, 在第 9 章里的定义与初等代数中给出的定义是一致的; 因此新定义亦如此.

(2) 如果 $a = \mathrm{e}^\tau(\cos\psi + \mathrm{i}\sin\psi)$, 那么

$$\mathrm{Log}\,a = \tau + \mathrm{i}(\psi + 2m\pi),$$

$$\exp\left(\frac{p}{q}\mathrm{Log}\,a\right) = \mathrm{e}^{p\tau/q}\mathrm{Cis}\left\{\frac{p}{q}(\psi + 2m\pi)\right\},$$

其中 m 可取任何整数值. 容易看出, 如果 m 取所有可能的整数值, 那么这个表达式取 q 个且仅取 q 个不同的值, 这恰好是在第 48 节中所得到的 $a^{p/q}$ 的值. 从而新的定义也与第 3 章里的定义一致.

236. a^{ζ} 的一般的值

设

$$\zeta=\xi+\mathrm{i}\eta,\quad a=\sigma(\cos\psi+\mathrm{i}\sin\psi),$$

其中 $-\pi<\psi\leqslant\pi$, 所以, 根据第 235 节的记号有 $\sigma=\mathrm{e}^{\tau}$, 即 $\tau=\log\sigma$. 那么

$$\zeta\operatorname{Log}a=(\xi+\mathrm{i}\eta)\{\log\sigma+\mathrm{i}(\psi+2m\pi)\}=L+\mathrm{i}M,$$

其中

$$L=\xi\log\sigma-\eta(\psi+2m\pi),\quad M=\eta\log\sigma+\xi(\psi+2m\pi);$$

而

$$a^{\zeta}=\exp(\zeta\operatorname{Log}a)=\mathrm{e}^{L}(\cos M+\mathrm{i}\sin M).$$

因此 a^{ζ} 的一般的值是

$$\mathrm{e}^{\xi\log\sigma-\eta(\psi+2m\pi)}[\cos\{\eta\log\sigma+\xi(\psi+2m\pi)\}+\mathrm{i}\sin\{\eta\log\sigma+\xi(\psi+2m\pi)\}].$$

一般来说, a^{ζ} 是一个无穷多值的函数. 因为对于 m 的每一个值

$$|a^{\zeta}|=\mathrm{e}^{\xi\log\sigma-\eta(\psi+2m\pi)}$$

都有一个不同的值, 除非 $\eta=0$. 如果 $\eta=0$, 那么 a^{ζ} 的所有不同值的模都是相同的. 但是它的任何两个值都是不同的, 除非它们的辐角相同, 或者相差 2π 的一个倍数. 这就要求: 如果 $\xi(\psi+2m\pi)$ 和 $\xi(\psi+2n\pi)$ 是不相同的 (这里 m 和 n 是不同的整数), 它们就将相差 2π 的一个倍数. 然而, 如果

$$\xi(\psi+2m\pi)-\xi(\psi+2n\pi)=2k\pi,$$

那么 $\xi=k/(m-n)$ 就是有理数. 我们得出结论: a^{ζ} 是无穷多值的, 除非 ζ 是实数且为有理数. 另一方面, 我们已经看到: 当 ζ 是实数且为有理数时, a^{ζ} 只有有限多个值.

$a^{\zeta}=\exp(\zeta\operatorname{Log}a)$ 的主值是对 $\operatorname{Log}a$ 取主值得到的; 也就是说, 在一般的公式中假设 $m=0$ 所得到的值. 因此 a^{ζ} 的主值是

$$\mathrm{e}^{\xi\log\sigma-\eta\psi}\{\cos(\eta\log\sigma+\xi\psi)+\mathrm{i}\sin(\eta\log\sigma+\xi\psi)\}.$$

两个特殊情形特别有意义. 如果 a 是实数且为正数, ζ 是实数, 则有 $\sigma=a$, $\psi=0$, $\xi=\zeta$, $\eta=0$, 此时 a^{ζ} 的主值是 $\mathrm{e}^{\zeta\log a}$, 这是在第 9 章定义的值. 如果 $|a|=1$ 且 ζ 是实数, 则有 $\sigma=1$, $\xi=\zeta$, $\eta=0$, 此时 $(\cos\psi+\mathrm{i}\sin\psi)^{\zeta}$ 的主值是 $\cos\zeta\psi+\mathrm{i}\sin\zeta\psi$. 这是 de Moivre 定理的一个推广 (第 45, 49 节).

例 XCV

(1) 求 i^{i} 的所有的值. [根据定义有

$$\mathrm{i}^{\mathrm{i}}=\exp(\mathrm{i}\operatorname{Log}\mathrm{i}).$$

但是

$$\mathrm{i}=\cos\tfrac{1}{2}\pi+\mathrm{i}\sin\tfrac{1}{2}\pi,\quad \operatorname{Log}\mathrm{i}=\left(2k+\tfrac{1}{2}\right)\pi\mathrm{i},$$

其中 k 是任意整数. 于是

$$\mathrm{i}^{\mathrm{i}}=\exp\left\{-\left(2k+\tfrac{1}{2}\right)\pi\right\}=\mathrm{e}^{-\left(2k+\frac{1}{2}\right)\pi},$$

从而 i^{i} 所有的值都是实数且为正数.]

(2) 当将 a^ζ 的值画在 Argand 图上时, 它的值是内接于一条等角螺旋线的一个等角多边形的顶点, 该等角螺旋线的角度与 a 无关. (*Math. Trip.* 1899)

[如果 $a^\zeta=r(\cos\theta+\mathrm{i}\sin\theta)$, 就有

$$r=\mathrm{e}^{\xi\log\sigma-\eta(\psi+2m\pi)},\quad \theta=\eta\log\sigma+\xi(\psi+2m\pi);$$

因此所有的点都在螺旋线 $r=\sigma^{(\xi^2+\eta^2)/\xi}\mathrm{e}^{-\eta\theta/\xi}$ 上.]

(3) **函数 e^ζ.** 如果在一般性的公式中用 e 代替 a, 则 $\log\sigma=1$, $\psi=0$, 我们就得到

$$\mathrm{e}^\zeta=\mathrm{e}^{\xi-2m\pi\eta}\{\cos(\eta+2m\pi\xi)+\mathrm{i}\sin(\eta+2m\pi\xi)\}.$$

e^ζ 的主值是 $\mathrm{e}^\xi(\cos\eta+\mathrm{i}\sin\eta)$, 它等于 $\exp\zeta$ (第 233 节). 特别地, 如果 ζ 是实数, 则 $\eta=0$, 我们得到其一般的值是

$$\mathrm{e}^\zeta(\cos 2m\pi\zeta+\mathrm{i}\sin 2m\pi\zeta),$$

而其主值则是 e^ζ, 这里 e^ζ 表示第 9 章定义的指数函数的正的值.

(4) 证明: $\operatorname{Log}\mathrm{e}^\zeta=(1+2m\pi\mathrm{i})\zeta+2n\pi\mathrm{i}$, 其中 m 和 n 是任意的整数, 且一般来说, $\operatorname{Log}a^\zeta$ 有双重无穷多个值.

(5) 等式 $1/a^\zeta=a^{-\zeta}$ 是全真的 (例 XCIV 第 3 题); 对于主值来说, 此式也是正确的.

(6) 等式 $a^\zeta\times b^\zeta=(ab)^\zeta$ 是全真的, 但对主值来说并不总是正确的.

(7) 等式 $a^\zeta\times a^{\zeta'}=a^{\zeta+\zeta'}$ 不是全真的, 但对主值来说为真. [右边的每一个值都是左边的一个值, 但是 $a^\zeta\times a^{\zeta'}$ 的一般值, 即

$$\exp\{\zeta(\log a+2m\pi\mathrm{i})+\zeta'(\log a+2n\pi\mathrm{i})\}$$

通常并不是 $a^{\zeta+\zeta'}$ 的值, 除非 $m=n$.]

(8) 对于下列诸等式

$$\operatorname{Log}a^\zeta=\zeta\operatorname{Log}a,\quad (a^\zeta)^{\zeta'}=(a^{\zeta'})^\zeta=a^{\zeta\zeta'}$$

而言, 对应的结果是什么?

(9) a^ζ 的所有值都是实数的充分必要条件是: 2ξ 和 $\{\eta\log|a|+\xi\operatorname{am}a\}/\pi$ 两者均为整数, 其中 $\operatorname{am}a$ 表示辐角的任意一个值. 要使它所有的值都是模为 1 的, 对应的条件应该是什么呢?

(10) $|x^{\mathrm{i}}+x^{-\mathrm{i}}|$ 的一般值 (其中 $x>0$) 是

$$\mathrm{e}^{-(m-n)\pi}\sqrt{2\left\{\cosh 2\left(m+n\right)\pi+\cos\left(2\log x\right)\right\}}.$$

(11) 对下述论证中的谬误加以解释: 由于 $\mathrm{e}^{2m\pi\mathrm{i}}=\mathrm{e}^{2n\pi\mathrm{i}}=1$, 其中 m 和 n 是任意的整数, 所以, 对每一边取 i 次幂就得到 $\mathrm{e}^{-2m\pi}=\mathrm{e}^{-2n\pi}$.

(12) 在何种情形下, x^x 的任何值都是实数? 其中 x 是实数. [如果 $x>0$, 那么

$$x^x=\exp\left(x\operatorname{Log}x\right)=\exp\left(x\log x\right)\operatorname{Cis}2m\pi x,$$

其中第一个因子是实数. 其主值 (主值对应于 $m=0$) 永远是实数.

如果 x 是有理分数 $p/(2q+1)$, 或者是无理数, 那么它没有其他的实数值. 但是如果 x 形如 $p/2q$, 那么就有另外一个实数值, 即 $-\exp(x\log x)$, 它是由取 $m=q$ 得到的.

如果 $x=-\xi<0$, 那么

$$x^x=\exp\{-\xi\operatorname{Log}(-\xi)\}=\exp(-\xi\log\xi)\operatorname{Cis}\{-(2m+1)\pi\xi\}.$$

使得它的任何值均为实数的仅有情形是 $\xi=p/(2q+1)$, 此时 $m=q$ 给出实数值

$$\exp(-\xi\log\xi)\operatorname{Cis}(-p\pi)=(-1)^p\xi^{-\xi}.$$

真实的情形由下述诸例予以说明

$$\left(\frac{1}{3}\right)^{\frac{1}{3}}=\sqrt[3]{\frac{1}{3}},\quad \left(\frac{1}{2}\right)^{\frac{1}{2}}=\pm\sqrt{\frac{1}{2}},\quad \left(-\frac{2}{3}\right)^{-\frac{2}{3}}=\sqrt[3]{\frac{9}{4}},\quad \left(-\frac{1}{3}\right)^{-\frac{1}{3}}=-\sqrt[3]{3}.\ ]$$

(13) **任意底的对数**. 可以用两种不同的方式定义 $\zeta=\operatorname{Log}_a z$. 我们可以说成 (i) 如果 a^ζ 的主值等于 z, 则 $\zeta=\operatorname{Log}_a z$; 或者也可以说成 (ii) 如果 a^ζ 的任意一个值都等于 z, 则 $\zeta=\operatorname{Log}_a z$.

于是, 如果 $a=\mathrm{e}$, 那么根据第一个定义, 如果 e^ζ 的主值等于 z, 或者说如果有 $\exp\zeta=z$, 那么就有 $\zeta=\operatorname{Log}_{\mathrm{e}} z$; 所以 $\operatorname{Log}_{\mathrm{e}} z$ 与 $\operatorname{Log} z$ 恒等. 但是, 根据第二个定义, 如果

$$\mathrm{e}^\zeta=\exp(\zeta\operatorname{Log}\mathrm{e})=z,\quad \zeta\operatorname{Log}\mathrm{e}=\operatorname{Log}z,$$

或者说如果有 $\zeta=(\operatorname{Log}z)/(\operatorname{Log}\mathrm{e})$ (对数的任何值都取到), 则有 $\zeta=\operatorname{Log}_{\mathrm{e}} z$. 于是

$$\zeta=\operatorname{Log}_{\mathrm{e}} z=\frac{\log|z|+(\operatorname{am}z+2m\pi)\mathrm{i}}{1+2n\pi\mathrm{i}},$$

所以 ζ 是 z 的双重无穷多值函数. 根据这个定义, 一般地有 $\operatorname{Log}_a z=(\operatorname{Log}z)/(\operatorname{Log}a)$.

(14) $\operatorname{Log}_{\mathrm{e}} 1=\dfrac{2m\pi\mathrm{i}}{1+2n\pi\mathrm{i}}$, $\operatorname{Log}_{\mathrm{e}}(-1)=\dfrac{(2m+1)\pi\mathrm{i}}{1+2n\pi\mathrm{i}}$, 其中 m 和 n 是任意整数.

237. 正弦和余弦的指数的值

由公式

$$\exp(\xi+\mathrm{i}\eta)=\exp\xi(\cos\eta+\mathrm{i}\sin\eta)$$

可以推导出若干个很重要的辅助公式. 取 $\xi=0$, 就得到 $\exp(\mathrm{i}\eta)=\cos\eta+\mathrm{i}\sin\eta$; 改变 η 的符号得到 $\exp(-\mathrm{i}\eta)=\cos\eta-\mathrm{i}\sin\eta$. 于是

$$\cos\eta=\tfrac{1}{2}\{\exp(\mathrm{i}\eta)+\exp(-\mathrm{i}\eta)\},$$
$$\sin\eta=-\tfrac{1}{2}\mathrm{i}\{\exp(\mathrm{i}\eta)-\exp(-\mathrm{i}\eta)\}.$$

当然, 可以对 η 的任意的三角比得出用 $\exp(\mathrm{i}\eta)$ 来表示的表达式.

238. $\sin\zeta$ 和 $\cos\zeta$ 对于 ζ 的所有值的定义

在上一节我们看到, 当 ζ 是实数时有

$$\cos\zeta=\tfrac{1}{2}\{\exp(\mathrm{i}\zeta)+\exp(-\mathrm{i}\zeta)\}, \tag{1a}$$

$$\sin\zeta=-\tfrac{1}{2}\mathrm{i}\left\{\exp(\mathrm{i}\zeta)-\exp(-\mathrm{i}\zeta)\right\}. \tag{1b}$$

根据通常在初等三角学中采用的几何定义, 这些等式的左边仅对实的 ζ 值有定义. 另一方面, 它的右边对所有的 ζ 值 (实的或者复的) 都有定义. 这样一来, 自然引导我们采用公式 (1) 来作为 $\cos\zeta$ 和 $\sin\zeta$ 对于 ζ 的所有值的**定义**. 根据第 237 节的结果, 这些定义与对于实的 ζ 值的初等定义一致.

定义了 $\cos\zeta$ 和 $\sin\zeta$, 利用等式

$$\tan\zeta=\frac{\sin\zeta}{\cos\zeta},\quad \cot\zeta=\frac{\cos\zeta}{\sin\zeta},\quad \sec\zeta=\frac{1}{\cos\zeta},\quad \csc\zeta=\frac{1}{\sin\zeta} \tag{2}$$

就定义了其他的三角比. 显然, $\cos\zeta$ 和 $\sec\zeta$ 是 ζ 的偶函数, $\sin\zeta$, $\tan\zeta$, $\cot\zeta$ 以及 $\csc\zeta$ 是奇函数. 又如果 $\exp(\mathrm{i}\zeta)=t$, 就有 $\cos\zeta=\frac{1}{2}\{t+t^{-1}\}$, $\sin\zeta=-\frac{1}{2}\mathrm{i}\{t-t^{-1}\}$, 从而

$$\cos^2\zeta+\sin^2\zeta=\frac{1}{4}\left\{\left(t+t^{-1}\right)^2-\left(t-t^{-1}\right)^2\right\}=1. \tag{3}$$

我们可以进一步将 $\zeta+\zeta'$ 的三角函数通过 ζ 和 ζ' 的三角函数用与在初等三角中成立的公式同样的公式表示出来. 因为, 如果 $\exp(\mathrm{i}\zeta)=t$, $\exp(\mathrm{i}\zeta')=t'$, 就有

$$\begin{aligned}\cos(\zeta+\zeta')&=\frac{1}{2}\left(tt'+\frac{1}{tt'}\right)=\frac{1}{4}\left\{\left(t+\frac{1}{t}\right)\left(t'+\frac{1}{t'}\right)+\left(t-\frac{1}{t}\right)\left(t'-\frac{1}{t'}\right)\right\}\\&=\cos\zeta\cos\zeta'-\sin\zeta\sin\zeta';\end{aligned} \tag{4}$$

类似地可以证明

$$\sin(\zeta+\zeta')=\sin\zeta\cos\zeta'+\cos\zeta\sin\zeta'. \tag{5}$$

特别地有

$$\cos\left(\zeta+\tfrac{1}{2}\pi\right)=-\sin\zeta,\quad \sin\left(\zeta+\tfrac{1}{2}\pi\right)=\cos\zeta. \tag{6}$$

初等三角中所有常见的公式都是等式 (2)~(6) 的代数推论; 因此所有这样的关系式也对本节定义的一般三角函数成立.

239. 推广的双曲函数

在例 LXXXVIII 第 20 题中, 我们用等式

$$\cosh\zeta=\tfrac{1}{2}\left\{\exp\zeta+\exp(-\zeta)\right\},\quad \sinh\zeta=\tfrac{1}{2}\left\{\exp\zeta-\exp(-\zeta)\right\} \tag{1}$$

对取实数值的 ζ 定义了 $\cosh\zeta$ 和 $\sinh\zeta$. 现在可以将这些定义推广到取复数值的变量; 也就是同意用等式 (1) 来对所有实的或者复的 ζ 值定义 $\cosh\zeta$ 和 $\sinh\zeta$. 读者容易验证

$$\cos\mathrm{i}\zeta=\cosh\zeta,\quad \sin\mathrm{i}\zeta=\mathrm{i}\sinh\zeta,\quad \cosh\mathrm{i}\zeta=\cos\zeta,\quad \sinh\mathrm{i}\zeta=\mathrm{i}\sin\zeta.$$

我们已经看到, 当 ζ 允许取复数值时像 $\cos 2\zeta = \cos^2\zeta - \sin^2\zeta$ 这样的初等三角公式仍保持成立. 这样一来, 如果用 $\cos \mathrm{i}\zeta$ 代替 $\cos\zeta$, 用 $\sin \mathrm{i}\zeta$ 代替 $\sin\zeta$, 用 $\cos 2\mathrm{i}\zeta$ 代替 $\cos 2\zeta$, 或者换句话说, 如果用 $\cosh\zeta$ 代替 $\cos\zeta$, 用 $\mathrm{i}\sinh\zeta$ 代替 $\sin\zeta$, 用 $\cosh 2\zeta$ 代替 $\cos 2\zeta$, 它仍然保持成立. 从而

$$\cosh 2\zeta = \cosh^2\zeta + \sinh^2\zeta.$$

同样的变换过程可以应用到任何三角恒等式上去. 这就对例 LXXXVIII 第 22 题中的双曲函数公式与通常的三角函数公式之间的对应关系给出了解释.

240. 与 $\cos(\xi+\mathrm{i}\eta), \sin(\xi+\mathrm{i}\eta)$ 等有关的公式

由加法公式推出

$$\cos(\xi+\mathrm{i}\eta) = \cos\xi\cos\mathrm{i}\eta - \sin\xi\sin\mathrm{i}\eta = \cos\xi\cosh\eta - \mathrm{i}\sin\xi\sinh\eta,$$

$$\sin(\xi+\mathrm{i}\eta) = \sin\xi\cos\mathrm{i}\eta + \cos\xi\sin\mathrm{i}\eta = \sin\xi\cosh\eta + \mathrm{i}\cos\xi\sinh\eta.$$

这些公式对 ξ 和 η 所有的值均成立. ξ 和 η 均为实数是一个有意义的情形. 此时它们给出复数值的余弦和正弦的实部以及虚部的表达式.

例 XCVI

(1) 确定 ζ 的值, 使得 $\cos\zeta$ 和 $\sin\zeta$ (i) 取实数值, (ii) 取纯虚数值. [例如当 $\eta=0$ 或者当 ξ 是 π 的任何倍数时, $\cos\zeta$ 是实数, 其中 $\zeta=\xi+\mathrm{i}\eta$.]

(2) $|\cos(\xi+\mathrm{i}\eta)| = \sqrt{\cos^2\xi+\sinh^2\eta} = \sqrt{\frac{1}{2}(\cosh 2\eta+\cos 2\xi)}$,

$$|\sin(\xi+\mathrm{i}\eta)| = \sqrt{\sin^2\xi+\sinh^2\eta} = \sqrt{\tfrac{1}{2}(\cosh 2\eta-\cos 2\xi)}.$$

[利用 (比方说) 等式

$$|\cos(\xi+\mathrm{i}\eta)| = \sqrt{\cos(\xi+\mathrm{i}\eta)\cos(\xi-\mathrm{i}\eta)}.\ ]$$

(3) $\tan(\xi+\mathrm{i}\eta) = \dfrac{\sin 2\xi+\mathrm{i}\sinh 2\eta}{\cosh 2\eta+\cos 2\xi}, \quad \cot(\xi+\mathrm{i}\eta) = \dfrac{\sin 2\xi-\mathrm{i}\sinh 2\eta}{\cosh 2\eta-\cos 2\xi}.$

[例如

$$\tan(\xi+\mathrm{i}\eta) = \frac{\sin(\xi+\mathrm{i}\eta)\cos(\xi-\mathrm{i}\eta)}{\cos(\xi+\mathrm{i}\eta)\cos(\xi-\mathrm{i}\eta)} = \frac{\sin 2\xi+\sin 2\mathrm{i}\eta}{\cos 2\xi+\cos 2\mathrm{i}\eta},$$

这立即导出给定的结论.]

(4)

$$\sec(\xi+\mathrm{i}\eta) = \frac{\cos\xi\cosh\eta+\mathrm{i}\sin\xi\sinh\eta}{\frac{1}{2}(\cosh 2\eta+\cos 2\xi)},$$

$$\csc(\xi+\mathrm{i}\eta) = \frac{\sin\xi\cosh\eta-\mathrm{i}\cos\xi\sinh\eta}{\frac{1}{2}(\cosh 2\eta-\cos 2\xi)}.$$

(5) 如果 $|\cos(\xi+\mathrm{i}\eta)|=1$, 那么 $\sin^2\xi=\sinh^2\eta$, 又如果 $|\sin(\xi+\mathrm{i}\eta)|=1$, 那么 $\cos^2\xi=\sinh^2\eta$.

(6) 如果 $|\cos(\xi+\mathrm{i}\eta)|=1$, 那么 $\sin\{\mathrm{am}\cos(\xi+\mathrm{i}\eta)\}=\pm\sin^2\xi=\pm\sinh^2\eta$.

(7) 证明: $\mathrm{Log}\cos(\xi+\mathrm{i}\eta)=A+\mathrm{i}B$, 其中

$$A=\tfrac{1}{2}\log\left\{\tfrac{1}{2}(\cosh 2\eta+\cos 2\xi)\right\},$$

而 B 是任何一个满足

$$\frac{\cos B}{\cos\xi\cosh\eta} = -\frac{\sin B}{\sin\xi\sinh\eta} = \frac{1}{\sqrt{\frac{1}{2}(\cosh 2\eta+\cos 2\xi)}}$$

的角度. 对 $\mathrm{Log}\sin(\xi+\mathrm{i}\eta)$ 求一个类似的公式.

(8) **方程 $\cos\zeta=\alpha$ 的解, 其中 α 是实数**. 令 $\zeta=\xi+\mathrm{i}\eta$, 并使实部与虚部分别相等, 即得

$$\cos\xi\cosh\eta=\alpha,\quad \sin\xi\sinh\eta=0.$$

于是或者 $\eta=0$, 或者 ξ 是 π 的倍数. 如果 (i) $\eta=0$, 那么 $\cos\xi=\alpha$, 而这是不可能的, 除非有 $-1\leqslant\alpha\leqslant 1$. 这个假设可得到解

$$\zeta=2k\pi\pm\arccos\alpha,$$

其中 $\arccos\alpha$ 的值介于 0 和 $\frac{1}{2}\pi$ 之间. 如果 (ii) $\xi=m\pi$, 那么 $\cosh\eta=(-1)^m\alpha$, 所以要么 $\alpha\geqslant 1$, 且 m 是偶数, 要么 $\alpha\leqslant -1$, 且 m 是奇数. 如果 $\alpha=\pm 1$, 那么 $\eta=0$, 这样就又回到了第一种情形. 如果 $|\alpha|>1$, 那么 $\cosh\eta=|\alpha|$, 这样就得到解

$$\zeta=2k\pi\pm\mathrm{i}\log(\alpha+\sqrt{\alpha^2-1})\qquad(\alpha>1),$$

$$\zeta=(2k+1)\pi\pm\mathrm{i}\log(-\alpha+\sqrt{\alpha^2-1})\qquad(\alpha<-1).$$

例如, $\cos\zeta=-\frac{5}{3}$ 的通解是 $\zeta=(2k+1)\pi\pm\mathrm{i}\log 3$.

类似地求解 $\sin\zeta=\alpha$.

(9) **$\cos\zeta=\alpha+\mathrm{i}\beta$ 的解, 其中 $\beta\neq 0$**. 可以假设 $\beta>0$, 这是因为当 $\beta<0$ 时只需要改变 i 的符号就可以推导出结论. 在此情形有

$$\cos\xi\cosh\eta=\alpha,\quad \sin\xi\sinh\eta=-\beta \tag{1}$$

以及

$$\frac{\alpha^2}{\cosh^2\eta}+\frac{\beta^2}{\sinh^2\eta}=1.$$

如果令 $\cosh^2\eta=x$, 就得到

$$x^2-(1+\alpha^2+\beta^2)x+\alpha^2=0,$$

也就是 $x=(A_1\pm A_2)^2$, 其中

$$A_1=\tfrac{1}{2}\sqrt{(\alpha+1)^2+\beta^2},\quad A_2=\tfrac{1}{2}\sqrt{(\alpha-1)^2+\beta^2}.$$

假设 $\alpha>0$. 则有 $A_1>A_2>0$ 以及 $\cosh\eta=A_1\pm A_2$. 又有

$$\cos\xi=\frac{\alpha}{\cosh\eta}=A_1\mp A_2,$$

而由于 $\cosh\eta>\cos\xi$, 所以我们必须取

$$\cosh\eta=A_1+A_2,\quad \cos\xi=A_1-A_2.$$

这些方程的通解是

$$\xi=2k\pi\pm\arccos M,\quad \eta=\pm\log(L+\sqrt{L^2-1}), \tag{2}$$

其中 $L=A_1+A_2$, $M=A_1-A_2$, $\arccos M$ 介于 0 和 $\frac{1}{2}\pi$ 之间.

然而, 上面这样得到的 η 和 ξ 的值既包含了方程

$$\cos\xi\cosh\eta=\alpha,\quad \sin\xi\sinh\eta=\beta \tag{3}$$

的解, 也包含了方程 (1) 的解, 因为我们只用到了后一组方程中经过平方后的第二个方程. 为了区分这两组解, 注意到 $\sin\xi$ 的符号与方程组 (2) 中第一个方程的不确定的符号相同, 而 $\sinh\eta$

的符号与方程组 (2) 中第二个方程的不确定的符号相同. 由于 $\beta > 0$, 这两个符号必定不同. 从而所求的通解是

$$\zeta = 2k\pi \pm \left\{\arccos M - \mathrm{i}\log\left(L + \sqrt{L^2 - 1}\right)\right\}.$$

试用同样的方法研究并解决 $\alpha < 0$ 和 $\alpha = 0$ 的情形.

(10) 如果 $\beta = 0$, 那么 $L = \frac{1}{2}|\alpha + 1| + \frac{1}{2}|\alpha - 1|$, $M = \frac{1}{2}|\alpha + 1| - \frac{1}{2}|\alpha - 1|$. 验证：这样得到的结果与第 8 题的结论一致.

(11) 证明：如果 α 和 β 是正数, 那么 $\sin\zeta = \alpha + \mathrm{i}\beta$ 的通解是

$$\zeta = k\pi + (-1)^k \left\{\arcsin M + \mathrm{i}\log\left(L + \sqrt{L^2 - 1}\right)\right\},$$

其中 $\arcsin M$ 介于 0 和 $\frac{1}{2}\pi$ 之间. 在其他可能的情形求出它的解.

(12) 求解 $\tan\zeta = \alpha$, 其中 α 是实数. [所有的根都是实数.]

(13) 证明：$\tan\zeta = \alpha + \mathrm{i}\beta$ (其中 $\beta \neq 0$) 的通解是

$$\zeta = k\pi + \frac{1}{2}\theta + \frac{1}{4}\mathrm{i}\log\left\{\frac{\alpha^2 + (1+\beta)^2}{\alpha^2 + (1-\beta)^2}\right\},$$

其中 θ 是满足

$$\cos\theta : \sin\theta : 1 :: 1 - \alpha^2 - \beta^2 : 2\alpha : \sqrt{(1 - \alpha^2 - \beta^2)^2 + 4\alpha^2}$$

的绝对值最小的角.

(14) 证明

$$|\exp\exp(\xi + \mathrm{i}\eta)| = \exp(\exp\xi\cos\eta),$$
$$\mathbb{R}\{\cos\cos(\xi + \mathrm{i}\eta)\} = \cos(\cos\xi\cosh\eta)\cosh(\sin\xi\sinh\eta),$$
$$\mathbb{I}\{\sin\sin(\xi + \mathrm{i}\eta)\} = \cos(\sin\xi\cosh\eta)\sinh(\cos\xi\sinh\eta).$$

(15) 证明：如果 ζ 沿着经过原点且与 OX 交角小于 $\frac{1}{2}\pi$ 的任何一条直线向外移动到无穷, 则 $|\exp\zeta|$ 趋向 ∞; 当 ζ 沿一条类似的与 OX 交角介于 $\frac{1}{2}\pi$ 与 π 之间的直线向外移动到无穷时, $|\exp\zeta|$ 趋向 0.

(16) 证明：如果 ζ 沿着经过原点且异于任意一条实半轴的任何一条直线向外移动到无穷, 则 $|\cos\zeta|$ 和 $|\sin\zeta|$ 趋向 ∞.

(17) 证明：如果 ζ 沿着第 (16) 题中的直线向外移动到无穷, 则 $\tan\zeta$ 趋向 $-\mathrm{i}$ 或者 i, 如果该直线位于实轴上方, 则 $\tan\zeta$ 趋向 $-\mathrm{i}$, 而当该直线位于实轴下方时, $\tan\zeta$ 趋向 i.

241.　对数函数与反三角函数之间的联系

在第 6 章里我们发现, 有理函数或者代数函数 $\phi(x, \alpha, \beta, \cdots)$ (其中 $\alpha, \beta, \cdots$ 均为常数) 的积分常常根据 $\alpha, \beta, \cdots$ 的值而取不同的形式; 有时它可以用对数来表示, 有时它可以用反三角函数来表示. 例如, 如果 $a > 0$, 就有

$$\int \frac{\mathrm{d}x}{x^2 + a} = \frac{1}{\sqrt{a}}\arctan\frac{x}{\sqrt{a}}, \tag{1}$$

但是如果 $a < 0$, 则有

$$\int \frac{\mathrm{d}x}{x^2 + a} = \frac{1}{2\sqrt{-a}}\log\left|\frac{x - \sqrt{-a}}{x + \sqrt{-a}}\right|. \tag{2}$$

这些公式启发我们：对数函数与反三角函数之间存在某种联系. 这种联系的存在性也可以从这样的事实推导出来：我们已经将 ζ 的圆函数用 $\exp\mathrm{i}\zeta$ 表示出来, 而对数又是指数函数的反函数.

更特别地, 让我们来考虑等式

$$\int \frac{\mathrm{d}x}{x^2-\alpha^2}=\frac{1}{2\alpha}\log\left(\frac{x-\alpha}{x+\alpha}\right),$$

当 α 是实数且 $(x-\alpha)/(x+\alpha)$ 为正数时它成立. 如果在此等式中能用 $\mathrm{i}\alpha$ 代替 α, 就得到公式

$$\arctan\left(\frac{x}{\alpha}\right)=\frac{1}{2\mathrm{i}}\log\left(\frac{x-\mathrm{i}\alpha}{x+\mathrm{i}\alpha}\right)+C, \tag{3}$$

其中 C 是常数, 这就给出一个问题: 这样我们就定义了一个复数的对数, 问题是能否证明这个等式是正确的呢?

现在有 (第 231 节)

$$\operatorname{Log}(x\pm\mathrm{i}\alpha)=\tfrac{1}{2}\log\left(x^2+\alpha^2\right)\pm\mathrm{i}(\phi+2k\pi),$$

其中 k 是整数, ϕ 是满足 $\cos\phi:\sin\phi:1::x:\alpha:\sqrt{x^2+\alpha^2}$ 的绝对值最小的角度. 从而

$$\frac{1}{2\mathrm{i}}\operatorname{Log}\left(\frac{x-\mathrm{i}\alpha}{x+\mathrm{i}\alpha}\right)=-\phi-l\pi,$$

其中 l 是整数, 事实上这个值与 $\arctan(x/\alpha)$ 的任意一个值相差一个常数.

将对数函数与反三角函数联系在一起的标准公式是

$$\arctan x=\frac{1}{2\mathrm{i}}\operatorname{Log}\left(\frac{1+\mathrm{i}x}{1-\mathrm{i}x}\right), \tag{4}$$

其中 x 是实数. 取 $x=\tan y$, 最容易验证此时它的右边变为

$$\frac{1}{2\mathrm{i}}\operatorname{Log}\left(\frac{\cos y+\mathrm{i}\sin y}{\cos y-\mathrm{i}\sin y}\right)=\frac{1}{2\mathrm{i}}\operatorname{Log}(\exp 2\mathrm{i}y)=y+k\pi,$$

其中 k 是任意整数, 所以等式 (4) 是“全”真的 (例 XCIV 第 (3) 题). 读者还可以验证公式

$$\arccos x=-\mathrm{i}\operatorname{Log}\left(x\pm\mathrm{i}\sqrt{1-x^2}\right),\quad \arcsin x=-\mathrm{i}\operatorname{Log}\left(\mathrm{i}x\pm\sqrt{1-x^2}\right), \tag{5}$$

其中 $-1\leqslant x\leqslant 1$; 这些公式中的每一个都是“全”真的.

例 求解方程

$$\cos u=x=\tfrac{1}{2}\left(y+y^{-1}\right),$$

其中 $y=\exp(\mathrm{i}u)$, 关于 y 解出 $y=x\pm\mathrm{i}\sqrt{1-x^2}$. 于是有

$$u=-\mathrm{i}\operatorname{Log}y=-\mathrm{i}\operatorname{Log}\left(x\pm\mathrm{i}\sqrt{1-x^2}\right),$$

它与等式 (5) 的第一个公式等价. 用类似的推理得到余下的等式 (4) 和 (5).

242. $\exp z$ 的幂级数[①]

在第 219 节中我们看到, 当 z 为实数时有

$$\exp z=1+z+\frac{z^2}{2!}+\cdots. \tag{1}$$

在第 198 节中还看到, 当 z 是复数时此式的右边仍然收敛 (而且还是绝对收敛的). 自然会想到等式 (1) 也成立, 现在我们来证明的确如此.

① 现在用 z 代替 ζ 作为指数函数的自变量是方便的.

假设用 $F(z)$ 来表示级数 (1) 的和. 由于该级数是绝对收敛的, 直接做乘法就推出 (与在例 LXXXI 第 (7) 题中相同): $F(z)$ 满足函数方程

$$F(z+h)=F(z)F(h), \tag{2}$$

特别地有

$$F(x+\mathrm{i}y)=F(x)F(\mathrm{i}y).$$

现在有

$$F(x)=1+x+\frac{x^2}{2!}+\cdots=\mathrm{e}^x,$$

而

$$F(\mathrm{i}y)=1-\frac{y^2}{2!}+\frac{y^4}{4!}-\cdots+\mathrm{i}(y-\frac{y^3}{3!}+\cdots)=\cos y+\mathrm{i}\sin y.$$

从而, 如果 $z=x+\mathrm{i}y$, 则有

$$F(z)=\mathrm{e}^x(\cos y+\mathrm{i}\sin y)=\exp z.$$

还有另外一个证明方法, 这一方法是有价值的, 因为它并不需要有关于 $\cos y$ 和 $\sin y$ 的幂级数的知识.

如果 $F(\mathrm{i}y)=f(y)$, 则有 $f(y+k)=f(y)f(k)$ 以及

$$\begin{aligned}\frac{f(y+k)-f(y)}{k}&=f(y)\frac{f(k)-1}{k}\\&=\mathrm{i}f(y)\{1+\frac{ik}{2!}+\frac{(\mathrm{i}k)^2}{3!}+\cdots\}=\mathrm{i}f(y)(1+\rho),\end{aligned}$$

其中对小的 k 有

$$|\rho|\leqslant\frac{|k|}{2!}+\frac{|k|^2}{3!}+\cdots\leqslant(\mathrm{e}-2)\,|k|\,,$$

所以 ρ 与 k 同时趋向零. 于是 $f(y)$ 是可微的, 且有

$$f'(y)=\mathrm{i}f(y).$$

由此推出

$$g(y)=f\,(y)\,(\cos y-\mathrm{i}\sin y)$$

是可微的①. 又有

$$g'(y)=\mathrm{i}f(y)(\cos y-\mathrm{i}\sin y)-f(y)(\sin y+\mathrm{i}\cos y)=0,$$

所以 $g(y)$ 是常数. 从而有

$$g(y)=g(0)=1$$

以及

$$f(y)=\frac{1}{\cos y-\mathrm{i}\sin y}=\frac{\cos y+\mathrm{i}\sin y}{\cos^2 y+\sin^2 y}=\cos y+\mathrm{i}\sin y.$$

最后有 $F(\mathrm{i}y)=f(y)=\cos y+\mathrm{i}\sin y$ 以及

$$F(x+\mathrm{i}y)=F(x)F(\mathrm{i}y)=\mathrm{e}^x(\cos y+\mathrm{i}\sin y).$$

---

① 在较早的版本中接下来的论证有一个微妙的错误. 这里采用的证明是由 Love 先生建议的.

243. $\cos z$ 和 $\sin z$ 的幂级数

由上一节的结果以及第 238 节的等式 (1) 推出：对所有的 z 值有

$$\cos z = 1 - \frac{z^2}{2!} + \frac{z^4}{4!} - \cdots, \quad \sin z = z - \frac{z^3}{3!} + \frac{z^5}{5!} - \cdots.$$

例 XCVII

(1) 证明

$$|\cos z| \leqslant \cosh|z|, \quad |\sin z| \leqslant \sinh|z|.$$

(2) 证明：如果 $|z| < 1$, 那么 $|\cos z| < 2$ 且 $|\sin z| < \frac{6}{5}|z|$.

(3) 由于 $\sin 2z = 2\sin z\cos z$, 我们有

$$(2z) - \frac{(2z)^3}{3!} + \frac{(2z)^5}{5!} - \cdots = 2\left(z - \frac{z^3}{3!} + \cdots\right)\left(1 - \frac{z^2}{2!} + \cdots\right).$$

通过将右边的两个级数相乘 (第 202 节) 并使两边系数相等 (第 201 节) 即得

$$\binom{2n+1}{1} + \binom{2n+1}{3} + \cdots + \binom{2n+1}{2n+1} = 2^{2n}.$$

用二项式定理验证此结果. 从等式

$$\cos^2 z + \sin^2 z = 1, \quad \cos 2z = 2\cos^2 z - 1 = 1 - 2\sin^2 z$$

推导出类似的恒等式.

(4) 证明

$$\exp\{(1+\mathrm{i})z\} = \sum_0^\infty 2^{\frac{1}{2}n}\exp\left(\frac{1}{4}n\pi\mathrm{i}\right)\frac{z^n}{n!}.$$

(5) 将 $\cos z\cosh z$ 按照 z 的幂展开. [我们有

$$\begin{aligned}\cos z\cosh z - \mathrm{i}\sin z\sinh z = \cos\{(1+\mathrm{i})z\} &= \tfrac{1}{2}[\exp\{(1+\mathrm{i})z\} + \exp\{-(1+\mathrm{i})z\}] \\ &= \frac{1}{2}\sum_0^\infty 2^{\frac{1}{2}n}\{1+(-1)^n\}\exp\left(\frac{1}{4}n\pi\mathrm{i}\right)\frac{z^n}{n!},\end{aligned}$$

类似地有

$$\begin{aligned}\cos z\cosh z + \mathrm{i}\sin z\sinh z &= \cos(1-\mathrm{i})z \\ &= \frac{1}{2}\sum_0^\infty 2^{\frac{1}{2}n}\{1+(-1)^n\}\exp\left(-\frac{1}{4}n\pi\mathrm{i}\right)\frac{z^n}{n!}.\end{aligned}$$

从而

$$\cos z\cosh z = \frac{1}{2}\sum_0^\infty 2^{\frac{1}{2}n}\{1+(-1)^n\}\cos\frac{1}{4}n\pi\frac{z^n}{n!} = 1 - \frac{2^2z^4}{4!} + \frac{2^4z^8}{8!} - \cdots.]$$

(6) 将 $\sin^2 z$ 和 $\sin^3 z$ 按照 z 的幂展开. [利用公式

$$\sin^2 z = \tfrac{1}{2}(1 - \cos 2z), \quad \sin^3 z = \tfrac{1}{4}(3\sin z - \sin 3z).$$

显然, 同样的方法可以用来展开 $\cos^n z$ 和 $\sin^n z$, 其中 n 是任意整数.]

(7) 对下列级数求和

$$C = 1 + \frac{\cos z}{1!} + \frac{\cos 2z}{2!} + \frac{\cos 3z}{3!} + \cdots, \quad S = \frac{\sin z}{1!} + \frac{\sin 2z}{2!} + \frac{\sin 3z}{3!} + \cdots.$$

[这里有

$$\begin{aligned} C + \mathrm{i}S &= 1 + \frac{\exp(\mathrm{i}z)}{1!} + \frac{\exp(2\mathrm{i}z)}{2!} + \cdots = \exp\{\exp(\mathrm{i}z)\}, \\ &= \exp(\cos z)\{\cos(\sin z) + \mathrm{i}\sin(\sin z)\}, \end{aligned}$$

类似地有

$$C - \mathrm{i}S = \exp\{\exp(-\mathrm{i}z)\} = \exp(\cos z)\{\cos(\sin z) - \mathrm{i}\sin(\sin z)\}.$$

从而

$$C = \exp(\cos z)\cos(\sin z), \quad S = \exp(\cos z)\sin(\sin z).\ ]$$

(8) 求和

$$1 + \frac{a\cos z}{1!} + \frac{a^2\cos 2z}{2!} + \cdots, \quad \frac{a\sin z}{1!} + \frac{a^2\sin 2z}{2!} + \cdots.$$

(9) 对级数

$$1 - \frac{\cos 2z}{2!} + \frac{\cos 4z}{4!} - \cdots, \quad \frac{\cos z}{1!} - \frac{\cos 3z}{3!} + \cdots$$

以及包含正弦的对应级数求和.

(10) 证明

$$1 + \frac{\cos 4z}{4!} + \frac{\cos 8z}{8!} + \cdots = \tfrac{1}{2}\{\cos(\cos z)\cosh(\sin z) + \cos(\sin z)\cosh(\cos z)\}.$$

(11) 证明：在第 152 节 (1) 中得到的 $\cos(x+h)$ 和 $\sin(x+h)$ 展开成 h 的幂的展开式对所有的 x 和 h 值 (无论实数还是复数) 都是成立的.

244. 对数级数

当 z 是实数且绝对值小于 1 时, 在第 220 节曾得到

$$\log(1+z) = z - \tfrac{1}{2}z^2 + \tfrac{1}{3}z^3 - \cdots. \tag{1}$$

当 z 取模小于 1 的任何复数值时, 右边这个级数是收敛的, 并且还是绝对收敛的. 这自然启发我们想到：等式 (1) 对于这样的复数值 z 仍然成立. 这可以通过对第 220 节的论证加以修改予以证明. 事实上我们要证明的比这还要更多一些, 我们要证明对于满足 $|z| \leqslant 1$ 且除了 -1 以外所有的 z 值 (1) 均为真.

应该记住 $\log(1+z)$ 是 $\mathrm{Log}\,(1+z)$ 的主值, 且

$$\log(1+z) = \int_C \frac{\mathrm{d}u}{u},$$

其中 C 是在复变量 u 的平面上连接 1 和 $1+z$ 的直线段. 可以假设 z 不是实数, 这是因为公式 (1) 对于取实数值的 z 已经证明了.

如果令

$$z = r(\cos\theta + \mathrm{i}\sin\theta) = \zeta r,$$

则 $r \leqslant 1$, 且

$$u = 1 + \zeta t,$$

那么, 当 t 从 0 增加到 r 时, u 就描绘出 C. 且

$$\begin{aligned}\int_C \frac{\mathrm{d}u}{u} &= \int_0^r \frac{\zeta \mathrm{d}t}{1+\zeta t} \\ &= \int_0^r \left\{\zeta - \zeta^2 t + \zeta^3 t^2 - \cdots + (-1)^{m-1}\zeta^m t^{m-1} + \frac{(-1)^m \zeta^{m+1} t^m}{1+\zeta t}\right\}\mathrm{d}t \\ &= \zeta r - \frac{(\zeta r)^2}{2} + \frac{(\zeta r)^3}{3} - \cdots + (-1)^{m-1}\frac{(\zeta r)^m}{m} + R_m \\ &= z - \frac{z^2}{2} + \frac{z^3}{3} - \cdots + (-1)^{m-1}\frac{z^m}{m} + R_m, \end{aligned} \tag{2}$$

其中

$$R_m = (-1)^m \zeta^{m+1} \int_0^r \frac{t^m \mathrm{d}t}{1+\zeta t}. \tag{3}$$

由第 170 节的 (1) 得出

$$|R_m| \leqslant \int_0^r \frac{t^m \mathrm{d}t}{|1+\zeta t|}. \tag{4}$$

现在 $|1+\zeta t|$ 也就是 $|u|$ 从不小于 ϖ, ϖ 是从 O 向直线 C 作的垂线长①. 于是

$$|R_m| \leqslant \frac{1}{\varpi}\int_0^r t^m \mathrm{d}t = \frac{r^{m+1}}{(m+1)\varpi} \leqslant \frac{1}{(m+1)\varpi},$$

因此当 $m \to \infty$ 时有 $R_m \to 0$. 现在由 (2) 即得

$$\log(1+z) = z - \frac{1}{2}z^2 + \frac{1}{3}z^3 - \cdots. \tag{5}$$

在证明过程中我们指出此级数是收敛的, 然而这已经被证明过了 (例 LXXX 第 (4) 题). 事实上, 当 $|z| < 1$ 时该级数还是绝对收敛的, 而当 $|z| = 1$ 时它是条件收敛的②.

将 z 换成 $-z$, 则对 $|z| \leqslant 1, z \neq 1$ 得到

$$\log\left(\frac{1}{1-z}\right) = -\log(1-z) = z + \frac{1}{2}z^2 + \frac{1}{3}z^3 + \cdots. \tag{6}$$

① 由于 z 不是实数, 因而作出的直线 C 不可能经过 O. 建议读者画一个图来对此论证加以说明.

② 这里应当排除 $z = -1$ 的情形. ——译者注

245. 对数级数 (续)

现在有

$$\log(1+z)=\log\{(1+r\cos\theta)+\mathrm{i}r\sin\theta\}$$
$$=\tfrac{1}{2}\log\left(1+2r\cos\theta+r^2\right)+\mathrm{i}\arctan\left(\frac{r\sin\theta}{1+r\cos\theta}\right).$$

反正切的值必须取在 $-\frac{1}{2}\pi$ 和 $\frac{1}{2}\pi$ 之间. 这是因为, $1+z$ 是连接 -1 到 z 的线段所表示的向量, 所以当 z 位于圆 $|z|=1$ 的内部时, $\mathrm{am}(1+z)$ 的主值总是介于界限 $-\frac{1}{2}\pi$ 和 $\frac{1}{2}\pi$ 之间[①].

由于 $z^m=r^m(\cos m\theta+\mathrm{i}\sin m\theta)$, 在第 244 节的等式 (5) 中令实部与虚部分别相等, 即得

$$\tfrac{1}{2}\log\left(1+2r\cos\theta+r^2\right)=r\cos\theta-\tfrac{1}{2}r^2\cos2\theta+\tfrac{1}{3}r^3\cos3\theta-\cdots,$$
$$\arctan\left(\frac{r\sin\theta}{1+r\cos\theta}\right)=r\sin\theta-\tfrac{1}{2}r^2\sin2\theta+\tfrac{1}{3}r^3\sin3\theta-\cdots.$$

当 $0\leqslant r\leqslant1$ 时这些等式对所有的 θ 值成立 (当 $r=1$ 时, 必须将 θ 是 π 的奇数倍这一情形除外). 容易看出, 当 $-1\leqslant r\leqslant0$ 时它们也成立 (当 $r=-1$ 时, 必须将 θ 是 π 的偶数倍这一情形除外).

一个特别重要的情形是 $r=1$. 在此情形, 如果 $-\pi<\theta<\pi$, 则有

$$\log(1+z)=\log(1+\mathrm{Cis}\theta)=\tfrac{1}{2}\log(2+2\cos\theta)+\mathrm{i}\arctan\left(\frac{\sin\theta}{1+\cos\theta}\right)$$
$$=\tfrac{1}{2}\log\left(4\cos^2\tfrac{1}{2}\theta\right)+\tfrac{1}{2}\mathrm{i}\theta,$$

所以

$$\cos\theta-\tfrac{1}{2}\cos2\theta+\tfrac{1}{3}\cos3\theta-\cdots=\tfrac{1}{2}\log\left(4\cos^2\tfrac{1}{2}\theta\right),$$
$$\sin\theta-\tfrac{1}{2}\sin2\theta+\tfrac{1}{3}\sin3\theta-\cdots=\tfrac{1}{2}\theta.$$

对于 θ 的其他的值来说, 考虑到它们都是 θ 的以 2π 为周期的周期函数, 这些级数的和也很容易计算出来. 例如, 对于 θ 的除了是 π 的奇数倍之外的所有其他的值 (对于这样的 θ 值该级数发散), 该余弦级数之和为 $\frac{1}{2}\log\left(4\cos^2\frac{1}{2}\theta\right)$, 而如果 $(2k-1)\pi<\theta<(2k+1)\pi$, 则该正弦级数之和为 $\frac{1}{2}(\theta-2k\pi)$, 又当 θ 是 π 的奇数倍时, 该正弦级数之和为零. 该正弦级数所表示的函数的图形画在图 55 中. 该函数对 $\theta=(2k+1)\pi$ 是间断的.

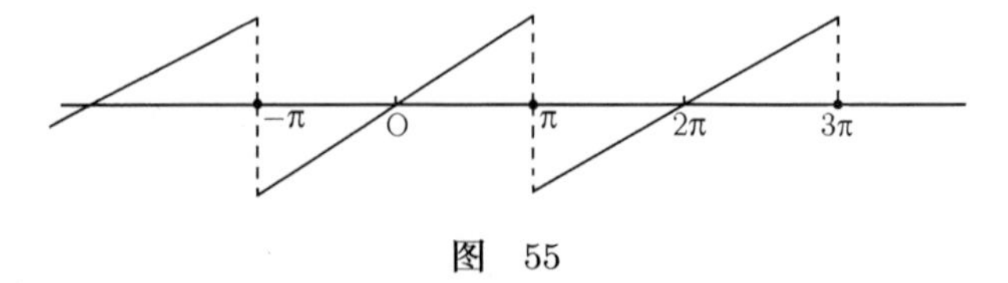

图　55

① 参见上一页脚注①.

如果在 (5) 中分别用 $\mathrm{i}z$ 和 $-\mathrm{i}z$ 代替 z, 并将得到的两式相减, 就得到

$$\frac{1}{2\mathrm{i}}\log\left(\frac{1+\mathrm{i}z}{1-\mathrm{i}z}\right)=z-\frac{1}{3}z^3+\frac{1}{5}z^5-\cdots.$$

如果 z 是实数, 且绝对值小于 1, 利用第 241 节的结果就得到公式

$$\arctan z=z-\frac{1}{3}z^3+\frac{1}{5}z^5-\cdots,$$

这在第 221 节中已经用一种不同的方法证明过了.

例 XCVIII

(1) 在任何满足 $a>b$ 的三角形中, 证明

$$\log c=\log a-\frac{b}{a}\cos C-\frac{b^2}{2a^2}\cos 2C-\cdots. \qquad (\textit{Math. Trip.}\ 1915)$$

[利用公式 $\log c=\frac{1}{2}\log\left(a^2+b^2-2ab\cos C\right)$.]

(2) 证明: 如果 $-1<r<1$, $-\frac{1}{2}\pi<\theta<\frac{1}{2}\pi$, 那么

$$r\sin 2\theta-\frac{1}{2}r^2\sin 4\theta+\frac{1}{3}r^3\sin 6\theta-\cdots=\theta-\arctan\left\{\left(\frac{1-r}{1+r}\right)\tan\theta\right\},$$

反正切取值在 $-\frac{1}{2}\pi$ 和 $\frac{1}{2}\pi$ 之间. 试对所有其他的 θ 值确定该级数的和.

(3) 通过考虑 $\log(1+\mathrm{i}z)$ 和 $\log(1-\mathrm{i}z)$ 按照 z 的幂的展开式来证明: 如果 $-1<r<1$, 那么

$$r\sin\theta+\frac{1}{2}r^2\cos 2\theta-\frac{1}{3}r^3\sin 3\theta-\frac{1}{4}r^4\cos 4\theta+\cdots=\frac{1}{2}\log\left(1+2r\sin\theta+r^2\right),$$

$$r\cos\theta+\frac{1}{2}r^2\sin 2\theta-\frac{1}{3}r^3\cos 3\theta-\frac{1}{4}r^4\sin 4\theta+\cdots=\arctan\left(\frac{r\cos\theta}{1-r\sin\theta}\right).$$

$$r\sin\theta-\frac{1}{3}r^3\sin 3\theta+\cdots=\frac{1}{4}\log\left(\frac{1+2r\sin\theta+r^2}{1-2r\sin\theta+r^2}\right),$$

$$r\cos\theta-\frac{1}{3}r^3\cos 3\theta+\cdots=\frac{1}{2}\arctan\left(\frac{2r\cos\theta}{1-r^2}\right),$$

反正切的值介于 $-\frac{1}{2}\pi$ 和 $\frac{1}{2}\pi$ 之间.

(4) 证明

$$\cos\theta\cos\theta-\tfrac{1}{2}\cos 2\theta\cos^2\theta+\tfrac{1}{3}\cos 3\theta\cos^3\theta-\cdots=\tfrac{1}{2}\log\left(1+3\cos^2\theta\right),$$

$$\sin\theta\sin\theta-\tfrac{1}{2}\sin 2\theta\sin^2\theta+\tfrac{1}{3}\sin 3\theta\sin^3\theta-\cdots=\operatorname{arccot}\left(1+\cot\theta+\cot^2\theta\right),$$

反余切的值介于 $-\frac{1}{2}\pi$ 和 $\frac{1}{2}\pi$ 之间; 并对级数

$$\cos\theta\sin\theta-\tfrac{1}{2}\cos 2\theta\sin^2\theta+\cdots,\quad \sin\theta\cos\theta-\tfrac{1}{2}\sin 2\theta\cos^2\theta+\cdots$$

的和求出类似的表达式.

246. 对数级数的某些应用, 指数极限

设 z 是任意复数, h 是一个足够小的实数, 确保有 $|hz|<1$ 成立. 那么

$$\log(1+hz)=hz-\tfrac{1}{2}(hz)^2+\tfrac{1}{3}(hz)^3-\cdots,$$

所以

$$\frac{\log(1+hz)}{h}=z+\phi(h,z),$$

其中

$$\phi(h,z) = -\tfrac{1}{2}hz^2 + \tfrac{1}{3}h^2z^3 - \tfrac{1}{4}h^3z^4 + \cdots,$$

$$|\phi(h,z)| \leqslant \left|hz^2\right|\left(1 + |hz| + \left|h^2z^2\right| + \cdots\right) = \frac{|hz^2|}{1-|hz|},$$

所以当 $h \to 0$ 时有 $\phi(h,z) \to 0$. 由此推得

$$\lim_{h\to 0}\frac{\log(1+hz)}{h} = z. \tag{1}$$

特别地, 如果假设 $h = 1/n$, 其中 n 是正整数, 就得到

$$\lim_{n\to\infty} n\log\left(1+\frac{z}{n}\right) = z,$$

所以

$$\lim_{n\to\infty}\left(1+\frac{z}{n}\right)^n = \lim_{n\to\infty}\exp\left\{n\log\left(1+\frac{z}{n}\right)\right\} = \exp z. \tag{2}$$

上式推广了第 215 节对取实数值的 z 所证明的结论.

由 (1) 可以推导出某些其他的结果, 下一节将要用到这些结果. 如果 t 和 h 是实数, 且 h 足够小, 就有

$$\frac{\log(1+tz+hz) - \log(1+tz)}{h} = \frac{1}{h}\log\left(1+\frac{hz}{1+tz}\right),$$

当 $h \to 0$ 时它趋向极限 $z/(1+tz)$. 从而

$$\frac{\mathrm{d}}{\mathrm{d}t}\{\log(1+tz)\} = \frac{z}{1+tz}. \tag{3}$$

我们还需要 $(1+tz)^m$ 关于 t 的求导公式, 其中 m 是任意实数或者复数. 首先注意, 如果 $\phi(t) = \psi(t) + \mathrm{i}\chi(t)$ 是 t 的复函数, 该函数的实部 $\psi(t)$ 和虚部 $\chi(t)$ 是可微的, 那么

$$\begin{aligned}\frac{\mathrm{d}}{\mathrm{d}t}(\exp\phi) &= \frac{\mathrm{d}}{\mathrm{d}t}\{(\cos\chi + \mathrm{i}\sin\chi)\exp\psi\}\\ &= \{(\cos\chi + \mathrm{i}\sin\chi)\psi' + (-\sin\chi + \mathrm{i}\cos\chi)\chi'\}\exp\psi\\ &= (\psi' + \mathrm{i}\chi')(\cos\chi + \mathrm{i}\sin\chi)\exp\psi\\ &= (\psi' + \mathrm{i}\chi')\exp(\psi + \mathrm{i}\chi) = \phi'\exp\phi,\end{aligned}$$

所以对于 $\exp\phi$ 的微分法则与 ϕ 取实数值的情形相同. 如此就有

$$\begin{aligned}\frac{\mathrm{d}}{\mathrm{d}t}(1+tz)^m &= \frac{\mathrm{d}}{\mathrm{d}t}\exp\{m\log(1+tz)\}\\ &= \frac{mz}{1+tz}\exp\{m\log(1+tz)\} = mz(1+tz)^{m-1}.\end{aligned} \tag{4}$$

这里 $(1+tz)^m$ 和 $(1+tz)^{m-1}$ 两者都取主值.

247. 二项式定理的一般形式

我们已经证明了 (第 222 节)：对于所有取实数值的 m 以及介于 -1 和 1 之间 z 的所有实数值, 级数

$$1+\binom{m}{1}z+\binom{m}{2}z^2+\cdots$$

的和都是 $(1+z)^m=\exp\{m\log(1+z)\}$. 如果 a_n 是 z^n 的系数, 那么, 无论 m 是实数还是复数, 都有

$$\left|\frac{a_{n+1}}{a_n}\right|=\frac{|m-n|}{n+1}\to 1.$$

因此 (例 LXXX 第 (3) 题), 如果 z 的模小于 1, 则该级数总是收敛的, 现在要来证明它的和仍然是 $\exp\{m\log(1+z)\}$, 即 $(1+z)^m$ 的主值.

由第 246 节可知, 如果 t 是实数, 那么

$$\frac{\mathrm{d}}{\mathrm{d}t}(1+tz)^m=mz(1+tz)^{m-1},$$

z 和 m 取任何实数或者复数值, 且每一边都取主值. 于是, 如果 $\phi(t)=(1+tz)^m$, 就有

$$\phi^{(n)}(t)=m(m-1)\cdots(m-n+1)z^n(1+tz)^{m-n}.$$

这个公式对 $t=0$ 依然成立, 所以

$$\frac{\phi^{(n)}(0)}{n!}=\binom{m}{n}z^n.$$

由第 167 节的 (1) 和 (2) 推出 (如果记得第 170 节末尾所作的说明的话)

$$\phi(1)=\phi(0)+\phi'(0)+\frac{\phi''(0)}{2!}+\cdots+\frac{\phi^{(n-1)}(0)}{(n-1)!}+R_n,$$

其中

$$R_n=\frac{1}{(n-1)!}\int_0^1(1-t)^{n-1}\phi^{(n)}(t)\,\mathrm{d}t.$$

记

$$z=r(\cos\theta+\mathrm{i}\sin\theta),\quad m=\mu+\mathrm{i}\nu,$$

并确定 R_n 的一个上界.

一方面我们有

$$|1+tz|<2,$$

另一方面有

$$|1+tz|=\sqrt{1+2tr\cos\theta+t^2r^2}\geqslant 1-tr\geqslant 1-r;$$

而 $-\pi \leqslant \mathrm{am}\,(1+tz) \leqslant \pi$. 又有

$$\left|(1+tz)^{m-1}\right| = \exp\{(\mu-1)\log|1+tz| - \nu\mathrm{am}\,(1+tz)\}$$
$$= |1+tz|^{\mu-1}\,\mathrm{e}^{-\nu\mathrm{am}(1+tz)}.$$

如果 $\mu \geqslant 1$, 则这里的第一个因子不超过 $2^{\mu-1}$, 如果 $\mu < 1$, 则它不超过 $(1-r)^{\mu-1}$; 而第二个因子不超过 $\mathrm{e}^{\pi|\nu|}$. 因此 $\left|(1+tz)^{m-1}\right|$ 有一个与 t (以及 n) 无关的上界 K; 这样一来, 就有

$$|R_n| = \frac{|m(m-1)\cdots(m-n+1)|}{(n-1)!}|z|^n \times \left|\int_0^1 (1+tz)^{m-1}\left(\frac{1-t}{1+tz}\right)^{n-1}\mathrm{d}t\right|$$
$$\leqslant K\frac{|m(m-1)\cdots(m-n+1)|}{(n-1)!}r^n\int_0^1\left(\frac{1-t}{1-tr}\right)^{n-1}\mathrm{d}t.$$

最后有 $1-tr > 1-t$, 所以

$$|R_n| < K\frac{|m(m-1)\cdots(m-n+1)|}{(n-1)!}r^n = \rho_n,$$

最后一步是我们的定义. 但是

$$\frac{\rho_{n+1}}{\rho_n} = \frac{|m-n|}{n}r \to r,$$

所以 (例 XXVII 第 (6) 题) $\rho_n \to 0$. 于是 $R_n \to 0$, 这样就得到下述定理.

定理　对于所有取实数值或者复数值的 m 以及满足 $|z|<1$ 的所有的 z 值, 二项级数

$$1+\binom{m}{1}z+\binom{m}{2}z^2+\cdots$$

的和都是 $\exp\{m\log(1+z)\}$, 其中的对数取主值.

关于二项级数的一个更加完整的讨论 (包括 $|z|=1$ 这一更加困难的情形在内) 可以在 Bromwich 所著 *Infinite series* 一书 (第 2 版) 第 287 页以及其后各页中找到.

例 XCIX

(1) 假设 m 是实数. 那么, 由于

$$\log(1+z) = \frac{1}{2}\log\left(1+2r\cos\theta+r^2\right)+\mathrm{i}\arctan\left(\frac{r\sin\theta}{1+r\cos\theta}\right),$$

我们得到

$$\sum_0^\infty\binom{m}{n}z^n = \exp\left\{\frac{1}{2}m\log\left(1+2r\cos\theta+r^2\right)\right\}\mathrm{Cis}\left\{m\arctan\left(\frac{r\sin\theta}{1+r\cos\theta}\right)\right\}$$
$$= \left(1+2r\cos\theta+r^2\right)^{\frac{1}{2}m}\mathrm{Cis}\left\{m\arctan\left(\frac{r\sin\theta}{1+r\cos\theta}\right)\right\},$$

所有的反正切介于 $-\frac{1}{2}\pi$ 与 $\frac{1}{2}\pi$ 之间. 特别地, 如果假设 $\theta=\frac{1}{2}\pi, z=\mathrm{i}r$, 并令实部和虚部分别相等, 即得

$$1-\binom{m}{2}r^2+\binom{m}{4}r^4-\cdots=\left(1+r^2\right)^{\frac{1}{2}m}\cos\left(m\arctan r\right),$$

$$\binom{m}{1}r-\binom{m}{3}r^3+\binom{m}{5}r^5-\cdots=\left(1+r^2\right)^{\frac{1}{2}m}\sin\left(m\arctan r\right).$$

(2) 证明: 如果 $0\leqslant r<1$, 那么

$$1-\frac{1\cdot 3}{2\cdot 4}r^2+\frac{1\cdot 3\cdot 5\cdot 7}{2\cdot 4\cdot 6\cdot 8}r^4-\cdots=\sqrt{\frac{\sqrt{1+r^2}+1}{2\left(1+r^2\right)}},$$

$$\frac{1}{2}r-\frac{1\cdot 3\cdot 5}{2\cdot 4\cdot 6}r^3+\frac{1\cdot 3\cdot 5\cdot 7\cdot 9}{2\cdot 4\cdot 6\cdot 8\cdot 10}r^5-\cdots=\sqrt{\frac{\sqrt{1+r^2}-1}{2\left(1+r^2\right)}}.$$

[在第 (1) 题的最后两个公式中取 $m=-\frac{1}{2}$.]

(3) 证明: 如果 $-\frac{1}{4}\pi<\theta<\frac{1}{4}\pi$, 那么, 对于 m 的所有实数值均有

$$\cos m\theta=\cos^m\theta\left\{1-\binom{m}{2}\tan^2\theta+\binom{m}{4}\tan^4\theta-\cdots\right\},$$

$$\sin m\theta=\cos^m\theta\left\{\binom{m}{1}\tan\theta-\binom{m}{3}\tan^3\theta+\cdots\right\}.$$

[由等式

$$\cos m\theta+\mathrm{i}\sin m\theta=(\cos\theta+\mathrm{i}\sin\theta)^m=\cos^m\theta\,(1+\mathrm{i}\tan\theta)^m$$

立即得到这些结果.]

(4) 用级数直接相乘的方法我们证明了 (例 LXXXI 第 (6) 题): $f(m,z)=\sum\binom{m}{n}z^n$ 满足函数方程

$$f(m,z)\,f\left(m',z\right)=f\left(m+m',z\right),$$

其中 $|z|<1$. 用与第 223 节类似的论证方法, 且不假设本节中的一般性定理成立, 来证明如下结论: 如果 m 是实数且为有理数, 那么

$$f(m,z)=\exp\left\{m\log(1+z)\right\}.$$

(5) 如果 z 和 μ 是实数, 且 $-1<z<1$, 那么

$$\sum\binom{\mathrm{i}\mu}{n}z^n=\cos\left\{\mu\log(1+z)\right\}+\mathrm{i}\sin\left\{\mu\log(1+z)\right\}.$$

第 10 章杂例

1. 证明: $\mathrm{i}^{\log(1-\mathrm{i})}$ 的实部是

$$\mathrm{e}^{\frac{1}{8}(4k+1)\pi^2}\cos\left\{\tfrac{1}{4}(4k+1)\pi\log 2\right\},$$

其中 k 是任意整数.

2. 如果 $a\cos\theta+b\sin\theta+c=0$, 其中 a,b,c 是实数, $c^2>a^2+b^2$, 那么

$$\theta=m\pi+\alpha\pm\mathrm{i}\log\frac{|c|+\sqrt{c^2-a^2-b^2}}{\sqrt{a^2+b^2}},$$

其中 m 是任何奇整数或者偶整数要根据 c 是正数还是负数来确定, 而 α 是一个角度, 其余弦和正弦是 $a/\sqrt{a^2+b^2}$ 和 $b/\sqrt{a^2+b^2}$.

3. 证明: 如果 $z=r\mathrm{e}^{\mathrm{i}\theta}$, 且 $r<1$, 那么

$$\log(1+\mathrm{i}z)-\log(1-\mathrm{i}z)$$

的虚数部分 (其中的对数取主值) 是

$$\arctan\left(\frac{2r\cos\theta}{1-r^2}\right)$$

的介于 $-\frac{1}{2}\pi$ 和 $\frac{1}{2}\pi$ 之间的值. (*Math. Trip.* 1916)

4. 证明: 如果 x 是实数, 而 $A=a+\mathrm{i}b$, 那么

$$\frac{\mathrm{d}}{\mathrm{d}x}\exp Ax=A\exp Ax,\quad \int\exp Ax\mathrm{d}x=\frac{\exp Ax}{A}.$$

从例 LXXXVIII 第 (5) 题推导出这些结果.

5. 证明: 如果 $a>0$, 那么 $\displaystyle\int_0^\infty\exp\{-(a+\mathrm{i}b)x\}\,\mathrm{d}x=\frac{1}{a+\mathrm{i}b}$, 并推导出例 LXXXVIII 第 (6) 题的结果.

6. 证明: 如果 $(x/a)^2+(y/b)^2=1$ 是一个椭圆的方程, 且 $f(x,y)$ 表示另外的任何一条代数曲线的方程中最高次的那些项, 那么此椭圆与该曲线的交点的偏心角之和与

$$-\mathrm{i}\{\log f(a,\mathrm{i}b)-\log f(a,-\mathrm{i}b)\}$$

相差 2π 的一个倍数.

[偏心角由 $f(a\cos\alpha,b\sin\alpha)+\cdots=0$ 给出, 也就是由

$$f\left\{\frac{1}{2}a\left(u+\frac{1}{u}\right),-\frac{1}{2}\mathrm{i}b\left(u-\frac{1}{u}\right)\right\}+\cdots=0$$

给出, 其中 $u=\exp\mathrm{i}\alpha$; 而 $\sum\alpha$ 等于 $-\mathrm{i}\,\mathrm{Log}\,P$ 的一个值, 其中 P 是这个方程的根的乘积.]

7. 确定方程 $\tan z=az$ 的根的个数以及近似位置, 其中 a 是实数.

[我们已经知道 (例 XVII 第 (4) 题), 该方程有无穷多个实根. 现在令 $z=x+\mathrm{i}y$, 并使实部和虚部分别相等. 我们就得到

$$\frac{\sin 2x}{\cos 2x+\cosh 2y}=ax,\quad \frac{\sinh 2y}{\cos 2x+\cosh 2y}=ay,$$

所以, 除非 x 或者 y 为零, 否则就有

$$\frac{\sin 2x}{2x}=\frac{\sinh 2y}{2y}.$$

这是不可能的, 因为它的左边的绝对值小于 1, 而右边的绝对值大于 1. 从而有 $x=0$ 或者 $y=0$. 如果 $y=0$, 就回到了该方程的实根. 如果 $x=0$, 则有 $\tanh y=ay$. 容易看出, 如果 $a\leqslant 0$ 或者 $a\geqslant 1$, 这个方程没有异于零的实根, 而当 $0<a<1$ 时它有两个这样的根. 于是, 如果 $0<a<1$, 它有两个纯虚根; 反之所有的根都是实的.]

8. 如果 $a\leqslant 0$, 则方程 $\tan z=az+b$ 没有复根, 其中 a 和 b 是实数, 且 b 不等于零. 如果 $a>0$, 则所有复根的实部的绝对值都大于 $|b/2a|$.

9. 方程 $\tan z = a/z$ 没有复根, 其中 a 是实数, 但是, 如果 $a<0$, 则它有两个纯虚根.

10. 方程 $\tan z = a\tanh cz$ 有无穷多个实根以及纯虚根, 但是没有复根, 其中 a 和 c 是实数.

11. 证明: 如果 x 是实数, 那么

$$\mathrm{e}^{ax}\cos bx = \sum_0^{\infty}\frac{x^n}{n!}\left\{a^n - \binom{n}{2}a^{n-2}b^2 + \binom{n}{4}a^{n-4}b^4 - \cdots\right\},$$

这里的大括号中有 $\frac{1}{2}(n+1)$ 或者 $\frac{1}{2}(n+2)$ 项. 对于 $\mathrm{e}^{ax}\sin bx$ 求一个类似的级数.

12. 如果当 $n\to\infty$ 时有 $n\phi(z,n)\to z$, 那么 $\{1+\phi(z,n)\}^n\to\exp z$.

13. 如果 $\phi(t)$ 是实变量 t 的复函数, 那么

$$\frac{\mathrm{d}}{\mathrm{d}t}\log\phi(t) = \frac{\phi'(t)}{\phi(t)}.$$

[利用公式 $\phi=\psi+\mathrm{i}\chi$, $\log\phi = \frac{1}{2}\log\left(\psi^2+\chi^2\right)+\mathrm{i}\arctan(\chi/\psi)$.]

14. **变换**. 在第 3 章里 (例 XXI 第 (21) 题和其后诸题, 以及第 3 章杂例第 22 题和其后诸题) 我们已经考虑了几个简单的例子, 这些例子涉及两个变量 z, Z 的平面上由一个关系式 $z=f(Z)$ 相联系的图形之间的几何关系. 现在要来研究关系式中含有对数、指数或者三角函数的某些情形.

首先假设

$$z=\exp\frac{\pi Z}{a},\quad Z=\frac{a}{\pi}\operatorname{Log} z,$$

其中 a 是正数. z 的一个值与 Z 的一个值对应, 但是, 对于 z 的一个值却有无穷多个 Z 的值与之对应. 如果 x,y,r,θ 是 z 的坐标, 而 X,Y,R,Θ 是 Z 的坐标, 就有关系式

$$x=\mathrm{e}^{\pi X/a}\cos\frac{\pi Y}{a},\qquad y=\mathrm{e}^{\pi X/a}\sin\frac{\pi Y}{a},$$

$$X=\frac{a}{\pi}\log r,\qquad Y=\frac{a\theta}{\pi}+2ka,$$

其中 k 是任意整数. 如果假设 $-\pi<\theta\leqslant\pi$, 且 $\operatorname{Log} z$ 取主值 $\log z$, 那么 $k=0$, 而 Z 则被限制在 Z 平面上的某个与轴 OX 平行的带状区域中, 且其每一边距 OX 的距离为 a, 该带状区域上的一点与整个 z 平面上一点对应, 且反之亦然. 取 $\operatorname{Log} z$ 的一个异于主值的值, 我们就得到 z 平面与 Z 平面上另一个宽度为 $2a$ 的带状区域之间一个类似关系.

对于 Z 平面上 X 与 Y 取常数值的那些直线, 它们与 z 平面上 r 与 θ 取常数值的圆周以及半径向量对应. 与 OX 平行的一整条直线与上述后面这些直线中的一条对应, 但是对于 r 为常数的圆来说, 与 OY 平行的直线仅有长为 $2a$ 的一段与之对应. 为使得 Z 描绘出整个后面那条直线, 必须要使得 z 不断地一次次地绕着这个圆移动.

15. 证明: z 平面上的一条等角螺旋线对应于 Z 平面上一条直线.

16. 类似地讨论变换 $z=c\cosh(\pi Z/a)$, 证明: 整个 z 平面与 Z 平面上无穷多个带状区域中的任意一个对应, 每一个带状区域都平行于轴 OX, 且有宽度 $2a$. 又证明: 椭圆

$$\left\{\frac{x}{c\cosh(\pi X_0/a)}\right\}^2+\left\{\frac{y}{c\sinh(\pi X_0/a)}\right\}^2=1$$

与直线 $X=X_0$ 对应, 且对于 X_0 的不同值, 这些椭圆构成一个共焦系统; 直线 $Y=Y_0$ 对应于一族相伴的共焦双曲线. 当 Z 描画出整条直线 $X=X_0$ 或者 $Y=Y_0$ 时, 画出 z 的变化图形. 当 z 描画出由共焦系统的交点之间的线段以及 x 轴上剩下的线段做成的退化的椭圆和退化的双曲线时, Z 将如何变化?

17. 验证：第 16 题的结果与第 14 题以及第 3 章杂例第 26 题的结果是一致的. [变换

$$z = c\cosh\frac{\pi Z}{a}$$

可以看成是由以下诸变换复合而成的

$$z = cz_1, \quad z_1 = \frac{1}{2}\left(z_2 + \frac{1}{z_2}\right), \quad z_2 = \exp\frac{\pi Z}{a}.\ ]$$

18. 类似地讨论变换 $z = c\tanh(\pi Z/a)$, 证明：与直线 $X = X_0$ 对应的是共轴的圆

$$\{x - c\coth(2\pi X_0/a)\}^2 + y^2 = c^2\operatorname{csch}^2(2\pi X_0/a),$$

且与此组正交的共轴圆系与直线 $Y = Y_0$ 对应.

19. **球极平面投影和 Mercator 投影**. 中心在原点的单位球面上的点从南极 (其坐标为 $0, 0, -1$) 投影到在北极 O 的切平面上. 球面上一个点的坐标是 ξ, η, ζ, 而笛卡儿轴 OX, OY 取在切平面上, 且与轴 ξ 和 η 平行. 证明：该点的投影坐标是

$$x = \frac{2\xi}{1+\zeta}, \quad y = \frac{2\eta}{1+\zeta},$$

且 $x + \mathrm{i}y = 2\tan\frac{1}{2}\theta\operatorname{Cis}\phi$, 其中 ϕ 是 (从平面 $\eta = 0$ 开始度量的) 经度, 而 θ 是球面上的点的北极距离.

这个投影给出球面在切平面上的一个映射, 通常称为**球极平面投影** (stereographic projection). 如果现在引进一个新的复变量

$$Z = X + \mathrm{i}Y = -\mathrm{i}\log\tfrac{1}{2}z = -\mathrm{i}\log\tfrac{1}{2}(x + \mathrm{i}y),$$

从而 $X = \phi, Y = \log\cot\frac{1}{2}\theta$, 在 Z 平面上我们就得到另外一个映射, 通常称为 **Mercator 投影** (Mercator's projection). 在这个映射中, **纬度** (latitude) **和经度** (longitude) 的平行线分别用与 X 轴以及与 Y 轴平行的直线来表示.

20. 讨论由等式 $z = \operatorname{Log}\left(\dfrac{Z-a}{Z-b}\right)$ 给出的变换, 证明：x 和 y 取常数值的直线与 Z 平面上两组正交的共轴圆系对应.

21. 讨论变换

$$z = \operatorname{Log}\left\{\frac{\sqrt{Z-a} + \sqrt{Z-b}}{\sqrt{b-a}}\right\},$$

证明：x 和 y 取常数值的直线与以点 $Z = a$ 和 $Z = b$ 为焦点的共焦椭圆族以及共焦双曲线族相对应.

[我们有

$$\sqrt{Z-a} + \sqrt{Z-b} = \sqrt{b-a}\exp(x + \mathrm{i}y),$$
$$\sqrt{Z-a} - \sqrt{Z-b} = \sqrt{b-a}\exp(-x - \mathrm{i}y);$$

可以求得

$$|Z-a| + |Z-b| = |b-a|\cosh 2x, \quad |Z-a| - |Z-b| = |b-a|\cos 2y.\ ]$$

22. **变换 $z = Z^{\mathrm{i}}$**. 如果 $z = Z^{\mathrm{i}}$, 其中虚数的幂取主值, 则有

$$\exp(\log r + \mathrm{i}\theta) = z = \exp(\mathrm{i}\log Z) = \exp(\mathrm{i}\log R - \Theta),$$

所以 $\log r = -\Theta, \theta = \log R + 2k\pi$, 其中 k 是整数. 由于所有的 k 值给出同样的点 z, 可以假设 $k = 0$, 此时有

$$\log r = -\Theta, \quad \theta = \log R. \tag{1}$$

当 R 经过 Θ 的所有正值从 $-\pi$ 变化到 π 时, 整个 Z 平面都被覆盖住了, 此时 r 的取值范围是 $\exp(-\pi)$ 到 $\exp\pi$, 而 θ 取所有的实数值. 于是, Z 平面对应于由圆 $r=\exp(-\pi)$ 和 $r=\exp\pi$ 所界限的圆环; 不过这个圆环被覆盖无穷多次. 然而, 如果仅仅允许 θ 在 $-\pi$ 与 π 之间变化, 则该圆环仅被覆盖一次, 此时 R 将只能从 $\exp(-\pi)$ 变化到 $\exp\pi$, 所以 Z 的变化就局限在一个各方面都与 z 变化所局限的环完全类似的环中. 此外, 每一个环沿负实轴都必须视为有一条 z (或者 Z) 不得越过的割线, 这是因为它的辐角不得逾越界限 $-\pi$ 和 π.

这样就得到由一对等式

$$z=Z^{\mathrm{i}},\quad Z=z^{-\mathrm{i}}$$

给出的两个环之间的一个对应关系, 其中每个幂都取主值. 在一个平面上中心在原点的圆与另一个平面上经过原点的直线对应.

23. 当 Z 以 $\exp\pi$ 作为起点, 按照正方向沿较大的圆移动到点 $-\exp\pi$, 再沿着割线移动, 继而按照负方向绕小圆移动, 再回过来沿割线前进, 并绕大圆的剩余部分回到原来的出发点时, 画出 z 变化的图形.

24. 如果 $z=Z^{\mathrm{i}}$, 幂取任意一个值, 且 Z 沿一条等角螺旋线移动, 其极点是它所在平面上的原点, 那么, z 也沿一条等角螺旋线移动, 其极点是它所在的平面上的原点.

25. 当 z 沿实轴趋向原点时, $Z=z^{a\mathrm{i}}$ 性状如何? 这里 a 是实数. [Z 一次又一次地绕中心在原点的一个圆移动 (如果 $z^{a\mathrm{i}}$ 取主值, 则它就是单位圆), Z 的实部和虚部两者都是有限振荡的.]

26. 证明: 形如 $\sum_{-\infty}^{\infty} a_n z^{na\mathrm{i}}$ 的级数 (其中 a 是实数) 的收敛区域是一个角状区域, 也就是由形如 $\theta_0<\mathrm{am}z<\theta_1$ 的不等式所围成的区域. [这个角状区域有可能退化成一条直线, 或者覆盖整个平面.]

27. **等位线**. 如果 $f(z)$ 是复变量 z 的函数, 我们就把 $|f(z)|=k$ (其中 k 为常数) 的曲线称为 $f(z)$ 的**等位线** (level curve). 概略绘出下列函数的等位线的形式

$z-a$ (同心圆), $(z-a)(z-b)$ (笛卡儿卵形线),

$(z-a)/(z-b)$ (共轴的圆), $\exp z$ (直线).

28. 概略绘出 $(z-a)(z-b)(z-c)$ 的等位线的形式.

29. 概略绘出 (i) $z\exp z$, (ii) $\sin z$ 的等位线的形式. [见图 56[①], 它表示 $\sin z$ 的等位线. 标记了 I~VIII 的这些曲线对应于 $k=0.35, 0.50, 0.71, 1.00, 1.41, 2.00, 2.83, 4.00$ 时的等位线.]

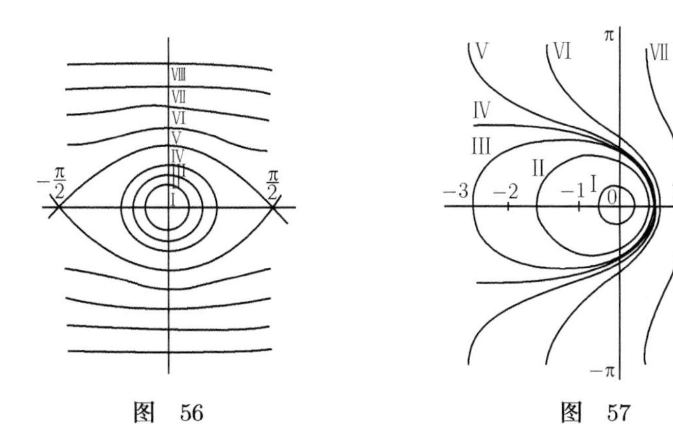

图 56　　图 57

① 这些图是由当时还是一名在校大学生的 E. H. Neville 先生 (现在他已是教授) 为我绘制的.

30. 概略绘出 $\exp z-c$ 的等位线的形式, 其中 c 是实常数. [图 57 绘出了 $|\exp z-1|$ 的等位线, 图中的曲线 I~VII 对应的 k 值由 $\log k=-1.00,-0.20,-0.05,0.00,0.05,0.20,1.00$ 给出.]

31. $\sin z-c$ 的等位线 (其中 c 是正常数) 概略画在图 58 和图 59 中. [这些曲线的特性在 $c<1$ 和 $c>1$ 时是不同的. 在图 58 中取了 $c=0.5$, 曲线 I~VIII 对应于 $k=0.29,0.37,0.50,0.87,1.50,2.60,4.50,7.79$. 图 59 中取了 $c=2$, 曲线 I~VII 对应于 $k=0.58,1.00,1.73,3.00,5.20,9.00,15.59$. 如果 $c=1$, 则其等位线除了原点与尺度单位不同外, 其余均与图 56 中的等位线相同.]

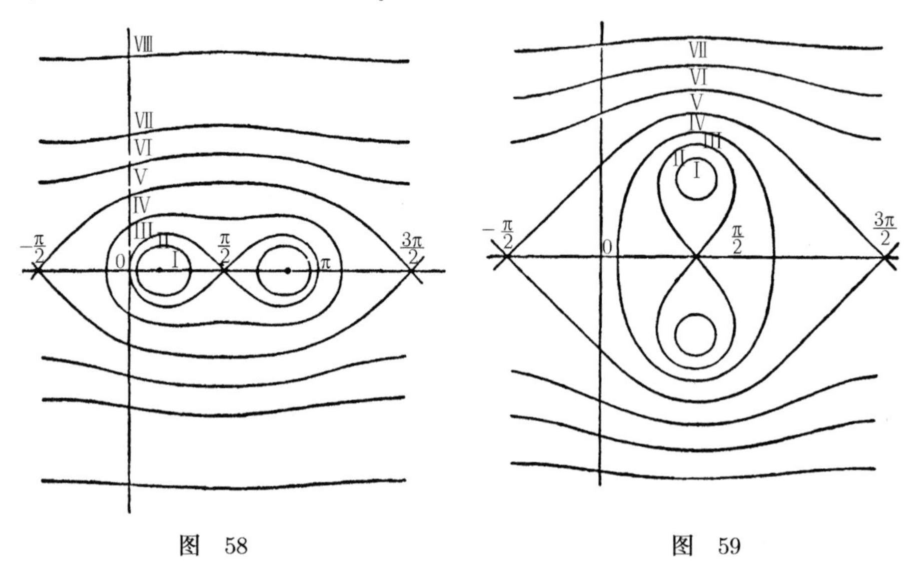

图　58　　　　图　59

32. 证明: 如果 $0<\theta<\pi$, 那么

$$\cos\theta+\frac{1}{3}\cos 3\theta+\frac{1}{5}\cos 5\theta+\cdots=\frac{1}{4}\log\cot^2\frac{1}{2}\theta,$$
$$\sin\theta+\frac{1}{3}\sin 3\theta+\frac{1}{5}\sin 5\theta+\cdots=\frac{1}{4}\pi.$$

并对所有使得这些级数收敛的其他 θ 值求出级数的和. [利用等式

$$z+\frac{1}{3}z^3+\frac{1}{5}z^5+\cdots=\frac{1}{2}\log\left(\frac{1+z}{1-z}\right),$$

其中 $z=\cos\theta+\mathrm{i}\sin\theta$. 当 θ 增加 π 时, 每个级数的和都改变符号. 由此推出, 第一个公式对除了 π 的倍数之外的所有 θ 值都成立 (当 θ 是 π 的倍数时, 级数均发散), 当

$$2k\pi<\theta<(2k+1)\pi$$

时第二个级数的和是 $\frac{1}{4}\pi$, 当

$$(2k+1)\pi<\theta<(2k+2)\pi$$

时第二个级数的和是 $-\frac{1}{4}\pi$, 当 θ 是 π 的倍数时, 其和为零.]

33. 证明: 对所有实的 θ 有

$$\sum_{1}^{\infty}\frac{\sin n\theta}{n}=\pi\left(\frac{1}{2}-\frac{\theta}{2\pi}+\left[\frac{\theta}{2\pi}\right]\right).$$ (*Math. Trip.* 1932)

34. 证明：如果 $0 < \theta < \frac{1}{2}\pi$，那么

$$\cos\theta - \tfrac{1}{3}\cos 3\theta + \tfrac{1}{5}\cos 5\theta - \cdots = \tfrac{1}{4}\pi,$$
$$\sin\theta - \tfrac{1}{3}\sin 3\theta + \tfrac{1}{5}\sin 5\theta - \cdots = \tfrac{1}{4}\log(\sec\theta + \tan\theta)^2;$$

并对所有使得级数收敛的其他 θ 值求出级数的和.

35. 证明：除非 $\theta - \alpha$ 或者 $\theta + \alpha$ 是 2π 的倍数，否则就有

$$\cos\theta\cos\alpha + \tfrac{1}{2}\cos 2\theta\cos 2\alpha + \tfrac{1}{3}\cos 3\theta\cos 3\alpha + \cdots = -\tfrac{1}{4}\log\left\{4(\cos\theta - \cos\alpha)^2\right\}.$$

36. 证明：如果 a 和 b 都不是实数，那么

$$\int_0^\infty \frac{\mathrm{d}x}{(x-a)(x-b)} = -\frac{\log(-a) - \log(-b)}{a-b},$$

每一个对数都取主值. 验证 $a = c\mathrm{i}, b = -c\mathrm{i}$ 时的结论，其中 c 是正数. 再讨论 a 为负实数或者 b 为负实数或者它们两者皆为负实数的情形.

37. 证明：如果 α 和 β 是实数，且 $\beta > 0$，那么

$$\int_0^\infty \frac{\mathrm{d}x}{x^2 - (\alpha + \mathrm{i}\beta)^2} = \frac{\pi\mathrm{i}}{2(\alpha + \mathrm{i}\beta)}.$$

当 $\beta < 0$ 时积分的值是什么?

38. 证明：如果 $Ax^2 + 2Bx + C = 0$ 的两个根的虚部有相反的符号，那么

$$\int_{-\infty}^\infty \frac{\mathrm{d}x}{Ax^2 + 2Bx + C} = \frac{\pi\mathrm{i}}{\sqrt{B^2 - AC}},$$

其中 $\sqrt{B^2 - AC}$ 的符号的选取使得 $\sqrt{B^2 - AC}/A\mathrm{i}$ 的实部是正数.

附录 1 Hölder 不等式和 Minkowski 不等式

有三个不等式在分析中特别重要: 算术平均和几何平均定理、Hölder 不等式和 Minkowski 不等式. 其中第一个不等式需要比在第 25 页中更为一般的形式, 而其他两个不等式可以由第一个不等式推导出来.

接下来所有的字母都表示正数 (严格意义上的). 像在第 25 页中那样可以证明①

$$\frac{a_1+a_2+\cdots+a_n}{n}>(a_1a_2\cdots a_n)^{1/n}, \tag{1}$$

除非所有的 a_i 都相等 (在此情形这两个平均值相等). 假设它们分成 m 个由相等的数构成的数组, 有 p_1 个数等于 a_1, p_2 个数等于 a_2, 如此等等, 则

$$p_1+p_2+\cdots+p_m=n,$$

此时 (1) 变成

$$q_1a_1+q_2a_2+\cdots+q_ma_m>a_1^{q_1}a_2^{q_2}\cdots a_m^{q_m}, \tag{2}$$

其中

$$q_\nu=\frac{p_\nu}{p_1+p_2+\cdots+p_m}, \tag{3}$$

所以

$$q_1+q_2+\cdots+q_m=1. \tag{4}$$

当所有的 a_i 都相等时, 此不等式再次转化为等式.

反过来, 如果 $q_1,q_2,\cdots,q_m$ 是任何正有理数, 它们的和为 1, 我们就能将它们化为有共同的分母, 并将它们表示成 (3) 的形式, 此时 (2) 转化成情形 (1).

现在要证明: (2) 对所有和为 1 的实数 q_i 为真 (除非所有的 a_i 都相等). 换句话说, 我们要去掉诸 q_i 是**有理数**的限制条件. 我们将把这个定理称为 “一般的平均值定理”, 记为 G_m, 或者简记为 G. 其证明与此前所说的无关.

我们可以将证明转化成特殊情形 G_2 的证明. 这是因为, 假设 $m>2$, 且 G_k 已经对 $k=2,3,\cdots,m-1$ 得证. 设

$$q_1+q_2+\cdots+q_{m-1}=q,$$

所以

$$q+q_m=1;$$

记

$$q_1'=q_1/q,\cdots,q_{m-1}'=q_{m-1}/q,$$

则有

$$q_1'+q_2'+\cdots+q_{m-1}'=1.$$

---

① 实际上我们并没有证明那么多, 不过这一讨论只需要稍作改变即可. 对此不需要详细加以陈述, 因为 (1) 包含在 (2) 中, 而我们将对 (2) 给出一个独立证明.

此时, 根据 G_2 和 G_{m-1} 可得

$$
\begin{aligned}
a_1^{q_1}\cdots a_{m-1}^{q_{m-1}}a_m^{q_m} &= \left(a_1^{q_1'}...a_{m-1}^{q_{m-1}'}\right)^q a_m^{q_m}\\
&\leqslant q\left(a_1^{q_1'}\cdots a_{m-1}^{q_{m-1}'}\right)+q_m a_m\\
&\leqslant q\left(q_1'a_1+\cdots+q_{m-1}'a_{m-1}\right)+q_m a_m\\
&= q_1a_1+q_2a_2+\cdots+q_ma_m.
\end{aligned}
$$

第二行里有不等号成立, 除非

$$a_1^{q_1'}\cdots a_{m-1}^{q_{m-1}'}=a_m,$$

第三行里有不等号成立, 除非 $a_1=a_2=\cdots=a_{m-1}$; 这样一来, 除非 $a_1=a_2=\cdots=a_{m-1}=a_m$, 否则总会在某处有不等号成立. 因此 G_k 对 $k=m$ 成立, 从而结论在一般情形成立.

剩下要证明 G_2. 改变符号, 可以把 G_2 写成

$$a^{\alpha}b^{1-\alpha}<\alpha a+(1-\alpha)b\quad(0<\alpha<1)\tag{5}$$

(除非 $a=b$). 不失一般性, 显然可以假设 $b>a$. 这样 (5) 就是

$$b^{1-\alpha}-a^{1-\alpha}<(1-\alpha)(b-a)a^{-\alpha}.\tag{6}$$

但是, 根据中值定理 (第 194 页) 有

$$b^{1-\alpha}-a^{1-\alpha}=(1-\alpha)(b-a)\xi^{-\alpha},$$

其中 $a<\xi<b$, 这就给出 (6), 这是因为 $-\alpha<0$, 从而有 $\xi^{-\alpha}<a^{-\alpha}$. 这就证明了 G_2, 从而也就证明了 G_m.

我们还可以将一般性的不等式 G_m 写成如同 (5) 那样的形式, 也就是

$$a^{\alpha}b^{\beta}\cdots l^{\lambda}<\alpha a+\beta b+\cdots+\lambda l,\tag{7}$$

其中 $\alpha+\beta+\cdots+\lambda=1$.

读者可能会产生一个问题: 能否从诸数 q_i 皆为有理数这一特殊情形出发, 通过极限过程推导出一般的定理呢? 我们可以用这样一种方式, 用一列有理数 $q_\nu^{(r)}$ 来逼近每一个 q_ν: 对每个 r 有

$$q_1^{(r)}+q_2^{(r)}+\cdots+q_m^{(r)}=1,$$

又对每个 ν, 当 $r\to\infty$ 时有 $q_\nu^{(r)}\to q_\nu$. 那么, 对每个 r 有

$$q_1^{(r)}a_1+q_2^{(r)}a_2+\cdots+q_m^{(r)}a_m>a_1^{q_1^{(r)}}a_2^{q_2^{(r)}}\cdots a_m^{q_m^{(r)}},\tag{8}$$

又当 $r\to\infty$ 时, (8) 的两边趋向 (2) 的两边.

如果我们满足于证明以 "$\geqslant$" 代替 "$>$" 所得到的稍弱形式的 (2), 这个讨论就足够了. 但是当 $r\to\infty$ 时 "$>$" 就退化为 "$\geqslant$": $x^{(r)}\to x, y^{(r)}\to y$, 而 $x^{(r)}>y^{(r)}$ 仅仅蕴含 $x\geqslant y$, 不一定有 $x>y$. 可以克服这个困难 (见 *Inequalities* 一书第 18 页), 不过这需要一点创新思想, 我们更愿采用一条更加直接的路线证明.

不等式 (6) 是第 74 节中已经证明的诸不等式之一, 不过带有 α 是有理数这一限制条件. 读者将会发现, 证明第 74 节中所有不等式不仅对有理数而且对一般情形的指数都成立, 这是一件很有意义的事. 在第 74 节中这显然是不可能的, 因为一直到第 214 节, 对于取无理数值的 α, x^{α} 才有了定义.

有另外一个研究 G_2 的有意思的方法. 由于

$$\frac{\mathrm{d}^2}{\mathrm{d}x^2}\log x=-\frac{1}{x^2}<0,$$

函数 $\log x$ 是**凹的** (concave[①]) (也即它的图形处处有负的曲率), 曲线 $y=\log x$ 的弦均位于曲线的下方. 如果 P 是 $(a,\log a)$, 而 Q 是 $(b,\log b)$, 则划分 PQ 且使得

$$\alpha\cdot PR=(1-\alpha)\,RQ$$

成立的点 R 有横坐标 $\alpha a+(1-\alpha)\,b$ 和纵坐标 $\alpha\log a+(1-\alpha)\log b$. 于是

$$\alpha\log a+(1-\alpha)\log b<\log\left\{\alpha a+(1-\alpha)\,b\right\},$$

这就是 (5).

Hölder 不等式 ($\boldsymbol{H}$)

如果 $k>1$ 且 $k'=k/(k-1)$, 所以 $k'>1$, 且有

$$\frac{1}{k}+\frac{1}{k'}=1, \tag{9}$$

而 $a_1,a_2,\cdots,a_n$ 和 $b_1,b_2,\cdots,b_n$ 是两组正数, 那么

$$\sum_{m=1}^{n}a_mb_m\leqslant\left(\sum_{m=1}^{n}a_m^k\right)^{1/k}\left(\sum_{m=1}^{n}b_m^{k'}\right)^{1/k'}. \tag{10}$$

除非两组数 (a) 和 (b) 成比例, 即 a_m/b_m 与 m 无关, 否则有不等号成立.

这是 (5) 的一个推论. 由于 (10) 的每一边关于 a 和 b 两者都是 (一次) 齐次的, 不失一般性, 可以假设

$$\sum a=1,\quad \sum b=1. \tag{11}$$

如果也用 α 代替 $1/k$, 用 β 代替 $1/k'$, 则有 $\alpha+\beta=1$, 又用 a^{α} 和 b^{β} 代替 a 和 b, 那么 (10) 就变成

$$\sum a^{\alpha}b^{\beta}\leqslant\left(\sum a\right)^{\alpha}\left(\sum b\right)^{\beta}. \tag{12}$$

但是, 根据 (5) 有

$$\sum a^{\alpha}b^{\beta}\leqslant\sum(\alpha a+\beta b)=\alpha+\beta=1=\left(\sum a\right)^{\alpha}\left(\sum b\right)^{\beta}.$$

除非对每个 m 都有 $a_m=b_m$, 否则有不等号成立; 这样一来, 当我们去掉条件 (11) 时, 除非 a_m/b_m 与 m 无关, 否则有不等号成立.

更一般地有

$$\sum a^{\alpha}b^{\beta}\cdots l^{\lambda}\leqslant\left(\sum a\right)^{\alpha}\left(\sum b\right)^{\beta}\cdots\left(\sum l\right)^{\lambda}, \tag{13}$$

① 凹函数的另一个等价然而却更加明确的名称是向上凸的函数或者上凸函数. ——译者注

如果

$$\alpha+\beta+\cdots+\lambda=1, \tag{14}$$

除非诸数列 $(a),(b),\cdots,(l)$ 是成比例的. 这可以从 (7) 推导出来, 就好像从 (5) 推导出 (12) 一样, 或者也可以从 (12) 本身用归纳法加以证明.

Minkowski 不等式 ($\boldsymbol{M}$)

如果 $k>1$, 而 $a_1,a_2,\cdots,a_n$ 和 $b_1,b_2,\cdots,b_n$ 是两组正数, 那么

$$\left(\sum_{m=1}^{n}(a_m+b_m)^k\right)^{1/k}\leqslant\left(\sum_{m=1}^{n}a_m^k\right)^{1/k}+\left(\sum_{m=1}^{n}b_m^k\right)^{1/k}. \tag{15}$$

除非两组数 (a) 和 (b) 成比例, 否则总有不等号成立.

这个结论可以从 (10) 推出. 记

$$S=\left\{\sum_{m=1}^{n}(a_m+b_m)^k\right\}^{1/k}=\left\{\sum(a+b)^k\right\}^{1/k}$$

(去掉下标). 那么

$$S=\sum a(a+b)^{k-1}+\sum b(a+b)^{k-1},$$

对右边的每一项应用 (10), 并注意到 $(k-1)k'=k$, 就得到

$$\begin{aligned}S&\leqslant\left(\sum a^k\right)^{1/k}\left\{\sum(a+b)^k\right\}^{1/k'}+\left(\sum b^k\right)^{1/k}\left\{\sum(a+b)^k\right\}^{1/k'}\\&=\left\{\left(\sum a^k\right)^{1/k}+\left(\sum b^k\right)^{1/k}\right\}S^{1/k'},\end{aligned}$$

再用 $S^{1/k'}$ 来除, 即得 (15). 除非两组数 (a) 和 (b) 中的每一组都与 $(a+b)$ 成比例, 即除非 (a) 与 (b) 成比例, 否则总有不等号成立.

有一个与之相伴的有用的不等式 (在相反的方向上). 假设 $a+b=1$. 此时有 $a<1,b<1$, 所以 (由于 $k>1$) $a^k<a,b^k<b$, 且有

$$a^k+b^k<a+b=1=(a+b)^k. \tag{16}$$

由于最后这个不等式的两边都是 (k 次) 齐次的, 故在一般情形它是成立的 (无须限制 $a+b=1$). 由此推出

$$\sum(a+b)^k>\sum a^k+\sum b^k. \tag{17}$$

当 a 和 b 是严格的正数时 (正如我们始终假设的那样), 不可能有等号成立的情形出现.

关于不等式的几点说明

当 $k=2,k'=2$ 时, 不等式 H 变成

$$\left(\sum ab\right)^2<\sum a^2\sum b^2,$$

这是 Cauchy 不等式 (第 1 章杂例第 10 题). 如果在 M 中假设 $k=2$ 和 $n=3$, 并取数组 (a) 和 (b) 是 x_1,y_1,z_1 和 x_2,y_2,z_2, 则它变成

$$\sqrt{(x_1+x_2)^2+(y_1+y_2)^2+(z_1+z_2)^2}<\sqrt{x_1^2+y_1^2+z_1^2}+\sqrt{x_2^2+y_2^2+z_2^2}.$$

此式表达了如下的事实：以 $(0,0,0),(x_1,y_1,z_1),(-x_2,-y_2,-z_2)$ 为顶点的三角形的一边小于另外两边之和. 当 x_1,y_1,z_1 与 x_2,y_2,z_2 成比例时, 也就是说当三角形退化时, 该不等式变成为等式. 一般来说, 不等式 M 将"三角不等式"拓展到 n 维空间中, 在 n 维空间中两点 P_1,P_2 的距离定义为

$$\left(|x_1-x_2|^k+|y_1-y_2|^k+|z_1-z_2|^k+\cdots\right)^{1/k}.$$

第 1 章杂例第 8 题中的不等式 (7) 是 H 的推论, 这是因为

$$\left(\sum a\right)^k=\left(\sum a\cdot 1\right)^k<\sum a^k\left(\sum 1\right)^{k/k'}=n^{k-1}\sum a^k.$$

但是第 1 章杂例第 8 题中的不等式 (6) 不能由这里证明的任何不等式推导出来, 事实上它是一个不同类型的不等式, 称为 Tchebychef 不等式：见 *Inequalities* 一书第 43 页.

当 k 是有理数时, H 和 M 是**代数**定理, 于是希望它们的证明也是用代数方法给出的, 即其证明不依赖于任何种类的极限过程. 这样的证明可以在 *Inequalities* 一书第 2 章中找到 (在那里还讨论了许多类似的定理以及相应的推广). 如果 k 是无理数, x^k 不是代数函数：此时不存在寻求代数证明的问题. 例如, 本书中, x^k 是作为 $\exp(k\log x)$ 来定义的, 因此, 我们所给出的证明需要依赖微积分学中的方法以及对数和指数函数的理论就是很自然的了.

附录 2 每个方程都有一个根的证明

定理“每个代数方程都有一个根”通常称为“代数基本定理”，不过更恰当地说它属于分析，这是因为如果不在某处考虑连续性是不可能对它加以证明的．在此值得对两个最熟知的证明给出概略的说明．

(A) 第一个证明是第 3 章和第 10 章中思想的一个自然发展．设

$$Z = f(z) = a_0 z^n + a_1 z^{n-1} + \cdots + a_n$$

是关于 z 的一个实系数或者复系数的多项式．可以假设 $a_0 \neq 0$.

假设 z 在 z 平面上描绘出一条闭路径 γ：实际上，γ 总是一个沿正方向走向的正方形，该正方形的边与坐标轴平行 (见图 A)．那么，Z 就在 Z 平面上描画出一条闭路径 Γ (见图 B)．为了现在的目的，可以假设 Γ 不经过原点，这是因为，在论证的任何阶段假设 Γ 经过原点都将认同该定理的正确性．

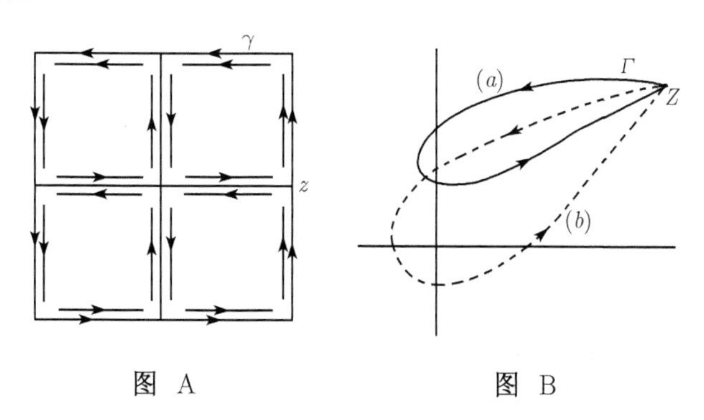

图 A　　　　图 B

对于 Z 的任意一个值有无穷多个 $\mathrm{am}Z$ 的值与之对应，它们相差 2π 的倍数，且当 Z 描绘出 Γ 时[1]，其中每一个值都连续地变化．我们选取 $\mathrm{am}Z$ 的一个与 Z 的起始值对应的特殊值 (比方说满足 $-\pi < \mathrm{am}Z \leqslant \pi$ 的值)，并沿着 Γ 循序变动．这样就对 Γ 上每一个 Z 定义了 $\mathrm{am}Z$ 的一个对应值 (我们直接称之为 $\mathrm{am}Z$)．

当 Z 回到它的原始位置时，$\mathrm{am}Z$ 可能没有改变，也可能与它的起始值相差 2π 的一个倍数．例如，如果 Γ 不包围原点，就像图 B 中的 (a) 那样，则 $\mathrm{am}Z$ 将不会改变；但是如果 Γ 沿正方向绕原点一周，像图 B 中的 (b) 那样，那么 $\mathrm{am}Z$ 将会增加 2π．当 z 描绘出 γ 时，我们用 $\Delta(\gamma)$ 来表示 $\mathrm{am}Z$ 的增量．

首先假设 γ 是由直线 $x = \pm R, y = \pm R$ 所确定且边长为 $2R$ 的正方形 S．那么在 S 上就有 $|z| \geqslant R$．我们可以选取 R 适当地大，使得

$$\frac{|a_1|}{|a_0| R} + \frac{|a_2|}{|a_0| R^2} + \cdots + \frac{|a_n|}{|a_0| R^n} < \frac{1}{2},$$

① 正是在这里我们用到了 Γ 不经过原点这一假设．

这样就有

$$Z=a_0z^n\left(1+\frac{a_1}{a_0z}+\cdots+\frac{a_n}{a_0z^n}\right)=a_0z^n(1+\eta),$$

其中在 S 上所有的点都有 $|\eta|<\frac{1}{2}$. 当 z 描绘出 S 时, $1+\eta$ 的辐角显然不变, 而 z^n 的辐角则增加 $2n\pi$. 因此, Z 的辐角增加 $2n\pi$, 也即 $\Delta(S)=2n\pi$. 所有我们实际上需要知道的就是 $\Delta(S)\neq 0$.

正方形 S 被坐标轴分为四个边长为 R 的相等的正方形 $S^{(1)},S^{(2)},S^{(3)},S^{(4)}$. 可以取其中任何一个作为 γ, 并再次假设对应的 Γ 不经过原点. 这样就有

$$\Delta(S)=\Delta\left(S_1^{(1)}\right)+\Delta\left(S_1^{(2)}\right)+\Delta\left(S_1^{(3)}\right)+\Delta\left(S_1^{(4)}\right). \tag{1}$$

这是因为, 如果 z 依次描绘出 $S_1^{(1)},\cdots$ 中的每一个, 它就会 (见图 A) 将 S 的每一边描绘一次, 而将更小的正方形中不是 S 的边的一部分的那每一条边 l 沿相反方向描绘两次, l 对于和式 (1) 的两次贡献将相互抵消. 由于 $\Delta(S)\neq 0$, $\Delta\left(S_1^{(1)}\right),\cdots$ 中至少有一个不是零; 我们选取第一个非零的, 并将这样选取的正方形称为 S_1. 这样就有 $\Delta(S_1)\neq 0$.

现在再用与坐标轴平行的直线将 S_1 划分成四个相等的正方形, 并重复这种讨论, 这样就得到一个正方形 S_2, 它的边长为 $\frac{1}{2}R$, 对它有 $\Delta(S_2)\neq 0$. 继续这一过程, 就得到一列正方形 $S,S_1,S_2,\cdots,S_n,\cdots$, 其边长分别为 $2R,R,\frac{1}{2}R,\cdots,2^{-n+1}R,\cdots$, 每个正方形包含在它前面一个正方形的内部, 对每个 n 均有 $\Delta(S_n)\neq 0$.

如果 S_n 的西南角和东北角是 (x_n,y_n) 和 (x'_n,y'_n), 则 $x'_n-x_n=y'_n-y_n=2^{-n+1}R$, 从而 (x_n) 和 (y_n) 是递增数列, (x'_n) 和 (y'_n) 是递减数列; x_n 和 x'_n 趋向同一个极限 x_0, y_n 和 y'_n 趋向同一个极限 y_0. 点 (x_0,y_0) (也称为点 P) 或者位于每个 S_n 的内部, 或者位于每个 S_n 的边界上①. 给定任何正数 δ, 可以选取 n, 使得 S_n 的每个点与 P 的距离小于 δ. 从而 P 有这样的性质: 不论 δ 多么小, 总有一个包含 P 的正方形 S_n 存在, 使得它所有的点与 P 的距离都小于 δ, 且对它有 $\Delta(S_n)\neq 0$.

现在可以证明

$$f(z_0)=f(x_0+\mathrm{i}y_0)=0.$$

这是因为, 假设 $f(z_0)=c$, 其中 $|c|=\rho>0$. 由于 $f(x_0+\mathrm{i}y_0)$ 是 x_0 和 y_0 的连续函数, 所以可以选取充分大的 n, 使得在 S_n 所有的点均有

$$|f(z)-f(z_0)|<\frac{1}{2}\rho.$$

这样就有

$$Z=f(z)=c+\sigma=c(1+\eta),$$

其中在 S_n 所有的点均有 $|\sigma|<\frac{1}{2}\rho,|\eta|<\frac{1}{2}$. 由此推出, 当 z 描绘出 S_n 时, $\mathrm{am}Z$ 不改变; 这是一个矛盾. 于是有 $f(z_0)=0$②.

(B) 第二个证明依赖于第 103 节以及其后各节中的若干结论在多元函数上的推广.

与在第 103 节相同, 我们定义一个函数 $F(x,y)$ 在由一个像 S 这样的正方形所围成的区域 D 中的上界和下界. 可以证明 (与第 105 节的最后一段中的做法非常相似③): 一个连续函数在任何一个这样的区域 D 中取到它的上界和下界.

---

① 讨论到目前为止没有任何理由表明出它不在 S 的边界上, 尽管后面将会显示出不可能如此.

② 由于 Z 在 S 的所有点都很大, 所以附带还证明了 z_0 不在 S 上.

③ 第 105 节的第一个证明依赖于 Dedekind 分割, 而在二维的情形没有与之类似的概念.

设

$$F(x,y)=|f(x+\mathrm{i}y)|=|f(z)|=|Z|.$$

那么 $F(x,y)$ 是连续、非负的, 且在 D 中有一个非负的下界 m, 这个下界在 D 的某一点 z_0 处取到. 容易看出, 如果 R 很大, 则 z_0 位于 D 的内部①.

假设 $m>0$, 如果令 $z=z_0+\zeta$, 并重新将 $f(z)$ 按照 ζ 的幂排列, 就得到

$$f(z)=f(z_0)+A_1\zeta+A_2\zeta^2+\cdots+A_n\zeta^n,$$

其中 $A_1,A_2,\cdots,A_n$ 与 ζ 无关. 设 A_k 是其中第一个不为零的系数, 并记

$$f(z_0)=m\mathrm{e}^{\mathrm{i}\mu},\quad A_k=a\mathrm{e}^{\mathrm{i}\alpha},\quad \zeta=\rho\mathrm{e}^{\mathrm{i}\phi}.$$

可以假设 ρ 足够小, 以确保 $a\rho^k<m$ 以及

$$\left|A_{k+1}\zeta^{k+1}+\cdots+A_n\zeta^n\right|<\frac{1}{2}a\rho^k.$$

此时有

$$f(z)=m\mathrm{e}^{\mathrm{i}\mu}+a\rho^k\mathrm{e}^{\mathrm{i}(\alpha+k\phi)}+g,$$

其中 $|g|<\frac{1}{2}a\rho^k$. 选取 ϕ 使得

$$\alpha+k\phi=\mu+\pi, \tag{2}$$

这样就有

$$f(z)=\mathrm{e}^{\mathrm{i}\mu}\left\{m-a\rho^k+g\mathrm{e}^{-\mathrm{i}\mu}\right\},$$
$$|f(z)|=\left|m-a\rho^k+g\mathrm{e}^{-\mathrm{i}\mu}\right|\leqslant m-a\rho^k+|g|<m-\frac{1}{2}a\rho^k<m,$$②

这是一个矛盾. 由此推得 $m=0$, 即 $f(z_0)=0$.

当我们选取 ϕ 使之满足 (1) 时, 事实上就是在求解方程

$$\zeta^k=-\rho^k\mathrm{e}^{\mathrm{i}(\mu-\alpha)}.$$

换言之, 我们用了如下的事实: 特殊形式的方程

$$z^n-c=0 \tag{3}$$

总有一个根, 即 “基本定理” 对二项方程为真. 当然, 根据第 48 节 (以及后面关于三角函数和指数函数所作的严格讨论) 我们知道, 事实上 (3) 有 n 个根.

然而, 寻求这个定理的一个独立于三角函数理论的证明有某种逻辑上的意义. 如果对于特殊的方程 (3) 已经有了一个证明的方法, 则我们的方法将会对定理给出这样一个证明; 在

① 这是因为, 假设 (明显写出 S,D,m_0 和 z_0 对 R 的依赖关系) $m_0(R)$ 和 $z_0(R)$ 与 $S(R)$ 以及 $D(R)$ 对应: 那么 $z_0(R)$ 可能 (到目前为止如它的定义所指出的) 位于 $S(R)$ 上. 然而, 给定 R_1 之后, 可以选取 R_2, 使得 $|Z|$ 大于 $\frac{1}{2}|a_0|R_2^n$, 因此它在 $S(R_2)$ 上以及在它外部的所有点上肯定也大于 $m(R_1)$; 这样一来 $z_0(R)$ 就在 $S(R_2)$ 的内部, 也一定在 $S(R)$ 的内部, 这是因为有 $R\geqslant R_2$. 实际上, 从某个 R 开始, $m(R)$ 和 $z_0(R)$ 都与 R 无关.

② 原书此处误写为 $|f(z)|=\left|m-a\rho^k+g\mathrm{e}^{\mathrm{i}\mu}\right|\leqslant\cdots$. ——译者注

Journal of the London Mathematical Society 第 16 卷的一篇注记中, Littlewood 指出了可以怎样将“下界”方法应用到特殊的函数

$$f(z)=z^{n}-c \tag{4}$$

上去, 从而完成这一证明, 其中 $c=a+\mathrm{i}b\neq 0$.

我们知道 (第 46 节例 XXI 第 (14) 题), 任何二次方程, 特别是方程 $z^2=c$ 都有根. 事实上它的根是

$$\pm\sqrt{\frac{1}{2}\left(\sqrt{a^2+b^2}+a\right)}\pm\mathrm{i}\sqrt{\frac{1}{2}\left(\sqrt{a^2+b^2}-a\right)},$$

如果 $b>0$, 则两个符号相同, 如果 $b<0$, 则两个符号相反. 于是, 如果 $n=2^{\nu}N$, 其中 N 是奇数, 通过求解 ν 个二次式, 可以将 (3) 的求解问题转化为一个方程 $z^N-d=0$ 的求解问题. 这样一来, 我们可以假设 n 是奇数.

现在如前一样来对特殊的函数 (4) 加以讨论. 这里有两种可能性：要么 $z_0\neq 0$, 要么 $z_0=0$. 如果 $z_0\neq 0$, 那么

$$f(z_0+\zeta)=f(z_0)+nz_0^{n-1}\zeta+\cdots=f(z_0)+A_1\zeta+\cdots,$$

其中 $A_1\neq 0$, 所以 $k=1$. 于是完成这一证明就只需求解一个**线性**方程. 如果相反地有 $z_0=0$, 那么

$$f(z)=f(\zeta)=\zeta^{n}-c.$$

如果给 ζ 以四个值 $\pm\rho,\pm\mathrm{i}\rho$ (ρ 很小), 那么 (由于 n 是奇数) $f(\zeta)$ 取四个值

$$-c\pm\delta^{n},\quad -c\pm\mathrm{i}\delta^{n}.$$

换句话说, 如果 P 是点 $f(z_0)$, 或者说是 Argand 图中的 $-c$, 那么在这四种情形下表示 $f(z)$ 的四个点是由 P 通过在与坐标轴平行的四个可能的方向中的每一个方向上作小的位移得到的. 其中至少有一个使得 P 更加接近于原点①, 又如果 ζ 有适当的值, 则 $|f(z)|<|f(z_0)|$. 这样就得到完成证明所需的矛盾. 这一证明的主要思想可以在 Cauchy 所著 *Exercises de mathématiques* 一书第 4 卷第 65～128 页中找到 (尽管是以不太简洁也不够精确的形式给出的). 在 Todhunter 所著 *Theory of equations* 一书第 2 章有关于这个证明的一个说明.

对于“基本定理”所给出的许多证明中, 使代数学家最为满意的一个证明大概是“Gauss 的第二个证明”(按照后来的数学工作者给出的简化形式之一). 见 Gauss 的 *Werke* 第 3 卷第 33～56 页, 或者参看 Perron 所著 *Algebra* 一书第 1 卷第 258～266 页. 不过这些证明要长得多.

附录 2 的例子

1. 证明：$f(z)=0$ 在不经过任何根的闭围道内的根的个数等于当 z 描绘出该围道时

$$\frac{1}{2\pi\mathrm{i}}\log f(z)$$

的增量.

① 使纵坐标保持不变, 而使横坐标的绝对值减小, 或者反过来.

2. 证明：如果 R 是任意一个满足

$$\frac{|a_1|}{R}+\frac{|a_2|}{R}+\cdots+\frac{|a_n|}{R}<1$$

的数，那么 $z^n+a_1z^{n-1}+\cdots+a_n=0$ 所有的根的绝对值都小于 R. 特别地，证明：$z^5-13z-7=0$ 所有的根的绝对值都小于 $2\frac{1}{67}$.

3. 确定方程 $z^{2p}+az+b=0$ 的实部为正数以及实部为负数的根的个数，其中 a 与 b 是实数，p 是奇数. 证明：如果 $a>0,b>0$，则这种根的个数分别为 $p-1$ 和 $p+1$；如果 $a<0,b>0$，则这种根的个数分别为 $p+1$ 和 $p-1$；如果 $b<0$，则这种根的个数分别为 p 和 p. 讨论 $a=0$ 或者 $b=0$ 的特殊情形. 对 $p=1$ 的情形验证这些结论.

[当 z 描绘出一个中心在原点、半径为 R 的大的半圆以及虚轴被该半圆截下的部分所形成的围道时，寻求 $\operatorname{am}\left(z^{2p}+az+b\right)$ 的变化.]

4. 类似地考虑方程

$$z^{4q}+az+b=0,\quad z^{4q-1}+az+b=0,\quad z^{4q+1}+az+b=0.$$

5. 证明：如果 α 和 β 是实数，那么方程 $z^{2n}+\alpha^2z^{2n-1}+\beta^2=0$ 的实部为正数以及实部为负数的根的个数根据 n 是奇数还是偶数而分别为 $n-1$ 和 $n+1$ 以及 n 和 n.

(*Math. Trip.* 1891)

6. 点 z_1,z_2,z_3 构成复平面上一个三角形，该三角形的内部位于从 z_1 到 z_2 这条边的左边. 证明：当 z 沿着连接点 $z=z_1,z=z_2$ 的直线从接近 z_1 的一个点移动到接近 z_2 的一个点时，

$$\operatorname{am}\left(\frac{1}{z-z_1}+\frac{1}{z-z_2}+\frac{1}{z-z_3}\right)$$

的增量接近等于 π.

7. 包含三个点 $z=z_1,z=z_2,z=z_3$ 在其内部的一条围道由 z_1,z_2,z_3 所构成的三角形的边的一部分以及以这些点为圆心的三个小圆位于该三角形外部的部分所定义. 证明：当 z 描绘出该围道时，

$$\operatorname{am}\left(\frac{1}{z-z_1}+\frac{1}{z-z_2}+\frac{1}{z-z_3}\right)$$

的增量等于 -2π.

8. 证明：环绕一个三次方程 $f(z)=0$ 的所有根的闭卵形曲线也环绕它的导出方程 $f'(z)=0$ 的根. [利用等式

$$f'(z)=f(z)\left(\frac{1}{z-z_1}+\frac{1}{z-z_2}+\frac{1}{z-z_3}\right)$$

(其中 z_1,z_2,z_3 是 $f(z)=0$ 的根) 以及第 7 题的结论.]

9. 证明：$f'(z)=0$ 的根是与三角形 (z_1,z_2,z_3) 的边在边的中点相切的椭圆的焦点. [证明见 Cesàro 所著 *Elementares Lehrbuch der algebraischen Analysis* 一书第 352 页.]

10. 将第 8 题的结果推广到任意次数的方程.

11. 如果 $f(z)$ 和 $\phi(z)$ 是两个关于 z 的多项式，γ 是不经过 $f(z)$ 的任何根的一条围道，且在 γ 上所有点均有 $|\phi(z)|<|f(z)|$，那么方程

$$f(z)=0,\quad f(z)+\phi(z)=0$$

在 γ 内部的根的个数相等.

12. 证明：方程

$$e^z = az, \quad e^z = az^2, \quad e^z = az^3$$

(其中 $a > e$) 分别 (i) 有一个正根, (ii) 有一个正根和一个负根, (iii) 在圆 $|z| = 1$ 的内部有一个正根和两个复根. (*Math. Trip.* 1910)

附录 3 关于二重极限问题的一个注记

在第 9 章和第 10 章里, 我们接触到分析中一个极其重要的一般性问题的某些特殊情形.

在第 220 节中我们证明了

$$\log(1+x)=x-\tfrac{1}{2}x^2+\tfrac{1}{3}x^3-\cdots,$$

其中 $-1<x\leqslant 1$, 这是通过对等式

$$\frac{1}{1+t}=1-t+t^2-\cdots$$

在 0 与 x 之间积分而得到的. 我们所证明的就是

$$\int_0^x\frac{\mathrm{d}t}{1+t}=\int_0^x\mathrm{d}t-\int_0^x t\mathrm{d}t+\int_0^x t^2\mathrm{d}t-\cdots;$$

或者换言之, 无穷级数

$$1-t+t^2-\cdots$$

的和在积分限 0 与 x 之间的积分等于它的各项在相同的积分限之间的积分之和. 另外一种表达方式就是说, 从 0 到 ∞ 的求和运算与从 0 到 x 的积分运算在运用到函数 $(-1)^n t^n$ 上时是可以交换的, 也就是说, 它们在对函数作用时按照何种次序进行是无关紧要的.

在第 223 节中, 我们还证明了: 指数函数

$$\exp x=1+x+\frac{x^2}{2!}+\cdots$$

的微分系数本身就等于 $\exp x$, 即

$$D_x\left(1+x+\frac{x^2}{2!}+\cdots\right)=D_x1+D_xx+D_x\frac{x^2}{2!}+\cdots;$$

这也就是说, 级数之和的微分系数等于它的各项的微分系数之和, 或者说, 从 0 到 ∞ 的求和运算以及关于 x 的求导运算运用到 $x^n/n!$ 上时是可以交换的.

在第 223 节里还附带证明了: 函数 $\exp x$ 是 x 的连续函数, 或者换言之有

$$\lim_{x\to\xi}\left(1+x+\frac{x^2}{2!}+\cdots\right)=1+\xi+\frac{\xi^2}{2!}+\cdots=\lim_{x\to\xi}1+\lim_{x\to\xi}x+\lim_{x\to\xi}\frac{x^2}{2!}+\cdots;$$

即级数的和的极限等于各项极限之和, 或者说成级数之和在 $x=\xi$ 连续, 或者说, 从 0 到 ∞ 的求和运算以及 x 趋向 ξ 这一极限运算在运用到 $x^n/n!$ 上时是可以交换的.

在其中的每一种情形, 我们都对这一结论的正确性给出一个特殊的证明. 我们还没有证明任何一个一般性的定理, 由此一般性的定理可以立即推出其中任何一个特殊结论的正确性. 在例 XXXVII 第 (1) 题中我们看到, 有限多个连续的项之和本身仍是连续的, 在第 114 节里我们

看到, 有限多项之和的微分系数等于它们的微分系数之和; 在第 165 节里我们对定积分陈述了相应的定理. 例如我们证明了: 在某些情况下, 由符号

$$\lim_{x\to\xi}\cdots,\quad D_k\cdots,\quad \int_a^b\cdots\mathrm{d}x$$

所给出的诸运算关于有限多项的求和运算是可以交换的. 在某些可能精确定义的情况下, 自然会假设它们关于无穷多项的求和运算也是可以交换的. 作这样的假设是很自然的; 不过这也就是我们当前有权说的全部内容.

有关可交换的以及不可交换的运算的几个进一步的例子或许有助于对这些要点予以说明.

(1) 用 2 作乘法和用 3 作乘法总是可以交换的, 这是因为对所有的 x 值都有

$$2\times3\times x=3\times2\times x.$$

(2) 取 z 的实部的运算与用 i 作乘法的运算除了 $z=0$ 之外永远不可交换; 因为

$$\mathrm{i}\times\mathbf{R}\,(x+\mathrm{i}y)=\mathrm{i}x,\quad \mathbf{R}\,(\mathrm{i}\times(x+\mathrm{i}y))=-y.$$

(3) 关于两个变量 x 和 y 中的每一个都趋向极限 0 的运算运用到函数 $f\,(x,y)$ 上可能可以交换, 也有可能不可交换. 例如

$$\lim_{x\to0}\left\{\lim_{y\to0}(x+y)\right\}=\lim_{x\to0}x=0,\quad \lim_{y\to0}\left\{\lim_{x\to0}(x+y)\right\}=\lim_{y\to0}y=0;$$

但是另一方面有

$$\lim_{x\to0}\left(\lim_{y\to0}\frac{x-y}{x+y}\right)=\lim_{x\to0}\frac{x}{x}=\lim_{x\to0}1=1,$$
$$\lim_{y\to0}\left(\lim_{x\to0}\frac{x-y}{x+y}\right)=\lim_{y\to0}\frac{-y}{y}=\lim_{y\to0}(-1)=-1.$$

(4) 运算 $\sum\limits_1^\infty\cdots,\lim\limits_{x\to1}\cdots$ 有可能是可交换的, 也有可能不可交换. 例如, 当 x 取小于 1 的值趋向 1 时,

$$\lim_{x\to1}\left\{\sum_1^\infty\frac{(-1)^{n-1}}{n}x^n\right\}=\lim_{x\to1}\log(1+x)=\log2,$$
$$\sum_1^\infty\left\{\lim_{x\to1}\frac{(-1)^{n-1}}{n}x^n\right\}=\sum_1^\infty\frac{(-1)^{n-1}}{n}=\log2;$$

而另一方面有

$$\lim_{x\to1}\left\{\sum_1^\infty\left(x^{n-1}-x^n\right)\right\}=\lim_{x\to1}\left\{(1-x)+\left(x-x^2\right)+\cdots\right\}=\lim_{x\to1}1=1,$$
$$\sum_1^\infty\left\{\lim_{x\to1}\left(x^{n-1}-x^n\right)\right\}=\sum_1^\infty(1-1)=0+0+0+\cdots=0.$$

前面的例子告诉我们, 关于两种给定运算的交换问题有三种可能性, 即: (1) 这些运算总是可以交换的; (2) 除了非常特殊的情形之外, 它们从来不可交换; (3) 在分析中经常出现的大多数情形中, 它们是可交换的.

真正重要的情形 (正如我们从第 9 章引用的例子所指出的那样) 是其中每一种运算都包含极限过程, 例如求导或者无穷级数的求和, 这样的运算称为**极限运算** (limit operation). 确定两个极限运算是否可交换, 是数学中最重要的问题之一; 但是, 要想用一般性的定理来处理这样的问题, 则远远超出了我们这本书的范围.

然而可以注意到, 对于这个一般性问题的答案就在上面的例子所提供的路线之中. 如果 L 和 L' 是两个极限运算, 那么 $LL'z$ 与 $L'Lz$ *一般来说* (在单词 "一般来说" 的严格意义上) 并不相等. 通过一个没有多少独创性的练习, 我们总可以求得一个 z, 使得 $LL'z$ 与 $L'Lz$ 是不同的. 但是, 如果在更加 "实际的" 意义上来使用这个单词, 也就是它的含义是 "在绝大多数自然发生的情形", 它们一般来说是相等的. 实际上, 在假设两个运算可交换的条件下所得到的结果有可能是正确的; 无论如何, 它对于所考虑的问题给出一条有价值的线索. 如果缺少对于一般性问题的进一步研究, 或者缺少对于像在第 220 节中所给出的特殊问题的特别研究, 这样得到的答案必须视为仅有参考价值但未被证明的结论.

附录 4 分析与几何中的无穷

某些 (尽管并非所有) 解析几何系统包含有 “无穷的” 元素: 无穷远处的直线, 圆的无穷远点, 等等. 这篇简略的注记的目的是要指出, 这些概念与极限的解析理论毫不相关.

在可以称之为 “通常的笛卡儿几何” 中, 一个**点**是**一对实数** (x, y). 一条**直线**是满足一个线性关系 $ax+by+c=0$ 的点的集合, 其中 a 和 b 不全为零. 这里没有无穷的元素, 两条直线可能没有公共点.

在一个实的齐次几何系统中, 一个点是一族不全为零的三元实数组 (x, y, z), 当数组中的分量成比例时, 它们就被归入同一个类中. 一条直线是满足一个线性关系 $ax+by+cz=0$ 的一族点, 其中 a, b, c 不全为零. 在某些系统中, 一个点或者一条直线相互建立在完全相同的基础之上. 而在另外一些系统中, 某种 “特殊的” 点和直线要加以特殊地区别对待, 重点要强调的东西正是建立在其他元素与这些特殊元素的关系这一基础之上. 例如, 在可以称之为 “实齐次笛卡儿几何” 中, 满足 $z=0$ 的那些点是特殊的点, 其中有一条特殊的直线, 即直线 $z=0$. 这条特殊的直线称为 “无穷远直线”.

本附录不是一篇关于几何学的论文, 本书没有展开对这个问题的详细讨论. 其要点为: 分析中的无穷是一种 “极限”, 而不是 “实际的” 无穷. 在整本书里, 符号 “∞” 都被看成是一个 “不完全的符号”, 一个没有赋以独立意义的符号, 尽管人们已经对包含它的某些用语赋予了意义. 但是, *几何的无穷是实际的无穷而不是极限的无穷*. “无穷远处的直线” 与其他直线之所以为直线在含义上是完全一样的.

有可能在 “齐次的” 笛卡儿几何与 “通常的” 笛卡儿几何之间建立一种相关关系, 在这种关系下, 第一种几何系统中的所有元素 (*特殊元素除外*) 都在第二种几何系统中有关联的对象. 例如, 直线 $ax+by+cz=0$ 与直线 $ax+by+c=0$ 相关联. 第一条直线的每个点 (除了一点, 即除了满足 $z=0$ 的点之外) 在第二条直线上都有关联的对象. 当 (x, y, z) 在第一条直线上以最终趋向满足 $z=0$ 的特殊点这样一种方式变化时, 第二条直线上与之对应的点的变化是使得它离开原点的距离趋向无穷. 这种相关关系有其历史的重要意义, 因为这门学科的词汇正是由此产生的, 作为例证这一目的来说, 它也常常是有用的. 不过它也仅仅就是例证而已, 在此基础上并不能建立几何无穷的合理解释. 这些对象在学生中产生的困惑如此普遍, 其原因在于这样一个事实: 在通常使用的解析几何教科书中, 有时把例证当作了真实.

对分析与几何之间的关系感兴趣的读者可以参考

D. Hilbert, *Grundlagen der Geometrie* (英文版 *Foundations of geometry*, Chicago, 1938);

C. W. O'Hara and D. R. Ward, *An introduction to projective geometry*, Oxford, 1937;

G. de B. Robinson, *The foundations of geometry*, Toronto, 1940;

O. Veblen and J. W. Young, *Projective geometry*, vol. 1, New York, 1910;

以及作者在 *Mathematical Gazette* 第 12 卷 (1925 年) 第 309~316 页上题为 “What is geometry?” 的一篇文章.